北京安全生产年鉴

BEIJING ANQUAN SHENGCHAN NIANJIAN

2018

北京市安全生产监督管理局
北京煤矿安全监察局
编

化学工业出版社
·北京·

图书在版编目（CIP）数据

北京安全生产年鉴. 2018/北京市安全生产监督管理局，北京煤矿安全监察局编. —北京：化学工业出版社，2019.3
ISBN 978-7-122-33829-7

Ⅰ.①北…　Ⅱ.①北…②北…　Ⅲ.①安全生产-北京-2018-年鉴　Ⅳ.①X931-54

中国版本图书馆 CIP 数据核字（2019）第 019187 号

责任编辑：卢小林　　装帧设计：王晓宇
责任校对：边　涛

出版发行：化学工业出版社（北京市东城区青年湖南街 13 号　邮政编码 100011）
印　　装：北京新华印刷有限公司
787mm×1092mm　1/16　印张 35　彩插 52　字数 779 千字　　2019 年 4 月北京第 1 版第 1 次印刷

定　　价：238.00 元

《北京安全生产年鉴》编纂委员会

《北京安全生产年鉴》编辑部

编辑说明

一、《北京安全生产年鉴》2018年版，由北京市安全生产监督管理局（简称“市安全监管局”）、北京煤矿安全监察局（简称“北京煤监局”）主办，委托北京市安全生产联合会负责资料搜集和编辑工作。

二、本年鉴是一部记载北京2017年安全生产信息的大型工具书，内容客观、真实、全面、系统，对于了解掌握北京安全生产状况、取得成效和存在问题，研究安全生产工作及其规律性，有重要参考价值。

三、本年鉴坚持“众手成鉴”，围绕2017年安全生产重点工作任务，突出北京安全生产特点，进行全面记述、宣传和报道。

四、本年鉴选用资料由市安全监管局、北京煤监局、市政府有关部门，以及各区、北京经济技术开发区安全监管局和部分企事业单位提供，经年鉴编辑部审核编纂，报年鉴编委会批准，由出版社出版发行。

五、本年鉴创刊于2008年（2003年至2007年为合刊），已连续出版发行11部。

六、《北京安全生产年鉴》编辑部联系方式：

电话：63020630

传真：63522105

电子邮箱：bjax2013@126.com

地址：北京市朝阳区惠新东街1—1号

邮政编码：100029

目　录

特　载

大 事 记

安全监管

统计资料

事故案例

人　　物

附　　录

索　　引

▲ 4 月 8 日，副市长王宁参加国务院安委会第一巡查组巡查北京市安全生产工作动员会

▲ 1 月 10 日，市安全监管局局长张树森（左一）调研大兴区安全监管工作

▲ 2 月 11 日，市安全监管局副局长唐明明（中）带队检查烟花爆竹仓库安全工作

▲ 8 月 21 日，市安全监管局副局长贾太保（左三）在石景山区督察安全生产工作

▲ 5月9日，市安全监管局副局长阎军（右一）带队夜查地下有限空间作业安全

▲ 6月15日，市安全监管局副局长卞杰成参加北京市安全生产信息化工作会议

▲ 1月22日，市安全监管局副局长李东洲（中）带队检查烟花爆竹零售网点安全生产工作

▲ 10月1日，市安全监管局副巡视员谢清顺（左一）在长安商场检查安全生产工作

▲ 4月17日，市安全监管局副巡视员李振龙（右四）在怀柔区调研安全生产工作

▲ 6月2日，市安全监管局副巡视员贾秋霞（左一）在通州区指导检查安全生产检查队规范化建设工作

▲ 1 月 5 日，北京市政府有关部门 2016 年安全生产工作总结暨 2017 年工作部署会

▲ 4 月 27 日，京津冀安全生产标准新闻发布会

▲ 10 月 17 日，京津冀输油管道泄漏事故应急联动演练部署会

▲ 9 月 21 日，全市有限空间突击夜查行动

▲ 10 月 31 日，京津冀协同应对事故灾难联合演练 ▼

▲ 6 月 16 日，北京市安全生产宣传咨询日活动 ▼

▲ 6 月 20 日，2017 年北京市安全文艺基层巡演

▲ 第十一届北京安全文化论坛

特 载

【文 选】

北京市副市长王宁在市安委会第二次全体会议上的讲话

2018 年 3 月 13 日

今天，市安委会召开 2018 年度第二次全体会议，通报 2017 年度全市安全生产工作考核、表彰奖励情况，总结安全隐患大排查大清理大整治专项行动工作，解读城市安全隐患治理三年行动方案起草情况，部署安全生产工作。结合这次会议内容，我强调 3 方面意见。

一、充分肯定和巩固工作成效，扎实推进城市安全隐患治理三年行动

2017 年是本市安全生产工作不平凡的一年。全市安全生产工作取得丰硕成果，工作成效明显。特别是在安全隐患大排查大清理大整治专项行动中，全市各级、各部门、各单位坚决落实市委、市政府的安排部署，坚持生命至上、安全第一的理念，按照坚定有序、人文关怀的总要求，大家顶住压力、齐心协力、不知疲倦，夜以继日有序推进工作，特别是各区、各部门、各单位在“三大行动”中冲锋在前，专项行动取得很大的成效。在年前“三大行动”中，我们每周都有一次调度会，对整个进展情况进行讲评，在去年春节前最后一次调度会议中，我们也把整个的行动进行回顾，可以说我们的成绩是非常显著的，成绩显著的标志就是有效地遏制事故多发的势头，各类事故数量明显下降，特别是从 11 月份以来到现在为止，事故起数和死亡人数实现“双下降”，这是很了不起的成果，也说明我们只有下这种决心才能真正把事故压下来。

今天我们总结安全隐患大排查大清理大整治专项行动，部署城市安全隐患治理三年行动工作，就是在目前隐患治理转入常态化阶段，进一步巩固“三大行动”成果，将隐患治理这项工作进一步做深、做实、做出成效。尽管“三大行动”中，全市排查治理一大批“三合一”和高风险群租房挂账隐患，但是大家还是不能有丝毫的松懈，安全生产工作绝不是“毕其功于一役”可以解决的，只有发扬“钉钉子的精神”，持之以恒的“一锤一锤接着敲，一茬一茬接着干”，才能夯实安全生产工作的基础，全力扭转事故起数和死亡人数“双上升”的被动局面。市委、市政府下定决心，投入大的人力、物力、财力来推进城市安全隐患治理三年行动，就是体现我们对人民利益高度负责的政治责任感和使命感，彰显我们在城市治理上的决心和信心，始终坚定对隐患“零容忍”的态度。就是要利用3年时间，通过实实在在的措施，锲而不舍、坚定不移地打好隐患攻坚战，我们希望3年后重大安全隐患基本消除，这是我们要做好的一项工作，这个已经写入今年政府工作报告当中。

部署城市安全隐患治理三年行动，就是要坚持问题导向，进一步健全完善隐患治理的体制机制，治理一批重大安全隐患，提升城市管理水平。从开展安全生产大检查、安全生产督查和专项行动来看，阻碍隐患未深入解决的体制机制问题仍然还比较突出。国务院安委会督导组也给我们提出一些问题，其实这些问题不只是生产一线单位，还出现在我们的一些部门，其实这样的隐患问题还有很多，随处可见。企业违法违规生产问题严重，现场安全管理隐患突出，部分单位安全生产工作流于形式，管理存在漏洞，隐患治理不及时、不彻底。这些问题的叠加，直接体现到去年的安全生产形势上。在全市开展城市安全隐患治理三年行动，就是要贯穿强烈的问题意识、鲜明的问题导向，进一步清理城市隐患治理中的难点疑点，一个一个的攻坚克难，既治表，消除安全隐患，更治根，完善体制机制，改善安全环境，解决一些困扰隐患治理的深层次难题，真正实现全市安全生产整体水平与全面建成小康社会目标相适应。

二、准确把握行动要求，落实责任强力推进，真正把城市安全隐患治理三年行动做成经得起历史检验的民生工程

此次开展城市安全隐患治理三年行动，已写入今年的市政府工作报告，列为折子工程。市安委会办公室做详细的工作方案征求意见稿，明确到2020年的总体目标、指导思想和主要任务。各区、各部门、各单位要高度重视，按照会议的要求，扎实推进城市安全隐患治理三年行动各项工作的实施。在此，强调几个关键点。

明确任务，完善格局。这次城市安全隐患治理三年行动，按照安委会统筹协调、属地政府全面负责、行业部门分类推动、企业自查自改的原则，采取“年初排查、全年整改、年底销账”的模式，分3年滚动治理，不断巩固成效，防止新增重大隐患，坚决防止问题隐患死灰复燃。在这要特别说一下巩固成果、防止死灰复燃的问题。去年年底我们开展“三大行动”以后，我去一些地区、部门、企业检查，也发现一些问题。虽然我们这次整治完成得很好，但我去一个市场，这个市场这次清理得非常好，全都关闭，人员也都撤走，但是了解这个市场情况的同志跟我讲，几年前这个市场就关过一次，当时也是把人都清走，但是整治的风声过后又开了。这次我去看全关了，人也都走了。“三大行动”下了这么大的力气，再也不能出现这种情况，所以说要巩固成果，防止反弹，防止死灰复燃。在这方面我们也已经列入到城市安全隐患治理三年行动计划，要彻底消除难题，而不能出现随消随长、随消随有的情况。市安委会办公室要负责整体工作的统筹协调，抓好工作部署调度、监督检查、统计考核等工作，研究解决行动推进中面临的问题。各属地政府全面负责，研究制定有针对性实施方案，组织各乡镇街道、各部门分类进行隐患排查，在企业自查自改基础上，建立安全隐患台账，逐一督促落实隐患整改责任，确保隐患及时得到有效治理。各行业部门依据职责制定本行业领域实施方案，细化和明确隐患排查整治的具体内容，制定隐患排查上账标准及验收整改标准，科学高效地指导、督促本行业、本系统做好实施工作。标准很重要，各个系统要做好标准。去年“三大行动”中，消防部门做了一个非常严格的排查治理和验收标准，而且在验收标准当中明确，一个一个隐患点位检查验收，不检查不签字就没完成，所以销账率达到99.9%。各个行业、系统也要制定各个行业、系统的安全隐患排查和验收标准，也要一个一个签字验收，标准必须要制定严格。各生产经营单位是隐患排查治理的责任主体，要严格履行安全生产法定责任，如实记录隐患排查治理情况，并采取技术和管理措施及时消除安全隐患。

全面覆盖，重点治理。各区、各部门、各单位按照“全行业覆盖、重点行业突破”原则，在全面排查治理各类安全隐患的基础上，突出重点地区、重点行业（领域）和重大隐患进行排查治理。市安委会办公室明确消防、道路交通、建筑施工、城市运行、危险化学品、工业企业等10个领域作为整治的重点，突出这些领域需要在3年之内重点排查的隐患。方向和目标非常明确。选择这些行业领域，结合本市近年来的事故状况，以及执法检查活动等工作中发现的隐患和问题。方案中明确的各相关责任部门，主要负责同志要亲自抓，根据方案要求立即细化各个行业领域的具体方案，分行业制定修订隐患排查标准和验收标准。目前，市安全监管局已经制定危险化学品、工业企业两个行业领域的工作方案，各部门可以参照这两个模板，制定本行业领域具体方案。

把握节奏，加快进度。《北京市城市安全隐患治理三年行动方案》在充分酝酿成熟之后，还将提交市政府会议审议。初步定于3月底或4月初提交市政府会议讨论，时间紧、任务重，需要各相关部门做好沟通协调，尽快部署安排这项工作。因为多方面的原因，今年这项工作部署比原计划稍晚，在通过市委、市政府审议之后，要立即集中开展隐患排查上账等后续工作。各区、各部门、各单位要做好工作计划，把握工作节奏，高质高效地来推进，务必确保今年的工作开好头，打好基础。

谋划机制，确保实效。这次“三大行动”，市、区迅速建章立制，理顺工作流程，建立高效、迅捷、顺畅的工作机制。推进城市安全隐患治理三年行动，市、区安委会办公室要巩固这种经验模式，在总结前期工作经验的基础上，提前谋划和设置各项工作运行的机制制度，确保各项工作有条不紊、持之以恒推进。要着手做好政策法规的储备，确保隐患治理严格依照有关法律法规开展工作，要在执法行为合法、执法程序合法、行政处罚合法的前提下，把隐患治理工作做实做细。特别是刚才谈到在“三大行动”中还有一些问题，这些问题有些是涉及我们工作层面的问题，有些还涉及政策和法律问题，所以我们要在城市安全隐患治理三年行动中提前做好这项工作。要做好宣传动员工作，预先向社会、企业讲清意义、讲明政策、讲解法规，做好群众、企业和有关单位的思想工作，加强舆论引导，发挥好宣传工作的先导作用。

三、进一步提振精神，提高政治站位，全力以赴做好近期重点工作

目前，各区、各部门、各单位按照市委、市政府部署，着手推进今年的各项安全生产工作。良好的开局开端，能鼓舞士气，也为全年工作成效的取得奠定良好的基础。当前重点要抓好以下几方面的工作。

一要谋划好重点任务开展。市安委会已经印发 2018 年度安全生产重点工作任务，各区、各部门、各单位要紧紧围绕实施城市安全隐患治理三年行动、深化安全生产领域改革、强化安全生产责任落实、加强安全生产监管法治建设、构建安全生产长效机制、夯实安全生产工作基础 6 大方面 29 项具体任务做好工作统筹，认真抓好落实。要根据任务分工表逐一对标对表，制定细化工作方案，确保件件任务有落实、项项任务有回声。

二要谋划好责任书内容的落实。在 2 月 23 日市委、市政府召开的深入推进“疏解整治促提升”促进首都生态文明与城乡环境建设动员大会上，吉宁市长已经与东城区政府签订安全生产责任书。责任书是推动安全生产工作落实的“指挥棒”，各单位要按照目标责任书要求，强化依法监管执法、深化重点行业领域专项整治、夯实安全生产基层基础，要在全力压减各类生产安全事故上想对策，确保不发生较大事故和社会影响大的事故，坚决杜绝重特大事故。去年有几起事故的教训，我们要引以为戒，避免这样的事故再次发生。一是有限空间事故，去年发生多起有限空间死亡事故，群死群伤事故不能再发生。再就是群租房、“三合一”“多合一”事故，“11·18”“12·13”两起事故教训惨痛，要特别引以为戒，要落实安全责任。

三要谋划好安全生产督察。市委、市政府将在总结去年对各区开展安全生产督察的基础上，进一步推进安全生产督察工作。要巩固机制，完善制度，深化内容，组织成立好安全生产督察组，分批次对市政府有关部门开展安全生产督察，并进行针对区政府的督察“回头看”行动，确保 2017 年督察问题逐条得到整改和落实。编办、安全监管局等部门，要结合督察中反映的管理职责等问题，共同研究修订市政府相关部门安全生产监管或管理职责，依法依规明确负有安全生产监督管理职责的具体部门，严格明确各有关部门的一些工作职责，包括职业健康的一些职责，也包括基层的一些部门的职责。市政府有关部门要着手研究制定检查评估工作实施方案，组织开展监管职责范围内企业落实主体责任情况的专项检查评估。

四要谋划好监管执法工作。无论是去年国务院安委会大检查、督导检查，还是市委、市政府督察，都指出安全生产执法检查力度不足的问题。这是我们工作的弱项、短板，各区、各部门、各单位要下大力气，想办法解决这个问题，如果是专业能力方面的问题，就要想办法强化培训，补齐短板。如果是制度建设上存在的问题，就要敢于大刀阔斧的地去改革，在安全生产这个问题上，不能有丝毫的含糊、动摇和退让。特别是对重点领域和城市运行中的关键环节，必须加大执法力度和频次，发现问题严肃处理，绝不能漏过任何隐患、放过任何事故苗头。

五要谋划好安全生产培训。安全培训是安全生产工作的重要支柱。当前，一些区、部门分管安全生产工作的同志进行调整，要对这些同志开展好培训，让他们尽快熟悉工作，进入角色。还要继续广泛开展乡镇街道（园区）和区行业部门领导安全培训，强化各级安全监管监察执法检查人员轮训，提高安全监管专业化能力。要针对大量生产经营单位的开复工，组织全面、系统安全检查，坚决做到先安全后生产，不安全不生产，特别是要做好员工上岗前的安全生产宣传和培训。

国务院安委会督导组反馈对我市的意见建议，各相关单位要按照问题清单，制定方案，逐条整改落实。再次强调全国“两会”安全生产保障工作，今年“两会”会期长，正好与节后复工时间存在交叉，往年“两会”后出现的问题在这个时候出现。一是高处坠落事故，这两天连续发生高处坠落事故，大家一定要去抓好这类事故防范，去年年初一天几起高处坠落事故，每次高处坠落死亡 1 人，累计就很多。还有就是火灾防范，这个时候天气干燥，最近也有抬头的趋势。各区、各部门、各单位要继续从政治的高度和全局的角度，保持力度不减、节奏不变、尺度不松，对全国“两会”安全生产保障工作进行检查、落实。要强化对事故易发的重点场所、要害部位、关键环节以及对“两会”会场、驻地、行车路线周边进行不间断排查，落实整改措施，消除事故隐患。公共交通和油气输送管道、供水、供气、供热、供电管线及设备设施等各项公共服务设施要加强 24 小时安全巡查和维护，强化安全管理，认真排查消除安全隐患、管控安全风险，完善保障措施，坚决防止发生重大伤亡事故和有社会影响的安全生产事故，为“两会”创造良好的安全生产环境。

北京市安全监管局局长张树森在全市安全生产监管监察系统工作会上的讲话（摘要）

2018 年 1 月 22 日

这次会议的主要任务是，贯彻党中央、国务院以及市委、市政府关于安全生产领域改革发展的意见方案，落实市委、市政府和国家安全监管总局关于安全生产的决策部署，围绕“四化三体系双基”总任务，以深化安全生产领域改革为引领，以强化安全生产融合为主线，以全力压减事故总量、遏制重特大事故为目标，动员全系统的力量，坚持在融合上着力，在融合上攻坚，全面推进全市安全生产工作再上新台阶。

一、安全生产工作的启示

（一）必须坚持改革创新，不断破解安全生产难题。改革是时代发展的主旋律。市委、市政府《关于进一步推进安全生产领域改革发展的实施方案》，既细化中央改革意见内容，又结合北京实际创造性地提出一些深化改革的举措。大力深化安全生产领域改革，为安全生产工作助威，为基层安全监管工作发声。经市政府批复同意，在全国率先明确市、区两级安全监管部门为行政执法机构，为树立安全监管部门执法权威奠定坚实的基础。着力破解制约本市安全生产发展的诸多体制机制问题，以改革筑牢安全生产的根基。经过与市编办、市委组织部等部门磋商、协调，进一步完善功能区安全监管体制。以市委、市政府名义开展安全生产督查，市安全监管局成立安全生产督查处和安全生产督查事务中心，为安全生产工作问诊把脉，有力地推动党中央、国务院以及市委、市政府重要决策部署的落实。着力完善安全生产监管网络，在本市行政村、社区设立专兼职安全生产巡查员，补齐基层安全生产工作发展的短板。市政府专门批准设立北京新机场建设工程安全生产协调小组，探索建立超大建设工程全方位精细化安全生产综合监管新模式。

（二）必须坚持融合发展，不断打开安全生产新局面。融合是时代发展的大趋势。业务融合，互为支撑，一体推进，是安全监管手段、方法、途径不断科学发展的方向。在融合取得初步成效的基础上，必须把“强融合”作为在更深层次推进“四化三体系双基”总任务深入发展的方向。坚持思想是行动的先导，凝聚融合共识，持续开展全局大讨论，强化安全生产工作的系统性、整体性、协同性，促进各项工作相互融合。坚持联动贯通，切实增强工作融合。“安责险”与安全生产信用体系、安全文化示范企业创建相融合，建立“安责险”费率浮动机制。进一步完善标准化工作激励政策，推动企业标准化创建与工伤保险对接，下调 620 家标准化企业的工伤保险费率。加强职业健康和安全生产工作一体化的顶层设计，推动监管机制的创新、工作分工的调整以及工作方式的转变，逐步推进安全生产与职业健康监管执法有效融合。加强市、区、街道（乡镇）、企业四级信息平台的互联互通和信息共享，形成全市安全生产信息化整体架构。

（三）必须坚持科学施策，不断提升安全生产工作实效。科学方法是安全生产工作攻坚克难的重要保障。近年来，市安全监管局不仅注重鲜明的思想观念引领，而且突出思想方法和工作方法的阐述。坚持抓重点，着力抓好安全生产检查队规范化建设，作为带动、辐射整个基层工作的关键，明确标准，上下联动，持续发力，推动基层安全生产工作健康快速发展。坚持法治思维，稳步推进《北京市安全生产条例》修订论证，大力开展安全生产地标的制修订工作，对年度执法计划的执行情况实行综合调度，深入推进执法检查规范化，困扰我们很长时间的人均检查量、人均处罚量等问题的解决不断取得进展。坚持抓具体，具体抓，采取重点切入、试点示范的方法，稳步开展城市安全风险评估试点工作，相关行业风险辨识评估标准基本出台，风险评估云服务系统已经上线，安全风险防控体系建设迅速打开新的局面。坚持辩证思维方法，既看到安全监管部门作为执法机构带来的机遇，又看到作为执法部门还面临着监管队伍专业性不强等问题，积极推进安全生产实训基地建设，强化全体执法人员轮训，提升整体执法检查能力。

（四）必须坚持社会治理，不断完善安全生产工作格局。社会治理是顺应时代发展的战略抉择。在党委政府领导下，强化社会协同，充分发掘党委、政府各方资源支持安全生产工作。在组织、宣传、编办、综合治理、人力社保、总工会、团委、妇联等单位支持下，获得人才、机构、编制、表彰奖励、典型人物选树等方面的支持，不断取得新的突破。《关于进一步发挥工会组织在安全生产中作用的意见》作为市总工会2017年1号文件印发。北京优秀青年工程师评选奖项中50个名额专门用于表彰本市安全生产领域注册安全工程师等科技人才。北京市安全生产先进集体、先进个人的表彰项目提升为市政府表彰项目。市安全监管局建立博士后工作站，专门招收海外留学人才。经市科协批准，申报成立院士专家工作站。“双百工程”历经3年时间，安全监管干部对话谈心企业数量达到1.4万余家，专家服务小微企业数量达到1.3万余家，有效传授安全知识，传导安全责任。持续深入推动安全生产社会组织规范化、专业化发展，注册安全工程师事务所已发展到52家，全市安全生产领域社团组织已有23家。社会组织在推进安全生产标准化、安全隐患排查等方面发挥重要作用。进一步完善安全生产举报工作机制，开展“千企万人”安全生产社会监督志愿服务活动，鼓励群众积极举报安全生产事故隐患和安全生产非法违法行为。

（五）必须坚持凝心聚力，不断提高安全监管队伍素质。队伍建设是时代发展的重要基石，顺应形势发展对安全执法检查人员能力建设提出的新要求。我们着力搭建业务能力提升平台，大力开展执法检查人员集中培训，实施安全生产执法检查人员领军人才培养工程，搭建干部职工展现自我的平台，凝聚起钻研业务、奋勇争先、干事创业的强大合力。鼓励干部职工参加注册安全工程师考试，并积极为基层干部职工能力提升想办法、拓渠道，与北京教育考试院、北京开放大学开设安全工程专业，为干部职工学习业务知识、提高专业技能开辟上升的通道。以评选表彰选树典型，积极争取人力社保局、首都文明办、总工会、团市委、妇联等单位的支持，积极开展“职工技协”杯技能竞赛、“安监之星·北京榜样”“青年安全管理大师”“最美安监巾帼”等评选活动，凝聚起安全生产战线干部职工的荣誉感、价值感和归属感。

二、安全生产工作新要求

（一）新时代社会主要矛盾变化对全市安全生产工作提出新要求。我们要着力解决人民日益增长的安全需求与安全生产隐患安全风险还较为突出之间的矛盾。当前，各类安全生产隐患仍然大量存在，传统高危行业领域风险仍不能忽略，非高危行业部门和区域发生较大社会影响事故的风险依然存在。从全市开展的安全隐患大排查大清理大整治专项行动情况看，违法建设、非法生产经营问题，“三合一”“多合一”及具有安全高风险的群租房等隐患依然突出。安全生产事故仍未得到有效遏制，安全生产工作仍存在明显短板。要牢牢把握社会主要矛盾变化对于安全生产工作提出的新要求，着力解决好安全生产工作中发展不平衡、不充分问题，切实把促平衡、促发展落实到行业，落实到乡镇街道，落实到企事业单位，促进安全生产形势持续稳定好转。

（二）实现首都“四个中心”功能定位对全市安全生产工作提出新要求。确保安全稳定始终是首都工作的重中之重，发挥安全生产在维护安全稳定方面的重要作用，为党中央站好岗、放好哨是安全生产工作的首要政治任务。北京政治、文化及国际交往活动频繁，大型活动多、层级高，尤其是国际性政治交往活动中，即使是没有伤亡的安全生产事故，也可能会造成恶劣影响，直接影响到国家的形象和声誉。因此，做好重点区域、重点时段、重点部位的安全生产工作和大型活动保障就成为安全监管部门一项十分重要的政治任务和政治责任。疏解非首都功能已成为首都发展的前提与战略任务。安全监管部门既参与其中，又要做好疏解中的安全生产监管，这对我们的工作提出更高要求。依靠科技手段和文化影响是不断提升安全治理水平的重要途径，这不仅是由北京是全国“文化中心”“科技创新中心”所决定的，实际上也是适应国际一流和谐宜居之都建设目标，提升首都安全发展质量的必然选择。加快科技成果转化，推广先进适用的安全生产技术，是安全生产工作发展的必由之路。

（三）深化安全生产领域改革发展对全市安全生产工作提出新要求。市委、市政府印发《关于进一步推进安全生产领域改革发展的实施方案》，是今后一个时期指导全市安全生产工作和安全生产领域改革发展的纲领性文件，我们要以高度的责任担当推动安全生产领域改革发展。要把安全生产领域改革发展作为深化“四化三体系双基”总任务的重要途径，坚持以改革创新为引领，全面查补影响安全生产工作水平提升的带有全局性、关键性、决定性的薄弱环节和制约因素，着力完善推进本市安全生产工作的治本之策。

（四）严峻的安全生产形势和安全生产工作不充分不平衡的现状对全市安全生产工作提出新要求。近年来，在市委、市政府领导下，各区、各部门不断强化安全监管（管理）责任，防范和遏制较大以上和社会影响大的生产安全事故，全市安全生产形势持续稳定好转。但是我们也要清醒认识到，当前安全生产形势依然十分严峻，较大以上事故和社会影响大的事故还时有发生，企业主体责任缺失、基层基础工作薄弱等现实问题较为突出，我们更加深刻认识到维护首都安全稳定的极端重要性和艰巨性、复杂性。从全市安全生产形势通报中可以看出，在连续几年生产安全事故起数和死亡人数实现“双下降”后，2017年生产安全事故多发和高发，呈现“双上升”的趋势。特别是四季度发生的“11·10”“11·18”“12·13”几起火灾事故，社会影响极其严重，教训极其惨痛，引发社会舆情广泛关注，与首都的地位、责任和使命极不相称，反映出影响和制约本市安全发展的深层次矛盾还没有得到根本解决。从国务院安委会安全生产大检查综合督查及市委、市政府对各区开展的安全生产督察反馈情况来看，安全生产还存在着很多不充分、不平衡的现实问题。各区普遍存在对国家和本市有关安全生产的重要决策部署落实层层衰减，安全生产责任落实不严格、不到位，安全监管存在盲区和漏洞，执法检查能力不足、力度不够，抽查企业中安全生产违法违规情况严重等突出问题。安全生产责任制在区级行业部门，乡镇街道基本没有落实；区级行业部门执法能力偏弱、只检查不处罚避重就轻，存在执法不作为；个别单位消极懈怠、不负责任、推脱责任，出现文件弄虚作假现象。这说明我们市区行业部门、安全监管部门之间的上下联动、深入指导还存在较大差距，市、区、乡镇街道安全监管责任压力传导链条不实不牢现象依然比较突出。这说明安全生产责任体系还不够完善，企业主体责任落实不到位的“灰犀牛”问题依然突出。

三、安全生产工作“强融合”

（一）要突出“强融合”。“强融合”是现阶段安全生产事业发展的必然要求，也是提高安全监管效能的科学路径。在安全监管系统同志们的共同努力下，安全生产法治化、标准化、信息化、社会化三年行动计划确定的各项任务取得重要进展，安全生产双重预防工作机制初步建立，安全生产责任逐级落实，安全生产基层基础水平有明显提高。本市安全生产工作已经站在融合发展力促平衡的新阶段。“强融合”是补齐安全生产工作短板的重要途径，“四化三体系双基”总任务的各项工作是互为支撑、互相促进、互为补充、相互衔接的，“强融合”就是要形成跨“界”融合，实现安全生产工作的一体化谋划推进、检查落实。

（二）要落实“强融合”。强化思想认识的融合，要坚决打破落后、保守甚至狭隘的思想观念和思维方式，自觉运用融合的思维来谋划和推动工作，充分挖掘各项业务工作之间的关联性，找准融合点、打好组合拳，不断提高安全生产工作的系统性。市、区两级安全监管部门要更加注意职能的发挥，通过指导协调、监督检查、考核巡查的方式将安全生产工作“统领”起来，使安全生产工作得以在更高层次、更大范围内实现融合发展。强化工作目标的融合，要提高行政执法效能，在企业层面全面落实企业主体责任。强化顶层设计的融合，要研究制定“6＋1”各项重点工作的融合方案，深入分析相关业务工作的内在联系，形成协调推进的工作机制。各区安全监管局要深刻领会“强融合”工作要求，统一思想认识，对标“6＋1”重点工作融合方案，研究工作思路、改进工作方法、制定务实举措，推动安全监管工作纵深发展。

（三）业务工作“强融合”的关键点。企业层面，要以安全生产标准化为统领，全面落实企业主体责任，逐步形成对企业的一个频道、一个声音、一致要求；系统层面，抓住市、区两级安全部门作为行政执法机构的机遇，提高安全生产行政执法效能；支撑方面，强化信息化的平台融合集成功能，推进各个业务系统的互联互通，数据共享。

一要以标准化为引领推动融合。推动企业落实主体责任，推动标准化转型升级。深入落实安全生产标准化“1＋6”工作制度，串起重点业务，推动企业提升安全管理水平。做好预防控制体系建设、隐患排查治理体系建设、执法检查、职业卫生监管、安全生产责任保险和安全生产信用体系建设等工作与标准化提质增效有效融合衔接的顶层设计，建立起嵌套衔接工作规则。完善融合衔接工作机制，将标准化评审、复评、核查等工作与企业风险评估、安全生产执法检查、职业健康管理等紧密融合，凡是发现存在较大事故隐患或违法行为的，不予通过标准化评审。使用安全生产“百项地标”逐步替代现行标准化评审标准，推进“百项地标”的有效实施。加强工业、非煤矿山、危险化学品等行业领域标准化工作的融合，推进信息管理系统、创建流程、评审机构管理的统一规范化建设。

二要以执法工作为重点强化融合。以编制执法计划为依托，加强统筹，做好执法计划的有机衔接，形成市、区、乡镇街道的协调联动和执法检查的闭环管理，有效避免交叉执法、重复执法或执法缺位，提高执法检查的针对性、实效性。推动专项工作、专项领域与综合执法检查工作的融合，建立起统一的执法检查情况共享平台，在执法规范化、统筹安排、执法协作、执法分析等方面加强融合。扎实推进安全生产与职业卫生一体化监管执法，推动企业将职业病防治纳入安全生产管理体系，提高监管实效。统筹各级安全监管力量，重点完成全国“两会”、第五届中国（北京）国际服务贸易交易会、改革开放四十周年纪念活动、冬奥会场馆、城市副中心、新机场等重点建设工程的安全生产保障及执法检查。

三要以信息化为保障支撑融合。贯彻落实《北京市安全生产信息化总体建设方案（2017—2020年）》，以建设“一个平台、一套标准、一本台账、一个中心”为目标，推进安全生产数据中心和大数据可视化分析平台建设，融合隐患排查、执法检查、标准化、行政许可等核心业务数据，开展数据综合分析挖掘。完善执法监督大数据统计分析功能，实现市、区两级之间、委办局之间、不同主体之间共建共享共用。深化生产经营单位台账动态更新和推广使用，全面实时共享台账数据。依托企业台账数据，以企业画像和监管力量画像为核心，开展数据关联分析、指数分析、模型分析，以大数据推进安全监管的信息化，从数据层面深化融合。

【市委、市政府文件】

中共北京市委　北京市人民政府印发《关于进一步推进安全生产领域改革发展的实施方案》的通知

京发〔2017〕24号

各区委、区政府，市委、市政府各部委办局，各总公司，各人民团体，各高等院校：

为深入贯彻落实《中共中央国务院关于推进安全生产领域改革发展的意见》（中发〔2016〕32号），进一步加强本市安全生产工作，现就推进安全生产领域改革发展提出如下实施方案。

一、总体要求

（一）指导思想

认真学习贯彻党的十九大精神，以习近平新时代中国特色社会主义思想为指导，深入学习贯彻习近平总书记两次视察北京重要讲话和对北京工作的一系列重要指示精神，牢固树立政治意识、大局意识、核心意识、看齐意识，紧紧围绕统筹推进“五位一体”总体布局和协调推进“四个全面”战略布局，贯彻落实新发展理念，坚持安全发展，坚持首善标准，以深化安全生产领域改革创新为引领，以整体推进安全生产治理体系和治理能力现代化为主线，着力补短板、强融合、抓落实、促平衡，进一步提高安全生产法治化、标准化、信息化、社会化水平，为建设国际一流的和谐宜居之都创造良好的安全生产环境。

（二）工作目标

到2020年，全市安全生产依法治理、综合治理、源头治理、系统治理得到有效落实，安全生产责任体系、隐患排查治理体系和安全预防控制体系基本建成；重点行业领域安全生产状况持续改善，城市运行安全保障水平明显提高，重特大生产安全事故得到有效遏制，一般和较大生产安全事故总量持续下降。到2035年，全面实现安全生产治理体系和治理能力现代化，市民安全文明素质全面提升，安全生产保障能力和事故应急处置能力显著增强，安全生产和职业病危害防治工作迈入国际先进城市行列。

二、主要任务

（一）进一步健全落实安全生产责任制

1.强化党委和政府领导责任。坚持党政同责、一岗双责、齐抓共管、失职追责，不断完善安全生产责任体系。各级党委和政府要始终把安全生产摆在重要位置，加强组织领导。党政主要负责人是本地区安全生产第一责任人，班子其他成员对分管范围内的安全生产工作负领导责任。

各级党委要认真贯彻执行党的安全生产方针，在统揽本地区经济社会发展全局中同步推进安全生产工作。加强安全生产监管机构领导班子、干部队伍建设，及时研究解决存在的突出问题。严格安全生产履职绩效考核和失职责任追究。强化安全生产培训、宣传和舆论引导。发挥人大对安全生产工作的监督促进作用、政协对安全生产工作的民主监督作用。积极推动纪检监察、组织、宣传、统战、政法、机构编制等单位支持保障安全生产工作。动员社会各界积极参与、支持、监督安全生产工作。

各级政府要把安全生产纳入本地区经济社会发展总体规划，制定实施安全生产专项规划，健全安全投入保障制度。及时研究部署安全生产工作，严格落实属地监管责任。充分发挥安全生产委员会作用，实施安全生产责任目标管理。加强安全生产监管执法能力建设，推进安全科技创新，提升信息化管理水平。严格安全准入标准，指导管控安全风险，督促整治重大隐患，强化源头治理。强化应急管理，完善安全生产应急救援体系。依法依规开展事故调查处理，督促落实问题整改。

2.明确部门监管责任。按照“管行业必须管安全、管业务必须管安全、管生产经营必须管安全”和“谁主管、谁负责”的要求，依法依规进一步明确负有安全生产监督管理职责的具体部门，细化其他政府部门安全生产工作职责；研究明确各有关部门职业健康工作职责。

安全生产监督管理部门依法履行安全生产综合监管职责，负责法规标准和政策规划制定修订、执法监督、事故调查处理、应急救援管理、统计分析、宣传教育培训等综合性工作，承担职责范围内行业领域安全生产和职业健康监管职责，统筹指导安全生产执法检查队伍建设。负有安全生产监督管理职责的部门依法依规履行相关行业领域安全生产和职业健康监管职责，强化监管执法，严厉查处违法违规行为。其他行业领域主管部门负有安全生产管理责任，要将安全生产工作作为行业领域管理的重要内容，从行业规划、产业政策、法规标准、行政许可等方面加强行业领域安全生产工作，指导督促生产经营单位加强安全生产管理。

3.严格落实企业主体责任。企业对本单位安全生产和职业健康工作负全面责任，要严格履行安全生产法定责任，建立健全自我约束、持续改进的内生机制。企业实行全员安全生产责任制度，法定代表人和实际控制人同为安全生产第一责任人，主要技术负责人负有安全生产技术决策和指挥权；强化企业内部职能部门安全生产职责，落实一岗双责。建立企业全过程安全生产和职业健康管理制度，做到安全责任、管理、投入、培训和应急救援“五到位”。加强安全教育培训，强化一线作业人员安全意识，使其熟练掌握作业要求和操作规程，熟练掌握科学施救和自救方法，进一步提高安全防护能力。国有企业要发挥示范带头作用，自觉接受属地监管，强化安全生产主体责任的落实。完善落实混合所有制企业以及跨地区、多层级和境外中资企业投资主体的安全生产责任。建立规划勘察行业安全隐患排查治理和安全预防控制工作制度，落实规划勘察单位主体责任。加强企业安全生产机构能力建设，进一步提高企业安全生产水平。在市属国有企业所属具有生产经营活动、规模以上的二级及以下单位，实行安全总监制度。在本市注册的建筑施工总承包特级和一级资质企业推进试行安全总监制度，在本市行政区域内施工的建筑面积10万平方米及以上的房屋建筑工程、合同价款2亿元及以上的市政基础设施工程（含轨道交通建设工程）和申报创建本市绿色安全工地的工程推进试行项目安全总监制度，并制定相关管理措施积极推进制度落实。

4.完善履职监督机制。各级政府要开展安全生产工作考核，逐级签订安全生产目标责任书，督促和推动被考核单位安全生产工作的落实。强化安全生产督察，每年对各区（含北京经济技术开发区）督察一遍，每两年对市政府有关部门督察一遍，并不定期开展专项督察，市级负有安全生产监督管理职责的部门要建立激励约束机制，加强对区级对口部门安全生产工作的指导、监督和检查，组织开展“安全生产监督管理示范行业”创建活动。建立市属国有企业安全生产考核制度和企业负责人年薪与安全生产绩效挂钩制度，推动落实企业主体责任。

5.强化考核结果应用。科学设定安全生产考核指标，逐步加大安全生产在政府绩效考核、社会治安综合治理、精神文明建设等考核中的权重。考核结果要报送同级组织部门，作为干部选拔任用、职务晋升、奖励惩处等工作的重要参考。对考核结果优秀的单位给予表彰奖励；对考核结果不合格的单位按照有关规定予以通报批评，责令整改，并取消当年或下一年度各类评先评优资格。

6.严格责任追究。制定本市党政领导干部任期安全生产责任制实施细则，综合运用巡查督查、考核考察、激励惩戒等措施，严格督促党政领导干部落实安全生产责任。依法依规制定各有关部门安全生产权力清单和责任清单，尽职照单免责、失职照单问责。实施监管执法效能督查，将不执行年度监督检查计划、发现问题不处理、督促整改不到位等情况，报送同级党委政府和纪检监察、组织部门，依法依规作出处理。严肃查处安全生产领域项目审批、行政许可、监管执法中的失职渎职和权钱交易等腐败行为。建立企业全过程安全生产责任追溯制度，发生生产安全事故，倒查生产经营建设各环节安全生产责任。对被追究刑事责任的生产经营者依法实施相应的职业禁入，对事故发生负有重大责任的社会服务机构和人员依法严肃追究法律责任，并依法实施相应的行业禁入。

（二）完善安全监管体制

7.强化安全生产委员会议事协调职责。各级安全生产委员会要充分发挥统筹协调作用，切实解决突出矛盾和问题。强化安全生产委员会办公室职责，各级安全生产监督管理部门承担本级安全生产委员会日常工作，负责指导协调、监督检查、督察考核本级政府有关部门和下级政府或单位安全生产工作，推动安全生产委员会决定事项的贯彻落实。各区安全生产监督管理部门要进一步完善机构，充实力量，做好区安全生产委员会办公室日常工作。

8.完善重点行业领域安全监管体制。市、区负有安全生产监督管理职责的部门要设立或明确承担安全生产监督管理职责的机构。根据实际工作需要，合理配备市级行业主管部门的安全监管力量。完善危险化学品安全监管工作体系，进一步明确和落实危险化学品建设项目立项、规划、设计、施工、竣工验收及生产、储存、使用、销售、运输、废弃处置等环节的法定安全监管责任。进一步研究民航、电力、铁路等行业属地监管责任，积极配合做好与国家有关部门行业监管、区域监管的有效衔接。落实商品交易市场，规模以下商场超市、餐饮经营单位、建筑工程、乡村公路建设、农村建房、房屋装饰装修等行业领域安全监管责任，消除安全监管空白。

9.完善区域安全监管执法体制。市、区统筹加强安全监管检查力量，重点充实区级安全监管执法检查人员，强化乡镇（街道）安全监管检查力量建设。完善各类开发区、工业园区、风景区等功能区安全生产监管体制，明确各类功能区管理机构承担的工作职责。在功能区管理机构中明确负责安全生产监督管理和安全生产委员会日常工作的机构。对于安全生产监督管理职责分散在多个机构的功能区，要明确牵头机构，承担协调督促、统计汇总、信息报送等日常运转工作。明确天安门地区管委会、北京西站地区管委会安全监管相关职责，设立或明确承担安全生产监督管理职责的机构。

10.健全安全生产应急管理体系。全面规范预案体系，加强应急管理体制、机制建设。建立应急救援现场指挥官制度，加强应急救援专业化体系建设。以企业自救互救为基础，以公安消防等相关专业应急救援队伍为支撑，以社会救援力量为补充，完善应急救援体系。组建专业的危险化学品运输事故应急处置队伍。研究制定本市生产安全事故市级专业应急队伍管理暂行办法和危险化学品、矿山市级专业应急队伍建设管理评价考核规范。

11.推动京津冀安全生产协同发展。巩固完善京津冀安全生产协同工作机制，定期研究解决制约协同发展的问题。建立健全京津冀一体化应急救援机制，实现资源共享。通过京津冀三地“共同制定、分别批准、协同发布”的形式，推进京津冀安全生产地方标准建设。充分发挥京津冀三地在安全生产实训基地、专家资源、专业技术服务机构等方面的各自优势，推动区域安全生产协同发展。

（三）大力推进安全生产依法治理

12.健全法规规章和标准体系。建立健全安全生产法规立改废释工作协调机制。加强涉及安全生产相关法规一致性审查，增强安全生产法制建设的系统性、可操作性。加快修订《北京市安全生产条例》《北京市燃气管理条例》。积极推进生产经营单位落实安全生产主体责任、职业病防治、供热管理、瓶装液化石油气供应使用管理、高等学校实验室和医疗机构危险化学品管理等的立法工作，加快立法进程，成熟一个颁布实施一个。积极借鉴国外先进技术标准，健全本市安全生产地方标准体系。市安全生产监督管理部门统筹提出安全生产相关地方标准的立项和申报计划，负责生产经营单位安全生产和职业健康地方标准的制定、实施和监督工作；市有关部门按照职责分工组织制定本行业安全生产地方标准，并做好标准实施和监督执行；市标准化行政主管部门负责做好地方标准的立项、审查和批准发布工作。

13.建立完善安全准入负面清单制度。结合非首都功能疏解，依据安全生产法律法规，切实推动经济存量中高危险、高污染、高耗能、高职业危害生产企业的关停或退出。建立重大项目建设安全风险评估制度，根据区域功能定位及产业政策要求，严格项目安全审查。构建重点行业领域安全生产负面清单，并纳入本市工业污染行业、生产工艺调整退出及设备淘汰目录。

14.规范监管执法行为。统一标准，规范程序，完善安全生产监管执法制度和程序。全面梳理重点行业领域企业执法检查项目，制定并严格执行年度监督检查计划，加大执法检查和行政处罚力度，提高人均执法检查率、处罚率和行政处罚职权履行率，促进监管执法检查效能提升。贯彻安全生产与职业健康一体化要求，研究提出推进安全生产与职业健康综合执法的意见。负有安全生产监督管理职责的部门要加强与公安机关、检察院、法院等单位的协调配合，健全安全生产违法线索通报、案件移送与协查机制。

15.完善执法监督机制。建立领导干部非法干预安全生产监管执法的记录、通报和责任追究制度，净化执法环境，保证执法公正。加大安全生产执法检查信息公开力度，在安全生产政务网站定期公示各类安全监管处罚和强制措施决定。通过执法评议考核、案卷评查等方式，强化安全生产执法监督。建立执法行为集体审议制度和重大行政执法决策机制，评估执法效果，防止滥用职权。完善安全生产执法纠错制度，加强社会监督和舆论监督，保证执法严明、有错必纠。

16.健全监管执法保障体系。深入开展监管执法机构规范化建设，制定安全生产执法装备配备标准，保障执法检查和应急救援需求。建立完善负有安全生产监督管理职责的部门监管执法检查经费保障机制，将监管执法检查经费纳入同级财政保障范围。建立安全生产监管执法人员依法履行法定职责制度，激励保证监管执法人员忠于职守、履职尽责。深入推进执法检查信息化建设，实现网上全流程办理。大力推进安全生产实训基地建设，实施监管执法人员全员轮训。

17.完善事故调查处理机制。完善生产安全事故调查组组长负责制。健全典型事故提级调查、跨地区协同调查和工作督导机制。完善事故调查报告内容，设立专业技术和安全管理问题专篇。安全生产监督管理部门应在生产安全事故调查处理结案后，及时向社会公开事故调查报告。充分利用高等学校、科研机构实验室和专家资源，加强生产安全事故调查技术支撑体系建设。各区安全生产监督管理部门要成立生产安全事故调查处理的专门机构，加强专业人员队伍建设，建立专项保障经费，不断提高事故调查处理专业化水平。对事故调查发现有关法规规章和标准制度有缺失或漏洞的，及时启动制定修订工作。建立责任追究执行情况跟踪督办制度，事故结案一年内，安全生产监督管理部门要组织开展评估，及时向社会公开结果。对履职不力、责任追究不到位、整改措施不落实的，依法依规严肃追究有关单位和人员责任。

（四）推进安全预防控制体系建设

18.坚持源头安全风险管控。各级政府要建立完善安全风险评估与论证机制，科学合理确定企业选址和基础设施建设、居民生活区空间布局。高危项目审批必须把安全生产作为前置条件，城乡规划布局、设计、建设、管理等各项工作必须以安全为前提，实行重大安全风险“一票否决”。充分考虑城市规划建设的整体安全性，加强城乡发展规划和城市地下公用基础设施规划的衔接，特别是与石油天然气管道建设规划和燃气专项规划的衔接，建立规划环节安全风险管控制度。

19.强化区域安全风险控制。各级政府要根据本地区安全生产工作实际，加强对重点区域、重点单位和重点工程安全风险的研判和管控，确保可防可控。要建立重大危险源管理档案，制定“一对一”专项应急预案，强化日常监控。位置毗邻、行业相近、业态相似的地区和行业要建立完善重大安全风险联防联控机制。设立社区、村安全生产巡查员，将风险预防工作延伸覆盖到所有社区、村。推动安全生产综合治理纳入网格化管理体系。

20.强化企业预防措施。企业要定期开展风险评估和危害辨识。针对高危工艺、设备、物品、场所和岗位，建立分级管控制度，制定落实安全操作规程。建立重大隐患治理情况向负有安全生产监督管理职责的部门和企业职代会“双报告”制度，实行隐患自查自改自报闭环管理。严格执行安全生产和职业健康“三同时”制度，建设项目安全设施和职业病防护设施必须与主体工程同时设计、同时施工、同时投入生产和使用。大力推进企业安全生产标准化建设，提升安全生产标准化达标创建质量。开展经常性的实战型应急演练和人员避险自救培训，着力提升现场应急处置能力。

21.建立隐患治理监督机制。加快制定生产安全事故隐患分级和排查治理标准。负有安全生产监督管理职责的部门要建立与企业隐患排查治理系统联网的信息平台，完善线上线下配套监管制度。强化隐患排查治理监督执法，对重大隐患整改不到位的企业依法依规采取停产停业、停止施工、停止供电和查封扣押等强制措施，按规定给予上限经济处罚，追究相关人员责任，构成犯罪的要移交司法机关依法追究刑事责任。严格重大隐患挂牌督办制度，对整改和督办不力的，约谈告诫、公开曝光，情节严重的依法依规追究责任。

22.强化城市运行安全保障。制定本市安全发展示范城市建设标准和创建意见，积极开展安全发展示范城市创建活动，扎实推进安全社区和安全文化建设示范企业创建工作。各区、各部门要定期排查本地区、本部门分管行业领域安全风险点、危险源，落实管控措施，构建系统性、现代化的城市安全保障体系。提高基础设施安全配置标准，重点加强对水电气热及地下综合管廊、轨道交通、大型城市综合体、超高层建筑等的风险管控，完善基础数据，重点解决违法违规占压、标识不清、违章开挖等问题。加强非首都功能疏解过程中各类安全风险管控，针对纳入疏解范围的企业，加大行业部门间协作联动，严厉打击降低安全生产要求、非法违法建设和生产经营等行为。完善大型群众性活动安全管理制度，加强人员密集场所安全监管。

23.加强重点领域工程治理。加强重点行业领域安全生产专项整治，特别是加强对小型施工、空调安装维修、外墙清洗作业及污水井、地下管道施工等有限空间作业的安全检查，有效防范和遏制各类生产安全事故。实施高速公路、乡村公路和急弯陡坡、临水临崖危险路段公路安全生命防护工程建设。加强轨道交通、高速铁路等防灾监测、安全检测及防护系统建设。长途客运车辆、旅游客车、危险物品运输车辆强制安装智能视频监控报警、防碰撞和整车安全运行监管技术装备，对已运行的要加快安全技术装备改造升级。

24.推动高危行业转型和有序退出。严控高危行业企业增量，有序疏解存量。以生产、储存、经营、使用和运输环节为重点，编制危险化学品管控正面清单，强化对五环路内危险化学品使用的管控。持续推进有储存设施的高风险危险化学品经营企业有序退出。全市煤炭开采行业于2020年全部退出。加快金属非金属矿山关闭退出，大力加强尾矿综合利用，积极实施尾矿库销库。

25.建立完善职业病防治体系。将职业病防治纳入政府民生工程及安全生产工作考核体系，制定《职业病防治规划（2017—2020年）》，健全职业健康监管支撑保障体系，加强职业病防治机构能力建设。加快职业病危害严重企业技术改造、转型升级和淘汰退出，加强高危粉尘、高毒物品等职业病危害源头治理。将职业病失能人员纳入社会保障范围，对符合条件的职业病患者落实医疗与生活救助措施。加强企业职业健康监管执法检查，督促落实职业病危害告知、日常监测、定期报告、防护保障和职业健康体检等制度措施，落实职业病防治主体责任。

（五）夯实安全基础保障能力

26.完善安全投入长效机制。加强市、区财政安全生产隐患排查及应急相关资金使用管理，加大安全生产与职业健康投入，强化审计监督。完善企业安全生产费用提取和使用监督办法，并将其纳入安全生产监督管理部门相关执法计划，组织开展专项执法检查。制定鼓励引导安全产业发展的指导意见，积极培育安全产业发展示范园区，鼓励安全生产研发、服务类企业创新集聚发展。

27.加强基层安全生产工作保障。各乡镇（街道）要成立乡镇长（街道办事处主任）为主任、有关成员参加的安全生产委员会，办公室设在乡镇（街道）相关科室，并进一步充实工作力量。要加强基层专职安全员队伍规范化建设，为其配备必要的装备和交通工具。通过开展教育培训、职业技能竞赛、检查能手选拔等方式，全面提升专职安全员业务能力。进一步加强专职安全员队伍党组织建设，健全组织生活制度。充分发挥工会、共青团作用，通过开展丰富多彩的活动，提升专职安全员集体归属感和荣誉感，增强队伍的凝聚力战斗力。

28.建立安全科技支撑体系。支持安全生产和职业健康领域科研项目建设，推动符合条件的高等学校、科研机构建立安全生产博士后科研流动站、工作站和院士专家工作站。组织开展“北京市安全生产领域学科带头人”评定工作。开展事故预防理论研究和关键技术装备研发，利用5年时间，选取10项前沿预防理论和20项关键技术装备进行专项攻关，争取取得重大进展和突破。建立科技成果推广共享平台，积极推动相关科技成果转化应用与产业化。推进在危险工序和环节实施“机械化换人、自动化减人”科技强安专项行动，推动工业机器人、智能装备广泛应用。加快安全生产信息化建设，建立安全生产大数据信息平台，实现市、区、乡镇（街道）以及各部门之间安全生产数据共享，同时加强数据挖掘应用。强化职业健康信息系统顶层设计，建立职业危害申报、职业健康监督执法、职业病危害因素检测和评价数据等综合信息管理系统。

29.健全社会化服务体系。将安全生产专业技术服务纳入本市服务业发展规划，大力培育安全工程师事务所、安全检验检测和评价机构、职业卫生技术服务机构等多元化服务主体。建立政府购买安全生产服务制度。支持安全生产领域社会组织、中介服务机构组建安全生产自律联合体，强化安全生产承诺，推动自治自律。建立安全生产及职业健康技术服务机构公示制度和由第三方实施的信用评定制度。研究制定安全生产领域中介机构管理办法，规范专业技术服务市场，严肃查处租借资质、违法挂靠、弄虚作假、垄断收费等各类违法违规行为。依托安全生产专业服务机构，开展企业安全绩效审计。鼓励中小微企业采取订单式、协作式购买运用安全生产管理和技术服务，推动企业安全生产管理制度化、标准化、规范化。

30. 发挥市场机制推动作用。加快本市安全生产信用体系建设，信用评价与安全生产标准化、隐患排查治理、安全生产责任保险等工作挂钩，完善安全生产信用信息数据库，建立信用信息动态调整机制。研究制定工伤预防工作实施意见，加强工伤预防项目基金管理。建立健全安全生产责任保险制度，在矿山、危险化学品、烟花爆竹、交通运输、建筑施工、民用爆炸物品、金属冶炼等高危行业强制实施，在大型群众性活动、人员密集场所和涉及水电气热等城市运行领域重点推行，切实发挥保险机构参与风险评估管控和事故预防功能。

31. 健全安全宣传教育体系。将安全生产监督管理纳入各级党政领导干部教育培训内容。落实教育部《中小学公共安全教育指导纲要》，加强中小学安全教育，定期组织开展校园安全演练，不断提高师生防范事故的意识和能力。把安全生产纳入农民工技能培训内容。研究利用疏解腾退的工业厂区遗址，改造建设应急、培训、宣传教育功能于一体的北京市安全生产体验式基地。树立一批安全生产领域的先进典型，发挥示范作用，带动全社会安全生产意识的提高。充分利用广播、电视、报刊、网络等媒介加强安全生产公益宣传，倡导安全生产生活方式，营造良好的安全生产舆论氛围。发挥工会、共青团、妇联等群团组织作用，深入开展“安康杯”竞赛、“青年安全生产示范岗”等品牌建设活动，使安全生产成为广大职工群众的自觉行为。完善安全生产举报投诉体系，建立安全生产“12350”专线与社会公共管理平台统一接报、分类处置的举报投诉机制。建立企业职工安全生产志愿者队伍，查找身边的安全隐患，积极参与企业安全生产民主管理和监督。

三、保障措施

（一）加强组织领导

各区、各部门、各单位要把推进安全生产领域改革发展工作列入重要议事日程，纳入本地区、本部门、本单位全面深化改革工作布局；要不断完善工作机制，定期组织召开专题会议，及时研究解决工作中遇到的关键问题；要因地制宜，积极改革探索，吸引更多社会资源参与安全生产工作，共同推进安全发展。

（二）抓好任务落实

各任务落实单位要加强沟通，密切协作，形成合力，高标准完成职责范围内的各项任务。2018 年 3 月底前，各区、各有关部门和单位要制定推进安全生产领域改革发展的具体实施办法，明确时间表、路线图和责任人，确保各项改革措施和工作要求落到实处。

（三）强化督导考核

市委市政府安全生产督察组、市安全生产委员会要将安全生产领域改革发展纳入年度安全生产工作督察和综合考核的重点内容，对各区、各有关部门和单位安全生产改革发展任务完成情况进行督导考核，定期通报工作进展情况，及时总结推广先进经验。

北京市人民政府

2017 年 11 月 9 日

北京市人民政府办公厅关于印发《北京市危险化学品安全综合治理三年行动计划（2017年6月—2020年5月）》的通知

京政办发〔2017〕28号

各区人民政府，市政府各委、办、局，各市属机构：

《北京市危险化学品安全综合治理三年行动计划（2017年6月—2020年5月）》已经市政府同意，现印发给你们，请认真贯彻执行。

北京市人民政府办公厅

2017年6月9日

北京市危险化学品安全综合治理三年行动计划（2017年6月—2020年5月）

为深入贯彻党中央、国务院关于加强安全生产工作的一系列重要决策部署，认真落实《中共中央国务院关于推进安全生产领域改革发展的意见》（中发〔2016〕32号）和《国务院办公厅关于印发〈危险化学品安全综合治理方案〉的通知》（国办发〔2016〕88号）精神，全面加强本市危险化学品安全综合治理，有效防范遏制各类危险化学品事故，确保人民群众生命财产安全，结合实际，制定本行动计划。

一、指导思想

以习近平总书记视察北京重要讲话精神为根本遵循，牢固树立安全发展理念，坚持人民利益至上，坚守安全红线，标本兼治、综合施策，注重远近结合，深化改革创新，健全体制机制，明晰责任，严格监管，落实“党政同责、一岗双责、齐抓共管、失职追责”及“管行业必须管安全、管业务必须管安全、管生产经营必须管安全”的要求，全面加强危险化学品安全管理工作，保持危险化学品安全生产形势持续稳定。

二、工作目标

涉及危险化学品的各行业安全风险和重大危险源得到有效管控，隐患排查治理体系不断完善，标准体系建设和标准化企业创建不断深化，危险化学品信息共享机制初步建立，油气输送管道安全隐患整治攻坚战成果得到巩固，企业安全生产主体责任得到有效落实。危险化学品安全监管体制进一步理顺、机制进一步完善，危险化学品集中管理体系初步建立，安全生产基础进一步夯实，应急救援能力大幅提高，安全保障水平进一步提升，危险化学品事故得到有效遏制。

三、组织领导

危险化学品安全综合治理工作由市安委会组织领导。市安委会视情召开危险化学品安全综合治理专题会议，研究部署推动各项工作落实。各有关部门按职责分工做好相关行业领域危险化学品安全综合治理工作。各区政府、北京经济技术开发区管委会负责组织开展好本地区危险化学品安全综合治理工作。

四、时间进度和工作安排

2017年6月开始至2020年5月结束，分三个阶段进行。

（一）部署阶段（2017年6月）。各区政府、各有关部门和单位按照总体要求，制定具体实施方案，明确职责，细化措施，认真开展动员部署，广泛进行宣传，营造良好氛围。

（二）治理阶段（2017年7月至2020年4月）。其中，2017年7月至2018年9月开展深入治理并取得阶段性成果，2018年10月至2020年4月深化提升；2018年10月对阶段性工作进行督导，2020年4月对综合治理工作完成情况进行全面督导。

（三）总结阶段（2020年5月）。各区政府、各有关部门和单位认真总结经验成果，形成总结报告报送市安委会办公室，并由其汇总经市安委会同意后报国务院安委会办公室。

五、治理内容、工作措施及分工

（一）全面摸排危险化学品安全风险。

1.全面摸排风险。根据国务院安委会印发的《涉及危险化学品安全风险的行业品种目录》，认真组织摸排各行业领域危险化学品安全风险。按照《国务院安委会办公室关于实施遏制重特大事故工作指南构建双重预防机制的意见》（安委办〔2016〕11号）要求，对危险化学品生产、储存、使用、经营、运输、废弃处置等环节和涉及危险化学品的物流园区、机场等区域以及教育、医疗、寄递、城镇燃气使用等领域，进行安全风险辨识，开展等级评定，建立安全风险分布档案，制定相应管控措施。

2.重点排查重大危险源。认真组织开展危险化学品重大危险源排查，特别是做好临时储存和使用环节构成重大危险源的排查工作，并进一步核实本市燃气储罐构成重大危险源的数量，建立完整、详细的危险化学品重大危险源数据库，绘制重大事故隐患电子分布图。

（二）有效防范遏制危险化学品事故。

3.加强高危化学品管控。按照国家制定的高危化学品目录，重点加强液氨、硝酸铵、硝化棉、氰化钠等高危化学品生产、储存、使用、经营、运输和废弃处置全过程管控，并逐步将其纳入本市危险化学品集中管理体系。

4.加强危险化学品重大危险源管控。督促有关企业、单位落实安全生产主体责任，完善监测监控设备设施，完成重大危险源风险评估、备案和定期评价，实施重点管控。督促落实属地监管责任和行业主管责任，建立安全监管部门与各行业主管部门之间危险化学品重大危险源信息共享机制。完成现有市级挂账生产安全事故隐患的治理。

5. 加强化工园区和涉及危险化学品重大风险部位特别是罐区的风险管控。针对大兴安定精细化工基地、燕山石化生产区域、房山区东流水化工园区和其他涉及危险化学品大量集中使用的区域开展定量风险评估，科学确定风险等级和风险容量，推动利用信息化、智能化手段建立安全、环保、应急救援一体化管理平台，优化企业布局，有效控制和降低整体安全风险。加强化工园区和危险化学品集中储存、使用高风险部位的应急处置基础设施建设，提高事故应急处置能力。开展危险化学品罐区隐患排查整治“回头看”。

6. 推进存在储存高风险的危险化学品生产经营企业有序退出。研究完善城市人口密集区具有储存设施的危险化学品生产经营企业退出工作机制，促进企业加快退出。对保障城市运行的自来水厂等企业，研究液氯、液氨替代措施并分步实施，有效降低城市运行风险。

7. 加强危险化学品运输安全管控。严格按照国家有关法律、法规和强制性国家标准等规定的危险货物包装、装卸、运输和管理要求，落实各部门、各企业和单位的责任，提高危险化学品（危险货物）运输企业准入门槛，督促危险化学品生产、储存、经营企业建立装货前运输车辆、人员、罐体及单据等查验制度，严把装卸关，强化日常监管。加快推进危险货物道路运输电子运单管理系统建设。

8. 巩固油气输送管道安全隐患整治攻坚战成果。加快本市剩余燃气管道安全隐患治理进度，全面完成油气输送管道安全隐患整治攻坚任务，杜绝新增隐患。明确区级油气输送管道保护主管部门，构建油气输送管道风险分级管控、隐患排查治理双重预防工作机制，建立完善油气输送管道保护和安全管理长效机制。推动管道企业落实主体责任，开展管道完整性管理，强化油气输送管道巡护和管控，全面提升油气输送管道保护和安全管理水平。

（三）健全危险化学品安全监管体制机制。

9. 进一步健全和完善政府监管责任体系。研究完善危险化学品安全监管体制，加强对危险化学品安全的系统监管。厘清部门职责范围，健全危险化学品安全监管统筹协调机制。落实属地管理责任，做好危险化学品使用安全的指导、监督、检查工作。

10. 强化行业主管部门危险化学品安全管理责任。按照“管行业必须管安全、管业务必须管安全、管生产经营必须管安全”的要求，严格落实行业主管部门的安全管理责任，负有安全生产监督管理职责的部门要依法履行安全监管责任。市安委会有关成员单位要按照国务院部署和市政府要求，依据法律法规和有关规定，研究制定本部门危险化学品安全监管的权力清单和责任清单。

11. 持续推进危险化学品集中管理体系建设。健全危险化学品集中管理体系建设协调小组议事机制，强化沟通协调，形成工作合力。整合部门现有资源，利用信息化手段，加快安全监管部门与各行业部门间相关信息的互联互通，实现本市危险化学品“专门储存、统一配送、集中销售”和全闭环的精细化、无缝隙实时动态监管。

（四）强化对危险化学品安全的依法治理。

12. 完善法规政策体系。深化本市危险化学品安全管理法规的前期研究工作。研究制定强化危险化学品道路运输安全管理的政策措施，完善外省区市进京危险化学品运输车辆监管机制，加大危险化学品道路运输安全监管力度。

13.完善本市危险化学品地方标准体系。制定本市危险化学品安全标准体系建设规划，针对集中管理体系建设、生产和经营企业安全管理薄弱环节等制定一批地方标准，完善有关安全规程；重点推进化工、医药行业以及高校实验室、医疗机构等涉及危险化学品使用单位的标准建设。

（五）加强规划布局和准入条件等源头管控。

14.合理规划危险化学品仓储设施建设。在编制本市城乡规划、土地利用规划时，统筹安排危险化学品仓储设施布局。

15.规范产业布局。认真落实国家有关危险化学品产业发展布局规划，加强城市建设与危险化学品产业发展的规划衔接，严格执行危险化学品企业安全生产和环境保护所需的防护距离要求，严格油库、加油站、危险化学品仓库等经营企业以及危险化学品生产企业周边用地审批。

16.严格安全准入。除电子行业配套工业气体以外，严格限制其他危险化学品生产企业新建、扩建。按照国家要求，建立完善涉及公众利益、影响公共安全的危险化学品重大建设项目公众参与机制。在危险化学品建设项目立项阶段，对涉及“两重点一重大”（重点监管的危险化工工艺、重点监管的危险化学品和危险化学品重大危险源）的危险化学品建设项目，相关部门严格审批。对新建、改建、扩建项目，严格“三同时”（安全设施必须与主体工程同时设计、同时施工、同时投入生产和使用）安全审查和许可审批工作。开展全市危险化学品使用量调查评估，加大中心城区危险化学品管控力度。

17.加强危险化学品建设工程设计、施工质量的管理。严格落实《建设工程勘察设计管理条例》《建设工程质量管理条例》等法规要求，强化危险化学品建设工程设计、施工、监理等单位的资质管理，落实危险化学品生产装置及储存设施设计、施工、监理单位的质量责任，依法严肃追究因设计、施工质量而导致生产安全事故的设计、施工、监理单位的责任。

（六）依法推动企业落实主体责任。

18.加强安全生产有关法律法规贯彻落实。加大相关法律法规和标准规范的宣传贯彻力度，引导督促企业进一步增强安全生产法治意识，定期对照安全生产法律法规进行符合性审核，提高企业依法生产经营的自觉性、主动性。

19.全面推进企业隐患排查治理体系建设。严格贯彻落实《北京市生产安全事故隐患排查治理办法》（北京市人民政府令第266号）和《国家安全监管总局关于印发危险化学品企业事故隐患排查治理实施导则的通知》（安监总管三〔2012〕103号），督促全市危险化学品生产经营企业加快隐患排查治理体系建设，推进隐患排查治理信息系统的使用，逐步实现隐患排查治理工作全覆盖。

20.认真落实“一书一签”要求。督促危险化学品生产经营企业和进出口单位严格执行“一书一签”（安全技术说明书、安全标签）要求，确保将危险特性和处置要求等安全信息及时、准确、全面地传递给下游企业、用户、使用人员以及应急处置人员。危险化学品（危险货物）托运人要采取措施及时将危险化学品（危险货物）相关信息传递给相关部门和人员。

使用危险化学品的单位购买危险化学品时，应索要安全技术说明书，并检查有无安全标签，不得购买无“一书一签”的危险化学品。

21.推进科技强安。推动化工企业加大安全投入，逐步完成自动化控制系统升级，涉及“两重点一重大”的化工装置必须装备安全仪表系统，危险化学品重大危险源必须建立健全安全监测监控体系。督促企业做好自动化控制和安全仪表系统改造升级及操作岗位人员培训工作，确保人员正确、熟练操作，设备正常运转。鼓励有条件的企业建设智能工厂，利用智能化装备改造生产线，全面提升本质安全水平，减少危险岗位作业人员。大力推广应用风险管理、过程管理等先进管理方法手段，加强消防设施装备的研发和配备，提升安全科技保障能力。

22.深入推进安全生产标准化建设。健全完善体制机制，不断规范标准化评审工作，对危险化学品生产企业和构成重大危险源的危险化学品经营企业开展标准化二级评审，全面开展化工、医药企业安全生产标准化建设。组织开展标准化示范企业创建活动，树立一批典型标杆，推动危险化学品企业落实安全生产主体责任。

23.严格规范执法检查。强化依法行政，进一步规范检查内容，完善检查标准，提高执法检查的专业性、精准性、有效性，依法严厉处罚危险化学品企业违法违规行为，加大对违法违规企业的曝光力度。

24.依法严肃追究责任。加大对发生事故的危险化学品企业责任追究力度，依法严肃追究事故企业法定代表人、实际控制人、主要负责人、有关管理人员的责任。树立隐患等同于事故的安全管理理念，加大对事故隐患查处、曝光和责任追究的力度，推动企业自觉履行安全生产责任。

25.建立实施“黑名单”制度。加强企业安全生产诚信体系建设，建立危险化学品企业“黑名单”制度，及时将列入黑名单的企业在媒体曝光，并作为工伤保险、安全生产责任保险费率调整确定的重要依据。

26.严格危险化学品废弃处置。按照“谁产生、谁处置”的原则，及时处置废弃危险化学品。委托有资质单位处置的，要落实相应法律法规和技术标准要求，确保交付处理前满足规范储存要求，消除安全隐患。加强废弃危险化学品产生、运输、处置体系建设，进一步提升处置能力，确保满足全市需求。

（七）大力提升危险化学品安全保障能力。

27.强化危险化学品安全监管能力建设。加强负有危险化学品安全监管职责部门的监管力量，明确危险化学品安全监管机构和人员能力建设以及检查设备设施配备要求，强化危险化学品安全监管队伍和街道（乡镇）安全检查员队伍建设，逐步实现监管和检查人员专业化，切实提高依法履职的能力水平。

28.培育社会力量助力危险化学品安全监管。加强专业机构和专家力量的培育，通过政府购买服务等方式，充分发挥行业协会、安全生产服务机构、保险机构等社会力量的作用，持续提升危险化学品安全监管水平，增强监管效果。探索利用专业机构组织开展生产企业安全仪表系统风险评估、危险作业场所电气防爆检测等工作。

29.严格设计单位、安全和环保评价等第三方服务机构的监管。建立线索移送和问题通报制度，在监管过程中发现设计单位或评价机构存在弄虚作假、不负责任等行为时，应及时将有关线索移送相关管理部门，依法降低资质等级或者吊销资质证书，追究相关责任并在媒体曝光。

（八）加强危险化学品安全监管信息化建设。

30.加强危险化学品登记工作。进一步完善危险化学品登记制度，推动使用过程涉及重点监管或高危危险化学品的企业纳入登记管理的范畴，建立本市危险化学品企业信息数据库，并实现数据共享。

31.持续提升危险化学品监管信息化水平。充分运用大数据、云计算和物联网等信息化手段，依托政府数据统一共享交换平台，建设危险化学品集中管理信息化平台，实现危险化学品全生命周期信息化安全管理及信息共享、综合调度，全面提升本市危险化学品安全监管水平。

（九）加强危险化学品应急救援工作。

32.进一步提高应急处置精细化水平。编制危险化学品事故应急管理专项责任清单，进一步明确各单位职责及任务分工，细化应急处置流程。完善危险化学品事故现场指挥机制，提高现场救援的专业化、科学化水平。开展危险化学品领域巨灾情景构建工作，针对油库、加油站等城市安全风险，研究巨灾情景下事故演变过程，提出避免次生、衍生事故发生的具体措施。编制危险化学品事故应急指挥手册，明确各级救援指挥人员的重点任务和处理流程。持续开展生产安全事故应急处置评估，推动处置工作科学化、精细化、规范化、专业化。

33.加强危险化学品应急救援队伍建设。推动市级危险化学品应急救援队伍认定工作，探索建立危险化学品道路运输专业应急救援队伍，督促危险化学品生产经营企业建立专兼职应急救援队伍，储备必要的应急救援物资和装备，促进队伍专业化、正规化和标准化建设。加强全市危险化学品应急救援队伍管理，研究制定分级管理制度。组织开展全市危险化学品应急救援技术竞赛，不断提升各级各类危险化学品应急救援队伍的管理水平、技术水平、装备水平和应急救援能力。制定本市危险化学品应急救援基地建设方案，优化应急救援力量布局，逐步建立覆盖全市的危险化学品应急救援调度体系。

34.加强危险化学品应急预案管理。修订《北京市生产安全事故应急预案管理办法》，引导企业编制简明、实用、有效的应急处置卡，推动各区政府、北京经济技术开发区管委会及时修订针对重大危险源企业的“一对一”生产安全事故应急预案。加强应急管理专项执法检查，督促企业及时修订危险化学品事故应急预案，确保企业预案与政府及其部门相关预案有序衔接。定期开展综合或专项应急演练并做好评估工作，不断提高应急预案的科学性、针对性、实用性和可操作性。

（十）加强危险化学品安全宣传教育和人才培养。

35.大力推进危险化学品安全宣传普及。以“安全生产月”等影响力较大的宣传活动为载体，采用传统媒体与新媒体融合方式，开展形式多样的危险化学品安全宣传、教育和培训活动，不断提高全社会的安全意识与对危险化学品的科学认知水平。

36.加强危险化学品安全监管人员和化工行业管理人才培养。依托相关高校和职业院校，继续举办重点街道（乡镇）危险化学品安全监管人员培训班，提高其监管能力和水平。推动化工企业通过定向培养、校企联合办学和委托培养等方式，加快高风险、高危岗位操作人员的培养，确保涉及“两重点一重大”生产装置、储存设施的操作人员达到岗位技能要求。组织开展高风险岗位技能大赛，提高相关人员的工作能力。

六、工作要求

（一）各区政府、各有关部门和单位要按照工作分工和完成时限要求，结合本地区、本部门、本单位实际制定具体实施方案，并分别确定一名处级联络员和一名工作人员负责日常工作的联系和协调，于 2017 年 6 月 30 日前将实施方案和人员名单一并报送市安委会办公室。

（二）各区政府、各有关部门和单位要高度重视危险化学品安全综合治理工作，加强组织领导，密切协作配合，精心组织实施，确保取得实效，并按季度向市安委会办公室报送工作进展情况。市安委会办公室要以工作简报形式，定期通报综合治理进展情况。

（三）各区政府、各有关部门和单位要建立本地区、本部门、本单位的督查机制，推动各项工作顺利开展。市安委会办公室要适时组织开展专项督导检查，并在季度形势分析会上对发现的问题进行专项通报。

【市安委会文件】

北京市安全生产委员会关于做好2017年度安全生产重点工作任务的通知

京安发〔2017〕2号

各区人民政府、北京经济技术开发区管委会，市政府各委办局，市属企业，各有关单位：

为深入贯彻落实党中央国务院关于安全生产一系列重要指示批示精神和市委市政府关于安全生产工作部署要求，经市政府同意，现就做好2017年全市安全生产工作通知如下：

一、指导思想

认真贯彻落实党中央、国务院关于安全生产工作的决策部署和习近平总书记、李克强总理系列重要指示批示精神，以推进安全生产领域改革发展的意见为遵循，围绕“四化三体系双基”总任务，以落实“补短板、强融合、细落实、促平衡”为主线，深入推进安全风险防控和隐患排查治理双重机制建设，深化监管体制机制和基层基础建设，深化执法检查，深化打非治违，全面压减事故总量，有效防范较大以上事故和社会影响大的事故，坚决遏制重特大事故发生，为党的十九大胜利召开营造良好的安全生产环境。

二、工作任务

（一）深化安全生产领域改革

1.加大改革意见宣贯力度。各地区、各部门和各单位要充分认清《中共中央国务院关于推进安全生产领域改革发展的意见》（以下简称《意见》）出台的重大现实意义和历史意义，加大《意见》的宣传贯彻力度。要研究制定周密的宣传方案，采取广泛宣讲、专家解读、集中培训等方式，增进推进安全生产领域改革共识，提高各级贯彻落实《意见》的主动性、自觉性和针对性。

2.完成深化改革顶层设计。市安全监管局要研究起草《北京市委、市人民政府贯彻〈意见〉实施方案》，确定工作思路和重点任务，明确路线图、时间表和制度措施，结合实际创造性地抓好贯彻落实，实现与中共中央、国务院安全生产领域改革发展意见的有效衔接，切实把《意见》提出的各项政策措施变成安全生产领域改革发展的具体成果，变成安全生产工作整体水平提升的重要抓手。各地区、各有关部门要结合实际，研究制定细化工作方案，确定工作思路和重点任务，明确路线图、时间表和保障措施，结合实际创造性地抓好贯彻落实。

（二）强化安全生产责任落实

3.做好国务院安全生产考核各项工作。各地区、各有关部门要根据国务院安全生产考核组对本市2016年安全生产考核的反馈意见，认真落实整改措施，并举一反三，总结检查自身工作不足，切实提高安全监管（管理）水平。市安委会办公室要加大统筹和督导力度，层层落实责任制，及时向国务院考核组汇报整改工作进展情况，确保取得工作实效。各地区、各有关部门要认真做好国务院安委会对本市第一轮巡查各项准备工作。要按照国务院2017年安全生产考核有关要求，及早安排部署，扎实开展工作，及时梳理相关档案资料，确保圆满完成2017年国务院安全生产考核工作任务。

4.强化安全生产目标考核。各地区、各有关部门要认真贯彻执行市政府办公厅印发的《北京市安全生产工作考核办法》（京政办发〔2017〕7号），结合实际，制定本地区、本部门的安全生产考核办法，不断加大安全生产考核工作力度。市安委会办公室要制定《2017年度安全生产工作考核细则》，建立健全安全生产考核体系，开展量化、差异化、动态化安全生产综合考核。各地区和相关部门要按照考核细则和年度安全生产目标责任书确定的工作内容和目标，层层分解，采取有效措施，控制和减少事故发生，确保各项重点工作任务有效落实。

5.加强安全生产督察工作。市安全监管局负责起草《北京市安全生产督察方案》，报请以市委、市政府办公厅名义印发，切实推动安全生产督察工作的规范化和制度化建设，打通安全生产责任落实“最后一公里”。市安委会办公室要组织做好安全生产督察工作，力争在党的“十九大”召开之前对各区政府安全生产工作督察一遍，并适时向市委市政府进行汇报。各地区、各部门要层层抓好安全生产工作落实，按照市安全生产督察方案要求，研究制定本地区、本部门安全生产督察方案，确保安全生产责任层层传递、层层落实。

6.严肃事故查处和责任追究。市安全监管局要研究修订《社会影响较大的一般生产安全事故调查办法》和《重伤事故调查办法》；市安全监管局、市人力社保局要共同推进将重伤类工伤事故纳人生产安全事故统计，健全完善重伤事故数据统计共享机制；安全监管、公安、质监等部门，要严格按照科学严谨、依法依规、实事求是、注重实效和“四不放过”的原则，严肃查处每一起生产安全事故以及社会影响较大的事故，将事故调查处理情况及时向社会公布，接受社会监督。对发生社会影响大的较大以下事故，提级到市级调查组调查。

（三）加强安全生产监管法治建设

7.推进安全生产地方立法普法工作。市安全监管局要研究制定《北京市安全生产条例》修订总体方案，多层面组织开展调研论证，多渠道听取吸纳建议，针对突出问题，提出制度设计，全面完成调研分析、制度措施论证，撰写条例修订立项论证报告，经市政府法制办审查后，提请市人大常委会主任会议审议，争取列入2018年市人大立法计划。各地区、各有关部门要根据市十四届人大常委会关于检查《中华人民共和国安全生产法》《北京市安全生产条例》实施情况报告的审议意见，做好市人大常委会执法检查审议意见落实工作。

市安全监管局要按照《北京市安全生产行政执法评议考核办法》确定的任务和分解指标，组织完成全市安全监管系统第一次安全生产行政执法评议考核工作，提升全系统执法监督工作规范化、制度化建设水平。

8.深入推动安全生产地方标准编制工作。市安全监管局、市质监局要继续推动百部安全生产地方标准编制工作。各有关部门、市属国有企业要强化组织，加强沟通，配合做好地方标准制定工作。组织做好北京市《安全生产等级评定技术规范》“百项地标”中滑雪、游泳、攀岩、潜水4项标准的编制工作。组织启动《高等院校实验室危险化学品安全管理规范》和《医疗机构实验室危险化学品安全管理规范》地方标准编制工作。市安全监管局要组织修订安全生产地方标准管理办法，提出本市亟需制定的安全生产地方标准框架，修订完善本市安全生产地方标准体系。做好已发布安全生产地方标准的宣贯工作。

9.继续做好安全生产执法检查规范编制工作。市安全监管局要组织完成油库、餐饮、非煤矿山、网吧、宾馆、机动车维修、商场超市、物业和有限空间9个行业领域安全生产执法检查规范，以及木质家具制造、汽修和有限空间作业3个行业领域职业卫生执法检查规范编制工作，有效提升安全生产执法检查规范化建设水平。

10.认真做好执法检查的提质增效工作。市安全监管局和负有安全监管职责的部门要制定《2017年度全市安全生产重点执法检查计划》，明确安全生产检查的重点内容和主要任务，明确安全检查的频次、内容、方式和要求，并抓好组织实施。市安全监管局要严格按照年度执法检查计划要求，展开安全生产执法检查工作，实现A岗人员年度人均执法检查量不低于10件、人均执法处罚量不低于1件的目标。各地区安全监管部门要对照市局要求并结合实际研究确定本地区年度执法检查量，层层分解落实。

（四）加快推进双重预防控制体系建设

11.启动全市安全风险辨识评估管控和安全生产重大风险源普查试点工作。市安全监管局要研究制定《北京市安全风险辨识评估试点工作方案》，在各区和市公园管理中心、11家市属国有企业（主要是涉及水、电、气、热、轨道交通的企业）开展安全风险辨识评估和安全生产重大风险源排查试点工作，编制安全生产重大风险源清单，加强风险管控。

12.加强安全生产源头管控和安全准入。认真贯彻落实国务院安委会办公室《关于实施遏制重特大事故工作指南全面加强安全生产源头管控和安全准入工作的指导意见》（安委办〔2017〕7号）精神，研究制定本市加强安全生产源头管控和安全准入实施意见，在项目立项、用地审批、规划设计、工程施工等多环节加大涉及安全生产事项的管控力度，着力构建规划设计、重点行业领域、工艺设备材料、特殊场所、人员素质“五位一体”的源头管控和安全准入制度体系，减少高风险项目数量和重大危险源，全面提升企业和区域的本质安全水平。

13.继续开展隐患排查治理“一企一标准、一岗一清单”编制工作。市安全监管局要深入推进全市“一企一标准、一岗一清单”编制工作，年内至少完成2227家生产经营单位编制任务。各地区要采取政府购买服务方式组织中介机构为企业清单编制提供有力技术服务支撑，按要求完成本地区清单编制任务。各地区、各有关部门和企业要加快推进隐患排查治理信息系统全面使用，纳入标准清单编制企业隐患信息系统使用率达到95%。启动隐患排查治理评价考核，市安委会办公室组织对各地区、各企业、各有关部门进行评价考核，定期通报信息化使用及清单编制情况。

14.实施重点行业领域消隐工程。落实为民办实事工程，市安全监管局统筹协调，市城市管理委、市公安局消防局、市燃气集团提供技术支持，各区政府组织实施，按要求完成城乡困难居民家庭淘汰不合格燃气灶具、安装燃气安全辅助设备和独立式烟感火灾探测报警装置工作任务，有效提高居民家庭火灾预警防范能力。按照2016年有储存设施的高风险危险化学品经营企业退出工作模式，引导房山、大兴、顺义、昌平等重点区继续开展退出工作，组织开展“回头看”，抽查部分退出企业，确保已退出企业危险化学品储存设施彻底拆除。

市安全监管局、市规划国土委、市财政局和相关区政府要积极沟通，研究制定本市非煤矿山关闭退出指导意见和具体实施方案，落实相关资金，做好本市非煤矿山关闭退出的准备工作。年内完成放马峪老尾矿库、首云旧尾矿库、后安岭1号黄金尾矿库、大浦池沟黄金尾矿库、七道梁1号黄金尾矿库等5座尾矿库退出工作。

（五）深化重点行业领域专项整治

15.开展建设施工领域专项整治。市住房和城乡建设委要进一步强化建筑工程施工现场安全监督执法工作，明确本单位年度安全监督执法工作重点，切实加强对本市行政区域内在施房屋建筑和市政基础设施新建、改建、扩建工程的监督检查。要依据国家、本市及行业法律法规、标准制度等有关规定，重点开展建筑起重机械、深基坑、高大模板支撑体系、高大脚手架等危险性较大分部分项工程专项检查，加强施工消防安全、临时用电安全和汛期安全检查工作。对于检查中发现的安全隐患，市、区住房城乡建设委应责令责任单位立即整改消除安全隐患；重大安全隐患排除前或者排除过程中无法保证安全的，应责令作业人员从危险区域撤出或者暂时停止施工。加大对违法违规行为的惩处力度，依据建筑企业资质和人员资格动态监管规定，对责任单位和责任人记分处理；对存在安全隐患较多、性质严重的责任单位和主要负责人进行全市通报，并将责任单位纳入差别化监管。对违法违规情节严重的，进行曝光。

16.完成城镇燃气管道安全隐患整治。进一步加大城镇燃气输送管道隐患治理力度，根据油气输送管道隐患整治攻坚战推进工作实施方案职责分工和有关要求，扎实做好剩余城镇燃气安全隐患整治工作。各地区要按照“一点一案”“一事一案”要求，明确责任单位和整改时限，不退不让，不等不靠，确保今年完成全部已排查燃气占压隐患整治工作。市城市管理委要进一步加大协调力度，确保目标如期完成。

17.加强人员密集等火灾高危场所抵御火灾能力。市公安局消防局要推动老年人家庭、小旅馆、群租房、“三合一”等场所安装简易喷淋和独立式感烟火灾探测报警器，年内推广安装独立式火灾探测报警器74万个；建立消防远程监控系统，70%的火灾高危单位接入系统；推动在全市所有新建、改建和扩建的人员密集场所、标志性建筑等重要工程同步安装电气火灾监控系统，在已建成建筑逐步推广加装；加强微型消防站和区域联防体系建设，年内重点单位和60%的街道社区建成微型消防站，50%的商业区、旅游区、开发区等重点单位集中区域建立消防安全联防协作组织；加快推进消防水站及水源建设，提升应对火灾能力。市商务、旅游、文物、规划、城管、安全监管、住建、市政市容、国资、经信、质监、文化、体育、交通、民政、广电、教育、卫生计生、铁路、金融、保险和物业管理等部门，要按照各自职责，指导督促企业及人员密集场所开展消防隐患排查治理。

18.开展交通运输领域专项整治。市交通委要以“两客一危”、轨道交通和货运行业安全监管为重点，认真开展道路运输、轨道交通运营、危险化学品运输以及高速公路隧道、公路桥梁等专项整治。要全面排查地铁运营设备、设施和控制保护区安全隐患，加大对轨道交通大客流监管力度，严防拥堵踩踏事故发生。要强化高速公路隧道、病害桥梁的安全隐患排查治理，消除事故隐患。市公安局交管局要进一步提升路面管控力度，开展超速、超员、超载、疲劳驾驶和酒后驾驶等严重违法违规行为专项整治，形成路面严查严管高压态势，严查非法违法运输和进京大货车违法行为。铁路部门要以客运安全为重点，扎实开展铁路安全生产和沿线环境秩序专项整治，严查铁路沿线安全保护区内违法建设、违法施工、违法经营等问题。

19.做好工矿等领域专项整治。市安全监管局要继续开展涉爆粉尘企业事故隐患治理专项行动，完善涉爆粉尘企业基础台账，督促重点企业制定落实隐患整改方案，组织开展涉爆粉尘企业安全风险评估和监督检查，督促指导企业加强涉爆粉尘隐患治理和职业卫生管理，推动涉爆粉尘隐患治理示范企业创建。北京煤监局要全面推进煤矿岗位达标“5321”工作法，选取重点段队开展“5321”岗位达标考评试点工作，指导督促煤矿企业通过段队考评、矿级部门抽查等形式，推动岗位达标“5321”工作法全面落实，并对落实情况进行互检互查。市安全监管局和有关部门要积极推进燕山石化储运一厂、中石化北京分公司沙河油库以及二商集团大红门地区3座冷库的隐患消除工作。市安全监管局、市政府督查室、市公安局消防局要开展挂账隐患企业的联合督查，认真组织隐患治理奖励资金申报的评审工作，及时拨付隐患治理资金。市安全监管局要推进危险化学品集中管理体系建设，开展五环内危险化学品使用“正面清单”编制工作，推动本市五环路内危险化学品使用企业的疏解。开展有限空间专项执法检查，预防、控制有限空间中毒和窒息事故发生。开展职业卫生执法，推进职业卫生监管能力建设。

20.深化城乡结合部和地下空间安全生产专项整治。各区政府和有关部门要深化城乡结合部安全生产专项整治，严厉打击“工业大院”“五小企业”（小化工、小木器、小服装、小加工、小作坊）、“六小场所”（小歌厅、小餐饮、小网吧、小洗浴、小旅馆、小市场）非法生产、非法经营、非法储存行为，取缔“三合一”“多合一”等存在安全隐患的住宿与生产、储存、经营合用场所。采取执法检查、隐患挂账督办、清理退出等方式，全面清理整治镇村产业小区和工业大院，加大对“散乱污”企业执法检查和安全生产隐患治理力度。加大地下空间综合整治工作力度，完成2015至2017年全部挂账整治任务。进一步深化地下空间治理，对旅馆、员工宿舍延伸整治，杜绝新增，减少存量。

21.做好2017年重大活动安全生产保障工作和重点建设工程执法检查工作。重点完成全国“两会”“一带一路”国际合作高峰论坛、党的“十九大”等重大活动安全生产保障工作。加强对新机场、城市副中心办公区、冬奥场馆及配套设施等重点建设工程开展安全生产执法检查。

（六）夯实安全生产工作基础

22.推进街乡安全生产检查队规范化建设。市安全监管局要组织对东城、西城、朝阳、丰台、通州、顺义6个区乡镇、街道（园区）安全生产检查队规范化建设先行示范区达标验收；制定《北京市村级巡查员队伍建设指导意见》，启动全市乡镇、街道（园区）安全生产检查队规范化建设工作，并组织观摩交流，年底前70%的乡镇、街道（园区）安全生产检查队达到规范化创建目标。积极探索研究区职能部门专职安全员日常管理、绩效考核、工作开展的方式方法。

23.加快安全生产领域信用体系建设。深入推进《北京市安全生产信用体系建设管理办法》及配套制度措施的落实。做好信用信息系统的推广应用，建立健全安全生产信用信息数据库，负有安全监管职责的部门要加强沟通协调，努力实现安全生产信用信息互通和资源共享。根据国家安全监管总局等部委联合惩戒的意见，研究建立本市具体实施意见，将联合惩戒工作落到实处。及时公布重点企业安全生产信用评级情况。

24.做好企业安全生产标准化创建达标提质升级工作。各地区、各有关部门和企业要继续开展安全生产标准化示范企业创建工作，强化安全生产标准化工作的宣传和培训。市安全监管局要修订完善安全生产标准化制度文件，加强工作经验的总结、交流和推广，指导各区做好创建工作，加强对安全生产标准化企业的监督检查，组织对评审单位安全生产标准化评审工作进行考核。

25.推进安全生产信息化建设。加强安全生产政务信息平台建设，以平台建设促安全生产政务公开、以政务公开促安全生产业务工作，以业务工作落实促安全生产履职尽责能力的提升。推进安全生产决策公开、执行公开、管理公开、服务公开和结果公开，重点做好职权信息和安全生产行政许可、执法检查、行政处罚和事故调查的结果公开；加强对政务网站的监督检查和信息发布安全保密审查，定期通报政务公开情况，不断提升政务公开工作水平。推进“安全预防控制体系信息化项目”建设工作，市安全监管局要配合市发展改革委、市经济信息化委做好项目立项评审工作。完成安全生产培训考核综合管理系统升级改造建设项目。全力做好专职安全员检查系统推广工作。

26.持续深入开展“双百工程”活动。市安全监管局要继续在全市范围内开展“百名安全监管干部与万家企业主要负责人对话谈心”和“百名安全生产专家服务万家企业”活动。科学安排部署工作任务，认真组织指导对话谈心活动，要聘请安全生产专家进入小微企业，重点就安全用电、用气和第一时间的应急处置能力进行现场技术服务。

27.推进危险化学品集中管理体系建设。定期组织召开体系建设协调小组工作会议，集中解决重大问题，推进整体工作进展。强化重点问题研究，市规划国土委、市交通委、市安全监管局等部门要联合开展仓储设施建设规划、危化品使用量调查评估等工作，为体系建设提供政策支持和决策辅助；要突出信息化系统立项工作，各部门按职责分别推进综合调度指挥、工业气体管理、电子运单、剧毒易制爆管理系统立项取得实质性进展，市发改委、市经信委、市财政局要做好相应支持；坚持业务应用需求导向，研究制定集中管理体系信息化系统建设、危险化学品追溯管理相关标准规范，营造良好信息化建设环境。

28.提升应急救援保障能力。以通州区为试点，开展京津冀协同应对事故灾难试点工作，提升城市副中心应对事故灾难应急处置能力。深化京津冀区域协同应急机制建设，开展区域综合风险评估、区域应急资源普查、应急联动协同网络信息系统互联互通工作，落实协同应急工作经费保障。各地区要结合北京市突发事件总体预案和市级危险化学品事故、矿山事故专项预案，加快修订完善区级危险化学品事故应急预案、矿山事故应急预案、属地政府重大危险源事故“一对一”应急预案等。在全市涉爆粉尘企业开展应急管理示范企业创建工作。依托燕山石化探索建设一支危险化学品道路运输专业应急救援队伍，以进一步提高此类事故的应急处置能力，提高处置效率，降低次生衍生灾害发生的可能性，减少人员伤亡和财产损失。

29.加大安全生产宣传力度。各地区、各部门要充分利用电视、报纸、宣传栏等传统媒体和微博、微信等新媒体开展安全生产宣传工作，突出抓好第十六个“安全生产月”活动。做好油品调和储运（装卸）工、安全生产执法人员、城轨列车信号工、危险化学品生产从业人员、地下有限空间作业人员五个工种的职业技能大赛的各项筹备和组织工作，并做好纳入2017年度北京“职工技协杯”职业技能大赛申报工作。开展职业卫生宣传员评选、巡回演讲工作和“2017安监之星·北京榜样”主题活动。发挥12350安全生产投诉举报热线作用，调动社会力量参与安全生产监督，查找安全隐患，落实有奖举报制度。市安全监管局、市总工会、市社会办要推动“千企万人”安全生产社会监督志愿者队伍建设，组织开展“您举报，我奖励，查找身边的安全隐患”“您身边的安全顾问”等专题活动，引导公众，加强安全生产违法违规行为的情报收集，切实提高民众参与安全生产监管的广度、深度和精度。

三、保障措施和工作要求

（一）加强组织领导。各区政府、各部门、各单位要明确分管领导，落实工作目标和任务，做好组织实施，确保各项工作落实到位。市安委会办公室要定期召开安委会专题会议，及时研究、协调解决工作中出现的突出问题。各区政府要充分发挥安委会及其办公室的作用，加强工作统筹，做好各项工作的综合协调和检查督查，及时掌握工作进展情况。各牵头部门要加强统筹协调，各配合部门要加强配合协作，做好有关信息收集报送工作。

（二）层层落实责任。按照逐级负责的原则，市政府与各区政府签订安全生产目标责任书，各区政府要和各街道乡镇签订安全生产目标责任书，确保目标明确、内容具体、指标量化，推动安全生产各项工作顺利实现。

（三）实施通报约谈。对安全生产工作履职不到位，存在重大安全隐患或对重大隐患整改不到位、发生社会影响恶劣的较大生产安全事故的市政府有关部门、区人民政府、市属国有和国有控股企业，按照《北京市人民政府办公厅关于印发〈北京市安全生产约谈办法〉的通知》（京政办发〔2014〕40号）要求，对区、相关部门和企业的负责人进行约谈。

（四）强化责任追究。市安委会办公室根据《北京市安全生产考核办法》，制定下达《2017年度安全生产综合考核细则》，对完成工作任务，工作突出的单位和个人给予表彰和奖励。对于工作完不成、事故压减措施不到位的区政府、市政府有关部门和国有企业的主要负责人，要向市政府做出书面检查。对发生事故的单位，严格开展责任倒查。

北京市安全生产委员会

2017年4月11日

北京市安全生产委员会关于印发《北京市城市安全风险评估试点工作方案》和《北京市安全风险管理实施办法（试行）》的通知

京安发〔2017〕6号

各区政府、北京经济技术开发区管委会，各有关单位：

为贯彻落实《中共中央国务院关于推进安全生产领域改革发展的意见》和《北京市人民政府关于推进安全预防控制体系建设的意见》（京政发〔2016〕2号）要求，建立全市安全风险管控机制，市安委会制定《北京市城市安全风险评估试点工作方案》和《北京市安全风险管理实施办法（试行）》，经报市政府同意，现印发给你们。请结合本区、本部门、本单位实际情况，认真组织实施。

附件：1.北京市城市安全风险评估试点工作方案

2. 北京市安全风险管理实施办法（试行）

3. 北京市安全风险评估规范（试行）

4. 北京市生产安全事故应急能力评估规范（试行）

5. 北京市生产安全应急资源调查规范（试行）

6. 企业安全风险源辨识建议清单

北京市安全生产委员会

2017年6月29日

附件1：

北京市城市安全风险评估试点工作方案

为贯彻落实《中共中央国务院关于推进安全生产领域改革发展的意见》（以下简称《意见》）、《国务院安委会办公室关于印发标本兼治遏制重特大事故工作指南的通知》（安委办〔2016〕3号）、《国务院安委会办公室关于实施遏制重特大事故工作指南构建双重预防机制的意见》（安委办〔2016〕11号）、《北京市人民政府关于加强公共安全风险管理工作的意见》（京政发〔2010〕10号）和《北京市人民政府关于推进安全预防控制体系建设的意见》（京政发〔2016〕2号）等要求，建立全市安全风险管控机制，实现安全风险辨识、评估、监测和管控全过程综合管理，市安全生产委员会决定在全市开展城市安全风险评估试点工作。为确保工作顺利开展，制定本方案。

一、总体要求

（一）指导思想。深入贯彻习近平总书记系列重要讲话精神和《意见》关于安全生产领域改革发展的要求，坚持安全第一、预防为主、综合治理的方针，以防范遏制重特大生产安全事故为目标，在安全生产领域全面引入风险管理的理念和方法，辨识评估各行业、区域、企业生产经营建设和城市运行中的各类安全风险源，全面推行安全风险分级管控，推进事故预防工作的科学化、信息化、标准化，切实增强安全风险管控能力，为建设国际一流的和谐宜居之都奠定基础。

（二）工作目标。通过2年左右的时间，基本建立健全本市安全生产领域风险评估工作制度和标准体系；对重点行业领域安全风险进行深入辨识与评估，查清安全风险源的数量、种类和分布情况，建立安全风险管控机制，探索建立规范的安全风险数据库和信息管理系统，总结凝练可复制推广的工作经验，形成科学、规范、系统、动态的安全风险评估工作机制。

二、工作对象和范围

（一）各区重点组织开展以下行业领域的安全风险评估及管控工作：

1.危险化学品单位（包括生产、经营、储存、使用）；

2.人员密集场所单位（包括规模以上商业零售、规模以上餐饮、星级饭店、体育运动场馆、文化娱乐场所）；

3.建筑施工项目；

4.生活垃圾处理设施；

5.规模以上工业企业；

6.“两客一危”企业；

7.矿山、非煤矿山及尾矿库。

（二）市行业部门及以下13家试点国有企业开展安全风险评估及管控工作：

1.北京市轨道交通建设管理有限公司；

2.北京市地铁运营有限公司；

3.国家电网北京市电力公司；

4.北京燃气集团有限责任公司；

5.北京市自来水集团有限责任公司；

6.北京市首都公路发展集团有限公司；

7.北京公共交通控股（集团）有限公司；

8.北京市热力集团有限责任公司；

9.北京城市排水集团有限责任公司；

10. 华能北京热电有限责任公司；

11. 北京市市政路桥集团有限责任公司；

12. 中国石油化工股份有限公司北京燕山分公司；

13. 北京环境卫生工程集团有限公司。

（三）北京市公园管理中心管理的市属公园结合自身特点，开展安全风险评估及管控工作：

1. 颐和园；

2. 天坛公园；

3. 北海公园；

4. 中山公园；

5. 景山公园；

6. 香山公园；

7. 北京动物园；

8. 北京市植物园；

9. 陶然亭公园；

10. 紫竹院公园；

11. 玉渊潭公园。

三、工作任务

（一）建设配套标准规范体系

市安全生产委员会办公室制定《北京市安全风险管理实施办法》《北京市安全风险评估规范》《北京市生产安全事故应急能力评估规范》《北京市生产安全应急资源调查规范》等配套标准规范，指导区域、行业开展安全风险评估工作；市行业部门组织相关专业机构和专家编制本行业风险辨识评估标准，行业内已有相关标准的，做好标准的借鉴使用工作。

（二）开展安全风险源普查，摸清底数

参考《企业安全风险源辨识建议清单》，各区政府及市行业部门组织各企业全面辨识本企业所有安全风险源的数量、种类和分布情况，开展风险评估，形成并上报本企业安全风险源清单。

（三）开展安全风险评估

各区政府及市行业部门根据企业上报的安全风险源情况，组织开展评估工作，形成本行政区域、本行业领域的重大安全风险源清单和电子地图。“安全风险源清单”应明确每个风险源的所属单位、风险源所处位置、风险等级和主管（监管）单位；“安全风险电子地图”应将各类安全风险的基本情况、影响范围、周边脆弱性目标分布情况、应急资源等相应的清单信息整合至电子地图中。

（四）同步建设数据库及信息管理系统

市安全生产委员会办公室组织建立安全风险数据库。结合现有安全生产条件普查数据、安全生产标准化数据、安全生产隐患排查治理数据等，融合安全生产现有业务工作，并借助专家系统，开发安全风险信息管理系统，实现安全风险辨识与评估、分级分类、风险监测与动态更新、统计分析、预测预警等功能，并满足与其他关联数据的交互功能。

（五）落实安全风险分级管控措施

各区政府及市行业部门组织各企业在安全风险源普查及风险评估的基础上，开展应急资源调查及应急能力评估工作。各企业结合评估结果，从组织、制度、技术、应急等方面对安全风险源进行有效控制，加强风险管控。针对可能影响公共安全的风险，与属地政府开展应急响应相关衔接工作。

行业部门根据企业安全风险源清单，对可能影响公共安全的风险进行再评估，确定安全风险等级，制定安全风险管控措施，明确管控主体和管控责任；针对重大安全风险源，开展应急能力评估，参照《北京市生产安全事故应急指挥部办公室关于印发北京市属地人民政府与重大危险源企业“一对一”生产安全事故应急预案编制和管理导则的通知》（京安应急办发〔2012〕2号）及《北京市生产安全事故应急指挥部办公室关于组织开展区县人民政府与重大危险源企业“一对一”生产安全事故应急预案演练活动的指导意见》（京安应急办发〔2014〕3号）的要求，编制本行业重大安全风险源企业与属地政府“一对一”事故应急预案并组织开展应急演练。

各区政府汇总、分析本行政区域内安全风险评估情况，制定本区安全风险管控办法，明确本行政区域内较大以上安全风险的管控主体和管控责任；加强市区之间、部门之间安全生产应急联动；探索建立以本区重点企业为龙头，相关企业参与协作的区域应急联动机制；从完善城市规划、理顺监管体制、强化监管能力建设、制度建设等方面加强安全风险源头管控，确保可能影响公共安全的风险得到有效控制。

四、职责分工

依托安全生产委员会组织体系，各单位分别成立安全风险评估试点工作领导小组，主管领导同志任组长，相关领导任副组长，统筹组织协调本单位的安全风险评估及管控工作。

（一）市安全生产委员会和负有安全管理职责的部门

市安全生产委员会：负责安全风险评估工作的总体部署、宏观指导、统筹协调和督查考核，制定安全风险评估工作制度，指导安全风险辨识评估标准编制，建立完善市级安全风险数据库和信息管理系统，指导督促各区及相关行业建立安全风险分级管控机制，及时研究解决面临的问题。

市住房城乡建设委：负责制定建筑施工项目的安全风险辨识评估标准，并指导监督北京市轨道交通建设管理有限公司、区住建委开展安全风险评估及管控工作。

市城市管理委：负责制定电力、供燃气、供热企业和生活垃圾处理设施的安全风险辨识评估标准，并指导监督国家电网北京市电力公司、华能北京热电有限责任公司、北京燃气集团有限责任公司、北京环境卫生工程集团有限公司、北京市热力集团有限责任公司、区城管委（区市政市容委）开展安全风险评估及管控工作。

市交通委：负责指导监督北京市地铁运营有限公司、北京市首都公路发展集团有限公司、北京公共交通控股（集团）有限公司、北京市市政路桥集团有限责任公司开展安全风险评估及管控工作，指导制定轨道运营、高速公路、道路施工、公交运营企业的安全风险辨识评估标准；负责制定“两客一危”企业安全风险辨识评估标准，指导监督区交通主管部门开展安全风险评估及管控工作。

市水务局：负责制定供水、排水企业的安全风险辨识评估标准，并指导监督北京市自来水集团有限责任公司、北京城市排水集团有限责任公司开展安全风险评估及管控工作。

市商务委：负责制定规模以上商业零售、规模以上餐饮企业的安全风险辨识评估标准，并指导监督区商务委开展安全风险评估及管控工作。

市旅游委：负责制定星级饭店的安全风险辨识评估标准，并指导监督区旅游委开展安全风险评估及管控工作。

市文化局：负责制定文化娱乐场所的安全风险辨识评估标准，并指导监督区文化委开展安全风险评估及管控工作。

市安全监管局：负责制定危险化学品生产、经营、储存、使用单位，规模以上工业企业，矿山、非煤矿山及尾矿库的安全风险辨识评估标准，并指导监督中国石化股份有限公司北京燕山分公司、区安全监管局开展安全风险评估及管控工作。

市体育局：负责制定体育运动场馆的安全风险辨识评估标准，并指导监督区体育局开展安全风险评估及管控工作。

市园林绿化局：负责制定公园的安全风险辨识评估标准，并指导监督北京市公园管理中心开展安全风险评估及管控工作。

涉及消防、特种设备等专业领域的，由行业部门负责协调相关部门共同开展安全风险评估工作。

（二）各区安全生产委员会和负有安全管理职责的部门

各区安全生产委员会负责组织相关部门、乡镇政府、街道办事处开展安全风险评估及管控工作。

区住建委负责开展建筑施工项目的安全风险评估及管控工作；

区城管委（区市政市容委）负责开展生活垃圾处理设施的安全风险评估及管控工作；

区交通主管部门负责开展“两客一危”企业的安全风险评估及管控工作；

区商务委负责开展规模以上商业零售、规模以上餐饮企业的安全风险评估及管控工作；

区旅游委负责开展星级饭店的安全风险评估及管控工作；

区文化委负责开展文化娱乐场所的安全风险评估及管控工作；

区安全监管局负责开展危险化学品生产、经营、储存、使用单位，规模以上工业企业，矿山、非煤矿山及尾矿库的安全风险评估及管控工作；

区体育局负责开展体育运动场馆的安全风险评估及管控工作。

（三）乡镇政府、街道办事处

乡镇政府、街道办事处组织本辖区企业的安全风险评估及管控工作；将安全风险源及应急资源情况汇总上报至区行业部门。

（四）北京市公园管理中心及13家国有企业

负责制定本单位安全风险辨识评估与管控的工作标准，开展安全风险评估及管控工作，负责汇总、分析本单位安全风险评估及管控情况。

五、工作步骤

本方案分三个阶段组织实施。工作时限：2017 年 3 月至 2018 年 12 月。

第一阶段：准备与动员部署（2017 年 3 月—8 月）。

（一）标准编制

市行业部门组织相关专业机构和专家开展本行业风险辨识评估标准编制工作，于 2017 年 8 月底前完成。

（二）动员部署

动员部署包括两个层面：一是市安全生产委员会办公室组织召开各区、市行业部门、北京市公园管理中心及 13 家国有企业主要领导工作会，部署全市安全风险评估工作。二是各区政府及其相关行业部门和企业分别对本区、本行业和本单位的安全风险评估及管控工作进行动员部署。

（三）开展培训

组织开展三个层面的培训：一是市安全生产委员会办公室负责组织针对各区、行业部门、北京市公园管理中心及 13 家国有企业、专业机构与专家的培训；二是各区负责组织针对属地、区行业部门及企业的培训；三是各企业负责组织针对本单位人员的培训。培训工作要注重培训质量和效果，主要培训内容应涵盖工作方案、配套标准规范、安全风险评估的方法步骤、信息管理系统使用等。

第二阶段：城市安全风险评估及管控（2017 年 6 月—2018 年 7 月）。

（一）区级层面组织的安全风险评估工作

企业安全风险源普查、风险评估及管控。各区政府组织乡镇政府、街道办事处督促辖区内企业开展风险评估、应急资源调查及应急能力评估工作，结合评估结果督促企业制定风险管控措施，完善应急预案。各企业于 2017 年 8 月底前完成企业安全风险源清单并上报至属地乡镇政府或街道办事处。

乡镇政府、街道办事处安全风险源清单分类汇总。各区政府组织乡镇政府、街道办事处汇总辖区及企业安全风险源清单及应急资源情况。乡镇政府、街道办事处于 2017 年 9 月底前将本辖区安全风险源清单及应急资源情况分类报送至区相关行业部门。

区行业部门安全风险评估及管控。行业部门根据企业安全风险源清单，对可能影响公共安全的风险进行再评估，形成本行业领域的重大安全风险源清单，制定安全风险管控措施，明确管控主体和管控责任。结合本行业部门掌握的应急资源情况，针对重大安全风险源，开展应急能力评估，编制本行业重大安全风险源企业与属地政府“一对一”事故应急预案并组织开展应急演练。于 2017 年 10 月底前将本行业领域的重大安全风险源清单上报区安全生产委员会办公室及市行业部门，并完成本行业安全风险数据库及信息管理系统录入工作。

区政府安全风险源汇总、管控及监督指导。区政府汇总、分析本行政区域内安全风险评估情况，完善本区安全风险数据库及信息管理系统，绘制安全风险电子地图，制定本区安全风险管控办法，撰写本区安全风险评估报告，加强市区之间、部门之间安全生产应急联动，探索建立企业参与协作的区域应急联动机制。全市各区于2017年11月底前完成重大安全风险源清单、安全风险电子地图上报工作。本市东城、西城、朝阳、通州、大兴和延庆6个区政府于2017年11月底前完成安全风险评估报告以及重大安全风险源企业与属地政府“一对一”事故应急预案、安全风险管控办法等风险管控相关成果上报工作，并于2017年12月起开展“一对一”事故应急预案演练及安全风险的动态更新工作；其他区区政府于2018年7月底前完成风险管控相关成果上报工作，并开展动态更新。

安全风险评估工作实施期间，区政府组织专业机构或专家开展现场指导和技术咨询服务工作，重点是辨识评估工作存在的问题、风险分类分级、数据库建立和“安全风险源清单”“安全风险电子地图”编制绘制等。

（二）市级层面组织的安全风险评估工作

企业安全风险源普查、风险评估及管控。市行业部门组织北京市公园管理中心及13家国有企业开展安全风险评估、应急能力评估及应急资源调查工作，督促企业从组织、制度、技术、应急等方面加强安全风险管控。企业于2017年9月底前将本企业安全风险源清单汇总上报至市行业主管部门。

市行业部门安全风险评估及管控。市行业部门根据企业安全风险源清单，对可能影响公共安全的风险进行再评估，形成本行业领域的重大安全风险源清单；制定安全风险管控措施，明确管控主体和管控责任；针对可能影响公共安全的风险，编制“一对一”事故应急预案，与企业、属地政府开展应急响应相关衔接工作；探索建立市区之间、部门之间安全生产应急联动机制；撰写本行业安全风险评估报告，录入本行业安全风险数据库及信息管理系统，于2017年11月底前完成本行业领域的重大安全风险源清单、安全风险电子地图上报工作，于2018年7月底前完成安全风险评估报告及风险管控相关成果上报工作，并开展动态更新。

市安全生产委员会办公室风险源汇总及指导监督。市安全生产委员会办公室组织专业机构编制全市安全风险评估报告，并于2017年12月底前完成全市重大安全风险源清单和电子地图的制作。安全风险评估实施期间，市安全生产委员会办公室组织专业机构或专家开展现场指导和技术咨询服务工作，定期开展安全风险评估工作的监督检查。

第三阶段：总结部署（2018年8月—12月）。

市安全生产委员会办公室对全市安全风险评估试点工作情况进行总结，分析存在问题，提炼工作经验，部署下一步全市安全风险评估及管控工作。

六、工作要求

（一）提高认识，高度重视。安全风险评估及管控是贯彻落实党中央、国务院，市委、市政府关于安全生产一系列工作部署的重要手段；是落实“四化三体系双基”总任务，实现常态与非常态管理相结合的具体体现；是创新安全管理理念，做好事故预防与应急准备的重要抓手。各区政府、各相关部门和单位要狠抓风险防控，有针对性地加强重点行业领域和城市运行风险研判，从源头上防范安全生产事故发生。

（二）制定方案，落实责任。各区政府、各相关部门和企业要制定工作落实方案，明确责任和工作任务，明确专人负责。主要负责人要亲自动员部署，要对本单位安全风险评估及管控工作的过程和结果实行全面考核，对失职追责和落实保障资金等提出明确要求。主管负责人要切实负起责任，工作进展实行定期调度，检查工作质量，落实工作考核和失职追责要求，组织抓好本单位的工作落实。

（三）强化统筹，推动工作。各区政府、各相关部门和各企业要强化工作统筹，要把安全风险评估工作与本单位年度安全生产重点工作、安全生产督查检查、安全生产标准化等工作融合推进，确保风险评估工作顺利开展。要充分发挥专业机构和专家在安全风险评估工作中的作用，着力解决风险评估工作存在的突出技术问题。

（四）强化反馈，落实任务。要加强风险评估工作信息的收集汇总，及时反馈工作情况，市安全生产委员会办公室将定期调度工作，通报情况，刊发简报反映工作，并适时开展工作检查和督查。

附件 2：

北京市安全风险管理实施办法（试行）

第一条　为加强本市安全生产领域风险（以下简称安全风险）管理，规范工作流程，建立健全风险管理机制，根据《中华人民共和国安全生产法》《中华人民共和国突发事件应对法》《北京市安全生产条例》和《北京市人民政府关于加强公共安全风险管理工作的意见》（京政发〔2010〕10号）等有关法律、行政法规、规范性文件，制定本办法。

第二条　安全风险的辨识、评估、登记建档和控制，适用本办法。

已有安全风险管理相关规定的行业领域，按其规定执行。

第三条　本办法所称安全风险是指生产安全事故发生的可能性及其可能造成后果严重性的组合。

安全风险按照其可能发生的事故类型、可能造成的危害程度和影响范围，分为重大安全风险、较大安全风险、一般安全风险和低安全风险四级。

第四条　安全风险管理工作坚持“分级、属地管理，谁主管、谁负责，突出重点、注重实效”的原则。

第五条　市安委会办公室负责指导协调、督促检查全市安全风险管理工作，并将安全风险管理工作纳入本市安全生产责任制考核内容。

第六条　负有安全生产监督管理职责的部门负责本行业领域安全风险的监督管理工作，落实行业安全风险监管责任。

（一）建立健全本行业领域安全风险监管责任制、监督管理制度和技术标准；

（二）组织辨识和评估本行业领域内的重大安全风险；编制并向属地区政府报送本行业

领域重大安全风险评估报告、清单和电子地图；

（三）依据本行业领域的重大安全风险评估报告、应急能力评估报告和应急资源调查登记报告，组织制定并实施本行业领域重大安全风险的部门控制措施和应急预案；

（四）建立健全与属地区政府在信息传递、预警响应、应急处置、社会面控制、紧急疏散和善后恢复等重大安全风险的联防联控机制。

第七条　各区政府和北京经济技术开发区管委会负责本行政区域内的安全风险管理工作，落实属地管理责任。

（一）建立健全本行政区域内安全风险监管责任制和监督管理制度；

（二）组织辨识和评估本行政区域内的重大安全风险；编制并向市安委会办公室及市行业部门报送本行政区域内的重大安全风险评估报告、清单和电子地图；

（三）依据本行政区域的重大安全风险评估报告、应急能力评估报告和应急资源调查登记报告，组织制定并实施本行政区域内重大安全风险的属地政府控制措施和应急预案；

（四）建立健全与相关部门和生产经营单位在信息传递、预警响应、应急处置、社会面控制、紧急疏散和善后恢复等重大安全风险的区域联防联控机制。

第八条　生产经营单位是本单位安全风险管理的责任主体，其主要负责人对本单位的安全风险管理工作负责，保证安全风险管理所必须的安全投入。

（一）建立健全本单位安全风险管理责任制和管理制度；

（二）依据相关标准和《安全风险辨识参考清单》明确的内容，组织辨识和评估本单位存在的各类安全风险，评定风险等级；编制并向本单位主管部门和属地区政府报送本单位的安全风险评估报告、应急资源调查登记报告，以及重大安全风险清单和电子地图；

（三）依据本单位的安全风险评估报告和应急资源调查登记报告，组织制定并实施本单位的安全风险控制措施和应急预案；

（四）建立健全与属地政府及其相关部门在信息传递、预警响应、应急处置、社会面控制、紧急疏散和善后恢复等方面紧密衔接的安全风险联控机制。

第九条　安全风险辨识是动态排查、筛选并记录各类风险点、危险源的全过程。安全风险辨识应基于“全面、系统”的原则，对各类风险点、危险源进行排查和识别，系统掌握各类安全风险的种类、数量和分布状况，摸清安全风险底数。

第十条　安全风险评估的内容主要包括各类安全风险可能造成的事故类型、事故后果和影响范围等。

安全风险评估可采用定性、定量或定性定量相结合等方式进行，评估结果应当按照相关度量标准进行描述。

第十一条　安全风险评级是将各类安全风险的评估结果按照不同等级和关注程度进行排序的过程，安全风险级别可采取风险矩阵法进行评定。

鉴于各类安全风险数据的统计和技术分析的差异化，各类安全风险级别的评定可组织相关专业机构或专家进行。

第十二条　安全风险辨识评估完成后，应当形成评估报告。评估报告应当客观公正、数据准确、内容完整、结论明确、措施可行，并包括下列内容：

（一）评估的主要依据；

（二）安全风险的基本情况；

（三）事故发生的可能性及危害程度；

（四）安全风险等级；

（五）可能受事故影响的周边场所、人员情况；

（六）辨识、分级的符合性分析；

（七）安全风险管控措施；

（八）事故应急措施；

（九）评估结论与建议。

第十三条 建立健全安全风险动态更新机制，重点评估新增安全风险、等级升高的安全风险和综合叠加安全风险。企业出现以下情况应及时开展安全风险的动态实时更新工作。

（一）企业生产工艺流程和关键设备设施发生变更；

（二）安全风险自身发生变更；

（三）周边环境发生变更；

（四）同类型安全风险或相关行业发生事故灾难；

（五）国家、地方和行业相关法律、法规、标准和规范发生变更；

（六）其他实际情况。

行业部门根据企业安全风险变化情况，定期开展风险评估工作，加强安全风险管控，实现安全风险的动态更新。

第十四条 生产经营单位是本单位安全风险控制的主体，应及时、如实向本单位主管部门和属地区政府提供本单位的相关信息，按照相关规定和标准规范制定并落实相应风险级别的具体管控措施。

负有安全生产监督管理职责的部门和区政府应当严格落实安全风险的行业监管责任和属地管理责任，积极采取制度、标准、技术、经济、管理等措施，依法督促相关生产经营单位加强安全风险控制，有效防范各类安全风险可能造成的生产安全事故。

第十五条 对于涉及跨地区、跨部门或安全风险控制主体责任不清，且协调解决存在较大困难的；或是需协调国家相关部委、其他省（区、市）的重大安全风险，由区政府、市行业部门上报市安委会办公室。

第十六条 属地政府及行业部门应当从完善城乡规划、设计和建设的安全准入标准，规划建设重大项目安全风险评估与论证机制的角度，从源头上减少重大安全风险的产生。

针对安全风险管理工作中发现的法律法规标准缺失，应加强相关法律法规和标准的研究制定，运用法治手段从严治理各类安全风险。

第十七条 重大安全风险是安全风险管理的重点，属地政府及行业部门应加大对重大安全风险的监督管理频率和力度，强化重大安全风险的管控技术、制度、管理措施等，把重大安全风险可能导致的后果限制在可防、可控范围之内。

第十八条 市安委会办公室统筹建设“北京市安全风险管理信息系统”。各区政府、各相关部门和生产经营单位应结合自身安全风险管理工作需求，在本市信息系统的框架下，建设本地区、本部门的安全风险管理相关信息系统。

第十九条 安全风险管理信息系统应实现的基本目标包括：

（一）实现安全风险清单化、动态化管理，保证清单信息的准确性、风险级别可调整性和风险可预警性；

（二）满足分区域、分行业领域、分种类的多图层地图信息需求，实现市区两级政府和各相关部门在一定地理范围均可查询、显示和管理的安全风险电子地图。

（三）实现安全风险数据库与其他相关数据库之间的数据关联和交互功能。

第二十条 市安委会办公室对各区和负有安全生产监督管理职责的部门的安全风险管理工作进行全面考核，对未按照本办法规定履行职责或安全风险管理工作不力的，将在全市予以通报。

第二十一条 生产经营单位未履行本办法规定的，依法予以处罚，并对其主要负责人进行约谈和教育培训。

第二十二条 本办法自 2017 年 3 月 1 日起施行。

附件 3：

北京市安全风险评估规范（试行）

第一条 为规范本市安全生产领域风险评估工作，根据《北京市安全风险管理实施办法》，参考《北京市城市供水突发事件应急预案》《北京地区电力突发公共事件应急预案》《北京市燃气事故应急预案》等相关应急预案规定，制定本规范。

第二条 本规范适用于本市行政区域内安全风险评估工作。

依据安全风险评估对象以及特定时间、空间特点，各单位应明确安全风险评估的工作范围、具体目标、组织管理与工作机制、职责分工、实施程序、进度安排和保障措施等，细化各项工作任务，落实协同工作职责，开展安全风险评估工作。

第三条 安全风险评估应遵循系统性、实效性、专业性、统筹性和动态性原则。

第四条 安全风险评估工作由计划和准备、风险辨识、风险分析、风险评估等环节组成（工作流程详见附件 3-1）。

第五条 根据安全风险管理范围、任务要求，可采取问卷调查和现场勘查、实地走访相结合的方式开展风险评估前期调研工作。调研内容包括风险辨识对象的基本情况以及国内外相关事件案例分析等资料。

第六条 根据安全风险评估区域（行业）范围，通过实地踏勘、现场测量、经验分析和查阅历史资料等定性方法，排查并确定可能存在的各类安全风险，并根据《企业职工伤亡事故分类》（GB6441）确定风险类别。

第七条 风险辨识程序包括：

（一）针对排查确定的各类安全风险，从不同层面、不同角度，分析、列举该风险可能发生的各种不利情况，明确可能导致不利事件发生的原因、致灾因子、薄弱环节等，判断其可控程度、预判其可能性等；

（二）细化各类安全风险的具体风险源、风险点、危险源、薄弱环节、重点防护目标等，并尽可能空间化；

（三）对已分析和排查出的安全风险进行必要的筛选、排除和调整，形成本单位安全风险清单。

第八条 在安全风险辨识的基础上，排查并确定本单位可能存在的重大安全风险源。

第九条 安全风险评估包括风险可能性分析、风险后果严重性分析以及确定风险等级等环节。风险评估是对辨识出的安全风险引发事故或突发事件的可能性和后果严重性两方面进行评估，并在此基础上确定安全风险的等级。

第十条 安全风险评估方法可采用定性、半定量、定量方法中的一种或几种方法的组合。定性方法包括检查表法、类比法、现场调查法、德尔菲法、经验分析法等定性方法；半定量方法包括风险矩阵法、层次分析法、事件树、故障树、历史演变法等；定量方法包括概率法、指数法、模糊综合评价法、计算机模拟分析法等。

第十一条 本规范推荐采用矩阵分析法（已经建立安全风险评估行业标准和方法的，按其执行）。安全风险评估可以组织不同类型的专家及相关人员参与，在充分考虑对象的风险承受能力、控制能力等因素的基础上，通过技术分析、实地查勘、集体会商等方式，量化分析安全风险引发事故或突发事件的可能性和后果严重性参数，确定可能性值和损失后果值，并通过在矩阵上予以标明，确定安全风险等级。

第十二条 风险分析包括安全风险的可能性分析和后果严重性分析。

第十三条 可能性分析包括分析可能性等级和确定发生可能性两部分。

分析可能性等级是对照发生可能性分析度量表（详见附件3-3表1）所列出的3项可能性参数，通过综合分析，得出每个参数对应等级值。

确定发生可能性是根据每个参数可能性值，按照计算公式得出最终可能性值。

第十四条 严重性分析包括预测损失规模、确定参数等级、计算损失后果三部分。

预测损失规模是按照后果严重性度量表（详见附件3-3表2）中列出的四类（人、经济、社会、保障）7项损失参数，预测每个参数可能产生的损失规模。

确定参数等级是根据预测的损失规模，对照后果严重性临界值标准表（详见附件3-4），确定每个损失参数的损失等级。

计算损失后果。根据每个参数损失等级值，计算出最终的损失后果值。

第十五条 根据安全风险发生可能性值和后果严重性，依据风险矩阵图（详见附件3-5）确定安全风险等级。

第十六条 对安全风险的控制措施主要包括（但不限于）以下三类：

（一）工程技术措施。包括消除或降低或隔离风险和风险控制点的各种硬件设施改造、技术手段与工程措施等。

（二）管理措施。包括为降低或控制风险，制定与完善相关的管理制度、政策，以及选择放弃某些可能招致风险的活动和行为从而规避风险的决策等。

（三）应急准备。是针对不可控风险（确实难以消除、难以控制或防不胜防的风险）而采取的特殊的风险控制措施。包括应急预案、演练、队伍、物资、资金、技术等各个方面的准备工作。

原则上，在安全风险控制措施实施前，应组织相关专家对安全风险控制措施的有效性（是否能使安全风险降到可容许程度）、合理性、充分性和可操作性，以及是否会引发新的安全风险等进行评审。

第十七条 应在安全风险评估结果的基础上，根据实际情况的变化和风险控制的成效、存在的问题，密切监测相关安全风险的动态变化。

第十八条 在安全风险监测结果的基础上，要重新评估并确定安全风险等级，调整安全风险控制策略。动态更新周期，原则上为每季度更新一次，各单位可结合安全风险事件固有属性和当前国内外经济社会环境做适当调整。

第十九条 本规范中所列举的标准、流程、方法等，仅供各单位在开展安全风险管理工作时参考，不作为硬性规定。各单位可以根据工作实际，对标准、流程、方法等进行调整、细化和完善。本规范中所涉及的实例，仅用于对相关文字内容进行说明，不作为各单位开展安全风险管理工作的依据。

第二十条 本规范自印发之日起施行。

附件：略

附件 4：

北京市生产安全事故应急能力评估规范（试行）

第一条 为促进生产安全事故应急能力建设，提升重大安全风险管控能力，根据《中华人民共和国突发事件应对法》《中华人民共和国安全生产法》《突发事件应急预案管理办法》（国办发〔2013〕101 号）、《生产安全事故应急预案管理办法》（安监总局令第 88 号）、《生产经营单位生产安全事故应急预案编制导则》（GB/T 29639—2013）、《生产安全事故应急演练评估规范》（AQ/T 9009—2015）、《北京市安全风险管理实施办法》等法律法规、标准规范，以及《北京市人民政府关于进一步加强本市应急能力的意见》（京政发〔2013〕4 号）等文件的要求，制定本规范。

第二条 生产经营单位制修订应急预案时进行应急能力评估适用于本规范。属地人民政府制修订重大安全风险"一对一"应急预案时进行应急能力评估可参照本规范。

第三条 生产安全事故应急能力是指履行应急管理职责、执行应急救援任务、实现应急管理目标等应急管理活动必须具备的能力。应急管理活动涵盖预防与应急准备、监测与预警、应急处置与救援、恢复与重建四个阶段的各项工作。

第四条 矿山、金属冶炼等企业，生产、经营、运输、储存、使用危险物品或处置废弃危险物品的生产经营单位应每年对生产安全事故应急能力进行一次评估，其他生产经营单位每三年对生产安全事故应急能力进行一次评估。

第五条 生产经营单位主要负责人组织成立评估工作组，组长由单位主要负责人担任或指定，组员由组长确定。组长明确组员的工作职责和任务分工，制定工作计划并组织实施。组员应具备完成评估任务的能力。

第六条 工作组收集评估所需资料包括：应急组织体系、应急救援队伍、应急物资装备、应急预案、应急演练、教育培训等相关资料。

第七条 工作组采用资料分析、现场查验、人员访谈等方式方法，依据本规范附件4-1《生产安全事故应急能力评估打分表》实施评估。应急能力分优、良、一般、较差、差5级，分级规则见附件4-2。

第八条 评估结束后工作组编制应急能力评估报告，报告内容包括：编制说明、安全风险特点概述、评估的过程和结果、评估结论及建议等。参与评估人员应在应急能力评估报告上签字。单位主要负责人审批应急能力评估报告，并督促落实相关措施建议，促进单位应急能力建设。

第九条 对于评估结果为较差、差的，单位主要负责人应组织专题研究，制定整改方案。应急能力有重大缺项、不能满足应对本单位重大安全风险需要的，需制定应急能力发展规划，加大投入，弥补短板。日常管理存在缺陷的，责成相关部门限期整改，提高管理水平。

附件：略

附件5：

北京市生产安全应急资源调查规范（试行）

第一条 为进一步推进安全风险预防控制体系建设，规范应急资源调查工作，依据《中华人民共和国突发事件应对法》《中华人民共和国安全生产法》等法律和《生产安全事故应急预案管理办法》（国家安全生产监督管理总局令第88号），结合本市实际，制定本规范。

第二条 本规范适用于本市行政区域内的生产经营单位生产安全应急资源调查。

本市各级人民政府及有关部门进行生产安全应急资源调查工作，可参照本规范执行。

第三条 应急资源是指发生生产安全事故时第一时间可以调用的人力、物资、设施、信息和技术等各类资源的总和，主要包括应急队伍、应急专家、应急装备、应急物资等。

第四条 应急资源调查工作应当坚持全面真实、统一规范的原则。

第五条 为加强应急准备，完善应急保障措施，生产经营单位应根据安全风险辨识评估得出的应急资源需求，全面调查本单位的应急资源状况以及周边单位的可请求援助的应急资源状况。

第六条 生产经营单位应采用查看资料、现场清点、人员访谈等方式进行应急资源调查。

第七条 生产经营单位应按本规范要求填写《应急资源调查明细表》（附件5-1），对调查结果进行登记。

第八条 应急队伍应为本单位第一时间可以调用的生产安全事故应急救援方面的专业队伍、兼职队伍和协议队伍等。应急队伍的名称及相应的调查内容按照《应急资源调查明细表（应急队伍）》（附件表1-1）填写。

第九条 应急专家应为本单位第一时间可以调用的生产安全事故应急救援（应急处置）方面的专家。应急专家的具体调查内容按照《应急资源调查明细表（应急专家）》（附件表1-2）填写。

第十条 应急装备指本单位第一时间可以调用的能够用于生产安全事故应急救援的自储或协议储存的可重复使用的设备装备，包括车辆类、防护类、监测类、侦检类、警戒类、救生类、抢险类、洗消类、通信类、照明类等。应急装备的具体调查内容按照《应急资源调查明细表（应急装备）》（附件表1-3）分类填写。

存在重大安全风险的生产经营单位可参照《重大安全风险应急装备和物资参考目录》（附件5-2）填写。

第十一条 应急物资指本单位第一时间可以调用的能够用于生产安全事故应急救援的自储或协议储存的消耗性物质资料，包括生活类、医疗救助类、应急保障类等。应急物资的具体调查内容按照《应急资源调查明细表（应急物资）》（附件表1-4）分类填写。

第十二条 生产经营单位应根据本单位安全风险预防控制需要，对周边应急管理机构、消防部队、医疗卫生机构、避难场所等社会应急资源进行调查。社会资源的具体调查内容按照《应急资源调查明细表（社会资源）》（附件表1-5）分类填写。

第十三条 生产经营单位应对调查的应急资源状况进行分析，内容包括：

（一）应急资源与风险评估得出的实际预防控制需求的匹配情况；

（二）应急资源的数量、种类、功能、用途的重大变化情况；

（三）外部应急资源的协调机制、响应时间与实际应急需求的满足情况；

（四）应急资源性能可能受事故影响的情况。

根据上述分析，针对应急资源无法满足安全风险预防控制需求的情况，生产经营单位应提出补充应急资源、完善应急保障的措施。

第十四条 应急资源调查工作结束后，生产经营单位应编制应急资源调查报告，主要内容应包括：调查对象、范围、目的和依据，调查工作程序，生产经营单位基本信息和主要风险状况，企业应急资源，周边社会应急资源，应急资源不足或差距分析，应急资源调查主要结论，制定完善应急资源的具体措施，应急资源调查后的明细表等。

应急资源调查报告编制大纲见附件 5-3。

第十五条 生产经营单位应对调查过程中的资料进行整理建档和归档管理，并建立应急资源共享和调用制度。

第十六条 应急资源调查是一个持续循环的动态过程，当下列情形发生时应重新进行应急资源调查并对调查报告进行更新：

（一）法律、法规、规章、标准及规范性文件中的有关规定发生重大变化的；

（二）应急预案需要修订的；

（三）安全风险发生重大（如风险种类、等级等）变化的；

（四）重要应急资源（如救援车辆、防护用品等）发生重大变化的；

（五）其他需要更新的。

第十七条 本规范自发布之日起施行。

附件：略

附件 6：企业安全风险源辨识建议清单（略）

北京市安全生产委员会关于印发《北京市全面推行安全生产责任保险制度工作的实施意见》的通知

京安发〔2017〕7号

各区人民政府、市政府各委、办、局，各市属机构：

为进一步强化安全生产综合治理，推动北京市安全生产责任保险制度，根据《中共中央国务院关于推进安全生产领域改革发展的意见》（中发〔2016〕32号）、《国务院安全生产委员会关于加快推进安全生产社会化服务体系建设的指导意见》（安委〔2016〕11号）和《北京市安全生产条例》的有关规定，在总结前期试点工作经验基础上，经市政府同意，市安委会研究制定《北京市全面推行安全生产责任保险制度工作的实施意见》。现印发给你们，请结合实际，认真抓好贯彻落实。

附件：《北京市全面推行安全生产责任保险制度工作的实施意见》

北京市安全生产委员会

2017年7月10日

附件：

北京市全面推行安全生产责任保险制度工作的实施意见

为进一步强化安全生产综合治理，根据《中共中央国务院关于推进安全生产领域改革发展的意见》（中发〔2016〕32号）、《国务院安全生产委员会关于加快推进安全生产社会化服务体系建设的指导意见》（安委〔2016〕11号）和《北京市安全生产条例》的有关规定，在总结前期试点工作经验基础上，经市政府同意，现就本市全面推行安全生产责任保险制度（以下简称“安责险制度”）提出如下实施意见：

一、进一步提高对推行安责险制度的认识

（一）推行安责险制度是全面深化安全生产领域改革的必然要求。《中共中央国务院关于推进安全生产领域改革发展的意见》（以下简称《意见》）是新中国成立以来第一个以党中央、国务院名义出台的安全生产工作的纲领性文件，对推动我国安全生产工作具有里程碑意义。文件明确提出：取消安全生产风险抵押金制度，建立健全安全生产责任保险制度，在矿山、危险化学品、烟花爆竹、交通运输、建筑施工、民用爆炸物品、金属冶炼、渔业生产等高危行业领域强制实施。《意见》的出台为全面推行安责险制度工作创造良好契机。在本市全面推行安责险制度，既是贯彻落实《意见》的具体体现，也是本市全面深化安全生产领域改革发展的客观需要。

（二）推行安责险制度是加强安全生产综合治理的一项重要举措。本市全面推行安责险制度是推进安全生产社会化的必要之举，是提升本市安全生产管理水平的有力措施。试点实践证明，推行安责险制度有利于加强企业安全生产管理，降低生产安全事故的发生；有利于促进企业安全生产主体责任的落实，形成企业自我约束机制；有利于进一步完善安全生产信用体系建设，调动企业加强安全管理的积极性；有利于发挥保险的社会管理和风险防控功能，促进企业安全防范措施的落实；有利于完善企业发生生产安全事故后的经济保障机制，维护伤亡人员的合法权益。

二、明确本市推行安责险制度的工作目标

（三）本市全面推行安责险制度工作的目标。到 2017 年底，本市将在矿山、危险化学品、烟花爆竹、交通运输、建筑施工、民用爆炸物品、金属冶炼等高危行业强制推行安责险制度；在渔业捕捞生产领域、大型群众性活动、人员密集场所以及涉及水、电、气、热等城市运行领域重点推行；在其他行业全面推行。确保全市生产经营单位安责险参保率不低于6%。建立健全安责险制度体系和运营服务机制，进一步规范保险服务保障机制和事故预防机制。力争到 2020 年，全面建成本市安责险制度体系，实现高危行业领域安责险制度的全面覆盖，不断提高保险服务工作水平，为进一步完善安全生产事故预防机制和安全生产信用评价机制，推进安全生产形势持续稳定好转作出积极贡献。

三、建立健全安责险制度体系

（四）建立顺畅的运行机制。坚持采取“政策引导，政府推动、市场化运营”的基本方式建立健全安责险制度，明确政府部门推动工作和保险服务机构运营服务工作的界限，依法依规运行。其中，政府部门要把握推进工作的总方向，履行安责险制度的组织推动、规范和监督等重要职责，着重加强安责险制度建设，不断研究和改进建立安责险制度的政策措施，加强监督评议考核，保证制度建设的正确方向，不承担、不代行保险服务机构的市场化运营。保险服务机构要保证落实关于安责险制度配套服务的各项要求，把推进安责险工作摆在重要位置，积极稳妥开展市场化运营，创新工作方式方法，强化服务保障措施，确保工作质量，提升服务水平。

（五）完善配套的制度体系。出台《北京市全面推行安全生产责任保险制度工作的实施意见》，明确本市全面推行安责险制度工作的总体思路和工作目标；修订《北京市安全生产责任保险事故预防费提取使用办法》，规范经费管理，提高经费使用效益；制定《保险经纪机构考核办法》和《承保公司考核办法》，进一步加强对保险服务机构的激励与约束；制定《北京市安责险理赔服务规范》，进一步规范理赔服务标准，提升理赔服务效率。

（六）构建科学的管理机制。市安全生产委员会统一领导全市安责险制度推行工作，充分发挥安责险制度工作联席会议的统筹协调作用，及时研究解决推行中存在的问题，不断完善相关政策。保险服务机构要建立配套的管理服务平台，强化运营服务中心的枢纽作用，出台运营服务实施细则，制定工作手册，明确保险服务规范和监督评议考核办法，统一保险条款和产品方案，建立安责险信息管理系统，构建合理的运营组织架构。形成各司其职，齐抓共管的管理机制，推动本市安责险制度化、规范化、标准化运行。

（七）突出双重保障功能。充分发挥安责险制度的事前预防和事后保障作用，通过加强和固化对参保企业的安全风险评估和安全隐患排查服务，鼓励保险服务机构开展事故预防相关技术的研发推广应用，积极开展安全培训、安全知识竞赛等活动，强化安责险制度事前预防机制，提高风险辨识管控和隐患排查治理水平，帮助参保企业有效降低风险。注重发挥安责险“小投入，大保障”作用，规范理赔服务标准，建立事故应急救援的预付赔款和伤亡人员紧急医疗费用垫付机制，通过及时有效的保险理赔服务切实减轻企业负担，缓解社会矛盾。

（八）发挥双重考核作用。落实各级政府工作任务，将安责险制度推行工作作为对各级政府和有关行业管理部门年度安全生产综合考核的重要内容，保证工作推动的力度。加大对以保险经纪机构为主的运营服务中心的工作考核力度，政府有关主管部门要根据不同服务职能对保险经纪机构进行考核；依托经纪公司对承保公司进行考核。要将监督评议考核结果作为各类保险服务机构准入和退出本市安责险制度推行工作的主要依据。要通过发挥双重考核机制的激励约束作用，提高各单位工作的主动性和积极性，形成工作合力。

（九）建立安责险制度取代安全生产风险抵押金制度。根据《中共中央国务院关于推进安全生产领域改革发展的意见》关于“取消安全生产风险抵押金制度，建立健全安全生产责任保险制度”的有关要求，结合本市特点，研究出台企业投保安责险替代缴纳安全生产风险抵押金的具体政策。

四、规范安责险服务机构运营服务

（十）进一步改进承保服务。随着安责险制度的不断推进，将根据实际情况，适时增加符合安责险制度建设要求的保险机构。参与安责险制度建设的保险服务机构要始终坚持“统一政策、统一管理、统一服务条款、统一费率和统一价格”的“五统一”原则和微利原则，将社会责任和市场效益有机结合，严格落实《安责险保险服务机构承诺的保险产品价格和服务标准》要求，实现“保费低、服务质量高、责任范围广”的目标。要严格实行浮动费率，对上年度未出险的企业，下调保险费率。坚决杜绝政策执行中的各区不一致、费率厘定区别对待、管理措施跟进不足等现象。

各保险服务机构必须严格执行统一定价标准，严格按照费率规定执行，不得出现安责险费率规定以外的费率定价；要进一步配齐配强安责险运营服务团队，保证一线服务力量。要结合各乡镇、街道和各行业企业投保需求，合理增配安责险专职人员，设立现场服务网点，提供现场服务、上门服务、固定营业场所服务和网络在线投保服务等多种服务方式。对于符合投保条件的企业，不得以任何理由拒绝、有选择或者拖延向企业单位提供承保服务。所有承保服务必须由保险服务机构专职人员办理。

保险服务机构要加强工作人员安责险制度政策、安责险业务和安全生产管理知识的培训，组建专职讲师队伍，培养一支精业务、懂安全、作风好的安责险服务团队，为投保企业提供准确、专业、优质的全方位服务。

（十一）加大事故预防工作力度。将安责险制度的事故预防功能纳入整体安全生产事故预防工作体系统筹安排。制定《北京市安全生产责任保险事故预防费提取使用办法》，结合实际风险和盈利情况，明确事故预防费用比例，把事故预防费用作为对企业安全生产费用投入的有益补充。各保险服务机构应在事故预防费用中单独设立隐患排查专项资金，每年为参保企业提供一次专项现场隐患排查服务，做好重点隐患的整改复查和信息登记工作，发现重大安全隐患的，应向属地安全生产监管部门反映，并按有关规定上报运营服务中心。

（十二）强化事后理赔服务工作。保险服务机构应强化安责险理赔工作的服务效率、简化工作流程，保证及时查勘、有效沟通、快速赔付处理保险赔案，保证事故伤亡人员的权益；要主动参与事故应急救援和善后处理，依照保险理赔服务规范，明确理赔服务标准，严格事故责任认定程序、积极采集事故证据材料，加强与参保企业和赔付对象沟通，保证理赔时效；要进一步落实事故快报制度，规范信息报送的形式、途径、对象等主要内容。政府部门要允许保险服务机构在合理范围内参与和配合生产安全事故的善后处理，并通过属地安全事故调查部门获取有关的现场查勘证据材料。

（十三）完善保险服务机构的奖惩措施。要建立完善的保险服务监督评议考核办法，明确对保险服务机构的奖惩措施。各保险服务机构要严格管理措施，对服务不规范、未达标及投诉举报属实等情况，明确对分支机构和人员的处理措施和处罚方式；运营服务中心应根据各保险服务机构的处理情况，综合日常的组织管理工作、承保服务、理赔服务、事故预防服务、宣传培训、客户投诉等要素指标对保险服务机构进行综合考核，明确奖优罚劣措施；政府部门要综合保险服务机构日常工作情况，对年度考核不合格、发生违背服务承诺等情况的保险服务机构，取消参与安责险制度建设的资格。

五、进一步加大安责险制度的宣传力度

（十四）发挥政府主导宣传的作用。各级政府、行业主管部门要将安责险制度的宣传工作纳入本地区、本部门重点宣传内容之中，以组织召开安责险宣导会为主要形式，并通过文件、安全生产大检查、隐患排查治理、安全生产月活动、各类专项行动等途径，以及微信、微博等新媒体形式进行重点宣传。

（十五）加大保险服务机构宣传的力度。各保险服务机构要加大宣传投入，在年度预算中单独列支安责险宣传费用。在宣传过程中要通过组织“安责险杯”公益活动、知识竞赛等形式，树立安责险的品牌影响力。要加大资源整合，借助微信公众号、微博等新媒体手段，建立安责险专业宣传平台，定期推送安责险工作动态、典型事故案例等内容。要在传统宣导会宣传的基础上，借助主流媒体发布安责险宣传视频、动态新闻和事故案例。要加大上门宣传的力度和覆盖率，针对不同的宣传对象，如建筑施工企业、交通运输企业、餐饮企业、小型商铺等，开发设计符合行业特点、具有安责险特色的系列宣传产品，灵活采用宣传片、服务手册、宣传海报、折页、易拉宝、展板等宣传材料，积极组织开展活动，营造良好的宣传氛围。

六、发挥安责险信息系统的作用

（十六）加快建设功能完善的本市安责险信息系统。以方便企业投保、查询、理赔为目标，不断完善信息系统的各项功能，实现参保企业的数据集中和交互，使参保企业能够实现在线投保、保险状况查询、安全隐患排查信息查询等功能，使行业主管部门、保险服务机构能够按照用户权限，进行行业、地区、险种等多维度要素数据的查询。

（十七）推动各部门广泛使用北京安责险信息系统。本市安责险信息系统平台于2017年下半年在各级安全生产监管部门、保险服务机构和参保企业范围全面启用。相关单位要主动使用信息系统，保险经纪机构要切实做好系统的管理和维护工作。充分利用网络等现代信息技术，搭建工作即时沟通和信息共享平台，提高工作效率，推进安责险制度建设不断深入。

七、加强安责险的组织实施工作

（十八）加强组织领导。各级安全生产委员会要统一领导本地区安责险制度推行工作，成立领导组织机构，明确相关部门负责组织实施，健全工作机制，统筹协调政府有关部门，密切配合，开展经常性的工作交流和联合检查，推动辖区内企业投保安责险；完善考核制度，落实工作责任，将推行工作作为对属地街道、乡镇和行业管理部门年度考核的重要内容。保险监管部门要认真研究制定相关政策措施，鼓励和引导保险服务机构积极进行产品创新和服务创新，引导和督促保险服务机构规范经营，查处扰乱市场违法经营行为，建立和维护统一、规范、有序的安责险市场秩序。

（十九）强化实施保障。各级安全生产监管部门、行业主管部门要制定本区域、本行业全面推行安责险制度工作方案，明确具体工作举措。矿山、危险化学品、烟花爆竹、交通运输、建筑施工、民用爆炸物品、金属冶炼等高危行业的主管部门要制定强制实施的具体办法，在风险抵押金取消后仍未投保安责险的，要依据《北京市安全生产条例》（2011年5月27日修订）中第七十条、第九十四条规定责令限期改正或处以罚款。大型群众性活动、人员密集场所以及涉及水、电、气、热等城市运行行业主管部门要结合本行业领域的实际情况，对重点推行工作做出具体安排，要制定有效的工作措施，实现重点突破。其他行业领域的主管部门要积极配合属地安全生产监管部门，通过印发文件、召开宣导会等形式动员所属企业积极投保安责险。

（二十）推动工作融合。各级安全生产监管部门要加强与行业主管部门的联系和合作，建立沟通和协调机制，发挥各自优势，履行各自权利义务，通过相互配合，相互支持，共同抓好安责险制度推进工作。保险服务机构要与属地政府部门密切联系，建立定期沟通协调制度，每月召开工作例会，及时研究解决推进过程中的问题，总结服务经验，不断改进服务机制，提高工作实效。在推进过程中，要主动做到在承保服务上与社会监督相融合，在事故预防上与“双百工程”相融合，在理赔服务上与事故处理相融合，在信息化手段上与政府数据相融合，在宣传内容上与整体宣传要求相融合。

北京市安全生产委员会
关于开展安全生产大检查的通知

京安发〔2017〕8号

各区人民政府，北京经济技术开发区管委会，市安委会各成员单位，各市属企业：

为深入贯彻落实全国安全生产电视电话会议精神，为党的十九大胜利召开营造稳定的安全生产环境，根据《国务院安全生产委员会关于开展全国安全生产大检查的通知》（安委明电〔2017〕3号）精神，经市政府同意，从7月份至10月份，在全市开展安全生产大检查。现就有关事项通知如下：

一、总体要求

认真贯彻习近平总书记、李克强总理重要指示批示精神，严格落实党中央、国务院和市委、市政府关于安全生产工作的决策部署，进一步强化安全生产责任，以全力压减事故总量、有效防范较大事故和社会影响大的事故、坚决遏制重特大事故为重点，坚持全面检查与严格执法相结合、企业自查与政府督查相结合、属地负责与部门督导相结合，集中开展安全生产大检查，依法严惩安全生产违法违规行为，彻底治理重大事故隐患，关闭取缔违法违规和不符合安全生产条件的企业，联合惩戒严重失信企业，问责曝光责任不落实、措施不力的单位和个人，严格落实各项安全防范责任和措施，推动全市安全生产形势持续稳定好转。

二、大检查范围

此次安全生产大检查的范围是全市各地区、各行业领域，各类企业和人员密集场所。

重点检查煤矿、金属非金属矿山、尾矿库、危险化学品和烟花爆竹、涉爆粉尘、冶金、消防、道路交通、铁路、建筑施工、水利、电力、农业机械、特种设备、民爆器材、有限空间、地下管线、燃气使用、人员密集场所等重点行业领域；2016年以来发生生产安全死亡事故的重点地区、重点企业。

三、组织领导和职责分工

此次安全生产大检查工作由市安委会统一领导，市安委会办公室负责大检查的具体组织工作。各地区、各部门、各单位要依据职责认真落实大检查各项工作。

（一）各生产经营单位要进行全面深入、细致彻底的大检查。按照相关法律法规、技术标准要求和规程规范，对本单位安全生产状况进行全面评估。严格落实《北京市生产安全事故隐患排查治理办法》（市政府第266号令）要求，认真检查事故易发的重点场所、要害部位、关键环节，排查出的隐患、问题要列出清单，建立台账，制订整改方案，落实整改措施、责任、资金、时限和预案，切实落实整改工作。排查情况、整改方案和整改结果，都要经本单位主要负责人签字，在单位内部公布，接受职工群众监督，并上报当地街道乡镇安全监管部门。

（二）各区政府负责本辖区安全生产大检查的组织实施工作。要结合实际迅速研究制定大检查方案，明确部门职责和具体工作要求，并召开专题会议进行动员部署，抓紧组织实施。要建立安全生产大检查详细台账留存备查。要组织安全生产综合监管部门和承担安全监管职责的相关部门组成督查组，开展全过程、全方位的检查、督查。各街道（乡镇）要对辖区内的各类单位进行全面检查。

（三）按照“管行业必须管安全、谁主管谁负责”的原则，市教委、市经济信息化委、市公安局、市规划国土委、市住房城乡建设委、市城市管理委、市交通委、市商务委、市旅游委、市卫生计生委、市国资委、市水务局、市环保局、市民政局、市司法局、市文化局、市质监局、市安全监管局（北京煤监局）、市新闻出版广电局、市文物局、市体育局、市园林绿化局、市民防局、市农业局、市南水北调办、市公安局交管局、市公安局消防局、市气象局、北京铁路局、市邮政管理局等部门及其他各部门，都要成立检查组，针对本行业（领域）实际，组织指导和监督本行业领域的安全生产大检查工作。要依据职责制定本行业（领域）大检查实施方案，确定工作目标、具体检查内容和标准，全面组织开展安全生产大检查，消除事故隐患。

（四）市委、市政府安全生产督查组将结合对各区的督查，重点对安全生产大检查情况进行督查。

四、检查重点内容和重点任务

（一）企业层面

1.安全生产主体责任落实情况。重点检查主要负责人履职情况，建立和落实安全生产责任制，安全生产教育培训，依法设置安全生产管理机构或配备安全生产管理人员和保障安全投入等情况。

2.安全生产管理制度建立和执行情况。重点检查开展安全生产标准化建设，实施安全生产管理、操作技能、设备设施和作业现场制度化、标准化、规范化情况；矿山、危险化学品、金属冶炼、建筑施工、道路交通运输企业主要负责人和安全管理人员安全生产知识与管理能力考核合格情况；从业人员安全培训和持证上岗制度落实情况；新建、改建、扩建项目依法履行安全设施与职业病防护设施“三同时”制度情况。

3.安全风险管控情况。重点检查安全生产重要设施、装备完好状况和日常管理维护情况；开展安全风险辨识、评估、分级和公告，对存在较大危险因素的生产经营场所和重大危险源登记建档、制定和落实管控措施情况。

4.隐患排查治理情况。重点检查《北京市生产安全事故隐患排查治理办法》（市政府第266号令）执行情况，建立事故隐患排查治理制度，开展隐患自查自改自报，实行整改闭环管理情况；隐患排查治理信息系统使用情况；2016年以来各级政府及有关部门日常监管执法和安全巡查、检查、督查、明察暗访等发现的问题与隐患整改落实情况；汛期安全防范和隐患整改责任措施落实情况。

5.应急管理情况。重点检查应急组织体系建设情况；建立专（兼）职应急救援队伍或与相关应急救援队伍签订协议情况；编制应急预案和现场处置方案，组织应急演练，配备必要应急装备，储备应急物资情况；开展事故应急处置的总结评估工作情况；加强岗位应急培训情况。

（二）政府层面

1.安全生产责任制落实情况。重点检查建立安全生产责任体系，落实属地管理和部门监管责任，强化安全生产责任措施情况；各级安全监管执法部门特别是各类功能区安全监管机构和基层监管执法力量建设情况。

2.严格监管执法情况。重点检查严格监管执法，严厉打击各种安全生产和职业健康违法违规行为，关闭退出不符合安全生产条件的企业等情况；安全生产应急管理执法情况；依法依规严肃查处事故，特别是严肃查处大检查期间发生的事故，严格落实责任追究和整改措施落实情况。

3.安全防范制度措施落实情况。重点检查安全生产巡查及明察暗访发现问题和隐患整改落实情况；针对容易造成群死群伤的重点行业领域和汛期安全生产工作特点，组织开展安全风险辨识、分级管控和隐患排查治理情况；严格安全准入、强化源头管控情况；防范遏制重特大事故各项责任措施落实情况。

4.深入开展专项治理情况。重点检查煤矿全面安全“体检”、危险化学品安全综合治理开展情况；道路交通、尾矿库、建筑施工、烟花爆竹、消防、铁路、民航、城市轨道交通、城镇燃气、涉爆粉尘、冶金、旅游、电力等重点行业领域及人员密集场所安全专项治理情况。

（三）重点执法检查行动

1.建设施工领域及重点工程专项检查。由市住房城乡建设委等部门牵头，依据北京市安全生产委员会《2017年度安全生产重点工作任务》（京安发〔2017〕2号），对在施房屋建筑和市政基础设施新建、改建、扩建工程，对新机场、城市副中心办公区等重点建设工程开展安全生产执法检查。

2.油气输送管道安全隐患整治“回头看”检查。由市城市管理委、市安全监管局等部门牵头，根据京油气管办通〔2017〕1号文件和油气输送管道隐患整治攻坚战推进工作实施方案职责分工，对全市已整改的油气输送管道和城镇燃气管道隐患开展“回头看”检查，并督促做好剩余隐患整治工作。

3.人员密集场所消防安全检查。由市公安局消防局结合夏季消防检查，指导督促人员密集场所落实消防安全主体责任，整改火灾隐患，预防火灾事故。

4.交通运输领域专项检查。由市交通委牵头，以“两客一危”、轨道交通和货运行业安全监管为重点，开展道路运输、轨道交通运营、危险化学品运输以及高速公路隧道、公路桥梁等专项检查。北京铁路局以铁路客运安全为重点，开展铁路安全生产和沿线环境秩序专项检查，严查铁路沿线安全保护区内违法建设、违法施工、违法经营等问题。

5.工业矿山领域专项检查。由市安全监管局牵头，开展涉爆粉尘企业事故隐患治理专项行动，对涉爆粉尘企业进行安全风险评估和监督检查。开展有限空间专项执法检查，预防、控制有限空间中毒和窒息事故发生。开展液氨制冷企业液氨使用专项治理验收工作专项检查，巩固专项治理成果。开展对金属冶炼企业专项检查，重点检查金属冶炼企业重大隐患整改落实情况。北京煤监局全面推进煤矿岗位达标“5321”工作法，通过段队考评、矿级部门抽查等形式，组织开展互检互查，推动“5321”工作法全面落实。

6.危险化学品安全综合治理进展情况检查。由市安全监管局牵头，对涉及危险化学品的各行业安全风险和重大危险源进行摸排并实施重点管控，对涉及“两重点一重大”（重点监管的危险化工工艺、重点监管的危险化学品和危险化学品重大危险源）的危险化学品建设项目进行重点检查。由市教委牵头，对高校实验室危险化学品使用情况进行专项检查。

7.地下空间安全生产专项整治进展情况检查。由市民防局牵头，对地下空间综合整治工作进展进行专项检查，监督完成2015至2017年挂账隐患整治任务。

8.重大活动安全生产保障检查。由各地区、各有关部门围绕党的“十九大”等重大活动开展执法检查，做好安全生产保障工作。

9.年度重点执法检查计划落实情况检查。各地区、各负有安全监管职责的部门依据年度执法计划，按照“整合力量、统筹实施”的总体思路，以重点监管时段和重点监管任务为核心，对重点行业领域开展执法检查专项行动。

10.尘肺病防治工作专项检查。由市卫计委、市安全监管局等部门牵头，对尘肺病防治相关政策落实、用人单位主体责任落实等情况开展检查。

各地区、各有关部门、各单位要结合年度重点工作和重点执法任务，有针对性开展整治和专项检查，消除事故隐患。

五、工作安排

从2017年7月至10月，集中4个月时间开展安全生产大检查。

（一）全面部署，广泛动员，自查自改。（7月）

1.各地区、各有关部门要结合实际制定具体实施方案，明确大检查的主要任务、重点内容和工作要求，落实责任、细化措施，层层动员部署，广泛宣传发动。

2.各地区、各有关部门要按照大检查部署要求，组织力量对照政府层面检查内容深入开展自查自改。

3.各类企业要组织对生产经营建设全过程及每个部位、每个环节、每个岗位全面排查安全风险点和隐患，制定风险防控措施，建立安全隐患清单和整改清单，落实安全隐患整改责任、措施、资金、时限、预案，彻底整改隐患。隐患清单和整改落实情况在企业内部公布，并报送当地安全监管部门和行业管理部门。

各地区、各有关部门要于7月底前将大检查实施方案和动员部署情况报送市安委会办公室。

（二）深入检查，严格执法，集中整治。（8月至9月）

1.各地区、各有关部门要结合实际制定检查表，详细列明检查事项、具体内容和检查标准，在企业自查自改的基础上，组织检查组深入企业开展对表检查，对高危行业领域企业要做到检查全覆盖。

2.对检查发现的每一项违法违规行为，要依法严格落实查封、扣押、停电、停供民用爆炸物品、吊销证照和停产整顿、关闭取缔、上限处罚、追究法律责任“四个一律”等执法措施。对涉及多部门或跨地区的重大问题，加强联合执法。

3.对大检查发现的每一项事故隐患，要严格落实整改责任，制定整改措施，立即整改。对重大事故隐患实行挂牌督办，确保整改到位。

4.各地区、各有关部门要加强警示教育和联合惩戒，集中曝光一批重大事故隐患和严重违法违规行为，公布一批实施联合惩戒和“黑名单”管理企业，公告一批依法关闭取缔的违法违规和不符合安全生产条件的企业。各区政府在大检查期间至少集中曝光两批（次）。

5.市安委会组织督导组从8月初开始持续对各地区开展督促检查。

各地区、各有关部门要将开展大检查情况和执法处罚、集中整治等阶段性情况于8月30日前报送市安委会办公室。

（三）实地督查，统筹推动，巩固提高。（9月至10月）

1.各区、各有关部门要采取突击检查、明察暗访、随机抽查、回头检查、交叉检查等多种方式，深入开展督查检查。突出安全生产任务重、事故多发的地区、重点行业领域和高风险企业进行重点检查，对停产整顿、关闭取缔企业进行跟踪复查。

2.市安委会9月份组织对各区开展综合督查，督查结果作为2017年度区政府安全生产工作考核的重要依据。

各地区、各部门要及时分析大检查工作中存在的突出问题，制定并落实整改措施，于9月30日前报送市安委会办公室，11月5日前，将大检查总结报告报送市安委会办公室。

六、工作要求

（一）加强组织领导。各区、各单位要强化大检查工作领导，精心组织，周密部署，明确责任，细化措施，狠抓落实。各区政府要依托市安委会统筹推进本地区大检查工作。各有关部门主要负责同志要亲自抓，集中力量，落实责任，组织开展本行业领域安全生产大检查工作。企业主要负责人要切实履行安全生产第一责任人的责任，认真组织企业全面开展自查自改。

（二）强化协调联动。市安委会办公室成立大检查办公室，下设综合组、督查组、宣传组，负责大检查组织协调、督促检查、服务保障、情况交流、新闻宣传等工作。市安委会各成员单位要结合自身职责制定工作措施，协调联动、通力协作，确保大检查各项工作扎实有效开展。

（三）加强舆论宣传。各地区、各有关部门要充分发挥各类媒体作用，采取多种形式，对安全生产大检查进行广泛宣传发动，形成强大宣传声势，营造浓厚的舆论氛围。要建立举报奖励机制，动员企业职工和社会群众举报各类事故隐患和违法违规行为。

（四）严肃追责问责。对自查自改不认真、隐患整治不彻底，大检查责任不落实、组织不得力、执法不严格的，严肃追究企业和有关地方政府及相关部门负责人的责任。因责任和措施落实不到位导致事故发生的，依法严惩。

北京市安全生产委员会

2017年7月21日

北京市安全生产委员会关于实施遏制重特大事故工作指南全面加强安全生产源头管控和安全准入工作的实施意见

京安发〔2017〕10号

各区政府、北京经济技术开发区管委会，市安委会有关成员单位，各有关单位：

为深入贯彻落实党中央、国务院关于安全生产工作的系列重要决策部署，着力解决当前安全生产领域存在的薄弱环节和突出问题，全面加强安全生产源头管控和安全准入工作，根据《国务院安委会办公室关于实施遏制重特大事故工作指南全面加强安全生产源头管控和安全准入工作的指导意见》（安委办〔2017〕7号），结合本市实际，提出以下实施意见，请认真贯彻落实。

一、总体思路

认真贯彻习近平总书记、李克强总理关于安全生产工作的重要指示批示精神，认真落实《中共中央国务院关于推进安全生产领域改革发展的意见》和市委、市政府部署要求，坚持把源头治理挺在安全风险管控前面，把安全风险管控挺在隐患前面，加强安全准入，强化源头治理，坚持关口前移，做实做细重大安全风险排查和分级分类管控工作，着力构建集规划设计、重点行业领域、工艺设备材料、特殊场所、人员素质"五位一体"的源头管控和安全准入制度体系，减少高风险项目数量和重大危险源，全面提升企业和区域的本质安全水平，切实提高本市防范遏制重特大事故能力，确保首都安全生产形势持续稳定好转。

二、工作任务与职责分工

（一）明确规划设计安全要求

1.加强规划设计安全评估

（1）制定安全生产"十三五"规划、职业病防治"十三五"规划，把安全风险管控、职业病防治纳入区域开发规划。

责任单位：市安全监管局、市卫生计生委，各区政府

（2）在国民经济和社会发展规划纲要中体现安全发展理念，全面提高城市应急管理和安全风险防控能力。

责任单位：市发展改革委、市安全监管局，各区政府

（3）把安全风险管控纳入城市总体规划，实行重大安全风险"一票否决"。

责任单位：市规划国土委、市安全监管局

（4）在规划审查阶段，充分考虑安全生产等因素，规划意见中强调项目安全生产等内

容，确保安全生产工作与经济社会发展同规划、同设计、同实施、同考核评估。

责任单位：市规划国土委、市安全监管局，各区政府

（5）建立健全开发区、工业园区、综合保税区等功能区选址及产业链选择工作机制，严格遵循有关法律、法规和标准要求，做好重点区域安全规划和风险评估，有效降低安全风险负荷。

责任单位：各区政府，市规划国土委、市经济信息化委、市商务委

2.科学规划城乡安全保障布局

（6）制定防范生产安全事故和职业病危害的综合保障措施，严格依据相关标准规范科学设定安全防护距离、紧急避难场所和应急救援能力布局。

责任单位：市安全监管局、相关行业部门，各区政府

（7）高度重视周边环境与安全生产的相互影响，加快实施朝阳区、通州区、顺义区、大兴区等地区危险化学品和化工企业安全搬迁工程。

责任单位：市安全监管局、市规划国土委，有关区政府

（8）城乡规划和建设要严格按照有关规定加强隔离带管控，严禁在安全和卫生防护隔离地带内建设无关设施和居住建筑。要按照“谁批准谁负责、谁建设谁负责”原则，明确安全管控责任部门及责任人。

责任单位：市规划国土委、市住房城乡建设委，各区政府

3.严把工程管线设施规划设计安全关

（9）地上、地下工程管线规划布局、设计与敷设要严格执行有关安全生产的法律、法规和标准。

责任单位：市规划国土委，各区政府

（10）启动实施石油天然气管道外部检测及高后果区识别和风险评价工作。开展小卫星遥感监测石油天然气管道工作，及时发现影响管道安全问题和隐患，并督促属地和企业及时消除。

责任单位：市城市管理委、市质监局，各区政府

（11）加强地下综合管廊规划、建设、运营全过程安全管控，按照安全、有序原则建设地下综合管廊。

责任单位：市规划国土委、市住房城乡建设委、市城市管理委，各区政府

4.严把铁路沿线生产经营单位规划安全关

（12）铁路沿线生产经营单位的规划与建设要严格执行相关法律、法规和标准。在高铁线路两侧建造和设立生产、加工、储存或销售易燃易爆或放射性物品等危险物品的场所、仓库等，要严控安全防护距离。

责任单位：市规划国土委、市住房城乡建设委、市安全监管局，各区政府

（二）严格重点行业领域安全准入

5.合理确定企业准入门槛

（13）根据法律法规、标准规范、产业政策和本地区行业领域实际，明确矿山、危险化

学品、烟花爆竹、金属冶炼、交通运输、建筑施工、民用爆炸物品等高危行业领域企业安全准入条件，审批部门按照“谁许可、谁负责”的原则，对不符合产业政策、达不到安全生产条件的企业一律不予核准。

责任单位：市安全监管局、市交通委、市经济信息化委、市住房城乡建设委，各区政府

（14）严格执行《北京市新增产业的禁止和限制目录（2015 年版）》，全面禁止新建和扩建矿山。研究制定危险化学品正面清单并严格执行。严格许可条件，在城市中心区二环内不设置烟花爆竹零售点，确保城市核心区的安全。

责任单位：市安全监管局，各区政府

6.完善建设项目安全设施和职业病防护设施“三同时”制度

（15）从严审查煤矿、非煤矿山、危险化学品储存、烟花爆竹储存、民用爆炸物品生产、金属冶炼等建设项目安全卫生设施设计，加强对建设单位安全设施和职业病防护设施验收活动和验收结果的监督核查。

责任单位：北京煤监局、市安全监管局、市经济信息化委，各有关区政府

（16）严格督促落实新改扩建道路项目，粉尘、化工毒物危害严重项目，水利建设项目等安全设施与职业病防护设施“三同时”制度。

责任单位：市交通委、市住房城乡建设委、市安全监管局、市水务局，各区政府

7.严格审批重点行业领域建设项目

（17）建立涉及“两重点一重大”（重点监管危险化工工艺、重点监管危险化学品和重大危险源）建设项目审批部门之间的工作沟通机制，把安全生产条件审查作为高危项目开工的前置条件。

责任单位：市安全监管局、市规划国土委、市住房城乡建设委、市发展改革委，各区政府

（三）强化生产工艺、技术、设备和材料安全准入

8.加快淘汰退出落后产能、强制淘汰不符合安全标准的工艺技术装备和材料

（18）按照《北京市工业污染行业、生产工艺调整退出及设备淘汰目录（2014 年版）》规定时限，依法依规推进相关行业和生产工艺关停退出，并根据有关要求修订目录。

责任单位：市经济信息化委、相关行业部门，各区政府

（19）对限制类、淘汰类的矿山、危险化学品、民用爆炸物品、烟花爆竹、金属冶炼等建设项目不得核准。

责任单位：市安全监管局、市经济信息化委，各区政府

（20）实施煤矿退出计划，2020 年前全市煤矿实现全部退出。

责任单位：北京煤监局

（21）完善矿山、危险化学品等隐患治理项目补助经费保障制度。

责任单位：市安全监管局、市财政局，有关区政府

9.加快完善强制性工艺技术装备材料安全标准

（22）研究制定安全生产和职业健康技术地方标准，督促落实行业新标准。支持企业制

定更加严格规范的安全生产标准和职业健康标准，不断适应新产品、新工艺、新业态需要。加快与国际安全生产及职业健康标准的对标接轨步伐。

责任单位：市安全监管局、市民政局、市质监局、市科委，各区政府

10.加强关键技术工艺设备材料安全保障

（23）落实重要安全生产设备、设施、仪器仪表、计量器具检测检验制度，强化职业病危害防护设备设施改造。

责任单位：市安全监管局、市质监局、相关行业部门，各区政府

（24）提倡改建、整合技改矿井采掘机械化。落实地下矿山老空区积水超前探测、露天矿山高陡边坡安全监测制度。推广尾矿干堆、尾矿井下充填技术和尾矿综合利用，努力建设绿色矿山、无尾矿山。开展数字化矿山试点。

责任单位：市安全监管局，有关区政府

（25）加快推进“两重点一重大”危险化学品生产储存装置自动化控制系统改造升级，新建化工企业必须装备自动化控制系统。

责任单位：市安全监管局，有关区政府

（26）加强冶金企业天然气管道泄漏预警监测。在涉及铝镁等金属制品打磨抛光作业企业中推广使用湿式除尘工艺。

责任单位：市安全监管局，有关区政府

11.提升交通运输安全技术标准和保障水平

（27）推动《营运客车安全技术条件》（JT/T 1094—2016）落实，强化省际客车、旅游客车和危险货物运输车辆动态监控系统应用管理。

责任单位：市交通委、相关行业部门

（28）严格督促落实客船建造、逃生等相关安全技术标准，严禁在客船改造中降低标准。

责任单位：市交通委、市质监局

（29）严格渔船初次检验、营运检验和船用产品检验制度，推进渔船标准化改造工作。

责任单位：市农业局

12.强制淘汰不符合安全标准的工艺技术装备和材料

（30）推动建立职业病危害防治落后技术、工艺、材料和设备淘汰、限制名录管理制度，推动职业病危害严重企业转型升级和淘汰退出。

责任单位：市安全监管局、相关行业部门，各区政府

（四）建立特殊场所安全管控制度

13.科学合理控制高风险和劳动密集型作业场所人员数量

（31）严格控制煤矿、金属非金属矿山、危险化学品、烟花爆竹、涉爆粉尘等高风险作业场所操作人员数量。

责任单位：市安全监管局、北京煤监局，各区政府

（32）严格执行危险工序隔离操作规定。推进机器人和智能成套装备在工业炸药、工业雷管、剧毒化学品生产过程中的应用。

责任单位：市经济信息化委、市安全监管局，有关区政府

(33) 加强劳动密集型作业场所风险管控，依据风险等级和作业性质等，推动采取有针对性的空间物理隔离等措施，严格控制单位空间作业人员数量。

责任单位：市安全监管局、相关行业部门，各区政府

14.严格管控人员密集场所人流密度

(34) 加强大型交通枢纽设施状态和运营状况监测，合理控制客流承载量。

责任单位：市交通委，各区政府

(35) 严格审批，依法许可大型群众性活动，加强大型群众性场所的安全预警，加强实时监测，防止发生安全事故。

责任单位：市公安局，各区政府

(36) 督促建立健全人员密集场所人流应急预案和管控疏导方案，严防人员拥挤、踩踏事故发生。

责任单位：市公安局消防局、市交通委、市商务委、市教委、市旅游委、市新闻出版广电局、市文化局、市文化执法总队、市体育局、市园林绿化局，各区政府

(五) 完善从业人员安全素质准入制度

15.提高高危行业领域从业人员安全素质准入条件

(37) 从文化程度、专业素质、年龄、身体状况等方面制定完善矿山、危险化学品、烟花爆竹、金属冶炼、交通运输、建筑施工、民用爆炸物品等高危行业领域关键岗位人员职业安全准入要求，明确高危行业领域企业负责人、安全管理人员和特种作业人员的安全素质要求。

责任单位：市安全监管局、市交通委、市住房城乡建设委、相关行业部门，各区政府

(38) 建立健全生产安全事故重大责任人员职业和行业禁入制度，对被追究刑事责任的生产经营者依法实施相应的职业禁入，对事故负有重大责任的社会服务机构和人员依法实施相应的行业禁入。

责任单位：市工商局、市安全监管局、市民政局、相关行业部门，各区政府

(39) 督促企业严格审查外协单位从业人员安全资质。

责任单位：相关行业部门，各区政府

16.提升重点行业领域关键岗位人员职业安全技能

(40) 督促企业建立健全煤矿、非煤矿山、危险化学品、烟花爆竹、粉尘涉爆、金属冶炼、道路运输、水上运输、铁路运输、建筑施工、消防、民用爆炸物品、渔业生产等重点行业领域关键岗位人员入职安全培训、警示教育、继续教育和考核制度，提升从业人员安全意识和技能。

责任单位：市安全监管局、北京煤监局、市交通委、北京铁路局、市住房城乡建设委、市公安局消防局、市经济信息化委，各区政府

(41) 完善客货运车辆驾驶员职业要求，改革大中型客货车驾驶人职业培训考试机制，进一步加大客货运驾驶员业务知识、操作技能和处置突发事件等方面的培训。

责任单位：市交通委、市公安局交管局、市教委、市人力社保局，各区政府

三、工作要求

（一）做好工作部署。各地区、各有关部门要严格按照“党政同责、一岗双责、齐抓共管、失职追责”要求和“三个必须”原则，抓紧制定本地区、本行业领域具体实施方案，明确责任分工、细化工作措施、保障工作经费，推动各项工作真正落地。各地区、各单位实施方案于2017年8月3日前报送至市安全生产委员会办公室。

（二）形成工作合力。市安全生产委员会办公室要加强安全生产源头管控和安全准入工作统筹协调，凝聚各方力量，形成工作合力。各有关部门要结合贯彻实施《中共中央国务院关于推进安全生产领域改革发展的意见》（中发〔2016〕32号），进一步推进本市体制机制改革创新，着力弥补安全生产源头管控和安全准入方面的短板及监管盲区。各地区要加大工作推进力度，及时掌握本地区落实进度，切实通过加强安全生产源头管控和安全准入工作，提升区域安全防控水平。

（三）加强督导考核和信息报送。市安全生产委员会办公室要加大对安全生产源头管控和安全准入工作的考核力度，有针对性地开展督促检查，督促各项工作的有效落实。各地区、各有关部门要建立信息报告制度，及时报送工作开展情况，12月20日前要将本年度工作落实情况报送至市安全生产委员会办公室。

北京市安全生产委员会

2017年7月24日

北京市安全生产委员会关于印发《北京市企业安全生产标准化建设管理办法》的通知

京安发〔2017〕13号

各区安委会、市安委会成员单位、有关单位：

为进一步规范和加强本市安全生产标准化（以下简称标准化）建设工作，有力促进标准化建设提质增效，市安全生产委员会组织研究制定《北京市企业安全生产标准化建设管理办法》（以下简称《办法》）。经市政府同意，现印发你们并提出以下要求，请认真贯彻执行。

一、充分认识贯彻落实《办法》的重要意义

《办法》坚持问题导向，在总结本市标准化建设工作的基础上，全面梳理存在的问题，进一步严格企业自评整改、评审单位全面评审、评审组织单位严格复核等重点环节的要求，强化对标准化达标企业安全生产持续改进的监管措施。因此，印发并贯彻落实《办法》，对于规范和加强企业标准化创建工作，全面推动标准化建设提质增效，强化企业安全生产主体责任落实，具有十分重要的意义和作用。对此，各地区、各有关部门和各单位要高度重视，加强领导，认真总结本地区、本部门、本单位标准化建设工作情况，分析研究存在的主要问题，结合《办法》规定，研究制定全面推进标准化建设提质增效的措施，切实提升标准化建设质量和水平。

二、认真组织做好《办法》的宣贯落实工作

各地区、各有关部门和各单位要认真组织学习和研究《办法》，结合工作实际，采取多种形式开展对《办法》的宣贯和培训工作。同时要按照《办法》规定，认真修改完善本地区、本部门和本单位的标准化建设工作制度，通过完善工作机制，加强对企业标准化创建工作的监督管理。有效督促企业在开展标准化创建中，自觉对照评审标准进行自评整改，严格落实安全生产法律法规、规章、标准及有关政策，同时，每年开展标准化管理体系运行情况自评，形成自评报告并在企业内部进行公示。

三、进一步加大标准化评审复核工作管理力度

各地区、各有关部门要按照《办法》规定，进一步加强对评审组织单位的管理，督促评审组织单位履职到位，严格开展复核工作，充分发挥评审组织单位在标准化建设中的作用。加强对评审单位和评审人员的监督管理，定期组织开展监督检查，严格进行年度考核，实行优胜劣汰、激浊扬清，提高评审单位的社会责任感及评审员的安全专业素质和能力。各评审单位要认真组织进行评审，对重点部位、关键装置进行严格把关，指导企业整改事故隐患和问题，切实提升标准化创建质量。各评审单位要进一步强化内部管理，加强对评审员的培训考核，规范标准化评审过程控制管理，加强对企业标准化创建全过程的指导和服务。

四、全面推进标准化建设与安全生产重点工作紧密融合

各地区、各有关部门和各单位要加强对标准化建设工作的研究，使标准化建设与隐患排查治理体系建设、事故预防控制体系建设、安全生产责任体系建设、城市风险安全评估以及安全生产执法检查、安全生产责任保险推进等重点工作紧密结合。加强标准化创建与执法检查工作联动，对于安全生产强制性要求，企业必须按要求进行整改，不符合安全生产法律法规和强制标准的，不能通过安全生产标准化评审；对于存在重大事故隐患的，要依法进行查处。通过开展标准化建设，全面推进企业安全生产主体责任落实。

北京市安全生产委员会

2017 年 10 月 18 日

北京市企业安全生产标准化建设管理办法

第一章　总则

第一条　为进一步规范和加强企业安全生产标准化（以下简称标准化）建设工作，促进企业标准化建设提质增效，依据《中华人民共和国安全生产法》《中共中央国务院关于推进安全生产领域改革发展的意见》（中发〔2016〕32 号）、国家安全生产监督管理总局《企业安全生产标准化评审工作管理办法（试行）》（安监总办〔2014〕49 号）、《北京市委市政府关于实施安全发展战略促进和谐宜居之都建设的意见》（京发〔2014〕21 号）等法律法规、文件要求，结合本市实际，制定本办法。

第二条　本市行政区域内企业标准化建设及其管理，适用本办法。国家及本市有关部门对企业标准化建设及其管理另有规定的，适用其规定。

企业标准化建设包括企业创建、标准化评审和公告发证三个部分。企业创建是指企业建立并运行安全生产管理体系，全面管控生产经营活动各个环节安全生产和职业健康工作的过程，主要包括建立安全生产责任制、制定安全生产规章制度和操作规程、组织开展全员安全培训、组织开展事故隐患排查治理、对照评定标准自评整改并形成自评报告备查。标准化评审包括标准化评审单位（以下简称评审单位）的评审工作及标准化评审组织单位（以下简称评审组织单位）的复核工作。标准化达标是指企业完成创建及自评报告，通过评审化评审，经有关部门公告并取得标准化牌匾及证书。

第三条　企业标准化建设应当坚持政策引导支持、部门组织推进、企业自主创建、社会机构评审的原则。

第四条　市人民政府每年向各区人民政府下达标准化创建任务指标，纳入安全生产综合考核的内容。

市安全生产委员会统筹全市企业标准化建设工作，协调解决重大问题，将企业标准化建设纳入对各区人民政府和市有关部门年度考核的内容。有关具体工作由市安全生产委员会办公室承担。

第五条　各区人民政府统一领导本地区企业标准化建设工作，建立健全工作机制，保障企业标准化建设专项经费，支持和督促有关部门组织推进企业标准化建设，并将企业标准化建设纳入对各街道、乡镇、园区及有关部门年度综合考核的内容。

第六条　市和区安全生产监督管理部门牵头组织、指导和督促本行政区域内企业标准化建设工作，具体负责组织推进和管理非煤矿山、危险化学品、化工、医药、烟花爆竹、冶金、有色、建材、机械、轻工、纺织和烟草等行业或者领域企业标准化建设工作。

经济信息化、民政、住房城乡建设、城市管理、交通运输、水务、商务、旅游、文化、卫生计生、新闻出版广电、体育、园林绿化、农业、粮食和邮政等政府有关部门，按照职责分工分别负责组织推进和管理有关行业或者领域企业标准化建设工作。

第七条　评审组织单位由市和区有关部门根据工作需要确定。具体承担评审单位考核管理、评审员队伍建设管理、标准化评审专家队伍建设管理、申请标准化企业的现场复核、标准化信息管理系统数据维护、标准化档案管理等具体工作。

支持和鼓励安全生产领域社会组织作为评审组织单位。评审组织单位不得向企业收取任何费用，评审组织工作经费由市和区有关部门通过政府购买服务的方式予以保障。

第八条　评审单位是由有关部门确定的第三方机构，应当建立健全评审工作制度，规范评审工作程序，按照相应的评审标准，逐项检查、评审企业的安全生产和职业健康各项工作，指导企业排查治理事故隐患，提高安全生产和职业健康水平。

评审单位一般应当具有安全评价机构资质。没有安全评价机构资质的，应当具备从事安全生产技术服务的专业能力，并具有从事标准化评审二年以上工作经历。

第九条　评审组织单位、评审单位应当按照“服务企业、公正自律、质量优先、力求实效”的原则开展评审工作，对其作出的资料审查和现场评审结论负责。

第十条　企业应当按照标准化评审标准（以下简称评审标准）及本办法规定的工作程序自主开展标准化自评，对不符合项进行整改，建立并运行安全生产管理体系，持续加强安全生产和职业健康管理。

第十一条　企业标准化建设程序包括企业自评及申请、评审单位评审、评审组织单位复核、有关部门公告、评审组织单位颁发证书和牌匾。

第十二条　企业标准化达标等级分为一级、二级、三级，其中一级为最高等级。

10 人以下企业按照岗位标准开展标准化创建，评审方式由区有关门根据实际确定。

第二章　企业标准化建设

第一节　企业自评及申请

第十三条　企业是标准化创建主体，应当成立由主要负责人任组长的标准化创建工作组，根据生产经营规模确定创建标准化企业的等级，组织进行全员培训，根据有关标准主动开展标准化创建，对照相应的评审标准逐项进行自查，对不符合项进行整改，形成自评报告（样式见附件 1）在企业内部进行公示，并通过安全生产标准化信息管理系统完成网上注册、提交。

第十四条　企业申请标准化达标等级的基本原则如下：

（一）规模以上企业创建标准化一级、二级企业。

（二）规模以下企业和 10 人（含 10 人）以上企业创建标准化三级企业。

（三）10 人以下企业创建标准化小微企业。

规模以上、规模以下企业，参照国家统计局的企业级别划分标准确定或者按照有关部门的标准确定。

第十五条　标准化评审依据的评审标准如下：

（一）创建标准化一级企业的，按照国家有关部门制定的评审标准进行评审。

（二）创建标准化二级企业的，具有国家有关部门制定的评审标准的，按照国家有关部门制定的评审标准进行评审；没有国家有关部门制定的评审标准的，按照市有关部门制定的评审标准进行评审。

（三）创建标准化三级企业和小微企业的，按照市安全生产监督管理部门或者其他有关部门制定的评审标准进行评审。

第十六条　企业标准化评审实行自愿申请的原则。申请取得标准化等级证书的企业，在通过标准化信息管理系统提交自评报告的同时提出评审申请。

第十七条　申请标准化评审的企业应当具备以下条件：

（一）设立有安全生产行政许可的，已依法取得国家和本市规定的相应安全生产行政许可。

（二）申请评审之日的前 1 年内，没有发生人员重伤、死亡、直接经济损失 100 万元以上及社会影响较大生产安全事故。

（三）未被列入北京市生产经营单位安全生产联合惩戒和黑名单管理。

（四）标准化二级企业由企业所在地的区有关部门推荐，标准化三级企业由企业所在地的街道、乡镇、园区安全生产管理部门推荐。

国家及市有关部门规定的条件高于本条款要求的，按照国家及市有关部门的规定执行；低于本条款要求的，按照本条款执行。

第二节 评审单位评审

第十八条 评审单位收到企业的评审申请后，应当确认企业的条件、生产经营规模及其申请达标的等级、自评报告依据的评审标准等事项。不符合规定的，应当退回申请并说明原因；符合规定的，应当启动评审工作。

第十九条 评审单位应当按照规定对企业进行初访，成立评审项目组，严格按照评审标准和安全生产法律法规进行评审，并在3个月内（不含企业整改时间）完成评审工作。

第二十条 评审单位进行现场评审期间，应当对评审标准中的强制性要求进行严格评审把关，督促企业严格整改不符合项。同时对容易发生火灾、爆炸、有毒有害物质泄漏、中毒窒息等事故的场所和危险作业情况进行重点检查，指导企业整改隐患。

第二十一条 评审单位应当按规定编制评审报告（样式见附件2），并说明重点部位安全管理、安全装置使用运行等情况，以及重大事故隐患及其整改情况，及时将评审报告提交给相应的评审组织单位。

第二十二条 评审单位发现企业存在事故隐患或者其他不安全因素，应当指导企业进行整改，并对整改后的项目重新进行评审。对于不进行整改或者整改不到位的，以及存在重大事故隐患的企业，应当及时向有关部门报告。

第三节 评审组织单位复核

第二十三条 评审组织单位收到评审单位提交的评审报告后，应当在10个工作日内完成对申请资料和评审报告的审查。按照一定比例对审查合格的企业进行抽查，在20个工作日（不含整改时间）内组织完成现场复核。在现场复核中发现企业存在事故隐患或者其他不安全因素，应当督促企业立即进行整改。企业完成整改并提交整改情况报告后，评审组织单位应当在5个工作日内重新组织进行现场复核。

第二十四条 对于矿山，金属冶炼，医药生产，道路旅客运输企业，危险化学品的生产、经营、储存、运输企业和使用危险化学品从事生产并且使用量达到规定数量的化工企业，应当全部进行现场复核。对于冶金、有色、建材、机械、轻工、纺织和烟草等行业申请标准化二级达标的工业企业，现场复核的比例不低于50%；其他行业企业的现场复核比例参照进行。对于申请标准化三级达标的企业，现场复核的比例由区有关部门确定。

第二十五条 现场复核企业应当为容易发生火灾、爆炸、有毒有害物质泄漏、中毒窒息等事故和存在危险作业的企业，以及在审查申请资料和评审报告过程中发现问题并且需要进行现场核实的企业。现场复核的重点内容包括企业申请标准化评审的条件、评审标准否决项、扣分项、评审过程及其结果、关键装置及重点部位安全管理情况等。

第二十六条 评审组织单位应当记录资料审查和现场复核的过程及其结果，并在完成现场复核后形成书面报告。现场复核合格的，将书面报告提交有关部门；不合格的，将评审报告退回评审单位并说明理由。

第二十七条 评审组织单位在现场复核中发现企业存在重大事故隐患或者严重违法行为的，应当立即将情况报告有关部门。

现场复核发现评审单位未严格履行职责的，评审组织单位应当视情节轻重并按照有关规定，对评审单位负责人进行约谈或者向有关部门报告，由有关部门依照规定处理。

第四节　部门公告

第二十八条 有关部门收到评审组织单位提交的审查合格结果和复核报告后，应当在15个工日内完成审核（需要进行现场核实及企业整改的时间除外）。对于经审核符合要求的企业，在部门官方网站予以公告，并抄送同级经济信息化、人力资源社会保障、财政管理、国有资产管理、工商、质量监督和银监部门，按照有关规定落实激励约束政策；对于经审核不符合要求的企业，通知评审组织单位并说明理由。

对于撤销标准化称号的企业，有关部门应当在官方网站予以公告并抄送相应的其他部门。

第五节　证书和牌匾

第二十九条 对于经有关部门审核符合要求的企业，公告后由评审组织单位颁发相应等级的标准化证书和牌匾。标准化证书和牌匾的有效期为3年，证书样式和牌匾式样由市有关部门确定。

第三十条 安全生产监督管理部门具体负责的标准化企业的证书和牌匾由国家安全生产监督管理总局统一监制，统一编号，证书样式分别见附件3、附件4，牌匾式样见附件5。对标准化一级、二级和三级企业，颁发标准化证书和牌匾；对10人以下的达标企业，颁发标准化小微企业证书。

第六节　期满复评和持续改进

第三十一条 企业的标准化证书有效期届满后，可自愿申请复评。企业申请复评时，一般应当按照初次创建的程序和方法进行。如果评审标准已经更新，应当按照更新后的评审标准进行自评，并重新申请评审。申请更高等级标准化企业的，向相应的评审单位或者评审组织单位提出申请。

小微达标企业有效期届满后，应当重新进行岗位达标评审。

第三十二条 标准化企业在标准化证书有效期内变更生产经营范围或者领域，应当及时向标准化评审组织单位报告有关情况并重新申请标准化评审。

第三十三条 标准化二级、三级企业满足以下条件，期满后可直接向评审组织单位申请换发标准化证书、牌匾：

（一）按照规定每年提交自评报告并在企业内部公示；

（二）建立并运行事故隐患排查治理体系，按要求使用隐患排查治理信息系统，实施自查自改自报；

（三）三年内未发生人员重伤、死亡、直接经济损失100万元以上及社会影响较大生产安全事故；

（四）有关部门在安全生产检查中未发现企业安全管理存在突出问题或者重大事故隐患；

（五）未改建、扩建或者迁移生产经营、储存场所，未扩大生产经营许可范围。

第三十四条　标准化企业应当根据国家及本市新出台的安全生产法规标准，及时完善安全生产和职业健康管理制度，定期检查制度落实情况，每年至少开展1次自评，完成自评报告并在企业内部进行公示。主要负责人每年应当主持召开标准化专题会议，推进安全生产管理体系有效运行、不断完善并持续改进。

第三章　监督管理

第三十五条　各级人民政府及其有关部门应当将企业标准化建设纳入安全生产工作计划，在财政预算中安排企业标准化建设工作经费，专项用于评审标准制定、宣传、培训、评审、核查和评审组织管理等工作。相关工作可以通过政府购买服务的方式，委托社会组织或者其他单位承担。

小微企业岗位达标的评审费用由各区人民政府统一安排，不得向企业收取。

第三十六条　企业标准化建设管理工作实行分级负责的原则。

国家有关部门负责标准化一级企业的建设管理，确定标准化一级企业的评审组织单位、评审单位和评审人员基本条件；市有关部门负责标准化二级企业的建设管理，确定标准化二级企业的评审组织单位、标准化二级及三级企业的评审单位和评审人员基本条件；区有关部门负责标准化三级企业的建设管理和小微企业的达标管理，确定标准化三级企业的评审组织单位。

第三十七条　有关部门应当建立标准化信息管理系统，建立健全标准化工作制度，完善监督管理机制，加强对企业标准化建设工作的监管，每半年向安全生产监督管理部门报送标准化建设工作推进情况，并结合安全生产监管重点工作，推动建立执法检查联动机制，推进重点领域专项治理，促进高风险企业疏解退出，增强企业标准化建设实效。

区有关部门应当每半年向市级对应部门报送本地区标准化建设工作推进情况。

第三十八条　有关部门应当规范和加强对评审组织单位、评审单位和评审人员的管理，实施监督、检查、考核、评比、通报和约谈等措施，强化退出机制。对于在标准化评审工作中存在弄虚作假、牟取不正当利益等行为的评审单位，一律取消评审单位资格。对于存在违法违规行为的评审单位负责人和评审人员，依照有关规定严肃查处并追究责任。

第三十九条　有关部门应当将企业标准化建设工作列入安全生产监督管理工作计划，通过执法检查、委托第三方机构核查等方式，抽查达标企业的标准化管理体系运行保持情况。

第四十条 取得标准化证书的企业，在证书有效期内有下列情形之一的，由评审组织单位核实并提出建议，由原公告单位根据情况撤销其标准化企业称号：

（一）被发现在评审过程中提交的申请材料不真实的；

（二）迟报、漏报、瞒报、谎报生产安全事故的；

（三）企业发生重伤、死亡、直接经济损失100万元以上及社会影响较大生产安全事故的；

（四）在安全生产监督管理部门或者其他负有安全生产监督管理职责部门执法检查中，发现存在事故隐患并且未采取有效措施防控和消除的；

（五）企业工商营业执照注销或者被吊销的；

（六）被列入北京市生产经营单位安全生产联合惩戒和黑名单管理的；

（七）存在其他应当撤销标准化企业称号情形的。

被撤销标准化称号的企业，应当向原发证单位交回证书、牌匾。自撤销之日起满1年后，方可重新申请标准化评审。

第四十一条 市安全生产监督管理部门统计全市标准化企业情况，向市人力资源社会保障部门定期报送。市人力资源社会保障部门应当按照有关规定落实标准化企业工伤保险缴费费率浮动政策。

第四十二条 区有关部门和属地街道、乡镇应当全面掌握辖区企业标准化建设工作情况，分别对申请标准化二级和三级企业的有关条件进行确认，并结合日常监管情况，在企业的评审申请表上签署推荐意见。

第四章 附则

第四十三条 本办法所称的有关部门是指依照本级人民政府规定的职责范围，组织对相应行业领域的企业开展标准化创建工作的部门。具体包括经济信息化、民政、住房城乡建设、城市管理、交通运输、水务、商务、旅游、文化、卫生计生、安全监管、新闻出版广电、体育、园林绿化、农业、粮食和邮政等部门。

第四十四条 本办法自发布之日起30日后实施。

附件：略

北京市安全生产委员会关于印发《北京市安全生产信用体系建设管理办法》的通知

京安发〔2017〕16号

各区人民政府、北京经济技术开发区管委会，市安委会成员单位，各市属国有企业：

为推动本市安全生产信用体系建设深入开展，根据《中共中央 国务院关于推进安全生产领域改革发展的意见》《关于对安全生产领域失信生产经营单位及其有关人员开展联合惩戒的合作备忘录》（发改财金〔2016〕1001号）和《对安全生产领域失信行为开展联合惩戒的实施办法》（安监总办〔2017〕49号）等文件精神，市安委会办公室对《北京市安全生产信用体系建设管理办法（试行）》（京安发〔2016〕4号）进行修订，现将《北京市安全生产信用体系建设管理办法》印发给您们，请认真贯彻执行。

北京市安全生产委员会

2017年12月7日

北京市安全生产信用体系建设管理办法

第一章　总　则

第一条　为加强安全生产领域诚信建设，推动企业安全生产主体责任落实，强化安全生产依法治理，有效预防各类事故，保障从业人员生命安全和职业健康，根据《中华人民共和国安全生产法》《国务院安全生产委员会关于加强企业安全生产诚信体系建设的指导意见》（安委〔2014〕8号）、《关于对安全生产领域失信生产经营单位及其有关人员开展联合惩戒的合作备忘录》（发改财金〔2016〕1001号）、《对安全生产领域失信行为开展联合惩戒的实施办法》（安监总办〔2017〕49号）、《北京市安全生产条例》《北京市行政机关归集和公布企业信用信息管理办法》（北京市人民政府令〔2002〕第106号）、《北京市人民政府关于加快社会信用体系建设的实施意见》（京政发〔2015〕4号）和《北京市人民政府关于建立完善信用联合奖惩制度加快推进诚信建设的实施意见》（京政发〔2017〕15 号）等相关规定，结合本市实际，制定本办法。

第二条 安全生产信用体系是社会信用体系的重要组成部分，包括安全生产信用信息分类、信用信息归集、信用评价、守信激励和失信惩戒等制度，体现企业在安全生产方面的信用程度。

第三条 本办法适用于在本市行政区域内从事生产经营活动的企业。

第四条 安全生产信用体系建设和管理工作，按照政府主导、社会评定、动态管理、分步实施的原则，根据法律、法规、规章的规定和政府有关要求，结合安全生产重点工作同步推进实施。

第五条 市安全生产监督管理部门主管全市安全生产信用体系建设和管理工作，负责建设全市安全生产信用信息系统，用于信用信息归集、信用评价、信息发布和信息共享。

市、区其他负有安全生产监督管理职责的部门负责职责范围内的信用信息归集、核实和应用，负责行业领域内有关信用扣分标准的设定工作，并与企业信用等级评定分值设置相衔接。

第六条 加强群众监督和社会舆论监督，鼓励新闻媒体、社会公众和企业员工举报企业安全生产不良行为。对符合奖励条件的举报人按照有关规定给予奖励，并严格为举报人保密。

第七条 建立考核制度。将安全生产信用体系建设和管理工作纳入对各区和有关部门安全生产综合考核的重要内容。

第二章　信用信息分类

第八条 企业安全生产信用信息分为基本信息、良好信息、提示信息、警示信息、联合惩戒及“黑名单”信息。

第九条 下列信息属于基本信息：

（一）企业工商登记信息；

（二）企业的安全生产行政许可资质信息及变更、延续、注销等信息；

（三）企业主要负责人、安全管理人员、特种作业人员、注册安全工程师等资格信息；

（四）职业危害申报、生产安全事故应急预案等备案信息；

（五）企业安全生产承诺信息，包括承诺内容、实施方案、保障措施、年度承诺事项总结报告等信息；

（六）其他依法应纳入的基本信息。

第十条 下列信息属于良好信息：

（一）在安全生产工作方面做出突出贡献，企业受到区及以上政府和有关部门的表彰；

（二）其他依法应纳入的良好信息。

第十一条 下列信息属于提示信息：

（一）日常监管工作中发现企业存在轻微违法违规行为，无须做出行政处罚，但需要进行责令限期改正或行政提示、行政建议、行政告诫等行政行为的；

（二）经立案调查确认违法，但依据相关法律法规规定，免予行政处罚或者单独给予警告处罚的；

（三）其他提示信息。

第十二条 下列信息属于警示信息：

（一）发生生产安全责任事故，造成人员死亡；或者造成较大社会影响；或者直接经济损失100万元以上的；

（二）一个信用周期内2次以上被录入提示信息的；或因轻微违法违规，被责令限期改正或给予行政提示、行政建议、行政告诫等行政行为，逾期不作为，被负有安全生产监管职责的行政机关实施其他处罚措施的；

（三）因违法行为被负有安全生产监管职责的行政机关对企业或企业相关负责人给予罚款、没收、责令停产停业整顿等行政处罚的；

（四）因违法行为被负有安全生产监管职责的行政机关给予暂扣或者吊销许可证、批准证明文件处罚的；

（五）安全生产标准化、隐患排查治理和预防控制体系建设、安全生产责任保险、报告年度安全生产工作情况等国家和本市鼓励倡导的重点工作未达到相关要求的；

（六）其他安全生产非法违法或造成较大社会影响的行为。

第十三条 下列信息属于联合惩戒信息：

（一）发生较大及以上生产安全责任事故，或1年内累计发生3起及以上造成人员死亡的一般生产安全责任事故的；

（二）未按规定取得安全生产许可，擅自开展生产经营建设活动的；

（三）发现重大生产安全事故隐患，或职业病危害严重超标，不及时整改，仍组织从业人员冒险作业的；

（四）采取隐蔽、欺骗或阻碍等方式逃避、对抗安全监管监察的；

（五）被责令停产停业整顿，仍然从事生产经营建设活动的；

（六）瞒报、谎报、迟报生产安全事故的；

（七）矿山、危险化学品、金属冶炼等高危行业建设项目安全设施未经验收合格即投入生产和使用的；

（八）矿山生产经营单位存在超层越界开采、以探代采行为的；

（九）发生事故后，故意破坏事故现场，伪造有关证据资料，妨碍、对抗事故调查，或主要负责人逃逸的；

（十）安全生产和职业健康技术服务机构出具虚假报告或证明，违规转让或出借资质的。

（十一）存在其他安全生产违法行为应纳入联合惩戒的。

第十四条 “黑名单”信息：

存在严重违法违规行为，发生重特大生产安全责任事故，或1年内累计发生2起较大生产安全责任事故，或发生性质恶劣、危害性严重、社会影响大的典型较大生产安全责任事故的联合惩戒对象，以及其他应纳入“黑名单”管理的相关生产经营单位和人员信息。

第三章　信用信息归集

第十五条　按照“谁产生、谁负责”的原则，由市、区安全生产监督管理部门和其他负有安全生产监督管理职责的部门，依托安全生产信用信息系统，组织开展企业安全生产信用信息归集工作。

第十六条　企业的工商登记基本信息依托市工商局的企业信用信息网进行共享交换，并定期进行数据更新；企业的良好信息以首次评定时间为起点计算，按照信息产生的时间及时归集；企业其他信用信息应在信息产生之日起7个工作日内进行归集。

第十七条　企业安全生产信用信息按照下列期限记录：

（一）企业基本信息记录期限自产生之日起至退出为止，变更登记应当反映历次变更事项的内容和注销许可的所有事项，退出后上述信息转入历史记录保存。

（二）良好信息记录期限为企业受到表彰、获取称号等良好信息的有效期限。

（三）企业提示信息和警示信息记录期限为3年，自相关行政行为生效之日起计算，法律、法规、规章规定记录期限超过上述期限的，从其规定。

（四）联合惩戒及“黑名单”管理的期限为1年，自公布之日起计算。有关法律法规对管理期限另有规定的，依照其规定执行。

前款规定的记录期限届满后，系统自动解除记录并自解除之日起转为永久保存的信息。

第四章　信用结果应用

第十八条　推动企业安全生产信用信息与市工商、市经济信息化委等部门共享互通，通过网络平台或文件告知等形式，向本市经信、工商、质监、发展改革、规划国土、财政、银行、保险、工会等部门和单位通报有关情况。

第十九条　企业安全生产信用评价由第三方机构制定评价标准，开展等级评定，并向社会发布评价结果。

市、区安全生产监督管理部门可结合本市实际，把企业安全生产信用评价结果作为信用分类监管和激励约束的参考依据。

第二十条　对安全生产领域守信企业开展联合激励。根据国家及本市有关规定建立机制，激励生产经营单位安全生产守信行为，推动形成褒奖诚信的社会氛围。

第二十一条　对纳入联合惩戒及“黑名单”管理的企业开展联合惩戒。各级安全生产监督管理部门根据《关于对安全生产领域失信生产经营单位及其有关人员开展联合惩戒的合作备忘录》（发改财金〔2016〕1001号）及本市有关规定，实施以下限制措施：

（一）发布公告向社会公开曝光；

（二）加大执法检查频次；

（三）作为重点监管监察对象，建立常态化暗查暗访机制，不定期开展抽查；

（四）约谈其主要负责人，对其主要负责人及相关责任人进行安全培训；

（五）暂停对其安全生产标准化评审，对已经取得安全生产标准化证书的，撤销其证书；

（六）依法依规对存在失信行为的企业及其负责人实施市场禁入；

（七）发现存在新的安全生产违法违规行为的，依法依规从重处罚；

（八）法律、法规、规章规定的其他限制措施。

第五章　附　则

第二十二条　企业信用信息的归集、公开和使用应当符合法律、法规、规章的规定：

（一）有关部门、单位应当严格按照职责分工和时限要求及时归集、更新和维护企业信用信息。

（二）企业信用信息的公开范围、公开方式、期限等工作按照政府信息公开的有关规定执行。对于属于个人隐私、涉及企业商业秘密以及法律、法规明确规定不得公开的其他内容，应当采取保密措施。

（三）各级有关部门利用企业信用信息，应当按照法律、法规、规章规定的目的运用，不得滥用，不得违法限制企业活动。

第二十三条　有下列情形之一的，依法追究有关人员责任：

（一）不按规定提交、归集、更新和维护企业信用信息的；

（二）工作渎职、玩忽职守造成工作严重失误的；

（三）违法公布、使用企业信用信息，侵犯企业合法权益，损害企业信誉的；

（四）徇私舞弊使违法者逃避提示或警示的。

第二十四条　各区安全生产监管部门可以根据实际情况，建立本地区的企业信用体系管理制度和实施细则。

第二十五条　本办法由市安全监管局负责解释。

第二十六条　本办法自发布之日起施行。

北京市安全生产委员会关于2017年度安全生产工作考核结果的通报

京安发〔2018〕5号

各区人民政府、北京经济技术开发区管委会，市安委会各成员单位：

2017年，全市各地区、各部门、各单位在市委、市政府的正确领导下，认真贯彻落实党中央、国务院和市委、市政府决策部署，积极推进安全生产各项工作任务落实，为确保首都安全稳定作出了突出贡献。按照《北京市安全生产工作考核办法》（京政办发〔2017〕7号）和全市安全生产工作考核总体安排，市安委会办公室组织对各区政府和市政府有关部门进行了安全生产工作考核。经市政府同意，现就考核结果通报如下：

一、各区政府考核结果

按照区政府自评、有关部门评定、市安委会办公室综合评定的工作步骤，共有15个区政府考核成绩在90分以上，考核结果为优秀。考核排名顺序为：通州区、海淀区、西城区、朝阳区、房山区、东城区、平谷区、北京经济技术开发区、延庆区、丰台区、怀柔区、石景山区、门头沟区、昌平区、密云区。

顺义区安全生产工作考核成绩在80分以上90分以下，考核结果为良好。

大兴区发生“11·18”重大火灾事故，按照《北京市安全生产工作考核办法》规定实施一票否决，安全生产工作考核结果为不合格。

二、市政府有关部门考核结果

按照市级部门自评、区安委会评定和市安委会办公室综合评定的工作步骤，共有19个市政府有关部门考核分数在90分以上，考核结果为优秀。考核排名顺序为：市住房城乡建设委、市质监局、市旅游委、市交通委、市经济信息化委、市商务委、市新闻出版广电局、市体育局、市工商局、市发展改革委、市城市管理委、市气象局、市南水北调办、市城管执法局、市园林绿化局、市文化局、市公安交管局、市民防局、市邮政管理局。

市农委、市规划国土委、市水务局3个部门的考核分数在85分以上90分以下，考核结果为良好。

三、安全生产工作考核表彰情况

根据《北京市安全生产工作考核办法》和市安委会办公室《安全生产综合考核奖项评选办法》有关规定，通州区、海淀区被评为“安全生产工作重大进步单位”；西城区、朝阳区、房山区被评为“安全生产工作基础管理创新单位”。市住房城乡建设委、市质监局、市旅游委、市交通委、市新闻出版广电局被评为“安全生产工作成绩突出单位”；市发展改革委、市城市管理委、市商务委、市体育局、市文化局被评为“安全生产工作管理创新单位”。

四、工作要求

（一）希望考核评定为优秀和受到表彰的单位再接再厉，戒骄戒躁，高标准、高起点推进各项工作落实。其他各单位要鼓足工作干劲，认真查补短板，力争在2018年各项工作中有新发展、新突破、新作为。

（二）近期，市安委会办公室将逐一向各区政府、市政府有关部门反馈具体考核意见。请各地区、各部门针对反馈意见，全面查找存在的问题和不足，认真分析原因及教训，有针对性制定整改措施，进一步提高工作水平。

（三）进一步增强做好安全生产工作的政治责任感和使命感。各地区、各部门、各单位要坚持以习近平新时代中国特色社会主义思想为指引，按照党中央、国务院和市委、市政府关于安全生产的决策部署，加强组织领导，统筹推进2018年安全生产各项工作落实，为促进首都安全生产形势持续好转做出新的更大贡献。

近期，市安委会将召开工作会议，通报考核情况，颁发奖牌，具体安排另行通知。

北京市安全生产委员会

2018年2月27日

【市安全监管局文件】

北京市安全生产监督管理局关于印发《北京市社会影响较大一般生产安全事故调查处理规定》的通知

京安监发〔2017〕23号

各区安全生产监督管理局，北京经济技术开发区安全生产监督管理局：

为规范本市社会影响较大一般生产安全事故的报告和调查处理工作，根据《生产安全事故报告和调查处理条例》《北京市生产安全事故报告和调查处理办法》等规定，市安全监管局制定《北京市社会影响较大一般生产安全事故调查处理规定》，现印发给你们，请遵照执行。2010年，市安全监管局印发的《北京市社会影响较大一般生产安全事故调查处理暂行规定》同时废止。

附件：北京市社会影响较大一般生产安全事故调查处理规定

北京市安全生产监督管理局

2017年8月2日

附件：

北京市社会影响较大一般生产安全事故调查处理规定

第一条 为进一步做好本市社会影响较大一般生产安全事故的报告和调查处理工作，根据《生产安全事故报告和调查处理条例》《北京市生产安全事故报告和调查处理办法》等规定，结合本市实际情况，制定本规定。

第二条 本规定适用于本市社会影响较大一般生产安全事故的报告和调查处理工作。

第三条 社会影响较大的一般生产安全事故包括下列情形：

（一）造成2人死亡、2人以上重伤（包括急性工业中毒，下同）的；

（二）造成1人死亡、3人以上重伤或者1人死亡、10人以上轻伤的；

（三）造成6人以上重伤的；

（四）造成电力、燃气、热力、通信、给排水、输油气等涉及城市运行安全的重要管线基础设施破坏，导致600人以上疏散或者重要交通干线中断，社会影响恶劣的；

（五）涉及危险化学品生产、经营、储存场所发生爆炸、泄漏，紧急疏散300人以上的；

（六）烟花爆竹销售、储存场所发生爆炸，紧急疏散300人以上的；

（七）国家重大政治活动期间发生的，或其他社会影响恶劣的一般生产安全事故。

第四条　区安全监管局接到社会影响较大一般生产安全事故报告后，应当及时派人赶赴现场，按照事故统计报告制度规定，及时、准确报告事故有关情况，依法组织开展调查处理工作。

第五条　市安全监管局接到区安全监管局事故报告后，经确认为本《规定》第三条第一、二、三项情形的，应确定人员对事故调查处理进行跟踪指导；确认为本《规定》第三条第四、五、六、七项情形的，应立即派专人到现场指导事故调查处理工作，并按照市政府要求，依据有关规定，对事故进行挂牌督办。

第六条　市人民政府认为有必要时，市安全监管局应当按照《北京市生产安全事故报告和调查处理办法》的规定，组成市政府事故调查组，对本《规定》第三条规定的社会影响较大一般生产安全事故开展调查处理工作。

第七条　对市政府事故调查组负责调查的，事故发生地区安全监管局应当积极配合开展事故调查处理工作，并协调本级人民政府相关部门配合开展下列工作：

（一）配合做好事故新闻宣传工作；

（二）配合开展事故相关调查和事故直接经济损失核定工作；

（三）维护事故现场秩序，为事故调查提供便利条件；

（四）提供本区组织开展的事故应急救援工作情况；

（五）负责事故现场相关善后工作。

第八条　市政府事故调查组调查处理的社会影响较大一般生产安全事故，经市人民政府批复结案后，由安全生产监督管理部门负责实施行政处罚的，市安全监管局可以交由事故发生地区安全监管局实施。事故发生地区安全监管局应当及时将处罚落实情况报告市安全监管局。

第九条　社会影响较大一般生产安全事故调查报告经市或区人民政府批复结案后，负责组织事故调查处理的安全生产监督管理部门，应当严格按照事故信息公开有关规定，及时向社会全文公开事故调查报告，接受社会监督。

第十条　市安全监管局对本单位牵头调查处理的社会影响较大一般生产安全事故，应当按照本市有关事故评估规定要求，在事故结案一年后及时开展事故评估工作，并将事故有关责任人员和责任单位纳入安全生产领域失信行为联合惩戒体系管理。

第十一条　本规定所称的“以上”包括本数，所称的“以下”不包括本数。

第十二条　本规定自下发之日起施行。原《北京市社会影响较大的一般生产安全事故调查处理暂行规定》同时废止。

北京市安全生产监督管理局关于贯彻落实《建设项目职业病防护设施“三同时”监督管理办法》的通知

京安监发〔2017〕29号

各区、北京经济技术开发区安全监管局，有关单位：

为贯彻落实《建设项目职业病防护设施“三同时”监督管理办法》（国家安全监管总局令第90号，以下简称《办法》），按照《国家安全监管总局办公厅关于贯彻落实〈建设项目职业病防护设施“三同时”监督管理办法〉的通知》（安监总厅安健〔2017〕37号，以下简称《通知》）的要求，进一步加强建设项目（煤矿、军工、医疗机构放射除外）职业病防护设施“三同时”工作，结合本市实际，现就有关工作通知如下：

一、充分认识加强建设项目职业病防护设施“三同时”工作的重要意义

建设项目职业病防护设施“三同时”工作是从源头上预防、控制和消除职业病危害的重要措施。此次国家安全监管总局颁布的《办法》，取消安全生产监督管理部门的审批职责，重点明确建设单位主体责任和安全生产监督管理部门监督检查责任，进一步细化规范建设项目职业病危害预评价、职业病防护设施设计、职业病危害控制效果评价的评审及职业病防护设施验收工作。为贯彻落实《办法》，国家安全监管总局已将建设项目职业病防护设施“三同时”监管工作纳入2017年省级政府安全生产考核评分内容。各区要深刻认识《办法》修订实施的重要意义，加快行政职能转变，强化工作措施，依法加强建设项目职业病防护设施“三同时”事中事后监管，督促建设单位落实主体责任，确保建设项目职业病防护设施“三同时”工作制度得到有效落实。

二、进一步明确建设项目职业病防护设施“三同时”分级监管职责分工

本市建设项目职业病防护设施“三同时”实行分级监管，按照市、区职责分工，对建设项目职业病防护设施“三同时”实行分级管理。

（一）市安全监管局对全市建设项目职业卫生“三同时”实施监督管理，负责国务院及其有关主管部门审批、核准或者备案的建设项目；市政府及其有关主管部门审批、核准或者备案的建设项目；跨行政区域的建设项目；国家安全监管总局委托的建设项目。

（二）区安全监管局对本行政区域内的建设项目职业卫生“三同时”实施监督管理，负责区政府及其有关主管部门审批、核准或者备案的建设项目；市安全监管局委托的建设项目。

三、建设单位严格落实职业病防护设施“三同时”主体责任

近几年，市、区两级安全监管局和建设单位加强职业病防护设施“三同时”监管工作，但仍存在部分建设单位对职业病防护设施“三同时”工作不重视，不执行相关制度，致使一些工作场所不符合职业卫生要求的建设项目投入生产，“带病”运行，给职业健康带来隐患。各建设单位要严格落实《办法》和《通知》各项要求，强化前期预防，从源头上控制职业病危害。

（一）严格落实工作流程和程序。建设单位要严格按照《建设项目职业病防护设施“三同时”工作流程图》（见附件1）的规定，开展职业病防护设施“三同时”管理工作，建立健全工作制度和档案。在可行性论证阶段、设计阶段、验收阶段，按照《建设项目职业病防护设施“三同时”评审（验收）工作程序》（见附件2），组织建设项目职业病防护设施“三同时”的预评价、职业病防护设施设计、职业病危害控制效果评价的评审和职业病防护设施验收工作。

（二）实施分类管理。《办法》将建设项目职业病危害风险分为严重、较重、一般3个类别，建设单位应按照《国家安全监管总局关于公布建设项目职业病危害风险分类管理目录（2012年版）的通知》（安监总安健〔2012〕73号）的要求，对建设项目按照一般、较重和严重进行分类管理。

1.职业病危害一般和较重的建设项目。建设单位主要负责人应当组织职业卫生专业技术人员参与预评价、职业病防护设施设计、职业病危害控制效果评价的评审，以及职业病防护设施验收工作，分别形成《建设项目职业病危害预评价工作过程报告》（见附件4）、《建设项目职业病防护设施设计工作过程报告》（见附件5）、《建设项目职业病危害控制效果评价和职业病防护设施验收工作过程报告》（见附件6），存档备查。

2.职业病危害严重的建设项目。建设单位主要负责人应当组织外单位职业卫生专业技术人员参与预评价、职业病防护设施设计、职业病危害控制效果评价的评审，以及职业病防护设施验收工作，形成书面报告（见附件4、附件5、附件6），存档备查。

（三）严格执行《验收方案》和《过程报告》的报送工作。建设单位应在职业病防护设施验收前20日，将《建设项目职业病防护设施验收方案》（见附件3），向管辖该建设项目的安全监管局进行书面报告。职业病危害严重的建设项目应当在验收完成之日起20日内，向管辖该建设项目的安全监管局提交《职业病危害控制效果评价和职业病防护设施验收工作过程报告》（见附件6）。

（四）做好信息公示工作。除国家保密的建设项目外，建设单位应填写《建设项目职业病防护设施“三同时”工作公示信息表》（见附件7），通过公告栏、网站等方式，及时公布建设项目职业病危害预评价、职业病防护设施设计、职业病危害控制效果评价的承担单位、评价结论、评审时间及评审意见，以及职业病防护设施验收时间、验收方案和验收意见等信息，供本单位劳动者和安全监管局查询。

四、市、区安全监管部门严格落实监督核查和监督执法职责

在依法取消有关建设项目职业卫生“三同时”行政审批后，市、区两级安全监管局应强化事中事后的监管力度，加强“三同时”全过程监督管理，确保“三同时”行政审批取消后，监督检查力度不减，建设单位落实主体责任的自觉性和主动性不减。

（一）建立完善信息共享机制。市、区两级安全监管局应加强与发展改革委、经济信息化委等各级投资主管部门的协调配合，建立完善建设项目立项信息共享机制，及时关注发展改革委、经济信息化委和环保局公告的建设项目名单情况，建立本辖区建设项目职业病防护设施“三同时”项目监管清单。

（二）实施分类监管。根据建设项目职业病危害风险等级，实施分类监管，要将职业病危害严重行业领域的建设单位作为重点监管对象，以职业病防护设施的验收活动和验收结果为重点监督核查环节。对职业病危害严重建设项目的职业病防护设施的验收方案和验收工作报告，全部进行监督核查。对职业病危害一般和较重的建设项目，按照国家安全监管总局规定的“双随机”方式进行抽查。

（三）认真督促建设单位进行整改。对于建设单位存在的问题，严格按照国家安全监管总局职安司印发的《关于〈建设项目职业病防护设施“三同时”监督管理办法〉有关问题的说明》要求进行整改。一是2017年5月1日《办法》实施以后，尚未竣工验收且未依法履行建设项目职业病防护设施“三同时”制度的建设项目，检查发现后应当督促其依法全面履行职业病防护设施“三同时”法律规定各项要求，即：未按要求进行职业病危害预评价的要责令限期补做预评价，未按要求进行职业病防护设施设计的要责令限期补做设计，未按要求进行职业病危害控制效果评价的要责令限期补做控制效果评价，未按要求进行职业病防护设施验收的要按规定责令限期补做验收。不能仅以职业病危害现状评价或职业病危害控制效果评价来替代建设项目职业病防护设施“三同时”制度的全面落实；二是在2017年5月1日《办法》实施之前，已经正式投产运行且未依法履行建设项目职业病防护设施“三同时”制度的建设项目，检查发现后应当责令其限期完成工作场所职业病危害因素检测、评价，职业病危害严重的建设项目应做职业病现状评价工作。

（四）加大对违法违规的建设单位处罚力度。市、区两级安全监管局要将建设项目职业病防护设施“三同时”工作纳入安全生产年度监督检查计划，并按照监督检查计划与安全设施“三同时”实施一体化监督检查。加大对违法违规的建设单位行政处罚力度，对执法检查中发现的各类违法违规行为，依法给予警告、罚款、责令停止产生职业病危害的作业等行政处罚；问题严重的，要依法提请地方政府予以关闭。对查出的问题，督促建设单位按照要求、按照时限进行整改，确保各项整改要求全部落实到位。各区于每年11月20日前，将本辖区《建设项目职业病防护设施“三同时”监督检查情况汇总表》（见附件8）和监督检查工作总结，报送至市安全监管局职卫监督处。

五、积极开展职业病防护设施“三同时”宣传教育和培训工作

国家安全监管总局修订出台的《办法》和《通知》，为建设项目职业病防护设施“三同时”监管提供依据，各区安全监管局和建设单位要组织相关人员认真学习研究，正确领会和把握《办法》和《通知》的主要内容，并将《办法》纳入安全生产和职业健康宣传培训工作总体部署。结合《职业病防治法》宣传周、“安全生产月”等活动，广泛利用报纸、电视、网络、微信等宣传阵地，多渠道、多形式开展宣传普及活动，深化全社会对职业病危害源头预防工作的认识，切实保护劳动者的职业健康。

附件：1.职业病防护设施“三同时”工作流程图

2.职业病防护设施“三同时”评审（验收）工作程序

3.职业病防护设施验收方案

4.职业病危害预评价工作过程报告

5.职业病防护设施设计工作过程报告

6.职业病危害控制效果评价和职业病防护设施验收工作过程报告

7.职业病防护设施“三同时”工作公示信息表

8.职业病防护设施“三同时”监督检查情况汇总表

北京市安全生产监督管理局

2017 年 8 月 31 日

附件1：

建设项目职业病防护设施“三同时”工作流程图

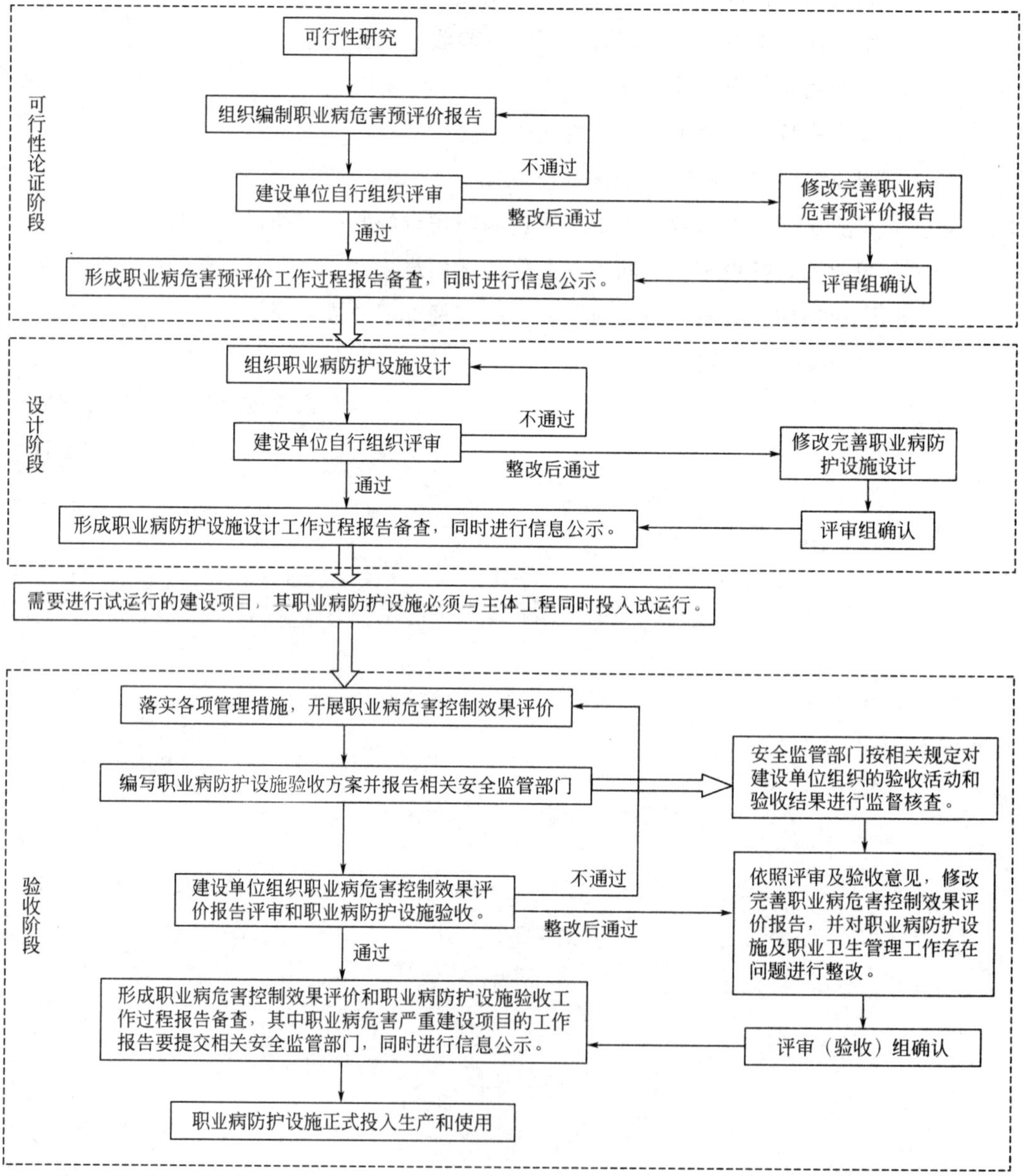

附件 2：

建设项目职业病防护设施“三同时”评审（验收）工作程序

建设单位组织建设项目职业病危害预评价、职业病防护设施设计、职业病危害控制效果评价的评审和职业病防护设施验收，适用本程序。

一、准备阶段

（一）在有关评价、设计已完成或职业病防护设施验收条件成熟的情况下，建设单位应当组织制定相关评审（验收）工作方案，明确主持评审（验收）相关负责人以及任务分工。建设单位主要负责人应当主持评审（验收）工作，如因特殊情况无法参加的，由其书面授权指定有关负责人主持评审（验收）工作。建设单位应提前邀请参与评审（验收）的人员，并根据不同阶段要求通知有关评价、设计、施工和监理单位参会。

建设单位应当在职业病防护设施验收前 20 日将验收方案（见附件 3）向管辖该建设项目的安全生产监督管理部门进行书面报告。

（二）建设单位邀请参与评审（验收）的职业卫生专业技术人员主要是指以下三类人员：各级安全生产监督管理部门专家库的职业卫生专家；熟悉职业卫生法律、法规、技术标准和相关工艺、防护设施，从事职业卫生管理、有关工程、技术工作且具有中级及中级以上专业技术职称的人员；具有职业病危害检测与评价、职业健康监护等相关专业经验的注册安全工程师。属于职业病危害严重的建设项目，其建设单位主要负责人或其指定的负责人应当组织外单位（即不属于本建设单位）的职业卫生专业技术人员参加评审（验收）工作。

建设单位应当由 3 名以上（总人数为单数）职业卫生专业技术人员组成评审（验收）组。与建设项目建设单位、评价单位、设计单位、施工单位或者监理单位等相关单位存在直接利害关系的人员不能作为评审（验收）组成员。

建设单位组织职业病防护设施“三同时”与安全设施“三同时”一并评审（验收）时，评审（验收）组成员中职业卫生专业技术人员不得少于 3 人。

（三）按拟定时间、地点召开评审（验收）会议，参会人员在签到表上签字，建设单位负责人致辞，介绍参加会议人员以及评审（验收）工作的议程；

（四）主持人宣布评审（验收）组成员，并推选出评审（验收）组组长。

二、评审（验收）阶段

（一）评审（验收）的技术工作交由评审（验收）组组长主持，评审（验收）实行组长负责制。

（二）建设、评价及设计等单位介绍有关情况：

1. 建设单位负责人介绍建设项目概况；防护设施验收时，建设单位负责人还应当介绍职业病防护设施建设及试运行、落实各项职业病危害防治管理措施等情况。

2.报告编制单位或设计单位有关人员汇报本建设项目评价报告的编制情况或职业病防护设施设计情况及主要内容。

3.评审（验收）组成员应当根据《建设项目职业病防护设施“三同时”监督管理办法》（国家安全监管总局令第90号，以下简称《办法》）及相关标准要求对评价报告或设计进行逐项评审；验收时，组织评审（验收）组成员查看现场、审阅防护设施验收资料，并逐项核查。

4.评审（验收）组成员根据《办法》及相关标准要求、查阅相关资料或者现场查看等情况进行质询，有关单位人员针对质询内容进行说明。

5.评审（验收）组进行充分讨论，组长综合统筹各成员的个人意见和结论最终形成评审组评审（验收）意见。

三、总结阶段

（一）再次召集全体会议，由评审（验收）组组长宣布评审（验收）意见和结论。

（二）建设项目相关各方对评审（验收）意见和结论进行确认。

（三）建设单位负责人对下一步整改工作进行部署。

依照评审意见和验收意见，建设单位组织开展建设项目评价报告、设计的修改完善以及职业病防护设施整改，并请评审（验收）组成员进行复核和签字确认。

建设单位应当将职业病危害评价、设计和职业病防护设施验收工作过程形成书面报告（见附件4～附件6）备查，其中职业病危害严重的建设项目应当在验收完成之日起20日内向管辖该建设项目的安全生产监督管理部门提交书面报告。

四、信息公示

除国家保密的建设项目外，产生职业病危害的建设单位应当通过公告栏、网站等方式及时公布建设项目职业病危害预评价、职业病防护设施设计、职业病危害控制效果评价的承担单位、评价结论、评审时间及评审意见，以及职业病防护设施验收时间、验收方案和验收意见等信息（见附件7），供本单位劳动者和安全生产监督管理部门查询。

附件 3：

建设项目职业病防护设施验收方案

（式样）

项目名称：
建设单位：
联系人：
联系电话：
编制日期：

国家安全生产监督管理总局制样

填 写 说 明

一、本验收方案可以用钢笔、签字笔填写，字迹要清晰、工整；也可以用打印机打印四号字文本，但“主要负责人签字”必须由本人用钢笔、签字笔签署姓名。

二、本验收方案“项目名称”栏，填写建设项目名称。

三、本验收方案“建设单位”是指建设项目投资、管理的单位。

四、本验收方案中“建设项目职业病危害风险分类”根据职业病危害控制效果评价报告结论填写。

五、本验收方案设置的栏目尺寸，不能满足填写内容的需要时，可自行设置栏目尺寸，但不能改变表格外边距的尺寸；本验收方案设置的栏目中的表格数量不能满足填写内容的需要时，可自行设置续表，格式和内容要求应与本验收方案的表格一致。

建设项目地址				
建设项目性质	新建□　改建□　扩建□　技术改造□　技术引进□			
建设单位法人			项目负责人	
总投资情况	总投资　　万元，其中职业病防护设施实际投资　　万元。			
职业病危害预评价执行情况	报告编制单位		联系人及联系电话	
	评审时间			
职业病防护设施设计执行情况	设计单位		联系人及联系电话	
	评审时间			
职业病危害控制效果评价报告情况				
职业病危害控制效果评价报告编制单位			联系人及联系电话	
建设项目职业病危害风险分类	一般□　较重□　严重□			
建设项目概况（包括建设内容、主要原材料与工艺、工作制度、劳动定员、试运行情况，以及控制效果评价报告描述的产生职业病危害因素种类、接触人数、检测超标等情况。）	1. 建设内容： 2. 主要原辅材料： 3. 主要工艺： 4. 工作制度与劳动定员： 5. 试运行情况简介： 6. 产生的职业病危害因素种类以及接触人数： 7. 职业病危害因素检测超标情况：			
职业病防护设施验收安排				
验收具体时间			验收地点	

<table>
<tr><th colspan="5">拟定参加职业病防护设施验收人员与职责分工</th></tr>
<tr><th>类别</th><th>姓名</th><th>单位</th><th>职务/职称</th><th>工作内容、责任</th></tr>
<tr><td rowspan="5">评审、验收组成员</td><td></td><td></td><td></td><td rowspan="5">负责评价报告评审和职业病防护设施验收：审核职业病危害控制效果评价报告，审阅相关资料，现场检查职业病防护设施和措施落实情况，并形成评审和验收意见。</td></tr>
<tr><td></td><td></td><td></td></tr>
<tr><td></td><td></td><td></td></tr>
<tr><td></td><td></td><td></td></tr>
<tr><td></td><td></td><td></td></tr>
<tr><td rowspan="5">建设单位人员</td><td></td><td></td><td></td><td rowspan="5">由建设单位主要负责人或指定的负责人组织评审与验收总体工作：介绍建设项目基本情况及试生产情况；资料档案的准备；职业病防护设施现场核查的陪同；并负责按评审和验收意见组织落实整改。</td></tr>
<tr><td></td><td></td><td></td></tr>
<tr><td></td><td></td><td></td></tr>
<tr><td></td><td></td><td></td></tr>
<tr><td></td><td></td><td></td></tr>
<tr><td rowspan="3">设计单位人员</td><td></td><td></td><td></td><td rowspan="3">负责建设项目职业病防护设施设计情况的汇报和答疑。并按评审意见对设计进行修改。</td></tr>
<tr><td></td><td></td><td></td></tr>
<tr><td></td><td></td><td></td></tr>
<tr><td rowspan="3">施工单位人员</td><td></td><td></td><td></td><td rowspan="3">负责建设项目职业病防护设施施工情况的汇报和答疑。</td></tr>
<tr><td></td><td></td><td></td></tr>
<tr><td></td><td></td><td></td></tr>
<tr><td rowspan="3">监理单位人员</td><td></td><td></td><td></td><td rowspan="3">负责建设项目职业病防护设施施工监理过程的汇报和答疑。</td></tr>
<tr><td></td><td></td><td></td></tr>
<tr><td></td><td></td><td></td></tr>
<tr><td rowspan="3">评价单位人员</td><td></td><td></td><td></td><td rowspan="3">负责职业病危害控制效果评价报告的汇报、答疑，并按评审意见进行报告修改。</td></tr>
<tr><td></td><td></td><td></td></tr>
<tr><td></td><td></td><td></td></tr>
<tr><td colspan="5">建设单位意见：

同意本验收方案向安全生产监督管理部门上报。

建设单位主要负责人（签名）：　　（单位公章）
年　　月　　日</td></tr>
</table>

附件 4:

建设项目职业病危害预评价
工作过程报告
（式样）

项目名称：
建设单位：
联系人：
联系电话：
日期：

国家安全生产监督管理总局制样

填 写 说 明

一、本工作报告可以用钢笔、签字笔填写，字迹要清晰、工整；也可以用打印机打印四号字文本，但“主要负责人签字”必须由本人用钢笔、签字笔签署姓名。

二、本工作报告“项目名称”栏，填写建设项目名称。

三、本工作报告“建设单位”是指建设项目投资、管理的单位。

四、本工作报告中“建设项目职业病危害风险分类”栏根据职业病危害预评价报告评价结论填写。

五、本工作报告设置的栏目尺寸，不能满足填写内容的需要时，可自行设置栏目尺寸，但不能改变表格外边距的尺寸；本工作报告设置的栏目中的表格数量不能满足填写内容的需要时，可自行设置续表，格式和内容要求应与本工作报告的表格一致。

建设项目地址			
建设项目性质	新建□ 改建□ 扩建□ 技术改造□ 技术引进□		
建设单位法人		项目负责人	
职业病危害预评价报告	编制单位		
	评审时间	联系人及联系电话	
建设项目职业病危害风险分类	一般□ 较重□ 严重□		

建设项目职业病危害预评价主要内容

车间	岗位	主要职业病危害因素种类	预期接触人数	预期接触水平范围以及是否超标	拟采取的工程控制措施

建设单位承诺

我单位对本建设项目职业病危害预评报告的真实性、客观性和合规性负责，并承担相应的法律责任。我单位已按照相关法规要求对职业病危害预评价报告进行评审，并按评审意见对预评价报告进行修改、完善，确保建设项目投入生产后能满足职业病防治方面法律、法规、标准的要求。按要求对职业病危害预评价信息进行公示。

建设单位主要负责人：（签字） （加盖公章处）

年 月 日

报告编制人： 编制时间： 联系电话：

（★注：建设单位可按实际情况增加相关内容，另需要附上职业病危害预评价报告评审参加人员签名表、预评价报告评审意见、评审意见修改说明）

附件5：

建设项目职业病防护设施设计工作过程报告

（式样）

项目名称：

建设单位：

联系人：

联系电话：

日期：

国家安全生产监督管理总局制样

填写说明

一、本工作报告可以用钢笔、签字笔填写，字迹要清晰、工整；也可以用打印机打印四号字文本，但“主要负责人签字”必须由本人用钢笔、签字笔签署姓名。

二、本工作报告“项目名称”栏，填写建设项目名称。

三、本工作报告“建设单位”是指建设项目投资、管理的单位。

四、本工作报告设置的栏目尺寸，不能满足填写内容的需要时，可自行设置栏目尺寸，但不能改变表格外边距的尺寸；本工作报告设置的栏目中的表格数量不能满足填写内容的需要时，可自行设置续表，格式和内容要求应与本工作报告的表格一致。

建设项目地址			
建设项目性质	新建□　改建□　扩建□　技术改造□　技术引进□		
建设单位法人		项目负责人	
投资情况	总投资　　万元，其中职业病防护设施投资预算　　万元。		
职业病防护设施设计	设计单位		
	评审时间	联系人及联系电话	

职业病防护设施设计情况一览表

车间	设施名称	设施型号	设计参数	数量	安装位置

建设单位承诺

我单位对本建设项目职业病防护设施设计的真实性、客观性和合规性负责，并承担相应的法律责任。我单位已按照相关法规要求对职业病防护设施设计进行评审，并按评审意见对设计进行修改、完善。我单位将严格按照评审通过的设计和有关规定组织职业病防护设施的采购和施工，确保投产后能满足职业病防治相关法律、法规、标准的要求。按要求对职业病防护设施设计信息进行公示。

建设单位主要负责人：(签字)　　　　(加盖公章处)

年　　月　　日

报告编制人：　　　　编制时间：　　　　联系电话：

(★注：建设单位可按实际情况增加相关内容，另需要附上职业病防护设施设计评审参加人员签名表、职业病防护设施设计评审意见、评审意见修改说明)

附件6：

建设项目职业病危害控制效果评价和职业病防护设施验收工作过程报告

（式样）

项目名称：
建设单位：
联系人：
联系电话：
日期：

国家安全生产监督管理总局制样

填 写 说 明

一、本工作报告可以用钢笔、签字笔填写，字迹要清晰、工整；也可以用打印机打印四号字文本，但“主要负责人签字”必须由本人用钢笔、签字笔签署姓名。

二、本工作报告“项目名称”栏，填写建设项目名称。

三、本工作报告“建设单位”是指建设项目投资、管理的单位。

四、本工作报告中“职业病危害风险分类”栏根据建设项目职业病危害控制效果评价报告结论填写。

五、本工作报告设置的栏目尺寸，不能满足填写内容的需要时，可自行设置栏目尺寸，但不能改变表格外边距的尺寸；本工作报告设置的栏目中的表格数量不能满足填写内容的需要时，可自行设置续表，格式和内容要求应与本工作报告的表格一致。

建设项目地址					
建设项目性质	新建□ 改建□ 扩建□ 技术改造□ 技术引进□				
建设单位法人			项目负责人		
投资情况	实际总投资　　万元，其中职业病防护设施投资　　万元。				
职业病危害控制效果评价报告	编制单位				
	评审时间		联系人及联系电话		
职业病防护设施验收	验收时间				
建设项目职业病危害风险分类	一般□ 较重□ 严重□				
12项管理措施落实情况	已落实项		未落实项		
建设项目接触职业病危害人数		上岗前职业健康检查人数		发现职业禁忌人数	

职业病危害因素检测超标情况

序号	岗位名称	职业病危害因素名称	检测结果	限值标准

职业病防护设施设置情况					
序号	设施名称	设施型号	性能参数	数量	设置位置

建设单位承诺

我单位组织本项目职业病危害控制效果评价报告的评审和职业病防护设施的验收，结果真实有效，符合相关法律、法规和标准的要求。并按要求对职业病危害控制效果评价和职业病防护设施验收信息进行公示。

同时，我单位已按评审、验收意见整改完毕，并承诺确保职业病防护设施、职业卫生管理措施的有效性，确保本项目职业病危害防治工作符合相关法律、法规和标准的要求。

建设单位主要负责人：（签字）　　　　（加盖公章处）

年　　月　　日

报告编制人：　　　　编制时间：　　　　联系电话：

（注：建设单位可按实际情况增加相关内容，另需附上控制效果评价报告评审及职业病防护设施竣工验收人员签名表影印件、职业病危害控制效果评价报告评审意见影印件、职业病防护设施竣工验收意见影印件、评审和验收意见整改情况说明影印件）

附件 7：

建设项目职业病防护设施“三同时”工作公示信息表

项目名称			
项目地址			
项目性质	新建□　改建□　扩建□　技术改造□　技术引进□		
项目负责人		联系电话	
公示信息类别	职业病危害预评价□ 职业病防护设施设计□ 控制效果评价与职业病防护设施验收□		
评价报告编制单位或职业病防护设施设计单位		联系人及联系电话	
评审（验收）情况（包括评审验收时间、主持人、评审验收人员、评价结论、评审及验收意见等）：			
评审（验收）意见的整改落实情况：			

制表人：　　　　制表日期：　　　　联系电话：

附件 8：

建设项目职业病防护设施“三同时”监督检查情况汇总表

填报单位：　　　　　　　　联系人及电话：　　　　　　填报日期：　　年　月　日

单位	验收方案上报数（份）	职业病危害严重建设项目控制效果评价和防护设施验收工作过程报告数（份）	监督检查建设单位数（家）	下达执法文书数量（份）	给予警告责令限期整改单位数（家）	责令停止产生职业病危害作业单位数（家）	依法提请有关人民政府责令停建或关闭单位数（家）	经济处罚情况	
								建设单位数（家）	金额（万元）
（ ）区安全监管局									
本地区建设项目职业病防护设施“三同时”监督检查典型案件信息：建设单位名称、主要违法行为、执法单位名称、处罚措施以及列入黑名单等情况，请附上详细文字说明。									

汇总范围：上年 12 月 1 日至本年度 11 月 20 日，各区安全监管局进行建设项目职业病防护设施“三同时”监督检查情况。

北京市安全生产监督管理局关于印发安全生产领域失信行为联合惩戒实施细则的通知

京安监发〔2017〕31号

各区、北京经济技术开发区安全监管局：

《北京市安全生产领域失信行为联合惩戒实施细则》已经2017年第14次局务会研究通过，现予以印发。请各区高度重视，迅速制定本地区相关规定，建立健全安全生产联合惩戒和黑名单相关制度。各区要建立信息报送制度，每月5日前报送本区域上月安全生产领域失信联合惩戒和黑名单信息统计表，没有相关情况的填写“无”，经主要负责人签字并加盖公章后上报市安全生产监督管理局，电子版发送到邮箱 xinyong1319@126.com。

附件：1.北京市安全生产领域失信行为联合惩戒实施细则

2.安全生产领域联合惩戒对象信息汇总表

3.安全生产领域联合惩戒对象移出审核汇总表

北京市安全生产监督管理局

2017年9月7日

附件1：

北京市安全生产领域失信行为联合惩戒实施细则

第一条 为认真贯彻落实国家发改委等18部门联合印发的《关于对安全生产领域失信生产经营单位及其有关人员开展联合惩戒的合作备忘录》（发改财金〔2016〕1001号）、国家安全监管总局关于印发《对安全生产领域失信行为开展联合惩戒的实施办法》（安监总办〔2017〕49号）、国家安全监管总局办公厅《关于进一步加强安全生产领域失信行为信息管理工作的通知》（安监总厅〔2017〕59号）和《北京市人民政府关于建立完善信用联合奖惩制度加快推进诚信建设的实施意见》（京政发〔2017〕15号），对失信生产经营单位及其有关人员实施有效惩戒，督促生产经营单位严格履行安全生产主体责任、依法依规开展生产经营活动，制定本细则。

第二条 生产经营单位及有关人员（简称“联合惩戒对象”）在安全生产领域存在失信行为，纳入联合惩戒和“黑名单”管理的有关工作，适用本细则。

第三条 生产经营单位及其有关人员存在下列失信行为之一的，纳入联合惩戒对象：

（一）发生较大及以上生产安全责任事故，或1年内累计发生3起及以上造成人员死亡的一般生产安全责任事故的；

（二）未按规定取得安全生产许可，擅自开展生产经营建设活动的；

（三）发现重大生产安全事故隐患，或职业病危害严重超标，不及时整改，仍组织从业人员冒险作业的；

（四）采取隐蔽、欺骗或阻碍等方式逃避、对抗安全监管监察的；

（五）被责令停产停业整顿，仍然从事生产经营建设活动的；

（六）瞒报、谎报、迟报生产安全事故的；

（七）矿山、危险化学品、金属冶炼等高危行业建设项目安全设施未经验收合格即投入生产和使用的；

（八）矿山生产经营单位存在超层越界开采、以探代采行为的；

（九）发生事故后，故意破坏事故现场，伪造有关证据资料，妨碍、对抗事故调查，或主要负责人逃逸的；

（十）安全生产和职业健康技术服务机构出具虚假报告或证明，违规转让或出借资质的。

第四条 存在严重违法违规行为，发生重特大生产安全责任事故，或1年内累计发生2起较大生产安全责任事故，或发生性质恶劣、危害性严重、社会影响大的典型较大生产安全责任事故的联合惩戒对象，纳入安全生产不良记录“黑名单”管理。

第五条 联合惩戒和“黑名单”管理的期限为1年，自公布之日起计算。有关法律法规对管理期限另有规定的，依照其规定执行。

第六条 市安全监管局成立安全生产领域失信联合惩戒工作领导小组，负责安全生产领域失信联合惩戒工作的组织领导、综合协调、审核确认、异议处理等工作。市安全监管局主要领导任组长，分管领导任副组长，机关各处室（队）、直属事业单位、北京煤监局各室主要负责人为成员。领导小组办公室设在市安全监管局安全生产协调处，负责安全生产领域失信联合惩戒工作的日常协调。

各区（含北京经济技术开发区，下同）安全监管局要加强对安全生产领域失信联合惩戒工作的组织领导，落实主要负责人责任制，制定本地区安全生产领域失信联合惩戒对象相关信息的采集、审核、报送、移出和异议处理等流程，明确主责科室，指定专人负责，依法依规开展工作。

第七条 市安全监管局各相关处室（队）、北京煤监局各室和各区安全监管局根据职责权限负责采集通过执法检查、事故调查处理、安全生产巡查督查、举报投诉、信访督办等渠道获取的相关信息并进行审核，提出联合惩戒意见，报送市安全监管局安全生产协调处。

法制处负责安全生产领域失信联合惩戒工作的行政复议、应诉等相关工作；

办公室负责对拟公开的联合惩戒相关信息的保密审查工作进行程序性审核，统一受理联合惩戒对象信息公开申请；

宣教中心负责加强安全生产领域失信联合惩戒工作的宣传，并按要求对联合惩戒对象进行曝光；

信息中心负责提供信息化技术支持，调整优化安全生产信用信息平台，推进安全生产信用信息实现各处室（队）之间以及与市经济信息化委、市工商局等部门的共享互通；

举报投诉中心负责受理安全生产领域失信联合惩戒的举报与投诉工作，并根据职责分工，移送市安全监管局相关部门或属地安全监管局。

第八条 联合惩戒按照信息采集、信息汇总、信息审定、信息上报及发布、信息移出、异议处理等工作流程组织实施。

第九条 按照“谁产生、谁负责”的原则，市安全监管局各相关处室（队）、北京煤监局各室和各区安全监管局负责采集拟纳入联合惩戒对象的相关信息，经本部门或各区安全监管局主要负责人审签后，于每月5日前报送安全生产协调处，并通告相关单位。

事故处负责对符合本细则第三条第一款、第六款、第九款及第四条所列情形，拟纳入联合惩戒对象的相关信息进行采集、审核和报送。局办公室、举报投诉中心、各区安全监管局对接报的符合本细则第三条第一款、第六款、第九款及第四条所列情形的信访、举报案件，通报事故处，由事故处每月统一汇总后报安全生产协调处；

矿山处负责对符合本细则第三条第七款、第八款所列情形，拟纳入联合惩戒的非煤矿山生产经营单位及有关人员信息进行采集、审核和报送；

职业卫生监督处、职业卫生综合处负责对符合本细则第三条第三款情形，拟纳入联合惩戒对象的相关信息进行采集、审核和报送；

监管一处、监管三处、行政审批处、科技处、职业卫生监督处、职业卫生综合处等处室负责对符合本细则第三条第十款情形，拟纳入联合惩戒对象的相关信息进行采集、审核和报送；

督查处负责对安全生产巡查、督查过程中发现的拟纳入联合惩戒对象的相关信息进行采集、审核和报送；

北京煤监局煤监一室、煤监二室、煤监三室负责对符合本细则第三条、第四条所列情形，拟纳入联合惩戒的煤矿企业及有关人员信息进行采集、审核和报送。

除上述情形外，市安全监管局监管一处、监管二处、监管三处、事故处、应急处、职业卫生监督处、职业卫生综合处、行政审批处、矿山处、科技处、执法监察总队等各处室（队），负责对本处室（队）产生的符合本细则第三条、第四条所列其他情形，拟纳入联合惩戒对象的相关信息进行采集、审核和报送。

第十条 市安全监管局安全生产协调处负责对拟纳入联合惩戒对象的相关信息进行梳理汇总，形成拟纳入联合惩戒对象信息汇总表。

第十一条 市安全监管局安全生产协调处负责将拟纳入联合惩戒对象的相关信息提请领导小组审议，经领导小组研究审定后，提出信息上报及发布意见。

第十二条 市安全监管局安全生产协调处负责对审定的联合惩戒对象相关信息上报国家安全监管总局，并通报市经济信息化委、市工商局等有关部门和各区安全监管局，纳入全市失信联合惩戒机制。

市安全监管局宣教中心负责将联合惩戒对象的相关信息，通过市级主流媒体、市安全监管局政务网站、新闻发布会等渠道向社会公开，接受社会监督。

第十三条 联合惩戒和“黑名单”管理期满，按照以下程序办理信息移出：

（一）被惩戒对象须在管理期满前30个工作日内，向所在区安全监管局提出移出申请，并提供整改情况说明。

（二）按照“谁产生、谁负责”的原则，原信息采集部门负责受理被惩戒对象的移出申请，并在10个工作日内验收确认整改情况，提出信息移出意见，报市安全监管局安全生产协调处。对市安全监管局相关处室采集的信息，各区安全监管局接到被惩戒对象信息移出申请后，报市安全监管局安全生产协调处，由市安全监管局安全生产协调处分送各相关处室验收确认，提出信息移出意见。

（三）市安全监管局安全生产协调处负责对各区安全监管局和市安全监管局相关处室（队）提出的拟移出联合惩戒对象的信息进行汇总，报领导小组审定。

（四）市安全监管局安全生产协调处根据领导小组审定意见将拟移出联合惩戒对象的相关信息上报国家安全监管总局，并通报市经济信息化委、市工商局等部门和各区安全监管局。

（五）市安全监管局宣教中心负责在市主流媒体、局政务网站等向社会公布移出联合惩戒对象的相关信息。

第十四条 按照“谁产生、谁负责”的原则，市安全监管局原信息采集处室（队）、各区安全监管局负责受理联合惩戒对象提出的异议，并进行核查和答复。

第十五条 市、区安全监管部门会同市有关部门，按照国家和北京市有关规定，对联合惩戒对象依法依规严格落实各项惩戒措施。

第十六条 市安全监管局建立联合惩戒的跟踪、监测、统计、评估、问责和公开机制，把开展联合惩戒工作情况纳入对各区督查和年度安全生产工作考核的重要内容。

（一）建立工作情况通报制度。市安全监管局安全生产协调处每季度通报联合惩戒对象信息报送情况和联合惩戒措施实施情况。

（二）建立台账管理和跟踪督办制度。建立由市安全监管局安全生产协调处牵头、各处室（队）分工负责的工作机制。市安全监管局各处室（队）和各区安全监管局要建立联合惩戒对象信息报送工作台账，实行“零报告”制度。安全生产协调处加强与市有关部门和各区安全监管局的协调对接、跟踪督办，推动联合惩戒措施落到实处。

（三）建立联合惩戒成效信息反馈制度。各区安全监管局及时汇总本地区开展联合惩戒情况，并采集本地区实施联合惩戒的典型案例，每月5日前报送市安全监管局安全生产协调处。

（四）建立定期督查检查和考核评估制度。市安全监管局适时对各地区联合惩戒各项工作落实情况组织开展督查检查，对实施效果进行评估，并将联合惩戒实施细则落实情况纳入对各地区安全生产综合考核的重要内容。

第十七条　联合惩戒对象信息的采集、公开和使用等工作应当符合法律、法规、规章的规定：

（一）各区安全监管局、市安全监管局各相关处室（队）应当严格按照职责分工和时限要求及时采集、更新相关信息，对弄虚作假、隐瞒不报或迟报的，要严肃问责。

（二）联合惩戒对象信息的公开范围、公开方式、期限等工作按照政府信息公开的有关规定执行。对于属于个人隐私、涉及企业商业秘密以及法律、法规明确规定不得公开的其他内容，应当采取保密措施。

（三）联合惩戒对象信息应当按照法律、法规、规章规定的目的运用，不得滥用，不得违法限制企业活动。

（四）因工作渎职、玩忽职守造成工作严重失误，或因徇私舞弊使严重失信者逃避联合惩戒的，依法追究相关人员责任。

第十八条　本细则由北京市安全监管局负责解释。

第十九条　本细则自印发之日起执行。

附件 2：

安全生产领域联合惩戒对象信息汇总表

填报单位：（公章）　　填报时间：　　签报人：　　联系人：　　联系电话：

序号	单位名称	注册地址	统一的社会信用代码	主要负责人	身份证号	失信行为简况					纳入联合惩戒对象理由	是否纳入“黑名单”	纳入“黑名单”理由
						发生时间	存在的违法违规行为	死亡人数	受伤人数	目前查处情况			
1													
2													
3													
4													
5													

注：1.自 2017 年 7 月开始，每月 5 日前，填写此表报送至市安全监管局安全生产协调处，电子版发送至 bjsab@126.com 邮箱，同时通过传真（63029856）反馈纸质版报表（需主要负责人签字并加盖局公章）。

2.联合惩戒对象相关信息实行“零报告”制度，若某月无相应情况，也需报送表格。报送单位（部门）需留存好报表备查。

附件 3：

安全生产领域联合惩戒对象移出审核情况汇总表

填报单位：（公章）　　填报时间：　　签报人：　　联系人：　　联系电话：

序号	单位名称	注册地址	统一的社会信用代码	主要负责人	身份证号	失信行为简况			安全监管监察部门审核情况			备注
						发生时间	存在的违法违规行为	纳入联合惩戒对象时间	确认时间	整改情况	审核意见	
1												
2												
3												
4												
5												

北京市安全生产监督管理局
北京煤矿安全监察局
关于注册安全工程师、注册助理安全工程师
恢复注册有关工作的通告

2017年 第8号

按照《注册安全工程师管理规定》（国家安全监管总局令第11号，以下简称《管理规定》）、《国家安全监管总局办公厅关于做好注册安全工程师恢复注册有关工作的通知》（安监总厅人事〔2017〕83号）等文件的规定，本市将于2017年10月31日起，恢复注册安全工程师和注册助理安全工程师注册工作。现将有关事项通告如下：

一、注册安全工程师和注册助理安全工程师执业证有效期截止日期在2015年5月27日（注册工作暂停之日）至2017年10月30日（注册工作恢复之日前1天）期间的，需重新注册。

注册安全工程师自注册工作恢复之日起一年内申请重新注册的，若执业单位未发生变化，仅需在注册管理系统填报相关信息，免除提供继续教育证明，不需报送有关纸质申请材料；若执业单位发生变化，需在注册管理系统填报相关信息，并报送有关纸质申请材料，免除提供继续教育证明。重新注册终审通过后，不再制发新的执业证，国家安全监管总局注册终审机构将印有注册记录的专用标签邮寄至各初审机构，申请人在初审机构领取专用标签后，自行粘贴在所持执业证的注册记录页中即可。

注册助理安全工程师自注册工作恢复之日起一年内申请重新注册的，只需在注册管理系统填报相关信息，不需报送有关纸质申请材料，免除提供继续教育证明。重新注册终审通过后，由北京市安全生产监督管理局（北京煤矿安全监察局）重新制发执业证。

二、注册安全工程师和注册助理安全工程师执业证有效期截止日期在2017年10月31日至2018年10月31日期间，且申请延续注册的，免除提供继续教育证明。

三、上述情况以外的注册申请人员条件、办理程序、提交的材料及办理时间地点，均按照《注册安全工程师注册人员条件和办理程序》和《注册助理安全工程师注册人员条件和办理程序》规定执行。

四、按照《管理规定》有关要求，注册安全工程师和注册助理安全工程师在每个注册周期内，应当参加累计不少于48学时的继续教育。

五、对注册工作暂停前，已提交申请材料的申请人，可携带本人身份证和《接收材料通知单》，到北京市行政服务中心领回相关申请材料。

特此通告。

附件：1.注册安全工程师注册人员条件和办理程序

2.注册助理安全工程师注册人员条件和办理程序

北京市安全生产监督管理局　北京煤矿安全监察局

2017 年 10 月 30 日

附件 1：

注册安全工程师注册人员条件和办理程序

一、申请注册人员条件

（一）根据《管理规定》第八条规定，申请注册的人员，必须同时具备下列条件：

1.取得《中华人民共和国注册安全工程师执业资格证书》（以下简称资格证书）；

2.在本市行政区域内的生产经营单位从事安全生产管理、安全技术工作或者在安全生产中介机构从事安全生产专业服务工作。

（二）根据《管理规定》第十三条规定，注册有效期为 3 年，自准予注册之日起计算。

注册有效期满需要延续注册的，申请人应当在有效期满 30 日前，按照本通告规定的办理程序提出申请。

（三）根据《管理规定》第十四条规定，在注册有效期内，注册安全工程师变更执业单位，应当按照本通告规定的办理程序提出申请，办理变更注册手续。变更注册后仍延续原注册有效期。

（四）根据《管理规定》第十五条有下列情形之一的，注册安全工程师应当及时告知执业证和执业印章颁发机关；重新具备条件的，按照本通告申请重新注册或者变更注册：

1.注册有效期满未延续注册的；

2.聘用单位被吊销营业执照的；

3.聘用单位被吊销相应资质证书的；

4.与聘用单位解除劳动关系的；

5.执业证书遗失的。

二、办理程序

（一）申请人需先登录国家安全生产监督管理总局网站进行网上注册（网址：http：//210.51.4.176/Searchs.aspx）。

（二）申请人完成网上注册后，需将注册信息按提示打印，向聘用单位提出申请。

（三）聘用单位同意并在申请表加盖单位公章后，与本通告要求的其他材料一并由本人或聘用单位将申请人按本通告规定的申请材料报送北京市安全生产监督管理局（北京煤矿安全监察局)；中央企业总公司（总厂、集团公司）经国家安全监管总局认可，可以将本企业申请人的申请材料直接报送国家安全监管总局；申请人和聘用单位应当对申请材料的真实性负责。

（四）申请材料存在可以当场更正的错误的，允许申请人当场更正，更正后符合本通告要求的，北京市安全生产监督管理局（北京煤矿安全监察局）向申请人出具接收材料通知单。同时，网上提交的申请材料将被退回，由申请人更正后重新上报。申请材料不齐全或者不符合要求，当场或在5个工作日内，一次性告知申请人需要补正的全部内容。

（五）北京市安全生产监督管理局（北京煤矿安全监察局）自收到申请材料之日起20个工作日内将初步核查意见和全部申请材料报送国家安全监管总局。

三、申请注册应提交的材料

（一）初始注册

1.初始注册申请表（正反面打印）一式两份；

2.申请人资格证书（复印件）；

3.申请人与聘用单位签订的劳动合同或者聘用文件（复印件）；

4.申请人有效身份证件或者身份证明（复印件，二代身份证正反面复印在同一页A4纸）；

5.近期免冠正面2寸彩色照片（同版3张）。

（二）延续注册

1.延续注册申请表一式两份；

2.申请人执业证；

3.申请人与聘用单位签订的劳动合同或者聘用文件（复印件）；

4.聘用单位出具的申请人执业期间履职情况证明材料；

5.申请人在注册有效期内达到继续教育要求的证明材料；

6.近期免冠正面2寸彩色照片（1张）。

（三）变更注册

1.变更注册申请表一式两份；

2.申请人的执业证；

3.申请人与原聘用单位签订的劳动合同（复印件）到期或者解聘证明；

4.申请人与新聘用单位签订的劳动合同或者聘用文件（复印件）；

5.近期免冠正面2寸彩色照片（1张）。

（四）补办执业证或执业印章

1.补办申请表及书面说明；

2.损坏的执业证、执业印章残件，或者在所在地省级主要报纸上刊登执业证、执业印章遗失声明原件；

3.近期免冠正面2寸彩色照片（1张）。

应提交的各种申请表，申请人从注册安全工程师注册管理系统网上注册后自行打印。

提交的申请材料，统一使用A4纸打印、复印；申请初始注册人员，需将1张照片贴于有效身份证复印件的右下角处。

四、办理时间和地点

（一）初始注册、重新注册和延续注册

本市接收初始注册、重新注册和延续注册申请的时间为每月1日至15日（工作日），遇节假日向后顺延。如有特殊情况需要调整，接收材料时间另行通知。

（二）变更注册和补办

申请变更注册和补办执业证，可以在工作时间内随时到受理地点办理。

（三）接收材料地点及联系方式

地点：北京市政务服务中心［北京市丰台区西三环南路1号（六里桥西南角）］。

联系电话：89150429。

附件2：

注册助理安全工程师注册人员条件和办理程序

一、申请注册人员条件

（一）取得北京市人力资源和社会保障局颁发统一印制的，北京市人力资源和社会保障局和北京市安全生产监督管理局用印的《中华人民共和国注册助理安全工程师资格证书》（以下简称助理资格证书）；

（二）在本市行政区域内的生产经营单位从事安全生产管理、安全技术工作或者在安全生产中介机构从事安全生产专业服务工作。

（三）注册有效期为3年，自准予注册之日起计算。注册有效期满需要延续注册的，申请人应当在有效期满30日前，按照本通告规定的办理程序提出申请。延续注册人员除应符合申请注册人员条件外，还须提供继续教育合格证明。

（四）在注册有效期内，注册安全工程师变更执业单位，应当按照本通告规定的办理程序提出申请，办理变更注册手续。变更注册后仍延续原注册有效期。

（五）有下列情形之一的，注册助理安全工程师应当及时告知助理资格证书颁发机关；重新具备条件的，按照本通告申请重新注册或者变更注册：

1.注册有效期满未延续注册的；

2.聘用单位被吊销营业执照的；

3.聘用单位被吊销相应资质证书的；

4.与聘用单位解除劳动关系的；

5.执业证书遗失的。

二、办理程序

（一）申请人需先登录北京市安全生产监督管理局（北京煤矿安全监察局）网站的办事服务栏目，在其申报服务的注册助理安全工程师注册系统进行网上注册。

（二）申请人完成注册后，可登录进入系统填报注册助理安全工程师注册申请材料。

（三）申请人填报申请材料后向聘用单位提出申请，聘用单位同意后，由本人或聘用单位将申请人的申请材料从网上报送北京市安全生产监督管理局（北京煤矿安全监察局）；申请人和聘用单位应当对申请材料的真实性负责。

（四）北京市安全生产监督管理局（北京煤矿安全监察局）自收到申请材料之日起20个工作日内完成审核工作。审核申请材料有错误的退回申请人修改。审核合格的，按月在北京市安全生产监督管理局（北京煤矿安全监察局）网站公示审核结果，并通知申请人领取《注册助理安全工程师执业证》；审核不合格的，做出不符合注册条件的答复并退回申请材料。

三、申请注册应提交的材料

申请注册助理安全工程师初始注册、重新注册、延续注册、变更注册和补办证书的，应在注册助理安全工程师注册系统内提交各种申请表。

四、办理时间和地点

（一）初始注册、重新注册和延续注册

本市接收初始注册、重新注册和延续注册申请的时间为每月1日至15日（工作日），遇节假日向后顺延。如有特殊情况需要调整，接收材料时间另行通知。

申请初始注册、重新注册和补办证书的人员，领取证书时需提交1张近期2寸证件照片并贴于有效身份证复印件的右下角处。

申请延续注册、变更注册的人员，由本人或聘用单位将申请人的申请材料从网上报送北京市安全生产监督管理局（北京煤矿安全监察局）的3个工作日内，将执业证提交至北京市安全生产监督管理局（北京煤矿安全监察局）。

（二）变更注册和补办

申请变更注册和补办执业证，可以在工作时间内随时申请办理。

（三）领取证书地点及联系方式

地点：北京市政务服务中心（北京市丰台区西三环南路1号，六里桥西南角）。

联系电话：89150429。

大事记

1月

1月5日 市安委会办公室召开安全生产综合监管工作会，通报2016年重点行业领域安全生产综合监管情况，交流安全监管经验，部署2017年重点行业安全生产监管工作。市安全监管局局长张树森作题为《补短板、强融合、细落实、促平衡 全力推进本市重点行业领域安全监管工作迈上新台阶》主题报告，市政府30个工作部门和北京铁路局、华北能源监管局、民航华北局等中央在京单位主管领导及有关处室负责人参加会议。

1月10日 副市长王宁带队检查大兴区安全生产工作，调研多家生产经营单位，检查职业危害防护、疏散通道设置、视频监控、设备设施运行、应急救援器材配备、人员值守等情况，并在西红门镇看望慰问基层专职安全员。市安全监管局局长张树森、副局长唐明明，市经济信息化委、新闻出版广电局、公安局消防局和大兴区政府负责人参加检查。

1月11日 国务委员王勇主持召开全国安全生产电视电话会议，总结2016年全国安全生产工作，部署2017年重点任务，代市长蔡奇就北京市隐患排查治理和预防控制体系建设作典型发言。全国安全生产电视电话会议后，北京市政府召开贯彻落实会议暨市安委会第一次全体会议。

同日 北京安联召开第三届会员大会第二次全体会议，总结2016年工作，通过联合会章程和会费办法修订案，选举产生常务理事会。市安全监管局副局长、北京安联会长唐明明参加会议并讲话。

1月12日 市监察局副局长杨玉香带领检查组，对市安全监管局2016年落实党风廉政建设责任制情况进行现场检查考核。市安全监管局局长张树森汇报局领导班子和个人2016年度党风廉政建设责任制落实情况及创新性工作情况，局领导班子成员、部分处级领导干部及机关党办工作人员参加现场检查考核工作。

1月18日 经市人力社保局批准，市安科院首次面向社会引进5名海外留学专业技术人才，全部具有硕士研究生以上学位。市安全监管局副局长唐明明、贾太保，市人力社保局调配处负责人和市安科院负责人参加面试工作。

1月19日 市安全监管局首部微视频宣传片在局官方微信发布。微视频总时长1分48秒，以介绍“12350”安全生产举报投诉电话为主题，取得较好的宣传效果。

1月25日 副市长程红带领市旅游委、商务委、工商局、食品药品监管局、安全监管局、质监局、公安局消防局和东城区政府负责人对东城区春节假日期间饭店服务接待和安全保障工作进行检查。重点检查崇文门饭店中控室、餐厅厨房、疏散通道、包房等重点部位安全管理情况 。程红在检查中强调指出，各单位要严格落实安全生产主体责任，以“万无一失”的标准做好春节假日服务保障工作。

1月26日 市委常委、秘书长、副市长、市直机关工委书记张工到市安全监管局调研指导机关党建工作，市安全监管局党组书记、局长张树森就市安全监管局党建工作、“两学一做”学习教育情况进行汇报。市直机关工委常务副书记吕和顺、副书记王红兵、组织部部长尹波参加调研。

2月

2月13日 市安全监管局召开党风廉政建设大会和2016年局机关建设总结表彰大会，局党组书记、局长张树森围绕大力倡导安全监管干部6种“风气”，努力建设高素质的机关干部队伍作重要讲话。

同日 市安全监管局、北京煤监局印发《2017年度重点工作及责任分工》（京安监发〔2017〕4号），明确48项局重点工作及责任分工。

2月15日 国家安全监管总局副局长孙华山带领国务院安全生产工作第13考核工作组一行9人来京对北京市政府安全生产工作进行考核。

同日 市安全监管局副局长贾太保主持召开煤矿安全生产暨“安全·和谐”班组表彰会议，传达贯彻全国安全生产工作会议精神，总结回顾2016年工作，部署2017年煤矿安全生产任务，并对获得煤矿“安全·和谐”示范班组和安全卫士的先进集体和个人进行表彰。市城市管理委、国资委、总工会有关负责人，京煤集团、昊华能源公司和各煤矿负责人和职工代表参加会议。

2月23日 市安全监管局副局长卞杰成主持召开密云区、怀柔区尾矿库销库工作部署会，督促指导尾矿库销库工作。密云区、怀柔区有关部门和乡镇负责人参加会议。

2月27日 市安全监管局副巡视员李振龙参加由国家铁路局、国家安全监管总局、中国铁路总公司组织的京广高铁安全专项督导检查活动，现场检查京广高铁京西联K12＋500-K13＋800隐患整改情况，并赴河北省石家庄市参加督查组座谈会。

3月

3月3日 市安全监管局与北京城市学院举行战略合作协议签订仪式，市安全监管局局长张树森和北京城市学院院长刘林出席并讲话。局执法监察总队、安科院和北京城市学院有关负责人参加战略合作协议签订仪式。

同日 市安全监管局副局长李东洲主持召开专题会议，对东方化工厂停产装置处置安全管理方案进行论证，并研究部署有关工作。市经济信息化委、环保局和通州区安全监管局，以及中石化集团公司、中石化北京燕山分公司、北京东方石化公司、中石化北京石油分公司、北京化工集团公司、北京东方罗门哈斯公司、北京罗地亚东方化工公司负责人和有关专家参加会议。

3月17日 市委办公厅、市政府办公厅印发《北京市安全生产督察方案（试行）》（京办发〔2017〕11号），在全国率先启动以市委、市政府名义开展安全生产督察工作。

3月20日 市安全监管局副巡视员谢清顺到北京新机场建设总指挥部，与新机场配套工程8个标段的项目经理和安全生产负责人开展对话谈心活动。

3月22日 市安全监管局、国资委联合印发《关于在本市市属国有企业设立安全总监（试行）的意见》（京安监发〔2017〕13号）。

3月24日 国务院安委会召开全国危险化学品安全综合治理电视电话会议，通报全国危险化学品安全综合治理进展情况，对开展危险化学品安全综合治理工作提出要求。国务委员王勇出席会议并讲话。会后，副市长王宁主持召开会议，对贯彻全国危险化学品安全综合治理电视电话会议精神进行部署安排。

3月26日 市安全监管局副局长唐明明主持召开安全风险评估初期工作成果专家研讨会，国务院应急管理专家组组长闪淳昌、国家行政学院教授龚维斌、中国地震局副司长尹光辉、北京科学技术研究院院长丁辉和市政府应急办等专家组成员参加研讨会。

3月30日 市安全监管局副巡视员谢清顺主持召开注册安全工程师试点工作会，部署2017年工作任务。金隅集团、北汽集团、建工集团、首钢集团、京能集团有关负责人以及注册安全工程师专业委员会负责人参加会议。

3月31日 市安全监管局局长张树森在安全大厦主持召开局属社团年度重点工作专题汇报会，并与各社团秘书长签订2017年重点工作任务书。

4月

4月5日 市安委会召开2017年安全生产工作电视电话会，总结2016年全市安全生产工作，部署2017年重点任务，通报2016年安全生产综合考核结果。市长蔡奇出席会议并讲话，市领导张工、阴和俊、程红、张建东、王宁、夏占义、李伟参加会议。

4月6日 市应急办召开2017年全市应急管理工作会议，市政府副秘书长、市应急委常务副秘书长尹培彦出席会议并讲话。会上，市安全监管局副局长李东洲就全市安全风险评估试点工作和危险化学品巨灾情景构建工作进行发言。

4月7日 国家安全生产应急救援指挥中心在北京市通州区召开京津冀协同应对事故灾难试点工作动员会。会上，京津冀三地安全监管部门签署《关于建立次区域安全生产应急联动工作机制的协议》，宣贯解读《京津冀协同应对事故灾难试点工作方案》。国家安全生产应急救援指挥中心副主任王海军出席会议并讲话。国家安全监管总局矿山指挥中心、通信信息中心，国家安全生产应急救援指挥中心相关部门，中国安科院，北京市、天津市、河北省安全监管局，北京石油化工学院，中国航油集团津京管道运输有限责任公司，中国石油管道局工程有限公司维抢修分公司有关负责人参加会议。

4月8日 市政府召开国务院安委会第一巡查组巡查北京市安全生产工作动员会。会上，副市长王宁汇报北京市安全生产工作情况，国务院安委会第一巡查组副组长李德忠通报巡查工作方式和巡查工作重点。国务院安委会第一巡查组组长、国家安全监管总局副局长、国家煤矿安监局原局长赵铁锤到会并讲话，市长蔡奇主持会议并作表态发言。

4月11日 市安委会印发《关于做好2017年度安全生产重点工作任务的通知》（京安发〔2017〕2号）。

同日 市安全监管局推荐的“撞击流式餐饮油烟净化设备开发与示范应用”“绿色通道”项目课题推介会在北京举行。市安全监管局副巡视员谢清顺参加会议并讲话，市科委、旅游委、首旅集团和部分区安全监管局、环保局、餐饮协会、餐饮企业负责人及《北京晚报》、北京电视台等新闻媒体记者参加会议。

4月20日 市安全监管局会同市国资委召开全市市属企业隐患排查治理体系建设工作会，通报市属企业隐患排查治理体系建设成效，交流经验，并对2017年重点工作任务进行部署。市属国有企业（集团）及所属分（子）公司领导200余人参加会议。

同日 市安全监管局、国资委在北京经济管理职业学院联合举办市属国有企业安全生产专题培训班，市属国有企业（集团）及所属单位300余人参加培训。

4月25日 市长蔡奇主持召开市政府第149次常务会，专题研究《北京市危险化学品安全综合治理三年行动计划（讨论稿）》。国务院安委会第一巡查组组长赵铁锤带领巡查组列席会议。

4月27日 市安全监管局联合市政府新闻办、质监局以及天津市、河北省安全监管、质监部门召开“京津冀安全生产领域协同地方标准”新闻发布会，发布京津冀三地安全生产相关等级标准，通报京津冀安全生产协同地方标准制订情况。10余家本市主流媒体，以及外埠重点新闻媒体受邀参会。

5月

5月5日 副市长王宁带队督查位于怀柔区的中油国门油料公司油库的安全生产和涉恐隐患排查整治工作，市政府副秘书长尹培彦、市委政法委秘书长李中水，怀柔区区长常卫、副区长李志遂，市安全监管局副局长李东洲及市政府督查室公安局、反恐办、公安局内保局、公安局消防局、城市管理委、运输局等部门有关负责人参加督查。

5月19日 市安全监管局副局长阎军主持召开全市职业病防治工作联席会议，通报《北京市职业病防治规划（2016—2020）（草案）》起草情况并进行讨论。市委宣传部、市发展改革委、经济信息化委、财政局、人力社保局、民政局、总工会、卫生计生委有关负责人参加会议。

5月23日 市安全监管局在金隅物业环球贸易中心召开2017年北京市安全文化建设示范企业现场经验交流会，命名2016年安全文化示范企业，现场开展经验交流活动。市安全监管局副局长阎军、金隅集团副总经理安志强出席会议并讲话，市有关部门、市属企业集团（总公司）、市级安全生产社会组织有关负责人参加会议。

6月

6月6日 副市长王宁到北京市安全生产执法检查综合实训基地调研，了解实训基地一期加油站、建筑施工、变配电室和高处悬吊作业4个场景的设计思路、场景特色、隐患梳理情况、隐患呈现方式、实战培训方式等情况。市政府副秘书长尹培彦，市安全监管局局长张树森、副局长贾太保、阎军、唐明明以及首钢集团有关负责人参加调研。

6月9日 市政府办公厅印发《北京

市危险化学品安全综合治理三年行动计划（2017年6月—2020年5月）》（京政办发〔2017〕28号）。

6月16日 2017年北京市安全生产宣传咨询日活动隆重举行。本次活动以“全面落实企业安全生产主体责任”为主题，以宣传燃气安全为主要内容，分为主会场、分会场和线上活动3部分。国家安全监管总局副局长徐绍川、北京市副市长王宁，市安全监管局局长张树森、副局长阎军、李东洲、副巡视员贾秋霞，市公安局消防局局长亓延军、市燃气集团总经理支晓晔以及相关部门领导出席活动。

6月22日 国家安全监管总局副局长付建华、国家煤矿安全监察局副局长宋元明带队到大台煤矿，检查调研北京市煤矿防汛工作。市安全监管局副局长贾太保，北京煤监局有关负责人以及京煤集团、昊华能源公司负责人参加检查调研活动。

同日 市安全监管局副局长卞杰成主持召开2017年全市安全生产值守和举报投诉工作视频会议，总结应急值守和举报投诉工作情况，部署下一阶段工作任务。市安全监管局相关处室、执法监察总队及各区安全监管局有关负责人参加会议。

6月23日 市安委会办公室召开全市淘汰不合格燃气灶具、安装燃气安全辅助设备和独立式感烟火灾探测报警器工作部署视频会，通报工作开展情况，交流工作经验，部署下一阶段重点工作。会议由市安全监管局副局长唐明明主持，市城市管理委、民政局、公安局消防局、农委和燃气集团有关负责人，以及各区有关部门负责人参加会议。

6月27日 市安委会召开第二次全体会议，分析全市安全生产事故情况，通报安全生产重点工作进展情况，部署遏制重特大事故、城镇燃气管道隐患治理工作。副市长王宁、市政府副秘书长尹培彦参加会议。

同日 市安委会召开城市安全风险评估试点工作动员部署会，对全市城市安全风险评估试点工作进行部署。副市长王宁出席会议并讲话，市有关部门、各区和试点企业负责人参加会议。

6月29日 市安委会印发《北京市城市安全风险评估试点工作方案》《北京市安全风险管理实施办法（试行）的通知》（京安发〔2017〕6号）。

6月30日 市安委会印发《北京市全面推行安全生产责任保险制度工作的实施意见》（京安发〔2017〕7号）。

同日 北京鑫大禹水利建筑工程有限公司在顺义区高丽营镇河道排污口治理十三支污水管线工程，组织作业人员进行井下抹灰破管作业时，发生一起缺氧窒息死亡事故，造成4人死亡。事故发生后，市安全监管局成立事故调查组，对事故开展调查处理工作。

7月

7月3日 市安全监管局、北京煤监局召开庆祝中国共产党成立96周年暨机关党建工作大会。局党组书记、局长张树森以“贯彻落实北京市十二次党代会精神 坚定不移推进改革创新 努力推动安全生产工作取得新突破”为题为全局党员干部讲党课。

7月6日 市安全监管局局长张树森局长主持召开全市有限空间安全生产工作视频会，通报顺义区“6·30”有限空间生产安全事故情况，部署开展有限空间安全大检查。17个委办局有关负责人、各区安全监管局负责人参加会议。

7月10日 代市长陈吉宁主持召开国务院安委会第一巡查组巡查北京市安全生产工作情况反馈意见会。国务院安委会第一巡查组组长赵铁锤参加反馈会并讲话。国务院安委会第一巡查组有关成员，副市长王宁、市政府秘书长李伟，市安委会成员单位负责人，各区区长、主管副区长、区安委会成员单位和乡镇街道负责人，市属15家国有企业负责人参加会议。

7月14日 副市长王宁带队检查密云区、怀柔区尾矿库汛期安全生产工作。市政府副秘书长尹培彦，市安全监管局局长张树森、副局长贾太保，以及市规划国土委、环保局负责人参加检查。

7月20日 全国安全生产电视电话会议后，市安委会立即召开贯彻落实会议暨市安委会第三次全体会议，代市长陈吉宁、副市长王宁出席会议并作重要讲话，市政府秘书长李伟和副秘书长王芳、尹培彦，市安委会成员单位、部分国有企业主要负责人，各区区长、区安委会成员单位、乡镇街道和部分区属企业主要负责人参加会议。会上，市安全监管局局长张树森通报本市安全生产大检查实施方案，分析安全生产形势，对本市安全生产大检查工作进行部署。

7月21日 市安委会印发《关于开展安全生产大检查的通知》（京安发〔2017〕8号）。

7月24日 市安委会印发《关于实施遏制重特大事故工作指南 全面加强安全生产源头管控和安全准入工作的实施意见》（京安发〔2017〕10号）。

8月

8月2日 市安全监管局印发《北京市社会影响较大一般生产安全事故调查处理规定》（京安监发〔2017〕23号）。

8月4日 代市长陈吉宁、副市长王宁、市政府秘书长李伟等市领导带队检查部分燃气供应、批发市场和地铁施工单位安全生产情况。

8月9日 市安委会印发《北京市尾矿库销库办法的通知》（京安发〔2017〕11号）。

8月22日 市安全监管局与市妇联联合印发《关于组织开展第一届“寻找最美安监巾帼”主题活动的通知》（京安监发〔2017〕30号）。

8月29日 市安委会办公室召开安全生产督察动员会，部署市委、市政府安全生产督察工作。市政府副秘书长尹培彦出席会议并作动员讲话。参加督察的全体人员及丰台区、昌平区、延庆区督察联络员参加会议。

8月31日 市安全监管局局长张树森主持召开全市安全生产大检查工作推进视频会议，通报国务院安委会办公室第13督导组对北京市安全生产大检查督导反馈意见，以及全市安全生产大检查工作情况。市教委、规划国土委、水务局等15个市安委会成员单位有关负责人和各区安委会有关成员单位负责人参加会议。

9月

9月15日 市安委会根据市委、市政府办公厅文件要求，制发《北京市安全生产督察工作规范》，并附《北京市安全生产督察工作流程》，从制度、程序、流程等方面对安全生产督察工作进行细化，突出操作性。

同日 市安全监管局联合市财政局印发《北京市生产安全事故隐患治理项目资金管理办法》（京安监发〔2017〕35号）。

9月17日 国家安全监管总局副局长徐绍川带领国务院安委会第二十八综合督查组对北京市开展安全生产综合督查工作。

9月25日 市安全监管局组织开发的“12350”举报投诉热线“一号通”系统正式上线运行。

9月29日 市安委会召开第四次全体会议，通报全市安全生产情况，部署党的十九大安全生产保障工作。副市长王宁参加会议并讲话，市安委会有关成员单位和市属国有企业主管领导，各区主管副区长和区有关部门、乡镇街道、重点企业负责人参加会议。

同日 环能科技股份有限公司作业人员在顺义区花马沟排污口应急超磁水体净化站内组合池体作业时，发生一起中毒和窒息事故，造成3人死亡。事故发生后，市安全监管局成立事故调查组，对事故开展调查处理工作。

10月

10月16日 市安全监管局党组理论学习中心组召开第7次集中（扩大）学习会。邀请市委党校哲学教研部李劲博士，以“《实践论》《矛盾论》与党的思想路线”为题进行辅导。局领导班子成员，局机关、执法监察总队、直属事业单位和局属社团组织全体人员参加学习。

10月18日 市安委会印发《北京市企业安全生产标准化建设管理办法》（京安发〔2017〕13号）。

10月26日 市安全监管局局长张树森在北京石油化工学院安全工程学院，以《深入学习党的十九大报告和习近平总书记关于安全生产工作重要指示批示精神，努力开创首都安全生产工作新局面》为题，为学院师生作安全生产工作专题报告。报告会由北京石油化工学院党委副书记吴惠主持，北京石油化工学院安全工程学院院长高建村和200余名师生参加报告会。

10月27日 市安全监管局副局长阎军赴密云区，对威克矿业公司等17家企业主要负责人、安全生产管理人员开展安全生产对话谈心活动。

11月

11月2日 市安全监管局副局长贾太保主持召开煤矿“岗位标兵”命名暨“5321”工作法表彰会。北京煤监局、市城市管理委和京煤集团、昊华能源公司及各煤矿有关负责人、煤矿职工代表参加会议。

11月6日 东方化工厂土地交接签字仪式暨东方化工厂拆除工作表彰会议在东光实业公司举行，标志着东方化工厂及相关企业装置设施拆除工作圆满完成。

11月9日 市委、市政府印发《关于进一步推进安全生产领域改革发展的实施方案》（京发〔2017〕24号）。

11月18日 大兴区西红门镇新建二村一幢建筑发生火灾，造成19人死亡、8人受伤。事故发生后，市委书记蔡奇、代市长陈吉宁，市领导张工、张硕辅、张延昆、崔述强、王小洪、王宁、李伟赶赴事故现场，指挥部署现场抢险救援和事故调查工作。市政府成立由副市长王宁任组长，市安全监管局、公安局、人力社保局、民政局、总工会、公安局消防局和大兴区政府组成的事故调查组，市纪委、市监察委同步参与，开展事故调查处理工作。国务院安委会对该起事故调查处理实施挂牌督办。

11月19日 市委、市政府召开安全生产电视电话会，通报大兴区“11·18”重大火灾事故和全市公共安全及安全生产事故情况，部署安全隐患大排查大清理大整治专项行动。市委书记蔡奇，市委副书记、代市长陈吉宁，全体市委常委和副市长，市政府党组成员夏占义，市政府秘书长李伟参加会议。市委常委、常务副市长张工主持会议。

11月21日 市委常委、市委政法委书记张延昆带领市委政法委、公安局、安全监管局负责人，对顺义区后沙峪镇铁匠营村东仓储物流企业、后沙峪理想公寓拆除情况进行检查。

同日 市委常委、统战部部长齐静带队，采用“四不两直”方式，对怀柔区安全隐患大排查大清理大整治专项行动落实情况进行检查。

11月23日 市安全监管局、首都经贸大学举办以“深化安全生产领域改革创新，推动安全生产治理现代化”为主题的第十一届北京安全文化论坛。国家安全监管总局原党组成员、总工程师、新闻发言人黄毅，国家安全监管总局人事司（宣教办）监察专员杨占科、中国安科院院长张兴凯、北京市安全监管局局长张树森、首都经贸大学副校长孙昊等领导出席论坛开幕式。

11月27日 副市长阴和俊带领市国资委、安全监管局负责人，对部分区和市属国有企业安全隐患大排查大清理大整治专项行动落实情况进行检查。

12月

12月7日 市安委会印发《北京市安全生产信用体系建设管理办法》（京安发〔2017〕16号）。

12月11日 《北京日报》第四版刊发《〈中共北京市委 北京市人民政府关于进一步推进安全生产领域改革发展的实施方案〉问答》，对安全生产领域改革总体思路、工作目标、主要任务和落实实施方案的保障措施进行解读。

12月18日 国家安全监管总局、国际劳工组织在房山区开展企业可持续发展项目（SCORE）房山试点2017年中期总结活动，国家安全监管总局监管四司司长马锐、副司长尚文启，国际劳工组织中国蒙古局副局长戴晓初，北京市安全监管局副局长唐明明、房山区副区长陈广利参加此次活动。

12月21日 “2017安监之星·北京榜样”主题活动颁奖典礼在东城区红剧场隆重举行。市安全监管局、首都精神文明办、团市委、妇联、总工会、东城区政府和《中国安全生产报》《北京日报》《劳动午报》领导以及全市各区、各有关部门和单位代表800余人参加颁奖典礼。

12月26日 京津冀三地安全监管、质监部门发布8项安全生产地方标准，于2018年5月1日正式实施。

安全监管

综　述

2017年，全市各区、各部门、各单位贯彻落实党中央、国务院以及市委、市政府和国家安全监管总局关于安全生产工作的决策部署，以深化安全生产领域改革创新为引领，以整体推进安全生产治理体系和治理能力现代化为主线，聚焦安全生产“四化三体系双基”总任务，按照“补短板、强融合、抓落实、促平衡”的总要求，直面问题，强力攻坚，扎实推进安全生产各项工作的开展。2017年，全市发生各类生产安全死亡事故569起，死亡631人，事故起数同比增加25起，上升4.6%，死亡人数同比增加40人，同比上升6.3%。全市生产安全事故多发，特别是发生“11·10”“11·18”“12·13”几起火灾事故，反映出影响和制约本市安全发展的深层次矛盾还没有得到根本解决。

一、坚持改革创新，优化安全生产顶层设计

（一）推动安全生产领域深化改革。市委、市政府印发《关于进一步推进安全生产领域改革发展的实施方案》，紧盯安全生产责任体系、安全监管体制、安全生产法治等方面存在的短板，出台完善功能区安全监管体制、发挥工会组织在安全生产中作用、建立安全生产工作巡查机制、在7个高危行业强制推行“安责险”制度等文件，不断推动改革任务的落实落地。

（二）完善安全生产责任体系建设。市安委会办公室印发《关于市政府有关部门建立本行业企业落实安全生产主体责任情况检查评估制度指导意见》《进一步加强政府部门及其事业单位项目发包或场所出租安全生产管理工作指导意见》，明确滑雪场、玻璃栈道、电力等行业安全管理责任。建立区级行业部门履行安全监管职责示范单位创建机制，开展工作试点。

（三）加强安全生产考核工作。市政府办公厅印发《北京市安全生产工作考核办法》，提高安全生产考核在全市工作考核中的权重，落实“一会一文一书”长效机制，制定年度安全生产重点工作任务、绩效考核专项细则和目标责任书。按照结果考核（80%）和过程考核（20%）相结合的方式设置考核指标，推进国家、市、区安全生产综合考核的有机融合。按照目标责任书和年度重点工作紧密衔接的原则，完善市有关部门综合考核个性化定制评价体系，启用综合监管信息化管理平台，实现综合考核全流程全环节“线上展现”。加强对全市安全生产综合统计指标的研究，修订综合统计报表制度和规定。经中央批准同意，北京市安全生产先进单位和先进个人表彰项目调整为市政府表彰。

二、坚持依法治理，健全完善安全生产法规标准

（一）完善安全生产标准化工作制度体系。印发《北京市企业安全生产标准化创建管理办法》《北京市安全生产评审单位管理办法》等“1＋6”系列制度，通过强化标准化创建，更好地推动企业安全生产主体责任落实。融合国家、行业标准，有序推进89个“百项地标”项目。建立标准数据库，系统梳理汇总、更新29个行业领域国家标准和行业标准2146部，为标准修订奠定工作基础。

（二）加强执法规范性建设工作。明确市、区两级安全监管部门作为行政执法机构，制定《北京市安全生产执法装备配备标准》，解决安全监管部门执法定位、执法用车、装备配备等问题。制定《关于进一步加强全市安全生产监管系统执法检查工作的指导意见》，推行行政处罚集体审议，规范安全生产行政执法行为。制作《北京市安全生产行政处罚指导案卷》，严格案卷评查标准。首次采用人均检查量、人均处罚量约束指标，编制宾馆、饭店、加油站、商场超市、机动车维修、有限空间和物业管理等9个执法检查项目规范。全市安全监管系统执法检查生产经营单位3.3万余家，依法下达行政执法文书5万余份。

（三）落实安全生产行政审批制度。按照“放管服”工作相关要求，细化安全生产行政审批工作落实。推进行政审批制度改革，建立行政审批权力清单，强化安全生产许可事中、事后监管，对已许可企业开展许可条件保持情况检查，督促企业落实主体责任。依法注销3批次共21家企业的安全许可证，并进行公示。

三、坚持严格执法，从严从细开展安全检查工作

（一）开展安全生产大检查和安全生产督察工作。坚决执行党中央、国务院关于安全生产大检查工作部署要求，结合首都特点和历次安全生产大检查工作中出现的薄弱环节，深入开展安全生产大检查，对排查中发现的重大隐患和国务院督查检查发现的问题隐患实行市级挂牌督办。印发《北京市安全生产督察方案（试行）》，制定督察工作规范和工作流程，以市委、市政府名义对全市所有行政区开展安全生产督察。

（二）开展安全隐患大排查大清理大整治专项行动。市政府批准成立安全隐患大排查大清理大整治专项行动工作专班，推进安全隐患大排查大清理大整治专项行动。从22个市级行业部门抽调30名业务骨干，充实市安委会办公室力量，落实行业监管责任，发挥行业指导优势，专班工作人员实行统一调度、集中办公。市安委会成立10个检查组，每组由市委组织部抽调局级领导带队，带领部门执法人员，下沉到乡镇街道、村和企业，采取明查、暗访、抽查、夜查等方式，检查指导基层隐患整治工作。

（三）开展重点行业领域专项整治。市政府办公厅印发《北京市危险化学品安全综合治理三年行动计划（2017年6月—2020年5月）》，启动危险化学品安全综合治理。深入开展危险化学品企业重大隐患治理，完成燕山石化储运厂液化气总站、沙河油库、大红门南郊冷冻厂以及北京铁路局所属7座油库的隐患整治。加快推进危险化学品集中管理体系建设，信息化项目立项工作取得重大进展。组织实施全市300家加油站的贯标改造，编制完成高校实验室和医疗机构危险化学品安全管理规范，启动生产企业安全仪表系统风险评估和百家重点企业电气防爆安全检测，完成31家有储存设施的危化品经营企业退出工作。深入开展易制爆危险化学品企业专项整治，全市共实施行政处罚59家，罚款65万余元。全力压减烟花爆竹零售网点，同比下降28.9%，首次实现三环内零许可。严格矿山监管，建立金属非金属矿山治理工作联席会议制度，印发《北京市尾矿库销库办法》。加大涉爆粉尘隐患治理推进力度，完成125家重点涉爆粉尘企业现场检查及风险评估。加大对“散乱污”企业执法检查和隐患治理力度，圆满完成党的十九大、“一带一路”国际合作高峰论坛等近50项重大活动的安全生产保障任务。

四、坚持源头把控，加强双重预防机制建设

（一）加强隐患排查治理体系建设。北京市连续3年被国家安全监管总局列为全国隐患排查治理体系示范试点地区。在全市2227家重点企业实施“一企一标准、一岗一清单”编制工作，完成个性化隐患排查标准4199套、18万余项，岗位隐患排查清单6.3万套、756万余项。推进市区两级、政府与企业及新旧隐患系统数据共享对接，新建隐患系统应用企业5509家，登记隐患79987项，整改隐患78103项，整改率97.64%。整改高风险电梯隐患，推进老旧住宅电梯救济制度；完成21493处“开墙打洞”的整治，消除一大批城市安全隐患顽疾；推进全市10万余户困难家庭不合格燃气灶具淘汰、免费安装燃气安全辅助设备和独立式感烟火灾探测报警器工作；对公园景区内的大型、特种游乐设施，客运索道、玻璃栈道、漂流等娱乐、游览设施开展联合执法检查，重点行业领域隐患排查治理体系不断完善。

（二）加强风险分级管控机制建设。市安委会印发《北京市城市安全风险评估试点工作方案》《北京市安全风险管理实施办法》《企业安全风险源辨识建议清单》等一系列制度文件，构建源头管控和安全准入制度体系。初步建立“一方案、一办法、一清单、三规范”的整体工作架构，以危险化学品、人员密集场所、建筑施工、生活垃圾处理设施、规模以上工业企业、“两客一危”企业、矿山及尾矿库7个行业（领域）为重点，开展城市安全风险评估试点，构建源头管控和安全准入制度体系。出台相关行业风险辨识评估标准，风险评估云服务系统上线运行，开展全市相关企业风险数据上报工作。全市涉及“水、电、气、热”的13家国有企业和11家市属公园的安全风险辨识评估和重大风险源排查工作全面启动。

五、坚持联动贯通，增强安全生产业务工作融合

（一）强化职业健康和安全生产工作深度融合。印发《关于推进安全生产与职业健康一体化监管执法的实施意见》，编制行业领域监督执法手册，制定职业病防护设施“三同时”监督管理办法。编制《北京市职业病防治规划》和《职业病防治规划重点任务行动计划》，开展职业病危害防治评估工作，并将评估结果纳入安全生产综合考核。开展汽车制造、机动车维修、金属制品业等重点行业专项治理，全市723家机动车维修企业完成升级改造。全市职业卫生执法检查企业4409家次，依法下达执法文书4674份，罚款844.2万元。

（二）强化行业部门工作融合联动。建立区级行业部门履行安全监管职责示范单位创建机制，并开展工作试点。加强与市体育局、新闻出版广电局、水务局、南水北调办等部门协调，推动增强安全管理力量。组建北京新机场建设工程安全生产协调小组办公室，建立跨省域跨部门超大建设工程项目安全管理沟通协调机制，探索建立超大建设工程安全生产综合监管全方位精细化融合推进新模式。

（三）强化京津冀安全生产协同发展。建立京津冀区域应急联动机制，印发京津冀协同应对事故灾难工作纲要、实施方案，以及《关于建立次区域安全生产应急联动工作机制的协议》等文件。成功举行京津冀协同应对事故灾难联合演练，京津冀安全生产应急联动工作进入实质性阶段。会同河北省安全生产执法部门，完成2017年春节京冀烟花爆竹安全生产协同执法。推动安全生产地方标准协同工作，首批10项协同标准通过京津冀三地六方的联合审查，并正式发布。

六、坚持模式创新，推进安全生产基层基础工作

（一）推进安全生产信息化建设。编制《北京市安全生产信息化总体建设方案（2017—2020年）》，确定“全市一体化安全监管信息平台、一套安全生产信息化标准规范、一本企业台账、一个安全生产数据资源中心”目标。完成行政执法系统主体功能研发，实现行政执法网上办理。加强全市安全生产条件普查企业台账数据管理，搭建安全生产数据资源中心，建设安全预防控制体系应用支撑平台，率先在安全生产领域建设大数据分析可视化平台。12个区安全监管局自建系统与市安全监管局实现对接共享，累计交换数据640万余条。优化完善安全工程师注册系统和特种作业培训考核系统，为10万余特种作业和安全管理人员提供服务。

（二）推进安全生产共建共享共治格局。制定《关于进一步推进本市安全生产社会化建设工作的指导意见》，巩固“5＋1”即“政府引导、部门联动、互联网融合社区、订制托管、技术支持＋执法推动”安全生产社会化多元共治模式。推动多层级参与“百名安全监管干部与企业主要负责人对话谈心”和“百名专家服务万家中小企业活动”活动，启动“千企万人”社会监督志愿者队伍组建。开发北京市企业安全生产信用信息系统，制定实施《安全生产领域失信行为联合惩戒实施细则》，在全市选取2000余家企业进行信用评价试点。印发《进一步加强举报与执法工作衔接的实施意见》，规范查处反馈流程。市安委会印发《北京市全面推行安全生产责任保险制度工作的实施意见》，在全行业推行安全生产责任保险制度，建立费率浮动机制，提高事故预防费提取比例，发挥事前预防和事后赔偿功能，全年参保企业覆盖17大行业领域，参保企业近3.5万家，赔付金额810.7万元。

（三）推进安全生产检查队伍建设。全市16个区和北京经济技术开发区均完成达标建设任务，达标率96%，对专职安全员实现规范化管理。印发《关于在本市行政村、社区设立专兼职安全生产巡查员的意见》，全市20%乡镇街道完成在行政村、社区设立专兼职安全生产巡查员工作。组织专职安全员培训班11期2143人。市、区、乡镇街道、行政村（社区）四级安全生产监管网络开始形成。

（四）推进科技人才支撑保障建设。市安全监管局与市科委签署《北京市安全生产领域科技新星联合培养合作协议》，3人入选北京市科技新星。北京优秀青年工程师评选活动中50个名额专门用于表彰本市安全生产领域注册安全工程师等科技人才。完成加油站、高处悬吊、建筑施工、高低压配电室等实训基地场景建设及实训基地二期23个场景设计。制发安全生产大培训指导意见，计划3年对生产经营单位主要负责人和安全管理人员进行全覆盖培训。

（五）推进安全生产宣传教育工作创新。市委宣传部等9个部门联合印发《加强全社会安全生产宣传教育工作实施意见》，深入推进安全生产“七进”活动。构建覆盖市、区安全监管部门和社团组织、乡镇街道安全生产检查队的微信矩阵，打造全市安全监管微信宣传群。强化新闻宣传平台作用，全年开展安全生产新闻发布17次，在北京电视台完成“直击安全现场”21期，广泛报道市、区安全生产新闻17次，组织专题报道100余次，全年在省级以上主流媒体刊发新闻报道4300余篇。利用演播室平台，制作安全主题视频153期。开发上线手机舆情应用，加强市、区安全生产舆情监测。固化安全生产宣传咨询日，举办安全文艺基层巡演和“2017安监之星·北京榜样”主题等活动。全年制作海报、折页、挂图等10大类20余种安全生产宣教产品，面向基层发放20余万份。

市安委会工作

【副市长带队安全检查】 1月10日，市政府副市长王宁带队到大兴区检查安全生产工作，调研多家生产经营单位，了解职业危害防护、疏散通道设置、视频监控、设备设施运行、应急救援器材配备、人员值守等情况。在西红门镇安全生产检查队看望慰问基层专职安全员；观看专职安全员工作短片，并听取相关工作汇报。检查发现，各单位对安全生产管理工作均比较重视，安全生产制度健全，应急预案比较完善，应急值守人员在位在岗情况良好，但个别部位仍存在配电箱标识不清、事故隐患排查治理情况未及时向从业人员通报等问题，对此检查组要求立即整改。王宁强调指出，春节即将来临，各单位一定要加强安全管理，认真开展安全生产大检查，扎实做好应急预案演练，强化应急值守，坚决把各类安全问题和隐患消除在萌芽状态，确保春节期间全市安全生产形势稳定。

（叶子楠）

【市安委会第一次会议】 1月11日，国务委员王勇主持召开全国安全生产电视电话会议，国家安全监管总局总结2016年全国安全生产工作，部署2017年重点任务，代市长蔡奇就北京市隐患排查治理和预防控制体系建设作典型发言。全国安全生产电视电话会议后，北京市政府召开贯彻落实会议暨市安委会第一次全体会议。蔡奇强调，全市各区、各部门、各单位要立刻组织安排，将会议精神和要求尽快传达到每个基层单位、每个责任人。必须按照“党政同责、一岗双责、齐抓共管、失职追责”的安全生产责任体系要求，把安全生产各项措施落实到岗到人，确保工作不留空白、不出漏洞。要针对岁末年初安全生产工作特点，结合安全生产大检查工作，集中力量抓好隐患排查治理工作，及时消除各类安全隐患。要结合实际，完善应急预案，做好应急处置各项准备工作，一旦有突发情况，能够迅速有效处置，确保不出大的问题。

（郝树亮）

【迎接国务院安委会考核部署会】 2月7日，市政府副秘书长尹培彦主持召开迎接国务院安委会2016年度安全生产工作考核专题动员部署会，市委组织部、监察委、发展改革委、财政局等42个部门和各区政府主管领导参加会议。市安全监管局局长张树森通报国务院对北京市政府2016年度安全生产考核要求和本市迎考准备情况，市编办、发展改革委、科委等部门负责人就考核准备做专题发言。副市长王宁要求，各区、各部门党政“一把手”是迎考工作的第一责任人，重大问题要亲自研究、安排部署，切实把本区、本部门的准备工作落实到位，确保迎考准备工作充分、完备。各区政府要按照市安委会办公室的考核工作安排，迅速召开动员部署会议，做好各项迎考准备工作；各部门要对照考核要点，逐条、逐项开展自查自纠，逐条、逐项开展查漏补缺。要广泛宣传动员，加强指导和沟通协调，深入开展隐患排查治理。

（杨青）

【市区综合处（科）室工作会】 2月28日，市安全监管局副局长唐明明主持召开市、区安全生产协调处（科）室工作会，通报2016年标准清单编制、燃气灶具及辅助设备安装、安全生产信用体系建设、综合考核等工作情况。会议要求，贯彻全市安全监管系统会上提出的“补短板、强融合、细落实、促平衡”工作要求，推进“一企一标准、一岗一清单”工作，加快隐患排查治理信息系统全面使用，强化隐患资金规范使用管理，严格工作考核；做好淘汰不合格燃气灶具和安全辅助设备安装工作，各区要尽快制定印发实施方案、做好设备选型购置、地区财政配套补贴保障等工作；加快安全生产信用体系建设步伐，推进信用信息互联互通，健全联合奖惩机制；做好2017年安全生产考核工作，落实国务院对北京市考核整改要求，制定2017年区政府安全生产综合考核细则。

（陈阳）

【北京市安全生产督察方案（试行）】 3月17日，市委办公厅、市政府办公厅依据《中共中央 国务院关于推进安全生产领域改革发展的意见》，印发《北京市安全生产督察方案（试行）》。《北京市安全生产督察方案（试行）》分指导思想、督察对象与督察组织、督察内容、督察方式与程序、工作要求等内容。其中，督察对象与督察组织包括各区（含北京经济技术开发区）党委、政府及市政府有关部门；对各区督察下沉至区党委、政府有关部门和乡镇（街道）党（工）委、政府（办事处）。要求每年对各区（含北京经济技术开发区）进行一次督察；每两年对市政府有关部门进行一次督察，督察时间为10至15个工作日。对存在突出安全生产问题或阶段性事故高发、频发单位，可不定期开展专项督察；专项督察时间根据任务需要确定，原则上不超过5天。督察内容包括国家和本市安全生产决策部署落实情况；安全生产责任制落实情况；安全生产综合治理情况；完善安全生产监管体制情况；安全生产基层基础建设情况。督察组组长由市委组织部选派正局级领导担任，副组长由市级有关部门副局级领导担任；督察组成员由市安委会办公室、市级有关部门、区安全监管局熟悉安全生产工作的处、科级干部组成。每组10至15人。督察组实行组长负责制，一次一授权。制订出台该方案，在全国省级地区属创新举措。

（雷阳）

【全市安全生产电视电话会】 4月5日，市安委会召开2017年安全生产工作电视电话会。总结2016年全市安全生产工作，部署2017年重点任务，通报2016年安全生产综合考核结果。市长蔡奇指出，各区、各部门、各单位必须牢固树立“红线”意识，落实《中共中央 国务院关于推进安全生产领域改革发展的意见》，按照首善标准，落实责任，坚决遏制重特大事故发生。要求“狠抓风险防控，有针对性地加强重点行业领域和城市运行风险研判；强化监管执法，发现问题严肃处理，绝不漏过任何隐患、放过任何事故苗头；严格考核监督，通过指导协调、监督检查、巡查考核等手段和措施督促落实责任，做到安全生产责任、管理、投入、培训和应急救援‘五到位’；推进社会共治，抓实抓细安全宣传培训，强化市场机制引导，培育专业化社会服务力量”。

（杨青）

【国务院安委会安全生产巡查】 4月6日至5月6日，全国政协委员，国家安全监管总局原副局长、国家煤矿安监局原局长赵铁锤带领国务院安委会第一巡查组对北京市开展安全生产巡查工作。重点巡查北京市政府及发展改革委、财政局、经济信息化委、公安局、住房城乡建设委、交通委、规划国土委、安全监管局（煤监局）、商务委、旅游委10部门，延伸巡查东城、西城、朝阳、海淀、通州、大兴、房山、平谷、密云、怀柔10个区政府和北京经济技术开发区。期间，列席市政府常务会议1次，召开专题座谈会23个，听取各级政府、部门安全生产工作汇报52次，现场抽查化工、建筑施工等企业和人员密集场所20家。7月10日，巡查组向市政府反馈巡查意见。从“注重党委政府领导，落实部门职责与属地责任；注重推进改革创新，完善工作体制机制；注重安全投入保障，加强安全生产基础建设；注重专职安全员队伍建设，强化基层安全检查力量；注重利用信息手段，提升监管执法效能；注重事故前期预防，坚决防范重大事故”等方面对北京市安全生产工作给予肯定。并指出存在“安全生产责任体系还不够完善；《中共中央 国务院关于推进安全生产领域改革发展的意见》宣传贯彻不够深入；行业监督管理存在薄弱环节；执法规范化建设仍需加强；主体责任落实不够严格；安全生产相关规划编制不够科学”等问题。提出“进一步健全监管责任体系，强化责任担当；进一步加强《中共中央 国务院关于推进安全生产领域改革发展的意见》宣传贯彻，推动改革创新；进一步加大监管执法力度，推进依法治理；进一步督促落实主体责任，筑牢安全基础；进一步加强安全基础建设，提升本质安全；进一步完善顶层规划设计，促进安全发展”的整改意见。

（雷阳）

【副市长调研综合实训基地】 6月6日，副市长王宁到北京市安全生产执法检查综合实训基地调研。市政府副秘书长尹培彦，市安全监管局局长张树森和副局长贾太保、阎军、唐明明，市质监局、城管执法局、公安局交管局以及首钢集团和市安科院有关负责人参加调研。调研组到实训基地听取市安科院主要负责人介绍实训基地建设背景、整体规划、场馆定位、一期建设情况，并了解实训基地一期加油站、建筑施工、变配电室和高处悬吊作业4个场景的设计思路、场景特色、隐患梳理、隐患呈现方式、实战培训方式等情况。王宁指出，要持续做好安全生产实训基地建设工作，坚持首善标准要求，与首都城市运行安全紧密结合；要发挥实训基地优势，创新专职安全员培训教育模式；要注重培养高品质师资力量，通过内部培养与外部引进相结合的方式，打造高水平宣讲团队，打造更多精品课程；要注重对外宣传，并召开现场会予以推广。

（孙旭）

【安装燃气安全辅助设备部署会】 6月23日，市安委会办公室召开全市淘汰不合格燃气灶具、安装燃气安全辅助设备和独立式感烟火灾探测报警器部署视频会。通报有关工作情况，部署下一阶段检查考核工作，通州区、海淀区主管领导结合工作情况作经验交流，市城市管理委、公安局消防局根据职责分别提出工作要求。会议指出，淘汰不合格燃气灶具、安装安全辅助设备工作关系千家万户，是一项重要的民生工程，各区、各部门、各单位要履行职责，提高认识，加大工作推进力度；多措并举、抓实抓细，保证安装实施安全与质量；强化绩效考核，严控资金，保证财政专项补助资金使用、管理到位。

（郝树亮）

【市安委会第二次会议】 6月27日，市安委会召开第二次全体会议，分析全市安全生产事故情况，通报安全生产重点工作进展情况，部署遏制重特大事故、城镇燃气管道隐患治理工作。副市长王宁、市政府副秘书长尹培彦参加会议。市安全监管局通报全市生产安全事故和重点工作情况，通报《遏制重特大事故工作指南全面加强安全生产源头管控和安全准入实施意见》；市住房城乡建设委部署建筑领域事故压减工作，市城市管理委部署城镇燃气管道隐患治理工作。副市长王宁强调，要认真分析、清醒认识面临的形势和存在问题，增强紧迫感，以严而又严、细而又细的措施和工作作风，狠抓各项工作和责任落实；要推进安全生产领域改革发展，健全重点领域监测预警和工作协调机制，强化预测预警预防；要落实安全生产责任制，预防各类安全生产事故发生。

（郝树亮、肖庆海）

【城市安全风险评估试点部署会】 6月27日，市安委会召开城市安全风险评估试点工作动员部署会，副市长王宁出席会议并讲话，市有关部门、各区和试点企业负责人参加会议。会上，市安全监管局局长张树森对全市城市安全风险评估试点工作进行部署。从安全风险评估及管控工作的总体目标、试点范围、重点任务、职责划分、实施步骤等方面提出具体要求。王宁在讲话中指出，要把城市安全风险评估工作当成一件事关全局的大事来抓、作为一项长期的重点工作来抓、作为一项重要的基础性工作来抓。

（黄亮）

【城市安全风险评估试点方案】 6月29日，市安委会印发《北京市城市安全风险评估试点工作方案》和《北京市安全风险管理实施办法（试行）的通知》，要求市有关部门和各区以危险化学品单位、人员密集场所单位、建筑施工项目、生活垃圾处理设施、规模以上工业企业、“两客一危”企业、矿山、非煤矿山及尾矿库行业（领域）为重点，开展城市安全风险评估试点工作。计划利用2年时间，基本建立健全本市安全生产领域风险评估工作制度和标准体系，查清安全风险源数量、种类和分布情况，建立安全风险管控机制，探索建立规范的安全风险数据库和信息管理系统，总结凝练可复制推广的工作经验，形成科学、规范、系统、动态的安全风险评估工作机制。

（黄亮）

【副市长带队检查汛期安全】 7月14日，副市长王宁带队检查密云区、怀柔区尾矿库汛期安全生产工作。市安全监管局、北京煤监局和市规划国土委、环保局负责人参加检查。检查组到密云区首云矿业公司调度指挥中心，检查尾矿库在线监测监控系统运行情况，了解坝体位移、浸润线、水位标高等监测数据统计分析及近期降水防汛情况。检查威克铁矿郝家庄尾矿库和首云铁矿和尚峪尾矿库，听取企业负责人关于汛期安全生产工作介绍。召开工作情况汇报会，听取怀柔区、密云区和北京煤监局汛期安全生产情况汇报，针对怀柔区黄金尾矿库销库治理提出意见，要求纳入年度销库计划的5座尾矿库，由怀柔区、密云区政府督促落实。

（董伟）

【市安委会第三次会议】 7月20日，国务院安委会召开全国安全生产电视电话会议，通报上半年安全生产情况和下半年重点工作安排。国务院副总理马凯，国务委员郭声琨、王勇出席会议并作重要讲话。全国安全生产电视电话会议后，北京市安委会立即召开贯彻落实会议，代市长陈吉宁、副市长王宁出席会议并作重要讲话，市政府秘书长李伟和市政府副秘书长王芳、尹培彦，市安委会成员单位、部分国有企业主要负责人，各区区长、区安委会成员单位、乡镇街道和部分区属企业主要负责人参加会议。会上，市安全监管局局长张树森通报本市安全生产大检查实施方案，分析安全生产形势，对本市安全生产大检查工作的检查范围、检查重点、方法步骤等进行部署。市住房城乡建设委、交通委分别对相关领域安全生产大检查工作进行部署。陈吉宁强调指出，要牢牢守住安全生产这条“红线”，深入开展安全生产大检查，全面提升首都安全生产治理水平。

（肖庆海）

【安全生产试点督察动员培训】 8月1日至2日，市安委会办公室召开安全生产督察动员会，落实市委、市政府对朝阳区、石景山区进行安全生产试点督察工作的要求。市政府副秘书长尹培彦出席会议并提出“要统一思想提高认识；要加强组织领导；要坚持问题导向，把发现问题、解决问题作为督察工作立足点和着眼点”的要求。会上，市安全监管局局长张树森通报督察要求、组织内容和督察方式，指出督察工作具有“要求高、规格高、时间长、覆盖广、影响大”特点，督察时间为15个工作日，涉及2013年以来的各项安全生产工作；在督察各区委、区政府同时，延伸督察区行业部门、乡镇街道，并对辖区内各重点企业抽查暗访；督察结果上报市委、市政府，抄报市委组织部、首都综治办、首都精神文明办、市监察委，并纳入各项考核。第一、第二督察组人员，朝阳区、石景山区督察联络员等30人参加会议。会后，市安委会办公室组织督察人员学习《北京市安全生产督察规范》《安全生产督察工作流程》《督察工作要点及实务》，并进行交流研讨。

（雷阳）

【市领导带队安全检查】 8月4日，代市长陈吉宁、副市长王宁、市政府秘书长李伟等市领导带队检查部分燃气供应、批发市场和地铁施工单位安全生产情况。在北京市燃气集团运营调度中心，陈吉宁听取安全生产工作情况汇报后，要求集团进一步增强储运调峰能力，从结构上保障首都用气安全。特别是对农村煤改清洁能源、液化气使用等事关民生的重点环节要进一步加强事中、事后监管，规范企业经营行为，确保首都燃气市场生产安全。在对金五星百货城开展的突击检查中，发现该企业消防通道部分被挤占、安全门锁闭、私接乱搭电线等问题比较突出。当检查人员按下消防报警按钮按后，相关应急人员未在规定时间内赶到现场；在消防中控室，值班员不会处置火情报警，经提示才看到火灾报警；值班员对安全设施、应急处置方案不熟悉。检查组当场通知消防部门，闻讯赶到的消防执法人员在了解情况后，要求金五星百货城停业整改。在地铁16号线苏州街站施工现场，陈吉宁进入地下30余米的施工作业现场，发现机械通风装置未按规定保持运转、配电线路不符合敷设要求、临边防护措施不到位。执法人员依法下达行政执法文书，并约谈施工企业负责人。检查活动结束后，陈吉宁指出，各区、各部门、各单位、各企业必须时刻绷紧安全这根弦，把首善标准落实到安全生产工作中，要切实加大监管和执法力度，务必做到在岗、在职、在责，把责任层层压实，确保人民群众生命财产安全。

（叶子楠）

【安装燃气安全设备检查考核】 8月18日，市安委会办公室根据《淘汰不合格燃气灶具、安装燃气安全辅助设备和独立式感烟火灾探测报警器检查考核工作方案》，组织有关部门和第三方机构组成考核组，到西城区进行项目中期抽查考核。考查组听取西城区安全监管局关于“为民办实事”工程进展汇报。西城区按照“政府推动、企业参与、居民自愿、以点带面”原则和全市部署，有步骤、有重点，稳妥推进各项工作。白纸坊、牛街等街道结合辖区入户安装经验、做法、存在问题与考核组交流。考核组查阅相关档案资料，询问组织实施、工作进展、资金拨付及验收、灶具回收等情况，分别抽取白纸坊和牛街街道10户困难居民家庭进行核查。考核组对西城区工作给予肯定，要求区有关部门广泛宣传，以点带面，提高广大居民的用气安全和消防安全意识，自觉淘汰不合格燃气灶具、加装安全辅助设备；加大对实施主体困难居民的资格认定、资金管理等各个环节的管理力度，确保为民办实事工程科学规范有序开展；注重安装过程中的安全问题，最大限度将此项惠民工程做实、做细，确保工作取得实效。

（陈阳）

【大检查督导问题整改会】 8月23日，市安委会办公室召开安全生产大检查督导发现问题整改会，市相关部门和区安全监管局有关负责人参加会议。会议通报国务院安委会办公室第13督导组对北京市安全生产大检查督导反馈意见，传达进一步加强安全生产大检查期间重大事故隐患和严重违法违规行为曝光通知要求，通报督导发现问题整改意见，部署安全生产大检查自查工作。相关部门、各区就所涉及问题提出整改落实措施，并就有关问题进行讨论。提出“做好大检查自查自改工作，加强对重大事故隐患和严重违法违规行为的曝光，主要领导带队开展大检查，各部门严格监管执法”等工作要求。

（肖庆海）

【安全生产大检查推进视频会议】 8月31日，市安委会办公室召开全市安全生产大检查工作推进视频会议，市教委、规划国土委、水务局等15个市安委会成员单位和相关部门负责人，各区安委会有关成员单位主要负责人参加会议。会议通报国务院安委会办公室第13督导组对北京市安全生产大检查督导反馈意见，通报全市安全生产大检查开展情况、安全生产重点工作财政资金预算安排，部署下一阶段安全生产工作。要求各区、各部门找准问题，举一反三，抓好督查发现问题的整改落实工作，把安全生产大检查工作做实、做细、做出成效，提高安全生产大检查的工作质量，确保安全生产大检查工作的深入开展。

（郝树亮）

【各区安全生产督察】 8月至12月，市委、市政府安全生产督察工作按照“试点先行、分步实施”方式，在朝阳区、石景山区开展安全生产督察试点的基础上，分4批对其余14个区和北京经济技术开发区安全生产工作进行督察。市委、市政府安全生产督察第一至十六组分别召开督察情况反馈会，对各督察区进行反馈。督察组在肯定各区近年来安全生产成绩的同时，指出各区部分行业和属地乡镇街道安全生产“党政同责、一岗双责”落实不到位、安全生产监管工作精细化和规范化不足、安全监管体制不完善、安全生产工作逐层递减等问题。各区表示结合反馈意见，对照问题清单逐条、逐项研究，制定整改方案，建立整改工作台账，明确整改责任和时限，排查整改安全生产薄弱环节和问题隐患。

（雷阳）

【安全生产督察工作规范】 9月15日，市安委会根据市委、市政府办公厅《北京市安全生产督察方案（试行）》文件要求，制发《北京市安全生产督察工作规范》。《北京市安全生产督察工作规范》由指导思想、督察原则、督察对象、督察组织、督察内容、督察制度、督察实施、督察方式和督察要求等部分组成，并附《北京市安全生产督察工作流程》，从制度、程序、流程等方面，对安全生产督察工作进行细化，突出操作性。

（雷阳）

【国务院安委会综合督查】 9月17日至29日，国家安全监管总局副局长徐绍川带领国务院安委会第二十八综合督查组对北京市开展安全生产综合督查工作。期间，督查组对北京市安全生产大检查落实情况进行专项考核，召开综合督查座谈会，查阅各有关部门安全生产大检查动员部署文件、督查检查记录、执法文书、问题隐患及整改情况台账、专项整治材料、宣传曝光材料和相关会议纪要、信息简报、总结报告，对有关事项进行询问。在综合督查反馈意见会上，国务院安委会第二十八综合督查组组长、国家安全监管总局副局长徐绍川反馈督查意见，北京市副市长王宁作表态讲话。督查组指出，北京市委、市政府及有关部门对安全生产大检查工作重视，坚持安全发展理念，坚守安全红线，将安全生产大检查纳入服务保障党的十九大部署；专项整治力度大、效果好；隐患排查治理取得阶段性成效；安全监管科学化水平提高；社会共治能力持续增强。但仍存在不严、不实和不够专业等突出问题，表现为盲目乐观和重视不够，安全生产责任大而化之、督办考核不力和问责执法不到位，安全风险意识不强、风险评估不准、风险管控不到位，隐患整改不及时不彻底，安全监管执法内容偏窄、执法尺度偏软、督办落实不力等问题。督查组建议加强风险分级管控和隐患排查治理；开展专项整治行动；加强企业全员安全生产责任制建设特别是强化企业主要负责人责任感和紧迫感；加强安全生产源头管控和安全准入；规范执法，严格执法，闭环执法，公开执法，强力落实企业安全生产主体责任。副市长王宁表示，对督查组反馈意见坚决贯彻落实。各区、各部门、各单位要不折不扣地贯彻落实督查组反馈意见和要求。

（靳玉光、肖庆海）

【危险化学品道路运输安全监管】 9月19日，市安委会印发《关于加强危险化学品道路运输安全监督管理的意见的通知》。通过开展专项行动，集中整治道路危险化学品运输违法行为，从危险化学品运输车辆改装伪装、充装装卸作业以及道路运输管理等各个环节强化责任、加大监管力度，督促企业全面落实安全生产要求，规范危险化学品道路运输秩序。明确和规范企业安全生产主体责任、行业主管部门监管责任，提高制度执行力，依法从严从重查处道路危险化学品运输违法行为，遏制道路危险化学品运输事故频发势头。

（黄亮）

【市安委会第四次会议】 9月29日，市安委会召开第四次全体会议暨党的十九大安全生产保障动员部署会。市安委会有关成员单位和市属国有企业主管领导，各区主管副区长和区有关部门、乡镇街道、重点企业负责人参加会议。会上，市安全监管局通报全市安全生产情况，对党的十九大安全生产保障工作进行再部署、再安排，西城区、朝阳区政府和市燃气集团就做好党的十九大安全生产工作分别发言。副市长王宁强调指出，要充分认识确保党的十九大安全的极端重要性，以最高标准、最强组织、最实举措、最佳状态坚决落实安全生产保障任务。要重点加强社会面防控，完善会场驻地等周边200米范围内生产经营单位排查，开展不间断动态检查，加强危险化学品、城市运行、建筑施工、人员密集场所等重点行业领域的安全大检查，强化应急管理措施，严防事故发生。

（肖庆海）

【国务院安办“回头看”检查】 10月16日至27日，国务院安委会办公室综合督查组对北京市开展安全生产大检查“回头看”检查。督查组通过听取汇报、查阅资料、座谈交流、实地抽查等方式，对东城区、西城区、通州区、顺义区、大兴区、怀柔区、密云区、房山区及10个乡镇街道进行“回头看”检查，核查22家企业单位隐患整改情况，抽查22家企业单位。督查组对北京市安全生产总体情况给予肯定，认为北京市各级政府安全防范措施得力，安全生产主体责任落实到位，隐患排查开展扎实有效，重点领域执法严格，安全大检查工作呈现明显成效。同时指出，有的单位还存在问题和隐患整改不到位不彻底，检查部分企业还发现一些新问题。建议深化和巩固安全生产大检查成果，严控复产复工安全风险；盯紧盯牢重点行业和薄弱环节，坚决遏制重特大事故发生；严格执法、严肃问责，落实企业安全生产主体责任。

（郝树亮）

【安全生产考核培训会议】 10月25日，市安全监管局局长张树森主持召开全市安全生产工作考核培训会议。国家安全监管总局统计司有关负责人参加会议。会议传达国务院安委会、国务院安委会办公室相关文件，介绍《2017年度省级政府安全生产工作考核考评细则》《2017年度省级政府安全生产工作考核评分细则》，并解读考核项目、考核要点、评分标准等。张树森指出，要发挥好考核的带动作用、牵动作用、辐射作用，重视省级政府考核结果运用，注重激发被考核单位的内在动力，考核项目细则设置紧密结合实际，明确标准，突出重点，同时可操作性要强。

（杨青）

【安全生产考核准备会】 11月6日，市安委会办公室召开2017年度国务院安委会对北京市安全生产工作考核准备工作会。市委组织部、市委宣传部、市编办和市安委会成员单位有关负责人参加会议。市安全监管局结合各部门提出的意见建议，对2017年度国务院安委会对省级政府考核项目、考核要点、评分标准进行解读。会议指出“要高度重视考核工作，认真准备考核工作佐证材料”，要求各部门、各单位对照国务院安委会考核办法和评分标准，结合实际和考核任务分工职责，进行查漏补缺。

（杨青）

【安全生产改革实施方案】 11月9日，市委、市政府印发《关于进一步推进安全生产领域改革发展的实施方案》，明确提出“坚持安全发展，坚持首善标准，以深化安全生产领域改革创新为引领，以整体推进安全生产治理体系和治理能力现代化为主线，到2020年和2035年安全生产工作目标”，从健全落实安全生产责任制、完善安全监管体制、推进安全生产依法治理、推进安全预防控制体系建设、夯实安全基础保障能力等方面，提出深化安全生产领域改革具体举措。

（车广杰、杨颖）

【市安委会第五次会议】 11月19日，市委、市政府召开安全生产工作电视电话会议，市安委会成员单位、各区政府、市属国有企业负责人参加会议。会议通报大兴区“11·18”火灾事故和全市公共安全及安全生产事故情况，部署全市安全隐患大排查大清理大整治专项行动。代市长陈吉宁要求，要全面排查清理整治全市各行业领域安全隐患；要压实责任，把各项工作不折不扣落到实处；要确保专项行动见实实在在成效。市委书记蔡奇强调，牢固树立安全发展理念；完善安全生产责任制；要坚决遏制重特大安全事故。

（郝树亮）

【启动区政府安全生产综合考核】 11月28日，市安委会办公室根据《北京市安全生产工作考核办法》（京政办发〔2017〕7号）以及《关于印发2017年度区政府安全生产综合考核细则的通知》《关于印发2017年度市级行业部门对区政府安全生产考核评分标准通知》文件要求，印发《关于做好2017年度区政府安全生产综合考核工作的通知》（京安办发〔2017〕41号），要求各区、各部门按照统筹规范、精简优化、客观公正和务实高效的原则，明确组织领导，考核对象和内容，考核等次，工作安排，提出工作要求，开展2017年度区政府安全生产综合考核工作。

（杨青）

【专项行动督查方案】 11月29日，市安委会办公室会同市政府督查室印发《北京市安全隐患大排查大清理大整治专项行动督查工作方案》，落实市委、市政府安全隐患大排查大清理大整治专项行动部署电视电话会议精神和《北京市安全生产委员会关于开展安全隐患大排查大清理大整治专项行动的通知》，督导各区政府、市有关部门集中力量推动专项行动开展。要求各单位提高认识，压实责任，认真制定本地区、本行业具体实施方案，紧盯重点区域、部位，坚决打击各类违法违规行为，有效防范各类事故。

（李保江）

【信用体系建设管理办法】 12月7日，市安委会根据《中共中央 国务院关于推进安全生产领域改革发展的意见》及《关于对安全生产领域失信生产经营单位及其有关人员开展联合惩戒的合作备忘录》《对安全生产领域失信行为开展联合惩戒的实施办法》，修订下发《北京市安全生产信用体系建设管理办法》，加强安全生产领域诚信建设，推动企业安全生产主体责任落实，强化安全生产依法治理工作。

（肖庆海）

【安全生产督查考核】 本年，市安委会制定年度安全生产重点任务、绩效考核专项细则和目标责任书。按照结果考核（80%）和过程考核（20%）相结合设置考核指标，明确市级行业部门评定标准、考核内容，推进安全生产综合考核。开展安全生产大检查，对重大隐患和国务院督查检查发现问题，实行市级挂牌督办。配合国务院安委会巡查组和市委、市政府安全生产督察组接听来电781个，受理有效举报171项。做好生产安全事故信息处置，完成全国“两会”“一带一路”国际合作高峰论坛、汛期、国庆节、党的十九大等值守任务。抽调专人，成立工作专班，开展覆盖16个区、近70个乡镇街道的安全隐患大排查大清理大整治专项行动。

（车广杰、杨颖）

【“为民办实事”工程】 本年，市安委会印发《关于淘汰不合格燃气灶具、安装燃气安全辅助设备和独立式感烟火灾探测报警器工作实施方案的通知》，在全市开展城乡困难居民家庭淘汰不合格燃气灶具，更换燃气软管，安装燃气管道安全控制阀和独立式感烟火灾探测报警器工作。市安委会统筹协调，各部门配合，属地政府组织实施。全市完成81462户城乡困难居民家庭设备安装，任务指标完成率128.4%。其中城乡低保、低收入及享受生活困难补助和分散供养特困人员家庭61227户，农村低收入农户家庭20235户。全市更换不合格燃气灶具71061台，更换长寿命燃气软管70941根，安装燃气管道安全控制阀42800件，安装独立式感烟火灾探测报警器82241台。

（陈阳）

【市安委会成员单位调整】 本年，市安委会根据工作需要和市政府及部分成员单位领导发生变化的实际，经市政府同意，决定对成员单位和有关组成人员进行相应调整，并印发《关于调整市安委会成员单位和组成人员的通知》。代市长陈吉宁任市安委会主任，副市长王宁、市政府副秘书长尹培彦、市安全监管局局长张树森任副主任。市安委会办公室主任由市安全监管局局长张树森兼任，副主任由市安全监管局副局长唐明明、贾太保、阎军、卞杰成、李东洲担任。

（肖庆海）

市安全监管局安全监管

综合监管

【安全生产综合监管工作会】 1月5日至6日，市安委会办公室召开安全生产综合监管工作会，通报2016年重点行业领域安全生产综合监管情况，交流安全监管经验，部署2017年重点行业安全生产监管工作。市安全监管局局长张树森作题为《补短板、强融合、细落实、促平衡全力推进本市重点行业领域安全监管工作迈上新台阶》主题报告，市交通委、住房城乡建设委、商务委、卫生计生委、民政局等部门主管领导介绍落实部门职责、强化安全监管经验。市政府30个工作部门和北京铁路局、华北能源监管局、民航华北局等中央在京单位主管领导及有关处室负责人，部分新闻媒体记者参加会议。

（李环宇）

【2017年春运安全部署会】 1月6日，市公安局交管局、交通委运管局、安全监管局联合召开北京市2017年春运交通安全工作动员部署会，全市专业运输单位参加会议。会议通报春运交通安全形势，对全市2017年春运交通安全工作进行再动员再部署。会议强调，各单位要坚持“安全第一、预防为主、综合治理”方针，落实安全生产责任制，强化运输安全“一岗双责”，重视监督检查和隐患排查，遏制重特大交通安全事故。

（李环宇）

【国有企业安全生产工作大会】 1月9日至10日，市安全监管局、国资委、公安局消防局联合召开北京市国有企业安全生产工作大会。市安全监管局局长张树森、副局长李东洲，市国资委副主任钱凯，市公安局消防局防火部部长臧桂丛，68家国有企业主管领导及二级单位负责人参加会议。会议总结2016年安全生产工作，通报表扬安全生产工作先进单位和个人，部署2017年安全生产重点工作。市安全监管局局长张树森在讲话中指出，国有企业安全生产工作关系到首都经济的持续健康发展，代表了首都形象，直接影响首都稳定大局和安全生产大局，做好本市国有企业的安全生产工作，可以引导带动全市的安全生产工作。要抓住企业主体责任落实这个核心，体现“党政同责、一岗双责、齐抓共管、失职追责”“横向到边、纵向到底”“奖优罚劣”的要求；要抓住安全生产标准化这个重点，深化巩固标准化达标创建工作；要抓住预防控制体系和隐患排查治理体系建设这个关键，投入必要的资金，通过信息化将精细化管理落到实处；要抓住完善安全生产管理机构和安全管理队伍建设这个根本，依法依规设置安全生产管理机构，立足企业情况培育专家队伍。

（王燃然）

【消防安全考核】 1月18日，市安全监管局会同公安局消防局、文物局，组成2016年度区政府落实消防责任制考核工作组第八小组，对门头沟区、房山区落实国家和北京市有关消防安全工作部署、消防安全情况进行考核。考核组到门头沟区育园小学、房山区拱振街道送变电社区检查消防落实情况，分别听取门头沟区、房山区工作汇报，听取两区卫生计生委、旅游委、民政局关于消防安全工作汇报，要求两区抓好消防工作责任制落实，优化消防工作顶层设计，加大火灾隐患综合整治力度，做好春节期间消防安全工作。

（李环宇）

【安全监管职责划转专题会】 2月10日，市安全监管局召开会议，专题研究市发展改革委与市城市管理委安全监管职责划转问题，市编办和市发展改革委、城市管理委有关负责人参加会议。根据市委十一届十次全会工作部署，市政府决定设立市城市管理委，将市发展改革委日常管理的煤、电、油等能源行业及新能源汽车充电桩（站）建设、运营管理职责，划入市城市管理委。会议听取市发展改革委、城市管理委有关职责划转情况，并就安全监管职责划转进行协调对接，明确两部门行业安全监管职责。

（李环宇）

【工业企业安全监管座谈会】 4月20日，市安全监管局召开全市工业企业安全生产监管工作座谈会，专题研究安全生产监管工作共融与联动机制。市政府法制办、经济信息化委有关负责人参加会议。与会人员共同学习市委、市政府《关于实施安全发展战略促进和谐宜居之都建设的意见》《关于印发安全生产“一岗双责”暂行规定的通知》《关于进一步完善和加强市政府工作部门安全监管（管理）职责的通知》等重要文件，并就如何强化工业企业安全生产监管和行业管理进行座谈研讨。

（司伟光）

【职能部门专职安全员培训】 4月20日，市安全监管局召开由市商务委、旅游委、体育局、新闻出版广电局、文化局、质监局、公安局消防局等部门有关负责人参加的座谈会，听取各部门专职安全员培训需求，研讨课程内容、学时、授课人等事项。与会部门分别介绍相应区级部门专职安全员培训和使用情况，并针对行业特点提出培训需求。会议商定针对商务、文化、旅游、体育部门专职安全员设立专题培训班，由质监、消防部门推荐专家，开展人员密集场所安全检查培训教育。

（李环宇）

【新机场跨省安全监管】 5月10日，市安全监管局、新机场领导小组办公室召开会议，专题研究《北京新机场建设跨省域管理的补充协议》中有关安全生产综合监管与事故调查处理事宜，就新机场跨地域情况，分析京冀协同监管中可能存在的问题并进行讨论。会议达成一致意见，补充协议中A、B类工程，按照属地原则实施综合监管，安全生产行政处罚、事故调查由属地部门实施；C类跨省域工程，安全生产综合监管由京冀联合开展，行政处罚和事故调查由属地部门实施。

（李环宇）

【副中心在建工程安全检查】 5月19日，市安全监管局与市路政局及建设领域专家，对通州区宋梁路在施工工程进行安全检查。针对工程施工时间紧，且跨汛期施工作业实际，检查组重点询问项目管理负责人工程安全生产机构设置、安全人员配备、作业人员培训、特种作业人员管理、隐患排查治理、应急方案预案等情况，并对现场施工机械设备、安全防护设施等进行随机检查。

（李环宇）

【"一带一路"峰会电力安保督查】 5月，市安全监管局、华北能源监管局、市城市管理委对本市国网北京市电力公司、国网冀北电力有限公司及下属供电、电力运维检修单位进行专项督查，加强"一带一路"国际合作高峰论坛期间电力安全保障工作。督查组听取电力企业保电情况汇报，了解重要用户外电源和重要输变电设备运行情况和保障措施，要求电力企业继续发扬保电工作"讲政治、顾大局"传统，做好网络信息安全和电力设施安全生产工作，强化现场应急值守。

（李环宇）

【地铁重大事故隐患治理推进会】 6月6日，市安全监管局召开专题会议，协调推进地铁重大事故隐患治理工作。市交通委、北京地铁运营公司、北京京港地铁公司、北京市轨道交通建设管理公司、北京城市快轨建设管理公司等单位负责人参加会议。会议通报北京地铁运营公司、北京京港地铁公司报送的重大事故隐患，逐一明确隐患治理责任主体，研究隐患治理中存在的问题。要求各单位增强事故隐患治理的紧迫感和责任感，明确隐患治理中各自的安全生产责任，研究制订隐患销账实施方案。会议议定：市安全监管局、交通委对地铁重大事故隐患治理实施挂牌督办，7月起各单位每月15日前向市安全监管局和市交通委报送挂账隐患整改情况。市安全监管局和市交通委通过函告通报、约谈警示、执法检查等方式，追究隐患治理不力单位和个人责任。

（李环宇）

【建设工程安全观摩交流现场会】 6月29日，市安全监管局、住房城乡建设委、重大办、交通委、城市管理委、水务局、园林绿化局联合举办2017年建设工程安全生产观摩交流现场会，推动落实企业安全生产主体责任。现场会上，北京建工集团、地铁十六号线23标段建设项目部介绍安全生产管理经验，与会人员到项目施工现场、安全体验中心、农民工宿舍，观摩学习施工现场安全管理做法。市安全监管局副局长唐明明在讲话中提出"认清形势任务、增强做好全市建设安全管理的责任感和紧迫感；相互启发借鉴，提升本企业安全生产能力和管理水平；细化落实相关要求，做好企业安全生产工作"的工作要求。

（李环宇）

【变型拖拉机安全专项整治】 7月，市安全监管局、农业局、公安局交管局等部门根据全市变型拖拉机专项整治行动实施方案工作部署，在昌平区南丰路和怀昌路交通路口等地，开展变型拖拉机安全专项整治。利用定点检查方式，对伪造、变造拖拉机牌证，拼装、改装变型拖拉机，无牌行驶、无证驾驶、酒后驾驶、违法载人、超速超载等违法行为进行联合执法检查。

（李环宇）

【16部门安全生产专题会】 7月19日至21日，市安全监管局组织召开专题会，以分组形式先后与16个市有关部门座谈上半年安全生产工作，听取安全生产工作开展情况、存在问题和有关意见建议。与会部门结合自身实际，针对安全监管职责及面临新形势、行业部门安全监管队伍建设、破解新情况新难题等，进行经验交流。市旅游委、商务委、文化局、体育局、新闻

出版广电局、民防局、水务局、园林绿化局、南水北调办、住房城乡建设委、重大办、公安局消防局、邮政管理局、城市管理委、农委、经济信息化委有关负责人参加会议。

（李环宇）

【约谈兴延高速建设工程事故单位】 8月7日，市安全监管局、交通委召开会议，约谈“6·3”“8·4”兴延高速公路建设工程两起死亡事故责任单位负责人。兴延高速公路建设工程项目建设单位、施工单位、监理单位主要负责人做检查性发言，汇报事故发生处置情况及整改情况。与会部门就项目承发包模式、安全管理体系架构、领导带班检查、施工现场安全管理、人员持证上岗、安全教育培训等情况进行质询。市安全监管局、交通委及路政局有关负责人就汲取事故教训、强化责任落实、细化工作措施等进行部署。要求兴延高速公路建设工程项目有关责任单位开展安全生产大检查，突出桥梁、隧道施工作业等重点环节，强化施工现场安全管理，保证施工现场机械设备、临时性结构工程安全运行。做好安全教育培训，健全完善项目安全管理责任体系，配足安全管理人员，严格人员资质管理，落实主体责任。

（李环宇）

【总局遏制重特大事故督导调研】 8月9日至10日，国家安全监管总局监管二司司长唐琮沅带队，调研本市开展防范遏制重特大事故工作的经验做法。总局调研组先后到西城区、通州区，听取区有关部门及重点企业负责人关于落实《标本兼治遏制重特大事故工作指南》要求和开展遏制重特大事故经验做法的汇报。总局调研组在北京会议中心召开遏制重特大事故工作座谈会，市安全监管局局长张树森、副局长卞杰成、副巡视员李振龙和市住房城乡建设委、规划国土委、城市管理委、公安局交管局、公安局消防局有关负责人，以及东城区、朝阳区、房山区、顺义区、大兴区、昌平区安全监管局负责人参加座谈会。会上，唐琮沅肯定北京市遏制重特大事故所做工作，并对做好党的十九大期间安全生产工作提出“坚持问题导向，搞好隐患排查，加强关键区域、关键行业安全监管”的意见。

（李环宇）

【“两客一危”信用体系建设座谈会】 8月24日，市安全监管局与市交通委召开座谈会，通报市交通安委会办公室7月全市“两客一危”单位交通安全状况、安全生产信用体系建设和安全生产领域失信行为联合惩戒情况、与市旅游委开展安全生产信用信息归集和共享情况，对推进“两客一危”生产经营单位安全生产信用体系建设工作提出意见。

（李环宇）

【重点行业安全生产负责人培训】 8月29日至30日，市安全监管局在首钢技师学院举办重点行业安全生产负责人培训班，24个市政府相关部门70余名安全监管机构负责人参加培训。培训班上，有关专家对《中共中央 国务院关于推进安全生产领域改革发展的意见》、安全生产责任保险、安全生产信用体系建设、城市安全风险评估进行解读，并组织学员赴市安全生产实训基地进行现场教学体验。

（李环宇）

【联合惩戒实施细则】 9月15日，市安全监管局根据国家发展改革委、中国人民银行等18部门《关于对安全生产领域失信生产经营单位及其有关人员开展联合惩戒的合作备忘录》(发改财金〔2016〕1001号)和国家安全监管总局《对安全生产领域失信行为开展联合惩戒的实施办法》(安监总办〔2017〕49号)等文件要求，制发《北京市安全生产领域失信行为联合惩戒实施细则》(京安监办发〔2017〕52号)，对失信生产经营单位及其有关人员实施有效惩戒，督促生产经营单位严格履行安全生产主体责任、依法依规开展生产经营活动。

（肖庆海）

【清洁行业标准化座谈会】 10月11日，市安全监管局与北京清洁行业协会就在全市清洁行业（领域）开展安全生产标准化工作进行座谈。座谈会上，北京清洁行业协会介绍本市清洁行业（领域）基本情况和管理现状。清洁行业（领域）从业人员众多，由于早期行业门槛较低，从业人员多为外来务工人员，教育程度不高，从业人员安全意识较为淡薄。但在作业过程中，从业人员又经常会接触到危险作业物品和环境，加强行业（领域）安全管理十分必要。会议议定，双方继续加强联系和沟通，尽快发布评审标准，并为开展安全生产标准化试点做好准备。市安全监管局副局长卞杰成和局有关处室负责人，北京清洁行业协会会长冯亚军和副会长丁捷、李明杰，常务理事陈江涛、秘书长翟佳梁参加座谈会。

（李环宇）

危险化学品安全监管

【气体生产经营企业安全检查】 1月9日至10日，市安全监管局联合海淀区、房山区安全监管局，对海淀区北京海科元昌实用气体有限责任公司（经营企业）和房山区北京环宇京辉京城气体科技有限公司（生产企业）两家瓶装工业气体生产经营企业进行安全检查。发现北京环宇京辉京城气体科技有限公司按要求配备安全管理人员，有注册安全工程师从事安全管理；氢气生产设备采用自动化控制系统，安全仪表系统正常运行；硝酸铵日最大使用量5.6吨，现场储存硝酸铵约2.5吨；气瓶流向台账留存3年，气瓶流向明确。北京市海科元昌实用气体有限责任公司存在未经许可擅自销售氢气、一氧化碳气体，危险化学品经营现场与评价报告内容不符，气瓶流向管理台账记录不规范等问题。执法人员对北京市海科元昌实用气体有限责任公司下达责令限期整改指令书，并实施行政处罚，罚款20万元。

（刘丽敏）

【天坛医院（新址）建设工程调研】 1月19日，市安全监管局副局长李东洲带队对天坛医院（新址）涉及危险化学品建设工程进行现场调研。听取天坛医院有关危险化学品建设工程进展汇报，重点询问涉及危险化学品重点部位有关设计情况，并查看建设工程施工现场。发现天坛医院（新址）存在危险化学品药品库和废弃危险化学品储存库设在地下室、氧气站设计液氧总储存量超量、液氧储罐与道路安全距离不足等问题，提出“天坛医院要履行安全生产主体责任，聘请具有设计资质单位进行设计复核，依据相关专业标准进行筛查，杜绝氧气站、危险化学品药品库和废弃危险化学品储存库建设工程安全隐患。市卫生计生委和医院管理局履行行业监管职责，督促院方开展设计复核，落实相关安全管理要求。安全监管部门配合市卫生计生委和医院管理局利用现有专业技术资源，做好涉及危险化学品建设工程技术支撑”的要求。

（刘丽敏）

【朝阳区标准化企业现场审查】 1月19日，市安全监管局组织专家对朝阳区北京益利精细化学品有限公司二级安全生产标准化创建进行现场审查，重点检查企业分装车间、普品库、危险品库隐患问题整改情况。经查，企业在分装车间、甲类库房新增可燃气体报警装置；完善库房出入库台账、检查记录及“一书一签”；新设2处应急柜，补齐库房应急物资配备并及时进行维护；库房增加防爆风机并与可燃气体报警进行联动。

（刘丽敏）

【气瓶追溯管理规范研讨会】 1月22日，市安全监管局参加市质监局召开的危险化学品气瓶追溯管理规范制订工作研讨会。听取《危险化学品气瓶追溯规范》制订开展情况汇报，就标准编制分工方案和工作计划进行研讨。会议议定，由气体工业协会承担规范起草，各单位配合3月底前制订完成送审稿；规范中增加对气体经营和使用单位管理要求；补充完善“追溯管理要求”部分。

（刘丽敏）

【大兴区化工企业安全检查】 2月28日，市安全监管局会同大兴区安全监管局对大兴区北京兴青红精细化学品科技有限公司进行安全检查。听取隐患排查治理情况汇报，并对盐酸、硫酸、硝酸生产车间及隐患排查治理管理制度落实情况进行检查。发现企业存在车间洗眼器水压不足，隐患排查治理制度不完善，未向从业人员定期通报隐患排查治理情况。执法人员进行记录并对企业下达责令限期整改指令书，要求3月7日前完成整改。经复查，隐患问题全部整改完毕。

（刘丽敏）

【“两会”期间加油站联合检查】 2月28日至3月2日，市安全监管局联合市公安局、商务委、加油（气）站管理办对东城、西城、朝阳、海淀、丰台、昌平区部分加油站进行安全检查。检查中石油、中石化公司及民营加油站16座，重点检查现场管理、应急救援物资配备、视频监控系统管理和应急预案演练等情况。各加油站加强全国“两会”期间安全管理，配备管理人员值守、备足应急救援物资，完善视频监控系统，按要求进行应急预案演练，落实各项人防、物防、技防措施，2月28日至3月15日禁止销售散装油。针对少数加油站存在现场专职安全员未按规定佩戴袖标，加油区停放社会车辆等问题，检查组要求企业立即整改。

（刘丽敏）

【全国“两会”专项督查】 3月2日，市安全监管局副局长李东洲带队，到昌平区开展安全生产专项督查，实地检查沙河油库储罐区、泵房、汽车罐车装卸设施等，查验库区应急报警装置，并对希杰中国食品公司和五肉联食品公司有限空间作业进行检查。发现3家企业均对“两会”期间安全保障工作进行部署，但沙河油库、希杰公司未对有限空间作业建立台账，未设置明显安全警示标识；五肉联公司未按规定设置安全管理机构、制定应急预案，部分场所未设置明显安全标识、未建立有限空间作业台账、未按规定对职工进行培训。执法人员对希杰公司、五肉联公司下达责令限期整改指令书。经复查，隐患问题全部整改完毕。

（刘丽敏）

【大兴安定化工园区调研检查】 3月7日，市安全监管局到大兴区安定化工园区进行调研检查。化工园区由北京化工集团二级子公司北京华腾化工有限公司负责集中管理各危险化学品生产企业原料、产品及管理园区内安全保卫和生活配套设施。园区有危险化学品生产企业4家，经营企业1家，从业人员348人。主要涉及废溶试剂蒸馏回收、甲醛生产、工业原料蒸馏除杂、化工原料检测分装及混配等生产工艺。面向高校、科研院所和有关企业供应丙酮、甲醛、异丙醇、氢氟酸、乙醇、甲醇和三酸碱等危险化学品。调研检查组要求各企业在全国“两会”期间，强化安全管理，实行领导带班制度，安排专人24小时应急值守，强化重点设施巡查、维护工作，应急物资配备齐全，保证“两会”期间生产安全。调研检查组还对北京兴青红精细化学品科技有限公司应急设施整改情况进行复查，该单位隐患问题整改完毕。

（刘丽敏）

【长辛店油库安全检查】 3月9日，市安全监管局对中石化北京石油分公司长辛店油库进行安全检查。长辛店油库有油罐15座，总库容18万立方米，承担大兴、通州、顺义、昌平区4座油库和首都机场油库输送油品任务。检查组重点检查装车区静电接地和溢油安全联锁系统、罐区消防灭火和现场报警系统、控制区消防泵运行状态、自动化信息系统运行和人员操作情况及企业隐患排查治理工作，并询问“两会”期间安全保障措施制定和落实情况。检查发现，企业存在自动化信息系统中气象参数不实、发油泵联锁信息未正常显示等问题，执法人员责令企业立即整改。

（刘丽敏）

【重点企业安全检查】 3月24日，市安全监管局副局长李东洲带队，对燕山石化公司及中燕恒成能源有限公司、中多石油有限公司进行安全检查。听取中多石油有限公司建设项目安全设施设计汇报，并对油库建设项目设计施工提出要求。检查燕山石化公司空分装置和特种汽油调和装置，发现空分装置未设置在线监测、氧气排放管高度不符合要求等问题，责令立即整改。中燕恒成能源有限公司存在安全管理标准不高等问题，检查组提出“对安全评估和日常检查发现安全隐患，研究制定整改方案，明确整改措施，在本年许可证延期内完成隐患整改；对设备设施、工艺等发生变化的，及时采取相应管理措施”的要求。

（刘丽敏）

【危险化学品安全监管工作会】 3月28日，市安全监管局召开2017年危险化学品安全监管工作会，总结2016年全市危险化学品（烟花爆竹）安全监管工作，部署2017年工作并结合全市危险化学品安全监管重点进行研讨。市教委、经济信息化委、卫生计生委、食品药品监管局有关负责人，各区安全监管局主管领导及业务科室负责人，中央和市属企业、全市生产企业、重大危险源企业、部分重点经营企业主管领导，部分标准化评审机构、科研院所负责人参加会议。

（刘丽敏）

【正面清单编制工作论证会】 4月13日，市安全监管局副局长李东洲主持召开危险化学品正面清单编制工作专家论证会。与会专家听取《北京市五环内允许规模化使用危险化学品目录（试行）》（征求意见稿）编制和主要内容汇报，对《北京市五环内允许规模化使用危险化学品目录（试行）》（征求意见稿）进行研究论证，并提出修改建议。认为该项工作对加强本市危险化学品安全管理，防范危险化学品安全事故发生，推动非首都功能疏解，具有指导作用。

（刘丽敏）

【朝阳区化工企业安全检查】 4月27日，市安全监管局对位于朝阳区的北京益利精细化学品有限公司进行安全检查，重点对分装车间和危险化学品仓库进行现场检查，并查阅企业有关文件资料。检查组针对检查发现安全管理存在的问题，提出“进一步完善从业人员培训记录，明确培训内容和培训课时；按照《企业安全生产费用提取和使用管理办法》（财企〔2012〕16号）规定加强安全生产费用提取和使用管理，建立专门账户进行核算，保障安全投入；加强安全设施检查维护和厂区库区安全巡查，严格剧毒和易制爆危险化学品储存和销售管理，保证生产安全”的要求。

（刘丽敏）

【重点地区反恐怖安全督查】 4月，市安全监管局会同市反恐办、公安局内保局、城市管理委等部门，分批对东城区、西城区、石景山区、大兴区、房山区进行反恐怖安全督查。重点对加油站安全设施设备及安全管理制度、反恐怖应急预案制定、演练落实、器材准备、隐患排查治理及散装油销售管理等情况进行检查，现场检查医疗机构重点防范部位、液氧装置与设施、危险化学品库（储存间）和部分实验室（检测中心）危险化学品使用情况。经查，加油站加油区秩序良好，罐区设备设施设置符合加油站安全规定要求，反恐演练制度健全，应急演练落实到位，能够按照规定销售散装汽油。督查组要求，提高医疗机构安全管理标准，细化安全管理措施，完善已有库室人防、技防安全防范措施，加强医院内科研实验室危险化学品使用安全管理，建立危险化学品使用全流程可追溯系统建设。

（刘丽敏）

【涉氨专项治理验收】 4月至9月，市安全监管局组织开展涉氨制冷企业液氨使用专项治理验收，消除重大事故隐患。全市各级安全监管部门出动执法人员400余人次，检查企业212家次，排查整改快速冻结装置未设置在单独作业间内、安全监测监控系统运行不正常、重大危险源档案不健全、动火作业票不规范、应急救援设备维护不到位等安全隐患128项，行政处罚1起，罚款3万元。6家企业更换制冷剂（1家涉及快速冻结装置），不再使用液氨制冷；4家企业涉及非首都核心功能疏解，完成所有设备设施拆除；涉及使用快速冻结装置企业9家，其中8家采取物理隔离方式，将快速冻结装置设置在单独作业间内，且作业间内作业人数不超过9人，1家加装水幕隔离设备；治理验收达到“关闭取缔一批，治理整改一批，提升一批”效果，完成全市75家涉氨制冷企业专项治理验收。

（刘丽敏）

【新机场供油工程建设安全检查】 5月11日，市安全监管局副局长李东洲带队，对新机场供油工程建设进行安全检查。检查组听取中航油（北京）机场航空油料有限公司关于新机场供油工程建设项目、中国航油空港（北京）石油有限公司新机场地面加油站建设项目汇报。新机场供油工程包括1座机场油库、2座航空加油站和机坪加油管线，已完成危险化学品建设项目安全条件审查，尚未进行安全设施设计审查。新机场地面加油站工程规划建设6座汽车加油站，其中北京4座，河北2座。由于手续不完善该项目尚未申请危险化学品建设项目安全条件审查，也未开工建设。针对新机场供油工程建设项目安全设施设计未经审查建设问题，执法人员下达现场强制措施决定书和责令限期整改指令书，要求企业立即停止供油工程施工建设，并于8月10日前完成整改。经复查，隐患问题全部整改完毕。

（刘丽敏）

【高校实验室危险化学品调研】 5月17日，市安全监管局副局长李东洲带队，会同市教委、环保局有关负责人，到北京大学调研学校实验室危险化学品相关工作。北京大学、北京工业大学、北京金隅红树林公司、北京石油交易所、北京天之华公司相关人员参加调研。调研组听取北京大学、北京工业大学试剂管理平台建设和危险化学品废弃管理，天之华公司集中管理体系综合调度指挥系统建设方案和需要与市教委系统进行对接数据内容，金隅红树林公司危险废物处置情况的汇报，并实地检查北京大学试剂仓库和废液临时储存库。市环保局、教委分别就危险化学品废弃处置、实验室危险化学品管理系统建设提出建议，市安全监管局对实验室危险化学品管理系统建设提出“将北京大学信息化系统在全市高校，特别是危险化学品使用量较大的高校中推广复制；研究体系各级系统数据对接问题；制定学校实验室管理系统建设方案”的要求，强调危险化学品危废处置还存在回收不及时、处置能力不足等问题，需要市安全监管局、环保局等相关部门研究解决措施。

（刘丽敏）

【启动电气防爆安全检测】 5月19日，市安全监管局联合市安科院召开全市安全生产工作视频会议，开展百家重点危险化学品企业电气防爆安全检测工作。会议传达《北京市百家危险化学品重点企业电气防爆安全检测工作实施方案》，解读《危险场所电气防爆安全检测技术规范》（DB11/T 1320—2016），并提出技术要求。明确检测采用资料审查和现场检测方式，重点检测检查企业在役危险场所防爆电气设备安全使用情况，检测检查包含变配电系统、防爆电气设备、电气线路、接地系统4大类103个项目。检测工作5月启动，11月完成。燕山石化、北京化工集团、中石化北京石油分公司、中石油北京石油分公司有关负责人，各区安全监管局主管领导、危险化学品监管人员及辖区涉及检测的100家危险化学品重点企业负责人参加会议。

（刘丽敏）

【集中管理体系建设项目推进会】 6月7日，市安全监管局局长张树森主持召开危险化学品集中管理体系信息化项目第二次推进会，研究信息化项目立项工作。市安全监管局副局长李东洲、市质监局副局长李亮华和市发展改革委、经济信息化委、财政局、教委、公安局、交通委有关负责人参加会议。会议对项目立项审批、系统运行维护资金审批和技术审查等进行研讨并提出建议。

（刘丽敏）

【东方化工厂停产装置处置推进会】 6月7日，市安全监管局参加通州区安全监管局召开的东方化工厂等5家化工企业危险化学品停产装置处置工作推进会，中国安科院及相关企业负责人参加会议。听取企业装置拆除前期准备情况、工作安排及存在问题的汇报。要求各企业6月20日前完成拆除所需费用预算，做好装置拆除前准备；10月底前完成装置拆除，做好拆除风险评估、人员安置、装置处置等工作，保障拆除工程安全。

（刘丽敏）

【安全隐患治理专项督查】 6月15日，市安全监管局联合市卫生计生委（市医院管理局）对协和医院、天坛医院新址开展安全隐患治理专项督查。跟踪督导协和医院氧气储罐安全距离不足隐患整改、天坛医院（新址）危险化学品仓库安全隐患治理。两家医院分别组织专家论证会、建设布局调整会，制定整治方案，按计划、步骤推进整改工作。督查组要求协和医院完善危险化学品储存间设施设备，加强药品库特别是酒精库（室）安全隐患治理，完善电器防爆设施设备、通风联动装置和人员进出库室管理；要求天坛医院完善液氧站设计，做好危险化学品暂存间建设工作。

（刘丽敏）

【海淀、石景山区加油站安全检查】 6月21日，市安全监管局采取“四不两直”的方式对海淀区、石景山区加油站进行执法检查，北京电视台“直击安全现场”栏目组参与检查。检查组对海淀区强安加油站进行检查，发现华鑫泰达安装工程有限公司施工改造中存在施工现场临时用电未保护，用电和施工设备、材料码放混乱，施工中破坏罐区一侧电线穿管保护设施等问题，当即下达责令限期整改指令书，5日内整改完毕。海淀区中石油北京南平庄加油站存在防火沙箱自动装置失灵、隐患排查责任未落实到具体人、沙箱装置锈蚀失灵等安全隐患，石景山区裕海汽车服务有限公司鲁谷加油站存在隐患排查制度针对性不够完善、隐患排查记录不详等问题，执法人员分别下达《现场检查记录》并当即责令两家企业按要求和标准进行整改。

（刘丽敏）

【重点企业汛期安全抽查】 6月23日，市安全监管局到大兴区抽查北京市烟花鞭炮有限公司和北京华腾化工有限公司汛期安全管理工作。经检查，北京市烟花鞭炮有限公司每日对库房温度和湿度进行检测，采取定时通风和氯化钙除湿等措施，保证仓库内湿度低于75%；北京华腾化工有限公司对危险化学品库房通风、调温、防爆、防雷、防静电等安全设备设施进行升级改造，开展汛期安全生产专项应急演练。检查组提出“对库房渗漏点进行修缮，高温、雷雨季节，重视仓库内温度、湿度控制、人员高温作业、防雷、防暴雨，加强人员值守，保持通讯畅通，遇突发事件按照应急预案做好信息上报和应急处置”要求。

（刘丽敏）

【液氨制冷企业专项检查】 7月5日，市安全监管局到北京经济技术开发区、大兴区对和路雪（中国）有限公司、北京百麦食品加工有限公司、北京百嘉宜食品有限公司、天冰（北京）冷饮有限公司涉及快速冻结装置单位进行安全检查。重点检查企业重大风险管控、安全教育培训、安全设备设施维护和应急管理等情况。检查发现，企业按要求对照标准开展自查，并采取措施完成风险管控，北京经济技术开发区安全监管局聘请中介机构完成验收。但企业在自查中，存在作业间内作业人员超过9人和电气线路未做到整体防爆等问题。针对各企业实际问题，进行安全风险点梳理，对风险管控措施进行研究，探索采取加装水幕设备手段，强化在特殊情况下风险管控措施应用。

（刘丽敏）

【综合治理三年计划部署会】 7月6日，市安全监管局局长张树森主持召开危险化学品综合治理三年行动计划工作部署会，市安委会有关成员单位在主会场参加会议，各区安委会有关成员单位在各区分会场参加会议。解读《北京市危险化学品安全综合治理三年行动计划（2017年6月—2020年5月）》，提出“以问题为导向，从各区实际出发，立即制定本区综合治理实施方案；狠抓企业退出工作；加大对重点行业监管力度；采用政府购买服务方式，聘请第三方专业机构，为危险化学品监管工作提供技术支撑”的工作要求。

（刘丽敏）

【丰台区加油站安全抽查】 8月2日，市安全监管局副局长李东洲带队，采取“四不两直”方式，抽查中石油公司丰台区小屯路加油站、北京丰台加油站贯标施工改造及防汛工作。检查组发现小屯路加油站站房改造施工高处作业未设置防护、通往站房屋顶（高3.5米）爬梯未做防护、甲乙双方施工框架合同缺少高处作业风险点评估、安全检查记录不完善等问题；丰台加油站存在深基坑危险作业无安全防护、施工监理方不在施工现场值守看护、焊工资质证未经复审等问题。执法人员当场下达责令限期整改指令书，并对两家企业及施工方、监理方进行约谈。

（刘丽敏）

【企业隐患整改方案专题论证会】 8月8日，市安全监管局召开专题论证会，对涉及快速冻结装置企业的隐患整改方案进行审核。开发区、大兴区、顺义区安全监管局和5家企业负责人，中国制冷学会、陕西宇昌工业设计公司、北京工业技术开发中心、北京鹏瑞伟业安全技术研究院相关专家参加会议。会上，5家企业汇报隐患整改方案，相关专家对整改方案逐一审查，提出快速冻结装置整改首选物理隔离方式，采用水幕隔离整改要考虑水幕覆盖范围、供水水压和水量、事故氨水排放、液氨快速切断、事故排风连锁等因素。会议要求各单位明确时间节点，针对专家提出建议，对整改方案进行修改，按时完成方案制定和隐患治理工作。

（刘丽敏）

【市级挂账隐患治理验收】 8月14日，市安全监管局组织丰台区安全监管局和相关专家，对二商集团大红门南郊冷冻厂市级挂账隐患治理进行验收。专家认为，隐患治理符合市安委会《关于印发市级挂账生产安全隐患治理实施办法（试行）的通知》《关于大红门地区三家市级生产安全隐患挂账企业整改治理工作方案》要求，符合国家和行业标准要求；液氨回收和旧设备破解拆除均由具有相关资质单位进行，并按照规范进行施工，施工期间未发生安全事故；原制冷剂液氨已被507A和无毒无害的新型载冷剂代替，丰台区安全监管局完成对该企业重大危险源核销。南郊冷冻厂市级挂账隐患治理工作通过验收。市安全监管局还对南郊冷冻厂原氨制冷机房的氨残留、设备拆除，新建机房设备运行等情况进行检查。发现原制冷机房中已无氨残留，原制冷设备、管道均已完成破解拆除，正进行现场清理；新制冷机房设备运行状况良好。

（刘丽敏）

【调度指挥项目可研报告论证会】 8月17日，市安全监管局召开危险化学品综合调度指挥系统项目可研报告专家论证会，就可研报告编制、系统建设思路和内容向有关部门及专家征求意见。市教委、质监局、公安局治安总队，交通委运输局有关负责人和北京大学、首都师范大学、北京软件产品质量检测检验中心等单位专家参加会议。专家组对系统可研报告进行审查，并就相关内容向可研报告起草单位进行质询。专家组认为，可研报告对全市危险化学品管理现状和存在问题进行分析，结合危险化学品各部门监管现状，提出整合危险化学品相关监管资源，实现全市危险化学品信息共享、动态监控、集中管理和统一指挥，项目必要性充分，建设内容明确，技术路线合理，报告规范。专家组建议，基于项目复杂性，应考虑集中管理体系信息化系统“1＋8＋N”总体框架，加强相关建设单位间协调，明确各系统功能边界划分。并考虑利用物联网、可视化等新技术。

（刘丽敏）

【房山区医药化工企业安全检查】 8月31日，市安全监管局副局长李东洲带队，随机抽查房山区3家医药化工企业安全生产大检查开展情况检查。北京万垚戊己田安全油墨有限公司、北京福易达涂料助剂有限公司两家企业属于停业状态，所有生产原材料、半成品、成品均已清空。北京华素制药股份有限公司存在安全教育培训档案管理不规范、危险化学品仓库通风不畅、禁忌危险化学品混存、危险化学品进出库台账混乱、废弃危险化学品未及时处置等隐患问题。执法人员下达责令限期整改指令书，要求企业对照《建筑设计防火规范》(GB50016)、《常用化学危险品贮存通则》(GB15603)、《危险化学品仓库建设及储存安全规范》(DB11/755) 等标准，开展隐患整改。经复查，隐患问题全部整改完毕。

（刘丽敏）

【正面清单管理风险评估报告审查】 9月1日，市安全监管局副局长李东洲主持召开危险化学品正面清单管理风险评估报告审查会，市政府法制办、维稳办、交通委、经济信息化委、公安局交管局和通州区安全监管局有关负责人参加会议。会上，北京石化学院介绍《〈北京市五环路内允许规模化使用危险化学品目录〉重大决策社会稳定风险评估报告》内容，与会人员对风险评估报告进行研讨，并提出建议。

（刘丽敏）

【危险化学品安全风险评估调研】 9月7日，市安全监管局到房山区燕山街道办事处开展危险化学品安全风险评估专题调研。房山区安全监管局制定本区危险化学品安全风险评估方案，正在征求意见；燕山街道办事处委托国家安全监管总局研究中心初步完成燕山地区安全整体风险评估，排查风险源136个，形成“四单、五图”，评估风险特点、范围、危害因素等，提出合理化建议；燕山石化公司根据市安全监管局提供的风险源清单，按照《中石化安全风险矩阵》评估风险等级，形成风险源清单模板，并向所属二级单位部署安全风险评估、应急能力评估和应急资源调查。调研组还就危险化学品从业单位安全风险评估标准设定与各单位进行研讨。

（刘丽敏）

【液氨使用企业专项治理验收】 9月8日，市安全监管局、顺义区安全监管局聘请中国制冷协会和北京工业技术开发中心专家，对顺义区北京大发正大有限公司和北京艾莱发喜食品有限公司液氨使用专项治理工作进行验收。经检查，两家企业投资60余万元，聘请设计单位进行设计，采取物理隔离方式，将快速冻结设置在单独作业间内，且保证作业间内作业人员不超过9人，符合国务院安委会办公室有关要求，通过专家组验收。

（刘丽敏）

【危险化学品安全监管业务培训】 9月11日至15日，市安全监管局组织全市危险化学品安全监管人员开展业务培训活动，市、区安全监管局危险化学品安全监管人员和重点乡镇街道安全检查人员70余人参加培训。此次培训利用40个课时，围绕“打牢基础强根基，固本强能创特色”总体思路，设置9个专题，通过动员发动、授课辅导、现场教学、讨论交流等方式，组织开展培训。

（刘丽敏）

【企业安全生产督查】 9月14日，市安全监管局副局长李东洲带队，采取“四不两直”方式，对北大维信生物科技有限公司、国药集团化学试剂北京有限公司营业部开展安全生产大检查情况进行督查。督查组现场检查两家企业使用乙醇提取中成药提纯车间和乙醇储备库，经营台账及易制爆、易制毒、剧毒化学品供货方和销售方需要资质、证明材料备案情况。对北大维信生物科技有限公司提出强化安全管理制度建设、加强人员教育培训、做好涉爆粉尘安全管控的要求；对国药集团化学试剂北京有限公司提出落实带值班制度、落实危险化学品购销有关管理规定的要求。

（刘丽敏）

【房山二级标准化企业现场复核】 9月27日，市安全监管局组织专家对房山区北京亚兴奇岚商贸中心二级安全生产标准化创建进行现场复核。经查，该企业自查及评审中发现的46项隐患问题整改完毕。鉴于该企业8月7日发生一起生产安全死亡事故，依据国家安全监管总局相关文件要求，决定不予通过二级标准化企业复核。要求企业查找事故原因，吸取事故教训，自事故发生之日起满一年后，重新提出标准化达标申请。

（刘丽敏）

【东方化工厂专项检查】 9月28日，市安全监管局采取“四不两直”方式，对东方化工厂及相关企业装置拆除工程进行检查。检查组分别对东方化工厂烯烃装置和丙烯酸装置、东光公司羟基酯装置及罗门哈斯公司生产装置进行安全检查。检查发现东光公司羟基酯装置拆除现场存在气瓶无防倾倒措施、动火点与气瓶间距不足、高处作业未设专人监护等问题；罗门哈斯公司装置拆除现场存在氧气瓶与丙烷气瓶间距不足5米、动火作业票填写不完整、临时雇用的叉车司机未进行安全教育、吊装作业警戒线设置不完整等问题。执法人员要求企业立即整改，并依法对违规行为实施行政处罚。

（刘丽敏）

【涉氨专项治理现场核验】 11月7日至10日，国务院安委会办公室对北京市涉氨制冷企业专项治理验收情况进行现场核验。经核验，相关企业落实国家安全监管总局和北京市有关治理要求，开展自查、培训、整改，各级安全监管部门按要求完成治理现场验收，并按照标准建立验收档案。全市涉氨制冷企业消除包装间、分割间、产品整理间等作业场所采用氨直接蒸发和制冷空调系统快速冻结装置未设置在单独作业间内的两类重大事故隐患。

（刘丽敏）

【沙河油库隐患治理现场验收】 11月28日，市安全监管局组织专家，对中石化北京昌平石油分公司（沙河油库）市级挂账生产安全隐患治理情况进行现场验收。验收组认为，沙河油库重视治理工作，油库成立治理工作小组，制定专项方案，明确时间节点和责任分工，落实治理资金900余万元。原7号储罐切断管线停用，新建1座内浮顶储罐代替原7号储罐，新建1座事故池，1座调节池。新建储罐从11月15日起进行试运行，经营、储存过程控制系统及配套安全设备设施运行良好，具备安全生产条件，隐患治理工作通过验收。

（刘丽敏）

【昌平区经营企业安全检查】 11月28日，市安全监管局采取“四不两直”方式，对昌平区4家危险化学品经营企业进行安全检查。抽查北京京昌回龙观国际家具建材市场化工区涉及经营漆料的5家商铺，发现建材市场布局合理，按照建材类型，统一划分区域，所经营漆料均为水性产品，无任何危险化学品储存。对北京庚昊恒业气体供应站各类文件档案、气瓶仓库和装卸区进行检查，发现企业存在日常检查登记不规范、气瓶安全附件不齐全、防倾倒措施落实不到位等问题，责令该企业限期整改。对北京白浮华远气体销售有限公司、北京顺达兴业气体销售中心进行检查，发现两家企业均为退出企业，其中北京顺达兴业气体销售中心一个月前退出；北京白浮华远气体销售有限公司停止经营，但库区仍存有少量空气瓶，责令该企业立即清空剩余气瓶。

（刘丽敏）

【危险化学品使用量调研项目评审会】 11月29日，市安全监管局副局长李东洲主持召开《北京市危险化学品使用量调研》项目总结报告评审会，北京化学工业协会、北京石油化工学院、市化学工业研究院和市劳保所专家参加会议。听取市安工院对《北京市危险化学品使用量调研》项目开展背景、总结报告编制过程及主要内容的汇报，并就有关问题进行质询。专家认为，市安工院项目组提交的资料、报告齐全完整，符合项目验收要求。

（刘丽敏）

【丰台区危险化学品企业安全检查】 11月30日，市安全监管局采取“四不两直”方式，对丰台区3家危险化学品企业进行安全检查。检查北京市北水嘉仑水产品市场有限责任公司，要求企业进一步完善、整理重大危险源档案，规范现场安全警示标识。检查北京天利仁和物资贸易有限责任公司，企业气瓶仓库的分类管理、通风设施、可燃气报警仪、消防器材和防爆电气设备等安全措施完善，安全管理制度规范，安全意识较强。检查中盐国际贸易有限公司取证情况、安全管理制度及危险化学品事故应急预案等资料，发现企业取得危险化学品经营许可证书但未进行危险化学品经营活动，未按照相关制度编制安全管理制度及危险化学品应急预案，缺少易制爆危险化学品安全管理制度，检查组责成丰台区安全监管局注销其危险化学品经营许可证。

（刘丽敏）

【化工安全仪表系统评估验收】 12月5日，市安全监管局组织专家对35家危险化学品生产企业化工安全仪表系统评估项目进行验收。听取项目组评估编制情况汇报，并对评估报告、作业指导书和指导意见进行审查讨论，就评估有关问题对项目组进行质询。评审组认为，项目组提交的报告和材料齐全完整，符合项目验收要求。

（刘丽敏）

【顺义区危险化学品企业安全检查】 12月14日，市安全监管局对顺义区北京顺安奇特气体有限公司、金刚化工（北京）有限公司、北京北方中油石油销售有限公司进行安全检查。发现北京顺安奇特气体有限公司存在未经安全条件审查扩建储存危险化学品建设项目、经营没有安全技术说明书和化学品安全标签的危险化学品、未将危险化学品储存在专用仓库内、危险化学品储存方式不符合国家标准等问题，金刚化工（北京）有限公司存在未将危险化学品储存在专用仓库内的问题，执法人员对两家企业下达责令限期整改指令书，并进行立案处罚。北京北方中油石油销售有限公司存在未如实记录安全生产教育和培训情况、未将事故隐患排查治理情况如实记录、监控室未安排专职安全人员值守等问题，检查组责成顺义区安全监管局予以行政处罚。

（刘丽敏）

【危险化学品使用安全风险评估】 本年，市安全监管局联合市教委、卫生计生委，依据国家相关法律、法规及标准，委托第三方机构对全市32所高校、363个医疗机构危险化学品使用情况进行调查，对其中12所高校实验室25个医疗机构从安全教育培训、危险化学品采购储存使用、实验室安全设施设备等14个方面进行现场评估。通过采取问卷调查、访谈调研、专家咨询、实地调研等方式，发现高校实验室、医疗机构存在安全管理基础薄弱、实验室安全管理不到位、危险化学品库房建设不规范、气瓶使用安全管理混乱、废弃物处置不及时、危险化学品存储问题较多、氧气站不符合设计规范要求、压缩气瓶安全管理不规范、职业危害预防控制不到位、危险化学品废气处理不及时、新建及改建医院设计不符合规范要求等问题。市安全监管局向12所高校、25个医疗机构发出隐患治理通知，2次约谈清华大学校领导，并联合市教委、卫生计生委下发文件，对相关单位消除安全隐患、加强危险化学品安全管理提出要求。制定《高校实验室危险化学品安全管理规范》《医疗机构危险化学品使用安全管理规范》，将高校实验室、医疗机构危险化学品安全管理纳入全市危险化学品集中管理体系建设，开展管理教育培训，建立医疗机构、高校实验室专职管理人员持证上岗制度。

（刘丽敏）

【加油站贯标改造】 本年，市安全监管局通过强化工作部署，明确年度目标，建立月调度、年考核制度，加强对重点区、重点企业协调指导，完成年初制定的加油站贯标改造目标任务。完成300座加油站贯标改造工作，拨付奖励资金1356万元。

（刘丽敏）

【危险化学品安全管理专班】 本年，市安全监管局在房山区设立危险化学品安全监管工作专班，开展专班工作25次。制定《进驻房山区开展危险化学品安全管理专班工作方案》，开展综合治理，严格行政许可，加快企业转型升级改造，推动重大隐患治理，落实企业主体责任，推动企业疏解退出，推进集中管理体系试点等工作。

（刘丽敏）

【安全生产许可审查】 本年，全市申请安全生产许可审查危险化学品生产企业15家。其中首次申请企业2家［北京中燕恒成能源有限公司、中科晶电信息材料（北京）股份有限公司］，变更申请企业2家，延期申请企业11家。

（刘丽敏）

【建设项目安全许可】 本年，市安全监管局审查危险化学品建设项目18件（设立安全评价报告审查项目9件、安全设施设计审查项目9件）。建设单位包括中国石化销售有限公司北京石油分公司、北京市腾远兴业汽车服务有限公司加油站、北京中天鹏宇科技发展有限公司航天长峰加油站、北京榆江石油制品有限公司、北京市首发高速公路经营管理有限公司。

（刘丽敏）

【地方标准通过审查】 本年，市安全监管局先后制定《危险化学品常压储罐安全管理规范》《铝合金阻隔防爆材料清洗安全技术规范》《实验室危险化学品安全管理规范 第2部分 高等院校》《医疗机构危险化学品安全管理规范》《油品运输罐泄漏应急处置规范》5个专项地方标准。按照《北京市地方标准管理办法》，召开地方标准审查会，邀请专家对5个专项地方标准初稿进行审查，并就相关内容向起草单位进行质询。专家认为，5个专项地方标准符合现行国家法律法规、国家标准、行业标准、地方标准协调一致，通过专家组审查。

（刘丽敏）

【危险化学品经营企业退出】 本年，市安全监管局贯彻《京津冀协同发展规划纲要》，落实首都城市战略定位，有序疏解非首都功能，继续引导有储存设施的危险化学品经营企业退出本市，并对退出企业实施资金奖励。全年计划退出经营企业17家，实际完成退出经营企业31家。

（刘丽敏）

烟花爆竹安全监管

【烟花爆竹零售网点布设】 本年，市安全监管局召开专题会议，部署春节烟花爆竹销售（储存）安全管理工作，实施《北京市2017年春节烟花爆竹销售（储存）安全管理工作方案》。明确“四个坚决不予许可”要求，即周边环境发生变化，不再符合安全条件的，坚决不予许可；占用盲道、架空电力线跨越、与禁放区和交通干道交叉路口距离不足的，坚决不予许可；销售棚搭建存在钢板间缝隙未封堵、电力线未穿管、销售与储存区未隔开、配电线路和通信线路未沿墙或屋面平行敷设，不符合设置要求的，坚决不予许可；销售棚未按要求搭建在指定位置的，坚决不予许可。全市烟花爆竹零售许可网点511个，同比减少208个，下降28.9%。其中三环路内未设置网点，首次实现三环路内零许可。三环至四环路内网点34个，同比下降60.9%；四环至五环路内网点74个，同比下降22.9%。

（刘丽敏）

【烟花爆竹批发零售单位检查】 1月17日，市安全监管局对北京熊猫烟花爆竹有限公司、北京逗逗烟花爆竹有限公司、北京汇源北路商贸有限公司储存企业及房山区烟花爆竹零售网点进行突击抽查。针对

1月10日北京熊猫烟花爆竹有限公司、北京逗逗烟花爆竹有限公司检查发现产品码放不符合要求、温湿度计损坏、个别产品未贴流向标等问题整改情况进行复查，两家企业整改完毕。对于检查发现的流向登记信息缺失问题，执法人员下达责令限期整改通知书，2日内整改完毕。北京汇源北路商贸有限公司未存储烟花爆竹。检查组对房山区第49、第101烟花爆竹零售网点进行检查，对发现储存区存放杂物，销售区、储存区未隔离问题，当场责令立即整改。

（刘丽敏）

【通州区烟花爆竹安全检查】 1月20日，市安全监管局对通州区企业及烟花爆竹零售网点开展节前安全检查。要求企业开展有针对性的应急预案演练，熟练使用自动化控制系统，在春节烟花爆竹燃放高峰期间停止卸油、发油作业，并配备充足应急物资。检查组对通州区潞城镇2个烟花爆竹零售网点进行检查，要求网点负责人按许可数量储存烟花爆竹，按许可销售时间节点销售，落实24小时应急值守及日常检查制度，及时清理零售网点可燃物。

（刘丽敏）

【烟花爆竹零售网点安全检查】 1月22日，市安全监管局赴朝阳区、海淀区检查烟花爆竹零售网点销售、储存情况，分别对朝阳区第18、75零售网点和海淀区第67、74零售网点进行安全检查，重点检查烟花爆竹经营（零售）许可证、烟花爆竹储存情况、专职安全管理人员持证上岗情况、销售棚安全状况、应急措施等。各零售网点重视安全工作，安全措施基本到位，但存在部分网点音视频用电敷设不规范、消防应急物资准备不完善、销售棚与地面缝隙封堵不严等问题，检查组要求各区安全监管部门督促相关零售单位针对检查发现问题立即整改。

（刘丽敏）

【烟花爆竹安全生产执法专项行动】 1月24日，市安全监管局会同通州区安全监管局、潞城镇政府，与河北省安全生产监察总队共同实施2017年春节京冀烟花爆竹安全生产协同执法专项行动。对地处两地的3个烟花爆竹零售网点进行安全检查，并在潞城镇政府召开2017年春节京冀烟花爆竹安全生产协同执法工作座谈会。

（叶子楠）

【批发单位和零售网点安全检查】 1月24日，市安全监管局副局长李东洲带队，对北京市烟花鞭炮有限公司魏善庄仓库和大兴区天宫院街道两个烟花爆竹销售网点进行安全检查，重点检查批发单位出入库流向登记、温湿度检测登记制度落实、产品包装、产品码放和零售单位储存、销售情况，专职安全管理人员持证上岗、销售棚安全状况。提出“批发单位加强监控、检测和应急救援器材维护；零售单位发挥专职安全管理人员作用，加强安全检查，对发现隐患问题及时整改；区安全监管局和有关乡镇街道强化监管，严把销售关，加大销售高峰期检查频次”的要求。

（刘丽敏）

【赎回产品仓储安全检查】 2月7日，市安全监管局对北京市烟花鞭炮有限公司魏善庄仓库赎回产品进行检查。检查发现仓库内大量产品存在包装破损、箱体变形、开箱产品入库、产品码放不规范等问题。

检查组要求企业强化关键时期安全管理措施，加强安全巡查和静电管理；市供销合作总社要加强库房看护，尽快处置入库产品，在全国“两会”前夕，妥善处置赎回入库产品。

（刘丽敏）

【烟花爆竹批发单位安全检查】 2月10日，市安全监管局对北京熊猫烟花爆竹有限公司、北京逗逗烟花爆竹有限公司烟花爆竹储存情况进行安全检查，发现仓库部分温湿度计指示不准、个别仓库外有杂物及部分封存产品底层箱体开裂破损等问题。检查组责令企业立即整改存在的问题，强化安全管理措施，加强教育培训，提高人员安全意识。要求企业摸清仓库内产品底数，清点回收产品数量，梳理总库存、封存、回库等数据，维护物联网系统。

（刘丽敏）

【烟花爆竹销售】 2月，全市烟花爆竹备货17万箱（2万箱京外备货），同比下降27.7%。累计入库16.5万箱，同比下降6.3%；累计配送16.4万箱，同比下降13.2%；累计销售12.3万箱，同比下降30.5%。

（车广杰、杨颖）

矿山安全监管监察

【大安山煤矿安全检查】 1月6日，北京煤监局对昊华能源公司大安山煤矿进行安全检查。查看大安山煤矿监测监控系统运行情况，听取班组班前会召开情况，查阅复工验收有关记录、台账，抽查综采安装队检查问题整改情况。对京煤集团、昊华能源公司有关人员盯守煤矿情况进行核查。经查，该矿复工验收领导小组按照复工验收程序和标准，对采掘工作面、主要生产系统进行现场验收；昊华能源公司对大安山煤矿5个采掘面验收情况进行抽查。所有采掘工作面、主要生产系统复工验收经矿主要负责人签字确认，恢复正常生产。针对发现的监测监控系统分站、传感器故障率较高，复工验收单存在代签现象等问题，监察人员责令煤矿进行整改。

（庄过兵）

【煤矿安全生产工作专题会】 1月9日，市安全监管局副局长贾太保主持召开煤矿安全生产专题会，听取昊华能源公司各煤矿安全生产大检查工作情况，对京煤集团、昊华能源公司关于管理人员驻矿盯守及主要领导包矿检查工作进行部署。会议还研讨《关于构建京西煤矿“五位一体”安全生产管理工作体系的意见（讨论稿）》。

（崔永杰）

【木城涧和大台煤矿春节前检查】 1月17日至18日，北京煤监局对昊华能源公司木城涧煤矿、大台煤矿进行安全检查，重点检查春节放假停复工措施制定和运销系统安全管理情况。监察人员查阅木城涧煤矿春节放假安排和停复工措施，检查煤矿运销系统洗煤厂、储煤场、煤仓及皮带系统，检查地面运输矿车完好情况；检查大台煤矿春节放假停复工措施制定情况和监测监控系统运行情况、爆炸物品管理和立井检修流程执行管理情况。两个煤矿1月24日至2月4日停产放假，2月5日中班复工。

（潘洪季）

【木城涧煤矿春节复工安全检查】 2月7日，市安全监管局副局长贾太保带队检查昊华能源公司木城涧煤矿春节复工安全生产工作。听取木城涧煤矿2016年安全生产汇报，2017年安全管理思路，一季度主要工作和春节停复工等情况。贾太保对昊华能源公司及木城涧煤矿“转作风、严管理、强落实、重督查”工作给予肯定，要求树立“零理念”“安全第一”思想；开展煤矿安全生产标准化工作；完善相关制度，转变工作作风；借鉴长沟峪煤矿安全管理经验，加大考核力度。

（崔永杰）

【煤矿安全生产工作会】 2月15日，北京煤监局召开2017年煤矿安全生产暨“安全·和谐”班组表彰会。会议传达全国安全生产工作会议精神，市总工会有关领导宣读“安全·和谐”示范班组和煤矿“安全卫士”表彰决定，“安全·和谐”示范班组代表、安全卫士代表作典型发言。北京煤监局对2016年全市煤矿安全生产进行总结，指出全市煤矿安全生产面临“重大事故风险不断加大、安全投入压力不断加大、开采难度不断加大、干部职工队伍管理难度不断加大”等问题，强调落实全国安全生产工作会议要求，按照“三个坚持、五个确保”思路，即“坚持安全发展、坚持预防为主、坚持改革创新；确保管理不放松、确保标准不降低、确保投入不减少、确保考核更严格、确保氛围更浓厚”，统筹推进煤矿安全生产工作。市城市管理委、国资委、总工会有关领导，京煤集团、昊华能源公司负责人，各煤矿矿长、总工程师、安监站长，煤矿科段长、班组长等100余人参加会议。

（李瑾）

【木城涧煤矿“安全体检”】 3月13日至15日，北京煤监局按照《北京市开展煤矿全面安全体检专项工作实施方案》和“两评一查”工作安排，聘请京煤集团专业技术人员和部分专家，组成检查组，对昊华能源公司木城涧煤矿开展“安全体检”工作。检查组检查煤矿证照、机构和人员、管理制度和责任制落实情况，开拓部署与采掘生产组织情况。对煤矿掘进21、22、23、24、25队和综采三段工作面进行现场检查，按“一面一表”对检查工作面填写《采掘工作面安全体检内容表》，对发现问题提出整改措施和整改时限。按照“两评一查”评估要求，对木城涧煤矿掘进二段进行现场检查和评估打分。

（庄过兵）

【大安山煤矿安全检查】 3月27日至29日，北京煤监局对昊华能源公司大安山煤矿进行安全检查。检查煤矿冲压工作面煤层鉴定、冲击危险性评价、防冲设计、综合防冲措施制定及落实情况；检查采掘工程部署、采掘接替，年度、月度生产计划安排及完成情况；查阅煤矿隐患排查及矿领导下井带班记录、公示等情况。抽查+240西一轴10槽综采二段、+240西一轴10槽掘进12队工作面。对京煤集团、昊华能源公司有关人员盯守煤矿情况进行核查。检查发现综采二段、掘进12队工作面防冲专项措施未写入作业规程等问题，监察人员下达责令改正监察指令，要求煤矿加大检查考核力度，合理确定超前支护排距、高压注水泵站出水压力、注水孔深等参数，减少冲击地压工作面设备设施安设，科学安排采掘接替和通风管理。

（庄过兵）

【大台煤矿“安全体检”】 4月10日至12日，北京煤监局聘请京煤集团专业技术人员和部分专家，组成检查组，对昊华能源公司大台煤矿开展“安全体检”工作。检查组对大台煤矿证照、机构和人员、管理制度和责任制落实、开拓部署与采掘生产组织、通风系统、安全监控及人员位置监测、瓦斯防治情况进行检查，现场检查采煤四段4个采煤工作面和采煤五段1个工作面安全生产情况。针对发现问题，检查组提出整改建议措施和整改时限要求，并对大台煤矿采煤四段进行现场检查评估打分。

（庄过兵）

【“一带一路”峰会煤矿专项检查】 4月24日至26日，北京煤监局对昊华能源公司大安山煤矿开展“一带一路”国际合作高峰论坛安全保障专项检查。检查组现场抽查煤矿＋400火药库库房安全设施设置、爆炸物品库存量情况。检查发现火药库台账不清、存放物品与标识不符等问题。监察人员当场责令火药库停止发放火工品，整改完成后恢复发放。要求大安山煤矿按照煤矿安全规程爆炸物品使用管理办法，按需合理安排爆炸物品库存量，严禁超量存储。

（庄过兵）

【“5321”工作法专项督查】 4月25日，北京煤监局到昊华能源公司木城涧煤矿，督查岗位达标“5321”工作法推进工作。木城涧煤矿重视岗位达标“5321”工作法推进，制定相应考核管理制度，组织全矿职工进行专题业务培训，在各科段每季度全覆盖自主考评基础上，对各工种实行随机抽查。监察人员对木城涧煤矿岗位达标“5321”工作法推进给予肯定，并提出建设性意见。

（董伟）

【门头沟“一带一路”峰会安全督查】 5月10日，市安全监管局副局长贾太保带领督查组对门头沟区“一带一路”国际合作高峰论坛期间安全生产工作进行专项督查。听取门头沟区斋堂镇关于安全生产保障情况汇报，检查斋堂镇小煤矿关闭后“打非治违”和植被恢复情况。抽查斋堂镇火村双龙峡景区安全管理情况。

（贾宏）

【木城涧煤矿“安全体检”】 5月23日至26日，北京煤监局聘请技术专家组成检查组，对昊华能源公司木城涧煤矿开展“安全体检”工作。检查组对木城涧煤矿掘进31队、掘进32队、综采一段、采煤32队，＋150水泵房、250翻罐笼、主运皮带、洗煤厂、450-570架空人车、＋450绞车房、＋930主扇风机房、北沟风机房、＋467变电站等进行检查。检查组针对检查发现的问题下达执法文书，对存在安全隐患下达责令整改安全监察指令。

（潘洪季）

【大台煤矿防汛专项检查】 6月7日，北京煤监局对昊华能源公司大台煤矿汛期水害防治工作进行专项检查。大台煤矿制定雨季“三防”计划、应急预案及责任追究办法，开展汛前安全检查，对可能受水害威胁的953、894工作面，提前制定防水预案和应急措施；组织地面矸石山防汛和井下工作面防水演练，针对问题进行整改。检查发现，煤矿应急材料库缺少安全标识，没有值班记录和管理人员检查记录，监察人员责令立即整改。

（崔永杰）

【大安山煤矿防汛专项检查】 6月9日，北京煤监局对昊华能源公司大安山煤矿水害防治工作进行专项检查，听取昊华能源公司及大安山煤矿防汛工作汇报。昊华能源公司3月开始部署防汛工作，成立防汛指挥部，印发《2017年汛期工作方案》。

大安山煤矿制定《2017年汛期工作方案》《汛期应急预案》，成立抢险队伍，准备防汛物资，对井下排水系统、采空区、地表塌陷坑及山体滑坡危险地段等重点部位进行检查，对存在问题的墙体、边坡、排水沟等进行修护。

（崔永杰）

【科技手段开展异地执法监察】 6月14日至30日，北京煤监局按照国家煤矿安全监察局工作部署，组成专家组，采用“X光和核磁共振”检查方式，对福建省龙岩市煤矿开展“安全体检”异地执法监察。按照采掘、机电运输、通风、监测监控和管理制度分成5个检查组听取各煤矿安全生产情况汇报后，查阅采掘工程图、通风系统图等相关图纸，分组下井检查采掘工作面、主要检查机电硐室和运输斜坡等环节。先后到新罗区、武平县、永定区、连城县、漳平市5个市、区县，完成对8个煤矿的检查，查出隐患问题349项。对3个煤矿提出停产整改意见，建议福建省有关部门暂扣1家煤矿安全生产许可证，对检查中发现的违法行为依法依规提出查处建议。6月29日，召开龙岩市煤矿安全检查情况通报会，通报安全检查发现问题、处理意见及下一步工作建议等。要求落实主体责任，受检煤矿负责人要亲自挂帅，对检查发现问题进行分析、整改；跟进监督要到位，市、区县煤矿监管部门履行属地监管职责，加强监督指导服务。福建省煤监局对北京检查组运用“X光和核磁共振”检查方式给予肯定。

（庄过兵）

【大安山煤矿职业病防治监察】 6月15日，北京煤监局对昊华能源公司大安山煤矿职业病危害防治情况进行专项监察。按照《监察执法检查方案制度》及《监察执法检查方案》，检查大安山煤矿职业病危害防治工作方案、制度、职业病危害因素监测和接触职业病危害从业人员教育培训和健康检查等情况。针对大安山煤矿采煤工作面回风巷和掘进工作面回风侧未设置粉尘浓度传感器、未对作业场所凿岩机和局部扇风机噪声进行全覆盖检测等问题，监察人员下达执法文书。要求大安山煤矿重视职业病危害防治，定期开展职业病危害因素日常监测和评价。完善职工职业健康监护档案，职工离开煤矿时，有权索取本人职业健康监护档案（复印件）。

（贾宏）

【煤矿安全生产标准化建设座谈】 6月20日，北京煤监局召开煤矿安全生产标准化建设专题座谈会，了解煤矿安全生产标准化工作推进情况。与昊华能源公司大台煤矿、木城涧煤矿企业负责人对新标准推行中遇到的问题进行讨论，并就进一步学习、适应、贯彻好新标准提出要求。

（李瑾）

【总局煤矿防汛检查调研】 6月22日，国家安全监管总局副局长付建华、国家煤矿安全监察局副局长宋元明带队到昊华能源公司大台煤矿检查调研煤矿防汛工作。调研组了解大台煤矿调度室煤矿生产调度指挥系统运行情况，到井口查看防汛设施设置，到矿区周边查看防洪沟和山区居民房屋防汛安全情况。听取京煤集团和昊华能源公司关于防汛工作汇报，询问矿区周边小窑采空区积水、井上下防排水、大雨情况紧急撤人及应急预案制定、防汛物资准备、抢险队伍组织等情况。付建华强调，北京将出现持续性强降雨天气，要落实应急预案和防范措施；全面开展检查，把问题隐患查清查全；做好应急值守，加强井下涌水量监测。要求京煤集团加强和属地政府联系，排查危房和可能发生泥石流、山体滑坡等灾害地段的房屋。

（李瑾）

【大安山煤矿“两评一查”】 7月6日至7日，北京煤监局聘请专家组成检查组，对昊华能源公司大安山煤矿一线生产段队开展“两评一查”检查评估工作（即采取定性评价、定量评定与现场检查相结合方式，对煤矿段队安全管理进行量化评估）。检查组向大安山煤矿副总经理以上领导和职能科室负责人发放调查问卷，依据日常安全管理实践情况，对安全生产管理工作进行定性评价打分。对各生产段队技术管理、设备管理、生产作业组织和工伤等情况进行统计，作为定量评定标准。对煤矿井下生产现场和安全生产制度落实情况进行检查，通过检查对定性评价和定量评定情况进行综合打分。经检查评估，大安山煤矿综采五段、综采安装队得分最高，掘进一段得分最低。

（崔永杰）

【大安山煤矿防治水专项监察】 7月6日至7日，北京煤监局对昊华能源公司大安山煤矿防治水及“雨季三防”工作开展专项监察。查阅煤矿有关台账、记录和资料，对大安山煤矿地面防汛设施及防汛物资库进行现场检查。监察人员对检查发现的大安山煤矿材料科防汛物资仓库无照明设备等6个问题，下达责令改正监察指令。要求大安山煤矿落实应急组织措施，加强应急值守工作。

（潘洪季）

【“5321”工作法专项检查】 7月17日至19日，北京煤监局对昊华能源公司及木城涧煤矿岗位达标“5321”工作法落实情况进行专项检查。检查组听取昊华能源公司关于岗位达标推进情况汇报，检查公司相关文件制定及落实情况。现场检查木城涧煤矿岗位达标考评、考核记录等。查验煤矿安监科考核记录，抽查综采三段考评记录，没有发现未经考核上岗现象。

（崔永杰）

【事故案例警示教育活动】 7月25日至27日，北京煤监局深入昊华能源公司木城涧、大台煤矿生产段队，开展事故案例警示教育活动。制作通俗易懂的案例动画片，宣讲发生在职工身边典型事故案例，警示职工杜绝事故要从岗位操作人员自身做起，强调安全生产规章制度就是“红线”。贯彻执行岗位达标“5321”工作法，打牢安全生产基础工作。

（董文同）

【大安山煤矿安全规程对标监察】 8月2日至4日，北京煤监局对昊华能源公司大安山煤矿开展煤矿安全规程对标专项监察。检查组查看有关文件、制度、记录、台账，抽查对标整改淘汰设备更换和对标整改工作面情况。检查发现井下有5台油浸式变压器未更换、井下压风机无自动灭火装置、工作面使用的单体液压支柱使用时间超过8个月未检修、综采一段西二壁工作面上隅角瓦斯传感器吊挂位置不符合规定等问题。针对存在的隐患问题，监察人员责令改正。要求大安山煤矿按照煤矿安全规程进行对标检查，明确每项工作的责任人、整改期限。

（贾宏）

【安全大检查专项督查】 8月9日，市安全监管局副局长贾太保带队对昊华能源公司大台煤矿安全生产大检查工作进行专项督查。京煤集团、昊华能源公司和大台煤矿均按要求成立安全生产大检查工作领导小组，结合企业实际制定大检查方案。京煤集团、昊华能源公司成立督导组对所属企业开展督导检查；大台煤矿以顶板管理、机电运输和规程对标为重点开展自查自纠工作。贾太保要求企业按照“四个一定”做好煤矿安全生产大检查，思想上要高度重视，自查要高标准，自改要严格。

（崔永杰）

【“5321”工作法专项监察】 9月18日至19日，北京煤监局到昊华能源公司木城涧煤矿，对岗位达标“5321”工作法贯彻落实情况开展专项监察。监察人员直接到煤矿井下综采一段工作面，在作业现场对工人岗位达标内容掌握和应用情况进行现场抽查考评。到综采三段，检查月度考评记录、岗位达标培训记录、大检查工作方案等，井下两名人员对岗位5项内容掌握还有欠缺，对岗位职责标准、作业标准等掌握不够。综采三段开展岗位达标“5321”工作法相关知识培训，但培训内容滞后，在北京煤监局对考评标准更改后，综采三段培训仍使用原考评标准。监察人员要求木城涧煤矿对各段（队）管理人员进行专门培训，学习简化版岗位达标“5321”工作法知识，督促现场从业人员掌握本岗位相关标准。

（贾宏）

【十九大期间煤矿安全驻矿盯守】 10月15日至25日，北京煤监局对昊华能源公司各煤矿实施驻矿盯守，加强党的十九大期间安全保障工作。监察员分3个组，进驻3个煤矿。16日，驻大安山煤矿盯守组听取煤矿安全保障方案制定和落实情况的汇报，检查煤矿运销系统废旧雷管回收处理情况。核查大安山煤矿10槽工作面停产复工安全评估和验收手续。监察人员驻矿盯守期间，深入班组、井下一线，开展安全检查。

（杨庆三、崔永杰）

【“岗位标兵”表彰会】 11月2日，北京煤监局在昊华能源公司大台煤矿召开煤矿“岗位标兵”命名暨岗位达标“5321”工作法表彰会。对20名“岗位标兵”代表颁发奖牌和证书。市城市管理委、京煤集团、昊华能源公司及各煤矿有关负责人，煤矿职工代表130人参加会议。

（崔永杰）

【木城涧煤矿安全隐患专项行动】 12月21日至22日，北京煤监局对昊华能源公司木城涧煤矿开展安全隐患大排查大清理大整治专项行动。检查发现该矿＋250北石门二槽东三壁准备回收工作面存在个别支架前探梁未和顶板接实等问题，监察人员责令木城涧煤矿立即改正。该煤矿按照标准要求进行改正，并将整改报告报北京煤监局。

（庄过兵）

【地热研究院安全生产许可核查】 1月4日，市安全监管局对市地热研究院申请许可地质钻探安全进行许可核查，发现存在安全生产情况说明不清晰，安全生产规章制度不具体，缺乏针对性、可操作性，安全生产档案资料不齐全、未形成管理闭环，特种作业台账与操作规程不符等问题。针对存在的问题，市安全监管局执法人员依法下达行政执法文书，责令限期整改。经复查，隐患问题全部整改完毕。

（张雷）

【门头沟区非煤矿山安全检查】 1月9日，市安全监管局对门头沟区北京市潭龙鑫磊矿业有限公司（开采叶腊石矿山企业，2016年12月31日停产并封闭井口，10余人留守）进行安全检查。检查组现场对矿山井口封闭情况、留守人员巡查记录等进行检查，并了解矿山升级改造项目进展情况。要求企业做好春节期间安全管理，落实应急值守制度，加强应急值班人员巡查，节后复工要提前向属地安全监管部门报告。

（张雷）

【非煤矿山安全设施设计审查】 1月10日，市安全监管局成立专家组，对《北京怀柔前安岭铁矿尾矿库回采工程安全设施设计》进行审查，建设单位、设计单位、评价单位有关负责人参加审查。审查会上，专家组听取北京怀柔前安岭铁矿有限公司和中钢集团马鞍山矿院工程勘察设计有限公司关于尾矿库现状、回采施工、年度回采计划、尾矿运输销售等情况的汇报，就回采设计等情况对设计单位进行质询，提出意见和建议。

（张雷）

【怀柔区尾矿库安全管理】 1月10日至11日，市安全监管局到怀柔区检查京冀工贸汤河口尾矿库、七道梁1号黄金尾矿库、七道梁1号黄金尾矿库、东岔黄金尾矿库安全管理工作。检查组通报全市尾矿库总体情况、尾矿库销库背景、工作进展及资金支持情况，听取怀柔区安全监管局关于尾矿库销库工作汇报，并就做好尾矿库销库工作进行交流。

（张雷）

【尾矿库销库研讨会】 2月4日，市安全监管局副局长卞杰成主持召开有关专家参加的尾矿库销库工作研讨会，通报全市金属非金属矿山、尾矿库、排土场退出和采空区治理进展情况，以及推进尾矿库、排土场销库、销排及非煤矿山退出的思路和方法。与会人员就黄金尾矿库销库方式、无害化处理途径等问题进行讨论并提出意见和建议。

（张雷）

【昌平区非煤矿山安全检查】 2月10日，市安全监管局对昌平区北京金隅北水环保科技有限公司凤山矿（该矿采矿证2016年12月11日到期，已停止采矿作业，公安机关停止火工品供应，属长期停产矿山）进行安全检查。检查组对矿山现场和档案资料进行检查，要求企业加强全国“两会”期间安全管理，落实应急值守制度和复工安全措施及全员安全教育培训。召开昌平区排土场治理协调会，组织昌平区有关部门和金隅集团凤山矿企业负责人对昌平区凤山矿南排土场治理方式、时间、程序和各方职责等进行研讨，协调金隅集团北京水泥厂对平谷区黄金尾矿砂堆无害化处理事宜。

（张雷）

【地下矿山采空区治理】 2月15日，市安全监管局副局长卞杰成主持召开地下矿山采空区治理专题研讨会，怀柔区、密云区、门头沟区安全监管局和中国安科院、相关矿山企业负责人参加会议。参会人员对中国安科院编制的《北京市地下矿山采空区调查报告》进行研讨，并就有关问题及下一步具体治理措施提出意见和建议。

（张雷）

【密云区非煤矿山安全检查】 2月21日至23日，市安全监管局对密云区北京建昌矿业有限公司、放马峪铁矿及尾矿库进行安全检查。检查组深入矿山现场，对岗位操作人员有关培训考试、职业卫生、隐患排查工作进行询问；对企业春节后安全生产措施及全员安全培训、全国“两会”期间安全生产措施、爆破安全和对外包单位安全生产管理、隐患排查制度、企业安全生产费用提取及使用记录等档案资料进行检查。检查发现放马峪铁矿尾矿库内存在与生产无关设备设施、外包单位安全生产检查记录填写不规范、企业安全隐患排查治理制度中未规定事故隐患资金保障等隐患问题。针对检查发现的隐患问题，执法人员下达责令限期整改指令书，要求3月3日前向市安全监管局提交整改报告。经复查，隐患问题全部整改完毕。

（张雷）

【金属非金属矿山治理研讨会】 3月13日，市安全监管局与市规划国土委召开研讨会，就全市金属非金属矿山治理工作进行研讨。会议就如何做好尾矿库环境风险管控、尾矿库销库和金属非金属矿山企业关闭退出工作进行交流研讨，并形成“尾矿库环境风险管控、尾矿库销库、金属非金属矿山企业关闭退出工作离不开环保部门支持配合，需要规划国土、安全监管、环保等部门合作，并建立长效机制”的共识。

（张雷）

【非煤矿山标准化研讨会】 3月16日，市安全监管局组织中国安科院、北京矿冶研究总院、北京中安质环技术评价中心有限公司、北京中安益生注册安全工程师事务所等单位召开研讨会，对全市开展地质勘探、采掘施工、石油天然气、地热矿泉水企业安全生产标准化创建工作，以及标准化创建过程控制、考评流程、评审组织、评审机构、参评单位职能等工作进行讨论，并对相关企业在外施工项目评审方式和现场施工项目评分权重等进行研究。

（张雷）

【怀柔尾矿库销库督导】 3月31日，市安全监管局组织专家对怀柔区尾矿库销库工作进行督导，并与怀柔区有关部门和单位就尾矿库销库部署、销库方法和退出奖励方案等进行研究和座谈。听取怀柔区安全监管局关于后安岭、大浦池沟、七道梁尾矿库销库工作的汇报，研究确定尾矿库销库方案。

（张雷）

【金属非金属矿采空区实地复核】 4月8日至10日，市安全监管局会同中国安科院对怀柔区、密云区、门头沟区存在采空区的北京恒泰兴业企业管理有限公司前安岭铁矿、北京威克冶金有限责任公司、北京云冶矿业有限责任公司、北京首云矿业股份有限公司、北京潭龙鑫磊矿业有限公司等地下矿山企业进行实地复核，对采空区报告中提到的采空区不同危险程度、处理措施、等级划分等问题，征求企业意见，明确企业主体治理责任。通过实地复核，中国安科院对采空区报告进行修改。市安全监管局组织专家进行论证，对需治理的按“一矿一案”原则，制定采空区治理专项方案，分期分批对金属非金属矿山地下采空区实施治理。

（张雷）

【非煤矿山安全监管业务培训】 4月11日至14日，市安全监管局在北京经济管理职业学院组织3期非煤矿山安全管理业务培训班，全市非煤矿山企业负责人、安全管理人员和各区安全监管人员参加培训。组织学习非煤矿山相关法律法规、重要文件和非煤矿山安全管理知识。通过培训，提高企业负责人、安全管理人员安全意识，提升安全生产管理水平。

（张雷）

【采空区调查项目评审】 4月19日，市安全监管局组织专家对北京市地下矿山采空区调查项目进行评审。专家组听取中国安科院关于矿山采空区调查情况的报告，查阅相关资料，经质询和讨论，认为调查报告采用的技术路线合理、方法正确，治理措施可行，结论可靠，符合北京市地下矿山采空区调查合同所规定的内容及目标要求，并形成专家评审意见。

（张雷）

【非煤矿山安全生产许可核查】 5月25日，市安全监管局对石大博诚科技有限公司（在昌平区注册，申请范围石油天然气钻井服务，主要业务在山西省）进行第二次现场核查。针对首次核查发现的从业人员工伤保险交纳不全、主要负责人无安全资格证书等问题，结合核查整改情况，经重新核查，石大博诚科技有限公司符合安全生产许可证颁发条件，准予许可。

（张雷）

【尾矿库汛期安全检查】 6月8日，市安全监管局副局长卞杰成带队赴密云区、怀柔区检查放马峪铁矿鞍子沟尾矿库、放马峪铁矿老尾矿库和首云铁矿旧尾矿库安全防汛及汛期销库工作。检查组与两区政府主管领导、有关部门负责人就尾矿库销库、汛期安全生产及2018年销库计划进行座谈，听取区安全监管局关于矿山及尾矿库安全度汛及销库工作进展情况的汇报，询问纳入年度销库计划的3座尾矿库销库情况及存在问题、困难等，并提出工作要求。

（张雷）

【尾矿库销库工作专题会】 7月18日，市安全监管局组织昌平区、平谷区、怀柔区、密云区、延庆区安全监管局和中国安科院有关负责人，召开尾矿库安全治理工作专题会。传达7月11日市政府常务会议精神，根据《北京市尾矿库销库办法》明确规范工作程序、相关单位职责。会议还就2018年尾矿库和排土场销库治理计划，听取各单位意见，确定2018年完成1座尾矿库、4座排土场治理任务，根据奖励方案测算资金需求。

（张雷）

【怀柔区尾矿库防汛安全检查】 7月27日，市安全监管局以尾矿库防汛为重点，聘请尾矿库安全专家，到怀柔区汤河口镇京冀工贸汤河口尾矿库回采施工现场，对尾矿库坝体、排洪管道等设备进行检查。对列入尾矿库销库计划的汤河口镇大蒲池沟黄金尾矿库（该尾矿库完成销库工程设计和工程招标，按计划实施销库治理）进行检查，重点检查尾矿库排水设备设施完好情况。

（张雷）

【门头沟区非煤矿山安全检查】 8月15日，市安全监管局对门头沟区北京潭龙鑫磊矿业有限公司进行安全检查，听取企业汛期安全生产及自查情况汇报，询问工程部署情况，查阅采掘工程图和通风系统图等相关图纸，对井下采掘现场进行检查。检查发现该企业未按规定执行矿领导下井带班规定、井下缺少必要通风设施（局部通风紊乱）、井下电话不能正常使用等问题。执法人员依法向潭龙鑫磊矿业有限公司下达执法文书，责令其限期整改，并实施行政处罚。经复查，隐患问题全部整改完毕。

（张雷）

【延庆区尾矿库检查调研】 8月25日，市安全监管局副局长卞杰成带队赴延庆区，对大庄科尾矿库（2008 年闭库，为无主尾矿库）进行安全检查，并对尾矿库销库工作进行调研。该尾矿库经前期治理恢复植被，汛期未发生任何滑坡、溃坝等事故。检查组在乡政府召开座谈会，就尾矿库销库和治理、根除尾矿库安全风险进行座谈，解读《北京市尾矿库销库办法》《北京市尾矿库和排土场销库治理奖励资金使用方案》。

（张雷）

【首钢矿业公司安全检查】 9 月 26 日至 28 日，市安全监管局对首钢矿业公司进行安全检查，分别检查首钢矿业公司杏山铁矿、水厂铁矿和北京首钢矿山建设工程有限责任公司。重点检查企业安全检查部署落实情况、生产现场及相关图纸资料。经检查，杏山铁矿、水厂铁矿能够按照首钢矿业公司安全检查部署，制定实施方案，开展安全检查，对发现问题明确责任人及时整改；北京首钢矿山建设工程有限责任公司督促各项目部全面开展安全检查，公司安全保卫部进行抽查。

（张雷）

【怀柔区尾矿库安全检查】 10 月 26 日，市安全监管局组织北方工业大学、北京矿冶研究总院有关专家，会同怀柔区安全监管局、雁栖镇政府等单位，对怀柔区八道河黄金冶炼有限公司尾矿库现场进行检查，查看坝体、排水塔、非常泄洪道等设施。检查发现尾矿库主坝外侧局部出现渗漏、坝面局部变形，排水塔周围下沉、泄洪道部分开裂等问题。经召开专题会，分析尾矿库出现问题原因，决定由怀柔区安全监管局委托北京矿冶研究总院，研究制定尾矿库隐患治理方案及资金预算并开展治理工作。

（张雷）

【怀柔区尾矿库安全督查】 11 月 29 日至 30 日，市安全监管局到怀柔区检查安全隐患大检查大清理大整治专项行动开展情况，听取怀柔区安全监管局关于七道梁 1 号黄金尾矿库、后安岭 1 号黄金尾矿库、大浦池沟黄金尾矿库销库治理工作情况的汇报，并对 3 座尾矿库进行现场检查。3 座尾矿库销库勘查、安全评价、销库工程设计、设计审查工作均已完成，12 月底前基本完成治理。检查组对北京怀柔前安岭铁矿有限公司拆除违章建筑情况进行检查，经查，违章建筑拆除，拆除情况上报属地政府和部门。

（张雷）

【总局非煤矿山专项督导检查】 12 月 12 日至 14 日，根据国家安全监管总局《关于开展年终岁尾遏制非煤矿山重特大事故专项督导的通知》要求，重庆市安全监管局成立督导组，对北京市开展非煤矿山专项督导检查，重点对北京市安全监管局遏制非煤矿山重特大事故部署落实情况、非煤矿山“打非治违”开展情况、强化事故隐患整改落实情况及落实安全监管执法情况等进行检查。期间，督导组查阅相关材料，实地抽查首云矿业股份有限公司、首钢矿业公司杏山铁矿和水厂铁矿。督导组召开情况通报会，对北京市非煤矿山安全生产工作给予肯定，并提出工作建议。

（张雷）

【安全隐患整治行动专项检查】 12 月 20 日至 21 日，市安全监管局按照全市安全隐患大排查大清理大整治专项行动工作部署，赴密云区、怀柔区开展非煤矿山尾矿库专项检查。20 日，检查组对密云区首云旧尾矿库、放马峪旧尾矿库销库情况进行现场检查，对照回采补充设计和销库方案，检查企业工程竣工验收情况和安全验收评价报告，对安全验收评价报告中的安全评价结论进行现场核查，建议企业组织专家对安全竣工验收评价报告进行评审。21 日，检查组以“四不两直”方式，对怀柔区七道梁 1 号黄金尾矿库、后安岭 1 号黄金尾矿库、大浦池沟黄金尾矿库销库治理进展情况，进行突击检查。其中七道梁 1 号黄金尾矿库完成治理，场地已平整；后安岭 1 号黄金尾矿库和大浦池沟黄金尾矿库按设计进行施工收尾，一周内完成施工。密云区、怀柔区按要求和程序推进尾矿库隐患治理，保证施工安全和退出进度，确保年内完成 5 座尾矿库销库治理工作。

（张雷）

隐患排查治理

【房山区企业隐患治理督导检查】 4 月 18 日，市安全监管局对房山区涉爆粉尘企业事故隐患专项治理工作进行督导检查，中国安科院、北京市劳保所有关专家和房山区安全监管局负责人参加检查。检查组重点检查生产车间粉尘处理设备设施，排查企业在除尘系统、防火防爆及粉尘清理等方面的问题和隐患。北京希望饲料有限公司布袋除尘器无泄爆设计、布袋除尘器风管出口设置不规范、斗式提升机缺乏泄爆措施、配料仓顶部泄爆口设置不科学、卸料口 2 米范围内未使用防爆电气；北京南洋森林家具有限公司除尘系统采用正压送风、粉尘收集沉降室无防爆措施、与砂光机相连的风管未设置火花探测器、粉尘爆炸危险场所与人员密集场所安全距离不足。针对检查发现的隐患问题，检查组执法人员责令企业整改，检查组专家向企业提出具体整改要求和技术措施。

（饶守国）

【国企隐患排查治理工作会】 4 月 20 日，市安全监管局会同市国资委召开全市市属企业隐患排查治理体系建设工作会，市属国有企业（集团）及所属分（子）公司领导 200 余人参加会议。会议通报市属国有企业隐患排查治理体系建设试点情况，顺鑫控股集团、首钢集团有限公司结合企业隐患排查治理体系建设特点作交流发言，并对自建隐患排查治理信息系统进行现场演示和说明。会议要求市属国有企业按照全市统一部署，开展隐患排查治理体系建设。鼓励企业自主建立符合本单位实际的隐患排查治理信息系统，并在规定期限完成与市级平台共享对接，高标准完成各项任务，及时报送隐患排查治理体系建设情况阶段总结报告及有关成果资料。市安全监管局、国资委年底前对企业进行抽查，将企业隐患排查治理体系建设情况纳入年度考核。

（陈阳）

【清单编制抽查考核】 5 月 8 日，市安全监管局印发《2017 年隐患排查“一企一标准、一岗一清单”编制检查绩效考核方案》，启动全市“一企一标准、一岗一清单”编制抽查考核工作。抽查考核按照“高标准，严过程，重实绩”原则，内容包括政府推动和企业实施两部分，市安全监管局负责统筹协调、监督指导，市安科院负责策划组织，具体实施由竞争比选确定的第三方单位负责。考核采取材料审核、现场核查等方式，综合考核各区“一企一标准、一岗一清单”编制帮扶绩效，考核覆盖全市16个区及北京经济技术开发区，根据各区企业数量，每区抽选10%的企业，对全市200家企业进行现场核查。其中5月至6月，针对2016年“一企一标准、一岗一清单”编制开展“回头看”核查，从各区2016年清单编制企业中抽选3至5家，按照“考核标准”进行现场核查。要求各区、各部门加大宣传培训力度，增强企业主体责任意识；督促帮扶机构加强管理，提前组织筹划验收；加大隐患信息系统应用推广力度，在“一企一标准、一岗一清单”编制企业实现隐患信息系统应用“全覆盖、无死角”。

（陈阳）

【顺义区企业隐患治理督导检查】 8月22日，市安全监管局组织专家对顺义区涉爆粉尘企业事故隐患专项治理工作进行督导检查。检查组分别前往中粮（北京）饲料科技有限公司和曲美家具有限公司，听取企业涉爆粉尘治理工作汇报，现场查看生产车间及除尘系统，重点对控爆措施落实情况进行检查。中粮（北京）饲料科技有限公司斗式提升机及除尘器无泄爆措施、仓顶除尘器未采取火花防控措施；曲美家具有限公司除尘系统未设置泄爆装置、微细过滤环节存在正压吹风、方型刮板机不符合标准规范。针对检查发现的隐患问题，检查组执法人员责令企业整改，检查组专家向企业提出具体整改要求和技术措施。

（饶守国）

【隐患治理项目资金管理办法】 9月15日，市安全监管局、财政局根据《市政府关于推进安全生产事故隐患排查治理体系建设的意见》《市政府办公厅转发市安委会办公室关于进一步加强安全生产事故隐患排查治理工作意见的通知》等文件精神，联合印发《北京市生产安全事故隐患治理项目资金管理办法》，规范生产安全事故隐患治理项目资金管理，提高财政资金使用效益。该办法对本市生产安全事故隐患治理项目资金内容、支持范围、工作程序、有关部门职责等进行规范。

（陈阳）

【怀柔区企业隐患治理督导检查】 10月24日，市安全监管局对怀柔区3家工业企业隐患治理工作进行督导检查。检查发现，玛氏食品（中国）有限公司能够严格落实粉尘防爆和有限空间管理措施，安全生产管理较为规范。北京科高大北农饲料有限责任公司和北京古诺凡希家具有限公司均存在除尘系统缺乏控爆措施、爆炸危险区域未使用防爆电气、有限空间管理台账不规范、未在有限空间作业场所设置明显安全警示标志等问题，检查组要求企业制定涉爆粉尘隐患整改方案，按照国家安全监管总局有关规定，落实有限空间作业安全管理措施，整改完成后按要求组织验收。

（饶守国）

【城乡结合部及“散乱污”治理调度会】 11月7日，市安全监管局召开城乡结合部地区安全生产专项整治暨“散乱污”企业治理专项行动工作调度会，了解掌握各区专项整治进展情况，进一步推动专项整治工作开展。会议要求各区安全监管局高度重视专项整治工作，对生产经营单位加强监管，严格按照“有目标、有方案、有部署、有政策、有调度、有留痕、有督查、有总结”的要求开展验收。发挥专职安全员的作用，固化整治成果，把整治工作纳入执法计划和检查重点，与日常检查有效结合，形成长效安全监管机制，防止隐患问题反弹。

（叶子楠）

【开发区企业隐患治理督导检查】 11月17日，市安全监管局对北京经济技术开发区危险化学品使用及涉爆粉尘隐患治理情况进行督导检查。检查发现，霍曼（北京）门业有限公司喷涂设备设施控爆措施不完善，粉末清理采用正压吹扫方式且喷粉区粉末涂料超量存放。检查组责令霍曼（北京）门业有限公司整改存在的隐患问题，依据标准规范进行风险排查，制定隐患整改方案，消除静电粉末爆炸风险。

（饶守国）

【安全隐患整治专项行动部署】 11月24日，市安全监管局印发《关于做好安监系统安全隐患大排查大清理大整治专项行动工作的通知》，落实11月19日市委、市政府安全隐患大排查大清理大整治专项行动部署电视电话会议精神和市安委会《关于开展安全隐患大排查大清理大整治专项行动的通知》，明确组织机构和工作职责，列明7项安全监管系统重点任务，提出14项具体措施，要求全市深入开展安全隐患大排查大清理大整治行动，分行业制定具体实施方案，开展“四不两直”检查，强化一线执法力度。

（崔小兵、郝树亮）

【国企隐患排查治理体系建设】 12月4日，市安全监管局、国资委联合印发《关于市属国有企业隐患排查治理体系建设及信息系统应用情况的通报》，对国有企业隐患排查治理体系建设总体情况、存在问题进行通报，并提出工作要求。据统计，全市生产型一级国有企业35家，其中20家企业率先完成“一企一标准、一岗一清单”编制、制度建立及信息系统自建工作，12家企业初步完成“一企一标准、一岗一清单”编制、制度建立工作。

（陈阳）

【重大危险源企业电气防爆安全检测】 本年，市安全监管局对危险化学品重点企业开展危险场所电气防爆安全检测。检测涉及房山、丰台、大兴等13个区的82家重大危险源企业及18家危险化学品生产经营单位。按照“一类企业一套检测方案”“一个企业一份检测报告”标准，开展实地检测。根据各类企业危险特点及防爆分区划分，对变配电系统、防爆电气设备、电气线路、接地系统等重点区域、设备、线路和关键部位进行检测检查。对爆炸危险物质目录、爆炸危险区域划分图、防爆电气设备清单、接地装置清单和位号信息、防爆电气设备防爆合格证复印件等相关技术资料进行审查。运用接地电阻测试仪、红外热像仪、连续性检测仪等仪器设备进行接地电阻、红外测温、跨接电阻等项目检测。检测后，对企业电气防爆管理情况进行梳理、分析和评估，反馈电气防爆安全事故风险。排查电气防爆管理中存在的突出问题和风险隐患，提出整改要求，改善企业安全状况，综合评估全市危险化学品重点企业电气防爆安全管理基本状况。

（嵇征）

应急救援

【全市应急管理工作会】 4月6日，市应急办召开2017年全市应急管理工作会议，总结应急管理工作取得的成绩，部署2017年应急管理技术通信和宣教动员工作。市政府副秘书长尹培彦出席并讲话。会议强调要在风险防范、统筹规划、日常基础、应急处置及社会协同上更下功夫。会上，市安全监管局副局长李东洲就全市安全风险评估试点工作和危险化学品巨灾情景构建工作进行发言。

（黄亮）

【京津冀协同应对事故动员会】 4月7日，京津冀协同应对事故灾难试点工作动员会在京召开，国家安全监管总局矿山指挥中心、通信信息中心，国家安全生产应急救援指挥中心相关部门，中国安科院，北京市、天津市、河北省安全监管局，北京石油化工学院，中国航油集团津京管道运输有限责任公司，中国石油管道局工程有限公司维抢修分公司，北京市通州区、天津市武清区、河北省廊坊市安全监管局有关负责人参加会议。会议解读《京津冀协同应对事故灾难试点工作方案》，北京市通州区、天津市武清区、河北省廊坊市安全监管局签订《关于建立次区域安全生产应急联动工作机制的协议》。会议决定在北京市通州区、天津市武清区、河北省廊坊市开展试点，探索切实可行的安全生产应急联动制度、标准、机制，为京津冀协同应对事故灾难机制提供成熟的理论和实践成果。随着动员会的召开和协议的签署，通州区、武清区、廊坊市安全生产应急联动机制建设工作正式启动，京津冀协同应对事故灾难试点工作由准备阶段正式转入实施阶段。

（黄亮）

【市级专业应急队伍验收活动】 4月21日，市应急办在燕山石化教培中心举办北京市安全生产市级专业应急救援队伍验收活动。中石化北京燕山分公司消防支队、北京东方石油化工有限公司救援队、京煤集团昊华矿山救援队3支队伍参加验收。市应急办副主任单青生宣布3支队伍验收合格。

（黄亮）

【全市防灾减灾主题宣传活动】 5月26日，市应急委在通州区运河文化广场举办主题为“减轻社区灾害风险，提升基层减灾能力”的防灾减灾宣传活动，活动现场设置展板区、展台区、应急演练区。副市长卢彦出席活动。此次活动，市安全监管局设计以“应急演练进企业”为主题的宣传展板，发放各类宣传手册、光盘600多册（张），展示各类应急救援小装备20余种，发放洗手巾、购物袋等小礼品300余份。

（黄亮）

【柴油罐车泄漏事故应急处置】 5月31日，延庆区京新高速出京方向张山营检查站一公里处发生一起30吨柴油罐车追尾事故，导致柴油泄漏。市安全监管局接到事故报告后立即赶赴事故现场，对现场警戒范围、安全倒罐作业、现场监护、泄漏油品稀释和无害化处置等提出要求，指导现场应急处置工作科学有序进行，事故得到妥善处置，未造成人员伤亡及次生、衍生灾害。

（黄亮）

【应急管理示范试点工作会】 7月21日，市安全监管局会同北京安联召开应急管理示范试点工作会，各区安全监管局主管领导以及全市187家重点企业安全管理人员参加会议。会议通报2016年危险化学品重大危险源应急管理示范验收情况和2017年应急管理示范试点工作安排。会议要求各单位提高认识，准确把握安全生产与应急管理之间“防”与“备”的关系，要把更多的工作精力和专家资源投放在企业自评阶段，实现所有创建企业应急管理水平的整体跃升。做好重点企业的业务指导，帮助企业把存在的问题解决在企业自评阶段。把安全生产应急管理专项执法检查和应急管理示范企业创建有机融合，通过加大执法检查力度正向牵引应急管理示范试点工作。

（黄亮）

【昌平区企业应急管理专项检查】 9月25日，市安全监管局副局长李东洲带队检查昌平区北京诺华制药有限公司、中石化北京石油分公司沙河油库的安全生产应急管理工作，昌平区安全监管局有关负责人参加检查。在北京诺华制药有限公司，检查组听取企业关于安全生产情况的汇报，查阅应急预案、应急演练、应急教育培训、应急处置等相关档案台账，检查危险化学品仓库、药剂压片和灌装工艺中涉粉尘的生产车间、实验室等重点部位。检查组要求企业危险化学品储存仓库钢梁顶棚使用防火涂料，对危险场所静电消除设备更新换代，有针对性地加强应急预案、应急培训和演练工作。在中石化北京石油分公司沙河油库，现场检查汽油储罐区、新建储罐施工现场、库区应急通讯设备、地下有限空间安全警示设置等场所和安全工作相关内容，查阅油库应急预案、应急演练、应急教育培训、应急处置等相关档案台账。检查组要求企业抓好责任落实，强化反恐工作，有效应对各类突发事件。

（黄亮）

【全国矿山救援技术竞赛】 9月26日至29日，市安全监管局带领京煤集团昊华矿山救援队参加由国家安全监管总局、国家煤矿安全监察局、中华全国总工会、共青团中央、河北省人民政府共同主办，开滦（集团）有限责任公司承办的第十一届全国矿山救援技术竞赛。此次竞赛，京煤集团昊华矿山救援队在模拟救灾、医疗急救、理论考试、呼吸器操作、综合体能、指挥员战术运用和单兵救援7个项目中，取得良好成绩，展示北京市矿山应急救援队伍的过硬专业素质和良好精神风貌。

（黄亮）

【京津冀协同应对事故灾难联合演练】 10月31日，2017年京津冀协同应对事故灾难联合演练在北京燕化教育培训中心举行。国家安全生产应急救援指挥中心指挥协调部主任范晋生出席演练活动。北京市安全监管局、天津市安全监管局、河北省安全监管局，北京市通州区安全监管局、天津市武清区安全监管局、河北省廊坊市安全监管局，中石化北京燕山分公司、中国航油集团津京管道运输有限责任公司、中国石油管道应急抢险中心、北京石油化工学院有关负责人和应急救援队伍近200人参加演练活动。演练以中国航油津京输油管道泄漏事故为背景，设计事件发生、事故信息上报与先期处置、联合应急救援、启泵试运行与环境影响检测、应急处置结束、处置信息上报6个环节。重点演练属地部门先期处置、京津冀三地启动应急联动机制、现场三地专业处置队伍开展协同联动及共享使用社会应急处置力量，突出应对事故灾难的救援技术，为后续京津冀事故灾难应急联动奠定基础。

（黄亮）

【温泉火灾事故应急处置总结会】 12月12日，市安全监管局召开“12·6”温泉火灾事故应急处置总结研讨会，海淀区安全监管局、应急办、城市管理委和温泉镇政府有关负责人，北京千禧京城气体有限公司、北京氦普北分气体工业有限公司、北京超拓科诺燃气设备有限公司和北京石油化工学院有关人员参加会议。会上，海淀区安全监管局通报"12·6"温泉火灾事故LNG储罐应急处置情况，参与现场处置单位根据现场处置情况分别阐述现场警戒疏散、持续监测、调度应急物资设备、联动科学决策并实施现场处置的过程以及事故处置的经验。与会人员对LNG储罐火灾现场处置过程和具体措施展开研讨。会议议定：加强"煤改气""煤改电"等工程风险管理，提高特定风险（LNG储罐）应急准备和应急能力，完善政府间、部门间联动机制，提升现场应急技术手段。

（黄亮）

【安全生产应急管理地方标准】 12月15日，市质监局批准40项北京市地方标准，并进行公告。其中，4项为安全生产应急管理标准，主要包括：《生产经营单位安全生产风险评估规范》(DB11/T 1478—2017)、《人员密集场所应急疏散演练导则》(DB11/T 1479—2017)、《生产安全事故应急避难场所分级管理规范》(DB11/T 1480—2017)、《生产经营单位生产安全事故应急预案评审规范》(DB11/T 1481—2017)。

（黄亮）

【应急救援物资更新配送】 本年，市安全监管局组织市劳保所等有关单位和专家，分别到房山区、朝阳区、大兴区、昌平区和通州区应急救援物资仓库，对部分过期的危险化学品应急救援物资进行论证、更新、验收。在市、区、乡镇街道应急管理部门以及应急物资仓库管理人员配合下，所有物资于6月21日前完成配送。更新物资12类、520件套，全部达到验收标准。

（黄亮）

【社会应急救援力量状况调研】 本年，市安全监管局会同北京安联赴北京蓝天救援队开展调研考察工作。蓝天救援队是中国民间从事紧急救援任务的公益机构，成立于2007年，成员规模约3万人，实行队长负责制。按照专业类型划分为高山救援队、水上救援分队、通讯分队、医疗分队、搜救犬分队、城市救援分队、绳索救援分队、志愿航空救援队、潜水分队和机动分队，各专业队分布于全国各地。蓝天救援队救援行动范围涵盖各类自然灾害、山林火灾、大型意外事故与其他户外安全事故。其定位是政府应急体系的辅助力量，协助配合政府参与各种灾害事故救援行动、大型活动保障、各类防灾减灾教育培训等。通过考察调研，将为探索本市安全生产领域借助社会力量参与事故救援奠定基础。

（黄亮）

【应急救援科技论文】 本年，国家安全生产应急救援指挥中心组织开展全国安全生产应急救援科技论文征集活动。在评选中，由市安全监管局和北京石油化工学院报送的《基于FCM-AHP的应急能力评估权重模型结构研究》荣获一等奖，同时报送的《综合楼宇火灾疏散路线研究》荣获优秀奖。并在全国安全生产应急救援科技装备工作现场会上予以表彰。

（黄亮）

执法监察

【十八届中央纪委七次全会安全保障】 1月6日至8日，市安全监管局制定安全生产监管方案，明确市、区及行业部门安全监管职责，明确检查重点、任务时限和工作要求，对十八届中央纪委七次全会会场周边企业开展安全生产检查。按照工作要求，海淀区安全监管局完善更新京西宾馆周边200米范围内52家企业安全生产基础台账，并完成第一轮全覆盖执法检查；市安全监管局执法监察总队对该地区企业实施安全生产抽查，被查企业安全生产责任制落实较为扎实，安全生产秩序稳定良好。会议期间未发生安全生产责任事故。

（叶子楠）

【中央政法工作会议安全保障】 1月12日至13日，中央政法工作会议在北京京西宾馆召开。市安全监管局制定安全生产监管工作方案，明确市、区两级及行业部门安全监管职责，明确检查重点、任务时限和工作要求，对中央政法工作会议周边企业进行安全生产执法检查。海淀区安全监管局和羊坊店街道按照工作要求建立北京京西宾馆周边200米范围内企业安全生产基础台账，开展全覆盖执法检查；市安全监管局执法监察总队对安全生产保障工作开展情况进行抽查；会议期间，羊坊店街道安全检查人员每天进行安全巡视，为会议举行提供良好的安全生产环境。

（叶子楠）

【北京市“两会”安全保障】 1月12日至20日，市安全监管局制定北京市“两会”安全保障监管方案，明确检查重点、任务时限和工作要求。朝阳区安全监管局按照方案要求，提前梳理排查会场（驻地）周边生产经营单位基础台账，制定检查计划，组织开展全覆盖安全检查。会议召开前，市安全监管局执法监察总队对北京市“两会”会场内北京电视台直播大厅、千龙网转播大厅等临建设施搭建工作进行检查，要求施工单位规范作业，保证施工安全。会议期间，会场周边及全市安全生产秩序良好。

（叶子楠）

【春节前人员密集场所安全检查】 1月19日，市安全监管局对全市大型商场市场等人员密集场所开展安全生产执法检查。检查所在区域内写字楼、公寓、商场及酒店等场所，调取企业安全生产管理文件30余份，聘请专家评审企业提交资料。检查中发现，部分被查企业存在安全生产责任制、安全管理制度、应急预案等未及时更新修订；配电室内应急出口、应急疏散标识缺失，没有配备专用的应急灯，特种作业人员没有考核记录；未组织开展安全生产责任制考核工作。针对企业存在的隐患问题，执法人员依法下达行政执法文书，并约谈企业负责人。

（叶子楠）

【工业企业春节前安全检查】 1月20日，市安全监管局对北京大发正大有限公司进行执法检查。检查组听取企业安全生产管理工作的情况介绍，重点查看液氨制冷机房、污水处理系统安全管理情况。检查发现，企业存在液氨制冷机房部分电气使用非防爆产品、管路连接无消除静电跨接、液氨泄漏报警信号设置不规范、未开展有限空间作业危险辨识、污水处理场所未设安全警示标识等问题。执法人员责令企业对照标准规范立即整改，并对整改情况进行复查。

（饶守国）

【北京市春节团拜会安全保障】 1月23日，市安全监管局派检查人员赴北京饭店对“北京市春节团拜会”活动现场临建设施搭建现场进行安全检查，重点检查正在进行的灯光架搭设高处作业、背景板支撑架体搭建及特种作业人员持证等情况。

（叶子楠）

【“两会”期间工业企业安全检查】 2月22日，市安全监管局会同顺义区安全监管局，对位于顺义区的全国“两会”驻地周边200米范围内的3家工业企业进行安全检查。针对检查发现的生产车间易燃物清理不及时、易燃物品违规存放、粉尘清扫不彻底，以及违反《工贸企业有限空间作业安全管理与监督暂行规定》等问题，执法人员依法下达责令限期整改指令书。经复查，隐患问题全部整改完毕。

（李宏良）

【全国“两会”安全保障】 2月27日至3月15日，市安全监管局开展全国“两会”安全保障工作，明确工作方案和任务，协同属地安全监管部门对会议、驻地及周边生产经营单位开展“全覆盖”执法检查。2月20日至28日，市安全监管局执法监察总队对全国“两会”会场、驻地周边200米范围内的生产经营单位开展抽查检查，排查安全隐患问题33项，3月1日前全部整改完毕，涉及违法违规的行为全部立案处理；东城区、西城区等6个区安全监管局、乡镇街道（园区）组织对会场（驻地）周边200米范围内生产经营单位开展“全覆盖”执法检查；其他区安全监管局、乡镇街道（园区）组织对危险化学品生产企业、烟花爆竹仓库、非煤矿山、工业企业和人员密集场所开展执法检查。为全国“两会”顺利召开提供良好的安全生产环境。

（叶子楠）

【平谷区涉爆粉尘企业执法检查】 3月10日，市安全监管局会同平谷区安全监管局对平谷区大林万达汽车部件有限公司、九鼎通信设备有限公司、永丰余家纸（北京）有限公司、七星飞行电子有限公司、京兰非织造布有限公司5家重点涉爆粉尘企业的除尘系统、防火防爆、安全管理等情况进行执法检查。针对检查发现的生产作业场所粉尘清扫制度不完善、落实防火防爆措施不严格、除尘系统设置不规范等问题，执法人员依法对九鼎通信设备有限公司、七星飞行电子有限公司、京兰非织造布有限公司3家企业下达责令限期整改指令书。要求企业对照粉尘防爆法规和标准规范，制定整改方案，落实防爆措施和主体责任。

（饶守国）

【电影节临时设施安全保障】 3月28日，市安全监管局会同市公安局消防局、怀柔区安全监管局召开安全保障现场会，针对电影节开闭幕式临建设施搭建相关工作，听取搭建单位工作汇报，明确监管要求。期间，市、区进行24次集中安全检查，下达责令限期整改指令书和检查记录22份，发现和消除安全隐患49项。

（叶子楠）

【怀柔区“散乱污”企业专项督查】 4月10日，市安全监管局赴怀柔区对“散乱污”企业隐患治理工作进行专项督查，核查3家“散乱污”挂账企业隐患整改情况。经核查，其中1家企业存在只关闭部分生产线，其他环节还继续运营的情况，执法人员责令该企业负责人向区、镇两级安全监管机构提交关停处置方案，明确生产原料、产品、机械等重点部位和设备的处置措施，对排查出的隐患立即整改。并对属地镇政府提出加强安全监管力度、督促安全隐患整改措施落实的工作要求，责成区安全监管局对停产情况进行复查。

（叶子楠）

【延庆区“散乱污”企业专项督查】 4月21日，市安全监管局采取领导带队、现场督导、集中反馈、强化落实方式，对延庆区“散乱污”企业隐患治理工作进行专项督查。延庆区“散乱污”企业整治台账共22家生产经营单位，8家生产经营单位存在安全生产隐患，集中在商贸和餐饮等行业。检查组要求被督查企业落实安全生产主体责任，强化日常管理，加强日常巡查，发现隐患问题及时整治。要求延庆区安全监管局按时完成市级“散乱污”挂账隐患整治工作。

（叶子楠）

【“一带一路”峰会安全督查】 4月25日，市安全监管局对东城区、朝阳区“一带一路”国际合作高峰论坛期间重点行业领域安全生产工作进行专项督查，听取属地部门和单位服务保障汇报，对会议驻地及周边200米内人员密集场所开展执法检查，要求有关部门和单位加大执法检查频次和力度，确保“一带一路”国际合作高峰论坛期间安全稳定。

（叶子楠）

【专职安全员规范化建设推进会】 4月26日，市安全监管局召开乡镇街道专职安全员队伍规范化建设示范区工作推进会，东城区、西城区、朝阳区、丰台区、通州区、顺义区等示范区有关负责人、各区试点乡镇街道安全生产检查队队长参加会议。会议通报6个示范区14个试点乡镇街道安全生产检查队规范化建设初评验收及评定成绩，并结合试点检查队申报材料，讲解规范化建设达标标准、评审方法及相关支撑材料要素。经初评验收，14个试点乡镇街道安全生产检查队规范化建设评定成绩均达950分以上，初步达标。

（叶子楠）

【房山区工业开发区安全检查】 5月9日，市安全监管局会同市国资委对房山区工业开发区“一带一路”国际合作高峰论坛期间安全生产保障工作进行检查。经检查，北京御生堂保健食品有限公司、北京帕尔普线路器材有限公司存在涉爆粉尘和有限空间作业安全管理不到位，未按规定对有限空间作业进行辨识、未建立有限空间台账等问题。执法人员依法下达行政执法文书，责令2家单位限期整改。经复查，隐患问题全部整改完毕。

（王燃然）

【昌平区城乡结合部专项督查】 5月9日，市安全监管局对昌平区城乡结合部整治工作进行专项督查，听取区安全监管局及部分乡镇街道相关情况汇报，对挂账企业开展督导检查。检查中，发现部分企业存在职业卫生警示告知牌被遮挡、职业卫生防护用具未按规定存放等问题，执法人员当场下达责令限期整改指令书，要求企业落实主体责任，整改隐患问题。责成昌平区安全监管局对企业整改情况进行复查。

（叶子楠）

【新机场在建工程定向执法】 5月25日，市安全监管局邀请建筑行业专家对北京新机场在建工程进行重点定向执法。对安全管理资料和施工现场施工单位安全生产管理机构设置和安全管理人员配备、安全生产责任制、安全生产教育培训、应急管理、特种作业人员管理、施工现场用电安全管理、特种作业人员持证上岗、安全警示标识设置、基坑安全防护和脚手架搭设等情况进行检查。检查发现部分标段存在钢筋加工区部分物料放置不规范、作业现场个别水平防护网破损、当班电工未穿戴劳动防护用品、部分配电箱缺少开关控制标识、个别焊工未进行特种作业备案、部分安全生产规章制度不健全。针对检查发现的问题，执法人员依法下达行政执法文书，责令企业限期整改。

（叶子楠）

【检查队规范化建设现场会】 6月1日至2日，市安全监管局召开全市安全生产检查队规范化建设暨安全监管执法规范化现场会，全面展示通州区西集镇、于家务回族乡、漷县镇安全生产专职安全员队伍规范化建设阶段性成果，并组织各区安全监管局负责人座谈，交流专职安全员制度建设、团队建设、信息化建设等工作。会议要求各区安全监管局抓好安全生产专职安全员队伍规范化建设，落实提质增效和工作转型发展要求，利用信息化技术，实现执法与检查的信息互通共享。

（叶子楠）

【“科博会”安全生产执法检查】 6月8日至10日，第二十届中国北京国际科技产业博览会在京召开。市安全监管局制定市、区安全监管工作方案，明确会场周边200米范围内企业安全生产执法检查工作重点和完成时限，部署工作任务，开展监督检查。期间，市安全监管局和西城区安全监管局多次开展相关检查工作，确保博览会各项活动顺利举行。

（叶子楠）

【全国金融工作会议安全保障】 7月13日至16日，全国金融工作会议在京召开，市安全监管局制定市、区《全国金融工作会议安全监管工作方案》，明确牵头部门、制定检查计划，对会场周边200米内企业开展执法检查。期间，市、区、街道出动执法检查人员31人次，检查41家生产经营单位，排查整改安全隐患14项，依法下达行政执法文书8份。

（叶子楠）

【顺义区重点企业突击检查】 8月8日，市安全监管局采取“四不两直”方式，对顺义区4家涉爆粉尘企业、2家“散乱污”企业进行突击检查。检查发现，2家市级挂账“散乱污”企业其中1家停产停业，另一企业隐患已经整改到位。在对涉爆粉尘企业检查中，执法人员发现有的企业对砂光机粉尘做清扫时违规使用压缩空气，粉尘储藏间内电机接线不符合防爆要求，工人未按规定佩戴防尘口罩和耳塞，现场未能提供职工职业健康监护档案等问题。执法人员依法下达行政执法文书，责令企业按要求整改。

（叶子楠）

【大兴区企业执法检查】 8月14日，市安全监管局对大兴区瀛海镇北京三元食品股份有限公司、美巢集团股份公司进行安全生产执法检查，对企业安全生产责任制、安全生产管理制度、特种作业人员持证上岗和职业卫生管理情况进行抽查。检查发现，企业存在配电室安全出口未设置安全疏散指示标志、未在有限空间作业场所（配电室电缆井）设置安全警示标志、未对职工提供符合标准的劳动防护用品（绝缘鞋）、特种作业操作证超过复审期、未按照规定向安全监管部门申报产生职业病危害的项目等问题。针对检查发现的隐患问题，执法人员依法对企业实施行政处罚。

（叶子楠）

【“一会一节”安全保障】 8月23日至27日，“第二十四届北京国际图书博览会”“第十五届北京国际图书节”在中国国际展览中心新馆（顺义）同时、同地举办，市安全监管局会同顺义区安全监管局对会场内7个展馆87个展区开展安全检查，确保“一会一节”顺利举办。

（叶子楠）

【全国政协会议安全保障】 8月28日至30日，政协第十二届全国委员会常务委员会第二十二次会议在京召开。市安全监管局协同海淀区安全监管局和属地紫竹院街道，对会议驻地周边生产经营单位进行抽查，对检查中发现的人员密集场所安全出口管理不规范等问题提出整改要求，并在会议期间持续开展执法检查。

（叶子楠）

【平谷区工业企业执法检查】 9月6日，市安全监管局对位于平谷区的维达北方纸业（北京）有限公司和北京市老才臣食品有限公司2家工业企业进行执法检查。检查中发现，维达北方纸业（北京）有限公司有限空间作业比较规范，建立有限空间作业台账和作业审批制度，按照作业要求购置检测和防护用品。北京市老才臣食品有限公司有限空间作业存在辨识不清、标识不规范、未建立审批制度、未配备作业设备等问题。针对企业存在的隐患问题，执法人员下达责令限期整改指令书。经复查，隐患问题整改完毕。

（王燃然）

【“双创周”安全保障】 9月15日至21日，市安全监管局邀请专家，对“2017年全国大众创业万众创新活动周”北京分会场临建设施进行安全检查。检查发现搭建现场脚手架底部自锁装置未开启、安全帽质量不符合标准，并存在高处作业不系安全带、交叉作业、通风不畅等隐患问题，执法检查人员依法下达行政执法文书，要求有关单位立即整改，并将问题反馈给市发展改革委、中关村管委会等主办单位。为防止引发事故，执法人员要求施工方为作业人员配备符合标准防护设备并正确使用，加强人员监护，及时清理易燃杂物，严禁疲劳作业。

（叶子楠）

【国际农产品交易会安全保障】 9月21日至24日，“第十五届中国国际农产品交易会”在京举办。市安全监管局协同朝阳区安全监管局聘请结构专家、电气专家对会场进行安全生产检查。检查发现现场部分配电箱无漏电保护、无电路图标志、电线材质不符合要求、部分展台内部支撑不符合要求、高处作业人员未系安全带、施工人员未佩戴安全帽等问题。执法人员责令施工单位立即整改，举一反三排查隐患，并约谈承办单位，督促整改隐患问题。期间，加大对活动现场安全检查力度，对临建设施的搭建拆除工作实施全过程监管，保障交易会顺利举办。

（叶子楠）

【“砥砺奋进的五年”展安全保障】 9月25日，“砥砺奋进的五年”大型成就展在北京展览馆举办。市安全监管局派驻专人对“砥砺奋进的五年”大型成就展进行全过程安全监管，协助展览方建立安全管理运行保障机制，协调解决多项安全问题，并根据现场临建设施特点，采取有效措施办法，开展特种作业、用电和展板结构专项检查，聘请监理单位对施工质量和安全进行监理，由第三方机构对展台进行安全综合评估。

（叶子楠）

【党的十九大时期安全保障】 9月28日至10月23日，市安全监管局协同各区安全监管局开展安全生产执法检查。通过联合执法、抽查检查、指导观摩等方式，与各区实现“三级联动、工作融合”，实现执法检查工作的提质增效，为党的十九大胜利召开营造良好的安全生产环境。全市出动检查人员136165人次，检查生产经营单位103033家，排查隐患96641项，整改消除隐患91386项，排查整改重大隐患31项，下达责令限期整改指令书26537份、现场处理措施决定书7058份，停产停业1303家，行政处罚81起。

（叶子楠）

【天安门花卉布置临建安全管理】 9月，市安全监管局组织力量每天对天安门广场国庆花卉布置工程，开展24小时现场临建设施全过程安全生产监管。加强现场安全管理，制定具体的日常安全管理方案，督促有关单位开展自查，保证应急物资、人员、设备、方案四到位。

（叶子楠）

【国庆节期间重点单位执法检查】 10月4日，市安全监管局采取“四不两直”方式，对海淀区3家人员密集场所和6座加油站进行执法检查。经检查，北京翠微大厦股份有限公司、海淀区当代商城责任有限公司重视节日期间安全管理，建立突发事件演练制度，按要求进行隐患排查并记录。北京燕港石化服务有限公司、裕翠加油站和万泉庄加油站应急值守人员在岗，建立加油站散装油品销售台账，进行应急演练和人员培训。北京苏宁云商销售有限公司北太平庄店存在库房应急灯无法使用、对安全人员培训不到位等问题；北京强安加油站存在安全生产责任制不明确、应急演练不完善、主要负责人履职不到位等问题；北京瑞洁加油站存在未如实记录安全生产教育和培训情况、未将事故隐患排查治理情况如实记录、站内停放社会车辆等问题。针对企业单位存在的隐患问题，执法人员分别下达责令限期整改指令书，并对涉嫌违法行为依法立案调查。

（刘丽敏）

【拆除“彩虹门”安全保障】 11月24日至27日，市安全监管局对建国门、复兴门“彩虹门”拆除工作进行安全检查，对施工方案、施工资质、安全生产许可、安全技术交底、特种作业人员持证上岗、配备灭火器、现场安全管理及汽车吊（80t）、升降车、破碎炮等机械安全情况进行安全检查。经检查，各项方案、制度及人员资质等要素均符合要求，现场机械设备安全状况良好。检查人员要求施工单位加强动火作业、切割作业、高处作业安全管理，做好过往车辆、行人的疏通引导。

（叶子楠）

【“散乱污”企业专项整治督查验收】 11月，市安全监管局按照全市“散乱污”企业安全生产专项整治部署要求，对“散乱污”企业开展督查验收。“散乱污”企业第一轮、第二轮整治（包括年底新增市级挂账生产经营单位）1316家，完成整治任务。检查企业5051家次，完成隐患整改企业739家，停产停业101家，关停803家，立案查处26家，罚款55.596万元。

（叶子楠）

【安全生产检查队规范化建设评审】 12月11日，市安全监管局会同市劳保所、北京安联组织评审组，按照“四统一、六规范、一创新”标准，对全市各区的乡镇、街道（园区）安全生产检查队开展规范化建设现场抽查考核。各区乡镇街道专职安全员队伍软、硬件建设水平普遍提升，部分乡镇街道专职安全员办公条件、装备配备、后勤保障有所改善。

（叶子楠）

【冬奥会会徽发布仪式安全保障】 12月15日，北京2022年冬奥会、冬残奥会会徽发布仪式在国家游泳中心举行。市安全监管局与承办方紧密联系，了解现场临建设施搭建时间、地点、方案等信息，聘请专家对施工单位资质、监理情况、临建设施设计方案、安全风险评估报告进行审查，并联合朝阳区安全监管局对国家游泳中心周边200米内生产经营单位开展两轮次“全覆盖”执法检查。

（叶子楠）

【中央经济工作会议安全保障】 12月18日至20日，中央经济工作会议在京举行。市安全监管局制定安全监管工作方案，明确检查重点和完成时限，协同属地安全监管局对京西宾馆周边200米内生产经营单位开展安全生产执法检查，督促生产经营单位落实安全生产主体责任。

（叶子楠）

【事故单位督查】 12月19日，市安全监管局组织专家对年内发生安全生产事故的部分建筑领域生产经营单位进行督导检查。检查组对生产经营单位“党政同责、一岗双责”落实、安全生产责任制签订、施工组织设计、工程管理等情况进行检查。依照《北京市安全生产约谈办法》，约谈事故单位主要负责人，通报检查中发现问题。

（叶子楠）

【“跨年灯光秀”临建设施安全检查】 12月25日，市安全监管局对“跨年灯光秀”巨型灯光架等配套临建设施进行安全检查，明确市、区安全监管工作职责、了解施工单位资质、工程规模、施工时间等情况。会同朝阳区安全监管局、聘请专家对“跨年灯光秀”现场临建设施搭建进行安全检查，针对易发大风天气情况，提出对灯光架实施防风加固措施等要求。

（叶子楠）

【“新年倒计时”安全保障】 12月28日，市安全监管局赴北京“新年倒计时”活动现场，开展安全检查。活动前期，市安全监管局制定工作方案，明确安全监管工作职责，与承办方协同检查临建设施搭建单位资质、规模、时间、地点、施工方案等情况，聘请第三方机构开展安全评估并对搭建方案进行前期审查。

（叶子楠）

【全国政协新年茶话会安全保障】 12月29日，全国政协2018年新年茶话会在全国政协礼堂召开。市安全监管局制定安全监管工作方案，明确检查重点和完成时限，监督属地安全监管部门落实监管职责。随机抽查企业安全生产情况，落实企业安全生产主体责任。

（叶子楠）

【生产安全事故调查处理】 本年，市、区两级安全监管局查处生产安全事故143起，其中结案140起，罚款5520万余元，追究刑事责任75人，党政纪处分52人（其中政府公职人员10人）。

（车广杰、杨颖）

职业卫生监督检查

【劳动者“互联网＋”培训研讨会】 1月10日，北京市职业病防治联合会召开劳动者“互联网＋”培训模式研讨会，市疾控中心、职防联、职业卫生技术服务专委会及网站公司人员参加会议。会议对劳动者“互联网＋”培训网站及手机端建设框架结构进行研讨，对培训课程录制形式及内容进行讨论。

（王海斌）

【约谈职业卫生服务机构负责人】 2月6日，市安全监管局根据国家安全监管总局2016年对全国11个省46家甲级、乙级、丙级技术服务机构监督检查中，通报注册在北京市的6家甲级、2家乙级机构存在的问题，集体约谈北京中职安康科技有限公司、中国石油集团安全环保技术研究院、北京市劳保所、北京工业技术开发中心、北京安华鼎仕检测技术服务中心、世纪万安科技（北京）有限公司等职业卫生技术服务机构负责人或技术负责人，落实国家安全监管总局对存在问题技术服务机构进行整改的要求。各技术服务机构均落实整改，提交整改报告。

（吴强）

【有限空间作业执法检查】 2月21日至23日，市安全监管局对东城区、西城区、朝阳区、海淀区、丰台区、顺义区开展有限空间作业执法检查。对北京电信工程局及所属光缆一公司全国“两会”安保措施和有限空间作业管理进行检查，检查职工安全教育培训现场；对北京光环集团所属网络一分公司第9、第16项目部等单位安全生产规章制度落实情况和有限空间作业管理情况进行检查；对北京电话工程有限公司及所属七分公司进行检查，查看个体防护、呼吸应急设备合格证及使用情况。

（安洪卫、吴强）

【北京新机场建设职业卫生调研】 3月3日，市安全监管局会同大兴区安全监管局、市化工职业病防治院有关负责人和专家，到北京新机场调研职业卫生监管工作。调研组查看新机场航站楼等项目建设情况，听取新机场建设、运行概况介绍。结合国际现行标准，围绕新机场各功能区在建设、运行中存在的职业病危害因素，以及建设项目职业病防护设施“三同时”和工程防护和个体防护工作进行研究讨论。加强安全监管，落实职业卫生管理工作。

（石逸超）

【海淀区“两会”期间安全督查】 3月7日，市安全监管局第三督查组到海淀区花园路街道办事处开展全国“两会”期间安全生产专项督查。督查组检查海淀区花园路街道办事处及属地康利胶印厂、北京五色花印刷厂。检查发现，花园路街道办事处对属地企业安全检查未落实整改；康利胶印厂、北京五色花印刷厂未设置独立更衣间和休息室，库房照明线铺设混乱。督查组要求责任单位立即整改，并责成海淀区安全监管局对整改情况进行复查。

（安洪卫）

【昌平区制药企业执法检查】 3月8日，市安全监管局赴昌平区百善镇王庄工业园区，随机对北京天成兴宇建筑装饰工程有限公司进行职业卫生执法检查。经查，该公司职业健康管理混乱，未按规定及时、如实向属地安全监管部门申报职业病危害项目，未告知劳动者职业病危害情况，未按规定对劳动者进行职业健康检查。执法人员对该公司下达责令限期整改指令书，依法实施行政处罚。

（安洪卫）

【顺义区“两会”期间安全督查】 3月10日，市安全监管局到顺义区开展全国“两会”安全生产专项督查。检查高丽营镇政府及属地北京博北恒缘木制品加工厂、北京龙华润泽展览展示有限公司。经查，北京博北恒缘木制品加工厂、北京龙华润泽展览展示有限公司两家用人单位职业卫生管理制度不健全，未进行职业病危害因素检测评价，工程防护设施缺乏日常维护。督查组要求两家用人单位立即整改，并责成顺义区安全监管局对整改情况进行复查。

（李东明）

【尘毒噪声防护设备调研】 3月15日，市安全监管局对中安绿创（北京）职业卫生建设工程设计研究院有限公司尘毒噪声防护设备设施设计工作进行专题调研。调研组参观专利展厅、专业生产区及声学实验室，了解集有机挥发性废气（VOCS）净化装置、排风通道、柜式集气罩及调漆操作工作台为一体的净化排毒系统“VOCS高效净化一体机”“焊烟搜集净化一体机”，围绕“职业卫生技术服务平台”建立、产品化服务与公司设计人员单位进行研讨。

（吴强）

【企业粉尘危害执法检查】 3月21日至4月14日，市安全监管局对全市10个区、23家陶瓷生产和耐火材料制造企业开展专项执法检查。在检查用人单位职业卫生管理基础上，重点检查各用人单位是否达到“七个100%”，即用人单位职业病危害申报率100%、粉尘危害定期检测率100%、接触粉尘劳动者职业健康检查率100%、企业管理人员和接触粉尘劳动者培训率100%、粉尘危害重点岗位劳动者个人防护用品配备率100%、职业病危害因素告知率100%、建立职业卫生管理制度率100%。期间，执法检查23次，对2家企业下达责令限期整改指令书，行政处罚1起。

（安洪卫）

【职业病防治规划研讨会】 3月23日，市安全监管局召开北京市职业病防治规划（2016—2020年）研讨会，会议对《北京市职业病防治规划（2016—2020年）》起草情况进行再次研讨，按照会议要求进一步修改完善。

（王海斌）

【有限空间作业安全视频会】 4月25日，市安全监管局召开全市地下有限空间作业安全生产工作视频会，市住房城乡建设委、城市管理委、交通委、农委、水务局、新闻出版广电局、通信管理局有关负责人和从事地下有限空间作业的企业负责人参加会议。会议通报2016年地下有限空间作业安全生产事故情况，结合安全生产形势对2017年地下有限空间作业安全生产工作进行部署。要求各单位完善地下有限空间作业管理制度，强化教育培训，加强承发包管理，加大日夜巡查力度，有效遏制生产安全事故的发生。

（石逸超）

【职业病防治法宣传周活动】 4月25日，市安全监管局在北京经济技术开发区金风科创风电设备有限公司，开展“《中华人民共和国职业病防治法》一线行”宣讲活动，重点宣传企业职业健康文化。本年是《中华人民共和国职业病防治法》颁布实施的第15年，通过此次宣讲使企业对《中华人民共和国职业病防治法》有更深的了解，对职业卫生工作有更多的认识，更加重视职业病防治工作。要求企业落实职业健康管理责任，抓好职工职业健康工作。

（王海斌）

【大兴区“一带一路”峰会安全督查】 5月3日至4日，市安全监管局到大兴区和开发区，开展安全生产专项督查，抽查4家用人单位。经查，北京威顿玻璃制品有限公司、北京同仁堂参茸中药制品有限公司、北京运通博裕丰田汽车销售服务有限公司生产车间职业病危害因素告知栏和警示标识设置规范，个人劳动防护用品发放及时，主要负责人和职业卫生管理人员均参加培训且考核合格。北京华油联合燃气开发有限公司地下有限空间作业设施设备性能良好，现有特种作业人员能满足日常检修和应急抢修需要。

（吴强）

【全市职业病防治联席会议】 5月19日，市安全监管局召开全市职业病防治工作联席会议。市委宣传部、市发展改革委、经济信息化委、财政局、人力社保局、民政局、总工会、卫生计生委有关负责人参加会议。会议通报《北京市职业病防治规划(2016—2020)》草案起草情况，与会单位对规划草案进行讨论，提出具体意见和建议。

（王海斌）

【通州区食品加工企业执法检查】 5月23日，市安全监管局赴通州区潞城镇食品工业园区，对北京二商大红门肉类食品有限公司进行执法检查。检查组依次对“进厂圈养、屠宰、分割包装”等加工程序进行检查，查阅职业卫生管理档案。经查，该公司建立职业卫生管理制度，进行职业病危害项目申报、职业病危害因素辨识、职业危害警示和危害告知，定期开展职业病危害因素检测，按要求组织职工进行教育培训和体检，按时发放个体防护用品。

（安洪卫）

【职业卫生技术服务机构调研】 5月25日，市安全监管局到北京云帆沧海安全防范技术有限公司进行调研，调研本市职业卫生技术服务行业发展规律，规范不符合市场运行规律商业行为，保证行业自律、有序、健康发展。调研组实地检查了解职业卫生技术服务机构落实“开展检测评价等技术服务过程中，对用人单位劳动者进行有针对性培训”工作情况。通过调研，该机构能够落实市安全监管局工作要求，并做好相关备案。

（王海斌）

【西站地区有限空间安全监管】 5月25日，市安全监管局会同北京西站地区管委会召开西站地区地下有限空间安全生产工作会，通报“5·16”西站南广场地下有限空间事故。27日，市安全监管局组成检查组，对北京西联万博商业管理有限责任公司、北京中裕世纪大酒店地下有限空间作业场所进行隐患排查，了解管理制度建立等情况，查看隔油池、污水井、化粪池等作业场所管理情况，要求企业建立管理制度、加强承发包管理、张贴警示标识，完善通风设施和配备有害气体报警器等。

（石逸超）

【有限空间作业竞赛裁判员培训】 6月5日，市安全监管局在市劳保所举办有限空间作业大比武竞赛裁判员培训班，从事有限空间作业监督管理、一线作业人员66人参加。经5天理论、实操培训，考试合格学员获市劳保所颁发的大比武裁判员证书。

（李东明）

【职业卫生管理规范（草案）审查会】 6月7日，市安全监管局在市化工职业病防治院召开《非医疗机构放射性作业防护管理规范（草案）》专家审查会，中国疾病预防控制中心、中国核工业集团公司、北京市疾病预防控制中心、北京市劳保所、北京航空航天大学等单位专家参加标准草案评审会。专家组认为，规范（草案）编制过程调研数据翔实，充分结合行业特点，内容全面、符合程序，对规范非医疗机构放射性作业防护管理具有指导意义和推动作用。并对标准的适应范围、基本要求及与现行有效的相关国家标准、行业标准、地方标准的协调性、一致性提出修改意见。会议通过该规（范草案）审查，修改完善后依程序上报。

（王海斌）

【职业卫生技术服务机构培训】 6月14日至15日，市安全监管局在北京经济管理职业学院举办全市职业卫生技术服务机构专业技术人员培训班，28家在京甲级、乙级检测资质职业卫生技术服务机构，111名专业技术人员参加培训。培训班上，国家安全监管总局专家对新修订的《建设项目职业病防护设施“三同时”监督管理办法》进行解读，中国安科院、中国铁道科学研究院、市劳保所专家对职业卫生工程控制技术、职业病危害因素识别、分析与评价、局部排风标准等进行专题培训。

（石逸超）

【全市有限空间安全生产视频会】 7月6日，市安全监管局召开全市有限空间安全生产工作视频会，17个委办局有关负责人、各区安全监管局负责人参加会议。会议通报顺义区“6·30”有限空间安全生产事故情况，要求各单位提高对有限空间作业安全认识，加强安全教育培训，加强承发包管理，开展有限空间安全大检查。

（石逸超）

【防暑降温联合执法检查】 7月11日至12日，市安全监管局联合市人力社保局对通州区、大兴区重点建筑领域和涉及高温作业用人单位进行执法检查。经查，中建一局第二建筑有限公司、中筑天佑建筑工程（北京）有限公司、北京城建集团、北京城乡建设集团落实《防暑降温措施管理办法》，制定防暑降温和应急救援等管理制度，现场发放清凉饮料、新鲜水果和防暑药品等，特别是北京城乡建设集团还开展“夏季送凉爽活动”。

（安洪卫）

【职业病防治评估研讨会】 7月18日，市安全监管局召开职业病防治评估工作研讨会，结合本市职业卫生监管实际，研讨2017年度职业病防治评估相关指标调整问题。会议肯定过去3年职业病防治评估工作取得的实效，并对评估工作中暴露出的薄弱环节进行剖析。会议提出“保持基本，个别调整”的评估工作思路，并就个别指标如何调整落实提出措施办法。

（王海斌）

【水泥企业专项治理调研】 7月20日，市安全监管局到昌平区北京金隅北水环保科技有限公司，开展水泥企业包装和装车环节专项治理调研。调研组实地查看“两磨一烧”水泥生产工艺、水泥包装和装车环节治理现场，与企业就水泥包装、装车环节技术改造等方面内容进行研讨。

（吴强）

【市发展改革委信息共享机制调研】 7月27日，市安全监管局到市发展改革委调研建设项目信息共享工作，建立建设项目信息共享机制，定期共享建设项目清单。市发展改革委有关负责人介绍垃圾焚烧、污水处理、固废处理等涉及职业病危害行业建设项目立项、审批情况，双方就加强建设项目职业卫生安全监管，建立信息共享机制等进行研讨。

（石逸超）

【有限空间安全生产紧急视频会】 8月5日，市安全监管局召开全市地下有限空间安全生产工作紧急视频会，市住房城乡建设委、城市管理委、水务局、新闻出版广电局、通信管理局有关负责人，10家市属国有企业主管领导和部门负责人在主会场参加会议，各区安全监管局和相关行业部门负责人在分会场参加会议。会议通报地下有限空间事故情况，传达代市长陈吉宁、副市长王宁对事故的批示，提出“落实责任，保证安全生产责任和法律法规贯彻到一线作业队伍；发挥街乡专职安全员队伍作用，加强地下有限空间检查力量和加大监督执法力度”要求。

（屈玥）

【建筑行业职业卫生监管研讨会】 8月7日，市安全监管局召开建筑行业职业卫生监管工作研讨会。会上，东城区、西城区安全监管局和中国安科院介绍建筑施工企业职业卫生管理调研情况，与会人员对开展建筑施工现场职业病危害项目申报、职业健康检查、职业病危害因素检测、个体防护装备配备等工作进行研讨。

（屈玥）

【轨道交通安全生产工作会】 8月8日，市重大办组织召开全市轨道交通安全生产工作会，市安全监管局、住房城乡建设委和北京轨道公司、快轨公司、北控磁悬浮公司、新机场线工程建设指挥部、中铁六局、中铁十四局有关负责人参加会议。会上，市安全监管局通报8月4日市委副书记、代市长陈吉宁带队安全检查情况，对轨道施工工作场所职业危害检测，个体防护、工程防护等提出工作要求，并听取相关施工企业意见和建议。

（屈玥）

【东城区安全大检查专项督查】 8月10日，市安全监管局赴东城区，对工人日报社印刷厂、北京航星科技有限公司安全生产大检查工作进行督查。听取2家单位安全生产大检查和职业卫生管理工作情况汇报，对两家单位职业健康档案资料管理进行检查。经查，两家单位均完成职业病危害因素申报、职业病危害告知、职业健康检查，建立规章管理制度和操作规程，在产生职业病危害因素区域张贴警示标识和中文说明。

（安洪卫）

【轨道交通建设调研检查】 8月15日，市安全监管局组织中国铁道科学研究院和职业卫生技术服务机构专家到北京地铁16号线11标段苏州街站、机场线西延东直门站施工现场进行调研检查。机场线西延东直门站为“明挖法”施工，施工单位建立职业卫生管理制度，对作业人员进行职业健康检查，但由于无送风设备设施，作业面有柴油挖掘机，存在作业面通风不良情况。地铁16号线11标段苏州街站为“暗挖法”双层车站，作业面位于地下20余米，作业现场配有机械送风设备，但作业现场存在通风量不够，轴流风机无减震装置，加料管道未进行降尘处理等问题。调研检查组要求该项目当日进行模拟作业，配合技术服务机构对作业场所粉尘、噪声、温湿度等职业病危害因素进行检测。经复查，涉及“暗挖法”施工作业现场在地下12米至25米处，均设有通风设备。

（屈玥）

【大兴区职业卫生执法检查】 8月16日、23日，市安全监管局赴大兴区，对富思特新材料科技发展股份有限公司、康柏斯粉粒体输送系统有限公司、顶佳世纪印刷有限公司进行执法检查。检查组重点检查生产车间、污水处理站、锅炉房等重点部位，以及职工职业健康检查等职业卫生管理工作。经查，富思特新材料科技发展股份有限公司未按规定对污水处理站工作的2名劳动者进行职业健康检查，顶佳世纪印刷有限公司未提供职业健康检查所需要文件、资料。执法人员依法对两家企业实施行政处罚，要求企业按规定组织职工进行职业健康检查。经复查，企业均按要求落实整改工作。

（安洪卫、屈玥）

【首钢矿业公司执法检查】 9月26日至28日，市安全监管局赴河北省迁安市对首钢矿业公司所属杏山铁矿、首钢水厂铁矿进行执法检查。经查，杏山铁矿接触职业病危害因素劳动者608人，按规定组织岗前、在岗和离岗时职业健康检查，主要负责人和职业卫生管理人员均取得培训证书。水厂铁矿接触职业病危害因素劳动者1224人，其中粉尘接触者951人、噪声接触者273人，均参加企业组织的岗前、在岗和离岗职业健康检查。与劳动者订立劳动合同中，如实告知职业病危害及其后果等。

（屈玥）

【放射职业危害监管专题会】 9月29日，市安全监管局副局长阎军主持召开会议，专题研究放射性职业病危害防护监管工作。市化工职业病防治院专家参加会议。会议认为，放射性危害是一种特殊的职业病危害，对劳动者的危害具有长期性和复杂性，对从事预防和控制工作的专业技术人员、各级监管人员的业务素质要求也比较高。全市有287个非医疗机构涉及放射性职业病危害，接触放射性职业病危害5520人。会议要求相关部门和单位要积极开展工作，与高等院校、科研院所合作，采取共创培训基地、参观教学等方式，满足本市放射防护知识宣传和专业培训需求，为建设首都放射性危害监管专业化队伍提供支持。

（王海斌）

【水务行业联合检查】 10月12日至13日，市安全监管局联合市水务局、公安局等部门，开展水务行业有限空间作业安全检查。联合检查分8个组，出动执法人员116人次，检查污水处理企业和水务建设工程单位80家，排查整改隐患问题119项，下达责令限期整改指令书12份、现场检查记录38份，行政处罚5起。

（卢茜）

【建设项目“三同时”信息化调研】 10月19日，市安全监管局到市政务服务办就建设项目信息共享工作进行调研。市安全监管局有关负责人介绍建设项目职业病防护设施“三同时”工作情况，以及监管中存在问题。双方就推动建设项目信息共享工作进行交流，就建立建设项目信息共享工作机制，针对职业卫生监管所需数据进行分类汇总和开放查询权限达成一致意见。

（卢茜）

【有限空间作业安全监管研讨会】 10月27日，市安全监管局组织有关单位专家召开会议，对有限空间作业地方标准修订及加强有限空间作业安全监管进行研讨。与会专家对有限空间作业标准适用范围、有毒有害气体检测、特殊结构或特定环境作业操作及安全防护等展开讨论，就加强有限空间作业安全管理提出意见和建议。

（卢茜）

【有限空间地标修订立项审查会】 11月2日，市安全监管局、北京安联召开地下有限空间作业安全技术规范系列标准修订立项审查会。中国铁道科学研究院、中国化工信息中心、市职业病防治研究院、市疾病预防控制中心、北京东方石油化工有限公司有机化工厂等单位专家参加会议。会上，市劳保所对地下有限空间作业安全技术规范系列标准修订背景、必要性、可行性、修订内容、主要依据、工作安排及保障措施等进行汇报。与会专家对标准修订申报材料进行审查并进行研讨，一致同意《地下有限空间作业安全技术规范》系列标准修订通过立项审查，并强调立项后要对标准适用范围、强制条款等进行研究完善。

（卢茜）

【建设项目“三同时”执法检查】 12月20日，市安全监管局对位于北京经济技术开发区的北京奔驰汽车有限公司建设项目开展职业病防护设施“三同时”执法检查。该公司8月提出建设项目立项申请，拟在原生产线基础上，改扩建纯电动乘用车技术改造项目。检查组察看该公司委托市化工职业病防治院编制的《北京奔驰汽车有限公司戴姆勒中国研发中心及停车楼项目职业病危害预评价报告》，查阅专家评审资料，督促该公司按照评审专家意见完善建设项目防护设施“三同时”工作。

（吴强）

【职业病防护设施“三同时”监管办法】 本年，市安全监管局印发《关于贯彻落实〈建设项目职业病防护设施“三同时”监督管理办法〉的通知》，从划分市、区安全监管部门职责、明确建设单位落实主体责任、强化安全监管部门监管及开展教育培训等方面，对全市职业病防护设施“三同时”工作进行部署。

（卢茜）

【有限空间作业夜查行动】 本年，市安全监管局对全市城区主要街道地下有限空间作业开展20次夜间执法检查行动，有效遏制有限空间事故的发生。其中，2月23日23时至24日3时，检查组在广渠门内大街地铁磁器口站，发现市热力集团特欣市政公用工程公司在500米路段内4处地下管网井口处作业，存在现场警示牌、作业告知牌未设置，1个井口三角架未安装防坠器、监护人员力量配备不足等问题，执法人员责令作业单位立即整改；6月28日23时至29日3时，检查组在右安门内大街与内西街交叉口处，发现华夏市政公司在13米深的热力管井中作业，作业现场未配置通风和应急救援设备、气体检测仪不符合要求，执法人员对该公司负责人进行约谈；7月27日，采取市、区和乡镇街道三级联动方式，开展全市地下有限空间突击夜查，各区120余个乡镇街道，出动执法检查人员600余人次参与专项执法行动，检查82家作业单位和作业现场，约谈23家违法违规单位，并依法实施行政处罚。

（安洪卫）

宣传培训

【市安全监管局官方微信改版】 1月7日，市安全监管局新版官方微信订阅号上线，搭建专题导航页面，包括“安监新闻”“多彩安监”（安全杂谈、安监有力量、微视界、微信矩阵）、“我要举报”3个栏目6个模块。上线同步开展“你举报，我奖励，查找身边的安全隐患”主题宣传活动。

（金茜茜）

【“12350”热线微视频宣传片】 1月19日，市安全监管局在官方微信发布首部微视频宣传片，包括“12350”举报安全隐患、查询安全政策、咨询安全知识等方面，及举报奖励制度和措施，介绍“12350”安全生产举报投诉方式。

（全茜茜）

【“12350”热线主题宣传活动】 1月至2月，市安全监管局开展“12350”举报投诉热线主题宣传，开展淘汰不合格燃气灶具、烟花爆竹安全监管宣传，展示“12350”服务窗口功能。1月19日，《北京日报》《北京晚报》刊登《12350烟花爆竹安全隐患举报专项活动—致市民的一封信》，介绍活动背景、举报事项及奖励金额，号召市民参与烟花爆竹安全隐患举报。制作安全生产举报投诉热线“12350”微视频宣传片，在全市地铁线路、站点站台、车厢同步播出。

（全茜茜）

【“双百工程”活动启动视频会】 2月20日，市安全监管局召开“百名安全监管干部与企业主要负责人对话谈心”和“百名安全生产专家服务万家企业”活动启动视频会，市有关部门以及区安全监管局、乡镇街道主管领导和专职安全员参加会议。会议强调，各区要高度重视、严格落实、大胆创新，对话谈心活动要扩大主体范围，在安全监管干部队伍基础上，邀请各区主管领导，并协调市有关部门及乡镇街道主管领导参与对话谈心活动。

（李让）

【专职安全员队伍典型宣传】 2月，市安全监管局对朝阳区大屯街道、丰台区宛平城地区、通州区梨园镇专职安全员进行采访。在局官方微信发表题为《@安全员，谢谢你们给大家的平安春节》的文章，从坚守岗位、工作创新、带队练兵等方面，反映春节期间专职安全员工作。在局官方微信“安监有力量”栏目中，发布朝阳区八里庄街道专职安全员事迹。3月至4月，在《劳动午报》“首都安全之星”专栏上对专职安全员进行系列报道。

（全茜茜）

【修订安全社区相关标准】 4月6日，市安全监管局修订印发《北京市安全社区管理办法》《北京市安全社区评审标准》《北京市安全社区评审专家管理办法》《北京市安全社区现场评审规范》，旨在提高全市安全社区建设及评审专家的规范化水平。

（郭遐晖）

【安全文化建设示范企业评定】 4月14日，市安全监管局印发《关于继续开展2017年北京市安全文化建设示范企业工作的通知》，经各区安全监管局、市级行业主管部门、中央在京企业、市属企业集团（总公司）、社会组织推荐，全市143家企业提交示范企业创建申请、30家企业提交示范企业复评申请。经专家组初审、现场评审，结合书面申请材料和专家意见，命名王府井集团股份有限公司百货大楼等39家企业为“2017年北京市安全文化建设示范企业”。

（郑羽莎）

【国有重点企业安全生产培训班】 4月20日，市安全监管局、国资委联合举办市属国有企业安全生产专题培训班。市安全监管局、国资委和北京经济管理学院负责人出席开班仪式并讲话，市属集团公司及所属单位300余人参加培训。本次培训以全市安全生产形势及市属国有重点企业安全管理培训实际需求为依据，既有不断推进安全生产领域改革和发展重点讲解，又有典型事故案例分析和事故责任的授课，还有企业隐患排查系统建设的经验介绍、隐患排查体系建设工作的部署要求。通过培训，强化市属国有企业负责人安全意识和责任意识。

（李向东）

【安全生产通讯员新闻实战培训】 4月25日至27日，市安全监管局在北京国际青年营房山营地，对市安全监管局各处室、各区安全监管局新闻通讯员40余人，进行安全生产新闻通讯员（网评员）新闻实战训练，设置团队拓展活动、理论学习、实战演练、实战挑战4个环节。

（金茜茜）

【京津冀协同地方标准发布会】 4月27日，市安全监管局联合市政府新闻办、市质监局及天津市、河北省安全监管、质监部门，召开"京津冀安全生产领域协同地方标准"新闻发布会，发布京津冀三地安全生产相关等级标准，介绍安全生产"百项地标"基本情况和《安全生产等级评定技术规范第1部分：总则》《安全生产等级评定技术规范第2部分：安全生产通用要求》内容，以及京津冀安全生产协同地方标准制订情况。新华社北京分社、北京电视台、《法制晚报》《北京青年报》《新京报》等10余家本市主流媒体，以及河北电视台、《河北日报》等外埠重点新闻媒体受邀参会，首都之窗网站对此次发布会内容进行全程播出。

（金茜茜）

【"一带一路"峰会安全管理通告】 4月29日，市安全监管局向社会公开发布《"高峰论坛"期间本市危险化学品和烟花爆竹有关安全生产管理措施的通告》，明确"一带一路"国际合作高峰论坛期间全市危险化学品生产企业、加油站、油库及烟花爆竹仓库等单位安全管理要求。

（金茜茜）

【拉萨市安全监管业务培训班】 5月4日至18日，市安全监管局按照《2017年度对口支援（帮扶、协作）地区干部人才来京培训计划》，举办2017年拉萨市安全监管系统业务骨干培训班。课程设置安全生产隐患排查、危险化学品监管、应急救援、矿山监管、信息化建设等内容，安排13次专业讲座，3次工作座谈，4次参观见学，1次现场实操教学。采取专家授课与座谈交流，参观见学与经验介绍，实操执法与现场教学相结合方式，保证培训工作的针对性和实效性。

（李向东）

【湖北省十堰市对口支援安全培训】 5月11日，市安全监管局在北京经济管理职业学院召开2017年对口支援湖北省十堰市安全监管系统培训班开班仪式。培训班39名学员来自十堰市郧阳区、张湾区、茅箭区、十堰经济技术开发区、十堰市武当山旅游经济特区、丹江口市、竹山县、郧西县、竹溪县、房县等11个地区的安全监管局，培训为期10天。市安全监管局在课程设置上做到有针对性、实效性，重点突出安全生产隐患排查、应急救援、矿山监管、行政执法、综合监管、信息化建设等内容。采取专家授课与座谈交流，工作介绍与交流互动相结合的方式，认真组织实施，取得良好的培训效果。

（李向东）

【安全文化建设示范企业交流会】 5月23日，市安全监管局副局长阎军主持召开北京市安全文化建设示范企业经验交流会，命名2016年安全文化示范企业，部署2017年北京市安全文化示范企业建设工作，邀请评审组专家进行专题辅导，安排参会人员赴示范企业现场开展经验交流。

市有关部门、市属企业集团（总公司）和市级安全生产社会组织有关负责人及申报或复评安全文化建设示范企业主管领导250人参加会议。

（郑羽莎）

【安全社区建设现场交流会】 5月25日，市安全监管局、安全文化促进会在顺义区旺泉街道召开北京市安全社区建设现场交流会，并实地考察旺泉街道宏城花园社区和西辛社区安全文化四合院、西辛幼儿园、益麒麟家居建材广场等有特色的安全社区建设项目。市安全社区建设促进委员会成员单位相关负责人，各区安全监管局主管领导和有关乡镇街道负责人，以及市安全社区评审员和新闻媒体记者220余人参加现场交流会。

（郭遐晖）

【安全文艺巡演活动】 5月至12月，北京市安全文艺基层巡演在全国安全宣传咨询日活动主会场（北京市曙光文化广场）、北京新机场建设指挥部、通州区、东城区、延庆区、“2017安监之星·北京榜样”活动颁奖典礼现场演出6场。巡演活动主题突出，内容丰富、形式多样，融合歌舞、相声、情景剧、快板、音画短剧等众多群众喜闻乐见的节目形式，市属国有企业职工、社区群众、中小学生、关心安全工作的社会公众等4000余人观看巡演。

（郭遐晖）

【工业企业涉危专项治理培训】 6月1日至2日，市安全监管局举办2期工业企业涉危使用专项治理培训班，全市安全监管系统执法检查人员和市属国有企业安全管理人员参加培训。此次培训主要解决专项治理“是什么、做什么、怎么做”问题，着重对《安全生产等级评定技术规范第2部分：安全生产通用要求》《工业企业涉危使用安全管理手册》《工业企业涉危使用专项治理技术指导书》重点内容进行培训，推进工业企业涉危使用事故隐患专项治理行动。

（李宏良）

【安全生产宣传咨询日】 6月16日，由国务院安委会办公室、国家安全监管总局、北京市政府作为指导单位，北京市安全监管局、全国安全生产月活动组委办、北京市城市管理委、北京市公安局消防局、海淀区政府主办的2017年北京市安全生产宣传咨询日活动隆重举行。国家安全监管总局副局长徐绍川、北京市副市长王宁等领导出席活动。宣传咨询日活动以“全面落实企业安全生产主体责任”为主题，以燃气安全知识宣传为主要内容，主会场设在海淀区曙光文化广场，全市各个区设立分会场。组织发放宣传品、有奖竞猜、游戏互动、警示教育等，向群众传播燃气安全、安全生产理念、措施和行为规范，解答群众关心的安全生产问题，北京市燃气集团职工、人大附小学生、海淀区社区群众及通过网络媒体招募的关心安全工作的社会公众近2000人参加主会场活动。分会场安全生产宣传咨询日活动在全市17个区、乡镇街道、行业部门、企业同时展开。

（郭遐晖）

【行政执法和风险评估新闻发布】 6月30日，市安全监管局举行新闻发布会，通报1月至6月安全生产行政执法工作情况，对4件重点处罚案件进行说明，部署下一步安全监管重点工作。通报北京城市安全风险评估试点工作情况，以及在全市开展城市安全风险评估工作要求。新华社北京分社、北京电视台、《北京晚报》《北京晨报》和劳动保护杂志社等10家本市主流媒体及行业媒体受邀参加会议。

（金茜茜）

【安全生产月活动】 6月，全市开展以“全面落实企业安全生产主体责任”为主题的第十六个安全生产月活动，市安全监管局、各区、行业部门分别提出活动要求。期间，市安全监管局开展安全生产宣传咨询日、青年安全生产管理大师赛、青年安全生产示范岗、“2017安监之星·北京榜样”评选、安全文艺基层巡演、“职卫宣传周”“职业健康宣讲”“安康杯”竞赛等活动，并通过全媒体集中宣传安全生产月活动情况，局官方微信开设“安全生产月”模块，包括“精彩安全月、往年咨询日回顾、燃气安全小课堂、网读2017年咨询日和安全生产宣传咨询日互动专区”5个子板块。

（车广杰、杨颖、金茜茜）

【安全生产执法资格培训班】 7月17日至21日，市安全监管局举办2017年安全监管干部执法资格培训班，培训各区执法人员44名。培训按网络培训和现场教学培训分步实施，各占40学时，培训共80学时。在培训内容上突出专业知识和实操技能的结合，专门聘请安全生产专家授课；注重理论知识宣讲，侧重结构化研讨交流和现场实操亲身体验，并安排计算机网络答题和个人抽组考试。

（李向东）

【安全社区机构指导服务】 7月20日，市安全监管局、安全文化促进会在安全大厦召开2017年北京市安全社区指导机构工作部署会，总结乡镇街道安全社区创建情况，部署机构与乡镇街道对接工作。安全社区建设指导机构和有关乡镇街道负责人参加会议。

（郭遐晖）

【安全生产责任保险新闻发布】 7月27日，市安全监管局召开新闻发布会，通报全市安全生产责任保险制度推行情况，并就2017年“安责险”制度进行解读。新华社北京分社、北京电视台、《北京日报》《北京晚报》《中国安全生产报》等10家本市主流媒体及行业媒体受邀参加会议。

（金茜茜）

【“砥砺奋进的五年”专题宣传】 7月至10月，市安全监管局开展安全监管系统“砥砺奋进的五年”专题宣传活动，以党的十九大召开为契机，结合媒体专题策划和宣传热点，对全市安全监管成果进行专题宣传。其中，7月7日在《中国安全生产报》头版头条刊发题为《丈量每一寸土地，盯守每一刻安宁》文章，报道于家务乡安全生产检查队规范化建设情况；9月15日，在《中国安全生产报》头版头条刊登题为《方法更科学 工作更细致 心里更放松——北京安全生产社会化三年行动见实效，借助外智不断提高安全生产水平》文章；9月20日，在北京电视台《北京新闻》《北京您早》栏目，播出《市安全监管局：为首都安全稳定提供坚实保障》专题节目。

（金茜茜）

【乡镇街道领导干部专题培训班】 8月7日至25日，市安全监管局在首钢技师学院，分3期组织全市乡镇街道领导干部安全生产专题培训班。每期安排培训教学40学时，培训乡镇街道领导干部303人。培训内容包括《中共中央 国务院关于推进安全生产领域改革发展的意见》《北京市生产安全事故隐患排查治理办法》《贯彻落实

“党政同责、一岗双责、齐抓共管、失职追责”》《职业安全健康监管实务》等内容。通过学习，提高学员对安全监管工作的认识，掌握安全监管的方法和要领，适应新形势下安全监管工作的要求。

（李向东）

【职业病危害预防与控制研修班】 9月11日至15日，市人力社保局、安全监管局联合主办、市安科院承办的“安全生产领域职业病危害预防与控制”高级研修班在北方工业大学正式开班，来自北京市、河北省职业卫生监管人员、在京技术服务机构技术人员和相关企业负责人参加研修班。研修班分为自主学习、集中学习和总结撰写论文3个阶段。聘请国家安全监管总局、中国职业安全健康协会、中国疾病与预防控制中心、北京市化工职业病防治院知名专家授课。

（张维）

【安全生产督察专题宣传】 9月，市安全监管局在首都之窗网站开辟“安全生产督察在行动”专题网页，对市委、市政府督察组进驻各区开展安全生产督察进行宣传。专题网页设置“工作动态”“政策文件”“警示曝光”“图片新闻”等栏目，收录督察组对朝阳区、石景山区、丰台区、昌平区、延庆区开展安全生产督察的动态消息、督察图片等，并对督察发现的生产经营单位违法违规行为曝光。专题网页在显著位置设置督察举报信息栏，公布督察组联系方式，方便群众举报。

（金茜茜）

【职业病危害防治评估】 10月24日，国家安全监管总局职业安全卫生研究中心启动海淀区和昌平区职业病危害防治评估工作。被评估企业从前3年未参加评估的用人单位台账中随机抽取，并兼顾汽修和金属加工等重点监管行业；评估方式将以往的“报送材料集中查看”环节，改为直奔企业，进行现场材料审查与生产场所核查相结合的评估方式；细化各项评估指标要素，调整部分指标分值权重，更有利于反映各区职业病危害防治水平。

（杨琳）

【广播电台设“安全时刻”专栏】 10月至12月，市安全监管局在北京广播电台《北京城市广播》，开设“安全时刻”专栏，对安全隐患大排查大清理大整治专项行动进行报道，宣传冬季用火、用电、用气、消防等安全知识和逃生自救常识。

（金茜茜）

【安全社区创建综合评审会】 11月10日，市安全监管局召开2017年北京市安全社区创建综合评审会，市安全文化促进会有关负责人和安全社区评审专家参加会议。全市申报市级安全社区创建评审单位经报告评审、现场评审、综合评审等流程，最终确定朝阳区南磨房地区等16家单位为“2017年北京市安全社区”。

（郭遐晖）

【第十一届北京安全文化论坛】 11月23日，市安全监管局联合首都经贸大学举办以“深化安全生产领域改革创新，推动安全生产治理现代化”为主题的第十一届北京安全文化论坛。全市各区、各行业部门有关负责人、乡镇街道专职安全员、安全领域专家、科研机构代表、企业一线员工、安全生产管理人员、首都高校学生及全国各地社会人士1000余人参加论坛。论坛以“主题展览＋开幕式＋主论坛＋5个分论坛”方式，对“安全生产社会化”“安全生产培训”“城市安全风险预防控制体系”“安全领域改革”“工业企业安全风险辨识与防控”等主题进行交流讨论。

（郑羽莎）

【市委、市政府重要文件宣传】 12月，市安全监管局通过重点主流媒体宣传《中共北京市委 北京市人民政府关于进一步推进安全生产领域改革发展的实施方案》。其中，《中国安全生产报》头版头条刊登专题文章，解读实施方案。《北京日报》在第四版“聚焦安全生产”专栏刊发《<中共北京市委 北京市人民政府关于进一步推进安全生产领域改革发展的实施方案>问答》。

（金茜茜）

【“双百工程”活动圆满完成】 本年，在全市各级安全监管部门、行业部门、乡镇街道和有关单位的支持配合下，“双百工程”活动圆满结束。全市近500名安全监管干部与7500余家企业主要负责人开展对话谈心活动，近200名专家为4515家企业单位进行现场技术服务，包括50所学校实验室、50家社区、50家养老院。

（李让）

【“安监之星·北京榜样”评选】 本年，市安全监管局联合首都精神文明办开展2017“安监之星·北京榜样”主题活动，选树全市安全生产先进典型，激发安全战线干部职工的荣誉感、价值感和归属感。按照安全生产月活动整体安排，收到报名材料673份，经过层层举荐，按照材料初审、专家评审、网络投票、现场演讲环节，评选出100名“周安监之星”、20名“月安监之星”、10名“年安监之星”，“保障十九大特别榜”5名。推荐北京榜样周榜5名，月榜2名，特别榜“年安监之星”1名。

（郭遐晖）

【安全生产检查队专题宣传】 本年，市安全监管局对乡镇街道（园区）安全生产专职安全员队伍规范化建设及先进安全员进行宣传。《中国安全生产报》在“首都安全”专版，对东城区、西城区、朝阳区、丰台区、通州区、延庆区试点区检查队推出系列宣传。《劳动午报》在“首都安全之星”专栏，推出7期对全市专职安全员先进典型进行宣传。局官方微信开设“安全员故事”栏目，推出丰台区宛平城安全生产检查队安全员人物宣传；在“三八妇女节”“五一劳动节”，推出朝阳区崔各庄乡专职安全员典型事迹和东城区体育馆路街道、西城区展览路街道、西城区西长安街街道、朝阳区崔各庄乡安全生产检查队先进典型。

（金茜茜）

【“首都安全”专版宣传】 本年，市安全监管局在《中国安全生产报》刊发“首都安全”专版16期，策划20项内容选题，对全市安全生产重点工作进行报道。刊发《安全生产重点和政策解读》4期，对重点行业领域安全监管概况、首都城市安全风险预控体系构建、“安责险”、北京安全生产社会化三年行动实效等进行报道。刊发示范典型宣传12期，对安全生产监管人员、检查队、专职安全员、企业安全骨干、“安监之星”等事迹和经验进行报道。

（金茜茜）

【电视新闻宣传】 本年，市安全监管局在北京电视台《北京新闻》《北京您早》《都市晚高峰》等新闻栏目，播发电视新闻108期，同比增长1.5倍。对夏季高温用电检查、职业卫生监督检查、有限空间作业夜查、汛期安全检查、安全生产督查、白酒制造企业事故隐患整治等重点，播发

“直击安全现场”专栏15期。对烟花爆竹安全监管、“两会”安全保障、京津冀安全生产区域协同地方标准发布、安全生产月活动等内容，播发电视新闻93期。

（金茜茜）

【典型人物专项宣传】 本年，市安全监管局选树全市安全监管系统典型人物200余人，宣传300余人次。选树人物向基层和一线倾斜，宣传典型人物中90%来自基层和一线。通过设置专栏、大篇幅整版报道、热点宣传、互动投票等形式，在《中国安全生产报》《劳动午报》北京电视台、局官方微信对典型人物事迹进行宣传。启动“2017安监之星·北京榜样”“2016—2017北京市青年安全生产示范岗”“第三届北京市青年安全生产大师赛”典型选树活动，通过新媒体、电视媒体和平面媒体实现“全媒体宣传”。

（金茜茜）

【“职工技协杯”安全领域6项赛事】 本年，市安全监管局和市总工会联合主办、市安科院承办2017年北京市“职工技协杯”职业技能竞赛安全生产领域6项赛事。2500余名从业人员参赛，经初赛和复赛角逐，选拔出241名选手进入总决赛。决赛选手参加理论和实际操作考试，最后通过加权换算后核算出个人总成绩。大赛表彰设个人奖项及集体奖项。个人竞赛项目产生一等奖1名、二等奖2名、三等奖3名，团体竞赛项目产生团体优胜一等奖队伍1支、二等奖队伍2支、三等奖队伍3支，并按照成绩排名，获奖选手纳入市安全专业技术人才库和市技能人才储备库，并获得相应安全技能人才称号。集体奖项是对竞赛活动中宣传通讯报道及时、比赛组织工作严谨、组织人数和竞赛项目规模较大、参赛选手技能水平较高的初赛、复赛、决赛组织单位，颁发优秀组织奖。

（乔建华）

【安全生产系列动画】 本年，市安全监管局设计制作6集《疯狂安全家》安全生产知识系列动画视频，分别为《疯狂安全家之高处作业》《疯狂安全家之12350举报》《疯狂安全家之有限空间》《疯狂安全家之粉尘作业》《疯狂安全家之不该走捷径》《疯狂安全家之危险化学品》。系列动画成为安全生产监管品牌动画，通过“安安”“安小虎”“全小坚”3个卡通形象在各场景“演绎”安全知识，对安全生产重点法规条款、应知应会安全知识等进行宣传。

（金茜茜）

法制建设

【规范中介服务事项】 5月23日，市安全监管局根据市政府审改办《关于核对国务院部门行政审批中介服务事项汇总清单的通知》要求，新增“金属冶炼建设项目安全设施设计编制”和“非煤矿矿山建设项目安全设施设计编制”两个中介服务事项。

（郑爱东）

【安全生产法制人员培训班】 6月29日至30日，市安全监管局在北京经济管理职业学院举办安全监管监察系统法制人员专题培训班，市安全监管局重点执法处室工作人员、各区安全监管局主管领导和法制科室工作人员100余人参加培训。此次培训以“全面加强安全监管监察执法规范化建设”为主题，重点讲解《安全生产监管执法手册》及行政执法监督考评和监测指标的运用，规范全市安全监管执法行为，提升法制人员业务能力和水平。

（马小伟）

【年度立法】 本年，市安全监管局稳步推进立法工作，按照《北京市安全生产条例》修订工作安排，组织召开16场专题调研论证会。组成工作组赴重庆市开展立法调研活动，与重庆市人大、安全监管局交流座谈地方立法工作先进经验。在调研论证的基础上，先后向市政府法制办和市人大常委会报送《北京市安全生产条例》修订立项论证报告。

（马小伟）

【安全生产地方标准】 本年，市安全监管局启动安全生产标准体系修订工作，重新确定"安全生产通用标准"等8个子体系，收集整理标准1904项（其中国标1159项、行标629项、地标116项），使标准体系切合首都经济结构调整和城市安全运行的需求。

（马小伟）

【规范性文件】 本年，市安全监管局按照法定程序制修规范性文件，制定《北京市社会影响较大一般生产安全事故调查处理规定》（京安监发〔2017〕23号）、《北京市安全生产监督管理局关于贯彻落实〈建设项目职业病防护设施"三同时"监督管理办法〉的通知》（京安监发〔2017〕29号）、《北京市安全生产监督管理局关于印发安全生产领域失信行为联合惩戒实施细则的通知》（京安监发〔2017〕31号）、《北京市安全生产监督管理局北京煤矿安全监察局关于注册安全工程师、注册助理安全工程师恢复注册有关工作的通告》（2017年第8号）4件规范性文件。

（马小伟）

【年度执法工作计划】 本年，市安全监管局根据国家安全监管总局《安全生产监管监察职责和行政执法责任追究的暂行规定》《关于印发安全生产监管年度执法工作计划编制办法的通知》要求，在总结执法计划编制实施工作的基础上，编制《2017年度安全生产监管行政执法工作计划》。经市政府批准后，上报国家安全监管总局备案，并组织实施。

（马小伟）

【行政复议诉讼】 本年，市安全监管局依法办理行政复议案件5件、行政诉讼案件2件。在复议案件和诉讼案件办理过程中，与市政府法制办和司法机关加强沟通，研究案情，确保当事人合法权益不受侵害，提高案件办理工作质量。

（马小伟）

【行政处罚案卷评查】 本年，市安全监管局按照市政府法制办工作要求，组织完成全市安全监管系统2017年度行政处罚案卷评查工作，规范安全生产行政执法行为，提高行政执法水平，提升本市安全生产行政处罚案卷制作水平。案卷评查抽取162件案卷参加评查，案卷合格率99%。

（马小伟）

【执法人员资格管理】 本年，市安全监管局对全市安全监管人员执法证件持有情况进行全面调查，加强对离岗人员证件注销工作，全年办理新申、复审、注销安全监管执法证196个（其中市级安全监管执法证52个、区级安全监管执法证144个）。

（马小伟）

【安全评价机构监管】 本年，市安全监管局对本市注册的28家甲级、8家乙级安全生产评价机构开展监管监察，执法检查率100%。对存在问题的2家甲级、1家乙级安全生产评价机构依法给予行政处罚，罚款 1.2 万元。

（郑爱东）

【安全生产法治宣传活动】 本年，市安全监管局制发《北京市安全生产“七五”普法实施规划》《“七五”普法规划责任清单》《法制宣传工作要点》《领导干部学法用法实施方案》《关于开展安全生产“法律十进”活动的实施方案》等文件，组织开展“12·4”国家宪法日、《中华人民共和国安全生产法》宣传周、安全生产月宣传咨询日、安全生产“法律十进”等系列宣传活动，通过接受现场咨询，制作和播放专题宣传片，印发各类宣传资料，组织讲座、座谈会和法律知识考试等活动，宣传《中华人民共和国宪法》以及安全生产法律法规，提高广大从业人员安全生产意识，推动生产经营单位主体责任落实，营造安全生产法治宣传教育的浓厚氛围，助力全市安全生产工作效能的提升。

（马小伟）

【安全生产行政审批】 本年，市安全监管局按照“放管服”工作要求，明确区级部门实施 10 项行政审批事项，纳入市、区政府部门权力清单。依法办理行政许可事项，实现政务窗口服务“零投诉”。推进行政审批制度改革，建立行政审批权力清单，强化安全生产许可事中、事后监管。市安全监管局受理行政许可 119 件，办结行政许可 105 件，其中非煤矿矿山类 62 件、危险化学品类 29 件、职业卫生类 9 件、安全评价机构 5 件。特种作业人员操作资格发证 10 批次 125825 人。受理企业《无重大安全生产事故证明》申请 230 件，向申请企业送达《无重大安全生产事故证明》230 份，补办、变更特种作业操作资格证 5303 件，接待企业来访、来电、递交材料、协助解决问题等 1.07 万余人次。各区安全监管局受理行政许可申请 1437 件，办结行政许可 1400 件。

（郑爱东）

科技与信息化

【科技成果推广工作考察】 1 月 6 日，市安全监管局到北京微普联合生物科技有限公司现场考察，了解生物环保消防系列产品、相关技术及科技成果推广工作。该公司介绍微普生物环保消防系列产品性能、特点、应用案例，现场演示灭火效果。

（刘自杰）

【首次引进海外留学专业技术人才】 1 月，市安全监管局在市人力社保局支持配合下，首次面向社会引进 5 名海外留学专业技术人才，全部具有硕士研究生以上学位。其中安全生产政策理论研究岗、安全生产电气技术研究岗各 2 名、安全生产科学技术研究岗 1 名。

（李菲）

【专职安全员检查系统推进座谈会】 2 月 21 日，市安全监管局副局长卞杰成主持召开专职安全员检查系统推进座谈会。会上，各区安全监管局示范街区安全员代表结合自身工作实际，对检查系统基础台账数据、PC 端与移动端台账数据、移动端操作和系统稳定性等问题提出意见和建议；信息中心介绍企业台账管理系统建设情况，并对检查系统数据审核、功能操作和使用权限等问题进行解答；执法监察总队强调检查系统使用的必要性、紧迫性，并对日常检查提出要求。卞杰成要求，专职安全员检查系统作为安全生产监管重要手段，要落实推广工作，保证系统在 7 月 1 日正式使用前运行稳定。

（赵琳）

【高级工程师职称评价调研座谈】 3月3日，市安全监管局会同市安科院召开安全工程专业高级工程师职称评价调研座谈会，市燃气集团、北京排水集团、北京中安质环技术评价中心有限公司、北京安科研培注册安全工程师事务所和市劳保所等19家单位有关负责人参加座谈。会议围绕安全工程教授级高级工程师意愿、需求和人数、人员条件、评价标准、专业分类、专业设置等进行座谈，提出建议意见。

（刘自杰）

【高级工程师职称评价标准研讨】 3月3日，市安全监管局会同市安科院召开安全工程专业高级工程师职称评价标准研讨会。电子控股集团、时尚控股集团、京粮集团、工业技术开发中心、化工职业病防治院、北京启迪智信注册安全工程师事务所有限责任公司等19家单位负责人和安全管理负责人参加会议。会议围绕《北京市工程技术系列（安全工程）高级专业技术资格评价标准（初稿）》中，规定的申报高级工程师任职资格评审人员道德品质、工作经历、专业理论水平、工作能力、业绩与成果、论文与著作等方面进行研讨。

（刘自杰）

【检查系统推广工作视频会】 3月8日，市安全监管局召开全市安全生产专职安全员检查系统推广和企业台账建设工作视频会，市安全监管局局长张树森、副局长卞杰成、副巡视员贾秋霞，各区安全监管局局长、分管局长和科室负责人，320余家乡镇街道安全生产工作主管领导和相关人员参加会议。会议通报专职安全员检查系统和企业台账管理系统建设情况，以及专职安全员检查系统设备到位和培训推广情况，要求全市安全监管系统按照“补短板、强融合、细落实、促平衡”总要求，通过推广专职安全员检查系统落实基层基础工作，在推动数据共享过程中促进全市信息化平衡发展。张树森指出，各区、各乡镇街道要认识到信息化对安全生产业务工作重要助推作用，“一把手”亲自抓，把信息化和隐患排查、风险防控、执法检查等工作深度融合，实现同步设计、同步推动、同步应用。

（梁伟光）

【注册安全工程师试点工作会】 3月30日，市安全监管局召开注册安全工程师试点工作会，金隅集团、北汽集团、建工集团、首钢集团和京能集团安全机构负责人及注册安全工程师专业委员会负责人参加会议。会议总结分析注册安全工程师试点工作情况，部署2017年重点任务。要求试点单位制定注册安全工程师培养计划和相关制度，明确注册安全工程师执业职责、权利和义务，落实注册安全工程师执业职责工作制度。

（刘自杰）

【科技新星评选】 4月7日，市安全监管局召开安全生产领域科技新星评选工作部署会。清华大学、北京理工大学、市安科院、市劳保所、首钢集团有关负责人参加会议。市科委介绍安全生产领域科技新星管理及申报要求；市安全生产科技促进会介绍促进会职能及承担安全生产领域科技新星评选服务工作；市安全监管局介绍安全生产领域科技新星评选工作背景、评选条件、申报材料和时间安排。5月9日，市安全监管局召开安全生产领域科技新星初评会，经专家评选，确定11名候选人参加市科委终评。

（刘自杰）

【北京优秀青年工程师评选】 5月10日，市安全监管局开展首次安全生产领域北京优秀青年工程师初评工作。根据市科协、人力社保局《关于开展第二十三届北京优秀青年工程师评选表彰工作的通知》要求，市安全监管局承担安全生产领域北京优秀青年工程师初评推荐工作。经筹备部署、评选宣传、材料受理和材料审查，117名候选人进入专家评选环节。中国石油大学（北京）7名专家对117名候选人申报材料进行评选，确定50名候选人参加市科协终评。6月25日，市科协组织对北京优秀青年工程师候选人进行终评，确定50名北京优秀青年工程师，评选出2名北京优秀青年工程师标兵。

（刘自杰）

【系统整合对接专题会】 6月14日，市安全监管局召开专题会，研究新旧隐患排查系统整合、各区及国有企业自建隐患排查系统与市安全监管局系统对接工作方案。局有关处室、信息中心和系统开发单位负责人参加会议。会议通报隐患排查治理业务应用系统使用情况、存在问题和隐患数据整合对接方案，并结合工作需要对新旧系统过渡和对接等问题提出建议。会议原则同意加快企业台账数据核对进度，逐步停用隐患自查自报系统，统一使用新版隐患排查管理系统进行隐患数据推送。

（赵琳）

【全市安全生产信息化工作会议】 6月15日，市安全监管局召开“2017年北京市安全生产信息化工作会议”，局长张树森和副局长卞杰成、李东洲到会并讲话，市安全监管局有关处室和直属事业单位负责人、各区安全监管局负责人和有关科室负责人参加会议。会议总结市、区两级安全生产信息化建设取得成效，分析信息化工作存在问题，解读《北京市安全生产信息化总体建设方案》，阐述“五层四体系”总体架构，提出“一种架构、一套标准、一本台账、一个中心”总体建设目标，明确到2020年信息化建设的“六个工程”。大兴区、顺义区、通州区安全监管局结合工作特点，围绕企业台账管理、数据共享、安全员检查系统推广作典型发言。张树森指出，全市安全生产信息化工作进入“市级主导、市区一体、市区联动”新阶段，要聚焦聚力个性化业务系统建设，促进全市安全生产信息化融合发展，健全组织机构建设，加强资金保障。

（陈超）

【执法系统升级改造项目终验】 6月21日，市安全监管局信息中心召开安全生产行政执法系统升级改造项目终验会。局有关处室负责人和信息化专家组参加验收会议。会上，信息中心介绍项目建设背景，承建单位汇报项目建设和实施情况，监理单位汇报项目监理情况及监理验收意见。参会单位对项目成果给予肯定，信息化专家在文档内容、技术细节、运行维护等方面提出质询并提出建议，承建单位及监理单位对相关问题进行答复。经专家验收组讨论，安全生产行政执法系统升级改造项目基本完成合同约定相关任务，能够满足市安全监管局相关工作需要，同意项目通过终验。

（赵琳）

【信息化专题工作会】 7月26日，市安全监管局召开信息化专题工作会，推进生产经营单位台账建设和系统对接工作，并就台账登记范围、考核标准等问题进行研讨，局信息中心、执法监察总队及系统承建单位有关负责人参加会议。会上，信息中心汇报生产经营单位台账建设和市、区两级信息化共享对接工作进展、存在的问题和下一步工作计划。截至7月26日，全市企业台账数为323007家，累计更新企业201992家，总体更新比例45%，数据完整率17.5%。其中通州区、延庆区等14个区安全监管局基本完成台账入户核实更新工作，数据质量有较大提升。

（董山）

【移动检查系统专题工作会】 8月25日，市安全监管局召开移动检查系统专题工作会，听取乡镇街道专职安全员移动检查系统应用推广、职能部门专职安全员系统开发、专职安全员规范化考核系统开发等工作。执法监察总队、信息中心及系统承建单位负责人参加会议。自7月1日系统上线运行后，专职安全员利用移动终端检查率95%，基本实现检查数据实时录入。乡镇街道专职安全员移动检查系统更新23个版本，系统日趋稳定。

（陈银良）

【区执法系统座谈会】 9月28日，市安全监管局副局长卞杰成主持召开区安全监管执法系统座谈会，东城区、西城区、朝阳区、大兴区、房山区、顺义区和开发区主管领导参加会议。会议认为，“执法系统研发使用是全面提升安全生产监管工作的重要途径，也是开展规范化执法、政务公开的必然要求，能够进一步提升执法工作效率，实现与专职安全员工作有效对接，为有效解决取证难、纠纷多等问题提供有效手段”。

（赵琳）

【标准化达标创建系统研讨会】 10月17日，市安全监管局召开标准化达标创建系统升级改造工作研讨会，听取局信息中心关于标准化达标创建系统升级改造工作工作汇报，讨论升级改造后标准化系统原型。会议认为，做好标准化达标创建系统与局外网门户整合，完成系统升级改造工作。以全市安全生产标准化达标创建系统“一盘棋”为目标，优化新版系统页面，全面优化系统展现。

（欧阳燕南）

【安科院博士后工作座谈会】 10月23日，市安全监管局副局长贾太保主持召开安科院博士后工作座谈会。座谈会上，4名博士后围绕承担项目、现有工作设想和规划、全市安全生产科研建议等内容进行座谈。会议就市科委绿色通道、科技新星评选、北京市科学技术奖等各项科技项目进行简要介绍，对博士后关注的职称评审、课题申报等问题进行解答。

（程芳）

【职业卫生乙级资质技术评审】 12月7日至8日，市安全监管局组织专家组，对市安科院开展职业卫生技术服务机构乙级资质延续现场技术评审。通过评审考核，专家组认为市安科院组织机构、人员、工作场所及实验室、仪器设备、职业病危害因素检测能力、建设项目职业病危害评价能力和质量管理体系运行情况等7个考核要素均符合职业卫生技术服务机构乙级资质要求，一致同意市安科院通过现场评审，并提出完善建设项目评价资料收集、评价方案编制的建议。

（叶飞）

【“5+1”安全生产社会化模式】 本年，市安全监管局到西城区、房山区、朝阳区、顺义区和开发区开展安全生产社会化调研工作。分析总结、提炼各单位经验，归纳出全市安全生产社会化工作“政府引导、部门联动、企业托管、安全技术服务机构支撑、社区动员＋执法推动”的“5＋1”安全生产社会化多元共治模式。此模式为政府制定相关政策搭建平台或直接出资，以公开招标、合同约定等形式委托科研院所、安全技术服务机构，或聘请安全专家为安全生产监管工作提供安全专业技术、评估、宣传培训、执法检查等服务，引导社会资源参与安全生产工作。

（李建中）

【生产经营单位台账建设】 本年，市安全监管局信息中心组织各区、乡镇街道台账管理人员400余人、专职安全员7000余人，完成全市生产经营单位台账首轮核实更新工作，核实登记生产经营单位23.9万余家，总体信息项完整率73.7%，完成全年生产经营单位台账建设任务，并进入动态更新阶段。

（梁伟光）

【安全生产执法装备配备标准】 本年，市安全监管局对全市各区安全监管部门执法装备底数和需求进行调查，开展市场调研及统计存量工作，测算装备资金缺口，编制调研报告和数据采集套表，收集相关单位装备存量数据。会同市财政局印发《北京市安全生产执法装备配备标准》，作为全市安全监管系统装备配备标准和装备经费申请依据。并发出通知，要求各区安全监管局依据标准，做好执法装备配备的准备工作。

（李让）

【安全领域科技工作实用手册】 本年，市安全监管局委托北京市科学技术研究院城市系统工程研究中心，编辑出版《北京安全领域科技工作实用手册（第一册）》，整合北京市安全科技成果信息资源，实现安全科技信息资源共享。

（李建中）

【先进技术装备目录征集推荐】 本年，市安全监管局按照国家安全监管总局办公厅《关于征集淘汰落后和推广先进安全技术装备目录的通知》要求，制发《关于征集淘汰落后和推广先进安全技术装备目录的通知》，组织征集淘汰落后和推广先进安全技术装备目录工作，经过初审，推荐《倾斜井巷轨道运输“即跑即停”防跑车装置/XZ600J》《周界安防雷达JSR-ANK-D-253》《基于云端的移动执法终端》《轮式履带摆臂全地形救援机器人》《远距离灾区环境侦测系统》5个科技项目参加国家安全监管总局征集淘汰落后和推广先进安全技术装备目录科技项目评审。

（李建中）

【高级专业技术资格评价】 本年，市安全监管局配合市人力社保局制发《关于2017年度北京市职称评价工作安排的通知》，启动专业技术资格评价工作，解答近千人次社会电话咨询，完成网上申报和现场材料审核、复核工作及网上缴费，召开专家预备会，组织申报人员参加现场答辩，完成评委会会议表决等工作。通过优化评审工作程序，严密部署会议组织、专家安排、答辩题目确定、现场协调等各环节工作，确保答辩公平公正性。

（刘自杰）

【中介机构示范单位评选】 本年，市安全监管局组织安全评价、检验检测、职业卫生、安全培训、注册安全工程师事务所等中介机构，参与安全生产工作的同时，开展安全生产中介机构示范单位评选活动。制发《关于表彰2016年北京市安全生产中介服务示范单位的决定》，表彰15家安全生产中介机构示范单位并颁发奖牌。

（李建中）

标准化建设

【安全生产标准化工作研讨会】 1月17日，市安全监管局局长张树森主持召开安全生产标准化工作研讨会，副局长唐明明、李东洲以及局有关处室和直属事业单位负责人参加会议。会议分析安全生产标准化工作存在的问题，研究对策措施，部署2017年安全生产标准化工作重点任务。张树森指出，安全生产标准化工作正处在提质增效的战略转型期，要清醒地认识到存在的问题，加强标准化期满复评和标准化信息化建设，成立安全生产标准化达标创建领导小组，研究提出提高安全生产标准化创建质量的意见，充分调动行业部门的积极性、主动性，形成合力，稳步推进全市安全生产标准化工作。

（任社山）

【地方标准专家评审】 3月2日至4月7日，市安全监管局组织专家对38项安全生产地方标准开展评审工作。专家主要从标准结构是否合理、内容是否准确、格式是否正确，是否符合系列标准要求等方面进行审查。经评审，专家一致认为2016年立项的38项标准均符合安全生产地方标准的编制要求，并提出部分条款需合并、编制说明应增加评分权重依据、一级否决项描述应当更加准确等修改意见。

（王燃然）

【标准化工作领导小组会议】 3月9日，市安全监管局副局长李东洲主持召开安全生产标准化推进工作领导小组会议，研究部署安全生产标准化工作。市安全监管局有关处室和直属事业单位负责人参加会议。与会人员围绕《2017年安全生产标准化重点工作计划》确定的重点工作任务进行深入讨论，确定安全生产标准化重点工作任务。

（仲俊生）

【京津冀安全生产协同标准审查会】 3月23日至24日，市质监局组织召开京津冀安全生产协同标准审查会，对安全生产协同标准第4部分石油库、第5部分危险化学品经营企业和第13部分机械制造企业3项标准进行审查。北京市、天津市、河北省安全监管局和质监局有关负责人以及有关专家参加审查会。会上，第4部分石油库、第5部分危险化学品经营企业和第13部分机械制造企业3项标准通过审查，并提出明确标准范围、增加危险作业管理、核对引用标准名称及具体内容，以及做好编辑性文字修改工作等要求。建议标准编制组根据专家意见进行修改。

（王燃然）

【工业企业法规修订专题论证会】 5月25日，市安全监管局副局长李东洲主持召开工业企业法规修订专题论证会，论证会邀请本市有关部门、科研服务机构和重点企业专家学者，就设置安全生产管理机构和人员、做好“三同时”工作、推进安全生产标准化创建等问题进行讨论。李东洲指出，要坚持问题导向，充分听取意见，按照立法调研工作安排开展工作。请有关单位的专家积极参与立法调研，市安全监管相关处室要做好配合工作。

（王燃然）

【10 项地方标准正式发布】 6 月 28 日，市安全监管局组织起草的《安全生产等级评定技术规范第 6 部分：食品制造企业》等 9 项安全生产地方标准，市城市管理委组织起草的《安全生产等级评定技术规范第 19 部分：环卫从业单位》安全生产地方标准，经市质监局批准予以发布，于 2018 年 1 月 1 日正式实施。

（王燃然）

【京津冀协同标准工作会】 7 月 28 日，市安全监管局召开京津冀安全生产协同标准工作会，北京市质监局、天津市安全监管局、河北省安全监管局、北京市标准化研究院、北京市劳保所和标准起草单位专家参加会议。会议通报协同标准修改的总体原则、要求和修改工作整体情况，各起草单位分别介绍协同标准吸纳有关意见建议情况和协同标准修改情况。与会人员围绕加油站、烟草制品、日化产品制造、饮料制造、纸制品制造 5 项协同标准的起草制订进行讨论。会议审查确认石油库等 8 项京津冀安全生产协同标准的具体内容，研究确定第二批京津冀安全生产协同标准项目。

（王燃然）

【标准化企业有限空间安全检查】 8 月 29 日，市安全监管局对海淀区安泰生物医用材料有限公司、安泰科技股份有限公司两家二级安全生产标准化企业有限空间作业情况进行安全检查。检查中发现，企业对有限空间作业存在辨识不清、未建立台账、未设置标识、未建立审批制度、未进行安全培训、无事故预案及应急演练、未配备有限空间作业设备等问题。针对现场检查发现的隐患问题，结合顺义区等地区发生有限空间事故情况，检查人员责令企业整改，要求企业全面加强安全管理，巩固标准化工作成果。通过检查，掌握企业标准化建设和安全管理情况，推进安全生产标准化建设与安全监管重点工作有机结合。

（齐琳）

【“百项地标”专题会】 10 月 17 日，市安全监管局召开安全生产“百项地标”专题会。市质监局、市标准化研究院、市劳保所和北京安联有关负责人和专家参加会议。会议通报全市安全生产标准化建设工作情况，指出评定标准中出现的问题，重点研究安全生产标准评审否决项和安全生产“百项地标”实施后的评审问题。参会人员从标准编制、标准管理、标准化评审等方面提出意见和建议。会议议定：梳理“百项地标”处罚条款的内容，以及国家标准、行业标准中的强制性条款的内容；编制“百项地标”操作指南，编写相对应的条文说明；明确要求生产经营单位必须符合“百项地标”重要项的内容才可申请标准化达标企业；研究与标准化二级和三级达标的对应关系；督促企业和评审单位对重要条款的不符合项进行整改；加强对评审机构的管理，严格要求评审机构按照标准进行评审，提高标准的执行力。

（王燃然）

【8 项京津冀协同标准发布】 12 月 26 日，京津冀三地安全监管、质监部门发布 8 项安全生产协同地方标准，于 2018 年 5 月 1 日正式实施。此次发布的协同标准包括《安全生产等级评定技术规范 第 3 部分：加油站》《安全生产等级评定技术规范第 4 部分：石油库》《安全生产等级评定技术规范第 5 部分：危险化学品经营企业》《安全生产等级评定技术规范 第 7 部分：饮料制造企业》《安全生产等级评定技术规范第 12 部分：纸制品制造企业》《安全生产等级评定技术规

范 第13部分：机械制造企业》《安全生产等级评定技术规范第21部分：烟草制品企业》《安全生产等级评定技术规范 第22部分：日化产品制造企业》。京津冀三地已协同发布10项安全生产地方标准。

（王燃然）

【安全生产标准化建设】 本年，市安全监管局印发《北京市企业安全生产标准化创建管理办法》《北京市安全生产评审单位管理办法》。推进“百项地标”项目编制进程，2015年立项24项标准通过审查，《总则》《安全生产通用要求》等16项地方标准发布；2016年立项38项标准完成送审稿编制；2017年立项27项标准完成征求意见稿起草。完善标准化激励政策，解决企业标准化与工伤保险对接有关问题，下调620家标准化企业工伤保险费率。全市安全生产标准化达标企业114345家，其中一级标准化企业126家、二级标准化企业898家、三级标准化企业15384家、小微企业岗位达标97937家。金属非金属矿山企业全部通过二级以上安全生产标准化等级评审，其中一级标准化企业达标率78%。

（车广杰、杨颖）

机关人事

【部分事业单位机构设置及职责调整】 2月13日，第4次局党组会研究决定，举报投诉中心内部机构由原来的3个部门调整为5个部门，科级领导干部职数由原来的3正3副增加至5正5副。综合办公室，人员编制4名，设主任1名、副主任1名；值守调度科，人员编制4名，设科长1名、副科长1名；信息管理科，人员编制4名，设科长1名、副科长1名；协调指导科，人员编制4名，设科长1名、副科长1名；督查事务科，人员编制6名，设科长1名、副科长1名。5月12日，市编办印发《关于同意为市安全监管局所属部分事业单位增加人员编制的函》（京编办事〔2017〕30号），同意为市安全监管局所属部分事业单位2015、2016年度接收军队转业干部共增加财政补助事业编制20名，其中，北京市安全生产宣传教育中心8名、北京市安全生产（12350）举报投诉中心6名、北京市安全生产信息中心6名。所需编制从北京市安全生产科学技术研究院调剂2名，从市级事业编制总量内调剂解决18名。12月18日，第36次局党组会研究决定，在安科院内部设立安全管理研究中心，作为安科院临时内设机构，研究中心设主任1名，由安科院在编干部兼任，全面负责研究中心工作。

（孙雷、孙文雯）

【督查事务中心机构设置及职责调整】 12月27日，市编办印发《关于同意独立设置北京市安全生产督查事务中心的函》（京编办事〔2017〕129号），同意将在市安全监管局所属北京市安全生产（12350）举报投诉中心加挂牌子的北京市安全生产督查事务中心独立设置，为市安全监管局所属相当正处级公益一类事业单位，主要职责是承担本事安全生产督查的辅助性、事务性工作。核定北京市安全生产督查事务中心财政补助事业编制16名，其中处级领导职数1正2副。所需编制从北京市安全生产（12350）举报投诉中心划转6名；另新增10名，从事业编制总量内调剂解决。

（孙雷、孙文雯）

【局部分内设机构调整】 1月22日，市编办印发《关于同意为市安全监管局增加行政编制的函》(京编办事〔2017〕9号)，同意为市安全监管局2015年度接收军队转业干部增加行政编制11名。调整后，机关行政编制从99名增至110名。2月6日，市政府印发《关于市区两级安全生产监督管理部门作为行政执法机构的批复》(京政字〔2017〕3号)，同意市、区（含北京经济技术开发区）两级安全监管部门作为行政执法机构。8月2日，市编办印发《关于同意为市安全监管局增设督查处的函》(京编办行〔2017〕191号)，同意增设督查处为市安全监管局正处级内设机构，加挂北京市人民政府督查室安全生产督查处的牌子，业务上同时接受北京市人民政府督查室的指导。督查处的主要职责为：负责拟订本市安全生产督查规章制度、规划计划、工作方案、并组织实施；负责国家及本市安全生产方面重大决策、重要工作部署、重要文件确定事项、重要会议议定事项落实情况的督促检查、反馈和协调；受北京市人民政府督查室委托，承担安全生产方面的督查工作。核定督查处行政编制8名，处级领导职数1正2副，所需编制由内部调剂解决。调整后，机关行政编制总数不变，内设机构从15个增至16个，处级领导职数从17正17副增至18正（含机关党委专职副书记1名、工会专职副主席1名）19副，另设安全生产监察专员3名（正处级）。8月22日，市编办印发《关于同意为市安全监管局安全监督管理二处临时加挂新机场建设安全生产监管处牌子的函》(京编办行〔2017〕198号)，同意为市安全监管局安全监督管理二处临时加挂新机场建设安全生产监管处牌子，相应增加“负责北京新机场建设安全生产综合监管，承担北京新机场建设中各专业、行业领域安全监管的协调工作”职责。同意为安全监督管理二处（新机场建设安全生产监管处）增加临时行政编制2名，核增临时副处级领导职数1名。北京新机场建设工程竣工后，安全监督管理二处临时加挂的新机场建设安全生产监管处牌子予以撤销，新增的2名临时行政编制由市编办收回，新增的1名临时副处级领导职数予以核销。

（孙雷、孙文雯）

【局级干部任免】 7月12日，中共北京市委《关于唐明明同志任职的通知》(京委〔2017〕519号）决定，唐明明任中共北京市安全生产监督管理局党组副书记。7月31日，第22次局党组会研究决定，同意卞杰成按期转正。8月15日，市直属机关工会《关于北京市安全生产监督管理局 北京煤矿安全监察局机关工会委员会唐明明等同志职务任免的批复》(京直工复〔2017〕33号)，同意唐明明任委员、主席，同意李东洲因工作调整，不再担任委员、主席职务。

（孙雷、陈磊钢）

【处级干部任免】 2月9日，第9次局党组会研究决定，张晋伟任督查事务中心副主任，借调局安全生产督查组工作，免去其安科院副院长职务；职卫综合处处长张震国借调国家安全监管总局应急救援指挥中心工作，借调期6个月。3月1日，第7次局党组会研究决定，任忠为办公室主任职位的考察对象、车广杰为研究室主任职位的考察对象、唐亮为研究室副主任职位的考察对象、戴贺霞为法制处副处长职位的考察对象、时会佳为宣传教育中心主任职位的考察对象、张鹏为举报投诉中心主任职位的考察对象、侯占杰为安科院副院长职位的考察对象；赵同立为行政审批处处长职位的考察对象，赵玉辉、陆金周为安全生产监察专员职位的考察对象，王雷、陈震西为安全监督管理三处副处长职位的考察对象，朱伟为矿山安全监督管理处副处长职位的考察对象，徐阳为安科院副院长职位的考察对象，王罡、何明明为举报投诉中心副主任职位的考察对象。3月21日，第8次局党组会研究决定，同意朱凯等8名同志轮岗交流的意见，朱凯任职业卫生综合处副处长、调研员，免去其办公室（督查室）副主任、调研员职务；闵绍辉任办公室（督查室）副主任，免去其执法监察总队副总队长职务；孙晶晶任执法监察总队副总队长，免去其职业卫生综合处副处长职务；李玉祥主持职业卫生综合处工作；靳大力主持职业卫生监督处工作；任忠任办公室（督查室）主任（试用期一年），免去其办公室（督查室）副主任职务；车广杰任研究室（科技处）主任（试用期一年），免去其研究室（科技处）副调研员职务；唐亮任研究室（科技处）副主任（试用期一年）；戴贺霞任法制处副处长（试用期一年）；时会佳任宣传教育中心主任（试用期一年），免去其宣传教育中心副主任职务；张鹏任举报投诉中心主任（试用期一年），免去其举报投诉中心副主任职务；侯占杰任安科院副院长（试用期一年），免去其执法监察总队安全生产专职安全员指导协调办公室主任职务；赵同立任行政审批处处长（试用期一年），免去其安全生产协调处副处长职务；赵玉辉任安全生产监察专员（试用期一年），免去其安全监督管理二处副处长职务；王雷任安全监督管理三处副处长（试用期一年），免去其安全监督管理三处副调研员职务；朱伟任矿山安全监督管理处副处长（试用期一年）；徐阳任安科院副院长（试用期一年），免去其执法监察总队一支队支队长职务；王罡任举报投诉中心副主任（试用期一年），免去其安科院人事政工部部长职务；会议同意将何明明列为副处级后备干部。5月9日，第14次局党组会研究决定，高云飞结束试用期，任事故调查处处长；张震国结束试用期，任职业卫生综合处处长；魏志钢结束试用期，任安全监督管理三处副调研员。6月13日，第17次局党组会研究决定，马存金、彭孟长从矿山安全监督管理处调整回北京煤监局工作，贾克成、董伟从北京煤监局调整到矿山安全监督管理处工作，贾克成主持矿山安全监督管理处工作。6月26日，第18次局党组会研究决定，吴东东任信息中心副主任（试用期一年）。7月12日，第20次局党组会议研究决定，王树琦任安全生产监察专员，免去其矿山安全监督管理处处长职务，关系保留在科技处，重点参加安全生产督查工作；安科院副院长薛映宾主持科技处工作，担任科技处党支部书记，不再承担安科院的工作任务；李宏良任执法监察总队副调研员，免去其安全监督管理一处副调研员职务；冯印辉任行政审批处调研员，免去其行政审批处副处长职务；孙建军任研究室（科技处）调研员，免去其研究室（科技处）副处长职务。7月24日，第21次局党组会研究决定，康勇任行政审批处副处长，免去其财务处副处长职务。8月4日，第23次局党组会研究决定，路韬任督查处（北京市人民政府督查室安全生产督查处）处长，免去其安全生产监察专员职务；王平任督查处（北京市人民政府督查室安全生产督查处）副调研员，免去其安全生产协调处副调研员职务。8月21日，第24次局党组会研究决定，提前结束朱伟矿山安全监督管理处副处长的试用期，任矿山安全监督管理处主任科员；同意张震国调出至国家安全监管总局应急救援指挥中心信息管理部综合处工作，免去其职业卫生综合处处长职务；李玉祥任职业卫生综合处处长，免去其职业卫生监督管理处处长职务；张晋伟任督查处（北京市人民政府督查室安全生产督查处）副调研员（试用期一年），免去其举报投诉中心（安全生产督查事务中心）副主任职务。9月8日，第26次局党组会研究决定，同意张聪为安全监督管理二处副处长职位的考察人选、邵柏为办公室副主任职位的考察人选、叶柏杉为财务处副处长职位的考察人选、吴爽为宣传教育中心副主任职位的考察人选。9月15日，第27次局党组会研究决定，同意陈震西、封光为督查处（北京市人民政府督查室安全生产督查处）副处长职位的考察人选；陈磊钢为人事教育处副处长职位的考察人选；刘友强为宣传教育中心副主任职位的考察人选；何明明、饶守国为举报投诉中心副主任职位的考察人选；陶申傲为督查事务中心副主任职位的考察人选。9月21日，第28次局党组会研究决定，姜有龙任应急工作处（值班室）副调研员；姚宏博任安全监督管理二处（新机场建设安全生产监管处）副调研员；李传勇任行政审批处副调研员；邵柏任办公室副主任（试用期一年）；叶柏杉任财务处副处长（试用期一年），免去其财务处副调研员职务；张聪任安全监督管理二处副处长（试用期一年）；吴爽任宣传教育中心副主任（试用期一年），免去其宣传教育中心新闻宣传科科长职务。9月29日，第29次局党组会研究决定，陈震西任督查处（北京市人民政府督查室安全生产督查处）副处长（试用期一年）；陈磊钢任人事教育处副处长（试用期一年）；刘友强任宣传教育中心副主任（试用期一年），免去其宣传教育中心社会宣传科科长职务；何明明任举报投诉中心（安全生产督查事务中心）副主任（试用期一年）；陶申傲任举报投诉中心（安全生产督查事务中心）副主任（试用期一年），免去其执法监察总队办公室主任职务。10月16日，第30次局党组会研究决定，冯印辉任矿山安全监督管理处调研员，免去其行政审批处调研员职务；郑爱东任行政审批处调研员，免去其应急工作处（值班室）调研员职务；同意赵跃平提前退休，免去其行政审批处调研员职务，并办理退休手续；何虎啸任安全监督管理三处调研员职务，继续参加援藏工作。11月11日，第33次局党组会研究决定，任命行政审批处处长赵同立为市安全监管局驻市政务服务中心首席代表。11月27日，第34次局党组会研究决定，赵争春继续留任怀柔区汤河口镇古石沟门村第一书记（任期两年）。

（孙雷、孙文雯）

【科级干部任免】 2月3日，第2次局党组会研究决定，刘耀峰结束试用期，任安科院科研管理部副主任科员职务，定为二十四级，任职时间从2017年1月算起。2月9日，第9次局党组会研究决定，免去张帮锋执法监察总队二支队长职务，任执法监察总队二支队主任科员；执法监察总队主任科员王龙借调市委组织部工作，借调期6个月。2月20日，第5次局党组会研究决定，同意杜蓓蓓、王海峰、李环宇、王平从宣传教育中心调整至举报投诉中心任职，张沛、林长军从信息中心调整至举报投诉中心任职；杜蓓蓓任举报投诉中心主任科员，继续借调安全监督管理三处工作；王海峰任举报投诉中心主任科员，继续借调财务处工作；王平任举报投诉中心主任科员，继续借调安全监督管理二处工作；李环宇任举报投诉中心主任科员，继续借调安全监督管理二处工作；林长军任举报投诉中心主任科员，继续借调职业卫生综合处工作；张沛任举报投诉中心主任科员。李东侠任信息中心综合办公室主任，免去其信息中心办公室主任职务；李萌任信息中心综合办公室主任科员；范开花任信息中心综合办公室主任科员；陈浩任信息中心综合办公室主任科员，借调人事教育处工作；刘安琪任信息中心综合办公室科员；陈超任信息中心规划发展部副部长、主任科员，临时负责规划发展部工作，免去其信息中心系统建设科副科长职务；陈骧君任信息中心规划发展部主任科员；赵琳任信息中心规划发展部主任科员；杨颖任信息中心规划发展部主任科员，借调研究室工作；张乳燕任信息中心应用研发部主任科员，临时负责应用研发部工作；李晓红任信息中心应用研发部主任科员；孙得峰任信息中心应用研发部主任科员，借调安全生产联合会工作；欧阳燕南任信息中心应用研发部副主任科员；田雍雍任信息中心技术保障部部长，免去其信息中心运维管理科科长职务；周仁清任信息中心技术保障部主任科员；马林燕任信息中心技术保障部主任科员；陈利明任信息中心技术保障部副主任科员；郭霞任信息中心运行管理部副主任科员；张青云任北信息中心运行管理部副主任科员，借调办公室（督查室）工作；李让任信息中心运行管理部副主任科员，借调科技处工作；石逸超信息中心运行管理部副主任科员，借调职业卫生监督处工作。焦宁任举报投诉中心综合办公室副主任，免去其举报投诉中心办公室副主任职务；王海峰任举报投诉中心综合办公室主任科员，借调财务处工作；孙文雯任举报投诉中心综合办公室主任科员，借调人事教育处工作；王静伟任举报投诉中心综合办公室副主任科员；王勋任举报投诉中心综合办公室副主任科员，借调局系统团委工作；蔡燊任举报投诉中心值守调度科科长，免去其举报投诉中心受理科科长职务；江华光任举报投诉中心值守调度科主任科员；雷恒任举报投诉中心值守调度科主任科员；张沛任举报投诉中心值守调度科主任科员；张世杰任举报投诉中心值守调度科副主任科员，借调安全生产联合会工作；李阳春任举报投诉中心信息管理科科长，免去其举报投诉中心协调科科长职务；阚悦任举报投诉中心信息管理科主任科员，借调人事教育处工作；徐双任举报投诉中心信息管理科主任科员，借调局机关党办工作；王平任举报投诉中心信息管理科主任科员，借调安全监督管理二处工作；李环宇任举报投诉中心信息管理科主任科员，借调安全监督管理二处工作；李琳任举报投诉中心信息管理科副主任科员；钱方任举报投诉中心协调指导科主任科员，借调法制处工作；杜蓓蓓任举报投诉中心协调指导科主任科员，借调安全监督管理三处工作；姜二峰任举报投诉中心协调指导科主任科员，借调局机关党办工作；胡静任举报投诉中心协调指导科副主任科员，借调安全生产协调处工作；雷阳任举报投诉中心督查事务科主任科员，借调安全生产督查组工作；李春晖任举报投诉中心督查事务科主任科员，借调安全生产督查组工作；刘毅任举报投诉中心督查事务科主任科员，借调安全监督管理二处工作；范慧任举报投诉中心督查事务科主任科员，借调安全监督管理一处工作；林长军任举报投诉中心督查事务科主任科员，借调职业卫生综合处工作；王海斌任举报投诉中心督查事务科主任科员，借调职业卫生综合处工作；李广任举报投诉中心督查事务科副主任科员，借调矿山安全监督管理处工作。3月21日，第8次局党组会研究决定，杜金颖任职业卫生综合处主任科员；刘卫坤任执法监察总队主任科员；白晓鸣任执法监察总队主任科员；张国宁任执法监察总队主任科员；崔晓任北执法监察总队主任科员；陈银良、李赫楠试用期满任职定级，陈银良任信息中心应用研发部科员，定为二十五级；李赫楠任信息中心规划发展部科员，借调安全监督管理三处工作，定为二十五级；同意北京石油化工学院经济管理学院杜镇伟到市安全监管局挂职锻炼，任应急工作处处长助理，挂职时间2017年3月至2017年9月。4月17日，第12次局党组会研究决定，牛广义任行政审批处主任科员；郭遐晖任宣传教育中心主任科员；杨青任宣传教育中心副主任科员，借调安全生产协调处工作；陈利明任信息中心主任科员；王勋任举报投诉中心主任科员，借调局系统团委工作；张世杰任举报投诉中心主任科员，借调安全生产联合会工作。5月2日，第13次局党组会研究决定，选派执法监察总队主任科员崔晓到首都综治办参加集中办公；向市人力社保局申请补录2名公务员，分别为办公室（督查室）信息化建设职位、安全监督管理三处监督管理职位各补录1名公务员。5月9日，第14次局党组会研究决定，高雅莉任宣传教育中心主任科员、办公室副主任；邓瑶任宣传教育中心主任科员；刘云熹任宣传教育中心主任科员，借调办公室（督查室）工作；郑策任宣传教育中心主任科员，借调财务处工作。5月31日，第16次局党组会研究决定，欧阳燕南任信息中心应用研发部主任科员；焦宁任举报投诉中心综合办公室副主任、主任科员；李鹏飞任信息中心综合办公室副主任（挂职）；同意安科院闫永生退休，并办理退休手续。7月12日，第20次局党组会议研究决定，屈玥任职业卫生监督处主任科员；卢茜任职业卫生监督处主任科员。7月24日，第21次局党组会研究决定，陈银良任信息中心应用研发部副主任科员；乔建华任安科院职业能力建设部副主任科员，级别定为23级；叶飞任安科院职业健康研究中心副主任科员，级别定为24级；郭晓濛任举报投诉中心协调指导科副主任科员，级别定为24级。8月4日，第23次局党组会研究决定，武金贵任督查处（北京市人民政府督查室安全生产督查处）主任科员；陈静任督查处（北京市人民政府督查室安全生产督查处）主任科员；王俊杰任执法监察总队一支队主任科员。9月1日，第25次局党组会研究决定，免去王龙执法监察总队办公室主任科员职务。9月8日，第26次局党组会研究决定，杨青任安科院副主任科员，借调安全生产协调处工作。9月15日，第27次局党组会研究决定，免去张艳娜安科院职业健康研究中心副主任职务；免去秦永生宣传教育中心网络宣传科科长职务。9月21日，第28次局党组会研究决定，吴同任督查处（北京市人民政府督查室安全生产督查处）主任科员；薛礼任法制处主任科员；任娜任法制处科员；刘尊涛任安全生产协调处主任科员；赵琦任事故调查处主任科员；赵庆儒任安全监督管理一处主任科员；张文蕙任局机关党委（工会）办公室主任科员；魏坤任执法监察总队主任科员；张德源任执法监察总队副主任科员；崔小兵任宣传教育中心主任科员，借调安全生产协调处工作；张杰任宣传教育中心副主任科员，借调研究室工作；李瑨任信息中心主任科员，借调法制处工作；安永强任信息中心主任科员；杨泱任举报投诉中心（北京市安全生产督查事务中心）副主任科员，借调安全监督管理一处工作；刘燕华任举报投诉中心（北京市安全生产督查事务中心）主任科员，借调安全监督管理二处工作；田伟业任北举报投诉中心（北京市安全生产督查事务中心）副主任科员，借调安全监督管理三处工作；白发生任举报投诉中心（北京市安全生产督查事务中心）副主任科员，借调职业卫生监督处工作；武金贵任举报投诉中心（安全生产督查事务中心）办公室副主任（挂职），张国宁任安科院职业能力建设部副部长（挂职），挂职时间 2017 年 9 月 30 日至 2018 年 9 月 29 日；举报投诉中心（安全生产督查事务中心）主任科员王勋借调到局机关党委（工会）办公室工作（负责系统团委相关工作）。10 月 16 日，第 30 次局党组会研究决定，朱伟任急工作处（值班室）主任科员；安科院陈星光借调安全监督管理三处工作；王博任安科院综合办公室主任（试用期一年）；孙旭任安科院综合办公室副主任（试用期一年）；侯烺祎任安科院综合办公室副主任（试用期一年）；杨琳任安科院职业健康研究中心副主任（试用期一年）；郝靖安科院培训教研部副部长（试用期一年）；范立娜任安科院职业能力建设部副部长（试用期一年）；张慧任安科院城市运行安全研究中心副主任（试用期一年）；陈超任信息中心规划发展部部长（试用期一年），免去其信息中心规划发展部副部长职务；张乳燕任信息中心应用研发部部长（试用期一年）；欧阳燕南任信息中心应用研发部副部长（试用期一年）；张玉昆任宣传教育中心办公室主任（试用期一年）；邓瑶任宣传教育中心网络宣传科科长（试用期一年）；焦文霞任宣传教育中心新闻宣传科副科长（试用期一年）；郑羽莎任宣传教育中心社会宣传科副科长（试用期一年）。11 月 11 日，第 33 次局党组会研究决定，韩宏飞继续借调中编办工作，延长借调时间至 2018 年 4 月底；崔晓继续借调首都综治办工作，借调时间延长至 2018 年 2 月底。12 月 18 日，第 36 次局党组会研究决定，李菲任安科院人事政工部副部长、主任科员；孙旭任安科院综合办公室副主任、主任科员；嵇征任安科院考试管理部主任科员；李惠任安科院培训教研部主任科员；张玉娟任安科院考试管理部主任科员。

（孙雷、孙文雯）

【协会人员任免】 2 月 20 日，第 5 次局党组会研究决定，孙得峰、张世杰担任安全生产联合会副秘书长。6 月 13 日，第 17 次局党组会议研究决定，唐明明不再兼任安全生产联合会法定代表人，法定代表人改由安全生产联合会秘书长徐杰立兼任；侯烺祎兼任安全生产技术服务中心专职副主任。6 月 30 日，第 19 次党组会研究决定，曹雅媛担任安全生产技术服务协会法定代表人兼秘书长，白晓鸣不再担任安全生产技术服务协会法定代表人兼秘书长。9 月 1 日，第 25 次局党组会研究决定，同意高雅莉调回宣传教育中心工作，不再担任安全文化促进会法定代表人兼秘书长；同意宣传教育中心新闻宣传科主任科员王善维担任安全文化促进会法定代表人和秘书长。9月21日，第28次局党组会研究决定，同意安全生产青年人才促进会会长韩占生、监事长王晓杰卸任请求，北京城市系统工程研究中心副主任朱伟为安全生产青年人才促进会会长，安全监督管理二处主任科员李鹏飞为安全生产青年人才促进会监事长。

（孙雷、孙文雯）

【军转干部安置】 8月至10月，市安全监管局按照全市军队转业干部安置工作领导小组要求和接收安置计划，结合局内干部队伍建设需要，经第28次局党组会决定，接收安置军转干部20名，其中团职军转干部5名，营职军转干部15名。

（孙雷、孙文雯）

【干部招录】 3月1日，第7次局党组会研究决定，录用纪阳、宫怡旭、谢天琳、李梦璐到安科院安全生产政策理论研究岗工作，录用胡林梦到安科院职业卫生技术研究岗工作，录用吴知函到安科院安全生产电气技术研究岗工作；录用李芃芃到信息中心生产安全信息化研究岗工作。3月21日，第8次局党组会研究决定，同意录用罗经灿到办公室（督查室）工作，齐琳到安全监督管理一处工作，肖庆海到安全生产协调处工作，周伟伟、赵芬、高博远、张春玲到执法监察总队工作，试用期为一年，试用期起始时间以人力社保局批复时间为准；赵芬继续借调研究室工作，待试用期满后，办理转任手续。6月26日，第18次局党组会研究决定，同意录用李琳到办公室（督查室）工作，逯磊到安全监督管理三处工作；同意录用杜飞艳、赵奎富到安科院工作。9月8日，第26次局党组会研究决定，同意录用牛胜利到安科院职业卫生检测岗工作，赵勇到安科院职业卫生研究岗工作，曲封屹到安科院政策研究岗工作，施乃溪到安科院培训教研岗工作，史一凡、梅楠到安科院安全评价岗工作，陈星光到安科院危险化学品技术岗工作，李健到安科院电气技术岗工作，张俊东到信息中心应用研发岗工作，郭小莉、杨雪蒙到宣传教育中心社会宣传岗工作，金茜茜到宣传教育中心新闻宣传岗工作。12月7日，第35次局党组会研究决定，同意录用何振东、尹伯男、徐新悦、张高菲、赵明璐等5名海外留学人员，并于12月18日到岗，正式起薪时间为2018年1月1日。12月18日，第36次局党组会研究决定，取消牛胜利、赵勇录用资格，责成人事教育处抓紧办理取消录用相关手续。

（孙雷、孙文雯）

【干部离职】 3月1日，第7次局党组会研究决定，同意赵若虚辞职，免去其安科院副主任科员职务。3月21日，第8次局党组会研究决定，同意范开花、宋运晶辞职，免去范开花信息中心主任科员职务。4月17日，第12次局党组会研究决定，同意杨腾越辞职。6月13日，第17次局党组会研究决定，免去金绪平事故调查处主任科员职务。6月30日，第19次党组会研究决定，同意赵建立辞职，免去其执法监察总队主任科员职务。8月4日，第23次局党组会研究决定，同意刘毅调出到中央民族大学工作，免去其举报投诉中心主任科员职务。

（孙雷、孙文雯）

▶ 11月22日，市经济信息化委主任张伯旭（中）带队检查企业安全生产工作

◀ 11月24日，市经济信息化委副主任王学军（右一）在密云区检查企业安全生产工作

▲ 6月19日，市经济信息化委举行防汛应急演练

◀ 8月，市经济信息化委组织开展民爆器材生产、销售企业安全生产大检查

▲ 9月15日，市环保局参加京津冀联合突发水环境污染事件应急演练 ▼

▲ 11 月 15 日，市环保局组织京津冀重点流域突发水环境污染事件应急预案专家评审会

▲ 11 月 18 日，市环保局对大兴区“11 · 18”火灾现场污染物进行监测

▲ 北京市建设工程施工现场十九大期间安全保障工作动员部署会

▲ 5月4日，市住房城乡建设委举行建筑工程防汛应急演练

▶ 6月16日，2017年全国住建系统安全生产宣传咨询日活动

◀ 6月17日，北京市建筑施工安全生产知识竞赛

▶ 2017年北京市住房城乡建设系统安全生产培训会

▲ 11 月 23 日，市城市管理委主任孙新军（左三）带队检查企业安全生产工作

▲ 12 月 4 日，市城市管理委副巡视员孟献军（左四）带队检查石油天然气管道安全管理工作

▲ 3 月 28 日，市城市管理委召开第二季度安全形势分析会

▲ 7 月 18 日，燃气突发事件处置现场

▲ 8 月 23 日，市交通委主任周正宇（中）带队检查北京南站安全服务保障工作

▲ 8 月 30 日，交通行业安全生产大检查

▲ 6月16日，市交通委举办2017年北京市交通行业安全生产宣传咨询日活动 ▶

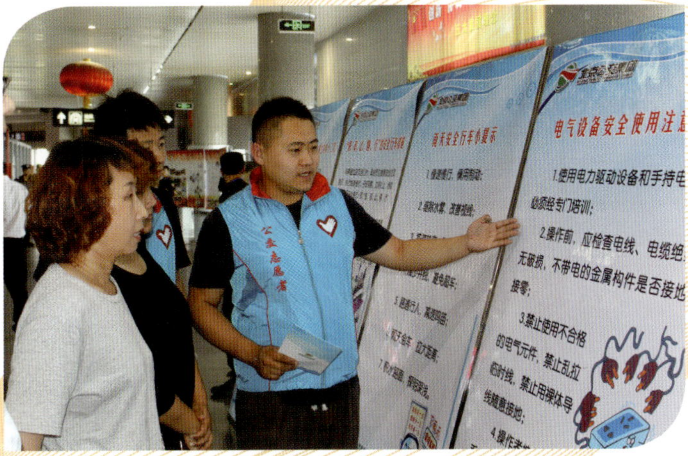

◀ 9月11日，市交通委安全生产千分制评价现场

11月20日，市水务局局长金树东（左二）带队检查昌平区南沙河再生水利用管网建设工地

6月，市水务局组织力量排除汛情隐患

8月18日，市水务局组织实施东小口沟排洪河道治理工作

11月19日，市水务局召开安全隐患大排查大清理大整治专项行动部署会

▲ 2月28日，市商务委召开商务行业安全生产工作会议

▲ 10月11日，市商务委委员许康（右二）带队检查安全生产工作

▲ 9 月 20 日，各区商务部门落实安全生产监管责任工作督查会

▲ 9 月 22 日，市商务委、市公安局消防局联合约谈警示教育大会

▲ 2 月 15 日，北京市旅游行业安全工作大会

▲ 6 月 17 日，2017 旅游安全宣传咨询日

▲ 6 月 29 日，市旅游委主任宋宇（中）在 2017 年北京市旅游行业第三届安全技能大赛活动现场

▲ 9 月 5 日，市旅游委巡视员周卫民（中）带队督查旅游安全工作

▲ 7 月 29 日，市工商局局长陈永（中）调研成品油质量监管工作

▲ 2 月 6 日，市工商局门头沟分局检查烟花爆竹安全工作

▲ 8月1日，市工商局密云分局配合开展“开墙打洞”专项整治工作

▲ 10月13日，市工商局房山分局在周口店货场进行燃煤抽检工作

▲ 8月18日，市质监局局长苗立峰（前排左二）带队督查燕山石化公司特种设备安全大检查工作

▲ 6月21日，市质监局做客“首都之窗”介绍电梯安全保障工作

▲ 6 月 27 日，市质监局组织大型游乐设施应急演练

▲ 5 月 26 日，市质监局参加北京市防灾减灾日主题宣传活动

▲ 1 月 9 日，市体育局副局长陈杰（左三）带队检查军都山滑雪场安全工作

▲ 12 月 30 日，市体育局副局长祁敬婷（左二）带队检查什刹海滑冰场安全工作

▲ 6 月 28 日，市体育局举办第五届救生员技能大赛

▲ 8 月 3 日，市体育总会秘书处主任王品熙（右一）参加“防灾减灾 保障民生”访谈

▲ 9月26日，市园林绿化局副局长高士武（左三）检查局属单位安全工作

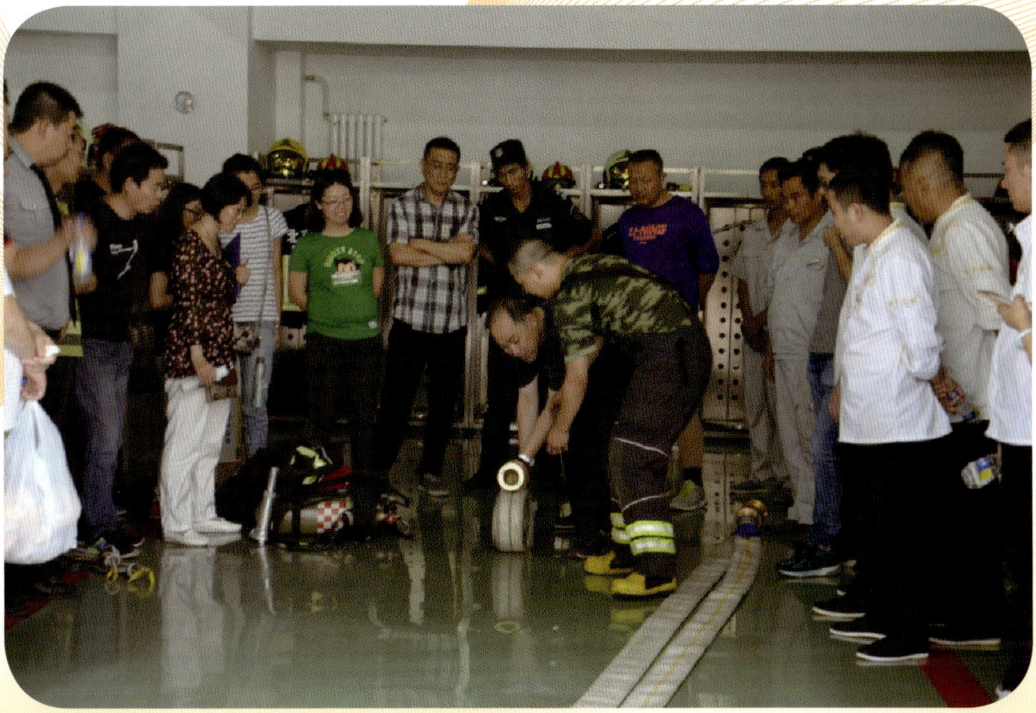

▲ 6月27日，消防应急演练现场

▲ 9 月 26 日，市园林绿化局举办年度防火应急演练

▲ 6 月 1 日，市园林绿化局安全生产月宣传活动

▲ 8 月 2 日，北京市地下空间综合整治工作会议

▲ 5 月 25 日，市民防局组织民防系统突发事件总体应急预案桌面推演

6月15日，市民防系统跨区支援通信演练

9月16日，市民防局组织防空警报试鸣工作演练

▲ 8 月 10 日，京津冀农机安全监管协同发展签字仪式

▲ 11 月 24 日，“农机安全杯”机手技能大赛

▲ 11 月 28 日，北京市农机监理业务技能大比武决赛现场

▲ 12 月 28 日，市农机监理总站冬季安全普法活动

1月13日至2月21日，市城管执法部门开展春运专项执法工作

10月11日，市、区城管执法部门对党的十九大代表驻地周边餐饮企业开展燃气安全检查

▲ 11月22日，市城管执法局组织开展安全隐患大排查大清理大整治专项行动

▲ 12月20日，京津冀城管执法部门协同执法工作研讨会

▲ 6 月 16 日，北京铁路局举行保定－喀什集装箱中亚班列开启仪式

▲ 10 月 22 日，铁路员工在衡水北站对站台高度、限界进行安全检测

▲ 6 月 11 日，张家口市宣化区柳川河西路下穿京包铁路立交桥分桥体安全顶进到位

▲ 10 月 10 日至 13 日，开展车务系统车站值班员组技术比武

▲ 9月12日，市气象局局长姚学祥（左三）带队督查奥林匹克公园防雷安全大检查工作 ▼

▲ 6 月 16 日，市气象局参加北京市安全生产宣传咨询日活动 ▼

1月13日，市公安局交管局丰台支队在六里桥长途汽车站对春运长途客车进行检查

1月24日，市公安局交管局开展全市酒驾夜查行动

4月10日，市公安局交管局石景山支队开展大货车违法专项检查

7月18日，市公安局交管局丰台支队在杜家坎收费站检查危险化学品运输车辆

8月15日，市公安局交管局朝阳、昌平支队联合开展整顿“摩的”行动

9月1日，“北京榜样最美警察”于家骥讲授开学安全第一课

11月9日，市公安局消防局组织“全民消防我代言”大型公益行动暨北京市第二十七届“119”消防宣传月活动

9月10日，市公安局消防局与清华大学联合举办消防进军训启动仪式暨“消防进军训，平安育人才”示范活动

12 月 19 日，华北能源监管局局长郭智（右三）对通州区城市副中心配套电力工程进行安全督查

4 月 15 日，华北能源监管局副局长程裕东（前排中）对“一带一路”国际合作高峰论坛保电安全进行督查

4 月 25 日，华北能源监管局会同市安全监管局对供电核心区运营中心开展安全检查

重点行业领域安全生产工作

北京市经济和信息化委员会

2017 年，市经济信息化委贯彻落实《中共中央 国务院关于推进安全生产领域改革发展的意见》，健全完善市、区经济信息化部门安全生产工作体系，有序推进并完成各项工作任务。制定《安全生产工作的指导意见》《市经济信息化委 2017 年度安全生产目标任务分工》和《市经济信息化委关于安全生产“党政同责、一岗双责、齐抓共管”的工作制度》，推进相关行业领域安全生产条件的改善，提升企业安全管理水平。

【安全生产指导检查】 本年，市经济信息化委贯彻落实党中央、国务院领导同志关于安全生产工作的重要指示批示精神，以及市委、市政府关于全市安全生产工作的具体部署，吸取大兴区“11・18”火灾事故教训，开展安全生产指导及检查专项行动。一是结合全市经济信息化系统安全生产职责定位和工作内容，坚持“党政同责、一岗双责、齐抓共管、失职追责”，履行安全生产工作职责，根据《中共中央 国务院关于推进安全生产领域改革发展的意见》提出的具体要求，编制《关于经济信息化部门安全生产工作的指导意见》《关于安全生产“党政同责、一岗双责、齐抓共管”的工作制度》和《关于区级经济信息化部门安全生产工作的考核办法》3 项部门管理制度。二是召开安全隐患大排查大清理大整治安全工作专题会议，及时传达市委书记蔡奇关于“要深入学习贯彻党的十九大精神，深入贯彻习近平总书记对北京工作的重要讲话精神，充分认识维护首都安全稳定的重要性，守土尽责，确保一方平安”的指示精神，部署安全生产指导及检查工作，明确安全指导、安全检查、委内办公区域排查、综合协调与宣传教育 4 个方面的具体任务。三是开展军工、民爆领域安全生产督查工作，督促企业完善安全管理工作，落实企业安全生产主体责任，全力遏制事故发生。四是根据专项行动任务分工，开展“走基层、下企业、强服务”调研工作，通过实地走访、集中召开会议等方式，对全市工业和信息服务业领域开展具有针对性的安全指导工作，引导相关企业强化安全管理工作。五是开展委内办公区域安全隐患自查自纠工作，按计划组织安保队伍开展突发事件应急处置演练，提升在职员工安全意识和办公场所安全管理水平。六是根据《国务院办公厅关于推进城镇人口密集区危险化学品生产企业搬迁改造的指导意见》要求及市领导指示精神，会同市安全监管局、环保局对全市危险化学品生产企业进行摸排、认定。经查，35 家危险化学品生产企业均符合安全和卫生防护距离要求，具备安全生产条件，不涉及搬迁改造事项。会同市安全监管局、环保局编写《关于北京市城镇人口密集区危险化学品生产企业搬迁改造工作落实情况的报告》并报送市政府。根据市政府批复要求，向国家工业和信息化部报送《关于城镇人口密集区危险化学品生产企业搬迁改造工作落实情况的报告》。

【落实安全生产责任】 本年，市经济信息化委根据市安委会办公室《关于报送2017年安全生产工作要点及行业领域基础数据的通知》要求，结合重点工作任务，制定《2017年安全工作要点》，督促各区经济信息化部门履行安全生产责任。每月召开重点工作调度会，每季度召开系统调度会，传达安全生产重要文件精神及各级领导工作要求，委领导部署下一阶段重点工作。向各区经济信息化部门提出贯彻落实《关于经济信息化部门安全生产工作的指导意见》、开展“一带一路”国际合作高峰论坛和全国安全生产大检查期间安全生产专项指导工作、“疏解整治促提升”助力安全生产形势稳定好转等工作。宣传贯彻《关于区级经济信息化部门安全生产工作的考核办法》。编制《经济信息化部门安全生产指导工作记录表》，印发11版工作建议，引导区经济信息化通过实践提升安全生产业务水平，深化“一岗双责”要求。

【军工、民爆领域安全监管】 本年，市经济信息化委健全完善民爆器材生产、销售企业安全生产监管机制，督促民爆企业落实主体责任。一是编制关于本市民爆器材生产、销售企业《事故隐患和安全风险分级及管控办法》《安全生产警示约谈办法》《安全生产承诺和信用报告制度》《落实安全生产主体责任情况检查评估制度》和《关于全面推行民爆行业安全生产责任保险制度的指导意见》5项监管行业工作制度。二是按计划对全市民爆器材生产、销售企业开展多轮次安全生产检查，督促企业落实《中华人民共和国安全生产法》《民爆物品安全管理条例》，全力遏制事故发生。三是配合国防科工局，对在京军工单位进行监督指导，促进相关军工单位强化安全管理工作。四是创新监管模式，开展民爆行业安全生产标准化运行检查工作，强化重点时期检查和专项督查工作。

【应急救援演练】 本年，市经济信息化委组织开展安全生产应急救援演练，促进军工、民爆企业应急处置水平的提升，有效检验各部门、各单位、各抢险队伍应对突发情况处置能力和协作能力，督促企业把岗位应急演练作为日常管理的重要内容。会同航天三院、京煤化工公司先后开展军工单位、民爆企业应急救援演练活动；组织委内反恐防爆和消防演练、办公场所及餐厅应急演练活动，提升办公场所安全管理水平；会同北京燕山石化公司防汛办公室等多家单位，开展永定河管架桥防汛应急演练活动，通过演练提高风险意识和责任意识，将组织、人员、物资及应急抢险方案落到实处，检验预案的可操作性，强化市防汛抗旱指挥部的协同配合能力。

【安全生产与“疏解整治促提升”】 本年，市经济信息化委贯彻落实市政府《关于组织开展“疏解整治促提升”专项行动（2017—2020年）的实施意见》，有序推进“一般制造业企业退出”和“散乱污”企业治理工作，将安全、环保与“疏解整治促

提升”工作紧密结合，退出一般制造业企业651家，清理整治“散乱污”企业6194家。落实安全生产“一岗双责”，促进安全发展。

【安全生产月活动】 本年，市经济信息化委贯彻《中共中央 国务院关于推进安全生产领域改革发展的意见》《北京市生产经营单位安全生产主体责任规范》，制定《2017年度安全生产月活动方案》。举办全市经济信息化部门安全生产咨询日活动，组织军工单位安全生产宣传日活动，举办海淀区中关村软件园安全生产宣传日活动和密云区国资企业及乡镇安全管理人员专题培训班，会同航天三院、京煤化工公司开展军工单位、民爆企业应急救援演练活动，全面开展安全生产月活动。

市经济信息化委刘昭供稿

北京市规划和国土资源管理委员会

2017年，市规划国土委按照“补短板、强融合、细落实、促平衡”总要求，以安全生产目标管理为抓手，在城乡规划编制、落实规划实施、规划监督、行业监管等方面安全生产监管责任，推进委系统安全生产工作，树立安全发展意识，强化安全生产“红线”意识，发挥规划和国土资源管理在城市运行和维护社会安全稳定方面的保障作用。

【落实“一岗双责”责任制】 本年，市规划国土委依据安全生产“党政同责，一岗双责”和“管行业必须管安全，谁主管谁负责”原则，成立安全生产工作领导小组及相关机构，明确所有委领导以及全委系统各处室、各分局、各部门安全生产责任，细化工作任务。制定《2017年安全生产工作要点及任务分解》，明确重点任务，确立安全生产工作新格局。按照市安委会《2017年安全生产目标任务书》要求，制定并下发《北京市规划和国土资源管理委员会落实2017年安全生产目标任务具体措施》，将安全生产责任分解落实到各级党组织和成员单位，从部门管理职责和综合监管职责两个层面着手，做好安全生产各项工作，做到全年安全生产“零事故”。

【安全生产工作体系】 本年，市规划国土委强化安全监管职责，强化顶层设计，按照“管行业必须管安全”“管业务必须管安全”要求，完善安全生产工作体系，明确各层级安全生产管理职责和监管职责。将安全生产监管理念融入规划编制、规划实施、规划监督、标准制定、国土资源管理、行业监管等各个环节，完善城乡规划和国土资源管理安全管理规章制度。将“加强城市防灾减灾能力，提高城市韧性”及“强化安全风险管理，提高城市公共安全水平”两部分内容作为两项重要要求纳入《北京城市总体规划（2016年—2035年）》。结合安全生产工作新情况、新要求，多次召开全委安全生产工作会议，对安全生产工作进行部署，逐级落实安全生产任务，及时研讨解决安全生产工作中遇到的突出问题。通过实行安全生产例会制度和培训制度，确立全委系统安全生产工作体系和格局。

【重点时期安全保障】 本年，市规划国土委系统各单位建立隐患排查治理信息台账，做好安全隐患排查整改工作。在全

国“两会”“一带一路”国际合作高峰论坛、国庆节等重大活动和节日前夕，组织开展安全生产大检查，排查整改安全隐患。为迎接党的十九大胜利召开，以全市安全生产大检查为契机，成立4个检查组，分别为机关内保安全工作检查组、城乡规划安全工作检查组、勘察设计测绘行业安全生产和标准建设检查组，地质矿产行业安全生产检查组，明确每个小组工作职责，明确安全生产大检查工作具体步骤、安排和工作要求。安全生产大检查工作期间，对全委安全生产工作进行有效梳理，增强安全生产意识和“一岗双责”履职意识。

【勘察设计行业监管】 本年，市规划国土委加强勘察设计行业监管工作。一是强化施工图审查和勘察设计文件质量抽审工作，在对所有建设工程项目进行施工图审查基础上，把建设工程勘察设计文件质量抽审工作作为一项常态化工作，开展抽审工作8次，抽审项目近150项，涵盖房屋建筑工程、市政基础设施工程、轨道交通工程、工程勘察及地基处理工程等。二是按照法规规定和资质标准，在资质准入阶段严格把关，强化人员证件及企业业绩核查，上网核查人员证件3000余件，发出业绩核查函500余件，对存在弄虚作假行为的6家企业进行通报，并作出1年内不再受理其该项资质申请的处理决定。三是建立行业企业信息台账，建立勘察设计行业信用系统，把质量监管、市场监管、资质资格等方面存在违规或不良行为的单位及时纳入信用系统，并按规定对相关单位下发整改通知书，进行警示、约谈或移送。计入不良记录526条。四是印发《关于开展建设工程设计电气火灾综合治理工作的通知》，部署设计行业自查整改工作，研究危险化学品综合治理相关建议措施。五是强化勘察专项治理措施，对全市从事勘察钻探工作的司钻员、描述员进行安全生产和工作技能培训，并要求持证上岗。配合建设单位、地下管线产权单位等相关单位制定管线安全防护工作方案，遏制勘察钻探破坏地下管线事故发生。六是落实行业安全监管，建立通报警示制度，抓好所管行业安全生产法律法规的贯彻落实，督促行业部门建立健全安全生产责任制，做好行业安全生产培训和宣传工作。

【地质灾害防治】 本年，市规划国土委组织开展地质灾害防治工作。汛前下发《关于认真做好2017年主汛期地质灾害防治工作的通知》，对汛期地质灾害防治工作进行动员部署。加强地质灾害群测群防员培训和险村演练工作，大力宣传地质灾害避险知识。组织市、区两级培训15场、参加人员1500余人，组织地灾综合演练131次、参演人员8000余人。重点做好汛期预警预报、应急调查、值班值守和信息报送工作，发布市级预警19次、区级预警92次，报送《防汛快报》45期，下发（转发）各类文件40余份。全市年内发生地质灾害26起，均为小型道路崩塌，无人员伤亡。

【煤矿超层越界开采专项整治】 本年，市规划国土委按照国土资源部、国家安全监管总局、国家煤矿安全监察局《关于开展煤矿超层越界开采专项检查整治行动的通知》要求，会同市安全监管局、北京煤监

局在全市开展煤矿超层越界开采专项检查整治行动。制定《北京市开展煤矿超层越界专项检查整治行动方案》，按照准备部署、企业自查整改、集中检查整治和总结4个阶段开展专项检查整治行动。通过煤矿企业自查自纠、现场核查、检查验收，未发现本市煤矿存在超层越界、图纸造假、图实不符和隐瞒实际生产情况等违法违规行为。

【土地矿产卫片执法检查】 本年，市规划国土委印发《关于开展2016年度土地矿产卫片执法监督检查工作的通知》，先后召开3次执法监察例会，专题听取各分局工作进展，解决各分局在工作中遇到的难题，保证执法检查与验收工作按期完成。全市监测违法用地5240宗29078.6亩（其中耕地15318.6亩）。拆除卫片监测一般违法用地3355宗，腾退土地面积12688亩（含耕地6788亩），占一般违法宗数、面积、耕地面积比例分别为91.8%、92.3%、97.3%。按照全市统一部署，对全市矿山企业隐患排查治理工作开展专项督查，要求各矿山企业按照要求开展隐患排查治理工作，重点对矿山企业排查出的隐患问题是否及时整改到位进行检查。

【宣传教育】 本年，市规划国土委结合规划管理特点和安全生产工作情况，采取点面结合、多种渠道开展安全生产教育培训。委主要领导在全委视频会议上向全委人员进行安全生产教育，部署落实要求。强化从事规划、建筑设计和施工图审查机构从业人员在生产活动中的安全生产和执行相关标准意识，组织开展宣贯和培训教育活动，强化行业单位安全生产质量责任意识。结合工作实际，有计划地组织开展安全生产培训教育工作，督促指导企业开展安全生产培训教育工作，细化标准宣贯方案，以重点标准和图集的发布为契机，及时组织宣贯培训，加大涉及安全强制性标准的宣贯培训工作力度。

市规划国土委吕延秋供稿

北京市环境保护局

2017年，市环保局以突发环境事件应急处置为核心、以环境风险防控为重点，狠抓环境安全风险源和污染源综合监管，推进京津冀联防联控，强化应急演练和培训，应急管理体系不断完善，环境应急管理综合能力和处置突发环境事件实战能力稳步提升。

【延庆区醋酸乙烯泄漏事件查处】 4月7日，市环保局接市应急办通报，110国道新线进京方向椿树安隧道附近发生车辆追尾事故，其中一车辆所载醋酸乙烯发生泄漏。接报后，市环保局启动应急预案，立即赶赴现场，并要求延庆区环保局应急人员迅速核实情况，组织先期处置。经查，4月7日上午一重型半挂牵引车行驶至延庆区井庄镇110国道新线进京方向椿树安隧道出口处约200米处，与前方行驶载有28吨醋酸乙烯的半挂牵引车和一厢式货车发生碰撞，造成罐车尾部阀门变形出现裂缝，导致醋酸乙烯泄漏。现场应急处置人员对泄漏在路面上的醋酸乙烯进行处理，罐内剩余醋酸乙烯由专业应急处置队伍进行倒罐处理。环境监测人员现场组织全程实时监测，截至21时事故现场交通恢复正常。事件未对周边环境造成污染。

【环境风险源企业专题培训】 4月，市环保局组织全市600余家重点环境风险源单位环保负责人，针对企业环境应急管理工作开展培训。培训邀请中国环科院专家对新发布的《企业突发环境事件隐患排查与治理工作指南（试行）》进行解读；市环保局就如何组织企业突发环境事件应急演练进行系统培训和讲解。培训旨在提升企业的环境安全意识，贯彻落实《突发环境事件应急管理办法》，遏制并有效处置突发环境事件。

【"防灾减灾日"主题宣传活动】 5月26日，市环保局以"防控环境风险，服务保障民生"为主题，参加市应急委在通州运河文化广场举办的防灾减灾宣传主会场活动。副市长卢彦、市政府副秘书长尹培彦和国务院应急办相关负责人莅临会场指导。主会场开设北京市环境保护局展区，以图文并茂的形式展示空气重污染预警分级和应对知识、各类突发环境事件中公众如何自救互救的实用常识、日常生活中的辐射知识和如何防护，环保有奖举报参与常识。向市领导汇报环境应急工作开展情况，介绍现场展示的应急防护装备和应急监测设备。现场为市民发放宣传资料，解答部分群众关心的环境热点问题。

【突发环境事件应急管理培训】 5月，市环保局举办全市突发环境事件应急管理工作培训班。培训班主要面向新从事环境应急管理工作的人员，各区环保局和市环保监测中心、辐射中心、固管中心、放废中心及专业处置队伍的代表参加培训。培训围绕环境应急管理工作的全过程展开，内容涉及北京市应急体系建设与应急形势、企业应急预案备案管理、重点风险源企业现场检查、常用监测设备的操作使用、辐射反恐应急的任务与要求、突发环境事件应急演练与现场处置、专业应急处置队伍调度与处置规范、突发环境事件新闻通稿的撰写与媒体应对等内容，并邀请防化部队官兵对人员防护知识相关内容进行讲解与演示。通过培训增强全市环境应急管理人员综合素质和突发环境事件实战处置能力。

【学知桥污水干线塌陷事件查处】 7月21日，市环保局接市应急办通报，海淀区学知桥市政污水管道发生塌陷事故。接报后，市环保局启动应急预案，会同海淀区环保局立即赶赴现场。经查，事发点位于海淀区学知桥东南侧地下10米处的污水管网，该管道于20日夜间发生塌陷，但地面未发生沉降。21日，市、区相关领导和有关部门对抢修方案进行研判，现场采取局部围挡，并封闭两条车道。此次污水干线塌陷，造成生活污水经雨水管网溢流至北侧50米土城沟河道，对河道水质造成一定影响。为掌握水质污染情况，市环保局会同海淀区环保局制定应急监测方案，及时组织应急监测，协调事故调查处理工作，做好群众关于河道污水、附近异味等问题的信访解答。事件未对周边环境造成影响。

【地铁站酸性物质遗撒事件查处】 8月10日，市环保局接朝阳区环保局报告，立水桥地铁站B口附近发现酸性液体，现场监测人员测得其pH值为2，酸性较强，疑似为地下渗出。市环保局接报后，启动应急预案，要求朝阳区环保局先期处置，市环保局应急人员立即赶往事故现场。朝阳区公安部门、来广营镇政府对现场进行封锁，划定警戒区域。现场勘察发现有3块黄色污染液体物，其中一块面积约为0.4米×1.8米长方形黄色污染液体物有明显气泡，其余2块面积较小，由南向北成一线分布。现场环境监测应急人员利用携带的监测器材对黄色污染物进行采样监测，结果显示为强酸性物质。在认定该酸性液体为路人遗撒物，且排除其为地下渗出物可能性的基础上，由朝阳区环保局调集专业处置人员，对现场采用生石灰、砂土进行覆盖清理。事件未对周边环境造成污染。

【京津冀突发水环境污染事件应急演练】 9月15日，京津冀环保部门首次联合举行突发水环境污染事件应急演练。国家环保部应急中心、北京市环保局、天津市政府应急办、天津市环保局、河北省环保厅、山西省环保厅、河南省环保厅、新疆维吾尔自治区环境保护厅、新疆生产建设兵团环保局有关负责人及应急工作人员参加并观摩演练。演练重点设置属地人民政府先期处置、省市二级联动机制启动和社会力量调度使用3个重点演练课题。演练形式采取现场演练与视频观摩相结合方式进行。演练背景是廊坊市东方大学城附近一座跨凤河的桥上，发生一起交通事故，导致液氨泄漏并流入凤河，造成下游北京、天津境内水体受到污染。京津冀三地接到事故报告后，立即启动京津冀突发水污染事件联防联控机制，在廊坊市人民政府统一指挥下，开展应急处置，演练充分展示信息互通、应急会商、协调联动、社会力量的深入使用等内容。演练进一步提升京津冀三地应对突发水环境污染事件协同指挥与处置能力，为跨界突发环境事件的妥善处置奠定坚实基础。

【液氨行业环境风险调研评估】 本年，市环保局组织对130余家涉氨企业进行现场调研，对涉氨企业分布、氨存储量和使用量及用途、环境应急预案编制与备案情况、环境风险单元及防控措施等进行全方位的调查，全面掌握涉氨行业环境安全风险状况。通过对调研资料进行分析评估、编制环境风险评估报告、召开研讨会等环节，研究制订《北京市涉氨行业环境风险评估报告》和《北京市突发环境事件隐患排查和治理工作指南（液氨单位）》，并顺利通过专家组评审。依据调研成果编制《北京市突发环境事件隐患排查和治理工作指南（液氨单位）》，下发至各单位试行，为强化企业环境安全风险管理奠定基础。

【京津冀流域水环境应急预案】 本年，北京市环保局联合天津市环境保护局、河北省环境保护厅启动《京津冀重点流域突发水环境污染事件应急预案（凤河—龙河流域）》编制工作，以有效预防与处置跨京津冀流域突发水环境污染事件，确保区域内水环境安全。该项工作历时8个月，先后完成预案编制方案、风险评估报告、征求意见稿和评审稿。编制过程中，多次与天津市环境保护局、河北省环境保护厅进行协商、研讨，并征求天津市环境保护局、河北省环境保护厅和本市有关单位意见。11月，《京津冀重点流域突发水环境污染事件应急预案（凤河—龙河流域）》通过专家评审和合法性审查，于12月26日由北京市环境保护局、天津市环境保护局、河北省环境保护厅联合发布。

市环保局张爱平供稿

北京市住房和城乡建设委员会

2017年，全市建设系统发生生产安全事故14起，死亡14人，全年未发生死亡2人及以上生产安全事故，事故起数和死亡人数同比均下降46%。安全生产形势总体稳定。

【“一带一路”峰会安全保障】 5月12日，市住房城乡建设委紧急组织专业检测机构对国家会议中心四层眺台承载力强度进行实体检测，连夜进行数据分析，切实消除主会场安全隐患。5月13日零时至5月15日24时，全市施工工地停止一切明火作业及部分危险性较大部分项工程施工。市、区住房城乡建设委组织717个督查组，出动执法人员6229人次，检查3384个施工工地。市住房城乡建设委荣获“一带一路”国际合作高峰论坛筹备委员会授予的“安保贡献突出集体”荣誉。

【安全生产月活动】 6月1日，市住房城乡建设委举行建设系统安全生产月启动仪式，向获得2016年建设系统安全生产先进单位颁发奖牌，组织各区住房城乡建设委、各集团总公司安全生产负责人观摩施工现场安全生产标准化建设情况。6月16日与国家住房和城乡建设部联合举办“2017年全国建设系统安全生产宣传咨询日活动”。组织开展2017年建筑施工安全生产知识竞赛和“选树优秀典型、发挥示范作用”的先进评选活动，全市3000余名一线安全管理人员参加活动。

【安全生产责任体系】 6月15日，市住房城乡建设委党组印发《安全生产“党政同责、一岗双责”规定》(京建党组〔2017〕9号)，建立以党组书记为第一责任人安全生产责任体系，明确党政领导和相关业务部门安全生产管理职责，将安全生产工作纳入干部考核体系和党组会议内容，在“管业务必须管安全”的基础上强化党组织在安全生产工作的重要作用，完善安全生产“党政同责、一岗双责”责任体系。

【施工安全资料规范管理】 6月28日，市住房城乡建设委、质监局联合发布《建筑工程施工现场安全资料管理规程》(DB11/383—2017)，用于指导施工现场开展安全管理资料编制及收集归档工作，整理编制《北京市施工现场检查评分表》，作为施工现场开展安全隐患排查和安全标准化自评的对照检查依据。

【安全总监制度】 7月18日，市住房城乡建设委印发《关于进一步强化建筑施工企业安全生产主体责任的通知》(京建发〔2017〕284号)，明确建筑施工企业安全生产管理机构设置和人员配备要求，并在全市建筑施工总承包特级和一级企业试行企业安全总监制度，在达到一定规模的工程和申报绿色安全工地的工程，试行项目安全总监制度。

【党的十九大服务保障】 10月，市住房城乡建设委召集相关工程的建设、施工、监理单位施工现场负责人及企业主管领导召开专题会，提出工作要求，逐一落实保障责任。各区住房城乡建设委全面动员监督执法人员对施工现场开展不间断执法巡查，出动监督人员6244人次，检查工地4767项次，召开会议32次，印发文件70余份，会同公安消防部门联合检查38次，查处消防安全隐患195项，确保党的十九大期间建设系统安全稳定。

【安全隐患大排查大清理大整治】 11月21日，市住房城乡建设委印发《北京市住房城乡建设系统开展安全隐患大排查大清理大整治专项行动工作方案》(京建发〔2017〕493号)，正式启动建设系统安全隐患大排查大清理大整治专项行动，对施工现场、物业管理小区、城镇房屋普通地下室等领域开展以消防安全为主的“三大行动”。专项行动期间，全市建设系统出动执法人员9229人次，检查施工现场、物业项目和普通地下室4525项，发现并整治安全隐患和火灾隐患4446项，行政处罚274起，罚款86.15万元。拆除违规建筑22处，对37家消防安全隐患突出的施工企业和物业项目进行媒体曝光。

【安全生产执法检查】 本年，市、区住房城乡建设委检查工地31735项次，对施工安全管理不到位和存在安全隐患的工地责令限期整改3760项、责令停工整改703项、行政处罚3093起，罚款1039.57万元。

【建设系统安全度汛】 本年，市住房城乡建设委印发《2017年北京市建筑工程防汛工作要点》(京建发〔2017〕104号)，对全市在施工程防汛重点部位进行全面排查，将476项在施深基坑工程及75项高堆土工程作为防汛重点部位并建立台账。上汛前聘请专家对城六区的60项深基坑工程进行防汛专项检查。全市建设系统严格落实汛期领导带班值班制度，按照“雨情就是命令”原则，在降雨日全市约30万一线人员对施工现场进行不间断巡查，死盯死守，保证建设系统安全度汛。

【“危大工程”安全管理平台】 本年，全市共有223家施工单位组织1126项“危大工程”专项方案论证，其中论证结论为“通过”的568项，“修改后通过”的558项，692名专家参与专项方案论证工作；有114位专家对1485项“危大工程”工程通过平台进行跟踪。

【生产安全事故处理】 本年，市住房城乡建设委对2017年发生生产安全事故的施工单位，依法暂扣安全生产许可证20起；暂停40家施工和监理企业在京投标资格，并将事故情况函告相关省住房城乡建设部门。对13起火情事故及地下管线破坏事故进行全市通报，对14家事故责任单位暂停在京投标资格30—60天。

【安全生产标准化考评】 本年，全市建设系统开展建筑施工企业和施工项目安全生产标准化考评工作。1769家施工企业通过企业安全生产标准化考评后完成安全生产许可证续期。通过开展项目安全生产标准化创优活动，300项工程被评为2017年度“北京市绿色安全工地”，129项工程被评为2017年度“北京市绿色安全样板工地”。

市住房城乡建设委于剑供稿

北京市城市管理委员会

2017年，市城市管理委在市委、市

政府和市安委会的领导下，坚持以科学发展观为统领，牢固树立安全生产“红线”意识，坚持“党政同责、一岗双责、齐抓共管”，提升安全监管水平，加强应急管理工作，确保全系统安全生产形势平稳。

【落实安全生产职责】 本年，市城市管理委修订印发《安全生产“党政同责 一岗双责”暂行规定》，细化党组、领导班子成员、机关相关处室及直属事业单位领导干部安全生产管理职责，明确失职追责条款。委领导班子和各级领导干部践行安全生产“党政同责、一岗双责”，召开党组会、主任办公会、专题会和季度安全形势分析会研究部署安全生产工作。印发《2017年安全生产工作要点及分工方案》《2017年度安全生产检查工作计划》，明确责任处室职责，分解安全生产任务。每季度组织召开安全形势分析会，分析研判安全形势，综合部署安全生产、交通、消防、防汛及反恐等工作。开展元旦、春节、“两会”、国庆和党的十九大等重点时期安全生产综合检查。

【落实安委会工作部署】 本年，市城市管理委落实国务院安委会安全生产大检查和市安委会安全隐患大排查大清理大整治工作部署，制发《安全生产大检查工作方案》《安全隐患大排查大清理大整治专项行动工作方案》，开展现场检查，协调落实安全生产大检查工作。制发《关于开展中共中央国务院关于推进安全生产领域改革发展的意见宣贯工作的通知》，发放学习读本，要求各单位集中开展宣贯工作；召开党组理论学习中心组扩大会，邀请中国安科院专家对意见进行解读。

【双重预防体系建设】 本年，市城市管理委推进安全预防和隐患排查治理双重预防体系建设，制定市城市管理委风险辨识评估工作方案，制发《北京市燃气设施安全风险辨识评估规范（试行）》《北京市电力行业风险辨识评估标准》《北京市生活垃圾处理设施安全风险辨识评估规范（试行）》和《北京市供热行业安全风险辨识评估规范（试行）》，对各行业企业开展安全风险辨识评估进行动员部署。启动实施石油天然气管道外部检测及高后果区识别和风险评价工作，计划从2017年开始，分3年对全市26条共968.56公里石油天然气管道周边环境排查分析，识别出管道保护高后果区，确定高风险管段，建立管道保护高后果区及风险数据库。

【行业专项整治】 本年，市城市管理委按照《2016—2018年老旧小区供热管网改造计划》，完成112个老旧小区供热管网改造。治理完成51处大中型户外广告的大中修改造项目；组织各区开展违规广告牌匾拆除整治工作，拆除违规广告牌匾1300个。制发《关于建立健全电力、煤炭行业事故隐患排查治理机制的通知》，制定隐患分级和判定标准，指导电力、煤炭企业建立自查自改自报的排查治理闭环管理机制，开展线下安全隐患专项治理，排查治理隐患108项。

【重大活动安全保障】 本年，市城市管理委完成重大会议活动安全保障20余次。组织“一带一路”国际合作高峰论坛服务保障工作，召开成员单位工作会，开展多轮次设施、设备检查工作，排查消除安全隐患。全面指挥、协调、调度城市运行应急服务保障工作，确保信息畅通、指挥有力、保障到位。开展党的十九大城市运行服务保障工作，印发《城市运行服务保障工作方案》，协调成员单位与驻地、会场等单位建立联系，检查指导驻地、会场及周边区域的市场秩序、施工监管、特种设备监管、安全生产监管、有线电视信号维护、通信保障、水电气热供应等服务保障工作。会议期间，设立全市城市运行指挥调度平台，驻地、会场等重点区域配置应急保障队伍、车辆、设备，确保城市运行安全稳定。

【烟花爆竹安全管理】 本年，市城市管理委制定《2017 年元旦、春节烟花爆竹安全管理工作方案》，与各直属事业单位和专业企业签订烟花爆竹安全责任状。组织相关单位落实安全防护措施，并进行节前检查。春节期间高标准实施值守应急工作，统计、梳理城市管理系统 22819 个禁放点，将市燃气集团 18455 个燃气设施详列台账，由各区组织乡镇街道基层治保力量进行协防。

【安全度汛】 本年，市城市管理委制定《2017 年度城市地下管线防汛专项分指挥部工作方案》，督促各区城市管理委制定防汛工作预案，发挥区地下管线防汛专项分指挥部作用，统筹指挥协调各区道路、管线单位落实责任制、预案、队伍、物资、应急措施和事故处置等。落实防汛力量和物资，开展演练培训，举办防汛培训班。汛前各管线单位排查治理隐患 612 项，汛期及时处置渗水等隐患 200 余项，协调处置学知桥污水塌陷整改工程。5 次强降雨期间出动防汛 6 万余人次，车辆 7300 余台次。

【应急管理及演练】 本年，市城市管理委组织修订《北京市燃气突发事件应急预案》《北京市垃圾处理设施突发事件应急预案》，制发《市级专业应急队伍管理暂行办法及认定标准》，加强安全生产应急管理工作。配合市应急办对燃气、热力、电力公司 3 支抢险队伍，组织开展专家审查和验收考核，3 支队伍均通过市级应急抢险队伍的认定，完成 2017 年应急队伍建设目标。组织行业企业开展专项应急演练。6 月 30 日，组织市燃气集团开展中压 DN300 管线泄漏紧急抢修应急演练，演练以“梯次投入、协同处置、增强联动、提升能力”为主题；7 月 5 日，组织国网北京市电力公司开展“北京市大面积停电事件”应急演练，为应对度夏期间局部电力设备设施过载导致较大电力事故积累处置经验；7 月 27 日，组织市热力集团开展汛期供热管线突发事件综合应急演练。

【安全生产教育培训】 本年，市城市管理委制定安全生产月和“安全生产万里行”活动方案，组织各单位开展设备设施隐患排查治理、安全生产宣传教育培训和应急演练等活动，开展“我用心，您安心”燃气安全主题咨询日宣传咨询活动。组织开展市、区城市管理部门和企业安全生产三级培训、《餐饮服务单位使用瓶装液化石油气安全条件》(DB11/450—2016)专项轮训，各区、乡镇街道和市区相关部门、供气企业和餐饮服务单位主要负责人 800 余人参加培训；组织开展《安全生产等级评定技术规范 第 18 部分燃气供应企业》(DB11/T 1322.18—2016) 专项培训，各区城市管理部门负责人及供气企业管理人员300余人参加培训。

【行业标准化建设】 本年，市城市管理委推进燃气、供热单位安全生产标准化工作。联合市安全监管局印发《北京市燃气供应企业安全生产标准化期满复评工作的意见》，并按计划做好2018年燃气企业期满复评准备工作。推进供热单位安全生产标准化评定工作，其中62家供热单位在2016—2017年采暖季经现场评审和复审，达到二级标准化企业标准；141家供热单位经评审和复评达到三级标准化企业标准。开展燃气、供热、环卫等行业安全生产等级评定技术规范“百项地标”制订工作，其中《第18部分：燃气供应企业》《第19部分：环卫从业单位》发布实施，《供热企业》《供电企业》《发电企业》《城市照明设施施工维护单位》《户外广告设施设置运行维护单位》正在制订过程中。

【“安责险”制度】 本年，市城市管理委实施“安责险”制度，提升企业安全生产管理水平，推动行业健康发展。在安全生产管理培训班中增设“安责险”宣讲内容，并邀请保险服务机构专家共同研究“安责险”工作，多渠道拓展投保业务；将企业投保“安责险”情况与企业落实安全生产主体责任情况、检查评估制度相结合，对于投保企业在评估中给予加分奖励。年内，城市管理领域186家企业投保安责险，其中电力企业83家、燃气企业28家、供热企业75家。

市城市管理委秦彦磊供稿

北京市交通委员会

2017年，市交通委以改革创新、依法治理、基础建设、专项整治为重点，以“十三五”期间“创新发展年”各项任务为抓手，落实“一岗双责”制度，构建责任全覆盖、管理全方位、监管全过程的交通安全应急现代化保障体系，推动交通行业安全应急工作取得新成效，实现交通行业整体安全稳定。

【“权力清单”和“责任清单”编制】 本年，市交通委启动安全生产“权力清单”和“责任清单”编制工作，完成重点内容研究设计。“权力清单”将交通行业安全生产监管部门的各项公共权力全面统计并公之于众，接受社会监督，以形成“权责清晰、程序严密、运行公开、监督有效”的行业监管权力公开透明运行机制。“责任清单”明确和强化交通行业安全生产监管部门的职责，落实责任主体，明确责任分工，细化工作流程。明确工作路径，梳理交通行业监管部门主要职责、法律法规及相关依据文件，厘清各部门职责权限边界，依托各交通行业监管特点，形成不同行业安全生产监管“权力清单”和“责任清单”。

【安全责任制备案制度】 本年，市交通委在交通行业实行安全生产责任制综合备案制度，明确本市交通行业安全生产责任体系。备案由安委会统筹推进，采用双重备案体系，各部门、各单位、各企业按照“党政同责、一岗双责、齐抓共管、失职追责”原则，厘清行业监管部门及其处室、行业监管部门二级单位、市属交通企业、工程项目安全生产监管职责并报市交通委备案。涉及24名领导班子成员、31个处室、34个处级单位、12家市属交通企业、117项道路工程。

【安全生产“千分制”考核评价】 本年，市交通委运用安全生产“千分制”评价体系，对行业安全生产现状进行全方位量化评价。设计“两客一危”、地面公交、机动车维修等10类行业企业及路政、运输、执法、轨道、养护等5类监管部门评价指标，构建体系框架。编制危险货物运输企业安全生产“千分制”评价指标时，先后召开协调会、座谈会与研讨会14次，组织30余名资深专家调研15家不同性质企业，历经8轮反复修改。紧盯重大隐患、低分企业，及时组织回查，督促企业整改落实。出动380人次回查120余家“两客一危”企业。整合211家危货运输企业全覆盖评价发现的7000余项问题，归集10大类问题清单，提出危货运输行业安全发展的意见建议。

【双重预防机制】 本年，市交通委制定《本市交通行业安全生产风险管理办法》《本市交通行业安全生产隐患治理管理办法》《交通行业安全隐患分级规范总则（试行）》，健全安全生产风险管理和隐患治理双重预防控制机制。印发《本市交通行业安全生产重大事故隐患挂牌督办制度》，建立重大隐患排查治理长效机制。开展交通行业安全隐患排查治理攻坚行动和安全隐患大排查大清理大整治专项行动，实行动态排查治理、动态整改销账，排查各类隐患5642项，基本完成整改。

【风险评估试点】 本年，市交通委制定《北京市交通行业安全风险评估试点工作方案》，在交通行业开展安全风险评估试点工作。编制“两客一危”企业，公交运营、轨道运营、高速公路、道路施工企业安全风险辨识评估标准。普查安全风险源，辨识安全风险源数量、种类和分布情况，开展风险评估。落实分级管控，试点企业、“两客一危”企业开展应急资源调查及应急能力评估；根据企业安全风险源清单进行再评估，形成重大安全风险源清单，制定安全风险管控措施，编制“一对一”事故应急预案；根据安全风险源情况，编制“两客一危”、公交运营、轨道运营、高速公路、道路施工行业重大安全风险源清单和电子地图。

【安全生产大检查】 本年，市交通委组织全市交通行业开展安全生产大检查活动，出动3万余人次，开展各类检查1万余次。路政系统成立检查组265个，实施行政处罚108起，排查治理安全隐患1218项。运输管理系统出动执法人员5723人次，检查2520户次，排查治理隐患389项，关闭取缔企业4家。轨道交通系统组织检查100余次，参加检查3000余人，聘请专家参加检查4次。交通执法系统出动执法人员1.6万余人次，检查各类运输车辆10万余台次，查处行业违章8060件。利用网络新媒体，对行业大检查工作进行报道，刊发大检查工作专刊4期。安全督查事务中心出动600余人次，对地面公交、轨道交通、“三站两场”等重点行业领域开展督查检查。开展“四不两直”督导检查，行业监管单位开展内部交叉检查。专题印发《交通行业党的十九大期间安全生产工作方案》，建立会议驻地、会场周边200米范围内交通企业及周边、沿线道路、桥梁基本情况台账，强化党的十九大期间安全保障工作。

【行业安全度汛】 本年，市交通委全力抓

好防汛工作，制作汛情专报36期，组织公路管理养护单位有效应对40余次降雨天气出现的30多次积水断路事件。路政局对400多处易发点采取分片分段专人巡视。汛期发生公路地质灾害35起，塌方1.3万立方米，没有发生埋车伤人事件。公交运营企业在重点路段设置安全岗，对经常积水的路段提前制定绕行方案，对200多条公交线路采取绕行、甩站、停驶的措施。地铁运营企业向乘客免费发放一次性雨衣28万件，加开临时旅客列车670列。运输管理部门调派车辆4000余部，运送乘客10000余人。

【安全隐患大排查大清理大整治】 本年，市交通委召开全市交通行业电视电话会议，部署交通行业安全隐患大排查大清理大整治专项行动和火灾隐患专项检查工作。成立专项行动领导小组，重点整治安全生产责任制、针对“11.18”火灾事故开展隐患排查整治、火灾隐患消防防控措施等工作落实情况。成立道路、运输、交通秩序、轨道交通、综合5个检查组，分行业、分领域组织重点检查。自11月20日至12月底，集中40天时间组织开展。市交通委领导班子全体成员采取“四不两直”方式，组织重点抽查；各所属单位制定专项检查方案，从严落实整治；各企业深入各个生产环节，做到不留死角、不留盲点、不留隐患。

【京津冀交通应急联动】 本年，市交通委对京津冀相邻区域内的京哈、京津、京藏、大广等主要高速公路，以及G101、G102、G106、G110等国省干道主管部门、养护企业、应急队伍进行调研，制订《京津冀交通应急联动合作备忘录》，确立联席会议、信息互通、资源共享、联合指挥、联动演练5项机制，规范联席会的形式和内容、信息沟通的时限和手段、资源共享的范围和方法，联合指挥的分级和分类、联动演练的类型和周期等基本要素，为京津冀交通应急联动机制运行奠定制度基础。

【市级专业应急队伍认定】 本年，市交通委印发《北京市交通行业市级专业应急队伍试点认定工作方案》，明确市级专业应急队伍初审、复审、验收的认定程序，从队伍职责、人员素质、应急装备、管理机制4个方面明确认定标准。通过企业申报、行业初审、交通委复审，与市应急办共同验收，正式认定首发集团应急抢险大队、市政路桥管理养护集团路桥抢险救援大队、公联公司应急抢险保障大队和公交集团公司应急运输保障队伍为交通行业市级专业应急队伍。

【道路运输平安年活动】 本年，市交通委、安全监管局、公安局交管局联合印发《2017年北京市“道路运输平安年”活动实施方案》，细化21件任务、43项具体措施。在轨道交通行业试点投保“安责险”，推进交通行业安全生产责任保险工作。在公交运营、“两客一危”等行业开展安全风险评估试点，编制“两客一危”、轨道交通企业安全风险辨识评估标准。召开各类交通安全大会183次，签订责任书2944份，会同企业停驶、面对面教育严重违法驾驶员198人。对3000家试点企业开展安全生产和应急管理基层基础数据采集与整理。开展出租车、公交车专项整治行动，运输行业预防重特大交通事故百日整治行动。全年3次召开全市交通安全隐患严重运输企业公开执法大会，先后对72家违法突出的客货运输企业下发“重大隐患警示牌”。对全市不符合条件的许可证件进行注销，注销36722人从业资格。清理“两客一危”车辆运政系统数据，清查核对疑似“僵尸车”36505辆，补全营运车辆基本信息1518辆。

【安全文化建设】 本年，市交通委组织召开安全应急工作培训会，就《中共中央 国务院关于推进安全生产领域改革发展的意见》《交通运输部关于贯彻落实中共中央 国务院推进安全生产领域改革发展的实施意见》等重要文件进行培训，行业各单位120余人参加培训。组织开展安全生产月活动，开展以“全面落实企业安全生产主体责任”为主题的安全生产宣传咨询日活动。推出“首都平安交通”微信公众号，全年推送26期，信息52条。开展“防灾减灾日”宣传活动，在人员密集场所，通过横幅、展板、发放宣传材料等方式向职工群众宣传防灾减灾知识。邀请消防、医疗等部门共同开展交通路政行业道路突发事件综合应急演练。在系统内组织各部门、各单位通过例会、展板、知识竞赛等形式，开展防灾减灾宣传教育培训活动。

市交通委陈少妍供稿

北京市水务局

2017年，北京市水务局坚持“安全第一、预防为主、综合治理”工作方针，围绕首都水务建设、运行管理，紧贴中心、加强统筹，突出重点，完善规章，强化监管，不断夯实水务安全生产工作基础，全力保障水务工程建设、设施运行安全以及系统内部稳定，为建设首都首善之区提供水务安全保障。

【安全生产月活动】 5月，市水务局制定《2017年北京水务“安全生产月”活动方案》，以“全面落实安全生产主体责任”为主题，以宣传贯彻《中共中央 国务院关于推进安全生产领域改革发展的意见》和《中华人民共和国安全生产法》为主线，在全市水务行业开展形式多样的安全生产月活动。一是开展撰写心得体会活动，市水务局局长金树东撰写《压实责任确保〈意见〉贯彻落地生根》署名文章，在水利部安监司网站刊登。二是开展警示教育活动，组织干部职工观看《坚守安全红线》《重特大事故案例解析》《隐患直击—事故隐患识别系列片》等安全宣教片，用真实的案例警示广大水务干部职工牢记安全责任，履行安全生产工作。三是开展安全生产宣传咨询日活动，6月16日在朝阳区第四阶段中小河道治理工地组织开展安全生产宣传咨询日活动。深入施工现场提供安全生产知识咨询，宣讲安全生产有关法律法规，发放《工程项目施工人员安全指导手册》口袋书和防暑降温防护品等物品。四是开展应急演练活动，全市水务系统组织防汛演练20次，安全施工演练15次，消防演练30次，其他各类演练20余次，4000余人次参加演练，在演练中提高应急处置能力和实战水平。

【汛期水务安全】 5月，市水务局印发《关于做好汛期水务安全生产工作的通知》，要求各区、各单位落实各项安全生产责任，加强汛期水利在建工程、水利工程运行、水文监测、水利勘测、供排水设施运行等领域安全生产监管。市水务局聘请安全专家组成检查组，对全市14个区和市属部分水管单位管辖的水利在建工程、水库、大坝、农村水电站、供排水设施的安全运行、防汛预案编制、责任制落实、应急物资储备、专项方案编制等方面开展汛期安全生产大检查。

【安全生产大检查】 7月，市水务局制定《北京市水务局安全生产大检查实施方案》，7月至10月，从水行政主管部门和水务生产经营单位两个层面，对水利在建工程、水利运行工程、农村水利、水土保持、农村水电、勘察（测）设计、水文监测，供水设施运行、排水设施运行、危险化学品管理、人员密集场所、有限空间作业、烟花爆竹、消防（电气火灾）和党的十九大保障设施运行等重点领域开展为期4个月的安全生产大检查。大检查期间，全市各单位开展自查排查1249次，出动检查人员7985人次，检查生产经营单位、重点部位3226个，发现一般隐患1453项，整改完成1442项，整改率99%。发现重大隐患4项，整改完成4项，整改率100%。9月下旬，局长金树东和各分管局领导带队，聘请专家，分8个组对15个区、18个局属单位、市自来水集团和北京城市排水集团进行水务安全生产大检查督导检查。

【水务有限空间专项整治】 10月，市水务局制定《北京水务行业有限空间作业安全教育培训实施方案》和《关于开展全市临时污水处理站（厂）有限空间作业管理排查治理工作的通知》，开展有限空间作业教育培训和临时污水处理站（厂）有限空间作业管理排查治理工作。培训污水站（厂）主要负责人、安全管理人员、一线作业人员1200余人。对全市120个临时污水处理站（厂）进行摸底调查，建立工作台账。10月12日和13日，会同市安全监管局，成立8个督导组，对全市15个区水务行业有限空间作业安全管理情况进行督导执法检查。出动执法人员85人，检查污水处理企业（厂、站）和水务建设工程80家，发现问题119项，下达责令限期整改指令书12份。市安全监管局对存在安全管理制度不健全、安全培训不到位、防护设备设施配备不全等问题的5家单位进行立案调查。11月2日，会同市安全监管局组成联合检查组，对丰台区太子峪污水处理站、南沟污水处理站等污水处理厂（站）隐患整改情况进行抽查。从现场检查看，各污水处理厂（站）均按要求完成整改，安全生产基础进一步夯实。

【安全隐患大排查大清理大整治】 11月，市水务局制定《关于开展水务行业安全隐患大排查大清理大整治专项行动的通知》，按照市委、市政府的部署，在全市水务行业开展安全隐患大排查大清理大整治专项行动。采取“四不两直”和“拉网式”检查方式，市水务局领导带队检查20余批次，市水务局机关各处室联合督查检查61组次，检查范围覆盖局属各单位和各区水务局，下发安全隐患整改通知单38份，对10项安全隐患实行挂牌督办，列入市安委会督办台账的6项隐患全部整改。专项行动中，全市水务行业排查梳理安全隐患11类469项，整改率95.5%。

【水利建设工地执法】 本年，北京市水利工程质量与安全监督中心站对13项水利建设工程进行安全监督，其中5项水利水毁治理工程、4项水利日常运行维护工程、4项水利重大基本建设工程。全年进行安全执法检查189次，发现安全隐患387项。立案7起，责任单位均按要求整改，未予以行政处罚。

【规章制度建设】 本年，市水务局党组印发《安全生产“党政同责”暂行规定》，完善水务安全生产党政责任体系，明确局属水务系统各单位党委（总支、支部）、行政主要负责人对安全生产工作共同负有领导责任，其他领导班子成员按照职责分工分别承担相应安全生产工作职责。制定《北京市水利工程施工安全监督暂行办法》，明确水利工程施工现场安全监督内容、程序、安全备案等要求，规范水利工程施工现场安全监督行为，强化水利工程施工现场安全监管工作。制定《进一步加强区水务部门安全生产专职安全员队伍建设工作的指导意见（试行）》，明确区水务部门安全生产专职安全员职责定位、工作程序、机构建设、教育培训、考核评议等要求，加强各区水务部门安全生产专职安全员队伍建设，规范专职安全员队伍正规化管理，提高履职效率。

【标准化建设】 本年，市水务局组织开展北京市安全生产等级评定技术规范第64部分（供水企业）、65部分（排水企业）、66部分（水利施工企业）地方标准的编写工作。密云水库管理处、市城市河湖管理处、京密引水管理处、永定河管理处、潮白河管理处、凉水河管理处、门头沟水利工程有限公司、博大水务有限公司8家单位按照北京市水务安全生产标准化评审要求，开展自评和外部评审，进行整改和改进，通过由评审组织单位组织的专家评审和现场复核，获得“北京市水务安全生产标准化二级单位”称号。

市水务局唐劲芳供稿

北京市商务委员会

2017年，全市商务部门与商务行业坚持稳中求进工作总基调，强化安全生产责任，加大隐患排查治理力度，推进安全生产标准化建设，全面预防控制事故风险，圆满完成“一带一路”国际合作高峰论坛、党的十九大等重点时期安全保障任务。出动执法检查人员21000余人次，检查企业8000余家次，督促整改隐患、问题3100余项。

【商务行业安全生产工作会】 2月28日，市商务委组织召开2017年全市商务行业安全生产工作会，市安全监管局、公安局消防局有关领导，委机关相关处室和直属单位负责人，各区商务部门主管领导、相关科室负责人，市商联会、餐饮协会，部分大型连锁企业负责人参加会议。会议总结2016年商务行业安全生产工作，部署2017年商务行业安全生产管理工作，并与直属单位签订《安全工作责任书》。2017年，商务行业安全生产工作，以落实企业安全生产主体责任为主线，通过强化“两个责任”（监督管理责任、企业主体责任），抓住“三个重点”（隐患排查治理体系、风险预防控制平台、行业基础工作），做好“三个提升”（提升保障能力、提升服务能力、提升自身能力），构建起“党政统一领导、行业依法监管、企业全面负责、群众积极参与、社会广泛参加”的安全生产工作格局，更好地为商务行业发展保驾护航。

【联合执法检查】 5月9日，市商务委会同市、区两级安全监管、消防、商务等部门对部分重点经营单位开展安全生产联合执法检查，为“一带一路”国际合作高峰论坛营造安全、稳定、有序的商务消费环境。各部门重点围绕企业生产和消防安全，对经营单位消防设备设施、特种设备、疏散设施和油、气、火等部位实施“清单式”检查，对存在的隐患和问题责令企业全部整改到位，一时难以整改的必须采取有效措施，严防严控。按照工作部署，各区商务部门组织开展多部门联合执法检查，加大商务行业风险防控，消除各类安全隐患。

【消防安全培训】 6月30日，市商务委组织召开消防安全责任制专题培训会议。各区商务部门、市商务执法监察大队主管领导和科室负责人、部分专职安全员，各商业零售和餐饮连锁集团安全生产负责人180余人参加培训。授课人员以系统的思维，专业的视角，翔实的案例，讲清什么是消防安全责任制，商务部门和经营单位各自应肩负的职责；讲明为什么要落实消防安全责任制；讲透由谁来落实消防安全责任制，特别是如何构建“六位一体”标准化管理体系。与会人员肯定培训效果，认为培训内容贴近企业，贴近安全实际需求，问题找得准、原因分析得透、对策提得实，既有理论高度，也有实践深度，对消防安全“两个责任”落实起到积极的促进作用。培训会议还通报国务院安委会办公室关于贵州省成贵铁路七扇岩隧道建设工程“5.2”爆炸事故情况、传达北京市相关文件精神，并对贯彻落实提出意见建议。

【安全生产月活动】 6月，市商务委在全市商务行业组织开展以“全面落实企业安全生产主体责任”为主题的安全生产月活动，先后举办安全生产大课堂活动、安全生产联合执法、汛期行业安全生产专项行动、安全生产普法教育、人员密集场所安全生产大检查、防火防灾应急演练以及区级商务部门安全生产工作专项督查等活动，以提升企业员工安全生产意识，促进经营单位安全生产主体责任落实。安全生产月活动期间，发放宣传材料8万余张，开展各类安全生产集中培训400余次，培训人员近5万人次；市、区商务部门出动执法检查人员1400余人次，检查经营单位500余家，发现并整改各类安全隐患150余项，立案处罚2起。安全生产月活动成效显著。

【安全生产监管工作培训】 8月25日，市商务委举办全市商务行业安全生产监管工作培训暨行业安全生产大检查再动员再部署工作会。各区商务部门、市商务执法监察大队主管领导和科室负责人，部分安全生产专职安全员、各商业零售和餐饮连锁集团安全生产负责人130余人参加培训。培训以“大力推进安全生产领域改革发展，努力提升全社会安全生产整体水平”为主题，以大量生产安全事故案例剖析和系统化理论知识，阐明《中共中央 国务院关于推进安全生产领域改革发展的意见》出台背景、重大意义和精神要旨，以及推进安全生产领域改革发展的重要性、必要性和紧迫性。并就首都商务行业健全落实安全生产责任制、改革安全监管监察体制、大力推进依法治理、建立安全预防控制体系、加强安全基础保障能力建设等方面提出对策建议。会议还对商务行业安全生产大检查工作进行再动员、再部署，对《北京市商务委员会关于印发加强全市餐饮行业安全生产管理工作意见的通知》《关于印发进一步加强商业零售经营单位安全生产管理工作意见的通知》两个文件进行补充说明。

【安全生产工作机制】 本年，市商务委与市公安局消防局经过深入调查，反复座谈磋商，针对商务行业人员密集的特点，研究制定火灾事故隐患信息共享、联合执法检查和联合约谈警示3项工作机制。信息共享机制重点解决火灾事故信息获取不通畅、不及时、要素不全、时效性和准确性差等问题，提高快速应对和处置火灾事故的能力；联合执法检查机制将解决监管中发现的仅靠一个部门无法执法的问题，更好发挥部门间安全监管叠加效能；联合约谈警示机制将最大限度发挥警示、震慑作用，强化企业安全生产意识，提升企业安全生产工作的积极性、主动性，促进企业安全生产主体责任的落实。按照相关工作机制要求，市商务委、公安局消防局两次组织集中约谈警示教育，对120多家企业160多名店长及部分连锁企业安全生产负责人进行消防安全集中约谈。

【重点时期安全保障】 本年，市商务委加强全市重要节日和重大活动期间安全保障工作。元旦、春节、“五一”、国庆等节日期间，市商务委领导轮流带队，开展节日安全生产、规范促销检查督查。全市商务部门以繁华商业街区、城乡结合部、地下空间和大型综合楼宇内经营单位为重点，督促经营单位落实安全生产主体责任，做好安全生产、应急演练和事故防范工作，营造节日期间安全、稳定、祥和的商务运行环境。全国“两会”、党的十九大、“一带一路”国际合作高峰论坛期间，市商务委主要领导深入一线开展安全生产检查调研，其他领导也亲自到生产经营单位检查督查。全市商务部门对会场和代表驻地周边500米范围内重点经营单位开展检查。市、区两级商务部门，发挥“互联网＋”安全作用，利用安全微信平台，对每日检查发现的问题及隐患整改情况，及时进行通气、通报，实现信息互通，完成隐患整改的闭环管理。

【火灾隐患专项治理行动】 本年，市商务委加强对安全生产专项整治工作的组织领导，组织开展烟花爆竹安全管理、预防煤气中毒、火灾隐患可燃物清理等专项治理行动。吸取大兴区“11·18”火灾事故教训，市、区两级商务部门积极行动，采取印发专项工作方案、召开动员部署会等多种形式安排部署专项行动，在行业内迅速开展安全隐患大排查大清理大整治行动。全市商务部门采取领导带队、“四不两直”、联合执法等检查形式，突出以首都机场、西郊机场、城市副中心为核心辐射周边，以天安门、中南海为核心辐射至整个政治中心区等重点区域重点单位进行安全隐患排查治理，保持高压态势。对安全隐患大排查大清理大整治中发现的问题采取“零容忍”，能立即整改的问题不过夜，不能立即整改的要建立台账，采取专人盯防，直至隐患彻底消除。经过市、区两级商务部门努力，专项治理行动取得阶段性成果。

【安全监管专项督查】 本年，市商务委印发《年度安全生产工作指导意见》《隐患排查治理方案》等贯穿全年的指导性文件，明确全年行业监管工作目标、任务和措施。明确规定区商务部门必须落实的“六个规定动作”等10个方面工作，列出50项工作任务清单。市商务委领导带队，实施3个批次的专项督查，实地抽查企业200家次，查阅属地监管档案材料2000余份，对照清单对各区商务部门工作落实情况逐条逐项进行量化打分，年底实施综合评价，并及时通报各区政府。

【安全生产责任保险】 本年，市商务委指导各区商务部门将“安责险”和隐患治理、应急处置、事故处理等工作有机融合，使企业多头收益、全面提高，保障餐饮行业安全稳定。全市新增“安责险”投保企业13346家，其中餐饮经营单位投保12939家，逐步在全市餐饮行业建立起责任保险与安全生产工作相结合的良性互动机制。

【标准化建设】 本年，市、区商务部门推进安全生产标准化达标创建工作，将经营单位安全生产责任制、安全管理规章制度和应急预案等文件资料进一步规范。市商务委转发《安全生产标准化企业期满复评工作指导意见的通知》，并对期满复评工作提出要求。各区商务部门指导企业开展三级标准化创建工作，深化“一企一标准、一岗一清单”，提升企业本质安全水平。全市2500余家商业零售和餐饮经营单位达到安全生产标准化水平。

市商务委陈玉全供稿

北京市旅游发展委员会

2017年，市旅游委以《中共中央 国务院关于推进安全生产领域改革发展的意见》为指导，以党的十九大安全服务保障为中心，坚持问题导向，深化隐患排查，提高保障质量，全方位建设、全系统推进，行业安全生产能力和管理水平进一步提升。

【春节假日工作部署会】 1月5日，市旅游委（假日办）召开2017年北京市春节假日旅游暨市场秩序整治工作会议，市假日旅游工作领导小组成员单位主管领导、旅游市场秩序整治工作相关单位主管领导和部分企业负责人参加会议。市假日办主任、旅游委主任宋宇进行工作部署，市政府副秘书长徐志军到会并讲话。会议要求假日办成员单位要结合假日旅游接待任务艰巨、客流车流集中、火灾形势严峻、冬季旅游项目风险高、灾害性天气等特点，强化责任意识、全局意识、服务意识、首善意识，做好旅游安全、服务质量、市场秩序整治、宣传引导、应急值守等相关工作。

【安全工作大会】 2月15日，市旅游委召开北京市旅游行业安全工作大会。市旅游委主任宋宇参加会议并讲话。首都综治办、国家安全局和市应急办、公安局、安全监管局、公安局消防局等单位相关领导，各区旅游委负责人，全市四星级、五星级饭店，4A级、5A级景区和旅行社主管领导1000余人参加会议。会议印发《北京市旅游发展委员会关于在全行业贯彻落实〈旅游安全管理办法〉的通知》

《北京市旅游发展委员会关于印发〈北京市旅游行业2017年安全与应急工作要点〉的通知》《北京市旅游发展委员会关于印发〈北京市旅游行业2017—2018年度二级安全生产标准化达标建设方案〉的通知》《北京市旅游发展委员会关于加强行业旅游景区玻璃栈道等旅游项目安全管理的通知》和《北京市旅游发展委员会关于举办2017北京市旅游行业第三届安全技能大赛的通知》等文件。

【旅游行业安全培训】 4月18日至19日，市旅游委举办全市旅游行业防汛暨安全生产工作培训班，各区旅游委主管防汛及安全工作的领导及专职安全员，四、五星级饭店组长单位、涉山涉水景区、重点旅行社主管领导200余人参加培训。培训要求涉山涉水景区加强对游乐等设施设备特别是索道及水上游乐设施的检查，遇有极端天气，要果断封闭景区。旅行社要随时关注天气变化，根据预警信息及时更改或调整行程，避免组织游客到危险区域游览。旅游企业要制定游客疏散应急预案，建立本单位应急队伍和应急物资储备情况台账，逐一明确责任，开展旅游防汛突发事件应急演练，加强应急值守和信息报送等工作。会议还就2017年防汛应对工作、地质灾害应急与避险、科学应用气象信息提高气象灾害防御能力、构建双重预防性工作机制、安全生产责任保险制度与市场化运营、旅游风险防控与转移等内容进行授课。

【旅游安全生产宣传咨询日】 6月17日，2017旅游安全宣传咨询日活动在北京野生动物园举办，此次活动由国家旅游局主办，北京市旅游委、市政府外办、大兴区政府、首旅集团承办。国家旅游局综合司司长侯振刚，北京市旅游委主任宋宇，大兴区区长崔志成、副区长杨彦光，首旅集团副总裁白凡，市政府外办相关负责人，以及部分旅游企业负责人参加咨询日活动。活动现场向游客和市民发放《旅游突发事件应急手册》《游客乘车安全须知》《旅游安全便民手册》《中国公民海外安全出行手册》《北京一日游提示手册》《消防安全常识二十条》，以及文明旅游、旅游保险、安全生产责任保险等资料。现场开展笼网车救援应急演练、烟道逃生、旅游安全常识互动问答等活动。咨询日当日，市旅游委通过短信、政务微信、官网、宣传屏等多种形式向广大游客和企业开展旅游安全宣传活动。在前门大街等重点旅游地区播放安全旅游、平安北京建设等宣传片。

【第三届安全技能大赛】 6月29日，由市旅游委、消防局、安全监管局、防汛办联合主办的“2017北京市旅游行业第三届安全技能大赛”圆满落下帷幕。大赛设置男子一人二盘水带连接、男女60米灭油槽火、男女烹饪火灾灭火、男女100米消防器材识别、男女60米负重跑、男女50米物资疏散、男女50米两人担架救援、男女混合模拟消火栓实际出水打靶、男女4×100米手持灭火器接力比赛9个项目，历时半年，全市旅游行业3000多人参加各个层次的比赛，16个区和全市重点旅游企业约700名选手参加最后决赛。大赛达到以赛促学、以赛促练，全面提升旅游从业人员安全意识和应急救援能力的目的。

【安全生产大检查联合督查】 9月5日，

市旅游委巡视员周卫民带领市安全监管局、旅游委以及属地安全监管、质监、旅游等相关部门负责人组成联合检查组，对房山区重点旅游景区开展督查。督查组检查发现景区存在安全隐患34项，包括拒马河景区存在的警示（禁止）标识缺失、电线敷设不正规、避雷设施存在缺陷、索道控制间堆放杂物、员工安全意识不强等问题；乐谷银滩景区存在的安全文件制度不健全、铁索桥无警示标识、临时用电不规范、配电室没有高压电工用具、配电室无交接班制度及记录、值班人员未着劳动保护工作服、对游客安全提示不到位等问题。联合检查组当场下发整改通知单，并责令限期改正。对乐谷银滩景区未注册观光车暂停营业，要求乐谷银滩景区未经立项审批的旅游项目禁止营业。

【国庆、中秋假日工作部署会】 9月14日，市假日办召开2017年“国庆、中秋”假日旅游秩序和安全工作会议，假日旅游工作领导小组成员单位主管领导，旅游景区、宾馆饭店、旅行社等旅游企业负责人和相关媒体约200人参加会议，副市长程红到会并讲话。会议通报全市旅游行政处罚情况，部署全市“国庆、中秋”假日旅游工作。程红在讲话中指出：一是切实提高政治站位，从讲政治、讲大局的高度，落实责任，深入开展“两检查一整治”（即：市场秩序大检查、安全隐患大检查和旅行社销售旅游套餐与出境游押金清理专项整治）专项行动；二是突出重点类别、重点点位、安全治理和主体责任；三是各区、各部门、各单位要精诚团结、协同配合，真抓实干，根据各自工作职责和任务分工，把旅游秩序和安全工作落到实处。

【两检查一整治专项行动推进会】 9月22日，市旅游委召开“两检查一整治”专项行动推进会，市有关部门和东城区、西城区、朝阳区、丰台区旅游行政管理部门相关负责人参加会议。会议要求：一是按照中央领导和市委、市政府领导关于党的十九大安保维稳的指示精神，依法严查“四黑”乱象。二是市级部门要在承担专业监管责任的基础上，开展综合执法检查；各区政府要承担属地监管、综合监管责任，实现全市执法检查工作的全覆盖。三是围绕重点地区、重点部位，集中力量，开展持续性执法检查行动。四是加大宣传引导力度，开展全方位、多渠道的宣传和新闻报道工作，营造舆论氛围，形成社会共治局面。

【消防宣传月启动仪式】 11月9日，北京市旅游行业2017年“119”消防宣传月启动仪式活动在天坛公园举行。市旅游委、公园管理中心、东城区旅游委、东城公安消防支队、天坛公园等单位负责人出席活动。活动现场播放旅游消防安全提示和消防安全宣传片，发放《旅游安全便民手册》《消防安全常识》等旅游安全、消防安全宣传资料5000余份，设置有奖知识问答环节，使广大市民和游客了解消防、走近消防，掌握相关消防基础技能和法律法规知识。

【安全隐患整治行动专项督查】 11月21日至12月12日，市旅游委分别对朝阳区欢乐谷景区、城市客栈，通州区运河公园、大运河森林公园和北京东方宾馆，西城区西单美爵酒店安全隐患大排查大清理大整治专项行动落实情况开展督查。

检查组对发现的问题隐患现场下达整改通知书，要求企业认清安全生产形势，完善安全隐患大排查大清理大整治专项行动工作方案，建立隐患整改台账，确保隐患整改责任人、资金、预案、措施和时间“五落实”，切实把安全生产主体责任落实到位。

市旅游委陈学友供稿

北京市工商行政管理局

2017年，市工商局在市委、市政府以及市安委会领导下，健全安全生产“党政同责、一岗双责、齐抓共管、失职追责”责任体系，完善安全生产监管工作机制，把安全生产与落实首都城市战略定位、维护良好市场秩序、提升城市治理水平有机结合，开展安全生产专项整治，打击各类违法经营行为，加强市场风险防控与隐患治理，强化市场主体的安全生产主体责任意识，营造安全有序的首都市场经营环境。

【烟花爆竹安全管理】 1月9日，市工商局印发《关于做好2017年度烟花爆竹安全管理工作的通知》，贯彻落实市委、市政府及市烟花办工作要求，强化组织领导，明确监管工作重点。健全与安全监管部门的许可联动机制，严格市场准入管理，办理烟花爆竹销售营业执照508户，其中短期485户，长期23户；五环内106户，五环外402户；直营点214户，一般点294户。加强对烟花爆竹批发经营主体的行政提示和商品质量抽检，会同市烟花爆竹质量监督检验部门，抽检248组，从总药量、燃放性能、发射高度等多个方面对抽检的烟花爆竹进行检测，其中检测合格213组，不合格35组，合格率为85.89%。针对不合格烟花爆竹商品，责令经营主体将不合格的烟花爆竹进行下架封存处理，确保上市销售的烟花爆竹商品质量安全。积极参与属地安全监管、公安、城管、消防等部门组织的烟花爆竹安全管理联合执法检查活动，形成监管工作合力，排查治理安全隐患。

【危险化学品管理】 6月30日，市工商局制发《危险化学品安全综合治理实施方案》，结合工商部门职能，制定3年（2017年6月至2020年5月）行动方案，通过及时部署、分阶段治理的方式，配合有关部门推进全市危险化学品集中管理体系和信息化建设。一是严把危险化学品市场准入关；二是配合开展危险化学品生产经营环节整治；三是参与危险化学品集中管理体系建设，提升危险化学品监管信息化水平；四是建立健全危险化学品信用监管机制。9月，市工商局开展危险化学品行业企业定向抽查850户次，经检查列入经营异常名录102户次，规范危险化学品企业经营行为。

【安全生产目标任务】 8月18日，市工商局制发《贯彻落实安全生产各项工作任务方案》，进一步健全并严格落实安全生产“党政同责、一岗双责”。明确市局主要负责人作为工商系统安全生产工作的第一责任人，对安全生产工作全面负责；市局分管安全生产工作的负责人对分管范围内的安全生产工作负直接领导责任，并承担安全生产工作统筹协调的领导责任；市局分管其他工作的负责人对其分管范围内的安全生产工作负直接领导责任。同时细化各部门责任分工，加强工作统筹，强化责任追究，确保各项工作要求落到实处。

【消防隐患集中整治及火灾防控】 11月16日，市工商局制发《消防安全隐患集中清查整治及今冬明春火灾防控工作方案》，立足工商部门监管职责，强化问题导向，聚焦风险防范，按照“边排查、边整治”的原则，从加强流通领域消防及电器产品质量监管、强化对重点区域无照经营行为整治、保持对有形市场的强效管理、加强内部消防安全教育与自查、做好重要节日和重大活动期间的消防风险防控等方面入手，严厉打击销售不合格消防器材和假冒伪劣电器产品，配合关停存在消防安全隐患的无照经营场所，参与部门联合执法，消除消防安全隐患，维护首都市场秩序和消防安全形势持续稳定。

【安全隐患大排查大清理大整治】 11月22日，市工商局制发《安全隐患大排查大清理大整治专项行动实施方案》，根据市安委会工作要求，结合“疏解整治促提升”专项行动，着力整治无照经营和“开墙打洞”点位存在的安全隐患，规范商品交易市场经营秩序，严厉打击各类违法经营行为，防范遏制各类事故的发生。安全隐患大排查大清理大整治专项行动期间，全市工商系统参与相关联合执法检查，配合有关部门关停存在安全隐患场所1346处。

【房地产经纪机构专项整治】 本年，市工商局按照市委、市政府总体要求，依据首都综治办《关于印发〈违法群租房专项整治工作方案〉的通知》，强化房地产经纪机构市场行为监管，规范房屋租赁中介市场秩序。一是压缩市场存量，全年注销房地产经纪专营机构665户，吊销33户。二是开展定向抽查，运用大数据技术，综合举报投诉信息、门店分布、经营信息等多项数据，确定检查对象4664户。经查，通过登记住所无法取得联系的945户，隐瞒真实情况的72户，未公示即时信息的36户，均列入经营异常名录，并向社会公示。三是严打违法经营，查处房地产经纪机构违法案件303件，罚款241.84万元。四是强化信息监测，自实施房地产调控政策以来，监测涉嫌违法广告199条（其中立案141件、行政告诫26件、责令改正10件、无问题7件、其他处理方式7件）。五是妥善处理投诉，市工商局“12315”平台受理涉及房地产经纪机构咨询753件、投诉3016件、举报850件，挽回消费者经济损失556.95万元。六是密切协调配合，会同市住房城乡建设委、银监局、地税局等部门对10家房地产经纪机构负责人进行集体约谈，配合有关部门开展房地产经纪机构联合检查19次，行政约谈107户。七是强化失信惩戒，依法将5101户房地产经纪机构列入经营异常名录，并向社会公示。加大对失信房地产经纪机构惩戒力度，对存在违法违规经营行为的经纪机构进行登记限制。

【无证无照经营和“开墙打洞”专项整治】

本年，市工商局按照全市“疏解整治促提升”专项行动工作部署，组织开展无证无照经营和“开墙打洞”专项整治工作。制定《北京市无证无照经营和“开墙打洞”专项整治行动方案》，研发布置专项整治系统，开展调查研究与实地走访，保障工商系统相关职责任务的落实和整治工作的推进。全市治理无证无照经营 50748 户，完成全年任务量的 304.08%，其中核心区治理 615 户，完成全年任务量的 158.51%。全市整治“开墙打洞”28684 处，完成全年任务量的 178.17%，其中核心区整治 11079 处，完成全年任务量的 208.84%。制定《关于“开墙打洞”住宅内经营主体后续处置工作的指导意见》，加大对“开墙打洞”整治力度，巩固整治成果，提升市容环境。

【无证无照“散乱污”专项整治】 本年，市工商局依据市经济信息化委先后两轮下发的“散乱污”整治台账，完成 616 户市级上账无证无照“散乱污”企业整治工作，配合市经济信息化委经对各区上报整治完成的 168 户“散乱污”企业进行现场核验。采取多项举措加强后续监管，严防清理主体出现反弹。一是制定《无证无照“散乱污”主体清理整治细化工作方案》，强化已关停“散乱污”主体的现场盯防。二是组织开展“散乱污”主体整治工作夜查，直插现场进行检查，重点检查“散乱污”聚集区整治情况，严防明停暗开和假停假改。三是发挥社会第三方作用，对全市 616 户无证无照“散乱污”主体的治理工作进行核查，实地查验整治结果。

【有形市场安全监管】 本年，市工商局督促市场主办单位落实主体责任，规范商品交易市场经营秩序，履行有形市场相关安全生产监管职责，建立并完善科、所、市场三级纸质档案，实行动态化“一市一档”管理。印发《关于开展有形市场安全生产专项整治的通知》，明确市场主办单位安全生产第一责任人意识，提示市场主办单位及经营者落实安全生产职责，自查各类消防安全隐患。专项整治期间检查市场 993 次、下发《行政提示》1966 份、开展联合检查 518 次，规范市场内经营行为，推动非首都功能疏解和各类安全隐患排查治理工作。全市工商系统办结商品交易市场类案件 20182 件，罚款 608.71 万元，其中市场主办单位案件 50 件，罚款 64.28 万元；市场内商户案件 20132 件，罚款 544.43 万元。

市工商局田广肖供稿

北京市质量技术监督局

2017 年，北京市特种设备安全监察工作在市委、市政府和市安委会的领导下，以习近平新时代中国特色社会主义思想为指导，认真贯彻落实党中央、国务院关于安全生产领域改革发展和国家质检总局关于特种设备安全工作的决策部署，提升质量安全保障水平，维护首都安全稳定。创新特种设备安全工作机制，夯实特种设备安全工作基础，牢牢守住安全底线，全年未发生严重以上特种设备事故和较大影响的特种设备事件，为首都安全发展和大气污染防治做出应有的贡献。

【特种设备服务保障】 本年，市质监局完成“一带一路”国际合作高峰论坛、党的十九大等重要会议、重大活动特种设备服务保障任务 34 次。按照“一丝不苟、滴水不漏”要求，精心组织、周密安排，实现活动和会议期间会场驻地特种设备运行零故障，全市社会面特种设备零事故的“双零”工作目标。服务保障工作得到国家质检总局和市委、市政府的认可和表彰。

【安全大检查和专项整治】 本年，市质监局集中开展重点领域专项整治，开展全覆盖的督查检查。大检查期间，全市出动执法人员5986人次，检查特种设备相关单位2743家，排查整改安全隐患474项，行政处罚147起，超期未检率由6%下降至0.96%。大型游乐设施、客运索道使用单位和液化石油气充装单位均实施全覆盖检查。全市特种设备安全形势明显好转。

【油气输送管道“攻坚战”】 本年，市质监局推进油气输送管道“攻坚战”。一是加强组织领导，各区局、分局履行安全监察职责，督促管道权属企业如期完成检验工作。二是落实企业主体责任，细化分解任务，签署承诺书，督促企业按要求完成检验任务。全市940公里在用长输油气压力管道、1991公里在用城镇燃气压力管道的检验率达100%，提前半年全面完成“攻坚战”各项任务。

【安全隐患大排查大清理大整治】 本年，市质监局按照全市统一部署，集中开展特种设备安全隐患大排查大清理大整治专项行动。结合火灾事故频发的严峻形势，组织专项行动，以客运索道、低氮燃烧改造锅炉等设备为重点，开展隐患整治，实现专项行动期间全市特种设备零事故的目标，确保特种设备安全形势平稳。自11月20日部署专项行动工作至12月底，全市开展特种设备现场安全检查1765次（其中对液化石油气瓶充装站检查364次），出动执法人员3926人次，检查特种设备相关单位1254家，检查特种设备6334台（套），排查整改安全隐患392项，行政处罚27起，罚款11.54万元。

【高风险电梯预警监测】 本年，市质监局以落实市政府重要民生实事为契机，完成3000台住宅老旧电梯安全风险评估工作，根据电梯的风险状况等级提出隐患消除措施的针对性建议，并将评估结果通报属地政府及相关行业管理部门。各区政府制定电梯隐患治理工作方案和计划，牵头开展治理，挂账督办。

【既有住宅增设电梯】 本年，市质监局开展住宅增设电梯服务创新，出台住宅增设电梯“三通一免”政策，开通业务办理“绿色通道”、打通增设方案“技术通道”、畅通安全使用“生命通道”、免收增设电梯安装监督检验费用。全市完成住宅加装电梯240台，免收检验费用近20万元。

【宣传教育】 本年，市质监局定期召开特种设备安全工作新闻发布会，全年接受市级媒体采访7次，市级及以上媒体报道60余次，内部刊物设置专题16篇，举办特种设备安全教育进校园等主题活动，提升特种设备安全工作影响力。开展安全生产月、“防灾减灾日”等宣传教育专题活动，张贴宣传海报653张，发放宣传材料约4万份，组织有针对性的特种设备应急演练40次，营造良好的特种设备安全氛围。

【锅炉节能减排】 本年，市质监局加大工作力度，确保锅炉安全运行和能效指标达标。淘汰承压燃煤锅炉2617台，实现年减煤量近176万吨，年减排烟尘约3200吨，二氧化硫约3800吨。实施承压锅炉低氮燃烧改造3554台，减少氮氧化物排放约5400吨，未发生锅炉燃爆等相关事故，为展现首都蓝天白云做出贡献。

【特种设备生产单位和特种设备】 本年，全市特种设备数量342587台，其中锅炉10341台、压力容器58719台、电梯219644台、起重机械32513台、大型游乐设施439台、客运索道113条、场（厂）专用机动车辆20818台（另有气瓶251万只，压力管道3888千米）。设备总量同比持平，其中电梯保持增长，同比增加9865台，增幅4.7%。特种设备生产（含设计、制造、安装、改造、维修）和充装单位持证总数899件。其中设计许可50件、制造许可113件、安装改造维修许可616件、气瓶和移动式压力容器充装许可120件。办理特种设备行政许可258件（其中，设计许可18件、制造许可29件、安装改造维修许可185件、充装许可21件、检验机构核准5件）。全市特种设备作业持证人员28.4万，同比增加20.6%，新发证书3.4万张。

市质监局郭昱供稿

北京市体育局

2017年，北京市体育行业部门和单位贯彻落实党中央、国务院和北京市有关安全生产工作指示精神，以“打基础、补短板、保基本”为指导思想，全面推进安全生产工作，重点时期安全管理成效明显，为体育事业发展和体育产业繁荣提供重要保障。全年体育行业无安全生产事故发生、无投诉不作为现象。

【春节期间安全部署】 1月13日，市体育局召开体育系统安全管理工作会，传达全国和北京市安全生产电视电话会议精神，部署春节期间安全工作。会议要求全市体育系统学习贯彻代市长蔡奇关于安全生产工作讲话精神，把春节安全维稳工作置于首要位置，强化“红线”意识；要做好安全大检查工作，抓好重点领域、重点部位安全管控，全力抓好节日期间烟花爆竹防范和大型体育赛事、群众体育活动安全保障工作。加强春节期间安全管理，严守值班纪律，加强应急值守和信息报送工作，有效处置各类突发情况。会后，市体育局局长孙学才与局系统直属单位、局机关处室签订2017年平安单位建设、消防安全和春节烟花爆竹安全管理工作责任书。

【体育产业和市场管理工作会】 3月17日，市体育局召开2017年北京市体育产业和体育市场管理工作会，各区体育局、北京经济技术开发区社会发展局主管领导、相关业务科室负责人参加会议。会议总结2016年体育产业和体育市场管理工作，对2017年工作进行部署。会议要求各单位学习贯彻习近平总书记视察北京时对北京城市规划建设和北京冬奥会筹办工作的重要讲话精神，制定落实体育产业发展规划，统筹协调，密切配合，狠抓工作落实，实现体育产业在新时期的新发展。

【“一带一路”峰会期间安全检查】 5月，市体育局加强“一带一路”国际合作高峰论坛期间安全生产工作，组织对海淀区、朝阳区部分体育运动经营场所进行检查。现场检查经营单位安全救护、安全管理、安全检查、应急处置等各项制度落实以及应急救助设备配备等情况。对游泳经营场所存在的救生员不经常在岗、救生员标识不明显、安全提示性标语不醒目等问题进行跟踪整改。

【全局系统安全生产工作会】 7月21日，市体育局召开全局系统安全生产工作会，局领导、局机关各处室负责人和局各直属单位负责人参加会议。会议通报全市安全生产大检查情况，部署全局系统安全管理工作及体育行业安全生产任务。会上，局长孙学才强调指出：一是强化“首都无小事、事事讲政治，安全无小事、事事连政治”的观念，强化责任担当，为党的十九大胜利召开、全运会参赛营造良好安全氛围。二是高度关注极端恶劣天气防汛工作，高度关注水、电、气、热、车等重点部位和重点环节，高度关注体育经营场所和机关内部安全管理。三是加强值守，主汛期间特别是强降雨、地质灾害和气象风险黄色预警时期要采取特别措施，加强值班值守。四是畅通信息，严格落实信息报送制度，确保信息反馈及时，上下指挥顺畅，处置突发情况高效。

【部署游泳场所专项检查】 8月4日，市体育局召开全市游泳场所专项检查暨安全生产大检查工作会。各区体育局、北京经济技术开发区社发局相关科室负责人参加会议。会上通报市安全监管局《关于通报体育场所安全生产检查情况的函》和夏季本市游泳场所检查情况，对全市游泳场所专项检查进行动员部署。会议传达市安委会关于安全生产大检查工作自查自改指导意见，并对体育经营单位安全生产大检查工作进行再动员、再部署。

【游泳救生员职业技能大赛】 9月20日，由市体育局、体育总会主办的2017年全国体育行业职业技能大赛游泳救生项目预赛暨2017年北京市游泳救生员职业技能大赛在国家奥林匹克体育中心英东游泳馆举行，来自本市13个区体育局代表队的86名选手参加比赛。本次大赛设个人赛和团体赛，个人赛包括理论知识竞赛、50米救生全能赛和心肺复苏比赛3个项目。通过举办全市游泳救生员职业技能大赛，检验游泳救生专业人才队伍，引导广大游泳救生员努力学习技能，提高专业技能水平，激发游泳救生员学习岗位技能，为保障游泳场所安全、营造良好氛围。

【党的十九大安全保障部署】 9月28日，市体育局召开体育局系统安全工作会议，对国庆节和党的十九大期间安全工作进行部署，强调强化主体责任，落实安全监管措施，确保安全管理万无一失。按照工作分工，市体育局领导分头对各直属单位、建筑施工工地等场所开展安全检查活动，对党的十九大会议驻地及周边200米内体育经营单位进行实地检查，要求各区体育局和各经营单位树立安全意识和责任意识，从讲政治的高度严格落实安全生产工作责任，确保不发生安全事故。

【冰雪场所安全管理】 11月20日，市体育局召开2017—2018年度冰雪场所安全工作会，市体育局、各区体育局有关领导、业务科室负责人和本市冰雪经营单位负责人参加会议。会议传达全国冰雪场所安全工作会议精神和《北京市安全生产委员会关于开展安全隐患大排查大清理大整治专项行动的通知》文件精神，通报2017—2018年度冰雪场所安全管理工作方案，部署全市体育运动项目经营单位开展安全隐患大排查大清理大整治专项行动。会议指出：要深刻吸取大兴区“11·18”火灾事故教训，举一反三，做好新雪季安全生产管理工作。强化对安全生产工作重要性的认识，推进安全生产工作责任落实，加强安全生产教育培训，加强与相关部门联合联动，开展风险防控和隐患排查，提升安全生产管理水平。

【滑雪场所安全管理地方标准培训】 11月20日，市体育局召开北京市地方标准《体育场所安全运营管理规范 滑雪场所》发布暨培训会。市、区体育局有关领导、相关业务部门负责人和本市滑雪场经营单位负责人参加会议。会议介绍《体育场所安全运营管理规范 滑雪场所》地方标准的立项及修订情况，新修订标准增加对魔毯的规定、对滑雪巡查的要求、明确滑雪者佩戴滑雪头盔的特别规定、关于雪板固定器调节表和安全防护网立杆等相关要求。在培训环节，由国家体育总局科研所科技服务中心专家对新的地方标准进行解读和辅导授课。

【部署安全隐患专项行动】 11月24日，市体育局召开专题会议，部署开展安全隐患大排查大清理大整治专项行动。局机关各处室负责人和局各直属单位主要领导、主管领导及安保工作相关人员参加会议。会议部署开展专项行动及安全管理工作任务，要求各单位认清安全生产形势，汲取事故教训，增强忧患意识，把各项安全工作做到位、搞扎实；要逐级压实安全责任，履行安全职责，各级领导要勇于担当，亲抓落实；要迅速行动起来，深入开展安全隐患大排查大清理大整治专项行动，确保全域安全、全时安全。

【滑雪场安全检查】 12月，市体育局组织对部分雪场开展安全生产执法检查。检查组先后检查怀柔区、平谷区、大兴区、丰台区、海淀区、密云区11家滑雪场，重点检查雪场安全生产制度、滑雪社会体育指导员和巡逻员、安全保护设备设施、卫生救护、双语应急广播、消防通道以及应急预案准备和演练等情况。检查发现，有的单位存在安全生产信息公示制度落实不到位、提示警示标识不醒目、安全网布设不全面等问题，针对存在的问题，检查组要求限期整改，并要求相关区体育局进行跟踪整改和检查验收。12月28日，市体育局联合市旅游委、质监局、安全监管局、公安局消防局等部门，对平谷区渔阳滑雪场和顺义区莲花山滑雪场进行联合执法检查，要求各区有关部门和滑雪场高度重视安全生产管理工作，履行监管责任，落实安全生产主体责任，维护滑雪场所的规范安全运营，为北京冰雪季活动提供安全保障。

市体育局祝伟民供稿

北京市园林绿化局

2017年，市园林绿化局以习近平总书记关于安全生产工作的重要指示精神为指导，按照市委、市政府和市安委会工作部署，狠抓安全生产基础工作，确保全市园林绿化行业安全生产工作平稳有序，完成各项服务保障任务。

【检查督导】 本年，市园林绿化局按照市委、市政府和市安委会相关要求，开展一系列安全生产检查督导工作，确保党的十九大、"一带一路"国际合作高峰论坛等重大活动期间安全稳定。4月，成立8个安全工作检查督导组，集中开展安全检查，要求系统各单位加强自查，确保不发生安全生产事故。4月6日至5月15日，在全市园林绿化系统集中开展消防安全“大排查大整治大宣传大培训”专项行动暨“一带一路”国际合作高峰论坛社会面火灾防控工作，出动检查组503个，检查单位933家，整改隐患642项，拆除违法建设3385平方米，安装火灾报警器17个，安装电气火灾监控系统20个，教育培训4451人。7月至10月，开展安全生产大检查和党的十九大社会面火灾防控工作，出动检查人员360人次，检查单位133家，排查整改隐患598项。11月至12月，开展安全隐患大排查大清理大整治专项行动，出动检查人员779人次，检查单位227家，拆除、清理违法建设1720平方米，关闭取缔隐患场所14家，排查整改隐患174项。

【森林防火】 本年，市园林绿化局加强组织领导，制定防控方案，提高火灾预警、应急指挥和扑救处置等综合防控能力，抓好“两节”、全国“两会”、清明节、“一带一路”国际合作高峰论坛、国庆节、党的十九大等重点时期森林火灾预防工作，成功处置各类森林火情35起、一般火灾3起，实现“确保不发生重特大森林火灾和人员伤亡事故”的工作目标。

【安全度汛】 本年，市园林绿化局加强汛期安全生产管理工作，及时有效应对7月21日、8月2日等7次降雨天气过程，确保全市园林绿化成果和城区交通运行畅通。汛期强降雨极端天气造成倒伏树木20798株、折枝断枝8301株、果树受灾190亩、倒树压车33辆、倒树压房28间、树压电线363处。全市园林绿化系统181支7000人应急抢险专业队伍和341台抢险车辆值守备勤。未发生因倒树折枝的伤人事故。

【应急演练】 本年，市园林绿化局组织指导全市园林绿化系统健全应急预案体系，规范处置程序、应急队伍和应急物资保障措施，落实年度应急演练计划。9月26日，在永定河休闲森林公园文化广场举办年度防火应急演练，局属林场、苗圃干部职工以及石景山区古城派出所民警共100余人参加演练。演练项目包括火灾报警、紧急疏散逃生、灭火抢险、余火清除、伤员救援、撤离火场6大部分。其中，灭火抢险环节分别针对不同火情开展灭火器灭火、灭火弹灭火和消防栓灭火3个项目。通过演练，检验防火应急预案的针对性、可操作性以及应急抢险队伍应急处置能力和应急保障水平。12月7日，在百望山森林公园举办林区防火应急演练，西山森林扑火队、碑林森林扑火队、百望山森林公园等单位应急队伍100余人开展演练。通过演练，提升全系统广大干部职工安全防火意识、消防安全技能，锻炼防火应急抢险队伍。全年全系统组织各类应急演练27次，1195人参加演练。

【宣传活动】 本年，市园林绿化局结合“防灾减灾日”和安全生产月活动，精心安排，开展安全生产宣传教育活动。各区园林绿化局、各生产经营单位以不同形式开展宣传教育和咨询活动，宣传“以人为本、安全发展”理念，制作宣传展板100余块、悬挂横幅60余条、张贴主题宣传画260余张、发放宣传品2万余份。

【教育培训】 本年，市园林绿化局结合年度工作任务，开展安全生产教育培训工作。11月20日至21日，在首都绿色文化碑林管理处举办全市园林绿化系统应急管理和安全生产业务培训。培训邀请市安全监管局和市环保局相关专家进行授课，各区园林绿化局、局直属林场苗圃主管领导及科室负责人参加培训。通过培训提高参训人员综合素质和履行职责能力，为园林绿化系统做好应急管理和安全生产工作奠定基础。12月7日，在首都绿色文化碑林管理处举办消防安全培训，传达市委、市政府清理整顿重大火灾隐患现场会和专项行动部署电视电话会议精神，推进全市园林绿化系统安全隐患大排查大清理大整治专项行动和消防安全隐患集中清查整治工作。培训邀请市公安局消防局专家对消防安全知识进行讲解，局直属单位主管领导及相关科室人员参加培训。通过培训，提升全系统广大干部职工安全防火意识。

【标准化建设】 本年，市园林绿化局在全市园林绿化系统推行安全生产标准化工作，11家市属公园和14家园林绿化施工企业完成标准化二级达标创建工作，57家园林绿化施工企业完成标准化三级达标创建工作。并在局直属林场、苗圃和27家园林绿化施工企业启动标准化二级达标创建工作。

市园林绿化局郭杨供稿

北京市民防局

2017年，市民防局按照市委、市政府安全生产工作要求，在市安委会的指导下，完善安全生产工作制度、落实安全生产“党政同责、一岗双责”，真抓实干，不断创新，人防工程安全使用监督管理工作稳步推进，地下空间综合整治取得进展，安全生产工作呈现良好局面。

【细化职责任务】 本年，市民防局按照市委书记蔡奇指示要求，系统梳理工作任务，建立工作台账，制定任务清单，明确责任人、工作任务、完成时限，加强督查。重点围绕北京民防“战时防空、平时服务、应急支援”职责使命，突出人民防空根本职能，突出城市综合防护能力建设，推进地下空间综合整治，规范地下空间安全管理，对各区地下空间专项行动工作任务完成情况进行综合考评，严格控制增量、有序减少存量及制定整治实施计划、推进工作落实，提升城市科学管理水平。

【地下空间综合整治】 本年，地下空间综合整治工作纳入全市“疏解整治促提升”专项行动，全市整治地下空间1385处，123.96万平方米，清退人员74019人，完成2017年年度任务的145%。其中：人防工程完成407处、36.17万平方米，清退20955人，完成任务的134%；普通地下室完成978处、87.78万平方米，清退53064人，完成任务的149%；整治散租住人地下空间966处、86.79万平方米，清退54779人，完成任务的141%；整治旅馆、宿舍419处，37.16万平方米，清退19240人，完成任务的152%。年度挂账整治任务全部完成，整治工作任务总量超额完成，基本实现全市散租住人清零。

【重点时期专项执法检查】 本年，市民防局加强国庆节、中秋节和党的十九大期间执法检查工作，确保安全稳定。会同公安局消防局于9月25日至10月1日联合开展全市人防工程安全大检查行动。从人防工程消防安全标准化管理、用火用电用气安全管理、消防通道和消防疏散标志的设置、灭火器材的配备及严禁生产、存储、使用易燃易爆物品等方面，采取多种方式开展联合执法检查。重点对人员密集场所在用人防工程进行全面检查，对工程使用单位及人员进行安全宣传和教育。全市出动检查人员1530余人次，检查在用人防工程1385处，查出安全隐患89项。对检查发现的安全隐患，严格落实整改责任，制定整改措施，并由专人负责督促人防工程使用单位立即整改，不能立即整改的下发整改通知书限期整改。

【安全隐患大排查大清理大整治】 本年，市民防局贯彻落实市安委会《关于开展安全隐患大排查大清理大整治专项行动的通知》和市领导指示精神，吸取大兴区“11·18”火灾事故教训，组成4个督导检查组，全面开展人防工程安全检查工作。检查组将安全隐患大排查大清理大整治专项行动与“疏解整治促提升”专项行动紧密结合，严格落实责任，各区民防局逐个乡镇街道、逐个人防工程排查登记，建立隐患台账，加强分类监管，层层抓落实，坚决清除工程安全隐患，确保安全隐患大排查大清理大整治取得实效。对不能保证安全的人防工程坚决关停，确保不发生事故。

【京铁家园联合整治攻坚】 本年，市民防局协调丰台区政府、中直机关人防办、国管局人防办，召开京铁家园清理整治专题会议，协调启动京铁家园地下空间清理整治工作，顺利完成小区内全部43处地下空间、2718间地下出租房屋、4105名租客的清理整治工作。所有地下空间全部完成物理封闭，消除安全隐患，杜绝遗留问题，取得良好效果。

【安全度汛】 本年，市民防局密切关注雨情、水情、险情、灾情和舆情等信息，落实安全管理措施，层层承担安全责任，按照预案开展防汛工作。市民防局与区民防局、区民防局与工程使用单位层层签订安全防汛责任书，将安全责任落到实处。市、区两级指挥部做好防汛预案的前期修订工作，储备防汛物资器材，建立应急抢险队，共同开展人防工程防汛事故应急演练，做到防汛工作“七有四到位”。确定2017年防汛重点部位，组织各区全面开展人防工程隐患排查治理，确保人防工程安全度汛。

【宣传教育】 本年，市民防局组织开展“国际民防日”，宣传防空防灾的公共安全知识，促进全民参与防空防灾建设。开展民防“五进入”工作，完成180个社区民防建设任务，70处宣教场所向公众开放，举办防空防灾教育讲座260场。推进北京民防“七五”普法工作，推动全社会提高国防观念、人防意识。推出“小卫士说法”系列民防动画小视频，分别在市民防局政务网站、官方微博、官方微信等官方平台，以及腾讯、爱奇艺、优酷等主流视频网站发布，点击量1589.22万。每期动画短视频获得北京政务微博及其他省市人防部门转发，其中视频《人民防空的职责和义务》点击量达到传播峰值。

【法制建设和政策研究】 本年，市民防局开展法规制度建设工作。协调推进《北京市人民防空工程和普地下室安全使用管理办法》的修订工作，基本达成共识，将其纳入年度立法简易修改计划。根据《北京市生产安全事故隐患排查治理办法》，结合工作实际，制定《北京市人防工程安全隐患排查治理办法》。开展非居住用途地下空间禁止住人及清理整治工作风险评估工作，研究制订地下空间清理整治工作方案。开展工程再利用政策、方向、模式的可行性调查研究，为制定清退出的地下空间再利用相关政策、完善地下空间管理长效机制提供依据。

市民防局陈西霞供稿

北京市农业局

2017年，全市农业机械安全生产工作围绕"十三五"规划、京津冀协同发展和首都农业"调转节"要求，强化农机安全执法检查、推进行政审批规范化建设、开展安全技术检验、加强宣传教育，连续5年实现农机事故零死亡，安全生产形势稳定。

【法规建设】 本年，市农业局推进农机安全监管法律体系建设工作。《北京市农业机械安全监督管理规定》经过立项、报审、征求意见、条文修改、专家审查等环节，经市政府常务会审议并正式通过，标志本市农机监理法制建设进入新的发展阶段。根据《北京市农业机械安全监督管理规定》相关法条，组织草拟《微耕机安全监理检验技术规范》《电动卷帘机安全监理检验技术规范》等相关配套标准。

【安全监管体系建设】 本年，市农业局按照"管行业必须管安全、管业务必须管安全、管生产经营必须管安全"的原则，加强农机安全监督管理，确保农机安全生产形势稳定。一是完善农机安全生产责任体系，将农机作为重点行业之一纳入安全生产考核中，健全行业主管部门直接监管、安全监管部门综合监管、地方政府属地监管的安全监管责任体系。二是明确农机安全监管工作要求，落实农机安全监管责任，与各区农机监理机构和乡镇、村、农机生产经营单位层层签订安全生产责任书，健全农机安全生产责任制，确保职责明确、责任到人。

【隐患治理与督导检查】 本年，市农业局加强全市重点时期农机安全监管和专项督查工作。开展农机安全隐患大排查大清理大整治专项行动，检查重点生产经营单位934家，集中整改隐患236项，加大农机行业安全监管力度。对全市农机安全执法监管工作进行部署，成立4个督导组赴各区进行督导检查，组织督导检查86次，出动督导人员256人次，督导覆盖面100%，确保各项安全措施落实到位。

【农机执法检查】 本年，市农业局制定《2017年农机行业行政执法工作方案》和《2017年农机行业行政执法工作计划》，明确执法人员执法检查任务指标和执法工作重点，全年农机监理执法人员赴农机作业一线完成执法检查1014件，实施行政处罚40起，执法检查和行政处罚同比分别增长60.8%和18.8%，完成任务指标的273%和224%。定期对农机行政执法工作进行梳理总结，加强对各区执法工作的监督与考核。启动案卷"双评查"机制，推选高质量优秀案卷参加全市评查，规范和提升全市农机行政执法案卷制作水平。启动农机行业"双随机、一公开”安全监管，重点对12家维修经营者、25个乡镇、3家农机生产企业进行执法检查。

【联合执法行动】 本年，市、区两级农机监理部门按照《2017—2019年联合行动实施方案》，会同公安交管、工商、质监、安全监管等部门开展联合执法行动386次，整改安全隐患63项，切实将联合执法安全防范措施落实到位。会同市安全监管局、公安局交管局联合印发《关于印发北京市变型拖拉机专项整治行动实施方案的通知》，开展变型拖拉机专项整治，联合出动执法人员3204人次，检查变型拖拉机1837台次，发现违法行为81起，行政处罚46起，罚款2400元。

【农机事故应急演练】 本年，市农业局编制《农机服务专业合作社事故应急救援预案》，强化生产经营单位农机事故应急能力建设。印发《关于开展2017年度农机事故应急处理演练的通知》，要求各区组织开展事故演练工作。围绕玉米收获机与拖拉机相撞致人受伤事件、拖拉机伤人事件、旋耕机伤人事件、玉米收割机伤人事件等方面开展7次事故演练，农机、公安交管、安全监管、消防、卫生等部门100余人次参加演练，有效提升农机事故应对能力和处理能力。

【农机业务培训】 本年，市农业局编制《2017年北京市农机监理培训教材》，教材内容包括法律部分和业务部分，涵盖农机监理业务各项内容。组织市、区两级145名农机业务骨干开展两期农机监理业务培训大讲堂，重点对农机生产安全事故处理、行政许可业务文书规范、农机监理牌证业务档案规范、农业行政处罚案卷标准、新闻信息写作规范等内容进行讲解。开展全员培训，围绕行政许可、行政处罚、事故处理等业务知识，组织各区农机监理机构对区、镇两级监理人员开展培训122期，培训人员4311人次，覆盖率100%。各区农机监理机构对辖区乡镇的农机合作社、农机大户开展农机维修、安全生产、日常管理等内容的培训，培训5626人次，覆盖率78%。

【宣传教育方式创新】 本年，全市各级农机监理部门以加强信息发布、开展宣传活动为主线，创新宣传方式，营造良好的安全生产氛围。一是全市农机监理部门通过《京郊日报》《农民日报》《中国农机监理》和人民网等报刊、杂志和网站首发及转发918篇（次）；刊登工作信息339篇，其中农业信息和工作交流采用8篇、中国农机监理网采用156篇、中国农业机械化信息网采用194篇、政务网站推送229篇、报送微博36篇。二是结合重点农时，以宣传安全常识、典型事故案例为重点，深入乡村、集市、场院开展不同主题的宣传活动，制作发放各类宣传用品9万余件，宣传法律法规、政策性保险、农机安全操作规程等内容。三是创建“平安农机北京”的微信公众号，通过该公众号推送新闻48期123条，开展线上活动4次，累计5万余条阅读量，1万余人参与线上活动，关注量5091人，打造农机宣传教育新模式。

【标准化建设】 本年，市农业局、安全监管局联合印发《关于开展农机专业合作社安全生产标准化建设工作的通知》，推进本市农机行业综合治理和安全生产基础建设。选取5家农机专业合作社开展制度规范化建设，制定安全生产制度。利用专项资金开展安全生产标准化创建达标试点建设，提升农机专业合作社安全管理的“硬”实力。在全国农机行业创建实施“全要素”安全监管新模式，树立行业安全监管新标杆。

【技术检验】 本年，市农业局印发《关于做好2017年全市农业机械安全技术检验工作的通知》和《2017年农业机械安全技术检验指标任务分解表》，明确年度农业机械检验的范围、时间、标准和工作要求，赴全市14个区开展督导检查35次，督促各区完成年度检验指标任务。全年登记在册拖拉机检验率86.06%，登记在册联合收割机检验率96.70%，检验率水平居全国前列。在重要农时之前，通过开展“集中检验”“送检下乡”“电话催检”等便民服务方式，对注册登记的农业机械进行免费实地安全技术检验，排除事故隐患。

市农业局王科程供稿

北京市城市管理综合行政执法局

2017年，市城管执法局按照市委、市政府整体工作部署，组织全市城管执法系统深化燃气安全监管和违法建设查处，开展对餐饮公服单位、燃气供应单位及违法建设专案执法工作。检查各类燃气供应和使用单位5.5万家，规范存在燃气安全隐患问题单位4307家，立案314起，罚款85.53万元。全市城管系统参与拆除违法建设5985万平方米，解决环境问题9800项、消除安全隐患675项。

【春节前餐饮单位燃气安全执法周】 1月9日至15日，市城管执法局组织全市城管执法系统开展春节前餐饮服务单位燃气安全保障检查工作，出动执法人员11043人次、车辆5533台次，检查各类燃气单位1716家，规范存在问题单位170家，立案5起，罚款3000元。各级城管机关周密组织细化工作方案，抽调精干力量，加大执法力度，排查治理安全隐患，严厉查处违法违规行为。

【“两会”期间燃气安全专项执法】 2月22日至3月15日，市城管执法局组织全市城管执法系统在本市范围内对餐饮服务单位燃气使用各个环节进行全面检查。重点做好全国“两会”驻地和会场周边500米范围内餐饮服务单位燃气安全专项检查，对违规使用液化石油气罐、未安装燃气报警器等违法行为进行重点检查。出动执法人员34083人次、车辆17528台次，检查各类燃气供应和使用单位4532家，规范存在燃气安全隐患问题单位419家，立案17起，罚款20500元。各级城管机关通过全面摸排，掌握各辖区餐饮服务单位的燃气使用安全情况，有针对性地开展整治工作。

【“一带一路”峰会期间专项执法】 4月18日至5月15日，市城管执法局组织全市城管执法系统开展“一带一路”国际合作高峰论坛期间燃气安全专项执法工作，全力做好燃气安全保障工作。全市城管执法系统对燃气使用单位，特别是餐饮服务单位燃气使用环节进行检查，重点做好“一带一路”国际合作高峰论坛场所周边、重要景区和人员密集场所燃气安全执法检查。出动执法人员43350人次、车辆18629台次，检查各类燃气供应和使用单位5229

家，规范存在燃气安全隐患问题单位370家，立案33起，罚款37.59万元。

【燃气报警装置专项执法检查】 5月18日至6月30日，市城管执法局在全市范围内对餐饮服务单位安装燃气浓度检测报警器情况开展专项执法检查，推进全市燃气安全保障工作。各级城管执法机关通过摸排掌握辖区内餐饮公服用户燃气报警器安装情况，对未依法安装燃气安全报警器的公服用户登记造册，督促整改。出动执法人员5900人次、车辆2500台次，检查各类燃气供应和使用单位9196家，规范存在燃气安全隐患问题单位571家，立案52起，罚款9.12万元。

【安全生产大检查专项执法检查】 7月1日至10月31日，市城管执法局根据市安委会《关于开展安全生产大检查的通知》精神，在全市范围内开展燃气安全生产大检查工作，重点对餐饮服务单位安装燃气浓度检测报警器情况及占压、损坏管道天然气情况集中开展专项执法检查。出动执法人员116761人次、车辆59036台次，检查各类燃气供应和使用单位18090家，规范存在燃气安全隐患问题单位1424家，立案99起，罚款6.63万元。

【十九大和“两节”燃气专项检查】 10月，市城管执法局组织开展党的十九大燃气安全保障暨国庆、中秋“两节”燃气安全专项执法检查工作。全市城管执法系统重点查处辖区内燃气使用单位特别是涉及党的十九大会场、驻地周边及“两节”期间重要景区和人员密集场所、高层建筑内餐饮服务单位燃气使用情况。出动执法人员28642人次、执法车辆14178台次，检查各类燃气供应和使用单位4545家，规范存在燃气安全隐患问题单位582家，立案38起，罚款2.6万元。

【打非治违专项行动】 本年，市城管执法局根据市严厉打击违法用地违法建设专项行动指挥部具体工作安排，将查处违法建设和保障环境秩序、缓解交通拥堵、消除安全隐患、疏解非首都功能等重点工作相结合，按照“市级统筹、属地落实、加强协调、依法履职”原则，印发《全市城管执法系统违法建设专项执法工作方案》，对查处违法建设工作统一部署、统一协调，整体推进。要求各区城管执法局细化查处违法建设专项行动方案，明确工作职责，确定阶段任务，提出工作要求，依法全面履行查处违法建设职责。全市城管系统参与拆除违法建设5985万平方米。

【违法建设专案办理】 本年，市城管执法局落实重点专案督办，解决社会影响大、反映强烈的违法建设案件。一是上级批办、群众举报、媒体曝光，国家住房和城乡建设部、市住房城乡建设委、规划国土委等部门转来的48件违法建设专案，特别是国务院安委会巡查组受理的5起举报件和市纪委、监委受理的3起举报件，均按照“市局督导、属地核查”原则，通过督办形式开展查处工作，并到现场对存在执法困难的违法建设专案进行督导。二是抓好“96310”城管热线违法建设举报件办理工作，对受理的举报件，均按照工作流程，进行查处核实，由市城管执法局执法和督察两支队伍定期对违法建设举报处理情况进行抽查和督导，确保举报件依法办理落实。三是发挥市、区两级城管执法协调办的协调、督导职能作用，督促指导协调相关区县、委办局开展违法建设典型案件办理工作，提高办案效率，加快专案办理进程；督促属地政府和城管部门在规定时限100%现场核查、100%立案查处，达到以个案带全面的整治效果。四是梳理并再次督办2013至2017年违法建设专案305件。

【“开墙打洞”专项整治行动】 本年，市城管执法局根据市委、市政府“疏解整治促提升”专项整治行动工作部署，各级城管执法部门主动作为，按照属地政府工作安排，通过高度重视、梳理法规、协调沟通、严格执法等措施，采取逐户走访、建立台账，坚持公平、公正原则，加强宣传、引导舆论，强化巡查、防止反弹等具体方法，突出基本情况熟、群众基础牢、执法经验多、工作效率高的特点，配合相关部门开展“开墙打洞”专项整治行动。参与整治“开墙打洞”2.87万处，完成全年任务量的178.4%，查处违法设置户外广告、店铺牌匾6386块，疏解人口3.76万，恢复绿化设置222处、4080平方米。

【基层燃气执法指导教学】 本年，市城管执法局执法总队深入一线，履行燃气执法“三主动”。一是主动为基层城管执法队开展执法示范，先后前往东城区、西城区、海淀区、朝阳区、怀柔区等辖区城管执法队开展餐饮企业燃气联合执法检查，以工代训。通过开展市、区、街三级联动执法工作模式，为执法人员讲解燃气技术规范方面知识，得到各区城管部门一致好评。二是主动赴燃气使用单位开展燃气执法检查，通过可燃气体检测仪等检测仪器，及时发现和整改隐患问题。三是主动梳理燃气执法流程，整理相关法律法规，在全市新入职人员的培训班上开展燃气业务现场授课，为新入职执法人员指明执法重点和各环节的关键点。通过深入重点保障区域开展燃气联合检查，夯实燃气监管工作基础。

市城管执法局王培供稿

中国铁路北京局集团有限公司（原北京铁路局）

2017年，北京局集团公司以迎接党的十九大胜利召开和学习宣传贯彻党的十九大精神为动力，强基达标、提质增效，努力建设“首善之局”。研究制定《关于加强安全生产工作的指导意见》，健全完善“十大安全基础管理体系”，相继出台一系列加强安全管理的制度办法，强化专业管理，推进京沪高铁和京哈线标准示范线建设，夯实安全基础管理。将高铁和旅客安全作为“生命线”，严格设备质量检查整修，开展安全隐患专项整治，加强施工全过程管理，开展路外环境综合治理，“十大安全生产关键”得到有效管控。严格设备故障和事故定性定责，对6个运输站段和1个专业处实施安全警示，对8个站段、4个处室的集团公司管理的领导人员进行安全生产责任追究40人次，推动安全生产责任制有效落实。京沪高铁按时速350公里达速运营顺利实施。全年，铁路交通责任事故同比减少45件、下降32%，杜绝一般B类及以上行车事故，实现安全年。

【双重预防机制建设】 本年，北京局集团公司建立集团公司、专业处、站段、车间四级安全风险库，按照人防、物防、技防要求综合施策，源头防范，全员、全过程管控安全风险，全面落实各层级、各岗位管控责任。建立四级安全隐患库，将重大安全隐患纳入集团公司安委会挂牌督办，实现安全隐患排查治理闭环管理。推进双重预防机制信息化平台建设，依托集团公司安管系统研发双重预防机制子系统，将风险管控和隐患排查治理与干部履责相连挂，实现对安全风险的有效管控。排查梳理25万余项风险项点、2513项隐患整治项目，所有风险项点对照干部安全职责相应纳入干部安全履责考评系统，通过干部履责写实和量化考评，对集团公司14905名干部管控风险和治理隐患情况进行考核评价。

【问题解决机制建设】 本年，北京局集团公司制定《北京局集团公司安全问题解决机制》，明确解决机制的问题范围、运作平台、解决流程和考核细则。研发“安全问题解决督办”子系统，实现各类安全问题统一入库、分层管理、逐级负责、相互流转、限时解决、动态监管，强化安全问题的闭环处置。全年，各单位提报问题1135个，均实现闭环处置。

【安全风险分析预警】 本年，北京局集团公司针对全路及辖区内发生的各类事故，结合日常气候、人员、规章、设备及现场作业环境等变化因素研判安全风险，发布涉及行车、施工、人身、防洪、防火和行车设备质量的安全风险预警提示，其中《安全风险日分析预警报告》365期、《安全基础管理周分析报告》53期、通报安全风险问题2117项、发布安全风险预警提示1053条，为领导决策和各系统、站段防控安全风险提供依据。

【安全风险警示帮促制度建设】 本年，北京局集团公司制定《北京局集团公司安全风险警示帮促制度》，明确警示条件、警示方式和帮促办法，对发生严重事故、安全管理滑坡、安全考核连续排名末尾的专业处和运输站段，实施安全警示，开展集中帮促。对达到安全预警条件的6个运输站段和1个专业处实施安全警示，下发《安全预警通知书》和“安全警示单位”牌，并采取专题分析、集团公司联合巡视检查、帮促指导等措施，提升其安全管理水平。各铁路办事处安监室、安监队每月综合分析本辖区安全生产情况，将集中发生安全问题和存在突出问题的站段（车间）确定为重点帮促单位，查找薄弱环节，制定督导计划，集中开展指导帮促。全年，对43个站段（车间）开展集中帮促。

【安全检查】 本年，北京局集团公司组织安全专项检查34项次，出动监察人员25811人次，盯控作业880人次、施工1455项次，添乘5381列次，检查作业岗点75105个，发现各类问题12万余项，下发《安全监察（检查）通知书》3827件。按照《国务院安全生产委员会关于开展全国安全生产大检查的通知》以及《国家铁路局关于开展铁路安全生产大检查的通知》《中国铁路总公司关于开展安全生产大检查的通知》部署要求，召开专题安委会进行专题研究部署，讨论通过并下发《北京铁路局关于开展安全生产大检查的通知》，提出总体要求和工作目标，明确检查安排、推进计划和检查重点。

【消防安全监督检查】 本年，北京局集团公司开展危险化学品、电气火灾综合整治工作，制定安全隐患综合治理检查要点，明确治理标准和要求，整治消除北京大机运检段157号宿舍等重点消防隐患。全部完成机务、物资处及单位，北京区域7座油库消除隐患施工改造工程。参加并指导石家庄站在高邑西站开展的高铁站消防安全演练推广现场会，规范设备管理使用。

【特种设备检测】 本年，北京局集团公司完成承压锅炉内部检验236台，其中判定为不符合要求的4台，符合要求的232台；外部检验254台。压力容器检验检测79台，其中安全状况1至3级79台，超声波探伤11台，磁粉探伤53台。厂内机动车辆检验219辆。安全阀校验579个，不合格5个。压力管道定期检验310米。常压锅炉检验120台，其中新装常压锅炉52台。特种设备检验检测完成率、报告出具及时率和客户满意率100%。特种设备操作工培训取证55人，其中固定压力容器操作取证22人，合格16人；水质化验操作取证23人，合格15人；特种设备管理人员操作证复审3人。举办常压锅炉司炉工培训取证班5期，培训取证323人；常压司炉工操作证复审125人。

【道路交通安全管理】 本年，北京局集团公司组织辖区内单位完成年度道路交通安全目标责任书签订工作。举办道路交通安全专职管理人员培训班，组织辖区内82个单位及多经系统一级公司130名道路交通专职人员进行培训。在全国“两会”“一带一路”国际合作高峰论坛和党的十九大等重要时期组织辖区单位开展道路交通安全专项整治，明确整治重点及要求。工务、供电等系统单位普及GPS系统并建立管理平台，推广运用新开发的路线监控、疲劳驾驶、超速驾驶等优秀软件。

【客车安全红线及岗位退出办法】 本年，北京局集团公司根据《客车安全红线及岗位退出办法》，强化落实客车安全“红线”制度，提升关键岗位、关键作业人员安全风险责任意识，对触及安全“红线”人员实施岗位退出，确保旅客列车运行安全。全年，集团公司发生触碰客车安全“红线”及岗位退出问题20件，涉及7个站段21人。

【安全生产宣传教育活动】 本年，北京局集团公司围绕“全面落实企业安全生产主体责任”和“坚守生命安全红线”的主题，开展形式多样的宣传教育活动，排查治理安全事故隐患，取得很好的效果。安全生产活动月期间，制作动漫安全视频片264个，张贴安全宣传画和挂图59250套，查处安全隐患问题2035项。6月16日，承办国家铁路局、中国铁路总公司在北京西站设点举行的安全生产月宣传咨询日活动，活动受到社会公众和铁路职工的好评和欢迎。宣传咨询日活动当天，北京局集团公司有关领导和机关处部室负责人，深入到天津、石家庄地区，组织各单位举行宣传咨询日活动。各单位按照部署，均有声有色地开展活动。

【安全管理干部履职培训】 本年，北京局集团公司按计划举办主管安全管理人员培训班，宣贯安全重点工作、双重预防机制、安全生产责任制文件，对安全问题解决机制及系统运用等进行培训、解读，站段主管安全副段长、安全科科长、人事科科长，专业处室主管安全副处长、安全科科长和各铁路办事处安监室主管副主任、监察队副队长273人参加培训。举办各类专业培训班，围绕安全风险防控与隐患排查双重预防机制、伤害事故监管规定、道路交通法律法规、特种设备安全法规、路外安全管理、职业卫生安全法律法规、路外安全管理等相关知识，开展为期26天培训，培训799人次。

中国铁路北京局集团公司吕岩供稿

北京市气象局

2017年，市气象局贯彻落实国务院、中国气象局关于防雷减灾体制改革工作要求，保障改革过程中防雷安全监管工作高效开展。加强安全生产管理工作，开展防雷安全大检查，强化施放气球安全管理，做好本行业内人工影响天气安全作业管理。全年安全生产形势总体平稳，未发生安全生产责任事故。

【防雷市场监管】 本年，市气象局与市住房城乡建设委、规划国土委联合印发《关于做好北京市建设工程防雷施工图审查及竣工验收管理工作的通知》，由市安委会和市住房城乡建设委转发市气象局《关于进一步加强防雷安全工作的通知》。全面放开北京防雷检测市场，17家社会企业获得资质，完成10个区气象局防雷检测站整合。

【防雷安全大检查】 本年，市气象局组织开展全市防雷安全大检查。9月12日至15日，市气象局局长姚学祥和各副局长分别带队，分7组对14个区相关单位落实防雷安全责任进行督导检查，重点对油库、气库、石化等易燃易爆建设工程和场所以及雷电易发区内旅游景点进行检查，主要检查防雷安全设施建设和防雷装置安全检测、防雷安全管理制度建设和执行、防雷安全隐患排查整改情况。通过检查，优化、完善危险化学品企业防雷安全检查台账，补充更新企业基本情况（企业名称、地址、所在区域、安全负责人、联系电话等），并填写执法检查记录表中执法检查情况信息（执法检查编号、检查日期、检查人）和隐患整改信息（是否存在隐患、处理结果、整改情况和处罚情况等）。9月7日至15日，市气象灾害防御中心对防雷检测机构质量进行抽查，随机抽取6家防雷检测机构的12个检测项目逐一进行质量考核。针对考核结果反映出的复测数值超过原值合理范围、原始记录与检测报告数据不一致、检测内容不完整、不合格项未提整改意见、部分数据缺失等问题，均提出整改意见，要求被考核单位限期整改（被考核单位均于规定期限内完成整改，并提交整改报告）。年内，开展防雷专项执法检查，对发现的安全隐患下达《责令停止违法行为通知书》，逾期未整改的依法给予行政处罚。完成执法检查1006次，行政处罚18起。

【施放气球安全监管】 本年，市气象局强化党的十九大期间施放气球安全监管工作。连续3次发文对施放气球管理工作提出要求，并召开专题会议进行部署。各区气象局、灾害防御中心细化执法方案，加大巡查力度和频次，开展执法巡查371次，行政处罚9起（其中一般性处罚4起，简易性处罚5起）。对各执法机构开展专项执法督查，指导做好行政处罚，开展宣传教育，营造安全氛围，通过“气象北京”官方微信和微博播放施放气球安全宣传短片。鼓励举报，通过媒体公布市气象局施放气球违法举报电话，鼓励公众参与施放气球管理，同为首都安全出一份力。

【人工影响天气作业】 本年，市气象局开展地面人工增雨雪48个作业日，其间进行地面碘化银发生器作业524点次，燃烧碘化银烟条3026根；火箭增雨作业46点次，发射增雨火箭167枚；高炮作业10点次，发射炮弹168发；飞机增雨作业27架次，飞行时间86时35分，作业32时52分，燃烧机载碘化银烟条495根。开展防雹作业21日，高炮作业129点次，发射炮弹5846发；大气探测飞行114架次，飞行时间411小时。京津冀联合组织9次空地增雨雪作业，并开展15架次云及气溶胶探测飞行。

【制修订地方标准与安全调研】 本年，市气象局完成北京市地方标准《公共场所防雷安全等级划分》和《建筑物电子系统防雷装置检测技术规范》征求意见稿。启动安全生产相关调研项目4项、软科学研究项目研究6项，赴云南省、江苏省专题调研雷电易发区域及防范等级划分工作，并形成《北京市划分标准》初稿，开展全市防雷减灾体制改革落实研究。

【气象行业安全生产信用体系】 本年，市气象局建立安全监管平台，建立防雷装置检测、施放气球资质、气象信息服务等74家单位台账信息。按照《防雷装置检测机构信用评价规范》做好信用信息归集，落实企业安全生产制度。在局政务网站通报公示违法施放气球类安全生产问题严重企业处罚信息8条次。

【创新开展安全生产宣传教育】 本年，由市气象局、朝阳区气象局共同拍摄制作的全市首支360°全景防雷安全宣传视频亮相2017年北京市安全生产宣传咨询日活动现场。该视频采用实景拍摄，分为雷阵雨和闪电产生过程、防雷装置介绍、防雷装置安全测试3部分内容。市民通过佩戴VR眼镜，可以真实体验和感受雷阵雨到来时的风云变幻和闪电发展过程，接闪器（避雷针）和电涌保护器（SPD）性能测试结果，了解防雷装置设备工作原理。国家安全监管总局副局长徐绍川，北京市副市长王宁对此给予肯定。

【气象预报预警服务】 本年，市气象局代管的市预警中心发布大风、高温、暴雨等各类高影响天气预警信息336条。其中：发布市级气象类预警信号139次，解除市级气象类预警信号111次，代发区级橙色以上预警26次；发布市级非气象类预警73次（含森林火险6次，空气重污染12次，地质灾害19次），为政府科学决策防御各类灾害以及百姓生产生活安全提供支持。发布市级重要信息及温馨提示信息38次，较2016年（26次）显著增加，其中汛期市防汛办通过市预警中心发布14期温馨提示、11期重要提示信息，获得较好社会服务效果。

市气象局杨姝供稿

北京市公安局公安交通管理局

2017年，全市交管系统加强交通安全管理和执法监督，优化交通出行环境，推进交通安全管理创新，确保党的十九大、“一带一路”国际合作高峰论坛等重大安保活动万无一失，交通安全形势总体平稳，未发生重大道路交通事故，“治堵、治乱、治祸”取得新成效。

【重大政治活动安全保障】 本年，市公安局交管局坚持“万无一失、一失万无”工作标准，圆满完成党的十九大、“一带一路”国际合作高峰论坛等1.3万次交通保卫任务，安全行驶里程9.9万公里，实现“零差错、零问题、零事故”目标。健全“1+1”交通安保模式，对勤务交通与社会交通“同规划、同部署、同指挥、同运行”，在确保勤务万无一失的基础上，最大限度保障群众出行。

【交通秩序整治】 本年，市公安局交管局严格路面执法，开展综合治理行动，全力整治交通秩序。一是针对“两客一危”及公交、出租等重点运输领域交通安全隐患，集中开展安全隐患排查治理攻坚行动，检查各类运输企业单位5万余家次，约谈企业法定代表人562名，发放《限期整改通知书》《禁止行驶通知书》1.6万份，全市重点车辆和驾驶人报废率、审验率99%以上，违法清零率98.2%，公开公示严重违法率95%。二是强化严管、严查、严防，全年查处各类交通违法行为1696万起。其中现场查处交通违法行为332.6万起，同比增长14.3%；查处酒驾、醉驾违法行为1.7万起，同比增长43.3%；查处严重涉牌违法9747起，同比增长45.3%。三是围绕重点区域、134处交通秩序示范管理路口，开展“一口两线”专项整治，严查非机动车和行人闯红灯越线、机动车不礼让斑马线等交通违法行为，现场处罚非机动车、行人违法行为29.4万起。四是开展停车秩序大整治专项行动，以180条停车秩序严管街为重点，加大违法停车非现场执法和清拖整治力度，处罚违法停车468.8万起、拖车3.3万辆，同比分别提高15%和51.6%。

【缓解交通拥堵】 本年，市公安局交管局多方推动协同共治，统筹推进缓堵行动计划落实，全市交通数据实现“两升三降”（高峰时段流量、流速分别提升4.3%、1.6%；交通运行指数、122事故、拥堵报警分别下降1.1%、4%、4.1%）。一是城六区投入缓堵资金21.87亿，完成疏堵工程96项，新建支次干路64条，打通断头路12条；二是治理堵点乱点206处，优化交通组织778项，建设调整交通标志5640套、标线2220公里、护栏468公里，完成蒲黄榆路等10条道路81处路口信号绿波带建设，通行速度提升16%。三是推出外埠车禁行，大客车限行、电动自行车限行等管控政策，削减路面交通流量，保障首都功能发挥。四是创新举措，整合停车资源，有效解决世纪城、团结湖、东四、西四等一批“老大难”问题。

【宣传教育】 本年，市公安局交管局发挥主流媒体和微博微信等新媒体平台作用，建立涵盖200余个信息分发渠道的宣传矩阵，刊（播）发新闻稿件8600余篇条，交管服务信息近8万篇（条），引导市民群众安全、合理出行。开展“礼让斑马线”“畅行2017·安全文明出行”“寻找最美等灯人微视频大赛”“鲜花送给文明人”等系列宣传活动3700余场次，发动单位和团体认领105处重点路口，日均劝导各类路口违法1万余人次。持续开展小学生交通安全手势操、“小手拉大手·我与家人共答题”主题教育、无违法车辆评比活动，全市80多万中小学生、1.3万名机动车主先后参加活动。以“做守法模范、树良好形象”为主题，针对公交、出租等专业运输驾驶人开展重点宣教，违法率下降17.9%。

【智慧交通科技建设应用】 本年，市公安局交管局坚持科技引领，加强智慧交通科技建设应用工作。成立科技信息化委员会，印发《关于全面加强首都交通管理科技信息化工作的决定》，研究制定《新一代智慧交通管理科技发展规划纲要》；加快推进核心区域科技系统换代升级、违法监测高清视频共享接入、道路交通综合监测防控等重点工程；对378块室外交通信息诱导屏重新布局，在五环、六环及周边道路安装货车综合监测设备256套；配发6312部新型移动警务终端，融入人脸识别、NFC等新技术，整合车驾档信息、非现场违法等58项关联数据，实现违法处罚等31项功能；开发基于车联网技术的车路协同系统，汇聚整合3500路视频资源搭建高度开放、集成共享的交管视频警务云平台；在机场高速试点“移动式护栏巡逻预警机器人”抓拍应急车道违法；深化“北京交警”手机APP建设应用，推出“掌上122”互联网接处警平台，试点搭建114挪车服务平台，将业务咨询、挪车求助、违法举报等非紧急警情自动流转到互联网平台处理，方便服务群众。

【交管警务改革】 本年，市公安局交管局坚持探索实践，深入推进交管警务改革。创新路面勤务机制，突出做强指挥中心，从框架体系、业务流程、技术支撑等方面加快进度，推动警情研判、行动指挥、督导管理、公共服务“四个转型升级”，并创新推出夜间勤务、“科技巡、机动巡+定点执勤”等勤务模式，科学部署执勤警力，有效提高全天候路面管控和应急处突能力。实施道路交通管理路长责任制，按照“全长有责、全路实名、路格结合”原则，对全市道路分级设置“路长”，通过实名制承包、网格化管理，推动领导责任和属地责任落实，加强交通精细化管理。推进京津冀警务协同发展，深化三地警务协作机制，搭建视频会商、实时沟通平台，共同开展三地集中清查统一行动，并创新建立节假日“3+5”交通保障机制，针对国庆等重大节假日期间出京、返京高峰，立足“源头管控、快速通关、安畅兼顾”3个原则，落实“均衡路网、分流减量、多点安检、分类管控、科技保障”5项措施，三地交警协同联动，强化事故快处、疏导分流和宣传诱导，提升节假日交通管理水平。

市公安局交管局于友群供稿

北京市公安局消防局

2017年，在市委、市政府和公安部党委领导下，市公安局消防局以学习贯彻党的十九大精神为统领，按照“全力保稳定、着力强基础、推动大发展”的整体思路，夯实首都消防工作基层基础，推进首都消防事业创新发展，圆满完成党的十九大、“一带一路”国际合作高峰论坛等重大消防安保任务，实现会议期间涉会场所、重点区域及视线范围内“不冒烟、不起火”等“五个确保”目标。

【政府统一领导】 本年，市政府办公厅印发《关于加强火灾防控体系建设的意见》，明确建立党委领导、政府主导、各部门齐抓共管、单位负责、社会力量积极参与、科技支撑的火灾防控体系。市委、市政府领导多次听取消防工作汇报，做出重要指示批示，研究部署消防工作，带队深入一线督导检查消防安全。先后组织召开5次消防工作联席会议，与各区政府、市属部门签订消防工作责任状。党的十九大、“一带一路”国际合作高峰论坛期间，中央在京单位、市属行业部门、各区（地区）政府组织召开部署会议2000余次，推进消防安全责任和措施落实。重大安保活动和安全隐患大排查大清理大整治专项行动期间，市委、人大、政府、政协领导“四不两直”深入一线，督导分管区域、行业消防工作责任落实。各区、各街乡镇党政主要领导亲自动员部署消防工作，深入本辖区重点地区、重要场所实地督导检查消防安全，督促责任落实。在区级政府2017年消防工作考核中，海淀区、丰台区、西城区、东城区、通州区、顺义区、密云区被评定为“优秀”，延庆区、平谷区、怀柔区、门头沟区、昌平区、石景山区、房山区被评定为“良好”，朝阳区、大兴区被评定为“合格”。

【部门依法监管】 本年，市公安局消防局推动各行业部门坚持“党政同责、一岗双责、齐抓共管、失职追责”和“管行业必须管安全、管业务必须管安全、管生产经营必须管安全”，紧密结合行业安全特点和管理难点，加强组织领导，完善责任体系，健全管理制度，严密防范措施，跟踪督导考核，推动责任落实。市商务委、旅游委、住房城乡建设委、交通委、民政局、文物局、工商局、人力社保局等18个部门定期听取汇报，分析研判形势，部署消防工作；市规划国土委、城市管理委、新闻出版广电局等22个部门出台文件，细化安全管理责任，明确具体职责和任务；市安全监管局完善工业区、风景区、开发区等功能区安全生产监管体制，明确安全生产工作机构及其职责。市民政局、文物局、新闻出版广电局、卫生计生委、旅游委、教委等部门联合市公安局消防局推动行业消防安全标准化管理达标建设，提升行业消防安全管理能力和水平。市属50余个部门建立督导检查机制，部门主要领导、分管领导常态化“四不两直”深入一线检查指导工作，协调解决难点问题。

【隐患综合整治】 本年，市公安局消防局以“疏解整治促提升”、安全隐患大排查大清理大整治等专项行动为牵动，以夏季消防检查、高层建筑治理、电气火灾防控等专项整治为抓手，推动挂牌督办255项重大区域性火灾隐患，集中整治动物园服装批发市场、小红门污水处理厂东侧违法群租房、金五星市场、高庄120号院等一大批安全隐患。公安、建设、城管、电力、燃气等7个部门成立专班，组织开展高层建筑综合治理，对2.4万栋高层建筑逐一摸排检查，督促整改隐患问题3.2万项，查封关停389处；教育、公安、经济信息化、民政、建设、交通、商务、文化、卫生、工商、质监、安全监管、通信管理、城市管理、水务、电力等部门联合开展电气火灾综合治理，加大电器产品生产销售、建设工程、电器产品使用管理三大领域整治力度，督促整改电气火灾隐患53156项；市公安局消防局联合安全监管、教育、建设、卫生、交通、旅游等部门，组织排查易燃易爆场所、超大城市综合体、高层地下建筑、轨道交通、商场市场、宾馆饭店、娱乐场所、学校、医院、福利机构、劳动密集型企业、施工现场、文物古建筑等重点场所，检查单位28.6万家次，督促整改隐患36.7万项，“三停”2500家，查封1.2万家，罚款1.2亿元，拘留4300余人，同比分别上升39.1%、39.9%、125.6%、545.2%、147.6%和153.1%。

【前置动态执勤】 本年，市公安局消防局梳理、整合数万条执勤战备工作信息，推出常态化动态执勤模式，在火灾高发区、繁华商业区、政治敏感区、人员密集区、防控薄弱区、重大危险源区等6类11项高风险区域，精准前置119部消防车、692名官兵，执行早晚高峰动态执勤任务；全年出动消防车4.2万部次，官兵21.8万人次，成功处置各类警情1501起，救助群众2700余人次，全面提升灭火作战效能。党的十九大、“一带一路”国际合作高峰论坛期间，将全市划分为436个网格，组建52个前沿指挥部，在高风险地区前置506个执勤车组、2644名执勤官兵动态巡控，设置393个消防瞭望调度点实时观测，部署944台挖掘机、洒水车等大型机械应急联动，大幅度提升城市消防应急处置效率和消防勤务安保水平。

【单位全面负责】 本年，市公安局消防局狠抓社会单位消防安全监管，督促全市10844家消防安全重点单位、148万余家一般单位落实消防安全主体责任，开展巡视巡查、宣传培训、隐患自查自纠等工作，净化消防安全环境。全市10844家消防安全重点单位落实“六加一”措施和消防安全评估、专职消防管理人、建筑消防设施定期维护保养制度。推动地标性建筑、超高层建筑、超大型综合体、轨道交通等重要单位发挥带头示范作用，试推广安装电气火灾监控系统2534套，3529家重点单位依托单位消防系统，建立24小时不间断值守、真实火警随时指挥调度、监控信息每日通报、误报和故障情况每日督办等工作机制，实现建筑消防设施物联网远程监控。推动7000余个重点单位、物业服务企业、村居委会建立微型消防站，并将5002个具备执勤备防能力的微型消防站接入“119”调度指挥系统，实施统一调度指挥。推动2900余家社区物业服务企业，按照“七个必须”标准，推进“消防安全社区”创建活动，创建达标社区1714个，设置电动自行车集中停放场所1540处，安装充电设施2146套。

【全民积极参与】 本年，市公安局消防局推进消防宣传“七进”工作，巩固拓展微博、微信和“掌上119”手机客户端宣传阵地，组织对党政领导、驻京部队、社会单位负责人等155万余人进行培训，集中约谈高层建筑产权、物业单位和“村两委”负责人近万人；制作张贴高层建筑消防安全提示通告、出租房屋“466”整治标准提示卡、电动自行车使用安全须知海报等158万余份，悬挂外墙保温材料警示牌和高层建筑警示牌6.7万余个；利用楼宇电视、户外大屏等媒体滚动播放公益广告和安全提示字幕，每天受众1200万人次。重大安保活动期间，联合首都综治办、社会办等部门启动全市社会面消防安全群防群治等级防控机制，加强点线精准管控、面上高压布控，落实超常规防控措施；推动各区落实属地领导责任，实行一线督导、逐级分片包干等工作机制，按照全市创新推行的“勤务式”网格布控要求，发动140万社会力量，逐个街道、逐个社区、逐个院落、逐栋建筑开展实名制、不间断动态巡控。

【夯实防控基础】 本年，市公安局消防局推进《关于提升本市消防综合应急救援能力的工作方案》落实，推动各区投入消防经费9.4亿元，建设消防水池106座、消防水鹤138座、取水码头18座、消火栓8829座，建成小型消防站33座，在全市统一招录801名政府专职消防员的基础上，各区自主招录804名专职消防员。发展改革、财政等部门安排市政府固定资产投资7.3亿元支持消防建设，保障12个消防队站建设和21个消防站车辆装备购置工作，批复总投资近13亿元用于“高精尖”灭火救援装备购置。编制完成《北京城市消防规划》和《北京城市副中心消防规划》。各区明确实名制网格力量，细化职责任务，分级分批培训骨干8000余名，推广安装独立火灾报警器74万套。

市公安局消防局李新泉供稿

国家能源局华北监管局

2017年，华北能源监管局在国家能源局和区域内各级党委政府的正确领导和广大电力企业共同努力下，华北区域电力安全生产形势保持平稳，未发生电力安全事故，未发生电力设备事故，未发生较大以上人身伤亡事故，未发生电力系统水电站大坝垮坝、漫坝以及对社会造成较大影响的电力安全事件，事故起数、伤亡人数“双下降”，电力供应基本满足华北区域经济社会发展和人民生活的需要。

【重大活动安全保障】 本年，华北能源监管局全力做好重大活动电力安全保障工作。结合重大活动多、保障层级高的特点，年初按照“四早两多”（早谋划、早部署、早准备、早落实和多协调、多帮助）重大活动保电监管原则，制定《重大政治活动电力安全保障监管工作方案》，以党的十九大保电监管为核心，明确监管工作目标，统筹监管力量，落实保电监管措施和责任。先后开展全国“两会”“一带一路”国际合作高峰论坛、党的十九大等重大活动保电专项监管。在党的十九大保电监督检查阶段，从落实保电主体责任、加强网源协调、开展隐患排查治理、强化督导检查等方面，提出“一个落实，五个确保”的工作要求，对区域保电工作进行动员部署。保电督查工作依据“分层推进、点面结合、以点带面”的原则，按照由远及近，先外围后核心的顺序，分为3个阶段逐次推进，做到保电重点单位的督查全覆盖，先后完成国网华北分部、国网北京市电力公司、冀北电力有限公司、大唐京津冀能源开发有限公司、国华北京发电公司、华能北京热电有限公司等在京主要电网企业、主要发电集团和重要发电厂的保电监督检查。保电实施阶段，强化保电值班和应急值守，局机关实行领导带班和重大政治活动“双值班”制度，行政值班人员和安全监管人员24小时在岗值班，全局上下协同工作，随时了解掌握区域电网运行动态，做好保电信息收集和应急准备工作，确保信息畅通和有急能应。

【落实企业主体责任】 本年，华北能源监管局完善企业主体责任报告制度，做好报送统计分析和内容审查工作，并对报送内容的真实性、准确性进行现场核查。开展重点企业落实主体责任情况专项评估，形成监管报告。建立主体责任落实情况定期通报制度和电力建设工程施工安全生产监管告知书制度。扩充非现场监管模式，细化工程建设安全告知制度有关措施，化“有限监管”为“有效监管”。开展多轮次监督检查，强化“双随机”抽查、“四不两直”检查，分级分类等监管措施，深入重点区域、重点单位，确保监督检查工作有的放矢。核查后形成的专项监管通报和报告的发布，加强对企业的督促指导，推动广大电力企业落实主体责任，强化企业主要负责人落实“一把手”的第一责任。在北京地区先后开展6个轮次安全检查，现场检查电力企业49家，检查问题320余项，整改率87%。

【电网安全风险管控】 本年，华北能源监管局在特殊时段前开展电网安全形势分析，听取电网企业汇报，及时掌握电网运行态势和系统性风险。针对重点时段矛盾异常突出、电网运行风险积聚的情况，提早召开会议专题研究，综合实施监管措施，督促企业化解风险。开展保电专项督查，督促电力企业优化电网运行方式，严格调度运行管理，对电网迎峰进行再检查、再落实；召开区域电力安全生产工作会议，督促电力企业落实“华北保京津唐、京津唐保北京、北京保重要电力用户”原则，加强电网风险管控，强化设备运行维护。通过综合监管施策，确保区域电网特殊时段的安全有序，强化大电网安全监管，确保北京电网夏季大负荷期间电网的安全稳定运行，成功应对度夏用电高峰平衡困难和春节期间低谷调峰困难。

【安全生产专项检查】 本年，华北能源监管局加强主要向北京地区供电的新能源能源场站涉网安全监管，分别于5月、8月、10月启动3轮次的涉网安全和电力监控系统安全防护专项检查，分别对冀北区域141座新能源场站、京津唐地区60座非统调发电企业、天津地区5家电力企业进行安全督查。检查项目涵盖调控运行安全生产管理、系统运行、继电保护、自动化、新能源运行、通信等6个方面，查处问题2288项，其中严重问题7项。通过督查，加强华北区域电力企业涉网和网络安全管理，提高重大活动电力安全保障能力，有效降低电网风险。

【安全隐患整治行动】 本年，华北能源监管局会同北京市政府有关部门，按照北京市安委会工作部署和电力建设安全整治工作方案要求，向北京市电力企业发出《华北能源监管局关于落实北京市安委会要求开展电力安全生产和消防安全隐患大排查大清理大整治工作的通知》，要求有关单位结合电力安全生产实际，严查施工工地重点区域、重点部位的安全隐患，突出对企业外包施工人员的安全管理，确保电力安全生产持续平稳。11月，组织开展第一轮电力建设施工安全“回头看”检查，分别对北京市电力公司罗奇营220千伏变电站工程、胡各庄110千伏变电站工程以及华电通州燃气热电联产工程进行现场检查。检查发现问题50余项，下发现场整改通知单3份，针对国网北京市电力公司新胡各庄110千伏变电站工程施工现场材料存放区存在的火灾安全隐患，检查组提出明确整改要求，督促电力企业落实安全生产主体责任，确保电力建设工程安全整治工作取得实效。

【应急联动演练】 本年，华北能源监管局协调推进京津冀地区政府部门、电力企业开展大面积停电事件应急演练，促进应急能力的提升。三地开展主题鲜明、情景各异、形式多样的跨部门跨层级的大型应急联动演练。针对大面积停电演练，建言献策，大力协助，重点围绕演练工作紧扣预案、落实责任的主题，协助北京市城市管理委强化调度组织，提升实战效果，取得较好演练效果。一系列工作有力提升区域有关政府对电力应急的重视程度，增强有关部门的应急管理能力，提高公众的应急意识。

华北能源监管局赵颖供稿

▲ 12 月 7 日，东城区安委会召开安全隐患大排查大清理大整治专项行动推进会

▲ 6 月 16 日，东城区副区长薛国强（右三）与企业负责人开展对话谈心活动

2月22日，东城区安全监管局召开加油站贯标改造工作推进会

7月13日，东城区安全监管局组织对望坛棚户区改造项目进行安全检查

3月27日，东城区安全监管局举办“我做安全小达人”主题绘画比赛活动

9月19日，西城区副区长朱国栋（左一）带队检查加油站安全工作

5月22日，西城区首届处级领导干部安全生产专题培训班

8月31日，西城区淘汰不合格燃气灶具，安装燃气安全辅助设备和独立式感烟火灾探测报警器工作推进培训会

▲ 11月16日，西城区专职安全员技能竞赛实际操作比赛

▲ 9月1日，西城区安全监管局举办“安全生产进校园”活动

2月14日，朝阳区区长王灏（右二）带队检查烟花爆竹零售网点安全工作

6月16日，朝阳区副区长刘海涛（左一）参加朝阳区安全生产宣传咨询日活动

2月4日，朝阳区安全监管局开展加油站执法检查行动

5 月 17 日，朝阳区安委会办公室召开 2017 年度有限空间监管工作会

8 月 29 日至 31 日，朝阳区安全监管局组织开展行业联合执法检查行动

5 月 10 日，朝阳区安全监管局举办加油站应急演练

▲ 1月11日，海淀区安委会召开安全生产大会，区委书记崔述强（左二）、区长于军（左三）、副区长梁爽（左四）参加会议

▲ 5月15日，海淀区安全监管局对涉爆粉尘企业开展专项检查

10月19日，海淀区安全监管局对西北旺镇建筑工地进行安全检查

6月16日，海淀区安全监管局参加安全生产宣传咨询日活动

4月18日至27日，海淀区安全生产专职安全员封闭式、军事化管理集训现场

6月16日，丰台区副区长周新春（中）参加2017年丰台区安全生产宣传咨询日活动

7月5日，丰台区安全监管局检查大型活动临建设施安全

8月15日，丰台区安全监管局检查热力企业安全生产工作

▲ 8 月 24 日，丰台区职业卫生培训工作会

▲ 11 月 16 日，丰台区安全监管局召开重点企业较大危险因素辨识管控培训会

▲ 3 月 22 日，石景山区安委会召开 2017 年安全生产工作部署会

▲ 7 月 31 日，石景山区安委会办公室召开首钢系统安全生产沟通对接会

7月6日，石景山区安委会办公室召开安全生产重点工作推进会

6月16日，石景山区安全生产宣传咨询日活动现场

8月9日，石景山区安全监管局开展有限空间作业夜查行动

▲ 9 月 30 日，门头沟区副区长王涛（前排右二）带队检查商市场安全工作

▲ 4 月 25 日，门头沟区安全监管局召开有限空间作业安全生产工作会

8月25日，门头沟区机动车维修企业尘毒危害专项治理工作会

11月14日，门头沟区安全监管局对“散乱污”企业清理工作进行检查

6月27日，门头沟区安全监管局组织有限空间作业大比武活动

1月20日，房山区区长陈清（中）带队检查危险化学品企业安全生产工作

3月31日，房山区安委会召开2017年安全生产电视电话会

4月20日，房山区安全监管局召开危险化学品（烟花爆竹）安全生产工作会

6 月 14 日，2017 年房山区危险化学品事故应急演练

6 月 16 日，房山区安委会办公室举办安全生产宣传咨询日活动

11 月 16 日，房山区安全监管局组织 SCORE 项目“职业安全与健康”模块培训

▲ 3月9日，通州区政府召开2017年安全生产暨消防安全工作会议

▲ 12月1日，通州区安全隐患大排查大清理大整治专项行动进驻街乡镇督导组动员部署会

2 月 28 日，通州区安全监管局开展全国“两会”安全保障工作

4 月 6 日，通州区安全监管局在马驹桥镇开展安全生产宣传教育活动

11 月 10 日，通州区 2017 年劳动保护及安康杯安全生产知识竞赛

▲ 11 月 21 日，顺义区区长高朋（左三）带队夜查消防安全工作

▲ 4 月 13 日，顺义区安全监管局召开安全生产标准化创建暨安全生产责任保险制度工作动员部署会

6月12日，顺义区住建系统安全生产月消防安全应急演练

4月7日，顺义区安全监管局对标准化达标企业进行检查

4月25日，顺义区安全监管局开展职业卫生宣传周活动

▲ 3 月 1 日，大兴区安委会召开 2017 年安全生产工作会

▲ 5 月 10 日 , 大兴区安全监管局检查新机场施工安全工作

6月16日，大兴区2017年安全生产宣传咨询日活动

6月28日至30日，大兴区安全监管局开展第三届有限空间作业大比武活动

7月7日，大兴区安全监管局与企业主要负责人开展对话谈心活动

▲ 4月1日，昌平区政府召开2017年度安全生产工作大会

▲ 6月9日，昌平区副区长刘长永（中）带队检查中石化沙河油库市级挂账隐患整改工作

6月16日，昌平区2017年安全生产宣传咨询日活动

6月29日，昌平区人员密集场所生产安全事故应急救援实战演练

11月27日，昌平区安全监管局召开安全隐患大排查大清理大整治工作部署会

▶ 1月23日，平谷区区委书记王成国（中）、区长汪明浩（左一）带队检查人员密集场所安全工作

◀ 1月27日，平谷区安全监管局、住房城乡建设委对建筑施工现场进行安全生产执法检查

▶ 11月20日，平谷区安全隐患大排查大清理大整治专项行动部署会

▲ 3 月 10 日，怀柔区安委会召开安全生产联合执法检查工作会

▲ 1 月 25 日，怀柔区安全监管局开展烟花爆竹专项执法检查

6月16日，怀柔区安全生产宣传咨询日活动

7月6日，怀柔区安全监管局举行尾矿库应急救援演练

9月17日，怀柔区安全监管局夜查“散乱污”企业

6 月 16 日，密云区副区长范永红（右一）在安全生产宣传咨询日活动现场

9 月 6 日，密云区安全监管局与企业负责人开展对话谈心活动

5 月 16 日，密云区防灾减灾进社区集中宣传活动

12 月 19 日，密云区安全监管局对企业安全隐患大排查大清理大整治专项行动开展情况进行督导检查

▲ 9月28日，延庆区区长穆鹏（前排右二）带队检查党的十九大安全保障工作

▲ 4月11日，延庆区副区长吴世江（中）带队检查重点建设项目安全工作

5月8日，延庆区安全监管局开展“一带一路”国际合作高峰论坛安全保障工作

6月26日，延庆区安全监管局对陕京四线（大庄科标段）天然气管线工程进行安全检查

6月16日，延庆区安全监管局开展普法宣传活动

▲ 11 月 25 日，开发区管委会主任梁胜（右一）带队检查企业安全生产工作

▲ 3 月 7 日，开发区安全监管局开展全国“两会”安全保障工作

6 月 7 日，开发区安全生产知识竞赛决赛

6 月 16 日，开发区安全生产宣传咨询日活动

10 月 20 日，开发区安全监管局开展党的十九大安全保障工作

区安全监管

东　城　区

概　　述

2017年，东城区安全生产工作围绕“四化三体系双基”总任务和“补短板、强融合、细落实、促平衡”总要求，结合疏解非首都核心功能安全生产保障工作重心，健全安全生产制度，丰富安全监管手段，提高安全生产预防控制能力，夯实安全生产基层基础工作，推进重点行业领域专项整治和安全生产执法行动，圆满完成党的十九大安全保障和各项安全生产工作任务。全年未发生较大以上安全事故和具有较大社会影响的事故，全区安全生产形势持续稳定。

综合监管

【安委会第一次会议】 1月4日，东城区安委会召开第一次全体会议，区政府领导李先忠、张立新、张健、陈献森、赵凌云、薛国强、刘俊彩、孔宁及62个区安委会成员单位主要负责人参加会议。会议通报2016年全区安全生产工作完成情况和安全生产综合考核情况，宣布区安委会成员调整情况，部署2017年重点工作。区长李先忠指出：各部门、各单位要重视安全、生态、民生和廉政工作，尤其要把维护全区安全稳定作为基础和重点，坚持安全生产“万无一失，一失万无”的理念；要认真落实“党政同责、一岗双责、齐抓共管、失职追责”制度，狠抓属地和行业安全生产监管责任落实，建立区领导包街道制度；要按照“把隐患当事故处理”的原则，依据相关法律法规和安全标准，严管重罚，将排查、检查和执法3个工作环节做实做细，督促企业加强隐患自查自改，落实安全生产主体责任。

（孙溪之）

【“安责险”推广工作部署会】 3月16日，东城区安委会办公室召开安全生产责任保险推广工作部署会。会议由副区长薛国强主持，全区各部门、各街道等53个单位负责人参加会议。会议总结2016年全区“安责险”推广工作取得的成绩，部署2017年“安责险”推广工作。会议要求各单位结合“安责险”实际赔付事例，加大宣传力度，在做好“安责险”已投保企业续保工作的同时，不断向新的行业领域推广。

（付连刚）

【安委会第二次会议】 4月10日，东城区安委会召开第二次全体会议，区领导李先忠、陈之常、张健、葛俊凯、赵凌云、薛国强、刘俊彩、孔宁及区安委会成员单位主要负责人参加会议。会议传达全市安全生产工作电视电话会议精神，通报一季度全区安全生产工作情况，部署二季度重点工作。区长李先忠就做好二季度全区安全生产工作提出要求：一是以学习贯彻《中共中央 国务院关于推进安全生产领域改革发展的意见》为重点，履行安全生产工作职责，落实“党政同责、一岗双责、齐抓共管、失职追责”安全生产责任制和“管行业必须管安全、管业务必须管安全、管生产经营必须管安全”相关要求。二是以保障“一带一路”国际合作高峰论坛为重点，做好相关保障工作，加强重点行业领域安全检查。三是以迎接国务院安委会来京督查为重点，严格自查，先行整改，以迎检促提升，做好全区安全生产工作。

（付连刚）

【国务院安委会巡查组安全督查】 4月20日至21日，全国政协委员、国家安全监管总局原副局长、国家煤矿安全监管局原局长赵铁锤带领国务院安委会第一巡查组对东城区安全生产工作落实情况进行督查。市政府副秘书长尹培彦，市安全监管局局长张树森，东城区区委书记张家明、区长李先忠等领导参加督查。巡查组实地检查体育馆路街道、红桥市场，查阅区委、区政府及相关职能部门安全生产工作资料，调研网格化服务管理工作，并召开专题座谈会，听取安全生产工作汇报。赵铁锤肯定东城区安全生产工作取得的成绩，要求东城区持续贯彻落实习近平总书记关于安全生产工作指示批示精神，学习领会《中共中央 国务院关于推进安全生产领域改革发展的意见》，面对新形势、新任务、新挑战，查隐患、补短板，加强安全生产基层基础工作，努力建设国际一流和谐宜居之区，以优异成绩迎接党的十九大胜利召开。

（赵帅）

【“安责险”座谈会】 5月17日，东城区安全监管局召开安全生产责任保险服务座谈会，安润国际保险经纪公司和人保财险东城支公司、崇文支公司相关负责人参加座谈会。会上，人保财险东城支公司通报东城区“安责险”运营总体情况，提出相关问题的改进措施。安润国际保险经纪公司通报全市“安责险”推广情况以及下一步主要工作，并就参保企业安全隐患排查服务征求意见。会议要求各单位通过多种渠道加大“安责险”宣传力度，保险公司要发挥自身优势，做到事前预防与事后理赔相结合，积极服务参保企业。

（孙溪之）

【燃气安全工作会】 6月16日，东城区副区长薛国强主持召开燃气安全工作会，区安全监管局、城管委、公安消防支队、民政局、财政局、质监局和各街道办事处负责人参加会议。会议部署全区淘汰不合格燃气灶具、安装燃气安全辅助设备和独立式感烟火灾探测报警装置的工作。薛国强要求区相关部门和各街道协同配合，细化措施，加强宣传，做好底数台账确认工作，按照市级考核要求落实工作任务。

（赵帅）

【安委会第三次会议】 7月19日，东城区安委会召开第三次全体会议，区长李先忠和副区长陈之常、陈献森、薛国强及区安委会成员单位主要负责人参加会议。会议通报上半年全区安全生产工作情况，部署下一阶段重点工作。李先忠要求：一是各行业部门、属地街道要以问题为导向，继续做好查缺补漏，细致做好安全生产工作。二是以源头管控为重点，抓好安全生产各个环节的管理工作，特别对建筑施工领域，要做好项目经理和安全管理人员上岗培训和安全教育，严查未经培训进场施工的违法违规行为。三是加大执法检查力度，把隐患当事故处理，及时消除安全隐患，对违法违规施工和存在安全隐患不整改的企业要实施上限处罚，确保全区安全生产形势持续稳定。

（付连刚）

【安全生产大检查部署会】 7月20日，国务院安委会召开全国安全生产电视电话会议，通报上半年安全生产情况和下半年重点工作安排。北京市安委会召开贯彻会议，通报全市安全生产大检查实施方案，部署电器火灾综合治理工作。东城区安委会立即召开会议，贯彻落实全国安全生产电视电话会议精神，部署全区安全生产大检查工作。李先忠强调指出：一是各相关部门要确定标准、严格执法、重典问责，履行安全生产监管责任，促进企业落实安全生产主体责任。二是安全生产大检查既要有方案也要有措施，既要检查也要执法，既要建账也要销账。三是结合全区重点项目和以往事故案例，重点关注建筑施工、防汛、防火安全工作，紧盯薄弱环节，整改隐患到位，以平稳的安全生产形势迎接党的十九大召开。

（付连刚）

【城市安全风险评估动员部署会】 9月15日，东城区安委会办公室召开2017年城市安全风险评估工作部署会，区住房城乡建设委、商务委、文化委、旅游委、体育局、安全监管局主管领导、属地街道（地区管理机构）专职安全员检查队队长参加会议。会议通报全市风险评估工作相关文件精神，决定启动重点行业领域城市安全风险评估工作。通过开展普查，对重点行业领域所有企业安全风险进行辨识与评估，查清安全风险源的数量、种类和分布情况，探索建立全区安全风险管控机制。

（李娟）

【国务院安委会督查组综合督查】 9月24日至25日，国务院安委会第二十八综合督查组到东城区开展安全生产大检查综合督查和专项考核，东城区区委书记张家明、区长李先忠等领导参加督查。督查组听取东城区安全生产大检查工作落实情况的汇报，与区有关部门、街道和单位就落实安全生产大检查工作进行座谈交流，现场抽查新世界百货崇文店、北京中天如日物业管理有限公司（雍贵中心）、北京万豪行政公寓、崇西液化气站、北京市天利加油站和北京都市宾馆有限公司等企业安全生产情况。督查组对东城区安全生产大检查工作给予肯定，并指出，东城区作为政治核心区，基层党委、政府要认真贯彻落实安全生产大检查工作要求，指导、督促企业做好隐患排查治理工作。

（付连刚）

【市委、市政府安全生产督察】 11月10日至30日，市委、市政府安全生产第十督察组对东城区开展驻地督察。听取区委书记张家明安全生产情况汇报，2名副区长分管工作领域安全生产履职情况汇报；与区长李先忠交换督察情况意见。召开3次座谈会，听取35名部门、街道、重点企业主要负责人安全生产情况汇报；延伸督察9个街道（园区）和3个政府部门，随机抽查43家企业，查阅资料8000余份，受理来电、来信举报10件。

（吴同）

【国务院安委会“回头看”检查】 10月17日，国务院安委会办公室检查组对东城区进行安全生产大检查“回头看”检查工作，对都市之星宾馆、新世界商场崇文门店、崇西加气站3家生产经营单位进行复查。东城区副区长薛国强和区安全监管局、公安消防支队、商务委、城管委、崇外街道办事处、北京站地区管委会负责人参加检查。检查组对3家生产经营单位复查情况给予肯定，并提出工作要求。一是生产经营单位主要负责人要熟知安全生产职责，内化于心、外化于行，并加强落实。二是加强危险源以及薄弱环节的管控检查，安全生产隐患要全部整改到位，做到闭环管理。三是加强人员密集场所、有限空间管理。四是落实领导带班制度，加强日常巡查，做好重大活动期间安全生产工作，确保安全生产形势稳定。

（赵帅）

【安委会第四次会议】 10月30日，东城区安委会召开第四次全体会议。区领导李先忠、陈之常、张健、葛俊凯、赵凌云、薛国强、刘俊彩、孔宁及区安委会成员单位主要负责人参加会议。会议通报三季度安全生产工作情况，部署四季度安全生产重点工作。区长李先忠要求：一是认真总结党的十九大安全生产保障工作经验，重视安全生产工作，发挥专职安全员队伍和“守望岗”等基层力量，排查隐患，整改问题。二是巩固党的十九大安全保障工作成果，汲取事故教训，尤其在有限空间作业、城镇燃气、建筑施工等行业领域强化监管，严防死守。三是学习贯彻党的十九大精神，推动全区安全生产重点工作，不断提高安全生产工作水平。

（付连刚）

【安全隐患整治专项行动推进会】 12月1日，东城区副区长薛国强主持召开全区安全隐患大排查大清理大整治专项行动推进会，区有关部门主管领导和有关负责人参加会议。会议通报全区安全隐患大排查大清理大整治专项行动阶段性工作情况，并提出工作要求。一是全区各部门、各街道（地区）要将专项行动作为年底安全生产工作重中之重，协调解决整治过程中的突出重点难点问题，开展好隐患整治工作。二是明确整改标准，确定时间表，限期整改；落实执法计划，避免交叉执法，重复执法；坚持依法执法、文明执法、规范执法；及时总结，加强信息报送。三是组建专班，明确工作专班各项岗位职责及工作任务，抽调专家对隐患整改情况进行督查核查。推进全区安全隐患大排查大清理大整治专项行动，维护人民群众生命财产安全和全区安全稳定。

（付连刚）

危险化学品安全监管

【规范危险化学品经营场所】 本年，东城区安全监管局采取措施，规范危险化学品经营活动，打击危险化学品非法违法经营行为。4月至5月，组织各街道对辖区内小五金建材店、小日杂商店等可能涉及非法经营危险化学品的经营场所进行全面摸底调查，建立基础台账，梳理小微企业台账184家。5月至10月，每月开展1次全面排查，每月更新危险化学品安全检查基础台账。对各街道打击危险化学品非法违法经营行为的工作开展情况进行总结，并将工作情况列入安全生产工作年度考核。

（任福刚）

【危险化学品执法检查】 本年，东城区安全监管局出动执法检查人员295人次，检查危险化学品经营单位126家次，排查整改隐患问题32项，下达责令限期整改指令书30份，行政处罚21起，罚款5.95万元。

（任福刚）

【危险化学品行政许可】 本年，东城区安全监管局办理危险化学品经营单位行政许可到期换证16家，变更申请8家，注销经营许可证6家，劝退新申请危险化学品经营30家。

（任福刚）

【加油站安全管理】 本年，东城区安全监管局制定工作计划，召开专题会议，部署加油站安全消防工作。元旦、春节、“两会”“一带一路”国际合作高峰论坛和党的十九大等重点时期，组织开展“全覆盖”安全检查和隐患排查工作，建立台账，制定保障方案，督促加油站强化应急值守，加强重点部位巡查，落实散装油销售管理措施，开展防火、反恐等相关预案演练，提高应急响应能力。

（任福刚）

【加油站贯标改造】 本年，东城区安全监管局采取措施，贯彻《汽车加油加气站设计与施工规范》，完成4座加油站技术改造工作任务。一是组织建设方、加油站、设计方、施工方、监理方及专家召开贯标改造准备会，落实责任，确保贯标改造过程中不发生安全事故。二是邀请专家对贯标改造方案审核、施工、验收阶段进行把关。三是组织试生产，对试生产方案进行审核，对试生产条件进行确认，对试生产过程进行指导。四是对加油站进行安全评价，符合安全条件后方可开业。

（任福刚）

烟花爆竹安全监管

【烟花爆竹夜查行动】 本年，结合东城区城市功能定位和禁放区设置等实际情况，经市安全监管局、区政府批准，东城区不再设置烟花爆竹零售网点。春节期间，东城区安委会办公室联合区烟花办、公安交通支队、安全监管局、公安分局、城管执法局、工商局等部门成立检查组，开展3次烟花爆竹夜查行动，出动执法检查人员450余人、检查车辆190余台，严肃查处违规运输非法烟花爆竹行为，严防违规烟花爆竹流入，保障全区春节期间安全稳定。

（任福刚）

【烟花爆竹回收】 本年，东城区有关部门和属地街道组织回收体育馆路街道、前门街道、安定门街道、北新桥街道、景山街道、交道口街道、东直门街道、东花市街道烟花爆竹10箱，总计167件，总价值1.1万余元。对于回收的烟花爆竹，交由北京市烟花鞭炮有限公司统一入库。

（任福刚）

隐患排查治理

【隐患清单编制动员培训会】 3月9日，东城区安全监管局召开“一企一标准、一岗一清单”编制工作动员培训会，区行业主管部门、属地街道安全管理人员、参加清单编制工作的企业及中介机构负责人参加会议。培训会上，区安全监管局从目标任务、工作职责、方法步骤及时间节点等方面对2017年隐患清单编制工作进行部署，并通报2016年试点企业隐患排查系统应用情况。培训专家向参会人员介绍“一企一标准、一岗一清单”编制程序、方法和基本内容，隐患排查治理系统操作要点，确保隐患清单编制工作取得实效。

（李娟）

【隐患排查治理系统培训会】 4月26日，东城区安全监管局召开隐患排查治理系统培训会，2016年度参加隐患清单编制工作的企业负责人、安全管理人员参加培训。培训会上，市安全监管局有关专家现场演示系统操作步骤，并对企业在隐患排查治理系统使用过程中存在的问题逐一进行解答。会议要求参会企业重视隐患系统运行工作，指派专人负责，以隐患排查系统为平台，实现企业隐患排查治理标准的具体化、岗位化和规范化。

（李娟）

【隐患清单编制工作例会】 7月12日，东城区安全监管局召开隐患清单编制工作例会，区商务委、旅游委、文化委、体育局、房管局等部门有关负责人参加会议。各部门对前期隐患清单编制工作进行总结交流，剖析工作开展过程中的重难点问题。会议要求行业主管部门加强组织领导，严格时间节点，专人专盯，全程管控，保质保量完成清单编制任务。

（李娟）

【故宫周边综合整治】 8月10日至30日，东城区安全监管局制定《故宫周边和王府井地区综合整治提升安全生产专项整治工作方案》，成立联合检查组，以东华门街道故宫周边7条道路和王府井小吃街、老北京风情街生产经营单位为重点突破口，排查治理安全隐患，打击违法经营等违法违规行为。检查生产经营单位89家次，排查整改安全隐患32项，下达责令限期整改指令书26份，行政处罚3起，罚款2.7万元。经复查，隐患全部整改完毕。

（王慧）

【隐患清单编制工作核查】 9月13日至15日，市安全监管局委托市安科院及相关专家组成核查组，对东城区8家企业隐患清单编制质量进行核查，区安全监管局有关负责人参加核查。核查涉及文化娱乐、宾馆饭店、物业、体育健身、餐饮等类型企业。通过核查，核查组认为东城区隐患清单编制工作总体质量良好，达到预期效果。要求企业巩固隐患清单编制成果，按照《北京市生产安全事故隐患排查治理办法》规定，运用隐患排查系统有效开展隐患排查治理工作。

（李娟）

【加油站、工业企业风险评估部署】 9月27日，东城区安全监管局召开加油站、工业企业风险评估动员部署会，全区加油站、工业企业主要负责人参加会议。会议对加油站、工业企业风险评估工作进行部署，明确工作内容、工作步骤，要求企业加强组织领导，全面开展风险源辨识工作，确保风险源找准、找全，在规定时间内完成风险评估工作。

（李娟）

【城市安全风险评估】 本年，东城区安委会办公室根据市安委会办公室关于城市安全风险评估工作部署，加强工作统筹，强化宣传动员，突出分类指导，完成全区重点行业领域499家企业城市安全风险评估工作，涉及危险化学品（加油站）、人员密集场所单位（包括规模以上商业零售、规模以上餐饮、星级饭店、体育运动场馆、文化娱乐场所）、建筑施工项目、规模以上工业企业等行业领域。

（李娟）

应急救援

【危险化学品事故应急预案修订】 本年，东城区安全监管局根据区应急办工作部署，开展全区危险化学品事故应急预案修订工作。委托中国安科院进行预案调研、起草，组织中石化集团、中国石油规划院等有关专家对预案文稿进行评审。修订版预案报区政府审议，由区应急办发布，启动全区危险化学品事故应急预案日常管理工作。

（关宏建）

【加油站应急演练】 本年，东城区安全监管局组织全区各加油站开展应急救援演练140余次，参加演练人员1100余人次，演练科目20余项。通过一系列应急演练，强化员工心理素质和各种突发事件应对能力，能够有效处置加油站突发情况，确保经营安全。

（关宏建）

【人员密集场所应急演练】 8月18日，市新闻出版广电局、东城区文化委、东城区安全监管局在涵芬楼书店联合举行人员密集场所应急演练，有关单位领导及全区出版物经营单位负责人150余人参加演练。此次演练模拟场所电器设备短路引发火情，书店安全负责人立即启动应急预案，指挥通讯联络组、疏散引导组、消防灭火组、警戒安保组、医疗救护组5个小组，按照职责分工，各就各位，果断处理突发情况。消防人员、车辆按照指定位置快速集结，迅速展开救援工作，该场所从业人员积极参与，形成互动，按照规定动作要领，完成各项科目操作。演练取得较好效果。

（关宏建）

【应急预案备案】 本年，东城区安全监管局按照《生产安全事故应急预案管理办法》，办理生产经营单位生产安全事故应急预案备案10件。指导解决企业备案材料存在的问题。

（关宏建）

执法监察

【春节庙会安全检查】 1月14日至26日，东城区安全监管局加强春节庙会安全生产检查工作，组织执法检查人员对地坛、龙潭庙会临时搭建设施进行检查。对检查发现的安全隐患，执法人员依法下达责令整改指令书，要求责任单位立即整改。经复查，隐患全部整改完毕，各项安全工作落实到位。1月28日至2月1日，检查组对地坛、龙潭庙会262个摊位、9个舞台安全情况进行10轮次、2600余次安全巡查。2月1日，庙会结束后，组织对摊位、舞台及临时搭建设施拆除情况进行现场指导和安全检查，监督施工方按照撤展方案完成拆除工作。

（王慧）

【春节觐香安全检查】 1月18日至2月11日，东城区安全监管局开展雍和宫春节觐香活动安全检查，全面检查用电设施、疏散通道标识、应急预案等落实情况。出动执法人员18人次，排查整改隐患问题4项，均整改完毕。期间，区安全监管局领导带队进行巡查，确保觐香活动安全有序。

（王慧）

【全国“两会”安全保障】 2月22日至3月16日，东城区安全监管局开展全国“两会”安全生产保障执法检查行动，对辖区6个会议驻地周边200米范围内195家生产经营单位进行“全覆盖”检查并建立台账，组织涉会场所周边安全专项检查、消防安全大检查、餐饮场所燃气使用安全专项检查、建筑工地专项检查等重点执法保障行动。出动执法人员374人次，检查生产经营单位241家次，排查整改隐患问题107项，依法下达执法文书255份，行政处罚10起，罚款10.2万元。经复查，隐患全部整改完毕。

（王慧）

【“一带一路”峰会安全保障】 3月4日至5月15日，东城区安全监管局组织开展“一带一路”国际合作高峰论坛安全生产保障执法检查。组织检查组对会议驻地、行车沿线周边生产经营单位，隐患多发行业、人员密集场所等重点地区、重点行业开展不间断安全生产执法检查，完成9个会议驻地周边200米范围内249家生产经营单位“全覆盖”检查任务。出动执法检查人员1.3万人次，检查生产经营单位6519家次，排查整改隐患问题7289项，下达责令限期整改指令书2449份，行政处罚13起，罚款14.89万元。经复查，隐患全部整改完毕。

（王慧）

【安全生产和消防安全督察】 3月至9月，东城区安委会办公室制定《2017年安全生产和消防安全督察检查工作实施方案》，与区防火委办公室成立联合督察组，对全区16个行业部门、20个街道（地区）开展安全生产和消防安全督察检查。检查各类生产经营单位99家，发现隐患问题268项，下达责令限期整改指令书130份。督察组就发现的隐患问题提出整改要求，督促企业整改，并向行业主管部门和街道（地区）下发督察通报36份，落实行业和属地安全监管（管理）责任。经复查，隐患全部整改完毕。

（王慧）

【棚改项目综合整治】 7月11日至21日，东城区安全监管局成立望坛棚改征收项目违法经营整治及安全保障组，制定《望坛棚户区改造项目安全生产综合保障检查方案》，对望坛棚户区改造现场进行综合整治。综合整治期间，检查生产经营单位88家，责令停业84家。

（王慧）

【“气改电”工程安全保障】 9月2日至10日，东城区安全监管局成立安全保障组，制定工作方案，组织开展前门地区“气改电”工程安全生产保障工作。区安全监管局主管领导现场指挥调度，每天派出2至3个检查组，对“气改电”区域进行不间断安全检查，全程盯守，排查治理各类事故隐患。9月10日，该地区燃气改造工程顺利完成关气、断气、吹扫施工。

（王慧）

【党的十九大安全保障】 9月15日至10月18日，东城区安全监管局组织开展党的十九大安全生产保障执法检查工作，每天出动8个检查组，以会议驻地周边200米范围内生产经营单位为重点，完成“全覆盖”检查任务和重点行业领域安全生产隐患排查工作。10月9日至18日，组织执法力量集中开展会议驻地周边和重点地区动态巡查和夜查工作，节假日不间断检查，加大重点行业领域执法检查力度。检查生产经营单位9373家次，排查整改隐患问题6738项，下达责令限期整改指令书3421份，行政处罚51起，罚款45.84万元。经复查，隐患全部整改完毕。会议期间，全区未发生安全生产事故。

（王慧）

【专职安全员队伍建设】 本年，东城区安全监管局按照“六规范、四统一、一创新”标准，制定《东城区街道安全生产检查队规范化建设实施方案》，组织全区17个街道安全生产检查队全面开展规范化建设达标工作。经过街道自评、区安全监管局复评和市安全监管局终评，全区17个街道安全生产检查队全部通过验收，达标率100%。

（曾庆蔚）

职业卫生监督检查

【职业卫生统计数据填报】 1月25日，东城区安全监管局根据市安全监管局《关于开展2016年度工矿商贸企业职业卫生统计数据填报工作的通知》要求，组织28家用人单位完成企业职业卫生统计数据填报工作。一是加强组织领导，结合辖区实际，制定具体实施方案。二是迅速组织部署，全面部署职业卫生统计数据填报工作，明确工作要求、标准、时限等。三是全过程指导把关，要求各相关单位按要求开展职业卫生统计数据填报工作，保证统计工作质量。

（李学峰）

【有限空间夜查行动】 3月至9月，东城区安全监管局开展有限空间夜查行动。组织有限空间夜查33次，出动执法检查人员85人次，排查整改各类隐患29项，现场纠正各类违章行为10余起，行政处罚8起，罚款12.5万元。

（李学峰）

【职业病防治法宣传周活动】 4月28日，东城区安全监管局、疾病预防控制中心在中铁建设集团北京分公司联合开展以“健康中国，职业健康先行”为主题的《中华人民共和国职业病防治法》宣传周座谈活动。区安全监管局向中铁建设集团北京分公司项目负责人和职工介绍全区职业卫生工作情况，区疾病预防控制中心解答关于职业健康防护方面的问题。宣传周活动取得良好效果。

（李学峰）

【有限空间安全部署培训会】 5月26日，东城区安全监管局在朝阳门街道办事处召开有限空间作业安全生产部署暨培训会。区有关行业部门和属地街道有关负责人、市热力集团和重点单位代表100余人参加会议。会议就加强有限空间安全管理、有效遏制有限空间作业生产安全事故等方面，提出相关要求并进行工作部署。从提高有限空间作业安全生产重要性的认识、落实部门监管责任和企业主体责任、加大宣传培训力度、提升安全生产技能方面提出工作要求。培训专家从规范有限空间作业、应急救援等方面进行讲解。通过工作部署和培训，明确安全生产责任，规范有限空间作业安全管理，为全区有限空间监管工作再上新台阶打下基础。

（李学峰）

【有限空间防范事故工作会】 8月14日，东城区安全监管局、西城区安全监管局联合召开架空线入地工程防范有限空间作业事故工作会，北京电力城区供电公司及架空线入地工程项目负责人参加会议。会议通报2017年全市有限空间作业事故情况，传达8月5日全市有限空间作业安全紧急视频会精神以及关于有限空间作业大检查工作方案，要求施工单位落实安全生产主体责任，加强架空线入地有限空间作业现场安全管理工作。

（李学峰）

【地下有限空间安全检查】 本年，东城区安全监管局集中开展地下有限空间作业安全生产大检查行动，加大对重点地区不定期巡查和夜查的力度，检查点面结合、突出重点，把主要精力放在有限空间作业重点时段、重点行业、重点企业、重点场所监管的薄弱环节，加大对违章作业单位的行政处罚、通报和媒体曝光力度，按照“问题不解决不放过、整改不到位不放过”要求，确保查出问题得到解决，实现有限空间作业“闭环”安全管理。检查有限空间作业场所30处，现场纠正违章行为20起，行政处罚6起，罚款11.5万元。

（李学峰）

宣传培训

【信用信息平台企业端培训会】 3月9日，东城区安委会办公室召开2017年度安全生产信用信息平台企业端操作培训会，区相关行业部门、企业及中介机构负责人参加培训。重点对企业层面涉及的安全生产承诺书、年度工作报告及信用等级评定申请表3个方面进行讲解，对系统登录、信息录入、模板导入等功能进行操作演示。会议要求各单位高度重视，全面部署，推进安全生产信用体系建设工作。

（付连刚）

【“安全小达人”主题绘画比赛】 3月27日至6月24日，东城区安全监管局联合区教委面向全区小学生开展“安全小达人”主题绘画比赛活动。活动收到来自33个学校的178幅作品，组织专家对参赛作品进行公开评审，评选出一等奖10名、二等奖20名、三等奖30名。在东城区安全生产宣传咨询日活动现场，对获奖学生进行颁奖，并在“东城安监”官方微信平台展播全部获奖参赛作品。

（曹宝殊）

【宣传教育工作方案】 4月，东城区安委会印发《2017年安全生产宣传教育工作方案》和《关于加强2017年东城区安全生产培训工作的实施意见》，明确重点任务，部署全区安全生产宣传教育工作，督促全区各单位贯彻落实方案，开展安全生产月活动及各类安全生产宣传培训活动，并于年底对各单位宣传培训情况进行综合考评。

（曹宝殊）

【安全生产宣传咨询日】 6月16日，东城区安委会办公室开展安全生产宣传咨询日活动，市安全监管局副局长贾太保、国家安全监管总局宣传教育中心展览部部长刘延虎，东城区区长李先忠、政协主席宋甘澍、副区长薛国强、政协副主席李铁生等领导出席活动，区安委会部分成员单位主要领导、部分企业代表及居民代表、学生代表300余人参加在地坛公园西门广场的主会场活动。活动现场为东城区首届“安全小达人”获奖学生进行颁奖，区长李先忠发表讲话。除主会场外，19个街道（地区）、单位的安全生产宣传咨询日分会场同步开展，通过展台宣传、短片播放、互动体验等多种形式开展安全生产宣传教育。全区6000余人参加安全生产宣传咨询日活动，发放各类安全宣传品、宣传材料2.6万余份。

（曹宝殊）

【首届“东安杯”燃气安全知识竞赛】 6月，东城区安全监管局联合区总工会、城管委、公安消防支队、应急办组织开展面向企业职工的首届“东安杯”燃气安全知识竞赛活动。本次活动吸引17个街道145支代表队参赛，活动开辟网络竞赛初赛答题专区，以累计成绩和答题次数为指标选拔优秀队伍晋级决赛。通过总决赛，景山街道福地凰城酒店获得一等奖，前门街道功德林素菜饭庄、龙潭街道万柳阁餐饮公司获得二等奖，交道口、东直门、北新桥街道代表队获得三等奖。竞赛活动以寓教于乐的方式激发广大企业职工学习热情，引导参赛企业不断学习，提升从业人员安全意识。

（曹宝殊）

【安全文艺基层巡演】 8月24日，东城区安全监管局、总工会在红剧场联合组织“2017年北京市安全文艺基层巡演”巡回展演。演出融合歌舞、相声、情景剧、快板、音画短剧等形式，宣传安全生产法规制度、安全知识、应急常识、岗位职责等内容。市安全监管局局长张树森、东城区区长李先忠、人大常委副主任许汇、政协副主席毕博闻等领导出席活动，区安委会成员单位、重点企业和社区代表900余人观看演出。

（曹宝殊）

【“安监之星·北京榜样”颁奖活动】 12月21日，东城区安全监管局承办“2017安监之星·北京榜样”主题活动颁奖典礼，市安全监管局局长张树森、东城区副区长薛国强和市有关部门、部分中央在京企业、市属企业集团（总公司），各区安全监管局等有关负责人，以及东城区企业职工、社区居民、获奖人员等500余人参加颁奖典礼。东城区选送的黎洪垓、袁春荣获“十九大‘安监之星’特别榜样人物”称号，冯铁林荣获“‘安监之星’周之星”称号。

（曹宝殊）

【党中央国务院重要文件宣贯】 本年，东城区安委会办公室制定《东城区贯彻落实<中共中央 国务院关于推进安全生产领域改革发展的意见>的宣贯方案》，通过会前学法，政府常务会集体学习《中华人民共和国安全生产法》和《中共中央 国务院关于推进安全生产领域改革发展的意见》。协调区委宣传部落实方案，利用传统媒体、新媒体和户外媒体等多种宣传手段，开展专题宣讲，在全区范围内开展《中共中央 国务院关于推进安全生产领域改革发展的意见》宣贯工作。全区各单位组织开展宣贯学习，强化社会层面宣传攻势，充分扩大影响力，通过专题宣讲活动，使党中央、国务院文件精神成为社会各方面的共识，全面提升安全生产保障能力。

（曹宝殊）

【安全生产宣传报道】 本年，东城区安全监管局通过《中国安全生产报》《新东城报》等宣传媒体，报道东城区安全生产工作。在2期《中国安全生产报》和4期《新东城报》宣传相关工作，协调《新东城报》专版报道“安责险”工作；利用微信平台新开辟基层动态栏目，引导街道安全生产检查队建立微信宣传矩阵，在安全生产月宣传咨询日活动期间开设现场互动答题模块，丰富现场宣教形式，并利用微平台完成“东安杯”燃气知识竞赛初赛的选拔工作。

（曹宝殊）

【安全文化示范企业创建】 本年，东城区安全监管局推动安全文化示范企业创建工作，发挥典型引路作用，提升全区企业安全文化建设工作水平。杜莎夫人展览（北京）有限公司、北京红桥市场有限责任公司被市安全监管局评为“2017年北京市安全文化建设示范企业”。

（曹宝殊）

【“双百工程”活动】 本年，东城区安全监管局组织开展“百名安全监管干部与企业主要负责人对话谈心”和“百名安全生产专家服务万家企业”活动。区领导与8家企业负责人开展对话谈心活动，区安全监管局领导与120家企业负责人开展对话谈心活动，16个街道主要领导与137家企业负责人开展对话谈心活动，9个行业部门领导与126家企业负责人开展对话谈心活动。组织专家服务企业301家、服务社区4个，提出建议1021条，排查整改隐患问题1121项，整改挂账隐患30项，培训安全员262人次。

（曹宝殊）

【安全社区创建】 本年，东城区安全监管局推进安全社区创建工作，每季度召开安全社区建设单位专题协调会，邀请培训专家现场点评创建进展，组织参评单位参加市级培训会，定期召开创建技术支撑单位调度会，将安全社区建设情况纳入安委会季度例会汇报事项。联合公益机构为街道（地区）免费发放300个应急柜。启动安全社区创建筹备，督促完成安全社区建设备案工作。东城区交道口街道、安定门街道、前门街道和王府井建管办4个街道（地区）获得“北京市安全社区”称号。

（曹宝殊）

法制建设

【依法行政工作制度】 本年，东城区安全监管局制定《“三重一大”事项集体决策的实施办法》《领导班子互为AB角工作制度》《行政执法运行廉政监督检查制度》《2017年度依法行政工作计划》《2017年度安全生产监管行政执法工作计划》等工作制度并推进落实，加强对行政权力的监督制约。

（曹宝殊）

【行政执法培训】 本年，东城区安全监管局全员执法培训7次，案卷制作培训6次，邀请市安全监管局安全生产专家及法律顾问开展行政执法业务培训交流，组织执法人员参加市安全监管局组织的执法培训3次，落实“双随机”执法检查工作（即随机抽取检查对象，随机选派执法检查人员，抽查情况及查处结果及时向社会公开）。

（曹宝殊）

【行政执法案件审理及案卷评查】 本年，东城区安全监管局制定《行政处罚案审会工作制度》，组织召开执法工作通报会6次，组织案卷抽查51卷，协调法律顾问进行指导点评并开展合同规范性审查4次。

（曹宝殊）

【行政执法资格管理】 本年，东城区安全监管局组织安全生产执法监察人员参加培训、考核，依法申领《安全生产监管执法证》。对10名证件到期的执法人员申请复审办理执法证；组织8名新入职人员参加市安全监管局、区法制办执法资格培训与考核。

（曹宝殊）

标准化建设

【安全生产标准化工作会】 3月23日，东城区安全监管局召开安全生产标准化工作会，区商务委等7个部门标准化工作负责人参加会议。会议传达全市安全生产标准化工作会精神，介绍2017年度全区标准化创建工作思路，听取各部门意见和建议，部署三级标准化达标创建工作。会议要求各部门提高思想认识，落实推动责任，研究达标创建形式、方法，采取有力措施，推进达标创建提质增效，提升企业安全生产管理水平。

（李娟）

【标准化达标企业抽查复核】 8月16日至17日，市安全生产科学技术促进会对东城区安全生产标准化达标企业进行抽查复核。东城区安全监管局、园林绿化中心等单位参加抽查复核。检查二级标准化达标企业1家、三级标准化达标企业9家，涉及园林绿化、文化娱乐、物业等行业领域。通过抽查复核，安全生产标准化评审程序规范，大多数企业标准化达标质量较好，隐患整改到位，持续运行安全生产标准化机制。但个别企业存在问题，主要是安全生产岗位责任制建立不完善、安全生产教育培训档案不完善等。针对发现的问题，区安全监管局责令企业整改，由行业主管部门和属地街道（地区）监督企业整改到位。

（李娟）

【企业标准化达标创建】 本年，东城区301家企业实现三级安全生产标准化达标，占年度目标任务的151%；1710家企业实现小微企业岗位达标，占年度目标任务的342%。完成150家企业安全生产标准化抽查复核工作，对存在的问题进行汇总，编发工作通报，推动行业主管部门跟踪整改，确保标准化体系有效运行。

（李娟）

西　城　区

概　　述

2017年，西城区安全生产工作在区委、区政府的领导下，坚持以习近平总书记系列重要讲话精神为指导，落实市委、市政府各项决策部署，把安全生产工作与促进非首都功能疏解、加强城市精细化治理相结合，各项工作取得显著成效和长足进展。

发挥区安委会统筹、协调、督促作用。强化责任体系，建立以安委会季度例会为传达部署平台、部门联席会和街道联席会为沟通交流桥梁的安委会会议制度。各部门、各街道统筹联动、落实责任，做好安全生产督查、调研，针对每次督查发现的问题逐一研究制定整改方案，抓好督查反馈意见整改落实工作；区安委会成立督查小组，由区领导带队，开展综合督查行动，引入区监察委、区政府督查室和专家参与督查工作，对34个部门和15个街道及26家重点企业的65类重点内容开展督查。开展安全生产大检查工作，成立西城区安全生产大检查领导小组，区长王少峰任组长，统一部署安全生产大检查工作，68个区安委会成员单位全面开展安全生产大检查工作，保障西城区安全生产形势持续稳步好转。

完成专项目标任务。超额完成为困难居民家庭淘汰不合格燃气灶具、更换燃气软管、安装燃气管道安全控制阀和独立式感烟火灾探测报警装置的工作。针对安装过程中人户分离等诸多问题，多次召开专题研讨会、推进会、现场办公会等，全年安装6913户，市政府指标完成率122.2%。在全国率先开展“双无”创建工作，推动安全生产自主创新，探索“1+N+X”创建模式，制定街道评定标准和12个行业评定标准。打造安全生产标准化工程，全区累计三级标准化达标企业1285家、小微企业岗位达标12184家。“安责险”推广工作成绩显著，结合行业特点，将投保率先纳入绩效考核指标，全年投保5509家，保费1092万元，投保家数和保费在全市名列前茅。

强化安全生产执法检查。有序推进执法检查工作，结合核心区安全生产工作特点，强化对重点行业领域执法力度，全年监督检查生产经营单位1813家，完成春节、“两会”、国庆、党的十九大、“一带一路”国际合作高峰论坛等重点时期安全生产保障任务。严肃事故查处，按照“四不放过”原则，查处每一起事故，全年调查10起事故，刑事拘留1人，罚款62.3万元，事故办结率100%；首次开展事故发生企业安全评估工作，全年评估3家单位；快速核查各类安全生产举报投诉，全年接报举报投诉105件，办结率100%。全面落实市、区两级政务公开“双试点”工作，探索建立公开形式、公众参与等工作标准化规范化公开模式，行政许可、行政处罚、事故调查和执法检查等内容及时进行公开，政务公开率100%。

突出宣传教育预防、警示作用。举办全区处级干部脱产培训班，提高地方党政领导干部安全意识；开展企业负责人、安全生产管理人员培训工作，培训企业负责人、安全生产管理人员4799人，提高企业领导安全生产意识。开展安全知识“进校园”专题教育活动，营造“小手拉大手”安全发展理念，多角度利用新媒体宣传安全生产工作。打造传统媒体、政务网站、微信公众号“三位一体”安全生产宣传格局，宣传报道73次，“西城安监”微信公众号全年推送149期，总关注数60666人次，总阅读数77459次，总转发数3413次，提高公众安全生产意识。

加强信息化建设。组建信息化工作机构，配合市安全监管局信息中心，实现市、区两级生产经营单位台账对接。聘请市安科院作为技术服务单位，开展全区安全生产信息化建设三年规划编制工作。完成西城区城市运行安全生产管理平台系统移植工作，落实关于安全生产领域失信行为开展联合惩戒和本市安全生产信用体系建设有关要求，启动西城区安全生产领域失信行为联合惩戒工作。

打造“专职安全员队伍规范年”。按照“一年打基础、两年抓建设、三年突出规范”的工作思路，推进专职安全员队伍规范化建设。按照“四统一、六规范、一创新”目标要求，分别完成自评、初评和复评工作，在全市组织的规范化建设初评、终评考核中，西城区15个街道全部达标，评审考核结果居全市首位。制定印发《西城区社区兼职安全生产巡查员队伍组建方案》，在展览路、德胜、牛街和广外4个街道的社区试点设立兼职安全生产巡查员。

综合监管

【“十三五”规划任务分工方案】 本年，西城区安委会制定《北京市西城区“十三五”时期安全生产规划主要任务分工方案》，规划推进“维护首都核心功能区安全稳定”等7大任务，对全区“十三五”期间安全生产工作做出总体部署，并明确相关工作保障措施，为“十三五”规划顺利推进打牢基础。

（封吹雪）

【安全生产重点项目督查】 本年，西城区安委会建立区委、区政府督查安全生产重点工作机制，制定并下发综合督查方案，细化责任分工，以区安委会名义成立4个督查小组，小组长分别由副区长担任，首次引入区监察委、区政府督查室和专家参与督查工作，明确督查流程和要求，对照工作方案梳理制定督查要点手册，其中涉及行业督查要点21条、街道督查要点12条、企业督查要点32条。完成对34个行业部门、15个街道、26家企业的督查工作，发现问题和隐患423项。通过集中整改，隐患问题全部整改完毕。

（封吹雪）

【执法检查“一周一报”】 本年，西城区安全监管局开展安全生产执法检查情况“一周一报”工作。全区出动检查人员33.19万人次，检查企事业单位和场所28.07万家，发放宣传材料101.15万份，排查隐患13.1万项，整改隐患11.35万项，责令改正、限期整改、停止违法行为1.5万起，责令停产、停业、停止建设331家，行政处罚413起，关闭非法违法企业277家。

（靳交瑞）

【安全生产责任体系建设】 本年，西城区安委会完善安全生产责任制度，明确53个区政府部门及15个街道安全监管职责。会同区编办，将部门安全生产职责写入“三定”方案。规划推进“双无”创建等重点工程建设，明确相关工作保障措施。针对安全生产督查过程中发现的安全隐患，实施挂牌督办。

（封吹雪）

【安全生产形势分析】 本年，西城区安委会编制12期安全生产事故情况分析及工作数据统计报告。从数据分析、事故预测和形势分析3个方面提出第三方安全管理意见，从原因、时间和空间3个维度深度分析全区生产安全、道路交通和火灾事故的发生规律，预测火灾和道路交通死亡事故，划分安全风险等级，多角度分析行业监管和属地监管特点、成果以及管理薄弱环节，分类整理、归纳全区安全生产隐患排查工作特点，提出工作建议。

（封吹雪）

【为民办实事工程】 本年，西城区安委会印发《关于淘汰不合格燃气灶具、安装燃气安全辅助设备和独立式感烟火灾探测报警器工作的实施方案》，由各街道办事处组织实施，各部门业务指导，超额完成为困难居民家庭淘汰不合格燃气灶具、更换燃气软管、安装燃气管道安全控制阀和独立式感烟火灾探测报警装置的工作，有效预防燃气火灾事故发生，保障人民群众生命财产安全。全年完成6913户困难居民家庭燃气安全辅助设备安装工作，更换不合格燃气灶具4222台、更换燃气软管4270根、安装燃气管道安全控制阀1473件、安装独立式感烟火灾探测报警器6865台。

（张峥）

【专职安全员队伍建设】 本年，西城区安全监管局组织开展“专职安全员队伍规范年”活动，以提高部门安全生产督查检查队规范化建设水平。在全市组织的规范化建设初评、终评考核中，全区15个街道全部达标，评审考核结果位居全市首位，率先完成街乡专职安全员队伍规范化建设示范区创建工作。全区421名专职安全员检查生产经营单位10.39万家次，在“疏解整治促提升”等重点工作中发挥突出作用。

（刘林婧）

【政务公开“双试点”】 本年，西城区安全监管局落实市、区两级政务公开“双试点”工作。制定《西城区安全监管局落实全国政务公开试点工作方案》《西城区安全生产领域基层政务公开标准化规范化试点工作方案》《安全生产政务公开标准化实施细则》，梳理政务公开标准化职责清单，公开行政许可、行政处罚、事故调查和执法检查内容，政务公开率100%。制定《安全生产向公众报告实施意见》《会议开放管理办法》等制度规范，探索建立公开形式、公众参与等工作标准化规范化公开模式，举办安全生产会议开放日活动。全年执法检查对外公开538件，行政处罚对外公开93起，行政许可对外公开43件，事故快报对外公开1件。

（张迪）

【安全生产责任保险】 本年，西城区“安责险”投保企业5594家，保费1112万余元，为参保企业提供269亿元的风险保障，投保企业数和保费均位于全市前列，超额完成年度目标任务。

（颜伟）

【市委、市政府安全生产督察】 11月10日至30日，市委、市政府安全生产第十一督察组对西城区安全生产工作开展驻地督察。听取西城区区委书记卢映川关于安全生产情况汇报；区长王少峰主持会议，副区长姜立光、徐利分别汇报分管领域安全生产履职情况。督察组分别召开区行业部门、街道和重点企业主要负责人座谈会，听取各单位主要负责人汇报24次。延伸督察15个街道和9个行业部门，随机抽查企事业单位34家，查阅资料9000余份，受理来电、来信举报45件。

（雷阳）

危险化学品安全监管

【危险化学品安全监管】 本年，西城区安全监管局加强加油站及其他危险化学品经营企业安全监管，结合春节、“两会”和党的十九大等重点时期安全保障工作，开展高频次、全覆盖执法检查。检查企业220家次，下达责令限期整改指令书32份，行政处罚4起，罚款4万元。

（潘海燕）

【油气输送管道隐患整治】 本年，西城区安全监管局根据市安委会《关于深入开展油气输送管道隐患整治攻坚战的通知》要求，开展油气输送管道隐患整治工作。全区完成燃气占压隐患治理81处，按照时限要求100%完成油气输送管道隐患整治工作。

（潘海燕）

【加油站贯标改造】 本年，西城区安全监管局推进加油站贯标改造工作。依照《汽车加油加气站设计与施工规范（GB50156-2012）》，落实17座加油站专项整治工程。全年完成加油站贯标改造5座，累计完成加油站贯标改造13座。

（潘海燕）

【行政许可和备案】 本年，西城区安全监管局办理危险化学品经营单位许可证延期、变更及新增企业42家；办理第二三类易制毒化学品经营单位备案9家。

（潘海燕）

隐患排查治理

【批发市场专项整治行动】 4月，西城区安全监管局联合区工商、消防、卫生、质监、公安等部门对天意批发市场、动物园批发市场及周边地区开展专项整治行动。对世纪天乐、东鼎、众合和天意4家批发市场进行执法检查，下达责令限期整改指令书6份，行政处罚2起，罚款1.6万。整治期间，发放、张贴《动批市场疏解整治告知书》1000余份，检查楼梯间49处，安全出口71处，疏散通道139条。

（康宁）

【安全隐患整治专项行动部署】 11月19日，西城区安全监管局组织召开安全隐患大排查大清理大整治专项行动部署会，成立专项行动办公室，制定情况通报、隐患台账、监督检查、形势分析、责任追究5项工作制度，统一调度全区专项行动各项工作。先后14次组织区属42个委办局和15个街道办事处主要领导召开专项行动工作调度会，编发专刊13期，简报48期，联合区政府督查室编写督查专刊8期。

（刘洋）

【“疏解整治促提升”专项行动】 本年，西城区安全监管局发挥安全生产综合监管职能，以消除安全隐患为突破口，开展为期150天的“疏解整治促提升”百日联合整治专项行动。通过联合执法、逐个约谈、张贴公告、送达重大隐患告知函等方式，推动天意市场等区域性批发市场撤市和疏解工作，形成加强安全生产监管与“疏解整治促提升”相互促进的良性循环，从本质上实现安全生产环境的持续改善。清退天意市场周边地下空间出租库房33处，清退人员639人，清退房间996间，清空面积16943平方米；拆除地下空间隔断房间41间，拆除面积287平方米。

（刘洋）

【隐患排查治理标准清单】 本年，西城区安全监管局通过动员培训、入户走访、确定标准、编制清单、上网登录5个程序，完成310家企业隐患排查治理标准清单编制工作，超额完成编制任务。

（宋志娟）

【举报投诉】 本年，西城区安全监管局接到安全生产举报投诉105件，办结105件，同比下降30%。其中：办结市安全监管局“12350”举报投诉平台92件，安全隐患大排查大清理大整治期间与有关委办局、街道协同办结11件，区政府热线平台7件，举报人电话举报3件，区长信箱3件。举报投诉反映问题集中在有限空间、人员密集场所、高处悬吊、特种作业、建筑施工等。

（李家麟）

应急救援

【事故应急处置综合演练】 6月20日，西城区安全监管局会同区应急办、金融街街道在中建二局第三建筑工程有限公司华嘉胡同项目部举办在施工地基坑坍塌生产安全事故应急处置综合演练，区人大、区委宣传部、区政府相关部门和15个街道主管领导和部门负责人，以及全区在施工地项目负责人观摩演练，《北京晚报》、千龙网、《西城报》等媒体对演练活动进行采访报道。演练按照既定方案有序进行，各参演部门紧密配合、协调运行；疏散紧张有序，救援及时到位。通过演练，提高从业人员风险防范意识、生产经营单位应急处置能力和政府有关部门协调配合能力。

（颜伟）

执法监察

【春节期间宗教场所安全检查】 1月，西城区安全监管局开展春节期间宗教场所安全生产大检查。一是制定工作方案，落实各项工作任务，责任到人。二是对白云观、法源寺等7处宗教场所进行全覆盖检查，排查安全事故隐患，提出具体整改措施。三是建立宗教场所周边200米生产经营单位台账，并对餐饮、商市场等重点人员密集场所进行检查，督促生产经营单位建立健全应急预案、开展安全检查，消除事故隐患。

（康宁）

【全国“两会”安全保障】 3月，西城区安全监管局落实区政府关于做好2017年全国“两会”服务保障工作要求，建立“两会”会场、代表驻地200米范围内生产经营单位基础台账，以建筑施工、餐饮、文化娱乐场所、商市场等人员密集场所为重点，层层联动，全面检查，完成全国“两会”安全生产保障工作。区安全监管局及各街道安全生产执法分队出动执法人员6610人次，检查生产经营单位7928家，排查安全隐患9001项，检查覆盖率和隐患整改率100%。

（刘笑）

【“一带一路”峰会安全保障】 5月，西城区安全监管局按照全市统一部署，多措并举完成“一带一路”国际合作高峰论坛安全生产保障工作。制定专项工作方案，梳理完善工作台账，部门及属地联动，多轮次开展“一带一路”国际合作高峰论坛会场、驻地和行进路线周边生产经营单位执法检查。启动夜查机制和举报投诉案件快速查办机制，强化应急值守，24小时内完成核查与反馈。全区出动检查人员65378人次，检查企事业单位和场所61072家，发放宣传材料26.38万份，排查安全隐患27448项，整改24495项，行政处罚2429起，罚款115.7万元，关闭非法违法企业184家。

（王瑞）

【汛期工地安全检查】 7月，西城区安全监管局针对汛期高温、强降雨、雷电等季节特点，对辖区3家施工工地开展执法检查。检查中发现个别施工单位存在人员管理工作不到位、施工现场临时用电情况混乱的情况，执法人员下达责令限期整改指令书3份，排查整改安全隐患5项。

（康宁）

【人员密集场所执法检查】 9月25日至29日，西城区安全监管局对辖区内餐饮、酒店、文娱场所等10余家人员密集场所开展执法检查。重点检查应对突发事件应急救援工作情况和硬件设备设施更新情况。执法人员在检查过程中排查整改安全隐患5项，依法下达行政执法文书10份。

（康宁）

【电气专项检查】 11月13日至17日，西城区安全监管局对辖区内6家生产经营单位开展电气专项执法检查。针对检查发现的隐患问题，要求各单位加强临时电路的使用与管理，定期开展经营现场电气设备自查自检工作，及时更换老化设备。执法人员在检查过程中排查整改安全隐患4项，依法下达行政执法文书6份。

（康宁）

【餐饮场所专项整治】 本年，西城区采取4项措施开展餐饮场所安全隐患专项整治行动。一是制定《西城区开展“餐饮场所安全隐患”专项整治行动方案》，要求各部门、各街道迅速行动，对全区各类餐饮场所开展“拉网式”排查。二是明确整治内容及各单位工作职责，将餐饮场所燃气安全使用情况作为检查重点，明确燃气安全检查细则和各单位职责。三是以专职安全员为主要检查力量，对辖区内餐饮场所进行摸底排查，消除安全隐患。四是联合区监察委成立4个督查组，由区领导带队进行安全生产检查督查，并通报检查结果，确保专项整治工作取得实效。

（靳交瑞）

【行政处罚案卷评查】 本年，西城区安全监管局每季度组织案卷评查，坚持自查与集中评查、评查分析与整改提高相结合，认真总结行政执法程序和实体问题，有效监督行政执法行为。向区法制办报送行政处罚案卷5卷，向市安全监管局报送行政处罚案卷9卷，均达到优秀标准，其中4卷评分超过95分。局内案卷评查抽查10卷，均为优秀卷。

（张效芳）

职业卫生监督检查

【有限空间网格化管理信息平台】 1月17日，西城区安全监管局、城管监督指挥中心联合召开会议，就有限空间作业网格化管理信息平台优化情况进行展示和介绍，明确工作职责。区安全监管局印发《西城区有限空间作业和高处悬吊作业网格案件接报查处管理规定（试行）》的通知，简化案件信息流转环节，发挥街道安全生产管理力量，做到案件快速接报、快速反应和快速处理。

（王之波）

【一体化监管执法】 4月6日，西城区安全监管局制发《2017年落实安全生产和职业健康一体化监管执法工作方案》，强化全区职业健康监管工作，增强职业健康执法力量，实现执法人员具备职业健康监管执法能力。要求执法人员围绕职业健康重点内容对全区完成申报的用人单位开展职业卫生检查，实现100%全覆盖工作目标。

（邵丹丹）

【有限空间作业大比武】 8月至9月，西城区安全监管局组织西城区“北京市2017年有限空间作业大比武活动”参赛队伍开展赛前理论知识培训和实操技能培训。经过层层选拔考试，西城区选送的3支参赛队通过初赛、复赛，最终北京北电华明物业管理有限公司代表队在决赛中取得全市第二名的好成绩。

（王之波）

【汽修企业职业危害专项治理】 本年，西城区安全监管局组织开展机动车维修企业调漆室和清洗喷枪工作场所职业危害专项治理工作。8月，6家用人单位安装职业卫生设备设施，并通过市安全监管局工作验收；9月，委托北京安华鼎仕检测技术服务中心对6家单位安装设备后的工作现场毒物（苯、甲苯、二甲苯）和噪声等数据进行检测，经检测全部合格。

（邵丹丹）

【职业健康宣讲员选拔】 本年，西城区安全监管局组织全区街道职业卫生专管员开展“北京市职业健康宣讲员选拔活动”。推荐5名专职安全员参加市安全监管局培训和选拔，其中1名专职安全员成为市级职业健康宣讲员，2名专职安全员成为区级职业健康宣讲员。

（邵丹丹）

宣传培训

【首届领导干部安全生产培训班】 5月22日至26日，西城区区委组织部、安全监管局联合举办全区首届处级领导干部安全生产脱产专题培训班，44个区安委会成员单位主管领导和区安全监管局科级以上干部63人参加培训，副区长朱国栋进行开班动员。培训邀请国家安全监管总局、中国社会科学院、中国科学院、清华大学、市安全监管局7名专家进行授课，培训内容主要包括城市运行安全管理与风险应对、“三管三必须”（行业、业务、生产经营）、安全生产法律法规贯彻执行问题、政府工作人员如何正确履行安全监管责任等。通过培训，增强地方党政领导干部安全生产责任意识。

（刘亚男）

【安全生产宣传咨询日】 6月16日，西城区安全监管局在庄胜崇光百货中心广场开展以“全面落实企业安全生产主体责任”为主题的安全生产月宣传咨询日活动。活动现场宣传安全知识，解答安全生产问题，受理投诉举报，300余人参与现场咨询，5000余名群众接受宣传。设置展板80个，发放各类宣传资料2.5万余份，全区LED显示屏全天滚动播放安全生产公益广告和标语1000余条次。

（张效芳）

【专职安全员技能竞赛考试】 7月14日，西城区安全监管局在北京电器磨具技术培训中心分4场次组织专职安全员技能竞赛理论考试，全区400余名专职安全员参加考试。一是成立技能竞赛领导小组，拟定组织实施方案；二是委派专人进行考场巡视，严格考试纪律，确保考试公平、公正。通过考试，提升专职安全员运用所学知识分析问题、解决问题的能力，增强专职安全员队伍的团队凝聚力及核心竞争力。

（刘林婧）

【安全生产宣传教育】 本年，西城区安全监管局制定《安全生产公益广告宣传三年规划》，开展安全生产宣传教育活动。制作完成《安全生产大培训》等17部安全生产公益广告片，并在大型商业区、街道和社区户外电子显示屏播放宣传，全年播放200小时。依托北京电视台《缤纷西城》专栏，报道安全生产工作新进展；在《西城报》发布全区安全生产工作最新动态；利用首都之窗、千龙网及“西城安监”微信公众号等新媒介，推送安全生产工作要讯，增强安全生产宣传教育渗透力。“西城安监”微信公众号全年推送149期，推送172条，总关注数6万人次，总阅读数7.7万次，总转发数3413次。

（张效芳）

【安全监管人员培训】 本年，西城区安全监管局对区、街道两级安全监管执法人员和专职安全员进行为期6个月的集中教学、现场观摩教学及网络培训，培训575人。协调区委组织部和区委党校，完成全区处级干部安全生产专题脱产培训，取得良好效果。

（张效芳）

【职能部门专职安全员绩效考核】 本年，西城区安全监管局加强区职能部门专职安全员绩效考核管理工作，制定《西城区职能部门安全生产专职安全员绩效考核管理办法》，建立职能部门专职安全员绩效考核信息化管理平台并上线运行。全区20个部门专职安全员主管科室负责人和督查检查队队长、内勤等60余人参加绩效考核管理系统培训。

（刘林婧）

【企业安全生产培训】 本年，西城区安全监管局通过政府招投标程序，委托北京中德职业技能公共实训中心对辖区生产经营单位负责人、安全管理人员进行培训，内容涉及安全生产法律法规、安全管理和应急处置等方面。培训班次34个，培训4799人，其中初次培训1975人、继续教育培训2824人，完成全年培训目标任务。

（张效芳）

【特种作业考核】 本年，西城区安全监管局推进教考分离，加强考场巡视，完善设备标志，指派专业技术人员负责计算机考试的各项技术问题，确保特种作业考核管理有序进行。组织特种作业人员安全技术培训及考试10期，培训特种作业人员10680人次，其中理论考试5631人次、实操考试5049人次。

（张效芳）

【“双百工程”活动】 本年，西城区安委会办公室组织开展“百名安全监管干部与万家企业主要负责人对话谈心”和“百名安全生产专家服务万家企业”活动。市、区安全监管部门主管领导带队，分步骤、划片区，与辖区街道和企业负责人“面对面”开展安全生产对话谈心活动，普及安全知识，提升安全监管水平。由15名专家深入辖区企业、社区、学校、敬老院，“一对一”指导企事业单位排查整改安全隐患。年内，与企业主要负责人开展对话谈心活动230家，专家服务企业300家，排查整改隐患1525项，提出整改建议1276条，培训安全管理人员552人次。

（何姝瑾）

【安全社区创建】 本年，西城区安委会印发《关于进一步加强安全社区建设工作的通知》和《关于2017年西城区市级安全社区创建培训工作计划的通知》，对天桥街道、广内街道、牛街街道、椿树街道和大栅栏街道市级安全社区建设工作进行培训指导，培训35次。开展新街口街道、德胜街道、展览路街道国际安全社区复审工作，将复审材料上报市安全文化促进会。

（张效芳）

科技与信息化

【信息化建设三年规划】 本年，西城区安全监管局聘请市安科院作为技术服务单位，开展全区安全生产信息化建设三年规划编制工作，聚焦全区信息化系统资源整合和数据共享，调研梳理全区安全生产信息化工作，科学设定信息化建设方向，明确区、街两级系统建设边界，颁布《西城区安全生产信息化建设规划（2018—2020）》。

（张迪）

【市区两级信息化台账对接】 本年，西城区安全监管局按照《北京市安全生产信息化总体建设方案》要求，配合市安全监管局信息中心，开展市、区两级信息化系统企业台账对接工作，确定以区级台账覆盖市级台账，并增加3000余家企业台账数据，实现市、区两级信息化平台数据共享对接。

（张迪）

【城市运行安全管理平台系统】 本年，西城区安全监管局根据区政府关于“推进集约建设，统筹云平台保障”信息化建设工作要求，10月1日正式将《西城区城市运行安全生产管理平台》迁移至西城区电子政务云平台，进一步增强系统和数据的安全性。

（张迪）

【安全生产监管数据共享】 本年，西城区安全监管局与区工商分局研究实施安全生产执法检查、行政处罚等监管数据共享对接工作，确定以数据库导入的方式，向《西城区企业监管信息共享平台》推送安全生产执法检查、行政处罚数据，实现安全生产诚信信息数据的共享交换。全年向区工商分局推送企业安全生产信用数据531条。

（张迪）

【安全生产失信行为联合惩戒】 本年，西城区安全监管局根据国家安全监管总局关于安全生产领域失信行为开展联合惩戒和北京市安全生产信用体系建设有关要求，继续开展西城区安全生产领域失信行为联合惩戒工作。制定《西城区安全生产领域失信行为联合惩戒信息处理流程》，明确区安全监管局有关科室职责分工，依法依规开展联合惩戒工作。

（张迪）

标准化建设

【企业标准化达标创建】 本年，西城区安委会办公室印发《关于进一步深入推进企业安全生产标准化建设工作的实施意见》，明确工作的目标和要求。建立健全《工作例会制度》《协调交流制度》《核查抽查制度》《绩效考核制度》等制度规范，使安全生产标准化各项工作有章可循，提高工作效率与质量。区安全监管局聘请第三方中介机构，完成全区上年度25家三级标准化达标企业、227家小微企业岗位达标的抽查复核工作；区商务委等6个部门和全区15个街道办事处加大标准化建设推进力度，三级标准化达标企业209家、小微企业岗位达标2076家，超额完成年度目标任务。

（宋志娟）

朝　阳　区

概　　述

2017年，朝阳区安全生产工作以《中共中央 国务院关于推进安全生产领域改革发展的意见》和习近平总书记关于安全生产工作重要指示批示精神为指导，贯彻落实市委、市政府关于安全生产的一系列重要决策部署，以压减一般事故总量、遏制较大以上事故和社会影响大事故为目标，以强化专项行动为抓手，实现全区安全生产形势持续稳定好转。

开展安全生产专项行动。按照全区总体部署，1月10日启动安全生产“护航”百日攻坚专项行动，保障春节、全国“两会”期间安全稳定。4月15日启动“深耕”行动，保障“一带一路”国际合作高峰论坛期间安全稳定。9月6日启动安全生产“金秋”行动，与为期4个月的安全生产大检查相结合，保障国庆、中秋和党的十九大期间安全稳定。11月19日启动安全隐患大排查大清理大整治专项行动。以实行全区总动员，部门、街乡齐配合，生产经营单位“全覆盖”专项行动为抓手，以跨行业联合执法检查和联片跨街乡执法检查为补充，排查治理区域安全风险点，落实管控措施，构建安全生产监管模式。

排查整改安全隐患。完善安全生产责任体系，建立区领导督查检查制度，坚持问题导向，落实行业管理部门和属地街乡监管责任。结合国务院安委会巡查组和市安全生产督查组发现的问题，分类梳理，制定整改方案，督办隐患全部整改完毕。固化区领导分片包街乡督查检查机制，每月开展安全生产督查检查，重大活动加大检查频次。强化挂账隐患整改，完成城镇燃气占压隐患挂账整改任务。

贯彻《中共中央 国务院关于推进安全生产领域改革发展的意见》。强化学习宣传，邀请国家安全监管总局领导和专家召开区委理论中心组学习扩大会，在全区进行巡展、张贴《中共中央 国务院关于推进安全生产领域改革发展的意见》宣传展板和宣传画。强化改革创新，发挥安委会办公室综合协调职能，每季度在区委常委会、区政府常务会汇报安全生产形势，专题研究部署安全生产工作。组织各部门、各街乡党政主要领导与区委、区政府签订《2017年安全生产目标管理责任书》。将功能区、管委会纳入安委会成员单位，形成“1+57+43”的管理模式。将安全监管部门作为行政执法机构，加大安全生产考核权重。加大财政投入，全年区财政安排工作经费1.24亿元。加强安全试点工作，在全区逐步开展分级分类管理和城市安全风险评估试点工作，探索建立安全风险管控机制。

突出重点行业领域安全监管。加强危险化学品企业和烟花爆竹零售网点监督检查，严格春节期间烟花爆竹零售网点行政许可，完成2家危险化学品企业彻底退出，4家企业转为无储存经营，完成49座加油站贯标改造任务。加强白酒、涉危等工业企业监管，开展白酒企业专项整治。加大涉爆粉尘企业和涉危使用单位专项行动的检查力度，完善企业基础台账，指导督促企业排查治理安全隐患。加强职业卫生监管，开展职业病危害防治评估工作，核查职业病危害申报情况。加强有限空间作业安全监管，制作《有限空间作业安全知识专题片》，编写《朝阳区有限空间执法检查指导手册》，加大有限空间作业巡查夜查力度。加强地方铁路道口安全管理，对老旧铁路道口班房进行室内电力改造，连续13年实现道口安全无事故。

提升安全生产保障能力。在全区推广大屯街道、崔各庄乡安全监管模式，督促指导街乡按照“四统一、六规范、一创新”开展规范化建设。规范安全生产标准化评审工作，随评随查，超额完成2017年工作目标。500家企业全部完成“一企一标准、一岗一清单”编制任务。启动城市安全风险评估试点工作，在辖区1街1乡和2家企业单位分别开展分级分类监管试点、高层楼宇风险评估和遏制重特大事故试点工作。开展应急演练工作，完成生产安全事故应急预案备案900余家。动态更新朝阳区企业台账信息，完成系统功能升级改版和新功能研发，强化信息化终端配置，为956名专职安全员及各地区党政主要负责人和负有安全生产监管职责的领导配置移动终端。在全区困难居民家庭开展淘汰不合格燃气灶具、安装燃气安全辅助设备和独立式感烟火灾探测报警装置的工作。

提高安全监管履职水平。梳理53项年度重点工作、责任分工和完成时限，制定《2017年执法计划》，严肃查处事故，及时查处举报。完善专家服务机制，聘请专家协助开展“护航”“金秋”、安全隐患大排查大清理大整治专项督查检查和街乡检查工作及企业专项隐患检查。强化保险参与机制，继续推广“安责险”投保工作，投保企业数居全市第一。开展安全社区创建工作，构建常态化、分众化宣教模式。加大“朝阳安监”微信公众号宣传推送力度，在朝阳有线电视开设《安全视界》专题栏目，加大安全生产法律法规宣传培训工作力度。

综合监管

【“护航”“深耕”专项行动】 1月10日至4月15日，朝阳区安全监管局相继开展安全生产“护航”百日攻坚专项行动和“一带一路”国际合作高峰论坛服务保障“深耕”行动。专项行动期间，全区各街乡、各部门、各单位对重点行业领域、重点场所、重点企业、重点部位开展安全隐患排查整治，严厉打击各类非法违法行为，对保障安全生产、城市环境等6个方面工作进行督查督办。检查生产经营单位27.4万家次，排查隐患20.9万项，整改隐患19.5万项，整改率93%。打击非法违法行为3573起，整治违规违章行为2万余起，停业整顿2238家，暂扣吊销证照48个，关闭取缔2541家，罚款783.94万元，追究刑事责任159人。

（潘蔚然）

【安全监管系统工作大会】 4月13日，朝阳区安全监管局召开2017年安全监管系统工作大会。区安全监管局全体人员，公共安全馆、43个街乡及奥管委主管领导、安监科科长，专职安全员检查队负责人参加会议。会议总结2016年全区安全生产工作情况，部署2017年重点工作任务。八里庄街道、麦子店街道、崔各庄乡、将台乡分别就信息化、执法检查、专职安全员和事故“双预防”工作进行交流发言。与会人员就全区安全生产工作中需要改进或高度关注的工作事项以及提高工作效率、推进安全生产领域改革发展的意见建议和工作措施等进行分组讨论。

（潘蔚然）

【有限空间安全监管工作会】 5月17日，朝阳区安委会办公室召开2017年度有限空间安全监管工作会。区城市管理委、发展改革委、住房城乡建设委、水务局、广电中心、奥管委等13个部门和单位负责人参加会议。会上，区安全监管局通报2016年地下有限空间作业安全事故情况和有限空间作业执法检查情况，并向各单位反馈执法检查中发现的问题。会议要求各单位以问题为导向，加强有限空间安全监管，根据季节特点和行业实际情况安排夜间检查、日常巡查，查处违法行为，确保有限空间作业安全。

（崔晓龙）

【市委、市政府安全生产督察】 8月7日至25日，市委、市政府安全生产第一督察组对朝阳区安全生产工作开展驻地督察。督察组听取朝阳区区委书记吴桂英关于安全生产工作情况汇报，听取副区长孙其军、李俊杰、李国红关于分管领域安全生产履职情况汇报。期间，组织区行业部门、街乡、重点企业、功能区管委会主要负责人座谈会4次，听取各单位主要负责人工作汇报61次。延伸督察10个街乡，随机抽查各类生产经营单位36家，查阅资料1.1万余份，受理来电、来信举报9件。

（路韬）

【安全生产“金秋”行动】 9月6日，朝阳区安全监管局启动安全生产“金秋”行动，全区各街乡、各部门开展安全生产大检查、隐患排查治理和对照检查，做好国庆、中秋和党的十九大期间安全保障工作。截至10月31日，检查企业19万余家次，消除隐患11.6万项，关闭取缔182家，责令停产整顿228家，罚款273.822万元。安全生产事故起数和死亡人数实现“双下降”，取得显著成效。

（潘蔚然）

【安全隐患大排查大清理大整治】 11月至12月，朝阳区安委会组织开展安全隐患大排查大清理大整治专项行动。全区各街乡、各部门、各单位集中力量，从安全监管、消防、公安、工商、住房城乡建设、城管等7个部门和各街乡选调65名干部，聘请10名安全生产专家，成立75人的专项行动工作专班，下设5个小组和10个督查组，以集中办公和分片督查方式对隐患点强化综合协调。全区出动检查人员40万余人次，检查点位33万余处，消除一般隐患19万余项，行政处罚660起，停产停业2748家，关闭取缔1985家，媒体曝光21家，罚款369.824万元，处理人员719人，拆除、清理违法建设2854处，拆除面积472509.29平方米。

（潘蔚然）

【职能部门专职安全员队伍】 本年，朝阳区安全监管局会同区有关部门根据市政府办公厅相关文件要求，经过发布公告、组织报名、网上验资、笔试、现场验资、面试、体检、政审、岗前培训、取证考试、人员分配、合同签订、组织报到等工作，招录第4批职能部门安全生产专职安全员150名，于12月29日正式上岗。

（张强）

【监管信息平台升级改版】 本年，朝阳区安全监管局完成《朝阳区安全生产监管信息平台》升级改版工作。完成对GIS地图、教育培训、风险预警、隐患移送、统计分析等系统新功能研发工作；对原系统平台功能的企业隐患自查自报、法律法规库、统计分析、协同办公和执法终端APP等功能进行升级改版；根据市安全监管局工作要求，完成企业台账正式库对接工作，并由系统开发公司完成对43个街乡安监队（科）执法人员及专职安全员的系统使用培训工作。

（杨毅）

【企业台账动态更新】 本年，朝阳区安全监管局组织对全区生产经营单位进行现场勘查，拍照取证及存档备查。核销企业51450家、完善企业信息24499家、新增企业23063家，完成99012家企业增删改工作，企业台账60652家，企业信息完整率63.06%。

（杨毅）

【移动检查终端配备】 本年，朝阳区安全监管局为各地区党政主要负责人和负有安全生产监管职责的领导配备移动执法终端，发挥安委会统筹协调作用。根据市安全监管局《关于专职安全员检查系统上线相关工作的通知》要求，为全区安全监管系统956名专职安全员配备移动检查终端。年内配备终端检查企业 107544 次，使用率 96.12%。

（杨毅）

危险化学品安全监管

【体育经营企业涉危专项整治】 3 月至 6 月、10 月至 12 月，朝阳区安全监管局联合区体育局，全面排查整治高尔夫球场内部储油设施、室内滑冰场危险化学品使用情况。检查高尔夫球场 31 家、室内滑冰场 11 家，发现各类隐患问题 87 项。现场临时查封 7 家，督促完成拆除有关设备设施 10 家，立案处罚 2 起，罚款 8 万元。通过整治，摸清体育行业涉危使用风险特点，指导行业监管部门建立合法规范的日常监督管理机制，填补监管空白。

（夏旭昀）

【重点时期危险化学品安全保障】 5 月、10 月，朝阳区安全监管局开展“一带一路”国际合作高峰论坛和党的十九大期间安全生产保障工作。联合各相关部门分行业组织企业负责人进行培训，培训 500 余人，下发宣传材料 5000 余份。组织对会议驻地、行车路线周边等重点区域危险化学品生产经营单位进行专项检查，确保重大活动期间安全稳定。

（夏旭昀）

【危险化学品综合监管】 本年，朝阳区安全监管局深化危险化学品安全生产综合监管工作。制订《危险化学品安全综合治理三年行动计划实施方案》，推动有关工作落实。协调配合区反恐办、禁毒办、环保局、朝阳运管处、公安消防支队等部门做好国务院安委会巡查、反恐督查、易制毒化学品重点单位整治、中央环保督查、运输单位联合检查、消防年度考核等各项督查、检查及联合执法工作。建立执法部门与属地街乡联动机制，有效遏制城乡结合部危险化学品非法储存案件多发势头，全年未发生危险化学品非法储存重大案件。

（夏旭昀）

【危险化学品执法检查】 本年，朝阳区安全监管局加大危险化学品生产经营单位执法检查力度，完成危险化学品企业执法检查 468 家次，执法计划完成率 100%。办理危险化学品行政处罚案件 32 起，罚款 46.28 万元，其中重大案件 4 起、罚款 29.08 万元。对易制毒易制爆企业立案 16 起，罚款 19.38 万元。完善与公安部门联动机制，指导孙河乡、崔各庄乡等街乡查处各类涉及危险化学品非法违法案件 21 起，移送公安机关拘留 21 人。

（夏旭昀）

【危险化学品行政许可】 本年，朝阳区安全监管局完成危险化学品建设项目审批 9 家、危险化学品经营许可 131 家，易制毒备案 27 家。全部审批许可项目按照“法定条件、法定程序、法定时限”办理完成，未发生复议、申诉。

（夏旭昀）

【加油站贯标改造】 本年，朝阳区安全监管局发挥行业协会等专业性社会力量作用，确定加油站贯标改造项目监管模式和标准。采取提前召开工作部署会确定工作计划、定期跟踪检查、季度汇总总结、年终检查评比等工作措施，保证施工改造总体进度。通过施工前审查方案、进场时组织安全培训和应急演练、制作“施工改造十严禁”提示牌、施工期间加强检查、在清罐及吊装等重点作业到现场监护，保证改造全过程的安全。全年完成加油站贯标改造 49

座，未发生安全事故。

（夏旭昀）

【危险化学品企业退出】 本年，朝阳区安全监管局按照全市统一部署，通过召开专题会议、约谈企业法人、现场督促协调等形式，引导有储存设施的工业气体经营企业等高风险企业退出。完成2家危险化学品企业退出工作，申请市级退出奖励资金90万元。另有4家企业转为无储存经营。除生产企业、加油站外，全区有储存设施经营的危险化学品企业仅1家，危险化学品经营企业由391家减至360家。

（夏旭昀）

烟花爆竹安全监管

【烟花爆竹零售网点设置】 本年，朝阳区安全监管局会同公安、工商、消防、市政、交通部门，对照法律法规和标准规范要求，审查零售网点拟设置地点的安全条件。不符合安全条件的，一律不得进入许可阶段。全区审批许可烟花爆竹零售网点54个，其中五环内25个、五环外29个，同比减少33.3%。全区43个街乡有21个未设置网点，实现四环以内不设置网点。

（夏旭昀）

【烟花爆竹零售网点安全检查】 1月22日至2月1日，朝阳区安全监管局、各街乡安监科及安全生产检查队出动执法检查人员1433人次、执法车辆409台次，检查烟花爆竹零售网点1059个次，排查整改安全隐患359项，责令停业整顿零售网点3个。核查各类举报13件，其中“12350”举报投诉3件、政民互动举报4件、区安全监管局电话举报6件，回复市民电话咨询3次。烟花爆竹举报同比下降57%。

（夏旭昀）

【烟花爆竹销售】 1月22日至2月1日，朝阳区54个烟花爆竹零售网点配送烟花爆竹22791箱，同比减少30.6%；销售烟花爆竹14757箱，同比减少41%，回收烟花爆竹8034箱，同比增加2.6%。

（夏旭昀）

【烟花爆竹安全培训】 本年，朝阳区安全监管局组织烟花爆竹零售网点申请单位主要负责人54人、从业人员393人参加安全培训，确保上岗前掌握必备安全知识和操作技能。对培训合格人员，制作佩戴全塑封、打印电子照片的上岗证，防止私自调换人员。编制《烟花爆竹销售网点安全监管手册》《烟花爆竹销售网点应急救援预案》《销售区域安全提示》下发至烟花爆竹零售网点，明确安全管理规定及措施要求。制作《烟花爆竹购买及燃放安全提示》宣传材料5万份，销售烟花爆竹时一并发放，引导广大市民安全燃放烟花爆竹。

（夏旭昀）

隐患排查治理

【工业企业安全隐患整治部署会】 11月23日，朝阳区安全监管局召开工业企业安全隐患大排查大清理大整治专项行动工作部署会，区有关委办局、街乡安全生产管理人员和全区300余家工业企业负责人参加会议。会议分析工业企业安全生产工作存在的主要问题，区有关职能部门就消防安全、特种设备设施安全、燃气安全、用电安全、防雷安全等工作进行部署。会议要求各单位落实市委书记蔡奇、代市长陈吉宁关于加强安全生产工作的指示精神，汲取“11·18”火灾事故教训，全面开展工业企业安全隐患大排查大清理大整治专项行动，做好安全生产工作。

（陈京）

【隐患排查治理清单编制试点】 本年，朝阳区安委会办公室在全区安全生产标准化达标企业中选择500家企业开展隐患排查治理“一企一标准、一岗一清单”清单编制试点工作。以企业需求为导向，编制符合企业实际的隐患排查治理清单和岗位操作规程，提高生产经营一线职工安全意识和隐患排查能力。500家企业全部完成清单编制工作，试点企业开始运用全市生产安全隐患排查治理信息系统平台开展日常隐患排查治理工作。

（唐璐）

应急救援

【“5·12”防灾减灾安全生产宣传活动】 5月12日，朝阳区安全监管局等部门在北京欢乐谷开展“5·12”防灾减灾安全生产宣传活动。举行“5·12”防灾减灾动员仪式、防灾减灾宣传、自救互救现场体验、应急逃生模拟体验等4个主题活动。设置宣传展台1个，发放宣传手册《电器用电安全操纵事故预防手册》《家庭安全知识手册》《安全知识手册》《加油站安全常识》《危险化学品安全常识》《危险化学品安全宣传手册》及其他宣传材料3000余份，参加宣传活动人数5000余人。

（甘建玮）

【应急管理培训会】 5月23日，朝阳区安全监管局召开应急管理培训会，全区43个街乡安监科科长、专职安全员队长和重点企业有关负责人参加培训。会议通报2017年上半年应急管理工作情况，部署应急演练、安全生产月活动、执法检查、应急管理示范企业试点等工作，讲解应急管理与检查、安全生产事故案例及《生产安全事故应急预案管理办法》，下发《安全生产应急管理示范企业工作手册》4500余册。

（甘建玮）

【应急管理示范企业推荐会】 9月14日，朝阳区安全监管局召开应急管理示范企业推荐会，市安全监管局、北京安联和试点企业有关负责人参加会议。会议通报应急管理示范企业试点工作开展情况，有关专家与企业负责人进行交流。试点企业通过审核，推荐上报市安全监管局。

（甘建玮）

【应急救援演练】 本年，朝阳区安全监管局结合实际开展安全生产应急救援演练活动。5月10日，会同十八里店乡政府、中石化朝阳区域公司在北京朝英加油站举行危险化学品事故应急救援演练；9月7日，在北京市自来水集团第九水厂举行重大危险源事故应急救援桌面演练；10月9日至15日，在大兴防化团训练基地开展预备役防化团应急救援队伍训练和实战演练。

（甘建玮）

执法监察

【检查专职安全员队伍】 1月10日，市安全监管局副巡视员贾秋霞带队检查朝阳区崔各庄乡专职安全员队伍规范化建设工作。检查组对崔各庄乡安全生产检查队规范化建设工作给予肯定，要求朝阳区及崔各庄乡以此次检查为起点，以全市“安全生产检查业务能手”为榜样，推动专职安全员队伍规范化建设，做好生产经营单位安全生产监督检查工作。

（黄卫峰）

【市十四届人代会安全保障】 1月14日至20日，朝阳区安全监管局制定《北京市第十四届人民代表大会第五次会议安全生产保障工作方案》，建立会议驻地周边200米范围内生产经营单位基础台账，对所涉及的27家生产经营单位开展安全生产执法检查。出动执法检查人员201人次，检查生产经营单位89家次，排查整改安全隐患48项，确保会议顺利召开。

（许海凤）

【全国“两会”安全保障】 2月20日，朝阳区安全监管局制定《朝阳区2017年全国“两会”期间安全生产监管工作方案》，2月28日至3月15日，组织8个安全生产检查组开展“两会”期间安全生产检查工作。出动执法检查人员1.56万人次、执法车辆2283台次，检查生产经营单位1.26万家，排查整改隐患问题1.87万项，行政处罚10起，罚款5.4万元。

（许海凤）

【“一带一路”峰会安全保障】 3月17日至5月20日，朝阳区安全监管局按照区委、区政府工作部署，制定《“一带一路”国际合作高峰论坛安全生产保障工作方案》，对会场驻地周边200米生产经营单位开展4轮“全覆盖”执法检查。出动执法检查人员5221人次、执法车辆474台次，检查生产经营单位6445家次，排查整改安全隐患7176项，下达责令限期整改指令书661份、现场检查记录2249份、其他执法检查文书1108份，行政处罚27起，罚款12.5万元，关停企业25家。确保“一带一路”国际合作高峰论坛顺利召开。

（许海凤）

【“散乱污”企业治理专项行动】 3月至12月，朝阳区安全监管局按照全市统一部署，在全区7个乡20个重点村开展城乡结合部地区安全生产专项整治暨“散乱污”企业治理专项行动。全区“散乱污”企业列入台账104家，其中拟关停取缔20家、拟整改84家。专项整治期间，执法检查企业710家次，执法检查覆盖率100%。完成隐患整改40家，停产停业9家，关停取缔55家，行政处罚1起，罚款1万元。新增“散乱污”企业15家，其中停产4家、搬离3家、整改8家。全年完成119家“散乱污”企业治理任务，并通过审核验收。

（黄卫峰）

【联片跨街乡集中执法专项行动】 6月12日至16日，朝阳区安全监管局聘请专家，抽调部分执法检查人员，开展全区联片跨街乡集中执法专项行动。此次行动检查企业单位75家，行政处罚39起、罚款34万元。

（黄卫峰）

【行业联合执法检查】 6月至12月，朝阳区安全监管局组织区住房城乡建设委、文化委、商务委、体育局、公安消防支队、食品药品监管局等12个部门，对全区部分建筑施工现场、宾馆酒店、文化娱乐场所、餐饮、商市场、体育场馆、工业及物业管理等行业领域生产经营单位，开展6次联合执法检查专项行动。出动执法检查人员252人次、专家38人次、车辆34台次，检查生产经营单位172家次，排查整改安全隐患272项。行政处罚8起，罚款9.2万元。

（许海凤）

【文化市场专项执法检查】 7月至8月，朝阳区安全监管局加大对文化市场生产经营单位的监督检查力度，将图书音像、歌厅、网吧、印刷厂、电影院等单位纳入重点检查范围，督促存在安全隐患的企业落实整改工作，对存在违规违法行为的企业依法进行处罚。检查文化市场相关单位65家次，罚款3000元。

（许海凤）

【高层建筑专项执法检查】 8月至12月，朝阳区安全监管局分6个专项巡查整治工作小组，对高层建筑消防安全综合治理情况开展专项执法检查。出动执法检查人员780人次，检查生产经营单位950家次，排查整改安全隐患3695项，行政处罚19起。

（许海凤）

【国际刑警组织大会安全保障】 9月26日至29日，朝阳区安全监管局对国际刑警组织第86届全体大会会场、代表驻地、参观点周边200米和延伸500米，以及奥林匹克公园周边500米范围内476家生产经营单位开展全面安全检查。出动执法检查人员688人次，检查生产经营单位611家次，排查整改安全隐患726项。下达责令限期整改指令书67份、现场检查记录470份、其他执法文书72份，行政处罚3起，罚款4.8万元。

（许海凤）

【党的十九大安全保障】 10月10日至24日，朝阳区安全监管局按照区委、区政府工作部署，制定《中国共产党第十九次全国代表大会安全生产保障工作方案》，在全区范围内组织开展安全生产大检查。出动执法检查人员1.46万人次，检查生产经营单位1.48万家，排查整改安全隐患2.12万项。下达现场检查记录9223份、责令限期整改指令书4312份、整改复查意见书641份，停产停业103家，行政处罚115起，罚款66.3万元。确保党的十九大胜利召开。

（许海凤）

【举报投诉案件核查】 本年，朝阳区安全监管局受理安全生产举报投诉案件358件，同比增长280%。其中“12350”举报投诉平台受理339件、电话受理19件。经核查，举报属实108件、部分属实71件、不属实163件、其他10件、转办职能部门6件。对66件举报投诉案件进行立案处罚，罚款47.3万元。全部案件均在规定期限内办结。

（许海凤）

【安全生产检查队规范化建设】 本年，朝阳区安全监管局结合本区实际情况，开展街乡安全生产检查队规范化建设工作。组织对安全生产检查队进行走访、调研，了解掌握工作情况。结合考核终评对各检查队存在的问题进行梳理，逐一研究解决。在年终市安全监管局规范化建设评定中，朝阳区43个安全生产检查队规范化建设均100%达标。

（张强）

职业卫生监督检查

【医疗机构职业危害调研】 1月6日，朝阳区安全监管局会同区疾控中心专家对朝阳医院职业卫生管理工作进行调研。调研组查看病理科和中药房等场所通风、除尘设施和从业人员个体劳动防护用品使用情况，了解病理科使用的有机溶剂种类、数量、工作流程和中药房日常接触粉尘情况。通过调研，掌握医疗机构职业病危害因素分布与防治情况。

（姜南）

【汽修企业职业病危害专项治理调查】 3月至4月，朝阳区安全监管局在开展安全生产“护航”百日攻坚专项行动中，将汽修企业职业卫生基础建设和设备升级改造作为重点，对来广营、平房、十八里店、高碑店等汽修企业集中区域的60余家汽修企业调漆室和清洗喷枪工作场所职业病危害治理情况进行摸底调查。通过调查，摸清辖区机动车维修企业职业卫生管理现状，为进一步开展职业病危害专项治理工作提供依据。

（姜南）

【汽修企业职业病危害治理验收】 4月至6月，朝阳区安全监管局会同职业卫生技术服务机构和相关街乡安监科组成验收工作组，采取“分组包片、逐家检查、全面覆盖”的方式，对全区汽修企业职业病危害治理工作进行复查验收。开展专项治理单位147家，实际验收单位131家（另16家关停并转）。经验收核查，汽修企业排毒柜安装率、劳动者职业健康体检率、作业场所检测率100%，企业负责人持证上岗率97%。

（姜南）

【职业健康宣讲员选拔】 6月7日，朝阳区安全监管局根据市安全监管局工作部署，本着“源于一线，宣讲一线，指导一线”的原则，从129名具有职业卫生检查工作基础、热心职业卫生监管工作的街乡职业卫生联络员中选拔16人，代表朝阳区参加全市职业健康宣讲员选拔活动，其中5人获得市级优秀宣讲员称号。

（姜南）

【职业卫生与有限空间专题培训】 6月30日，朝阳区安全监管局会同国家安全监管总局职业安全卫生研究中心、中安在线（北京）科技有限公司，围绕职业卫生基础建设达标、职业病危害防治评估、职业卫生“双达标”“一人一档”及有限空间检查等重点内容开展专题培训，全区129名职业卫生联络员参加培训。通过培训，增强安全监管（管理）人员对相关法律法规的理解和应用水平，夯实职业病防治和有限空间安全生产工作基础。

（姜南）

【安全生产对话谈心活动】 6月至7月，朝阳区安全监管局与41家存在职业危害的用人单位主要负责人开展对话谈心活动。要求企业组织学习习近平总书记、李克强总理关于安全生产的系列重要讲话精神，对本单位安全生产和职业健康工作负全面责任，提升职业安全管理水平。在活动中向企业负责人发放《北京市生产安全事故案例教育光盘》《北京市生产经营单位落实安全生产主体责任宣传手册》和《朝阳区存在职业危害因素企业职业卫生基础建设活动指导手册》，提高职业安全工作重要性的认识、明晰存在的问题、不足和整改方向，做好企业职业安全卫生工作。

（姜南）

【金属制品企业职业卫生贯标培训】 7月21日，朝阳区安全监管局召开《金属制品业职业卫生技术规范》贯标专项培训会，辖区9家存在职业病危害的金属制品企业负责人参加培训。会议要求各单位严格按照标准要求，提升职业卫生管理水平，保障劳动者合法权益。

（姜南）

【职业病危害申报核查】 7月至11月，朝阳区安全监管局会同市劳保所，根据辖区职业病发病分布情况、危害严重程度和危害重点治理情况，参考安全生产条件普查数据，在医药制造业、家具制造业、汽车制造业、专用设备制造业和电子设备制造业抽取50家企业基本信息、职业卫生管理信息、职业病危害信息，通过实地调查、查阅资料和现场询问的方式对企业进行职业病危害申报工作核查。通过核查，基本摸清全区用人单位申报的职业卫生管理情况。

（姜南）

【非医疗机构职业卫生监管培训】 8月18日，朝阳区安全监管局会同市化工职业病防治院对61家非医疗机构用人单位进行职业卫生专项培训。重点培训职业危害因素识别与防护、放射职业卫生管理等内容。要求各单位提高法制意识、责任意识、防护意识，注重劳动过程的防护与管理，控制和消除放射危害，做好职业危害前期预防工作。

（姜南）

【职业病危害防治工作评估】 11月6日至7日，市化工职业病防治院5名专家组成评估组，对朝阳区2017年度职业病危害防治工作进行评估。评估组在全区469家职业病危害项目申报单位中随机抽取10家单位，查看职业卫生档案、职业健康监护档案和作业现场，核查街乡职业卫生工作开展落实情况。评估组认为朝阳区职业病危害防治工作组织严密、措施有力，企业职业病防治工作成效显著。

（姜南）

宣传培训

【职业病防治法宣传周活动】 4月24日至30日，朝阳区安全监管局选取重点单位开展《中华人民共和国职业病防治法》宣传周活动。区安全监管局联合区疾控中心，在北京飞机维修工程有限公司举行《中华人民共和国职业病防治法》宣传咨询活动，普及职业病危害因素与防护知识，解答劳动者在工作中遇到的职业病防治问题，指导劳动者维护自身合法权益，发放宣传材料1200余份、宣传光盘50余张，并进行现场答疑咨询。宣传周期间，全区各街乡举办研讨会、主题报告会、员工座谈会、知识讲座、知识竞赛等活动19次，利用广播、电视、报刊等媒体报道49次，印发宣传材料3.6万余份，制作和发放职业卫生知识宣传光盘500余张。

（姜南）

【“朝阳安监”微信公众号】 4月25日，“朝阳安监”微信公众号开通。年内举办线上有奖答题活动4次，推文544篇（含原创文章256篇），文章最高阅读数1.24万次，文章阅读数24.5万人次，3600人关注。取得较好宣传效果。

（梁博文）

【安全生产宣传咨询日】 6月16日，朝阳区安全监管局在朝阳公园南门广场举行安全生产月宣传咨询日活动，副区长刘海涛和市、区有关部门领导出席活动。活动现场设置宣传展板、装备展示、互动体验、微信公众号宣传和现场咨询5个区域。设置100余块宣传展板，面向社会公众宣传消防、用电、用气、职业卫生等安全科普知识；现场展示消防宣传车、火灾逃生体验帐篷，宣讲消防器材使用方法和地震逃生相关知识；现场安排医务人员讲授心肺复苏术并免费测量血压，通过转盘互动有奖答题方式，提高市民安全生产意识；在“朝阳安监”微信公众号宣传区，通过扫码关注送小礼品的方式，宣传“朝阳安监”微信公众号，扩大公众知晓率；现场设置家庭燃气使用安全、防火安全、职工权益保护等19个咨询台，接受公众关于安全政策、安全知识的咨询。据统计，咨询日当日，全区各街乡、各有关部门和单位在各主要场所开展安全生产宣传咨询日活动，悬挂宣传横幅2416幅，张贴宣传海报9135张，发放宣传材料171025件，设置宣传园地697个，利用620块显示屏开展公益宣传，利用户外电子显示屏播放标语4992次。参加咨询日活动人数超过5万人。

（潘蔚然）

【专职安全员规范化建设推进会】 7月3日，朝阳区安全监管局召开专职安全员业务培训暨安全生产检查队规范化建设推进会，全区各街乡（园区）及职能部门专职安全员参加会议。会议通报专职安全员队伍建设工作情况和取得的成绩，针对存在的问题，提出工作要求。重点对职业病防治和有限空间安全作业进行培训，讲解业务知识和检查方法，正确使用执法检查系统。

（张强）

【职业健康宣讲活动】 9月至11月，朝阳区安全监管局组织市、区优秀职业健康宣讲员到各街乡和企业开展宣讲活动。宣讲员从不同主题、不同角度、不同层面出发，结合身边人、身边事，阐述职业健康的重要性，用事故案例警示每个人要高度重视职业健康工作。通过开展宣讲活动，推进用人单位主体责任落实，加强行业自律意识，增强一线职业卫生监管人员能力素质，强化职工自我保护意识，营造社会监督的良好氛围。

（姜南）

标准化建设

【安全生产标准化专题会】 3月29日，朝阳区安全监管局组织评审单位和核查单位召开安全生产标准化专题会议。会议通报2016年安全生产标准化核查情况，部署2017年安全生产标准化达标创建工作，要求各评审单位加强管理，遵守“创建目标是有质量的目标”和“数量服从质量、进度服从质量”的原则，规范有序开展安全生产标准化评审工作。

（陈京）

【标准化创建动员部署会】 6月15日，朝阳区安全监管局召开安全生产标准化创建工作动员部署会。各街乡主管领导、评审机构负责人参加会议。会议部署安全生产标准化工作并下达年度任务指标。会议要求各街乡和各评审单位加强领导，落实责任，确保企业标准化创建质量；各街乡专职安全员和各机构评审人员要加强企业信息采集，督促企业上报隐患排查治理情况，实现动态化监管；各单位要树立服务意识，帮助企业解决标准化创建过程中遇到的困难和问题。

（陈京）

【等级评定技术规范宣贯培训会】 9月7日至8日，朝阳区安全监管局召开《安全生产等级评定技术规范》宣贯培训会，区相关委办局、各街乡主管领导参加会议。培训讲解标准制定的背景、意义，以及重点条款的应用等内容。会议要求各单位认识实施安全生产技术规范重要意义，扎实开展宣传培训工作，提升安全生产标准化创建水平。

（陈京）

海淀区

概述

2017年，海淀区安全生产工作围绕“推进四化进程、建设三个体系、筑牢双基”总体部署，推动“党政同责、一岗双责、失职追责”安全生产责任体系向基层延伸，以加强队伍管理建设为根本，以压减事故总量为目标，强化安全监管（管理）工作，全力消除事故隐患，确保全区安全生产形势总体平稳。

落实安全生产监管（管理）责任。区委、区政府主要领导与各部门、各街镇签订安全生产目标责任书，各部门、各街镇逐级签订目标分解责任书，逐级落实工作任务和责任分工。区安委会组织召开全区性安全生产会议25次，印发、转发文件200余份，对全区安全生产工作进行部署和指导。

深化隐患排查治理和安全专项整治。建立风险和隐患点分级分类台账，健全动态更新长效管理机制，提升全区安全生产风险隐患防控能力。完成5处市级油气输送管道隐患整治任务，为1021户城乡困难居民家庭安装燃气安全辅助设备和独立式感烟火灾探测报警装置，“疏解整治促提升”“散乱污治理”“开墙破洞”专项治理市级挂账任务完成率100%，城乡结合部重点地区专项整治市、区两级挂账任务完成率100%。推进“一企一标准、一岗一清单”编制工作和城市安全风险评估工作，建立安全风险评估企业台账644家。

加强安全生产执法检查工作。强化危险化学品企业、工业企业等重点企业日常安全监管，采取“四不两直”的方式对地下有限空间作业日夜巡查、督查。开展烟花爆竹商业零售摊位、易制毒易制爆化学品经营单位、体育运动项目经营单位、商业零售经营单位、建筑施工单位等重点行业和领域专项执法监察行动。完成“两节”“两会”“一带一路”国际合作高峰论坛、党的十九大等重点时期安全生产保障任务。

开展安全生产宣传教育活动。开展《中共中央 国务院关于推进安全生产领域改革发展的意见》宣贯培训工作，邀请专家为区理论中心组（扩大）全体领导、安委会成员单位主管领导和部分重点企业负责人、安全管理人员进行培训。开展以“全面落实企业主体责任”为主题的2017年安全生产月活动，举办安全生产大讲堂912场次，系列应急演练970余次，张贴、发放各类宣传材料（宣传品）37万余份，发布活动新闻、安全生产常识700余条，全区44万余人参加安全生产月活动。开展“双百工程”活动，组建安全生产检查专家组，深入企业指导、检查安全生产工作，服务企业300家、社区4个，排查整改隐患问题990项，培训安全员600人次，与企业负责人对话谈心210次。

推进安全监管监察队伍建设工作。加强安全生产监管人员、专职安全员队伍建设和监管制度建设，推进专职安全员检查系统信息化建设。完成安全生产执法移动检查终端配备工作，在全区29个街镇安全生产检查队中建立微信公众号平台，定期推送安全生产知识及法律、法规相关政策等安全生产信息，提升监督检查水平。指导街镇开展安全生产检查队规范化建设，对街镇安全生产检查队规范化建设达标进行验收检查，达标率100%，优秀率85%。

综合监管

【安委会第一次会议】 1月11日，海淀区安委会召开第一次全体会议暨全区安全生产大会，区委书记崔述强、区长于军出席会议并讲话，区安委会成员单位、区属重点企业主要领导参加会议。会议通报2016年全区生产经营性道路交通、生产经营性火灾和生产安全事故情况，总结2016年安全生产工作，部署2017年安全生产重点工作。于军指出，全区各单位要认清形势，压实责任，加大宣传和执法检查力度，做好“两会”、党的十九大和春节、“十一”等重点时期安全生产工作。崔述强强调，要贯彻十八届六中全会、中央经济工作会议和中央领导重要指示批示精神，落实全国和北京市安全生产电视电话会议部署要求，创新安全监管体制机制，强化责任落实，强化源头防范，强化隐患排查整治，做好各项安全生产工作。

（张亚楠）

【安委会第二次会议】 3月24日，海淀区副区长梁爽主持召开安委会第二次全体会议，贯彻落实全国危险化学品安全综合治理电视电话会议精神。区安委会成员单位主管领导和有关负责人参加会议。会议就落实安全生产监管（管理）责任，加强重点行业领域安全监管，遏制各事故发生提出工作要求。逐级签订安全生产目标责任书，有序推进安全生产大检查、“安责险”、标准化建设、隐患排查治理、安全生产月活动等重点工作。

（张亚楠）

【安委会第三次会议】 4月11日，海淀区安委会召开第三次全体会议，区委书记崔述强、区长于军等区领导和区有关部门、各街镇、区属重点单位党政主要负责人参加会议。会议就国务院安委会安全巡查工作进行动员部署，要求各部门、各街镇、各单位做好迎检准备工作，确保巡查工作顺利开展。

（张亚楠）

【安全生产电视电话会】 6月27日，海淀区副区长梁爽主持召开全区安全生产电视电话会，区安委会成员单位、29个街镇主要领导和区属重点企业负责人参加会议。会议传达贯彻市安委会第二次全体会议精神，要求各部门、各街镇、各单位把安全生产作为推动和谐宜居之都建设的重要抓手，服务区域经济社会发展大局，抓好市安委会第二次全会部署的各项工作及全年安全生产目标责任书重点工作的推进。

（张亚楠）

【区长带队检查汛期安全】 7月16日，海淀区区长于军，副区长龚宗元、梁爽带领区安全监管局、城管执法局、公安消防支队、公安分局、住房城乡建设委等部门负责人和属地街镇执法检查人员，检查重点区域和重点企业汛期安全生产情况。区领导对厢白旗、五塔寺地区环境整治工作进行调研。重点检查生产经营单位贯彻执行安全生产法律法规、落实安全生产主体责任、重大危险源监控和开展隐患排查治理等情况。针对检查发现的问题，检查组责令有关单位立即落实整改，消除安全隐患。

于军指出，要时刻绷紧安全生产这根弦，坚决克服松懈麻痹和侥幸心理，进一步强化“红线”意识、忧患意识、风险意识和责任意识，严格抓好施工安全、消防安全、用电安全，落实安全生产主体责任，把遏制重特大事故摆在突出位置，狠抓暑期汛期各项安全防范措施落实。

（王毅）

【安全工作大会】 7月19日，海淀区副区长梁爽主持召开安全工作大会，区安委会成员单位及区各行业部门、街镇主管领导和社区、村（居）委会代表及建筑施工、危险化学品、商市场、文化娱乐、宾馆饭店负责人参加会议。会议通报上半年全区安全生产形势，区住房城乡建设委、公安消防支队、公安交通支队、城市管理委、水务局、城管执法局对汛期及重点行业领域安全生产工作进行部署。会议要求各部门、各街镇、各单位树立“红线”意识，落实属地管理、行业监管和企业主体责任，开展隐患排查整治，加强督导检查，确保全区安全生产形势持续稳定好转。

（张亚楠）

【安委会第四次会议】 7月20日，海淀区副区长梁爽主持召开安委会第四次全体会议，贯彻国务院安委会、北京市安委会电视电话会议精神，对下半年安全生产各项重点工作进行再动员、再部署。常务副区长孟景伟参加会议并讲话，区安委会成员单位、各街镇和区属重点企业负责人参加会议。会议要求各部门、各街镇、各单位以安全生产大检查工作为抓手，深化隐患排查治理，为党的十九大胜利召开营造良好环境。

（张亚楠）

【区领导带队安全检查】 7月24日，海淀区区长于军，区委常委高念东、副区长吴计亮、梁爽和相关行业部门、街镇主要负责人组成检查组，对友谊宾馆地下车库及配套服务用房项目工地、北京液化气西郊分公司、玉泉山周边重点生产经营单位安全生产工作进行检查，现场处置北三环西路路面塌陷问题。于军在检查中指出，各有关部门、各街镇、各生产经营单位要落实行业监管、属地管理和企业主体责任，扎实开展安全生产大检查，最大限度排查、消除安全隐患。针对安全生产及防汛形势，要加强应急值守，确保信息反馈及时、指令下达及时、防守抢险到位。

（张亚楠）

【生产安全和消防安全推进会】 7月29日，海淀区副区长梁爽主持召开全区生产安全和消防安全工作推进会，对安全生产重点工作进行再动员、再部署。区长于军出席会议并讲话，区安委会部分成员单位和各街镇主要负责人参加会议。会上，区安全监管局、公安消防支队、住房城乡建设委、园林绿化局通报安全事故情况，部署下阶段重点工作。于军在讲话中要求各单位落实责任，狠抓隐患排查治理，严格监管执法，落实应急值守和协调联动制度，为党的十九大胜利召开营造良好的安全生产环境。

（张亚楠）

【区委、区政府安全生产专题会】 8月7日、9日，海淀区区委、区政府召开会议，专题研究部署全区安全生产工作。会议听取区安委会办公室关于安全生产工作情况的汇报，审议《海淀区安全生产工作考核办法》（审议稿）。于军就做好安全生产工作提出要求：一是以贯彻落实《中共中央国务院关于推进安全生产领域改革发展的意见》为主线，全力落实市委、市政府部署要求。二是强化政治意识，以良好工作作风把安全生产责任层层压实，确保人民群众生命财产安全。三是要以查隐患、严治理、防事故、保安全为主线，认真组织开展安全生产大检查。四是要强化监管执法，对重点领域和关键环节加大执法力度和频次。五是要完善工作机制，发现问题，督促整改，严肃问责。六是要将安全生产工作与“疏解整治促提升”结合起来，以超常规的工作状态抓好工作落实。

（张亚楠）

【安委会第五次会议】 8月30日，海淀区副区长梁爽主持召开安委会第五次全体会议。区安委会成员单位、各街镇负责人参加会议。会议通报国务院安委会办公室督导北京市安全生产大检查工作的反馈意见，对全区安全生产大检查工作进行再动员、再部署。要求各部门、各街镇加大执法检查力度，在企业自查自改的基础上，组织督查检查组深入企业开展检查，确保实现重点地区执法全覆盖，重点行业领域执法全覆盖，重点企业执法全覆盖，企业自查自纠全覆盖，事故隐患整改100%到位。

（张亚楠）

【区长带队督查“散乱污”整治】 9月1日，海淀区区长于军带队督查西北旺镇屯佃村木材建材市场“散乱污”企业清理整治工作。督查当日，完成企业清退工作。区委常委高念东、副区长吴计亮及区安全监管局、环保局、经信办、工商海淀分局和西北旺镇政府负责人参加督查。于军在督查中要求各部门、各街镇、各单位提高政治站位，增强大局意识、忧患意识、责任意识，克服麻痹思想和侥幸心理，全力做好“散乱污”企业清退工作。

（王毅）

【燃气灶具安全辅助设备安装】 9月18日，海淀区安全监管局组织29个街镇完成全区1021户困难居民家庭燃气灶具及辅助安全设备安装工作。按照“政府推动、企业参与、居民自愿、街镇落实”原则，采取街镇专职安全员、社区工作人员全程陪同安装公司人员入户的方式，有序推进安装、验收、回收销毁等各项工作，圆满完成市安全监管局下达的目标任务。

（张亚楠）

【安委会第六次会议】 9月29日，海淀区副区长梁爽主持召开安委会第六次全体会议，区安委会成员单位、各街镇和区属重点企业负责人参加会议。会议传达全市安全生产电视电话会议精神，总结前三季度全区安全生产工作，部署下阶段安全生产重点工作。会议要求各部门、各街镇、各单位深入开展安全生产大检查及百日“筑安”行动，落实党的十九大安全生产保障措施，发动全区安全监管力量和辖区各单位，严防各类安全事故发生。

（张亚楠）

【安委会第七次会议】 10月14日，海淀区安委会召开第七次全体会议，副区长龚宗元、吴计亮、梁爽和区安委会成员单位、各街镇、区属重点企业负责人参加会议。会议通报全区安全生产形势，部署下阶段安全生产重点工作。会议要求各部门、各街镇、各单位汲取顺义区2起有限空间中毒窒息较大事故教训，结合四季度全区安全生产特点，深化重点行业领域专项整治，做好党的十九大期间安全生产工作。

（张亚楠）

【安全隐患整治专项行动部署会】 11月19日，海淀区区委、区政府召开全区安全隐患大排查大清理大整治专项行动部署电视电话会，贯彻全市安全隐患大排查大清理大整治专项行动部署电视电话会精神，通报大兴区西红门镇“11·18”火灾事故情况，部署全区安全隐患大排查大清理大整治专项行动。区委书记于军指出，要学习贯彻市委书记蔡奇、代市长陈吉宁讲话精神，汲取“11·18”火灾事故教训，在全区迅速部署开展安全隐患大排查大清理大整治专项行动，做好海淀区安全生产工作，确保全区安全稳定。区委、区人大、区政府、区政协领导及区属各部门、企事业单位和群众团体主要负责人、主管安全生产工作负责人，各街镇领导班子成员及属地派出所负责人参加会议。

（张亚楠）

【百日“筑安”行动综合督查】 8月18日至9月1日，海淀区安全监管局联合相关部门组成综合督查组，对部分街镇开展安全生产大检查百日“筑安”综合督查。对街镇重点企业的安全生产管理资料、安全通道、有限空间、消防安全、特种设备设施、应急指示标识等进行现场检查。执法人员对检查发现的隐患，依法下达责令限期整改指令书。经复查，隐患整改完毕。

（王毅）

【市委、市政府安全生产督察】 11月11日至30日，市委、市政府安全生产第九督察组对海淀区开展安全生产驻地督察。听取区委书记于军关于全区安全生产情况汇报，听取副区长龚宗元、刘圣国关于分管领域安全生产履职情况汇报。召开街镇、部门及重点企业主要负责人座谈会3次，延伸督察8个街镇，随机抽查相关行业领域及医院、学校等37家企事业单位，查阅资料9800余份，受理来电、来信举报95件。

（陈震西）

【区领导督查安全隐患整改】 12月4日，海淀区区委书记于军、区长戴彬彬带队对紫竹院街道北京海润嘉汽车销售服务有限公司、海淀街道中关村广场购物中心及曙光街道远大公司绿化队大院安全隐患整改情况进行督查，区委常委高念东和副区长梁爽以及区政府办、安全监管局、公安消防支队、属地街道负责人参加督查。经检查，紫竹院街道北京海润嘉汽车销售服务有限公司、曙光街道远大公司绿化队大院存在的隐患均按期整改或清理完毕。督查组要求相关企业负责人加强日常检查，杜绝隐患问题死灰复燃。

（王毅）

危险化学品安全监管

【易制毒化学品企业专项督查】 3月1日至6月1日，海淀区安全监管局对全区27家易制毒化学品企业销售的重点易制毒化学品种类、流向、用途、销售数量进行专项督查。22家企业按要求完成2016年度易制毒化学品年报工作，2家申请退出经营易制毒化学品。对未按时完成年报、存在隐患问题的3家企业，执法人员责令限期整改。经复查，隐患问题全部整改完毕。

（李欣雷）

【危险化学品安全管理工作会议】 4月20日，海淀区安全监管局召开危险化学品安全管理工作部署会，全区加油站、气体经营、易制毒经营等企业负责人和安全管理人员参加会议。会议通报全区安全生产和社会治安情况，部署重点时期安全保障和易制毒化学品专项整治工作，对危险化学品安全监管工作提出具体要求。

（李欣雷）

【加油站贯标改造施工专项检查】 6月19日至23日，海淀区安全监管局开展加油站贯标改造施工专项安全检查，重点对施工单位资质、施工人员入场前安全生产教育培训、特种作业人员管理、临时用电安全、油罐拆除前期安全措施进行检查。检查发现个别加油站在施工期间存在特种作业人员上岗未按规定配发劳动防护用品、相关安全生产档案记录不全等问题，执法检查人员责令施工单位立即整改，并要求加油站及监理单位现场负责人督促落实，做好日常监管，确保贯标改造施工安全。

（李欣雷）

【易制爆危险化学品整治部署会】 8月23日，海淀区安全监管局召开易制爆危险化学品和寄递物流专项整治工作部署会，全区易制爆危险化学品企业负责人参加会议。会议部署易制爆化学品专项整治和党的十九大安全保障工作，对《海淀区集中开展易制爆化学品专项整治工作方案》进行解读。要求企业落实主体责任，开展专项整治，强化安全检查，为党的十九大胜利召开创造安全稳定的社会环境。

（李欣雷）

【危险化学品行政许可】 本年，海淀区安全监管局严格行政许可审批流程，向75家危险化学品经营单位发放危险化学品经营许可证，向9家易制毒化学品经营单位发放备案证明。

（席晓敏）

烟花爆竹安全管理

【烟花爆竹安全管理工作会】 1月20日，海淀区安全监管局召开2017年烟花爆竹销售安全管理工作会，区工商分局、公安分局、公安消防支队、北京市熊猫烟花有限公司和23个烟花爆竹零售网点主要负责人参加会议。会议部署烟花爆竹销售安全工作，讲解烟花爆竹标准规范，并对各零售网点做好烟花爆竹安全管理工作提出具体要求。

（李欣雷）

【烟花爆竹零售网点设置与检查】 本年，海淀区设置烟花爆竹零售网点23个（其中五环内8个、五环外15个），同比减少71.6%；销售烟花爆竹3245箱，同比减少86.3%。区安全监管局在春节期间出动执法检查人员820人次、车辆301台次，检查烟花爆竹零售网点674个次，排查整改安全隐患58项。

（李欣雷）

隐患排查治理

【隐患排查治理专题会】 2月23日，海淀区副区长梁爽主持召开全区安全生产隐患排查治理专题会，区安委会成员单位主管领导参加会议。会议通报全区隐患排查治理体系建设和“一企一标准、一岗一清单”试点工作情况。梁爽要求全区安全生产隐患排查治理工作要做细做实，建立完善隐患风险动态更新管理长效机制，实现风险管控和隐患排查治理双重预防，从根本上防范事故发生。

（刘辉）

【涉爆粉尘整治部署会】 2月28日，海淀区安委会办公室召开全区涉爆粉尘企业事故隐患治理动员部署会。区经信办、安全监管局、环保局、公安消防支队有关负责人，相关街镇主管领导和涉爆粉尘企业主要负责人参加会议。会上，区安全监管局通报涉爆粉尘企业专项整治方案，明确工作目标、任务和完成时限；区经信办、环保局和公安消防支队对相关工作提出要求。会议要求有关部门、各属地街镇和涉爆粉尘企业学习贯彻相关规定，开展隐患排查治理工作，加大检查频次和整治力度，杜绝粉尘爆炸事故发生。

（刘辉）

【清单编制动员培训会】 3月16日，海淀区安委会办公室召开2017年隐患排查治理“一企一标准、一岗一清单”编制动员培训会，相关行业部门、属地街道和企业及中介机构负责人200余人参加会议。会议对隐患排查治理清单编制工作进行部署，明确工作目标任务、职责分工和步骤。并从“一企一标准、一岗一清单”编制程序、方法、基本内容等方面进行培训。

（刘辉）

【“渣土堆”隐患治理】 4月14日至5月25日，海淀区安全监管局按照市安委会办公室安全隐患治理协调会工作要求，对京新高速东侧“渣土堆”隐患进行跟踪整治，督促、协调海融达公司、上庄镇政府和国土海淀分局等单位开展消隐工作。5月25日，渣土削方20.46万平方米，完成隐患治理工作。

（王毅）

【危险化学品消防隐患排查行动】 4月26日至5月18日，海淀区安全监管局集中开展消防安全隐患排查行动。重点对气体经营单位和加油站进行检查，检查消防演练、用电管理、易燃物堆放等安全管理情况。出动执法检查人员26人次、车辆13台次，检查生产经营单位25家次，对3家存在消防隐患的企业责令现场整改。

（李欣雷）

【非煤矿山专项整治部署会】 4月27日，海淀区安全监管局召开非煤矿山专项整治工作动员部署会，全区地质勘探、油气开发、地热、矿泉水44家企业主要责任人参加会议。会议对非煤矿山专项整治工作进行部署，明确专项整治工作的目标任务和重点内容，要求各企业加大宣传贯彻力度，狠抓工作落实，集中排查整改安全隐患，确保生产安全。

（李欣雷）

【城乡结合部及“散乱污”联合检查】 5月17日至6月19日，海淀区安全监管局联合区政府督查室、发展改革委、经信办、综治办、旅游委和属地街道，对学院路、功德寺等重点地区挂账隐患生产经营单位进行安全生产联合检查，推进城乡结合部及“散乱污”企业安全生产违法行为专项整治工作。检查组重点检查生产经营单位安全生产规章制度、现场安全管理情况。针对检查发现的问题，执法人员依法下达责令限期整改指令书，并提出整改要求。经复查，隐患全部整改完毕。

（王毅）

【易制爆危险化学品专项整治】 8月至12月，海淀区安全监管局开展易制爆危险化学品专项整治工作。制定易制爆危险化学品专项整治工作方案，明确工作目标、整治内容、整治步骤，细化工作措施，提出工作要求。派出专项整治检查小组，对辖区内易制爆危险化学品经营单位进行安全检查。检查易制爆危险化学品经营单位68家，发现安全隐患和问题47项，主要是员工培训教育记录不规范、未按规定开展应急预案评估、销售台账记录不完善等隐患问题。执法人员对5家易制爆危险化学品经营单位实施行政处罚，罚款15万元。对发现的隐患问题，责令责任单位限期整改，并监督整改到位。

（席晓敏）

应急救援

【加油站反恐应急演练】 4月27日，海淀区安全监管局联合海淀公安分局在中石化昆明湖加油站举办反恐应急演练，辖区各加油站负责人等90余人现场观摩演练。演练模拟加油站可能发生的事故情景，制止恐怖分子加注散装油品。演练开始后，指挥员启动预案处置，加油站员工按照职责迅速响应，控制恐怖分子，并移交警方处置。演练结束后，有关部门领导对反恐演练给予肯定，并对“一带一路”国际合作高峰论坛安全工作进行部署。

（李欣雷）

【燃气事故应急演练】 6月13日，海淀区生产安全事故应急指挥部在海淀公园西侧六郎庄产业用地举办燃气爆燃事故应急演练。本次演练采用实战演练方式，着重演练事故发生、事故升级、先期处置、专业处置、调查善后5个环节。通过演练，明确各部门应急处置职责，提高燃气事故应急响应和处置能力。

（刘瑭）

【加油站应急预案联动演练】 6月29日，海淀区安全监管局、应急办、公安分局、公安消防支队、卫生计生委举办2017年危险化学品企业（加油站）应急预案联动演练，辖区88家危险化学品生产经营单位负责人现场观摩。此次演练，模拟加油站站房起火和不明身份人员到加油站购买散装汽油滋事，加油站按程序启动防火预案和反恐预案进行先期处置，区有关部门分别展开消防抢险、伤员救治、秩序管控等工作。通过各部门配合，事故得到有效处置，事发地及其周边地区恢复正常秩序，达到检验预案、锻炼队伍和协调联动的目的。

（刘瑭）

【“12·6”温泉火灾事故应急处置】 12月6日17时30分，海淀区温泉镇白家疃西口附近1个出租院液化天然气储罐发生泄漏，导致火灾事故。接到事故报告后，公安消防部门紧急出动，采取冷却储罐措施的同时保证火焰稳定燃烧，储罐内液化天然气燃烧殆尽，事故储罐吊装至安全地带。处置过程中未发生次生、衍生事故灾害。

（刘瑭）

执法监察

【春节前文化娱乐场所联合检查】 1月18日，海淀区安全监管局、文化委、公安消防支队和学院路街道办事处成立安全生产联合检查组，对生产经营单位安全生产责任制、从业人员安全生产教育培训、用电安全、紧急疏散通道、应急救援预案等安全生产情况进行检查。对检查发现的隐患问题，执法人员下达责令限期整改指令书，要求相关企业要立即进行整改。经复查，隐患全部整改完毕。

（王毅）

【春节前商业企业联合检查】 1月19日，海淀区安全监管局、商务委、质监局、公安消防支队和四季青镇政府成立安全生产联合检查组，对商业经营单位安全生产责任制、从业人员教育培训、紧急疏散通道、特种设备安全、应急双语广播、应急救援预案等安全生产情况进行检查。对检查发现的隐患问题，执法人员下达责令限期整改指令书，要求相关单位进行整改。经复查，隐患全部整改完毕。

（王毅）

【人员密集场所安全大检查】 2月27日至3月1日，海淀区安全监管局联合区商务委、旅游委、质监局、公安消防支队和属地镇街，对北京康缘快捷酒店、如家酒店、华宇时尚购物中心、北京湘悦天下餐饮有限公司等人员密集场所开展安全生产联合执法检查。重点检查生产经营单位安全生产规章制度、隐患排查治理制度、安全生产教育培训制度落实情况和紧急疏散通道、特种设备和消防设施运行状态等情况。针对检查发现的北京湘悦天下餐饮有限公司从业人员培训不到位、华宇时尚购物中心未健全安全教育培训档案的问题，执法人员责令企业限期整改。经复查，隐患全部整改完毕。

（刘瑭）

【移动终端使用交流研讨会】 3月3日，海淀区安全监管局专职安全员协调指导办公室前往朝阳区大屯街道就专职安全员日常检查移动终端使用情况及信息化办公等工作进行交流研讨。朝阳区大屯街道有关负责人介绍辖区信息化系统及运行情况，并讲解信息化系统主要实现的功能。通过交流研讨，拓宽工作思路，对加强安全生产管理起到积极作用。

（刘学国）

【“一带一路”峰会安全保障】 4月20日至5月18日，海淀区安全监管局组织开展“一带一路”国际合作高峰论坛会议期间安全生产保障工作。对重大活动场所及驻地周边200米范围内生产经营单位进行多轮次“全覆盖”检查。联系属地镇街和有关部门，三级联动，落实监管职责，清除安全监管死角盲区，加强宣传教育，圆满完成安全生产保障工作任务。

（刘瑭）

【建筑施工执法检查】 4月14日至6月30日，海淀区安全监管局组织开展建筑施工行业安全生产专项执法检查行动。采取“双随机”执法检查和重点抽查相结合的方式，依法查处安全生产违法行为。检查建筑施工单位62家，排查整改隐患66项，下达责令限期整改指令书42份，行政处罚27起，罚款17.6万元。经复查，隐患全部整改完毕。

（王毅）

【安全生产教育培训执法检查】 5月13日至31日，海淀区安全监管局组织开展安全生产教育培训专项执法检查。重点检查生产经营单位安全生产教育培训、应急救援演练、安全生产现场管理等情况。检查生产经营单位15家，排查整改隐患问题11项，依法下达行政执法文书10份，罚款0.5万元。

（王毅）

【涉爆粉尘企业安全检查】 5月15日，海淀区安全监管局组织专业执法力量，对辖区北京百慕航材高科技股份有限公司、北京五星青岛啤酒有限公司、北京北冶功能材料有限公司、北京北大维信生物科技有限公司4家重点涉爆粉尘企业开展安全生产检查。执法人员重点检查企业涉爆粉尘相关制度、设备设施安全巡查、隐患排查整改等情况。经检查，企业仍存在制度不健全、日常巡查缺乏针对性等问题。针对存在的问题，执法人员下达责令限期整改指令书，并监督落实整改。

（刘辉）

【移动检查终端工作部署会】 6月7日，

海淀区安全监管局组织召开安全生产移动检查终端工作部署会，全区29个街镇有关负责人、中国联合网络通信有限公司北京市分公司相关工作人员参加会议。会议部署安全生产移动检查终端套餐模式、合同签订及区域负责人划分等工作。切实发挥安全生产移动检查终端设备在日常检查工作中的作用。

（刘学国）

【餐饮经营单位专项执法检查】 7月1日至30日，海淀区安全监管局采取“双随机”方式，组织开展餐饮经营单位安全生产专项执法检查。重点检查安全责任制等规章制度制定落实情况、从业人员安全生产教育情况、特种作业人员持证上岗以及燃气使用安全管理等情况，抽查餐饮经营单位15家。针对检查发现的问题，执法人员下达责令限期整改指令书，并监督落实整改。

（王毅）

【夏季安全大检查夜间督查】 7月17日至8月16日，海淀区安全监管局对人员密集类场所、建筑施工工地等重点领域开展夏季安全生产大检查夜间专项督查行动。执法人员重点对生产经营单位夜间主要领导值班带班、生产安全事故应急预案及演练、隐患排查治理、有限空间作业、危险化学品管理、职业危害等进行检查，针对发现的安全隐患，责令企业立即整改，消除隐患。此次行动，出动执法人员88人次，检查各类生产经营单位55家次，排查整改隐患问题30余项，依法下达行政执法文书23份，对6家单位实施行政处罚。

（王毅）

【安全生产大检查专项行动】 7月至12月，海淀区安全监管局组织开展安全生产大检查专项行动。重点检查辖区生产经营单位安全生产主体责任落实情况、安全生产管理制度建立和执行情况、从业人员安全生产教育情况、特种作业人员持证上岗情况、隐患排查治理情况。此次专项行动出动4组执法人员，检查生产经营单位101家，排查整改安全隐患295项。

（王毅）

【商市场及餐饮行业安全督查】 8月4日至22日，海淀区安全监管局由局领导带队，开展商市场及餐饮行业安全生产专项督查行动。重点检查企业安全生产规章制度、安全出口和疏散通道、燃气间和配电室、地下有限空间作业等安全生产情况。针对发现的安全隐患，责令其立即落实整改，消除隐患。出动执法人员62人次、车辆29台次，检查北京市摄影器材市场有限公司、清河五彩城购物中心、美廉美超市、北京龙水金山餐饮管理有限公司等商市场及餐饮单位15家，排查安全隐患23项，行政处罚3起。经复查，隐患全部整改完毕。

（王毅）

【联合执法检查行动】 8月8日至9日，海淀区安委会办公室组织区旅游委、质监局、消防支队、属地街道等部门对重点地区开展联合执法检查。检查组现场检查企业安全管理资料、特种设备、消防设施、配电室、中控室、应急管理情况。经检查，重点地区企业安全管理情况较好，但个别企业存在安全管理问题。检查组要求企业按时限、标准进行整改，并督查落实整改。

（王毅）

【举报投诉件核查】 8月12日，海淀区安全监管局接“12350”举报投诉电话，群众举报反映在海淀区温阳路与稻香湖西路交叉口西侧100米北边第2个红黑色铁栅栏门大院内非法存放约200箱甲醇、乙腈等危险化学品。接到举报后，区安全监管局迅速联合公安分局进行现场核查。经核查，北京捷特澳科贸有限公司租用该大院储存待销售危险化学品200余箱，除举报反映非法存放的甲醇、乙腈外，还有硝酸等易制爆化学品，存在重大安全隐患。执法人员下达责令限期整改指令书。经复查，该公司在规定时限内按要求清空储存的危险化学品。

（李欣雷）

【兼职安全生产巡查员队伍】 12月，海淀区安委会办公室印发《关于在海淀区设立行政村、社区兼职安全生产巡查员的通知》（京海安办〔2017〕209号），在全区80个行政村和577个社区设立兼职安全生产巡查员1314人。努力实现关口前移、重心下移，筑牢安全生产第一防线，有效防范各类安全生产事故。

（王毅）

【重要会议和重大节日安全保障】 本年，海淀区安全监管局加强重要会议和重大节日安全生产保障工作。采取提前谋划，统筹部署，建立台账，摸清底数，开展“拉网式”执法检查等措施，完成“两节”“两会”“一带一路”国际合作高峰论坛、国庆节、党的十九大等重点时期安全生产保障任务。组织参与安全保障53次，开展执法检查763次，出动执法人员2591人次、车辆681台次，检查生产经营单位1221家次，发现隐患问题722项，隐患整改率100%。依法下达执法文书663份，行政处罚154起，罚款668.12万元。核查安全生产举报投诉143件，办结率100%。

（王毅）

职业卫生监督检查

【汽修企业职业危害监督检查】 1月至6月，海淀区安全监管局对机动车维修企业工程防护措施落实情况开展检查。检查企业97家次，对3家企业排毒柜升级改造情况进行突击执法检查，向不合格企业下达责令限期整改指令书、行政（当场）处罚决定书。

（赵双琳）

【职业卫生工作部署会】 2月28日，海淀区安全监管局召开职业卫生工作部署会，各街镇和部分用人单位负责人参加会议。会议部署2017年职业卫生重点工作包括做好第二次职业病危害普查前期准备、职业危害申报系统升级改造后的推广应用、职业安全健康教育培训和宣传、职业病防治评估、职业病危害专项整治行动、重点职业病监测与职业健康风险评估和职业卫生执法检查7方面工作内容。要求各街镇和相关单位切实加以落实。

（赵双琳）

【金属制品企业贯标培训会】 4月18日，海淀区安全监管局组织召开金属制品企业职业卫生贯标培训会，聘请市劳保所专家对北京市地方标准《金属制品业职业卫生技术规范》进行解读。清河街道、西三旗街道、西北旺镇、上庄镇、温泉镇、苏家坨镇及辖区金属制品制造企业负责人和职业卫生管理人员参加会议。

（赵双琳）

【职业病防治法宣传周活动】 4月25日至5月1日，海淀区安全监管局开展《中华人民共和国职业病防治法》宣传周系列活动。印发《关于做好职业病防治法宣传周活动的通知》，联合区疾控中心、甘家口街道举办“甘家口辖区青年职业卫生知识竞赛”。向用人单位发放职业病危害因素告知卡，宣传职业病危害防范知识，帮助一线从业人员了解职业病危害，掌握预防知识，从源头进行防控。全区各街镇结合区特点，开展宣传活动。全区召开研讨会、主题报告会、员工座谈会、知识讲座、知识竞赛等活动130次，通过新闻媒体报道162次，印发宣传材料9430份，制作和发放专题宣传（视频）片87部，8500余人参加活动。

（赵双琳）

【职业卫生监管人员培训】 5月9日至11日，海淀区安全监管局组织开展职业卫生培训活动，各街镇安办工作人员及职业卫生管理人员550人参加。培训分专职班和普及班3个班次，培训内容为职业卫生基础知识与相关法律法规、放射监管执法要点、汽修行业及工业企业等职业卫生执法检查要点等实务。本次培训加强基层监管人员对职业卫生知识及相关法律法规的了解掌握，提升职业卫生执法检查水平。

（赵双琳）

【“职工技协杯”竞赛】 7月28日，海淀区安全监管局选送4支队伍20人参加2017年北京市“职工技协杯”地下有限空间作业竞赛。经比赛评选，区安全监管局获得优秀组织奖，北京实创高科技发展有限责任公司获得二等奖、北京市自来水集团禹通市政工程有限公司1队获得三等奖、北京市自来水集团禹通市政工程有限公司2队获得团体优秀奖。

（赵双琳）

【汽修企业尘毒危害专项治理】 8月25日，海淀区安委会办公室印发《关于海淀区开展机动车维修企业尘毒危害专项治理工作的通知》，组织开展机动车维修企业尘毒危害专项治理工作。本次尘毒治理范围是从事一二类机动车维修企业，重点推动企业工程防护设施升级改造，落实职业卫生管理措施，提高机动车维修企业职业卫生管理水平，工作步骤分为动员部署、治理整改、复查验收3个阶段。

（赵双琳）

宣传培训

【企业安全生产教育培训】 3月至11月，海淀区安全监管局组织安全生产专业培训机构，开展全区企业安全生产教育培训工作。培训内容包括：安全生产监管体制与法律法规、《中华人民共和国安全生产法》解读、生产经营单位安全生产主体责任、生产经营单位安全基础管理、常见安全生产事故防治、生产经营单位事故隐患排查治理、生产经营单位安全生产事故应急管理。培训重点企业董事长、总经理（或法定代表人）和专（兼）职安全管理人员1200人次。通过安全生产教育培训，有效提升企业安全生产管理水平。

（王蕊）

【专职安全员集训】 4月18日至27日，海淀区安全监管局在首钢技师学院开展封闭式、军事化管理式集训活动，全区15个街镇及7个职能部门的47名安全生产专职安全员参加。活动设置业务培训、军训、实训、行为规范培训、文体活动及讨论活动等课程。在这次集训中，海淀区13名安全生产专职安全员被评为市级优秀学员。

（刘学国）

【隐患排查信息系统应用培训会】 4月19日，海淀区安全监管局组织召开隐患排查治理信息系统应用培训会，相关行业部门、属地街道和清单编制试点企业系统使用管理人员120人参加培训会。会议通报隐患排查信息系统应用情况，对参会人员进行培训。通过培训，掌握系统企业用户的使用方法和各项功能，进一步做好企业隐患排查上报等工作。

（刘辉）

【安全生产宣传咨询日】 6月16日，以“全面落实企业安全生产主体责任”为主题，以燃气安全知识宣传为主要内容的安全生产宣传咨询日活动在海淀区曙光文化广场举办。此次活动由国务院安委会办公室、国家安全监管总局、北京市政府指导，北京市安全监管局、全国安全生产月活动组委办（国家安全监管总局宣教中心）、北京市城市管理委、北京市公安局消防局和海淀区政府主办，北京燃气集团有限责任公司承办。国家安全监管总局副局长徐绍川，北京市副市长王宁，以及北京市安全监管局局长张树森、海淀区区长于军、副区长梁爽出席活动。活动现场开展形式多样的宣传咨询服务活动，宣传安全生产法律法规知识和安全知识。咨询日当天活动分为主会场活动、分会场活动以及线上活动，作为主会场的曙光文化广场设置8个主题展示区域，包括：智慧燃气主题区、活力燃气主题区、贴心燃气主题区、平安燃气主题区、快乐燃气主题区、智享燃气主题区、互动咨询主题区以及聚力燃气主题区。通过开展安全生产宣传咨询日活动，提高全民安全生产意识，营造安全生产月活动的浓厚氛围。

（王蕊）

【行政处罚执法案卷评查】 7月20日至8月30日，海淀区安全监管局依据《北京市行政处罚案卷标准》《北京行政处罚案卷评分细则》，采取交叉互评的方式，对全局2016年6月30日至2017年7月1日结案的行政处罚执法案卷开展评查。随机抽取50卷，其中优秀18卷、合格31卷、不合格1卷。通过评查，归纳梳理行政执法过程中存在的问题，提升执法人员行政执法水平和行政处罚执法案卷制作水平。

（王蕊）

【安委会成员单位专题培训】 9月18日至21日，海淀区安委会办公室联合区委组织部、区委党校，组织78个区安委会成员单位主管领导开展安全生产专题培训。培训邀请国家安全监管总局专家围绕安全生产相关法律法规、“党政同责、一岗双责”、重特大事故案例分析、应急救援机制、构建双重预防机制等方面进行讲解，重点解读《中共中央 国务院关于推进安全生产领域改革发展的意见》。培训取得良好效果。

（王蕊）

【专职安全员岗前培训】 11月28日至12月1日，海淀区安全监管局在北京京育华成教育培训中心举办专职安全员岗前培训班，对新入职安全生产专职安全员进行岗前培训。重点培训安全生产法律法规、勤政廉政教育、基层安全生产监督、专项执法检查等内容。通过岗前培训，为专职安全员开展工作打下基础。

（刘学国）

【“双百工程”活动】 本年，海淀区安全监管局制定“百名安全监管干部与万家企业主要负责人对话谈心”和“百名安全生产专家服务万家企业”活动工作方案，印发至29个街镇，要求各街镇结合本地区实际情况开展“双百工程”活动。组织对话谈心活动32次，258家企业参与。组织专家服务小微企业活动65次，服务小微企业300家，排查隐患1437项，提出整改建议1427条。在4个行政村开展社区安全生产大讲堂活动，发放宣传材料800余份。

（王蕊）

标准化建设

【标准化工作动员部署会】 3月30日至31日，海淀区召开2017年安全生产标准化工作动员部署会。区行业主管部门有关负责人及工作人员、各街镇安办主任及专职安全员和有关评审机构负责人参加会议。会议总结全区2016年安全生产标准化工作，部署2017年重点工作，明确标准化建设工作目标、工作步骤和工作要求。会议邀请安全生产专家从安全生产标准化政策法律法规、评审流程、评定标准等方面进行专题培训，阐述标准化工作的整体思路及流程。

（刘辉）

【标准化宣贯及安全管理培训会】 8月30日至31日，海淀区安全监管局召开安全生产标准化“百项地标”宣贯大会及工贸行业有限空间作业安全管理培训大会。区行业主管部门有关负责人及工作人员、各街镇安办主任及专职安全员、有关工业企业安全生产负责人240余人参加会议。会上，区安全监管局介绍安全生产标准化“百项地标”编制情况，总结工业企业安全生产工作，部署下一阶段重点工作。市劳保所专家重点对“百项地标”第一部分、第二部分，即《总则》和《安全生产通用要求》进行讲解。通过培训，使参会人员基本掌握“百项地标”整体思路及主要内容。

（刘辉）

【企业标准化达标创建】 本年，海淀区安全监管局稳步实施、强化核查，推进企业安全生产标准化建设工作。组织标准化培训会33场次，培训企业2327家。三级标准化达标企业430家、小微企业岗位达标1644家，完成年度目标任务。

（刘辉）

丰　台　区

概　　述

2017年，丰台区安全生产工作在区委、区政府的正确领导下，贯彻落实党中央、国务院和习近平总书记、李克强总理等中央领导同志关于安全生产工作的系列重要讲话精神，以及市委、市政府工作部署，推进落实安全生产“四化三体系双基”总任务，优化安全环境，安全生产形势持续稳定好转。

落实安全生产责任。区政府分别与各街乡镇和区安委会成员单位签订《安全生产目标管理责任书》，制定下发《2017年安全生产工作任务》《执法检查计划》等文件，明确安全生产重点任务，对全年工作进行细化、量化，落实安全生产责任。发挥安委会组织协调作用，定期召开会议，开展督导检查，协调解决安全生产工作中的问题，推动安全生产工作开展。

强化安全保障工作。一是先后完成元旦、春节、“一带一路”国际合作高峰论坛、党的十九大等重点时期安全保障任务，确保安全稳定。二是举全局之力，开展大红门地区、和义久敬庄57号院、卢沟桥乡青塔市场等重点地区疏解整治工作，打击安全生产非法违法行为。三是强化执法监察，按照年度执法检查计划，结合实际，开展建筑工地、加油站、人员密集场所、工作场所职业危害专项治理等多项执法检查活动。

开展宣传教育活动。以“安全生产月”为契机，组织开展安全生产宣传咨询日、“安监之星·北京榜样”推选、“安康杯”竞赛、职业卫生宣传周等系列宣传教育活动，广大职工群众积极参与，营造良好的社会氛围。推进“双百工程”，各属地和重点行业部门领导干部与600家企业负责人开展对话谈心，安全生产专家为400家企业开展服务，帮助企业进行危险源辨识和隐患排查，提出建议1242项，对441名安全员进行专业知识培训。开展安全社区创建，实施新的促进项目，做好复评验收和创建备案工作。

加强监管队伍建设。先后2次对全区安全生产检查队建设情况进行调研，制定具体方案，通过“四个严抓”强化队伍建设。在市安全监管局对全市6个示范区乡镇街道（园区）安全生产检查队规范化建设初评中，丰台区22个参评队伍全部达标。

提高依法行政水平。组织专项培训活动，培训全区安全生产执法人员和街乡镇安全生产业务骨干400余人，提高依法执政能力和依法行政水平。通过政务公开，扩大行政工作接受监督范围，公开各种政务信息、许可信息、检查信息、事故调查报告、公告等信息300余条，接受社会监督。

综合监管

【安全生产工作会】 4月10日，丰台区召开2017年全区安全生产大会，区委、区人大、区政府、区政协主要领导，区安委会成员单位、各街乡镇党政主要领导、分管领导，区属有关单位主要领导以及驻区重点企业负责人参加会议。会上，区长冀岩传达国务院安委会第一巡查组巡查北京市动员会精神，对丰台区安全生产工作提出要求；副区长周新春代表区安委会总结2016年全区安全生产情况，部署2017年安全生产工作；区政府与各单位签订2017年《安全生产目标管理责任书》。区委书记汪先永在讲话中强调指出，丰台区作为首都中心城区，做好安全生产工作，维护首都安全稳定，是我们的重要政治任务。要进一步落实各级安全生产监管（管理）责任，深入排查治理安全隐患，防范和遏制重特大事故，把安全生产和功能疏解、环境整治结合起来，保持全区安全生产形势的平稳向好。区级领导同志要亲自抓部署、抓督促、抓检查、抓落实，各职能部门要加强区级层面、行业层面的综合协调，全力完成好承担的工作任务，严格落实“党政同责，一岗双责”。

（李颖）

【区人大副主任带队安全检查】 4月24日，丰台区人大副主任王百玲带领区有关部门负责人，对丰台区东大街东里、北大地西区燃气供应站和物美大卖场进行“五一”节前安全生产大检查。检查组重点检查作业场所特种设备、消防设施，以及安全管理制度、安全生产责任制、教育培训制度、应急值守制度落实情况。王百玲指出，各职能部门和属地街乡镇要加大节日期间检查力度，要求生产经营单位认真落实企业主体责任，增强安全防范意识，加强人员安全教育和培训，规范员工行为，为人民群众创造稳定祥和的环境。

（牛玉杰）

【区长带队“一带一路”峰会安全检查】 5月8日，丰台区区长冀岩带领区有关部门负责人，对芳群园二社区、物美大卖场，以及“一带一路”国际合作高峰论坛期间地区安全保障工作情况进行检查。检查组检查社区治理“开墙打洞”及大卖场安全生产、食品安全等情况，听取企业负责人安全生产工作汇报。冀岩指出，大型商超客流量大、人员密集，要对消防通道和安全逃生通道的隐患进行排查。企业要尽职尽责，认真开展安全自查，让每一名员工牢固树立安全意识，提高管理标准，落实主体责任。

（牛玉杰）

【市委、市政府安全生产督察】 9月4日至22日，市委、市政府安全生产第三督察组对丰台区开展安全生产驻地督察。督察组以听取汇报、查阅资料、个别谈话、组织座谈、抽查企业等方式，按照区级层面督察、延伸街乡镇督察和梳理分析3个阶段开展工作。听取区委书记汪先永关于全区安全生产情况汇报，听取副区长吴继东、张婕、周新春关于分管领域安全生产履职情况汇报。组织区行业部门、街乡镇、重点企业主要负责人座谈会3次，延伸督察8个街乡，随机抽查26家生产经营单位，查阅资料9000余份，受理来电、来信举报43件。

（张晋伟）

【区长带队国庆节前安全检查】 9月26日，丰台区区长冀岩带领区有关部门负责人，检查六里桥交通枢纽、欧尚超市安全生产情况。检查组检查企业安全生产规章制度、应急预案、特种作业人员持证上岗情况，以及中控室、配电室、消防设施、应急疏散标识和通道等。冀岩在检查中指出：一是严格落实企业主体责任，深入开展安全生产大检查，严防各类安全生产事故发生。二是节日期间客流量增加，交通、消防、安全监管、商务、卫生等部门要加强对交通枢纽和商市场等人员密集场所的执法检查，企业要加强对从业人员的培训教育，做好车辆检修、设备维护以及应急演练工作。三是严格落实值班制度，认真填写值班日志，尤其是在节日期间，值班人员必须在岗在位，保持通讯畅通，确保国庆、中秋节日期间安全稳定。

（牛玉杰）

【安全隐患大排查大清理大整治】 11月20日至12月30日，丰台区按照全市统一部署，成立专班，制发工作方案，开展为期40天的安全隐患大排查大清理大整治专项行动。全区各部门、各街乡镇全面开展隐患排查，严格治理标准，整改完成辖区挂账安全隐患2985项，其中整改完成“三合一”和高风险密集居住场所安全隐患1170项。

（李颖）

【十大专项整治行动】 本年，丰台区委、区政府成立安全隐患整治专项行动领导小组，区长冀岩任组长，区政法委书记高峰、副区长周新春任副组长，区政府办、监察委、安全监管局、公安消防支队、商务委、城市管理委、食品药品监管局、公安交通支队、住房城乡建设委、民防局以及相关街乡镇和单位负责人为领导小组成员，全面开展安全隐患整治“十大专项行动”。涉氨制冷专项整治行动，列入年内整治任务的2处涉氨冷库，完成1处，另1处正在施工改造中；粉尘涉爆专项整治行动，全区10家涉爆粉尘企业，4家外迁退出、1家停业，5家按标准完成整改；消防安全专项整治行动，38项挂账重大消防隐患，整改完成29项；彩钢板房专项整治行动，拆除辖区内彩钢板建筑2279处、93.51万平方米，拆除率41.42%；食品安全专项整治行动，查封、取缔122户，整改178户，行政处罚14起、罚款137万元；道路交通专项整治行动，整改隐患36项，治理道路交通堵点8处、乱点28处；地下空间专项整治行动，全部关停违规使用的10处人防工程，并组织“回头看”，防止反弹；城镇燃气专项整治行动，市级挂账6处城镇燃气占压隐患全部整改完毕；安全通道专项整治行动，检查规模以上商业零售和餐饮企业454家次，组织18次联合检查和夜查，对存在安全通道隐患的企业约谈18家、复查9家、处罚2家；高处坠落事故专项整治行动，抽查建筑工地162项次，排查整改隐患221项，约谈告诫65人次，行政处罚32起、罚款15.8万元。

（李颖）

【“安责险”投保】 本年，丰台区安全监管局推进企业安全生产责任保险工作，完成“安责险”投保企业1600家，投保率12.2%。超额完成年度目标任务。

（李颖）

【燃气灶具安全辅助设备安装】 本年，丰台区安全监管局为5894户城乡困难居民家庭安装燃气安全辅助设备和独立式感烟火灾探测报警装置，投入专项资金388万余元，超额完成工作任务。

（李颖）

【推进“双百工程”】 本年，丰台区安全监管局结合辖区实际情况和特点，制定工作方案，开展“百名安全监管干部与万家企业主要负责人对话谈心”和“百名安全生产专家服务万家企业”活动。组织市、区部分局级、处级干部对部分央企、市属重点企业和辖区内危险化学品、工业企业、建筑施工等重点领域企业，以及规模以上企业主要负责人开展对话谈心活动。组织行业专家重点对辖区商业、民生保障类小微企业、产业园区、村镇经济园、批发聚集区、社区等作为服务对象的企业开展帮扶活动，有效解决小微企业安全管理专业人员欠缺、隐患排查专业能力不足等问题。实施“双百工程”，提高企业负责人落实安全生产主体责任的认识和提升遵守安全生产法律法规、改善企业安全生产条件自觉性，为企业提供安全生产服务，提升企业本质安全水平，保障安全生产形势持续稳定好转。

（李颖）

危险化学品安全监管

【汛期加油站安全检查】 6月22日，丰台区安全监管局对7家加油站进行汛期安全检查，经查无深基坑施工作业。检查组要求中石油公司、中石化公司所属加油站立即开展防雷防静电设施和生产储存装置安全检查，防止发生人员遭雷击事故，要对罐区和储罐围堰、易积水的区域、设备设施、储存库房采取防洪围挡措施，加强对员工安全培训教育，完善应急救援预案并配备必要的应急救援物资。

（陈勇）

【危险化学品行政许可】 本年，丰台区安全监管局办理企业危险化学品经营许可证行政许可46家。其中：加油站首次申请、延期申请及变更申请换证22家，工业气体经营单位延期换证及首次申请4家，票据经营单位首次申请、变更申请及延期申请换证17家，油库延期申请2家，不予批准1家。危险化学品经营许可证注销12家，易制毒备案证明注销1家。危险化学品生产经营单位应急预案备案32家，危险化学品重大危险源备案2家，第二、三类非药品类易制毒化学品经营备案3项。危险化学品改建项目安全条件、设备设施审查4家，加油站改造备案19家。

（陈勇）

【危险化学品经营单位执法检查】 本年，丰台区安全监管局检查危险化学品经营单位162家次，下达责令限期整改指令书20份、强制措施决定书1份，行政处罚13起，罚款13万元。查处举报投诉案件50起（其中“96005”举报投诉34起，“12350”举报投诉15起，其他举报1起）。

（陈勇）

【加油站贯标改造】 本年，丰台区安全监管局完成23座加油站贯标改造工作。重点将加油站单层管线改为双层管线，部分加油站单层油罐改成双层油罐、设置防渗罐池。

（田会）

烟花爆竹安全监管

【烟花爆竹零售网点设置】 本年，丰台区安全监管局根据有关规定对拟设烟花爆竹零售网点逐一核查，对不符合安全条件的网点，坚决不予批准。在充分征求街乡镇意见的基础上，全区设立58个烟花爆竹零售网点，同比减少41.41%。

（陈勇）

【烟花爆竹从业人员安全培训】 1月20日，丰台区安全监管局组织全区烟花爆竹零售网点负责人、安全管理人员300余人开展安全培训。通过培训，增强从业人员自我教育、自我管理和遵章守规的自觉性。

（陈勇）

【烟花爆竹安全检查】 2月3日至12日，丰台区安全监管局组织对辖区内烟花爆竹零售网点开展安全检查工作。出动执法检查人员371人次、车辆158台次，对58个烟花爆竹零售网点进行多轮次、全覆盖安全检查，确保不发生烟花爆竹安全事故。

（陈勇）

【零售网点安全监控】 本年，丰台区安全监管局建立监控系统平台，为辖区内58个烟花爆竹零售网点安装6个摄像头，对网点及周围环境进行全覆盖安全监控。加强应急值守工作，24小时保持800兆电台及网上监控平台开通，全方位掌控烟花爆竹零售网点安全情况，各零售网点实行值班巡逻看守和销售人员24小时看守（夜间2人以上）。强化安全管控，分8个专项执法检查小组，重点检查零售网点安全管理、消防器材和安全标识配备、烟花爆竹流向登记等情况。

（陈勇）

【烟花爆竹销售】 本年，丰台区烟花爆竹零售网点烟花爆竹订货13350箱，销售10127箱，烟花爆竹销售同比下降40.07%。

（陈勇）

隐患排查治理

【清单编制动员部署会】 3月6日，丰台区安全监管局召开2017年隐患排查治理“一企一标准、一岗一清单”编制工作动员部署会，区相关委办局、各街乡镇和107家企业负责人和管理人员参加会议。会议总结2016年清单编制试点工作情况，部署2017年清单编制重点任务，要求各相关部门和街乡镇加强协调配合，形成合力，推进“一企一标准、一岗一清单”编制工作。

（李颖）

【燃气管道隐患整治推进会】 3月17日，丰台区安全监管局、城市管理委组织东铁匠营街道、卢沟桥街道、方庄地区和市燃气集团三分公司、市燃气集团四分公司召开城镇燃气管道隐患整治工作推进会。会议研究部署城镇燃气占压隐患整治工作，明确提出5项措施。一是按照市、区工作要求，加快推进城镇燃气管道隐患整治工作，确保消隐工作按期完成。二是各街乡镇要按照《2016年丰台区输油气管道隐患整改推进工作会议纪要》要求，落实整治工作责任。三是市燃气集团三分公司、四分公司要做好技术指导，与各街乡镇细化设计方案，编制改造预算。四是抓紧制订东铁匠营横七条44号院隐患治理方案，涉及管线改移方案的工作按全区统一时间落实。五是各部门要完善应急预案，属地街乡镇要做好宣传工作，为确保管线改移工作顺利开展打下基础。

（李颖）

【涉爆粉尘隐患行动部署会】 4月25日，丰台区安全监管局召开涉爆粉尘企业事故隐患治理专项行动动员部署会。重点讲解粉尘爆炸基础知识、涉爆粉尘认定、涉爆粉尘场所隐患排查治理要点，部署涉爆粉尘隐患专项整治工作。各街乡镇、科技园区安全科负责人、涉爆粉尘企业主要负责人参加会议。

（刘凤英）

【企业隐患排查治理清单编制】 本年，丰台区安全监管局完成108家重点企业“一企一标准、一岗一清单”编制任务和隐患排查治理信息系统推广应用工作。为有效提高隐患排查治理信息系统平台使用率，组织100余家企业进行系统平台使用培训，取得较好效果。

（李颖）

【涉氨制冷企业隐患治理】 本年，丰台区安全监管局组织有关企业按照《液氨使用与储存安全技术规范》(DB11/1014—2013)和《涉氨制冷企业液氨使用专项治理验收表》上报涉氨制冷企业自查材料。组织安全生产专家对6家涉氨制冷企业逐一进行液氨使用专项治理验收工作。

（陈勇）

应急救援

【危险化学品泄漏事故应急救援演练】 8月10日，丰台区安全监管局在北水嘉伦水产品市场有限责任公司举行危险化学品泄漏事故应急救援演练。演练模拟水产品市场动力车间液氨储罐压力突然升高，导致储罐管道破裂，液氨发生泄漏。该市场立即启动应急预案，迅速组织对事故现场及周边区域进行警戒及交通疏导、泄漏抢修等救援工作。演练结束后，由专家对此次演练执行情况、应急指挥人员指挥协调、参练人员处置能力、演练目标实现以及预案合理性、可操作性进行点评，提出改进意见。通过演练，提高企业处置生产安全事故的能力。

（王金泉）

执法监察

【全国“两会”安全保障】 2月28日至3月22日，丰台区安全监管局组织对全国“两会”驻地、会场周边200米范围内的生产经营单位进行摸排建档，加强社会面防控，实行安全生产“日报告”制度，开展不间断执法检查和督导抽查，确保“两会”期间安全稳定。出动执法人员50余人次、检查企业60家次，排查整改安全隐患28项，依法下达行政执法文书13份。

（牛玉杰）

【非法营运车辆联合整治】 3月至4月，丰台区安全监管局联合公安部门开展安全检查，对违规为非法运营车辆或无证无牌两轮、三轮车提供加油服务的加油站进行查处。出动执法检查人员36人次、车辆18台次，检查加油站18座，排查整改隐患问题18项。

（牛玉杰）

【涉爆粉尘企业安全检查】 4月27日，丰台区安全监管局对北京二商健力食品科技有限公司金健力蛋制品厂进行涉爆粉尘专项检查。检查组现场检查蛋粉加工、加工车间及喷雾干燥机等点位，听取企业整改工作的汇报。要求企业制定工作方案，聘请专业机构对企业涉爆粉尘场所进行粉尘爆炸事故风险辨识及隐患排查，强化日常管理和教育培训，确保安全隐患早发现、早预防、早治理。

（刘凤英）

【“高雄特色周”安全保障】 4月28日至5月4日，2017年第二届“高雄特色周·六合夜市在丰台”活动在丰台区万丰路万丰小吃城举办。丰台区安全监管局制定安全生产保障方案，重点对核心区域万丰小吃城经营单位安全生产规章制度制定情况、从业人员安全生产教育培训情况、配电室管理情况进行安全检查，保障此项活动顺利进行。出动检查人员12人次，排查整改安全隐患3项，依法下达行政执法文书1份。

（牛玉杰）

【北京国际风筝节安全保障】 4月，丰台区安全监管局开展“2017北京国际风筝节”安全保障工作。重点对有关单位应急预案制定、从业人员培训教育、临建设施设计施工方案以及舞台稳定性等方面进行安全检查。针对检查发现的应急救援预案和临建设施设计施工方案不完善等问题，执法人员责令有关单位立即整改，并现场监督落实。

（牛玉杰）

【党的十九大安全保障动员部署】 9月29日，丰台区安全监管局召开安全生产工作会，部署党的十九大期间安全生产、安全保卫、反恐防恐工作。各街道乡镇、科技园区有关负责人和辖区内157家危险化学品经营单位主要负责人参加会议。会议传达市、区关于安全生产大检查、电气火灾综合治理等文件精神，对加油站散装油管理、反恐防恐及带储存设施经营的危险化学品单位安全保卫工作提出具体要求，强调加油站自助加油机要安排加油员盯守，出租车进加油站加油要查验“三证”，落实企业主体责任，加强安全管理，做好人员培训教育，确保安全稳定。

（陈勇）

【非首都核心功能调整疏解安全保障】 本年，丰台区安全监管局配合做好非首都核心功能调整疏解工作，在大红门地区区域性批发市场、和义街道57号院、卢沟桥乡青塔市场、和花乡京开五金建材市场疏解工作中，派专人进驻整治工作现场指挥部，由主管领导带队负责对整治区域内生产经营行为开展安全检查，依法查处安全隐患和违法行为，为疏解工作提供安全保障。

（牛玉杰）

【专职安全员队伍建设】 本年，丰台区安全监管局重点围绕“四统一，六规范，一创新”开展街乡镇（园区）安全生产检查队规范化建设评定验收工作，推动安全生产专职安全员队伍建设工作。充实专职安全员队伍，面向社会公开补招专职安全员18人，并组织新招录专职安全员上岗开展工作。街乡镇（园区）专职安全员检查生产经营单位63693家次，排查隐患45883项，下达《安全生产责令改正通知书》15026份，完成年度检查任务。

（任满生）

职业卫生监督检查

【有限空间隐患整治行动部署会】 11月24日，丰台区安全监管局召开有限空间安全隐患整治专项行动部署会，要求各相关行业部门、各街乡镇和有关单位制定有限空间专项检查方案，在重点时段，集中人力、物力加大对重点地区的不定期巡查和夜查力度，加大对违章作业单位的行政处罚、通报和媒体曝光力度，按照“问题不解决不放过、整改不到位不放过”的要求，确保查出问题得到彻底解决，实现有限空间作业“闭环”安全管理。

（郭卫平）

【职业卫生执法检查】 本年，丰台区安全监管局对辖区内71家存在职业危害因素的生产经营单位开展执法检查，排查整改安全隐患51项，依法下达行政执法文书71份，实施行政处罚3起，罚款11万元。

（郭卫平）

【职业危害调查摸底】 本年，丰台区安全监管局制定《开展机动车维修企业调漆室和清洗喷枪工作场所职业危害专项治理行动的工作方案》，组织辖区19个街乡镇完成丰台区机动车维修企业调查摸底等工作，核实一类、二类、三类机动车维修企业142家。为开展机动车维修企业职业危害专项行动做好前期准备工作。

（郭卫平）

宣传培训

【“安监之星·北京榜样”评选活动】 3月，丰台区安全监管局启动“安监之星·北京榜样”评选推荐活动，印发关于参加“安监之星·北京榜样”主题活动的通知，对推荐选拔活动进行部署。评选采取自下而上的方式，梳理先进人物、事迹资源线索，层层选拔。运用网站、微信等渠道，全方位宣传典型人物先进事迹，发挥榜样示范引领效应，增强广大职工群众参与、支持安全生产工作的热情。

（李颖）

【安全生产宣传咨询日】 6月16日，丰台区安委会在莲花池公园举办以“全面落实企业安全生产主体责任”为主题的安全生产月宣传咨询日活动，副区长周新春，区安全监管局、住房城乡建设委、商务委、食品药品监管局、质监局、公安交通支队、公安消防支队等区安委会成员单位、北京燃气集团、北京液化气公司、保险机构以及驻区重点单位和社区干部代表500余人参加此次活动。活动现场通过发放各类宣传品、摆放展板、实物展示、器械演示、灭火演练等方式向职工群众宣传安全生产法律法规、应急逃生等知识。大型电子显示屏持续滚动播放典型事故案例，进行警示教育。北京液化气公司、北京燃气集团同一时间入户对176户家庭的燃气灶具进行巡检，遏制燃气事故发生，受到居民群众欢迎。

（李颖）

【移动终端APP使用培训会】 6月26日至27日，丰台区安全监管局召开专职安全员检查移动终端APP使用培训会，各街乡镇（园区）专职安全员参加培训。培训会上重点讲解《北京市安全生产执法检查规范（加油站）解读》、软件设置、操作流程等，对现场检查记录、整改通知单等内容进行现场操作演示，并就使用过程中容易出现的各种问题予以分析解答，使参训人员对该系统的各功能模块有较为全面了解，基本掌握移动检查系统操作流程及各项功能，提高执法检查的准确性、及时性和有效性，推进全区专职安全员队伍规范化建设。

（任满生）

【依法行政培训班】 6月28日，丰台区安全监管局举办2017年依法行政培训班，重点讲解《北京市安全生产行政处罚自由裁量基准（一）》及2017年行政处罚案卷评查新标准，50名执法人员参加培训。

（刘凤英）

【“一企一标”隐患排查系统培训会】 7月12日，丰台区安全监管局组织召开“一企一标”隐患排查系统使用培训会，21个街乡镇安全科长、111家试点单位安全负责人参加会议。会议通报2016年试点单位隐患排查系统使用情况，分析系统使用存在问题，强调系统使用的重要性。培训主要分为两部分：一是讲解企业信息填报，针对管理制度、企业标准、岗位清单和组织架构4项定制信息上传。二是针对企业使用系统平台落实岗位排查、隐患上报、整改验收的步骤，以及系统管理员登录使用、监督整改、全面管理企业岗位的职责与方法。通过实际操作培训，掌握各岗位隐患排查步骤、隐患信息填报、整改验收信息填报，并要求安全管理员按时登录系统，对岗位排查以及隐患整改履行监督管理职责。

（李颖）

【金属制品职业危害防治培训】 8月24日至25日，丰台区安全监管局组织辖区用人单位主要负责人、职业卫生管理人员、街乡镇安全科负责人进行职业卫生专题培训。此次培训专门针对金属制品企业，重点解读《中华人民共和国职业病防治法》，落实金属制品加工企业职业危害防护规范。通过培训，使参训人员熟悉用人单位职业卫生管理相关法律、法规、规章和标准，掌握用人单位职业卫生管理的基本内容、方法和要求，熟悉职业病危害预防与控制的基本专业知识，增强企业安全管理能力。

（郭卫平）

【较大危险因素辨识管控培训会】 11月16日，丰台区安全监管局召开全区重点企业较大危险因素辨识管控培训会。辖区重点单位负责人、安全管理人员，各街乡镇、科技园区安全管理人员和专职安全员140余人参加此次培训。此次培训邀请专家就重点企业较大危险因素辨识内容、方法等进行讲解，对《丰台区重点企业较大危险因素辨识与防范指导手册》逐条进行辅导。

（刘凤英）

【消防主题宣传活动】 本年，丰台区安全监管局联合公安消防支队，结合文明示范区创建，组织宣传服务队开展消防主题宣传活动60余场次，参加培训1.3万人，提高广大市民群众的安全感。

（李颖）

【安全生产对话谈心活动】 本年，丰台区安全监管局在全区“百名安全监管局干部与600家企业负责人对话谈心”活动中，帮助企业进行危险源辨识、排查隐患1242项，提出有效防护措施和合理化建议1242项，对441名安全管理人员进行安全培训。

（李颖）

标准化建设

【小微企业标准化工作部署会】 6月8日，丰台区安全监管局召开全区小微企业安全生产标准化工作部署会，全区21个街乡镇、科技园区和有关单位负责人参加会议。会议通报安全生产标准化创建工作总体安排情况，要求各单位高度重视，周密安排，严格评审，努力完成1000家企业标准化创建任务。

（窦爱国）

【企业标准化达标创建】 本年，丰台区安全监管局组织区有关部门和属地街乡镇推进企业标准化创建工作。全年安全生产标准化达标企业1297家，其中三级标准化达标企业241家、小微企业岗位达标1056家，超额完成年度目标任务。

（李颖）

石景山区

概　　述

2017年，石景山区安全生产工作在区委、区政府领导下，落实“四化三体系双基”总任务，按照“一个统领，六个立足”（坚持党建统领，立足责任落实、立足平时日常、立足严密防范、立足专项整治、立足严管重罚、立足改革创新）思路开展安全生产工作，在“固本强基”上狠下功夫，在“一流标准”上狠抓落实，全区安全生产形势保持持续稳定的良好态势。

认真履责，党建统领安全生产工作。区委、区政府发挥党组织在安全生产工作中的导向作用、领导作用、保证作用，通过抓党建，有效整合各级组织、纪检监察等各方面力量，形成区、街道、社区三级社会治理体系，提升安全生产社会“精治、共治”水平。区委常委会、区政府常务会、区长办公会定期研究安全生产工作，专题部署安全生产工作。制定《党政同责、一岗双责、齐抓共管、失职追责实施细则》

等文件，印发《石景山区安全生产通报办法》《石景山区安全生产约谈办法》等文件，初步构建安全生产工作制度体系。实行区政府“一把手”直接分管安全生产工作和安全生产监管部门，并由1名副区长协助区长主管安全生产工作；实行各单位“一把手”直接分管安全生产工作的组织领导机制，进一步压实安全生产工作的领导责任。

狠抓平时，强化各级责任落实。区委、区政府领导结合重大节日、重要活动和重点时段带队督查检查50余次。区安委会办公室加大督查检查力度，多次组织督导组，对全区22个重点行业领域和所有街道进行督导检查。着力推进企业主体责任落实，在全区近几年完成5328家企业安全生产标准化达标创建的基础上，抓好“一企一标准、一岗一清单”编制工作。选聘2家专业机构，帮扶指导辖区内98家企业完成清单编制任务，完成率100%，安全生产隐患排查治理工作有序推进。

改革创新，优化安全生产体制机制。根据石景山区城市管理体制改革的总体部署，按照“条专块统、块作主责”原则，实施街道对安全生产工作全权、全管、全时、全责，有效推动安全生产属地监管责任的落实。在30个区政府部门中有9个设立安全生产机构，批准园区管委和八大处公园设立安委会，明确相应安全生产监管（管理）职责，构建较为完整的安全生产监管（管理）组织体系。为9个街道选配160名专职安全员，为区级职能部门选配70名专职安全员，强化基层安全检查力量，专职安全员队伍规范化建设水平不断提高。着眼于建立社会共治、典型引领的机制，开展安全社区和安全文化示范企业创建工作。八角、八宝山街道被评为北京市首批安全社区，大唐高井热电厂、石景山热电厂和中铁建设集团有限公司被评为北京市安全文化示范企业，先进典型对安全生产的带动辐射作用得到发挥。区旅游、商务行业采取政府购买服务方式，聘请安全生产中介服务机构，协助开展安全培训、现场检查，率先走出安全生产社会治理新路。八角街道建成350平方米具有多媒体仿真功能的安全生产主题宣传教育培训基地，提升安全生产宣传教育培训能力。

标本兼治，大力排查整改安全隐患。开展“疏解整治促提升”专项行动，高质量完成“疏解整治促提升”10大行动19项任务。拆除违法建设390.8万平方米，超额完成市级下达240万平方米拆违任务，清除城乡结合部547个安全隐患突出、低端产业聚集的“大杂院”。推动“六个一批”规划建设（筹建一批停车设施、建设一批便民服务设施、建成一批公共绿地、谋划一批高端项目、推进一批棚改项目、建设一批基础设施），有效提升城市安全运行保障能力。137个社区开展“无违法建设社区创建百日会战”，实现“基本无违法建设城区”目标。

严控风险，建立安全生产防范体系。完成78个市级挂账城镇燃气管线占压隐患治理任务和16座加油站贯标改造任务。推进消防安全防范体系建设，建立9个大网格、168个中网格和12500多个小网格，建立249个微型消防站和151个“老街坊”消防队。推进交通运输领域安全监管，将“民警一线执法、路面设施辅助、监控设备抓拍”有机结合，严厉整治各类交通违法行为。推进“安责险”工作，全年697家企业完成“安责险”投保。

综合监管

【安全生产失职追责细则】 1月6日、3月9日，石景山区第1次区政府常务会和区委第10次常委会审议通过《石景山区落实安全生产“党政同责、一岗双责、齐抓共管、失职追责”实施细则》。《细则》共5章18条，分别明确制定依据，追责原则、适用对象、追责方式、8类追责的具体情形及具体实施的部门，并将5类安全生产工作作为区委、区政府绩效考核、使用干部的依据，还明确3类从重、从轻、减轻、免于追责的情形及具体的追责程序和保障机制。《细则》的发布实施，为推进安全生产责任体系建设、实现安全生产责任体系全覆盖和落实“管行业必须管安全、管业务必须管安全、管生产经营必须管安全”要求，发挥积极作用。

（*颜惠军*）

【春节期间安全生产部署】 2月1日，石景山区区长夏林茂主持召开会议，学习贯彻习近平总书记、李克强总理对安全生产工作的重要批示指示，传达市应急委关于加强春节期间安全管理工作的通知精神，部署春节期间安全生产工作。各部门和街道负责人参加会议。会上，区旅游委、烟花办、安全监管局分别汇报春节期间安全管理工作情况。夏林茂要求：一要保持清醒头脑，树立“政治意识、大局意识、核心意识和看齐意识”，把思想和行动统一到中央和北京市的决策部署上来。二要落实大型活动、烟花爆竹燃放、道路交通、城市运行、值守应急工作5个方面工作，做好隐患排查整改，提高保障公共安全的能力，严防重特大安全事故发生。三要探索建立安全管理工作的长效机制，加强宣传，提醒人民群众增强安全防范意识，掌握必要的防灾避险知识。四要强化值守应急，及时报送突发事件及相关预警性、苗头性、倾向性信息，做到信息及时、要情随报。

（*颜惠军*）

【“两会”安全保障工作会】 3月1日，石景山区区长夏林茂主持召开“全国‘两会’安全生产保障工作会”，对“两会”期间安全生产保障工作进行专题部署。常务副区长田利跃，副区长肖平、亢军，以及区相关委办局和9个街道主要负责人参加会议。会上，夏林茂强调指出：一是增强抓好全国“两会”期间安全保障工作的紧迫感和责任感，各部门、各单位必须居安思危，盯住隐患抓整改，对照责任抓落实，要站在讲政治、促发展、保稳定的高度，扎实、细致、认真地抓好全国“两会”期间的安全保障工作。二是落实政府部门安全监管和安全保障责任，主要领导要真正把全国“两会”的安全保障责任扛在肩上，亲力亲为，亲自研究部署、亲自督促落实，加大安全隐患的整治力度，加强“两会”驻地周边200米范围内生产经营单位安全检查，确保不发生问题。三是突出重点，突出人员密集场所和城市运行安全监管，加强对涉危企业和加油站点的监督检查，防止发生安全生产事故。

（*杨云超*）

【一季度安委会全体会议】 3月22日，石景山区区长夏林茂主持召开第一季度安委会全体会议暨2017年安全生产工作会。59个区安委会成员单位主要负责人参加会议。会议总结通报2016年安全生产工作，对

2017年安全生产重点工作任务、“双百工程”、城乡结合部整治、“安责险”、标准化建设、企业隐患清单编制、管线占压和淘汰不合格灶具等专项工作进行部署。区城市管理委、古城街道办事处分别代表行业和属地做大会发言。区长夏林茂分别与行业、街道代表签订《石景山区安全生产目标责任书》。会议要求全区各单位树立“生命至上、安全第一”理念，增强安全生产工作的紧迫感；党政“一把手”要强化责任担当，承担起安全生产第一责任人的责任，督导企业落实主体责任；高标准、高质量完成年度安全生产各项工作任务，确保全区安全生产形势稳定，为党的十九大胜利召开营造良好的安全生产环境。

（杨云超）

【区安全生产协会第三次理事会】 3月31日，石景山区安全生产协会召开第三次理事会，贯彻落实区政府工作要求，选举新一届理事长和秘书长。会议传达区政府关于行业协会商会与行政机关脱钩会议精神，选举首钢集团安全管理高级经理叶凯任理事长、中铁建设集团副总经理吴永红任秘书长。新任理事长和秘书长表示将坚持以服务为本，努力建立新型管理体制和运行机制，发挥行业协会在安全生产新常态下的独特优势和作用，为石景山区经济和社会发展做出贡献。会议要求协会加强规范化、制度化建设，宣传贯彻国家有关安全生产法律、法规和方针政策，发挥桥梁纽带作用，推动落实企业安全生产主体责任，推进安全文化建设，为实现“全面深度转型、高端绿色发展”战略和建设国家级绿色转型发展示范区目标发挥重要作用。

（颜惠军）

【区委书记安全生产调研】 4月11日，石景山区区委书记牛青山到区安全监管局调研安全生产工作。牛青山听取区安全监管局负责人关于安全监管工作的汇报，就安全生产工作存在的问题和监管体制改革进行座谈。牛青山强调指出：要从思想、组织、作风、业务、制度各方面加强队伍建设，要有本领、懂安全、会管理、有勇气，把责任落实作为关键。“一把手”必须负起主责，负起执法和监管责任，落实社会单位、企业主体责任。要把预防作为根本立足点，把综合执法作为根本保障，用好法规，积极执法、充分执法、强力执法。要把改革作为提高安全监管水平的“金子台阶”，在这方面要大胆探索，要大胆改革。

（颜惠军）

【二季度安委会全体会议】 5月12日，石景山区副区长肖平主持召开第二季度安委会全体会议。会议通报一季度安全生产、消防安全、燃气占压隐患整治工作情况和淘汰不合格燃气灶具工作进展情况，对二季度安全生产重点工作任务和“一带一路”国际合作高峰论坛安全保障工作进行动员部署，对推进安全生产责任保险投保工作进行再动员、再部署。肖平强调指出：要增强忧患意识，落实行业监管、专业监管、属地监管和综合监管责任，围绕市政府《安全生产目标责任书》的24项重点任务和全区28项安全生产重点工作，强化工作措施，推进各项工作落实。要针对季节性等特点，开展建筑施工、消防安全、人员密集场所、危险化学品、食品卫生、交通运输、特种设备等领域安全专项整治，及时排查消除安全隐患。要按照“政府推动、市场化运营”的方式，完善安全生产事故预防机制和事故赔偿保障机制建设，推进安全生产责任保险工作。

（杨云超）

【安全生产重点工作推进会】 7月6日，石景山区安委会办公室召开安全生产重点工作推进会。区安委会成员单位、安全生产中介机构和人保公司、太平洋保险公司有关负责人参加会议。会议通报石景山区年度重点工作完成情况，听取各单位关于“安责险”、企业清单编制等年度重点工作进展情况汇报，并就推进安全生产重点工作进行部署。会议要求各单位强化责任意识，加强组织领导，加快工作进度，要如期按时完成“安责险”推广、岗位清单编制和淘汰不合格燃气灶具工作任务。并加强对安全生产重点工作任务完成情况的信息报送工作。

（杨云超）

【三季度安委会全体会议】 7月24日，石景山区副区长肖平主持召开第三次安委会全体会议。会议传达国务院和北京市安全生产电视电话会议精神，通报全区上半年安全生产工作，对重点行业领域开展安全生产大检查等相关工作进行部署，并就落实国务院安委会巡查组反馈意见、开展安全生产检查督查及推进年度安全生产重点工作进行部署。

（杨云超）

【首钢系统安全生产沟通对接会】 7月31日，石景山区副区长肖平主持召开石景山区与首钢系统安全生产沟通对接会。区发展改革委、住房城乡建设委、公安消防支队和古城街道办事处负责人，以及首钢集团安全总监、安全管理人员和所属9家企业负责人参加会议。会议通报首钢系统安全生产情况，分析研究有关安全生产相关工作。肖平指出：一是石景山区相关职能部门要更进一步为首钢系统各公司做好相关服务。二是各行业主管部门、综合监管部门和首钢各企业主体要总结经验，以对人民群众生命和国家财产安全高度负责的精神做好安全生产工作。三是石景山区相关部门和首钢系统各企业主体之间要加强对接，及时发现和弥补安全监管漏洞，共同做好安全监管工作。四是按照《中共中央 国务院关于推进安全生产领域改革发展的意见》要求，落实企业的安全生产主体责任。五是全面整改安全隐患，确保人员到位、措施到位、整改到位。

（杨云超）

【市委、市政府安全生产督察】 8月7日，市委、市政府安全生产第二督察组在石景山区召开安全生产督察工作动员会议。督察组组长马晓霞在讲话中指出，此次督察是贯彻党中央、国务院和市委、市政府关于安全生产各项决策部署，落实“党政同责、一岗双责”和“三个必须”安全生产责任制度落地见效的制度性创新，要着眼查问题、督整改、促提升，对督察中移交的各类安全生产问题或事故隐患，要立行立改、严肃处理，为党的十九大胜利召开营造良好的安全环境。石景山区区委书记牛青山汇报安全生产工作并作表态发言，副区长肖平、陈婷婷、周西松分别汇报分管行业安全生产工作情况。市委、市政府安全生产第二督察组成员，石景山区区委、区政府班子成员，以及区属9个街道主要负责人、62个区安委会成员单位主要负责人，部分区重点企业主要负责人参加会议。区人大、政协负责人应邀参加本次会议。

（杨云超）

【区政府常务会会前学法】 8月24日，石景山区政府第9次常务会议会前集体学习《中共中央 国务院关于推进安全生产领域改革发展的意见》。会前学法邀请安全生产专家授课，以“大力推进安全生产领域改革发展，努力提升全市安全生产整体水平”为主题，从准确把握安全生产领域改革的大方向、全面推动安全生产工作改革创新发展、发挥首善之区示范引领作用3个方面对《中共中央 国务院关于推进安全生产领域改革发展的意见》进行解读。代区长文献对下一步做好安全生产工作提出3点要求：一是坚守安全“红线”不动摇，抓好生产安全、消防安全、维稳等工作，迎接党的十九大胜利召开。二是结合工作实际，在安全生产领域开展改革。三是抓好各项重点任务落实，加大建筑施工、危险化学品、建筑施工等领域安全监管力度，做好安全生产工作。

（颜惠军）

【安全生产大检查再动员再部署】 8月25日，石景山区副区长肖平主持召开安全生产大检查工作推进会，结合国务院安委会及市委、市政府对石景山区安全生产工作督察情况，对全区11个重点行业领域开展安全生产大检查工作进行再动员、再部署。区有关部门主要负责人参加会议。会议要求各部门、各单位落实行业和属地安全监管责任，通过安全生产大检查，全面排查整改安全隐患，强化企业主体责任落实。

（杨云超）

【四季度安委会全体会议】 11月15日，石景山区副区长肖平主持召开第四季度安委会全体会议，传达国务院安委会办公室关于做好安全生产工作的通知精神，对安全生产大检查“回头看”、安全隐患专项整治等工作进行部署。会议要求各单位加强对人员密集场所、建筑施工、交通运输、城市管线、餐饮燃气、危险化学品等行业领域的安全监管，开展安全生产大检查“回头看”。开展冬季消防安全隐患专项治理，在彩钢板建筑、厂房库房、仓储物流、集贸批发市场、出租房屋、出租大院、人员密集场所、重大活动场所、文物古建、高层地下、易燃易爆、施工工地等火险高危单位开展严查、严治专项行动。

（杨云超）

【安全隐患整治专项行动部署会】 11月23日，石景山区区长文献主持召开安全隐患大排查大清理大整治专项行动部署会。副区长肖平及区安委会成员单位主要领导参加会议。会议要求各单位树立安全发展理念，坚持问题导向，在全区范围内开展为期100天的“安全隐患百日大会战”，分别在消防安全和生产安全领域开展“六个严查”和“十二项严查整治”专项行动，落实隐患整改责任，确保安全隐患得到及时有效治理。

（杨云超）

【市委、市政府督察组反馈督察情况】 11月24日，市委、市政府安全生产第二督察组到石景山区反馈安全生产工作督察情况。督察组组长马晓霞通报反馈督察工作情况，石景山区区委书记牛青山作表态发言。石景山区委、区政府领导班子成员，区人大和区政协主要领导，区委、区政府职能部门主要负责人，以及重点企业负责人参加会议。督察组对石景山区安全生产工作给予肯定，指出安全监管存在的5个问题，并提出意见和建议。

（杨云超）

【安全隐患大排查大清理大整治】 11月至

12月，石景山区各部门、各街道、各单位按照全市统一部署，开展安全隐患大排查大清理大整治专项行动。全区检查生产经营单位40162家次，排查整改各类安全隐患16333项，拆除存在安全隐患的建筑1575处、拆除面积8.57万平方米，打通通道169条，关停企业291家，行政处罚328起，罚款200.2万元，疏解人员3050人，行政拘留25人。593项市级挂账的“三合一”和“高风险群租房”重大消防安全隐患如期销账，隐患整改率和复查核验率100％。

（刘同明）

【安全生产重点任务】 本年，石景山区各部门、各街道高效完成12项安全生产重点工作任务。其中：安全监管执法检查企业1007家，行政处罚94起；78项燃气占压隐患全部整改完毕；50家企业完成企业隐患清单编制工作；网上行政审批27项，审批率100％。590家企业完成标准化创建工作，完成年度任务的118％；731家企业投保“安责险”，完成年度任务的208.8％；8座加油站完成贯标改造任务，完成率100％；为2206户低保家庭换装燃气灶具、安全辅助设备和独立式感烟报警器，完成年度任务的108.8％；9个街道全部完成专职安全员规范化建设，完成年度任务的128.6％。

（刘同明）

危险化学品安全监管

【医疗机构危险化学品安全检查】 2月27日至3月10日，石景山区安全监管局在对全区危险化学品企业集中整治的基础上，邀请北京大方安科技术咨询有限公司2名专家，对全区25家所属医院进行安全检查。检查分5个小组，重点检查危险化学品采购、安全管理制度、操作规程制定执行和危险化学品储存等情况。检查发现其中24家单位存在93项隐患问题，经督促行业主管部门加强辖区医疗机构安全监管，落实企业主体责任，排查整改安全隐患，确保安全稳定。

（董军岭）

【危险化学品企业安全夜查】 3月2日，石景山区安全监管局采取突击夜查方式，分两组对中国石化销售有限公司北京石景山鲁谷加油站、北京裕海源汽车服务有限公司鲁谷加油站等8家危险化学品经营单位开展安全生产夜查行动。重点对各单位“两会”期间应急值守和规定时间内禁止销售散装油情况、安全教育培训和应急演练等事项进行检查。检查发现安全隐患6项，下达责令限期整改指令书5份，并监督落实整改。要求各单位落实“两会”期间值班带班、安全巡查等各项安全管理制度，加强现场管理，做好应急处置工作，加强对员工教育培训，确保“两会”期间安全稳定。

（李勇）

【危险化学品反恐联合检查】 3月7日，石景山区安全监管局联合公安分局、商务委、文化委等部门，对北京裕海源汽车服务有限公司鲁谷加油站等危险化学品企业开展反恐防恐联合检查，贯彻“2·24”全区反恐怖工作会议精神，落实全国“两会”期间反恐防恐措施。检查采取听取汇报，查阅会议记录、方案预案、基础台账和现场检查的方式，重点检查安全防范、应急准备和危险化学品安全管理情况。确保全国“两会”期间危险化学品企业安全生产。

（董军岭）

【“一带一路”峰会安全生产部署】 5月11日，石景山区安全监管局组织召开全区危险化学品企业安全生产工作会，对“一带一路”国际合作高峰论坛期间危险化学品安全保障工作进行再部署。会议要求：一是开展全方位安全检查，整改消除安全隐患。二是落实各项反恐防恐措施，进一步增强一线职工安全意识。三是强化应急值守，有效应对突发事件。四是对物防、技防设备设施进行全面检查，确保完好有效。五是完善应急预案，提高应急演练质量。

（董军岭）

隐患排查治理

【危险化学品专项整治】 1月至3月，石景山区安全监管局组织开展危险化学品安全生产专项整治，对危险化学品生产经营单位、烟花爆竹、燃气经营单位、医疗机构和教育机构危险化学品使用情况开展专项检查。完善全区危险化学品企业台账，对全区117家危险化学品企业（含23个烟花爆竹零售网点）进行全覆盖检查。加强对气瓶存储单位、社会及内部加油站等涉危企业执法检查。重点整治企业主体责任不落实、规章制度不健全、管理不规范等问题，巩固企业安全基础，有效遏制安全事故发生。检查生产经营单位467家次，排查整改安全隐患290项，行政处罚9起，罚款17.6万元。

（颜惠军）

【隐患排查治理清单编制工作会】 4月27日，石景山区安全监管局召开企业隐患排查治理“一企一标准、一岗一清单”编制工作会，区商务、旅游、文化等9个部门和9个街道办事处安全科科长以及50家企业负责人参加会议。会议通报2016年全区清单编制工作开展情况，并对2017年编制工作进行部署。有关专家就隐患排查数据分析平台操作和维护对与会人员进行讲解，就清单编制工作进行业务培训。

（杨云超）

【建筑施工专项整治】 7月至9月，石景山区安全监管局组织开展建筑施工安全生产专项整治，对51个建设部门备案的建筑施工项目、21家首钢系统在建施工项目、34项市政工程、111项街道便民工程、21项校园工程开展专项检查。针对检查发现的隐患问题，及时提出整改意见和措施，督促建筑施工企业进行整改，遏制生产安全事故的发生。检查单位126家次，排查整改安全隐患152项，下达责令限期整改指令书74份，行政处罚14起，罚款13.2万元。

（颜惠军）

【易制爆危险化学品专项整治】 8月4日至17日，石景山区安全监管局召开危险化学品安全管理工作会议，印发《危险化学品企业反恐防恐专项整治行动工作方案》《关于开展对危化企业督查工作的通知》，部署危险化学品企业反恐怖专项行动和督查工作。组织两个检查组，对全区危险化学品企业进行全覆盖安全检查。从检查情况看，各企业及时传达会议精神，制定专项反恐应急预案并开展演练活动，落实各项安全管理规定和反恐防范措施。

（董军岭）

【人员密集场所专项整治】 10月至12月，石景山区安全监管局组织开展人员密集场所安全生产专项整治。重点检查52家单位，涉及文化体育类22家、餐饮商超类27家，旅游类3家。专项整治采取宣传和检查并举的形式，加大对《中华人民共和国安全生产法》《北京市生产安全事故隐患排查治理办法》等法律法规的宣传力度，促进生产经营单位安全生产主体责任的落实，提升广大职工群众安全生产意识，保障社会生产经营活动平稳有序。出动执法检查人员700余人次，检查企业单位85家次，排查整改安全隐患87项，依法下达行政执法文书48份，行政处罚3起，罚款2.4万元。

（颜惠军）

应急救援

【安全生产应急管理】 本年，石景山区安委会办公室结合重点时期安全保障工作，督促区相关部门、街道及重点企业落实应急值守制度，修订完善应急预案，组织开展以消防灭火、火灾逃生、危险化学品泄漏、防踩踏、防恐、防汛、紧急救护等应急演练500余次，提升科学应对突发情况的能力。

（颜惠军）

【处置突发事件及举报案件】 本年，石景山区安全监管局处置突发事件、举报案件16起。其中：现场参与5起火灾事故应急救援工作，与公安部门核实2起死亡事故；受理核查群众举报投诉案件9起，包括接待相关人员上访。有效组织参与应急救援，认真核查事件发生涉及单位以及事件发生实际情况，妥善处理各类上访举报等敏感性事件。

（李奕萱）

执法监察

【"一带一路"峰会期间联合督查】 5月10日，石景山区安全监管局、公安分局、商务委等部门组成联合督查组，对辖区重点危险化学品企业安保工作落实情况进行督查。督查组现场对企业安全管理制度落实、从业人员安全教育培训、应急疏散演练等15个方面情况进行检查。对检查中发现的问题，提出具体整改要求。要求企业做好安全保障工作，加强安全检查和隐患整改，确保"一带一路"国际合作高峰论坛期间安全稳定。

（颜惠军）

【检查队伍规范化建设学习观摩】 6月26日，石景山区安全监管局组织全区9个街道主管领导、安全科科长及安全生产检查队队长30余人到西城区展览路街道、朝阳区大屯街道就安全生产检查队规范化建设工作进行学习观摩。参观展览路街道、大屯街道安全生产检查队的办公场所、设施装备、档案管理等方面情况，听取两家检查队关于队伍规范化建设工作情况介绍，并就检查队日常检查、人员管理、档案管理、制度建设等方面情况进行座谈交流。通过学习观摩，为石景山区开展安全生产检查队规范化建设工作奠定基础，切实提高专职安全员履职能力。

（左万前）

【安全生产大检查部署会】 7月28日，石景山区安全监管局召开安全生产大检查工作部署会。区住房城乡建设委、城市管理委、商务委、旅游委、公安消防支队、食品药品监管局、质监局、运管处和9个街道负责人参加会议。会议传达市安全监管局关于开展安全生产大检查的通知精神，部署石景山区重点行业领域安全生产大检查工作。会议要求：把安全生产大检查工作作为重大任务来抓，紧贴工作实际，层层动员安排，开展全面安全生产大检查，确保不留死角、不留盲区。对检查中发现的问题和隐患，要加强跟踪督导，限时完成整改。对整改后仍达不到安全要求的，要坚决予以停产停业、关闭整顿。

（颜惠军）

【党的十九大时期安全保障】 10月11日至31日，石景山区安全监管局按照市委、市政府和区委、区政府总体部署，按照“最高标准、最强组织、最实举措、最佳状态”工作要求，制定工作方案，突出危险化学品、职业卫生、有限空间、人员密集场所、建筑施工等重点行业领域，保持高压严管态势，强力执法，完成党的十九大维稳保障各项工作任务。党的十九大期间，日均出动30余人次，检查企业单位1266家次，排查整改隐患361项，依法下达行政执法文书186份，行政处罚11起，罚款4.7万元。

（颜惠军）

【执法检查提质增效】 本年，石景山区安全监管局发挥中介机构作用，参与危险化学品、职业卫生专项执法检查行动，有效弥补专业力量不足的短板。整合街道执法力量，分片开展执法检查，充实执法力量。全年检查生产经营单位1007家，排查整改安全隐患1066项，依法下达行政执法文书531份，行政处罚94起，罚款70.8万元。检查生产经营单位同比增加981家，排查整改隐患同比增加324项，行政处罚同比增加86起。

（颜惠军）

【安全生产权利清单】 本年，石景山区安全监管局根据市安全监管局和区法制办工作要求，对安全生产监督权力清单进行全面梳理。区安全监管局安全生产权力清单428项，其中行政处罚405项、行政许可9项、行政强制4项、行政检查5项、其他5项。

（徐洁）

职业卫生监督检查

【职业病防治法宣传活动】 4月27日，石景山区安全监管局联合区卫生计生委、总工会、人力社保局在北京国际汽车贸易服务园区集中开展《中华人民共和国职业病防治法》宣传活动。宣传活动以“健康工作，从我做起”为主题，通过现场咨询、发放宣传品等方式普及职业病防治法律、法规、标准和常见职业病防治科普知识，营造全社会共同关注职业病防治工作的良好氛围。宣传活动制作标语横幅98条、宣传展板120块，发放宣传资料180余份。

（李勇）

【职业卫生专项检查】 4月至6月，石景山区安全监管局组织力量，重点在制造业、加油站、有限空间、医疗及非医疗机构放射单位开展职业卫生专项执法检查。完善企业台账，对全区118家涉及职业危害单位开展全面检查，促进企业主体责任落实。检查存在职业危害用人单位120余家，依法下达行政执法文书109份，行政处罚18起，罚款7.5万元，10家企业退出市场。

（颜惠军）

【有限空间安全生产工作会】 8月9日，石景山区安全监管局组织区城市管理委、住房城乡建设委、发展改革委、园林绿化局、环卫中心以及有限空间作业单位召开安全生产工作会。会议传达市安全监管局压减有限空间事故紧急会议精神，通报4起有限空间死亡事故情况，对加强有限空间安全管理提出要求。一是落实企业主体责任，按照《地下有限空间防护设备设施配置》规范要求，开展各项安全管理工作。二是按照“三个不得、两个务必”工作原则，把好安全准入关，杜绝层层转包、以包代管等情况出现。三是增强一线职工安全操作技能，对从业人员实施再教育，落实“四个严禁”安全要求。四是有关部门和企业负责人要认真研究有限空间安全监管工作，组织开展安全大检查，及时排查整改安全隐患，有效遏制有限空间事故发生。

（李勇）

【有限空间作业夜间巡查】 8月9日，石景山区安全监管局在有限空间重点作业时段开展夜间巡查。检查发现4起有限空间作业，作业单位现场作业均较规范，设置警示牌、告知牌和应急救援设施，隔离作业区域并做到“先检测后作业”，现场监护人员持证上岗、持续检测监护。但个别作业单位作业人员未正确使用防护用品、现场检查记录缺失。针对存在的隐患问题，执法人员下达责令限期整改指令书，并约谈单位负责人，及时整改隐患问题，规范有限空间安全管理。

（李勇）

【职业卫生安全监管工作会】 8月23日，石景山区安全监管局联合区疾控中心召开职业卫生安全监管工作会。全区79家存在职业危害的企业负责人和管理人员参加会议。会议通报2017年职业卫生安全监管工作现状及存在问题，介绍职业卫生专项整治行动开展以来安全隐患整改情况，并对重点职业病监测工作进行部署。

（李勇）

【党的十九大安全保障工作会】 10月16日，石景山区安全监管局召开党的十九大期间安全保障工作会，区相关行业部门、重点企业负责人参加会议。会议通报全市安全生产形势和有限空间事故情况，对党的十九大期间有限空间安全生产大检查工作进行部署。采取“四不两直”方式，重点对地下有限空间作业开展安全大检查。会议要求相关部门和企业将会议精神传达至一线作业岗位，强化作业人员安全意识，严格作业审批，加强现场看护，整改安全隐患，确保有限空间作业安全。

（李勇）

宣传培训

【有限空间作业安全培训】 4月14日、17日，石景山区安全监管局组织两期有限空间作业安全培训班。根据有限空间作业特点，邀请市安全监管局专家就有限空间作业的分类、主要涉及危害、防护措施、管理规定、政策法规及事故应急救援等方面内容进行讲解。全区各部门、街道（社区）、物业公司（项目部）及有限空间作业单位等180余个相关部门和单位200余人参加培训。

（李勇）

【职业卫生专项培训】 4月24日，石景山区安全监管局组织职业卫生管理人员培训会，全区存在职业病危害的用人单位职业卫生负责人参加培训。此次培训邀请疾控中心专家授课，培训内容包括职业卫生典型事故案例、相关法律法规和标准、职业卫生工作管理要求、《工作场所职业病危害因素检测报告》和《职业健康体检表》解读。有效提高用人单位职业病防治水平，保护劳动者健康权益。

（李勇）

【行政执法培训会】 6月6日，石景山区安全监管局邀请市安全监管局法制处负责人，就行政执法案卷规范化制作对全局行政执法人员进行培训。此次培训以规范行政执法文书制作为重点，解读行政处罚案卷评查的基础标准、一般程序案卷评查标准等内容，结合制作行政执法案卷中的难点、易错点等进行阐述说明，并以虚拟案例为引导，对行政处罚案卷中的现场检查方案、听证告知、集体讨论、行政处罚决定等执法文书的填写及案卷归档等进行讲解。还对行政执法工作中容易引发争议的热点、难点问题进行现场指导。通过培训，进一步提高行政执法人员的案卷制作水平，加深对相应法律、法规的理解与运用，为全面推进依法行政、规范办案奠定基础。

（徐洁）

【安全生产宣传咨询日】 6月16日，石景山区安委会办公室在北京巴威公司开展以“全面落实企业安全生产主体责任”为主题的安全生产月宣传咨询日活动。石景山区副区长肖平参加活动并致辞，市安全监管局副局长卞杰成出席活动。活动现场接受职工群众安全生产咨询，向职工群众发放宣传物品。区旅游委、商务会、住房城乡建设委、卫生计生委、环保局、民防局、质监局等部门和9个街道办事处分别在16个分会场举办安全生产月宣传咨询日活动，通过宣传展板、宣传画册展示和发放宣传册、宣传单、宣传品，以及现场咨询等方式，面向社会公众宣传安全生产法律法规，普及安全生产知识。安全生产宣传咨询日当天，全区各部门、各街道出动工作人员300余人，悬挂安全生产宣传条幅550余幅，摆放宣传展板300余块，发放各类宣传资料1.5万余份，受教育职工群众1.2万余人。

（杨云超）

【施工现场安全生产教育培训会】 6月22日，石景山区安全监管局组织施工现场安全生产教育培训会，全区安全监管系统执法人员、街道（社区）安全检查人员、辖区内在建施工单位安全管理人员参加培训。此次培训，邀请北京工业职业技术学院专家就建筑施工安全防范、建设工程施工现场消防安全、建设工程施工现场环境与卫生安全生产法律法规等内容，结合事例进行重点讲解。通过培训，提升执法检查人员、安全管理人员安全管理水平和排查安全隐患能力。

（颜惠军）

标准化建设

【安全生产标准化部署会】 5月4日，石景山区安全监管局在首钢技师学院召开全区安全生产标准化创建工作部署暨培训会。全区90家企业负责人及有关专家参加会议。会上由相关专家解读标准化相关文件及评定标准，讲解国家和北京市标准化管理系统和隐患排查自查自报系统。区安全监管局对企业标准化创建工作进行部署，要求各单位强化主体责任落实，科学制订标准化建设实施方案，提高企业本质安全水平。

（李美娟）

【标准化“百项地标”宣贯培训会】 9月

14日，石景山区安全监管局在首钢技师学院组织召开安全生产标准化“百项地标”宣贯培训会。区旅游委、商务委、住房城乡建设委，9个街道办事处，以及北重电机厂、巴威公司等部门和单位近700人参加会议。会议要求各单位推进安全生产标准化工作，按照“百项地标”新标准做好评审工作。市劳保所专家对安全生产标准化“百项地标”《总则》和《安全生产通用要求》等内容进行培训。

（李美娟）

【标准化达标企业核查】 本年，石景山区安全监管局成立由咨询评审单位、街道安全科专家和工作人员组成的企业安全生产标准化工作抽查考核组，按照20%和10%的比例对全区安全生产标准化三级达标和小微企业岗位达标的企业进行抽查核查，并组织对20家三级达标企业、40家小微岗位达标企业进行考核，完成市安全监管局下达的核查任务。

（李美娟）

【企业标准化创建】 本年，石景山区648家生产经营单位完成安全生产标准化达标创建工作，其中三级标准化达标企业100家、小微企业岗位达标548家。

（李美娟）

门头沟区

概　　述

2017年，门头沟区安全生产工作在区委、区政府的领导下，实施安全发展战略，围绕“四化三体系双基”总任务，落实安全生产责任、提升安全保障能力、夯实安全生产基础、深化重点领域监管、强化宣传教育培训，全区安全生产形势稳定，各项工作取得积极进展。

贯彻《中共中央 国务院关于推进安全生产领域改革发展的意见》，践行安全发展理念。实施《门头沟区安全生产党政同责、一岗双责暂行规定》，坚持“党政同责、一岗双责、齐抓共管、失职追责”，将安全生产作为考核各级干部的重要内容。安全生产“横到边、纵到底”责任体系进一步完善。

以“疏解整治促提升”、安全隐患大排查大清理大整治专项行动为抓手，强化部门联动、问题联治，持续开展高频次检查、滚动排查、重点抽查、网格清查，集中整治重点区域、重要场所、薄弱环节的安全隐患问题，加大执法检查力度。检查生产经营单位89637家，排查整改各类安全隐患18356项，关闭取缔生产经营单位329家。集中开展安全隐患大排查大清理大整治专项行动，摸排上账“三合一”场所、高风险群租房等突出安全隐患357项，完成整改354项，整改率99.2%。为全区8663户城乡低保户和农村低收入家庭安装合格燃气灶具和独立式感烟火灾探测报警装置。

全区安全生产监管系统检查各类生产经营单位1155家次，排查整改安全隐患1611项，下达责令限期整改指令书595份，行政处罚96起，罚款334.58万元。

综合监管

【贯彻全国安全生产会议精神】 1月11日，全国及北京市安全生产电视电话会议后，门头沟区区长付兆庚主持召开电视电话会议，部署全区安全生产工作。付兆庚强调指出：一是严格按照全国及北京市电视电话会议各项要求，抓好贯彻落实，加大各行业、各属地安全隐患排查力度，确保全区人民群众度过一个欢乐祥和的春节；二是加强人员密集场所、旅游景区、加油站、养老院、交通运输、烟花爆竹等重点行业、重点领域的安全生产工作；三是坚持“党政同责、一岗双责”，落实属地政府、行业主管部门和企业安全生产责任；四是加大依法处罚和问责力度，对隐患整改不到位的单位要依法实施高限处罚；五是对检查发现的安全隐患等问题要定期曝光，充分发挥社会和舆论监督作用。

（林劲北）

【区领导春节前安全检查】 1月22日至25日，门头沟区区委书记张贵林、区长付兆庚、常务副区长彭利锋，副区长张兴胜、杨雄华、赵北亭、张翠萍、王涛、庆兆珅分别带领区有关部门负责人，对旅游景点、民生场所、商场超市等34家生产经营单位进行安全检查。采取现场检查、查阅资料、谈话询问等方式，重点对生产经营单位安全生产、消防安全、突发事件应对、领导带班值守等各项工作进行检查。经检查，各单位生产经营状况良好有序，相关措施、制度完备。区领导要求各部门、各镇街、各单位严格落实领导带班制度，强化应急值守，保持通讯畅通，确保突发事件得到及时有效处置，为人民群众营造安全的节日氛围。

（林劲北）

【全国“两会”安全保障部署会】 2月20日，门头沟区安委会办公室召开专题会议，部署全国“两会”安全保障工作。区安委会成员单位负责人参加会议。会议议定：一是制定《全国“两会”期间安全生产保障工作方案》，成立由副区长王涛为组长的安全生产保障工作领导小组；二是以交通运输、人员密集场所、建筑施工、非煤矿山、危险化学品行业领域为重点，开展安全生产执法检查；三是启动应急值守机制，落实领导带班制度，加强值守备勤，为全国“两会”召开提供良好安全生产环境。

（林劲北）

【全区安全生产大会】 3月23日，门头沟区安委会召开全区安全生产大会，区长付兆庚、副区长张兴胜、张翠萍、王涛、庆兆珅及全区各部门、各镇街负责人、全体专职安全员参加会议。会议部署2017年安全生产重点工作，表彰2016年度安全生产先进单位和先进个人，区长付兆庚与区安委会成员单位代表签订2017年度安全生产目标管理责任书，区住房城乡委、大峪街道办事处、京西门城基础设施投资建设有限公司等3家单位进行大会发言。会上，付兆庚对全区安全生产工作提出4点要求：一是坚守底线思维，牢固树立安全生产“红线”意识。二是聚焦突出问题，全力抓好关键领域安全工作。三是转变方式，不断优化安全生产工作环境。四是严格落实责任，确保全区安全生产形式持续稳定好转。

（林劲北）

【区领导清明节前安全检查】 3月30日、4月1日，门头沟区区委书记张贵林、区长付兆庚分别带领区有关部门负责人，对潭柘寺景区、中国石化销售有限公司北京门头沟鲁家滩加油站、北京格兰中创液压泵有限公司、棚改安置房城子D地块施工工地、天山陵园进行安全检查。付兆庚在检查中指出，要高度重视清明节期间安全生产工作，落实安全生产主体责任，加强安全巡查和应急值守工作，加强“文明祭扫、安全祭扫”及防火工作的宣传，全力做好防火工作，确保清明期间安全。

（林劲北）

【二季度安全生产工作会】 4月21日，门头沟区安委会召开第二季度安全生产工作会，区安委会成员单位负责人参加会议。会议通报全区一季度安全生产工作情况，部署重点时期安全保障、安全生产标准化、“一企一标准、一岗一清单”编制工作和“双百工程”等重点工作，并就2017年目标管理责任书任务分解进行说明。

（林劲北）

【区长“五一”节前安全检查】 4月28日，门头沟区区长付兆庚、副区长王涛带领区政府办、公安分局、安全监管局、城管执法局、住房城乡建设委、旅游委、文化委、宗教办、公安消防支队负责人，对妙峰山景区、保利首开四季怡园项目、龙湖地产项目、万科翡翠长安项目、雅安路S1线组团市政配套工程“五一”节前安全生产情况进行检查。检查组重点对各单位安全管理制度、重点部位应急值守、消防器材配备以及现场安全管理情况进行检查。付兆庚在检查中指出，各单位要从思想上重视安全生产工作，建立健全各项安全管理制度，积极开展安全生产隐患自查自纠，及时发现和消除各类安全生产隐患。要求区有关部门加大对全区重点行业领域执法检查力度，严防各类生产安全事故的发生。

（林劲北）

【国务院安委会现场督查】 5月4日，国务院安委会安全生产巡查组对门头沟区安全生产工作进行现场督查。督查组听取门头沟区安全生产工作情况的汇报，现场查阅安全生产工作记录文档，对木城涧煤矿安全生产情况进行实地检查。督查组对门头沟区安全生产工作给予肯定，并提出改进意见和建议。

（林劲北）

【安全生产专题会】 5月27日，门头沟区安委会办公室组织有关单位召开安全生产专题会议，通报2017年1月至5月安全生产目标管理责任书任务完成情况，部署安全生产月、“安责险”和更换不合格燃气灶具、安装燃气安全辅助设备和独立式感烟火灾探测报警装置的组织落实工作。副区长王涛参加会议，要求各单位将隐患排查治理工作作为首要任务，对辖区重点行业、重点领域、关键部位加大执法检查力度；加强基层基础工作，完善辖区企业台账，做到底数清、情况明，为做好安全生产工作奠定基础。

（林劲北）

【三季度安全生产工作会】 7月13日，门头沟区安委会召开2017年安全生产半年工作会暨第三季度安全生产工作会，区安委会成员单位负责人参加会议。会议传达国务院安委会巡查组对北京市的督查意见，分析研究安全生产形势，部署安全生产重点工作。副区长王涛参加会议，要求各部门、各镇街严格落实国务院巡查组提出的意见，落实安全生产绩效考核工作，排查消除安全隐患，夯实安全生产基础，全力以赴确保地区安全。

（林劲北）

【安全生产工作部署会】 7月20日，全国安全生产电视电话会议及北京市安全生产大检查动员部署会召开后，门头沟区区长付兆庚立即主持召开电视电话会议，要求全区各单位贯彻落实全国安全生产电视电话会议及北京市安全生产大检查动员部署会精神，认真研判安全生产形势，加大对建筑工地、人员密集场所、地下空间隐患排查整改力度，推动地区安全生产形势持续稳定好转。

（林劲北）

【区委常委会专题汇报】 8月3日，门头沟区区委召开常委会，专题听取区安委会办公室关于上半年安全生产工作情况的汇报。区委书记张贵林要求全区各部门、各镇街、各单位汲取安全生产事故教训，树立安全生产“红线”意识和底线思维，贯彻落实党中央、国务院关于安全生产工作的决策部署和习近平总书记、李克强总理重要指示批示精神，强化安全生产责任，坚持全面检查与严格执法相结合、企业自查与政府督查相结合、属地负责与部门督导相结合，集中开展安全生产大检查，依法严惩安全生产违法违规行为，彻底治理重大事故隐患，关闭取缔违法违规和不符合安全生产条件的企业，联合惩戒严重失信企业，问责曝光责任不落实、措施不力的单位和个人，严格落实各项安全防范责任和措施，为党的十九大胜利召开保驾护航。

（林劲北）

【区长带队检查建筑施工安全】 8月10日、24日，门头沟区区长付兆庚带领区城市管理委、住房城乡建设委等部门负责人，先后到焦家坡垃圾处理厂、棚改安置房小园三个地块、滨河路南延一期及泰安路施工现场、棚改安置房城子村委会地块、石龙开发区产业孵化中心二期项目、中交绿城西山燕庐项目，实地检查安全生产情况。在检查过程中，付兆庚要求各施工单位加强安全教育和安全管理，切实做好电梯井防护、消防安全、食品卫生等工作；要严格依法依规，按照清运方式、清运地点等规定运输、消纳建筑渣土，确保符合相关要求；监理公司要充分发挥作用，督促建设施工单位严格按照设计标准施工作业，确保施工安全。

（林劲北）

【区委书记安全生产督查】 9月15日，门头沟区区委书记张贵林带领区有关部门，采取“四不两直”方式，对北京大源非织造股份有限公司、西山燕庐建筑施工工地开展安全生产大检查督导检查。检查组听取区住房城乡委、经济信息化委、石龙管委安全生产大检查工作情况汇报。张贵林要求有关部门、镇街提高思想认识，坚持“党政同责、一岗双责、齐抓共管、失职追责”，落实安全生产责任制，做到“管行业必须管安全、管业务必须管安全、管生产经营必须管安全”。要以安全生产大检查为抓手，深查安全隐患，加大执法检查和处罚力度，落实企业安全生产主体责任，确保安全生产形势稳定。

（林劲北）

【市委、市政府安全生产督察】 10月10日至24日，市委、市政府安全生产第七督察组进驻门头沟区，重点督察贯彻落实党中央、国务院及市委、市政府决策部署，推动依法治安、落实安全生产责任制等方面的工作情况，并延伸督察部分街乡、抽查检查和暗查暗访重点企业。督察期间，督察组召开动员会，听取门头沟区区委、区政府安全生产工作汇报，对门头沟区龙泉镇、大峪街道、永定镇、潭柘寺镇、王平镇、妙峰山镇安全生产工作进行督察。督察组了解全区安全生产工作整体情况，现场抽查企业安全生产情况，指出企业存在的安全生产问题，并现场进行指导。通过督察，进一步落实市委、市政府关于安全生产工作的指示精神，确保辖区各项安全生产工作落实到位。

（林劲北）

【四季度安全生产工作会】 10月17日，门头沟区安委会组织召开第四季度安全生产工作会，区安委会成员单位负责人参加会议。会议传达国务院安委会督查组督查反馈意见，通报城乡困难家庭更换不合格燃气灶具工作完成情况，并就全区行政村（居委会）设置专（兼）职巡查员队伍和开展城市运行风险评估进行专题部署，区住房城乡委、旅游委等单位作了发言。付兆庚要求各单位全力抓好安全生产各项措施落实，从严从细从实抓好安全生产工作，以优异的安全生产工作成效保障党的十九大胜利召开。

（林劲北）

【安全隐患整治行动专班启动会】 11月30日，门头沟区副区长王涛主持召开安全隐患大排查大清理大整治专项行动专班启动会。会议议定专班工作方案，抽调40名副处级后备干部、20名公安干警组建专项行动工作专班；设17个督查组，派驻属地镇街、有关行业部门，并设综合组、台账组和信息组负责相关统计报送工作，建立信息报送制度、情况会商制度、情况通报制度、区领导调度机制、督查工作机制、定期沟通机制。王涛要求各单位进一步提高重视程度，举全区之力开展隐患排查整治，确保专项行动落实到位。

（林劲北）

【曹各庄安置房火灾事故现场会】 12月20日，门头沟区区委书记张贵林主持召开火灾事故现场会。会议通报永定镇曹各庄安置房在建工地一彩钢板房起火情况。张贵林要求各单位提高政治站位，树立安全发展理念，逐级明确责任人，确保各项火灾防范措施事事到人、件件落地。要迅速组织开展消防安全检查和消防安全培训，及时消除火灾事故隐患。区安全监管、公安消防、住房城乡建设委等相关部门负责人及全区110余家在施工地项目经理参加会议。

（林劲北）

危险化学品安全监管

【加油站贯标改造座谈会】 3月13日，门头沟区安全监管局与中石化京西区域有关单位就中石化加油站贯标改造等工作进行座谈。会上，中石化京西区域负责人介绍撬装式加油站及贯标改造工作情况。区安全监管局负责人要求中石化京西区域强化对撬装式加油站的安全管理，严格落实《汽车加油加气站设计与施工规范》（GB 50156—2012）及市安全监管局关于贯标改造工程的工作要求，督促施工单位、有关加油站落实安全生产主体责任，强化应急值守，确保贯标改造工程按期完成，确保贯标改造工程期间安全稳定。

（王磊）

【加油站贯标改造安全检查】 11月7日，门头沟区安全监管局对清水镇、斋堂镇贯标改造加油站施工现场进行安全检查。检查人员重点检查施工工地现场安全管理情况，人员在岗及夜班值守情况。要求施工人员加强用电管理，及时清理施工现场废物废料等可燃物，对裸露地面进行苫盖，避免扬尘等加重空气污染。

（王磊）

烟花爆竹安全监管

【烟花爆竹零售网点布设】 1月3日至5日，门头沟区安全监管局会同相关部门依照《烟花爆竹零售网点设管理安全要求》（DB11/ 834—2013）及工作实际，对辖区拟申请的29个烟花爆竹零售网点进行审核。21个零售网点通过烟花爆竹（零售）行政许可，同比减少1个，下降4.5%。

（王磊）

【烟花爆竹安全检查】 1月22日至2月1日，门头沟区安全监管局采取重点时段领导带队检查和日常检查相结合的方式，对烟花爆竹零售网点进行检查，重点检查许可条件、持证上岗、用电安全、消防器材、应急值守等情况。检查烟花爆竹零售网点78个次，排查安全隐患37项，下达责令限期整改指令书26份。经复查，隐患全部整改完毕。

（王磊）

【烟花爆竹销售回收】 本年，门头沟区批发烟花爆竹2432箱，烟花爆竹零售网点销售2322箱，销售收入101.08万元，烟花爆竹批发、销售同比分别增加13.14%、24.1%、0.83%。烟花爆竹销售期结束后，烟花爆竹批发单位立即开展烟花爆竹回收工作，回收烟花爆竹110箱。

（王磊）

矿山安全监管监察

【矿山企业安全检查】 6月20日，门头沟区安全监管局对首钢鲁家山石灰石矿有限公司、潭龙鑫磊矿业有限公司进行安全检查，督促矿山企业做好安全生产、防汛及环保等相关工作。检查组深入矿山企业一线，重点检查企业安全设施装备、现场安全生产管理、防汛预案制定、防汛物资准备及环境保护等工作情况，并与企业负责人进行座谈交流。

（杨岳）

【矿山企业安全生产专题会】 9月30日，门头沟区安全监管局组织召开全区矿山企业安全生产专题会。会议听取矿山企业工作汇报，部署党的十九大期间安全生产工作。一是强化落实安全保障措施，确保企业安全稳定。二是深入开展安全大检查，深化隐患排查治理工作。三是在国庆假期和党的十九大期间，落实带班、值班、应急处置等工作，加强对企业现场及周边安全巡查工作，发现问题及时处理。

（杨岳）

【环境保护和安全生产专题会】 11月1日，门头沟区安全监管局组织首钢鲁家山石灰石矿有限公司、潭龙鑫磊矿业有限公司，召开矿山企业环境保护和安全生产工作专题会议。会议传达市政府关于环境保护工作具体要求，通报全区环境保护和安全生产形势，要求矿山企业全面做好环境保护各项工作，全面排查整改环境污染、大气污染风险隐患，并将环境保护与安全生产大检查有机结合、统筹推进，落实企业环境保护、安全生产主体责任。

（杨岳）

隐患排查治理

【挂账隐患联合执法】 5月4日，门头沟区安委会办公室根据《门头沟区2017年社会治安问题突出的街道（乡镇）重点挂牌督办整治工作方案》工作要求，组织区工商分局、交通局、食品药品监管局、公安消防支队和龙泉镇政府，对市级挂账治安问题突出的龙泉镇东小河滩地区9家生产经营场所开展安全生产联合执法检查。针对2家单位车间设置员工宿舍、建筑材料使用泡沫彩钢板的隐患问题，执法人员依法给予查封，停止使用。

（刘艳峰）

【企业隐患排查治理清单编制】 本年，门头沟区安全监管局推进企业隐患排查治理清单编制工作。一是对2017年度清单编制企业提前介入，执法人员对每一家清单编制企业进行实地走访，了解企业安全生产管理现状。二是加强与相关部门、镇街的沟通交流，形成合力，共同做好清单编制工作。三是召开全区隐患排查治理清单编制动员部署会，宣传贯彻《北京市生产安全事故隐患排查治理办法》，将清单编制与企业信用体系建设、安全生产标准化建设等重点工作进行有机结合，实施《门头沟区2017年开展隐患排查治理“一企一标准、一岗一清单”编制工作实施方案》，明确职责、实施步骤、保障措施。四是采取“四不两直”方式对清单编制企业开展专项检查，确保清单编制工作稳步推进。

（杨岳）

【隐患排查治理信息系统推广】 本年，门头沟区安全监管局贯彻落实《北京市生产安全事故隐患排查治理办法》，做好隐患排查治理信息系统推广应用工作。一是深入企业了解系统使用存在的问题和原因，提出具体整改措施。二是加强与系统运维公司沟通，汇总反馈系统使用过程中发现的问题，提高系统使用率。三是召开专题会议，通报系统使用情况，宣传清单编制和隐患填报工作的重要意义。四是发挥信息平台“大视野”作用，将系统中隐患整改率低的企业作为重点监管对象，通过执法检查，推动落实企业隐患排查治理主体责任。

（杨岳）

应急救援

【电梯事故应急救援演练】 6月6日，门头沟区安全监管局联合区质监局在中国工商银行股份有限公司北京门头沟支行举行电梯事故应急救援演练，检验使用单位、维保单位相互协调和应急救援能力。此次演练在规定时间解救被困人员，管理人员在中控室与被困人员联系，使用单位安全管理人员和维保救援人员相互配合，快速解救被困人员，圆满完成演练内容。演练结束后，区安全监管局、质监局分别对此次演练进行点评，要求各有关单位加强电梯安全知识宣传，完善电梯应急救援预案。

（王磊）

【文化娱乐场所消防演练】 6月15日，门头沟区安全监管局联合区文化委在区影剧院开展消防应急演练。全区文化娱乐场所负责人现场观摩演练。此次演练分为应急疏散演练和突发事件处置演练，区应急办、公安消防支队等部门针对现场应急处置方式、方法是否到位，是否符合消防安全要求等方面进行现场点评，并就如何使用灭火器，以及在发生火灾事故后的基本扑救方法、自防自救措施等消防安全基本知识进行讲解。通过演练，夯实消防安全基础，提高全区文化娱乐场所应急处置能力。

（王磊）

【公交场站突发事件应急演练】 6月29日，门头沟区安全监管局、交通局组织公交客四十一车队、鸿运承物业管理公司、强大伟业保安公司，在龙泉西公交场站开展突发事件应急消防演练，参加演练人员140余人。演练分3部分内容：一是安全专业，在行车中发生交通事故应急处理演练；二是技术专业，车辆在运营中机械发生火情演练；三是保卫专业，车辆在运行中乘客抛撒演练。通过演练增强车队全员在车辆遇突发事件时，及时发现问题、团结协作的能力。

（王磊）

执法监察

【春节期间安全检查】 1月27日至2月2日，门头沟区安全监管局由局领导带队对全区人员密集场所、危险化学品、烟花爆竹等重点行业领域生产经营单位开展安全检查，重点检查各项安全管理措施、节日期间应急值守落实情况，检查生产经营单位28家，排查整改隐患问题6项，下达责令限期整改指令书5份。

（王磊）

【全国“两会”安全检查】 3月10日，门头沟区安全监管局对滨河路加油站、京客隆超市等重点行业领域生产经营单位开展全国“两会”安全生产执法夜查行动。检查生产经营单位4家，排查安全隐患12项，依法下达执法文书3份，行政处罚2起。经复查，隐患全部整改完毕。

（刘艳峰）

【建筑行业春季开复工联合检查】 3月13日至31日，门头沟区安全监管局联合区住房城乡建设委等部门，对建筑工地开复工情况进行联合检查，重点检查建筑施工安全防护设施、起重设备、电气线路、机械设备安全管理情况，并对建筑工人岗前安全生产知识和防护技巧培训制度落实情况进行检查。出动执法检查人员39人次，检查发现安全隐患26项，下达责令限期整改指令书8份。经复查，安全隐患全部整改完毕。

（陈观刚）

【“一带一路”峰会期间安全检查】 5月13日，门头沟区安全监管局由局领导带队，对辖区部分加油站、烟花爆竹零售商店及工业企业进行安全检查。检查组重点检查各企业应急值守、隐患排查治理及消防安全等各项安全生产工作情况，以及企业安全生产责任制及各项安全生产规章制度执行落实情况，要求企业落实安全生产责任制，强化隐患排查治理，加大安全检查力度，做好“一带一路”国际合作高峰论坛安全保障工作。

（王磊）

【建筑施工深基坑专项检查】 6月5日至30日，门头沟区安全监管局采用联合检查和重点巡查相结合的方式，对全区在施工地处于深基坑施工工程进行安全检查，重点检查基坑安全防护及各项安全措施落实情况。检查深基坑施工工程20个次，发现安全隐患27项，依法下达行政执法文书11份，要求施工企业落实各项规章制度，做好汛期前的各项准备工作，加强日常监测，确保安全生产。经复查，隐患问题全部整改完毕。

（陈观刚）

【“道路平安运输年”联合执法】 6月至12

月，门头沟区安全监管局联合区交通局、公安交通支队对辖区道路客运、货运及危险货物运输企业等道路运输企业开展执法检查。检查生产经营单位24家次，下达责令限期整改指令书15份，排查发现各类安全隐患47项。检查发现的主要问题是事故应急预案不完善、安全教育培训考核不规范、安全巡查记录不规范及库房通道不通畅、缺少安全警示标识等。检查组要求生产经营单位落实安全生产主体责任，加强安全管理，做好各项安全记录，及时消除安全隐患。经复查，隐患问题全部整改完毕。

（白璐）

【游泳场馆安全检查】 7月18日，门头沟区安全监管局、体育局对博康博瑞斯体育文化有限公司、龙鹏体育文化发展有限公司所属4家游泳场馆进行安全检查。检查发现安全隐患11项，依法下达执法文书4份。经复查，隐患全部整改完毕。

（刘艳峰）

【国庆节期间安全大检查】 10月1日至8日，门头沟区安全监管局组织对危险化学品经营单位、人员密集场所、建筑施工工地、非煤矿山、烟花爆竹等重点行业领域开展安全生产大检查。出动执法检查人员454人次，检查各类生产经营单位227家次，排查整改安全隐患326项，下达责令限期整改指令书148份。推动生产经营单位落实安全管理规章制度，加大安全检查力度，确保国庆节期间安全稳定。

（王磊）

【施工工地执法检查】 本年，门头沟区安全监管局检查施工工地264个次，排查隐患446项，下达责令改正指令书156份，对所有隐患进行复查，全部整改完毕。对中交一公局第五工程有限公司、北京枫林建筑劳务有限公司、珠海兴业绿色建筑科技有限公司等15家生产经营单位依法给予行政处罚，罚款24.1万元。

（陈观刚）

职业卫生监督检查

【职业卫生协调会】 3月2日，门头沟区安全监管局召开职业卫生协调会，区卫生计生委、人力社保局、总工会等部门主管领导参加会议。会议总结各部门2016年职业卫生监督管理情况，重点部署2017年职业卫生监督管理工作，要求各部门对照评估结果提出的问题进行整改，组织开展机动车维修企业专项治理、防暑降温专项检查、金属制品业专项治理等工作。

（赵轩）

【有限空间作业安全生产工作会】 4月25日，门头沟区安全监管局召开有限空间作业安全生产工作会，全区涉及有限空间作业的行业主管部门和企业有关负责人参加会议。会议通报全国有限空间作业事故案例，结合本区实际情况，要求行业主管部门和企业明确专人负责有限空间安全工作，健全安全管理制度，加强一线员工安全教育培训，规范承发包管理，严禁将有限空间作业项目发包给不具备资质的单位和个人，抓好源头管理。

（白璐）

【有限空间条件确认专项检查】 4月至11月，门头沟区安全监管局组织开展工贸行业有限空间作业条件确认专项检查。制定《门头沟区有限空间作业安全生产专项整治工作方案》，完善《2017年门头沟区冶金建材轻工企业有限空间作业条件确认工作专项检查汇总表》等基础台账，组织企业安全培训，规范企业有限空间作业基础台账的辨识及填报工作。期间，检查有限空间作业单位和作业场所32家次，排查整改安全隐患56项，行政处罚3起，罚款3.2万元。

（白璐）

【有限空间作业大比武】 6月27日，门头沟区安全监管局组织热力行业开展有限空间作业大比武活动，来自华源热力管网有限公司各分公司的4支队伍50余人参加活动。有限空间作业大比武以“全面落实企业安全生产主体责任、提高有限空间作业安全”为主题，以作业过程中安全交底、个人防护用品检查、作业设备设施检查、警示标识设置、危害因素检测、判定作业环境等级、有限空间作业审批、防护设备使用、井下取物作业为比赛内容。经过比赛，最终北京华源热力管网有限公司门头沟分公司夺得大比武第一名。

（白璐）

【有限空间作业专项执法检查】 7月27日至28日，门头沟区安全监管局由局领导带队，开展市政、水务、通信、燃气、热力、电力等重点行业有限空间作业专项执法检查。此次检查采取街边巡查和作业单位现场检查相结合的方式，实施日、夜分组检查。重点检查作业单位有限空间安全管理制度建立和落实、作业人员教育培训、安全设备设施配备和作业现场是否进行气体检测、是否设置安全警示标志、监护人员是否持证在岗、作业人员是否正确佩戴个人防护用品等情况。针对检查发现的安全警示标识设置不足、有限空间检测记录填写不规范等问题，执法人员责令相关企业立即整改。

（白璐）

【夏季防暑降温专项治理】 7月至9月，门头沟区安委会印发通知，要求全区有关部门贯彻落实国家安全监管总局《防暑降温措施管理办法》，组织开展夏季防暑降温专项治理行动，重点对大型建筑工地、露天作业场所、高温作业车间进行安全检查。检查建筑工地、高温作业企业578家次，排查整改安全隐患139项，现场发放防暑降温知识手册、宣传页、宣传画等材料7800余份。

（赵轩）

【职业病危害防治评估】 10月31日，市疾控中心10名专家组成评估小组赴门头沟区开展职业病危害防治评估工作。专家组听取门头沟职业病防治工作汇报，现场抽查用人单位和镇街职业病防治工作资料，并对朗泰汽车维修有限公司、富根智能电表有限公司等10家企业作业现场进行检查。职业病防治评估结果均为优秀。通过职业病危害防治评估工作，有效提升企业职业病防治管理水平。

（赵轩）

【职业卫生安全检查】 本年，门头沟区安全监管局开展职业卫生监督检查工作，检查企业135家次，依法下达执法文书87份，排查整改安全隐患219项，行政处罚31起，罚款31.6万元。

（赵轩）

【机动车维修企业尘毒危害治理】 本年，门头沟区安全监管局组织开展机动车维修企业尘毒危害专项治理行动，重点推动企业防护设施升级改造，落实职业卫生管理措施。检查企业11家次，排查整改安全隐患24项。通过专项治理行动，企业投入安全整改资金13.7万元，促进机动车维修企业作业现场防护设施和个人防护用品的升级改造，有效改善职工作业环境。

（赵轩）

【职业卫生规范贯标行动】 本年，门头沟区安全监管局开展《金属制品业职业卫生技术规范》贯标行动，对存在职业病危害的金属制品企业进行专项检查，检查企业31家次，依法下达行政执法文书15份，排查整改安全隐患49项。通过开展贯标行动，企业投入资金39.7万元购置防护设备和个人防护用品，改善工作环境和个体防护水平，保障生产作业一线职工安全和健康。

（赵轩）

【职业卫生举报投诉案件核查】 本年，门头沟区安全监管局加强职业卫生举报投诉案件核查工作，协调相关部门联合执法，对举报投诉案件做到“件件有落实，事事有回音”。受理职业卫生举报投诉109件，接待群众上访137人次，案件回复率100%。

（赵轩）

宣传培训

【安全监管监察干部培训会】 3月14日，门头沟区安全监管局局领导、局机关各科室队及镇街安全监管人员28人参加全国安全监管监察干部培训班。此次培训利用1个月的时间，采取每期1天，上午视频集中授课、下午集中开展交流研讨并开卷考试方式进行。培训设安全生产法律法规、应急救援、烟花爆竹监管等课程。通过培训，提高安全监管干部和执法检查人员执法履职能力。

（谷征）

【职业病防治法宣传活动】 5月5日，门头沟区安全监管局卫生计生委、人力社保局、总工会、疾控中心和京煤集团，在木城涧煤矿、大台煤矿开展以“健康中国、健康企业、职业健康先行”为主题的大型宣传活动宣传《中华人民共和国职业病防治法》。在宣传活动中，摆放宣传展板20块，解答职工群众咨询，发放职业病防治法百问、职业病防治问答、职业病防治法宣传画、预防食物中毒宣传册等材料3700多份，木城涧煤矿、大台煤矿1000余名职工参加活动。

（赵轩）

【安全生产宣传咨询日】 6月16日，门头沟区安委会办公室以“全面落实企业安全生产主体责任”为主题，在石龙开发区阳光大厦广场，开展安全生产宣传咨询活动。区安全监管局、住房城乡委、城市管理委、文化委、商务委、卫生计生委、公安分局、工商分局、交通局等14个部门在现场，面向社会公众和广大从业人员，利用媒体、现场咨询、展板展示、互动问答等方式，开展安全生产宣传咨询活动。全区各镇街在辖区居委会分别设立安全咨询站，利用多种形式，广泛开展宣传咨询活动。全区设立安全宣传咨询站29个，设置安全宣传展板300余块，悬挂横幅200余幅，张贴标语、宣传画7400余张，设宣传栏、板报2000余块，发放宣传材料11万余份，参加活动职工群众10万余人。

（谷征）

【专家解读安全生产重要文件】 8月14日，门头沟区安委会办公室组织安委会成员单位主管领导参加专题会议，邀请国家安全监管总局政策法规司原司长石少华就学习贯彻《中共中央 国务院关于推进安全生产领域改革发展的意见》进行辅导讲座。石少华分别从《意见》出台的背景、主要内容进行解读。参会人员认真听取专家对

《中共中央 国务院关于推进安全生产领域改革发展的意见》系统解读，进一步加深对安全生产工作重要性的认识。

（谷征）

【安全生产知识综合培训】 8月14日至17日，门头沟区安委会办公室举办全区生产经营单位安全生产综合培训班，各部门、各镇街专职安全员及60家重点企业安全生产负责人120余人参加培训。本次培训采取集中授课与网上教学相结合的方式，从贯彻《中共中央 国务院关于推进安全生产领域改革发展的意见》到隐患排查治理规定解析、从职业卫生安全知识到用电安全知识、从危险化学品安全检查实务到建筑施工行业安全检查实务，通过多种途径，选取不同角度，针对不同重点领域开展安全生产培训。所有参训人员端正学习态度，保障学习时间，并表示总结提炼全面延伸培训成果，将学习到的安全生产知识宣贯至企业一线员工，推进安全生产大检查工作，为党的十九大胜利召开营造安全生产环境。

（谷征）

【职业健康宣讲活动】 11月至12月，门头沟区安全监管局组织开展职业健康宣讲员巡回宣讲活动。职业健康宣讲员分别以“职业安全重在治未病”“安全员的坚持与坚守”为主题，采取案例分析等多种方式，向广大企业职工讲授职业卫生法律法规和防护知识，使用人单位领导和职工深入了解职业病防治知识，增强职业病防范意识。

（赵轩）

标准化建设

【安全生产标准化工作会议】 4月13日，门头沟区安全监管局组织召开2017年安全生产标准化工作会议，区行业主管部门、属地镇街和重点企业有关负责人参加会议。会议通报市安全监管局新修订的标准化评定标准，印发《门头沟区2017年安全生产标准化建设工作方案》，将安全生产标准化建设与隐患排查治理深度结合，统一进行部署，就严格开展标准化复评、核查，提升企业标准化达标质量等提出工作要求。

（杨岳）

【安全生产标准化评审专题会】 6月6日，门头沟区安全监管局组织标准化评审机构，召开安全生产标准化评审专题会。会议要求标准化评审机构重点做好4个方面的工作。一是对标准化期满复评企业，要着重开展安全规章制度的检查指导。二是对首次开展标准化创建的企业，要严把评审关，切实提升企业安全管理水平。三是加强沟通交流工作，及时向区安全监管局反馈工作进度、难点问题。四是公正、客观为企业开展评审，严格工作纪律。

（杨岳）

【安全生产标准化综合培训】 8月14日至17日，门头沟区安全监管局举办安全生产标准化综合培训班，区行业主管部门有关负责人、重点企业负责人及专职安全员200余人参加培训。培训涵盖安全生产法律法规解读、隐患排查治理、企业安全生产主体责任规范、有限空间作业实务等多项内容。培训还采取课堂授课与现场观摩相结合、现场授课与线上学习相结合的方式，使培训收到较好效果。

（杨岳）

【供热企业标准化专题培训】 9月1日，门头沟区安全监管局、城市管理委联合举办供热企业标准化专题培训班，全区供热企业负责人及安全管理人员参加培训。培训专家对安全生产标准化工作目的、意义和相关法规进行阐述，结合企业实际就供热企业标准化评审标准逐条进行解读，讲解标准化创建过程中重点方法。区安全监管局有关负责人通报市、区安全生产标准化工作情况，要求企业根据评审标准逐条梳理、排查隐患并及时整改到位，以标准化创建为抓手，确保企业安全生产。

（杨岳）

【企业标准化达标创建】 本年，门头沟区安全监管局按照“巩固标准化建设成效，提升标准化创建质量”工作要求，对安全生产标准化期满复评企业开展安全规章制度更新的检查指导。通过安全生产条件普查，对符合条件企业开展标准化达标创建。通过发挥属地安全监管作用，推进小微企业岗位达标，不断提升企业安全生产管理水平。三级安全生产标准化达标企业60家、小微企业岗位达标30家。

（杨岳）

【提升企业标准化运行质量】 本年，门头沟区安全监管局采取多项措施，提高安全生产标准化创建（复评）质量，提升已达标企业标准化运行质量。一是强化执法检查，根据复评和已达标企业安全管理水平的现状，对企业安全管理工作的要求由“从无到有”提升为“从有到好”。二是以岗位清单编制现场查验为切入点，督促企业对岗位清单编制中发现的问题及时整改，做到“边识别、边整改，完成一个岗位清单编制同时完成一个岗位的隐患整改”。三是与企业负责人沟通交流，鼓励企业加大安全管理人才培养力度，通过安全管理人员水平提升，促进企业标准化运行质量稳步提升。四是对标准化达标期满企业复评的同时，特聘专业咨询机构对标准化达标企业（未到期企业）同步开展核查，要求核查机构按照“核查即评审”的原则严格核查，及时将核查情况反馈区安全监管局，区安全监管局将对核查中不符合要求的企业严肃处理，直至撤销达标称号。

（杨岳）

房　山　区

概　　述

2017年，房山区安全生产工作聚焦安全生产“四化三体系双基”总任务，按照“补短板、强融合、细落实、促平衡”的总要求，开展一系列卓有成效的工作。

区委、区政府坚持安全生产形势分析通报和领导带队督查检查制度，区委常委会、区政府常务会8次听取安全生产工作汇报，组织召开专题会议10余次，区领导带队督查检查40余次。区安委会织推进安全生产工作，制定阶段性考核目标，创新考核方法，对25个乡镇街道和30个区安委会成员单位进行动态考核。

启动危险化学品综合治理3年行动计划以及城市风险评估试点工作，开展13项综合整治和专项整治。推进7家白酒制造企业、26家涉爆粉尘企业隐患治理工作，开展74家金属制品业职业卫生技术规范贯标工作，完成8家危险化学品（烟花爆竹）企业退出以及43座加油站贯标改造任务。开展安全生产大检查和安全隐患大排查大清理大整治专项行动，排查整改各类隐患1.3万项，拆除清理违法建设1049处、面积80.4万平方米，1862项“三合一”和高风险人员密集居住场所全部按时完成销账工作。

开展隐患排查治理体系建设推广工作，完成500家企业“一企一标准、一岗一清单”编制任务。加大信息化建设工作，优化安全生产综合监管平台，在全区1201家企业应用隐患排查治理系统，在10家不同类型企业开展企业可持续发展项目试点建设工作。对433家安全生产标准化达标企业进行复评，巩固标准化创建成果。推动2096家企业投保安全生产责任保险，修订危险化学品事故应急救援预案，开展烟花爆竹以及危险化学品事故处置等3次大型综合应急演练。

安全监管部门加大重点行业领域安全检查力度，突出重点时期安全保障工作，检查生产经营单位1302家，立案142起。执法岗位人均检查33.38家，人均立案3.64起，制作《执法周报》51期。专职安全员队伍检查生产经营单位4.8万家次，下达责令整改指令书1.3万份，查出并督促企业整改各类安全隐患3.3万项。

扎实开展宣传教育培训，举办安全监管监察干部、主管领导专题培训等23期300余人次，完成特殊工种考核1423人。开展安全生产月和“职业健康宣传周”活动，组织开展安全生产宣传咨询日、应急救援演练、安全文艺演出、专职安全员知识竞赛、职业技协杯竞赛等活动。拓宽宣传渠道，制发《房山安全生产报》9期9万份。与房山电视台等媒体合作，播出电视节目55期，发表文章23篇。推广微信公众平台，关注人数超过1500人，推送文章63篇。推进安全文化社区、企业建设。

以安全生产基层队伍建设为重点，分6期对377名专职安全员进行脱产培训，创建乡镇街道安全生产检查队微信公众号25个。全区24个乡镇街道安全生产检查队全部开展规范化建设，并通过市级终评。完成5个乡镇街道的251名村（社区）安全生产巡查员培训考核工作。

综合监管

【区领导春节前安全检查】 1月20日至1月24日，房山区区委书记曾赞荣、区长陈清、区政协主席赵佳琛等区领导带领区有关部门负责人对危险化学品、烟花爆竹、人员密集场所等重点行业领域开展安全生产大检查。检查组听取各单位春节前安全生产工作汇报，现场检查安全生产情况和应急值守落实情况，要求各单位强化安全意识，加强安全管理，确保人民群众度过一个欢乐祥和的新春佳节。

（安东）

【安全生产大会】 3月31日，房山区安委会召开2017年安全生产大会，区长陈清、副区长陈广利和46个安委会成员单位负责人、乡镇街道负责人，以及部分重点企业主要负责人参加会议。会议通报房山区2016年安全生产工作情况，分析2017年第一季度安全生产形势，部署2017年重点工作，要求各单位压实安全生产责任，加强隐患排查治理，深化重点行业领域安全专项整治。会上，区长陈清与区安委会成员单位和乡镇街道代表签订2017年度安全生产目标责任书。

（安东）

【区委常委会安全生产专题会议】 7月24日，房山区区委书记曾赞荣主持召开区委常委会，听取全区上半年安全生产形势汇报，分析安全生产工作存在的主要问题，部署下一阶段重点工作。曾赞荣在讲话中指出：要把企业主体责任、属地监管责任、行业监管责任落实到位，安全生产大检查要与“疏解整治促提升”各项重点工作相结合，加大执法检查及整改力度，确保安全生产形势稳定可控。

（齐东）

【安全生产大检查部署工作会】 7月25日，房山区副区长陈广利主持召开安全生产大检查部署工作会，区安委会成员单位负责人、乡镇街道负责人和安全生产检查队队长参加会议。会议通报2017年上半年安全生产工作，部署安全生产大检查工作，印发《房山区安全生产大检查方案》《房山区尘肺病防治工作专项检查方案》。会议要求各单位认清形势、提高站位，严肃督导、狠抓落实，深入开展安全生产大检查，实现全区安全生产形势持续稳定。

（齐东）

【安全生产大检查督查会议】 7月31日，房山区安委会办公室组织召开全区安全生产大检查督查会议，区有关部门主管领导参加会议。会议研究确定安全生产大检查督查时间、范围、内容及分组情况。议定由区安全监管局、住房城乡建设委、公安消防支队、城市管理委、旅游委、质监局组成8个督查组，对全区25个乡镇街道和56个区安委会成员单位进行督查。督查内容包括党委、政府及有关部门责任落实情况，安全生产大检查宣传贯彻落实情况，生产经营单位主体责任落实情况和重点行业领域安全生产情况等。

（陈莉莉）

【大检查督导反馈意见整改工作会】 8月24日，房山区常务副区长于波主持召开安全生产大检查督导反馈意见整改工作会，区安委会成员单位和乡镇街道负责人参加会议。会议传达国务院安委会办公室第13督导组督导反馈意见，部署安全生产大检查督导反馈意见整改工作，要求各单位根据督导组反馈意见梳理自身问题，认真自查自改，举一反三，限时完成整改。持续推进安全生产大检查工作，确保全区安全生产形势持续稳定。

（刘金艳）

【综合治理实施方案部署会】 9月27日，房山区副区长陈广利主持召开专题会，贯彻落实《房山区危险化学品安全综合治理三年行动计划实施方案（2017年6月—2020年5月）》。区行业主管部门和乡镇街道负责人参加会议。会议从实施方案的起草背景、意义、指导思想、工作目标、工作内容等方面进行解读和部署。会议要求各单位加强组织领导，制定具体实施方案，落实工作责任，分解细化任务，强化协同，狠抓落实，从全区实际情况出发，确保高质量完成危险化学品安全综合治理三年行动计划各项任务。

（李福阳）

【区领导十九大安全保障督查】 9月27日至28日，房山区区委书记曾赞荣、区长陈清、副区长陈广利带领区政府办、政法委、安全监管局、商务委、住房城乡建设委、质监局、食品药品监管局、公安分局、公安消防支队等部门开展党的十九大安全保障督导检查工作。检查组重点检查北京龙禹龙轩加油站、良乡华冠购物中心、北京首创奥特莱斯等单位，通过实地考察询问、查阅资料、召开专题会议、听取汇报等方式进行检查，并提出相关工作要求。曾赞荣在检查中指出：党的十九大期间安保维稳工作非常重要，各单位要扎实做好各项安全保障，加强应急值守，以出色的工作迎接党的十九大胜利召开。

（安东）

【党的十九大安全保障部署会】 10月9日，房山区副区长陈广利主持召开党的十九大安全生产保障工作部署会，区安委会成员单位和乡镇街道负责人参加会议。会议通报全区安全生产工作情况，重点部署党的十九大期间安全生产保障工作。会上，区安全监管局、住房城乡建设委、交通局、公安交通支队、公安消防支队、应急办等部门结合各自职责，分别做出具体工作部署。陈广利要求各单位落实责任，通过强化执法检查，强化专项治理，严格管控措施等手段，真抓实干，确保安全稳定。

（安东）

【白俄罗斯紧急情况部调研】 10月17日，白俄罗斯紧急情况部工业安全监管局局长亚历山大·库德里亚绍夫带队到房山区调研安全生产工作。国家安全监管总局国际合作司印明钰、国家安全监管总局国际合作司项目官员修俊峰、区安全监管局局长张海生等同志陪同调研。白俄罗斯紧急情况部官员听取房山区危险化学品安全监管和职业安全健康监管工作情况介绍；双方就安全监管机构设置、安全生产教育培训、执法检查方式、人员配备、安全生产考核等内容进行广泛交流。座谈会后，紧急情况部官员一行到企业进行实地调研。参观中国石化北京燕山分公司安全生产指挥中心和高科公司聚乙烯生产基地中控室；参观北京航天奥祥通风科技有限公司生产车间，听取SCORE项目建设汇报。亚历山大·库德里亚绍夫对房山区安全生产工作高度肯定。他表示：房山区对安全生产工作高度重视，双方应进一步加强合作，加强沟通交流，相互学习，相互促进，不断强化安全生产工作。

（李保春）

【市委、市政府安全生产督察】 11月12日，市委、市政府安全生产第十二督察组进驻房山区，开展为期15个工作日的安全生产检查工作。在安全生产督察工作动员会和安全生产汇报会上，市委、市政府安全生产第十二督察组组长张晓林，副组长祁敬婷、卞杰成，房山区区委书记曾赞荣、区长陈清、区人大主任孙强、区政协主席赵佳琛等领导参加会议。会上，督察组通报督察计划安排和重点督察内容，听取房山区关于安全生产工作情况汇报，以及商务领域、建筑领域、旅游领域安全生产责任履行情况汇报。

（安东）

危险化学品安全监管

【“两会”期间危险化学品安全监管】 3月3日至15日，房山区安全监管局采取措施，加强“两会”期间危险化学品行业安全监管工作。一是成立3个专项检查组，对辖区57处重大危险源进行全面检查，从严查处违法违规行为。二是督促企业落实主体责任，强化安全教育培训，增强职工安全意识和隐患排查能力。三是加大危险化学品生产、储存等重点企业隐患排查力度，及时发现、消除安全隐患。四是严格执行散装汽油销售、剧毒危险化学品凭证购买和流向登记等制度，并且在“两会”期间停止销售。五是提升危险化学品企业防恐等级，加强人员值守和日常巡查，确保“两会”期间安全稳定。

（贾晓芳）

【危险化学品安全生产工作会】 4月20日，房山区安全监管局召开危险化学品安全生产工作会，区有关部门和乡镇街道负责人及辖区危险化学品生产经营单位主要负责人参加会议。会议通报2016年房山区危险化学品安全生产工作情况，部署2017年安全生产和消防安全重点工作。

（安东）

【危险化学品汛期安全部署会】 7月6日，房山区安全监管局召开危险化学品行业汛期安全生产工作部署会，部署汛期危险化学品安全管理和专项检查工作。要求乡镇街道制定检查方案，细化检查内容、明确检查重点，组织专职安全员开展全覆盖检查。要求危险化学品生产经营单位召开专题会议，开展高温防汛培训，举行防汛应急演练，开展全体岗位隐患排查。全区23个乡镇街道检查队队长和危险化学品生产经营单位负责人参加会议。

（贾晓芳）

【贸易单位大检查部署会】 8月16日，房山区安全监管局召开危险化学品贸易单位安全生产大检查部署会，北京石油交易所、城关街道安全生产检查队及314家危险化学品贸易单位有关负责人参加会议。会议通报危险化学品许可审查发现的问题和安全生产检查情况，部署党的十九大期间安全生产工作，要求各单位落实安全生产责任，认真学习相关文件，做好安全生产检查工作。

（郭玉茹）

【危险化学品企业专项检查】 9月19日，房山区安全监管局、公安分局、公安消防支队、商务委和工商分局组成联合检查组对房通加油站、维凯安润滑油商店、得益利石油制品有限公司3座民营加油站进行检查。检查组重点检查加油站人防、物防、技防落实情况、图像监控系统完好情况、禁止给无牌照车辆加油的落实情况，以及应急救援物资是否按照规定进行准备、应急预案演练是否有针对性。督促企业加强日常反恐应急演练，夯实防恐应急处置水平，针对重要部位和薄弱环节落实相应防范措施。

（贾晓芳）

【危险化学品行政许可】 本年，房山区安全监管局办理危险化学品企业行政许可175家，审查合格170家，5家不具备许可条件未予审批；审查危险化学品建设项目32个，其中1个未通过审查；受理第二三类非药品类易制毒备案申请23家，全部完成备案。许可审查过程中，行政处罚9起，罚款9万元。

（马振）

烟花爆竹安全监管

【烟花爆竹网点布设及执法检查】 本年，房山区安全监管局按照“严格标准、杜绝新增”原则，通过“零售网点乡镇初审”“长期零售网点专家评估”“乡镇初审意见复核”，完成烟花爆竹网点设置工作。确定房山区2017年春节期间烟花爆竹零售网点77个（长期零售网点11个、临时零售网点66个），同比减少29%。按照《2017年春节期间烟花爆竹销售（储存）执法检查实施方案》，出动执法检查人员992人次、车辆343台次，检查烟花爆竹批发、零售单位1157家次，排查整改安全隐患数210项。

（马振、李杰）

【烟花爆竹安全管理协调会】 1月9日，房山区烟花办组织召开2017年春节期间烟花爆竹销售（储存）安全管理工作协调会。区安全监管局、公安分局、工商分局、公安消防支队和拱辰街道、西潞街道主管领导参加会议。会议通报2017年春节期间烟花爆竹安全管理工作方案、人员资质考核、网点布设工作以及下一步重点工作。会议要求各部门明确责任分工，狠抓工作落实，积极配合，及时协调解决网点布设、工商执照审批、烟花爆竹许可、安全监管等工作中出现的问题。

（王晓薇）

【烟花爆竹销售人员培训】 1月18日，房山区安全监管局对2017年春节期间从事烟花爆竹的销售人员进行岗前培训和资格考试。春节期间，房山区烟花爆竹零售网点77个，参加培训的销售人员156人。通过专业知识培训后，进行闭卷考试，并给通过考试的销售人员发放北京市烟花爆竹经营单位从业人员上岗证。

（申新颖）

【烟花爆竹销售回收】 2月2日至7日，北京市熊猫烟花有限公司、北京汇源北路工贸有限责任公司两家烟花爆竹批发单位配送房山区77个烟花爆竹零售网点10902箱（熊猫配送8685箱，汇源配送2217箱），销售10617箱，回收285箱，同比减少583箱，下降5.2%。

（李杰）

【烟花爆竹长期零售网点工作会】 8月2日，房山区安全监管局召开烟花爆竹长期零售网点安全管理工作会，有关乡镇安全负责人、3家烟花爆竹批发单位和11个零售网点负责人参加会议。会议通报全区烟花爆竹长期零售网点许可到期情况以及《北京市烟花爆竹安全管理规定》修改情况，对下一步工作提出要求。一是暂停办理烟花爆竹长期零售网点许可延期手续；二是3家批发单位要合理安排长期零售网点烟花爆竹配送工作；三是有关单位要做好许可到期后的产品清空工作。

（王晓薇）

隐患排查治理

【隐患排查治理体系建设部署会】 3月22日，房山区安全监管局召开房山区隐患排查治理体系建设暨“一企一标准、一岗一清单”编制工作部署会。12个行业部门、25个乡镇街道的安全负责人和8家中介机构的项目负责人参加会议。会议通报《2017年度隐患排查治理“一企一标准、一岗一清单”编制工作实施方案》，就清单编制工作目的、意义和主要内容进行讲解，部署“一企一标准、一岗一清单”编制工作。

（韩佳琪）

【隐患排查治理体系专题研讨会】 6月21日，房山区安全监管局组织召开隐患排查治理体系综合动态分级评定指标研讨会，有关信息化支撑单位和科研单位专家参加会议。参会人员根据房山区实际情况，围绕分级评定指标设定的实用性、合理性、必要性，对房山区生产经营单位分级评定标准及评定要素进行研讨。按照“所有评定指标从系统提取，自动核算”原则，将原有50项二级评定要素调整为36项。

（韩佳琪）

【白酒制造企业隐患治理督导检查】 8月25日，房山区安全监管局会同长阳镇政府、琉璃河镇政府对北京仁和酒业有限责任公司、北京卢沟桥酒厂、北京燕都酿酒有限公司3家白酒制造企业隐患治理进行督导检查。检查组了解3家白酒制造企业隐患治理工作进展情况，实地检查整改车间施工管理情况。要求企业严格按照隐患整改治理方案和规定时限进行整改、通过验收，并保证施工安全；要求属地政府落实安全监管责任，推进白酒制造企业事故隐患治理工作，紧抓整改期间施工安全检查，确保党的十九大期间安全稳定。

（丁会玲）

【城市安全风险评估试点研讨会】 9月20日，房山区安委会办公室召开城市安全风险评估试点工作研讨会，区有关行业部门负责人参加会议。会议通报房山区城市安全风险评估试点工作方案，要求行业部门提供开展城市安全风险辨识企业名单，制定行业评估标准。会议议定，成立城市安全风险评估工作领导小组，聘请专家及专业机构开展安全风险评估培训，解决风险评估工作中技术问题，确保风险评估工作顺利开展。

（郭玉茹）

【城市安全风险评估业务培训】 11月3日至7日，房山区安全监管局邀请专家，对全区涉及城市安全风险评估的建设、商务、旅游、交通4个行业300余家企业进行业务培训。培训会上，专家从城市安全风险评估政策出台的主要背景和意义、基本概念和要求、工作流程以及实际工作中如何做好安全风险评估等方面进行讲解。介绍风险评估系统平台和企业安全生产管理平台操作使用，以及如何开展隐患排查治理工作。本次培训为全区城市安全风险评估工作顺利实施奠定基础。

（刘爽）

【重大危险源备案审核】 12月6日，房山区安全监管局组织专家对北京极易化工有限公司重大危险源备案相关情况进行现场审核。审核组听取北京极易化工有限公司负责人关于异丁烯罐区和生产装置基本情况的汇报，结合现场情况对《北京极易化工有限公司重大危险源安全评估报告》进行核查。审核发现罐区、装置区相关问题20余项，包括《评价报告》多处撰写不符合相关国家标准。经专家讨论，认为该单位不具备重大危险源备案条件。针对存在的问题，区安全监管局执法人员要求企业立即整改，整改完毕后重新进行审核。

（郭玉茹）

【标准化达标企业清单编制】 本年，房山区安全监管局组织全区500家安全生产标准化三级以上达标企业开展“一企一标准、一岗一清单”编制工作。一是制定实施方案，成立清单编制工作领导小组，确定8家中介机构帮扶。二是建立分片督导机制，分片对25个乡镇街道进行督导，对试点企业执法检查率不低于50%。三是开展培训工作，8家中介机构的95人进行在线学习并通过考试，培训企业1137家1647人次。四是建立定期汇报和例会制度，组织召开清单编制工作现场会。全区500家企业完成“一企一标准、一岗一清单”编制工作，制定岗位清单19749项，安全生产管理平台使用率98%，隐患制度完备率、层级责任机制建立率和个性化标准清单制定率均为100%。

（张建）

应急救援

【危险化学品事故应急演练】 6月14日，房山区危险化学品应急指挥部在中石化北京燕山分公司牛口峪原油罐区组织危险化学品事故应急演练。演练模拟罐区9904号罐起火，公司相继启动四三二级应急响应，同时报市、区安全监管部门请求支援。各部门立即反应，及时赶赴现场，在专家组指导下，迅速控制火势，成功扑灭火灾。此次演练400余人现场观摩，锻炼应急队伍和部门协作能力，有效提升应对危险化学品事故的整体水平。

（韩学军）

【危险化学品罐区事故应急演练】 9月28日，房山区安全监管局在北京市京东物资公司组织反恐和火灾事故应急演练活动，区有关部门、各乡镇街道有关负责人和危险化学品生产企业、油库、加油站、工业气体及其他储存单位主管领导和安全管理人员参加活动。演练模拟北京京东物资公司罐区油管泄漏发生火灾，该单位启动公司级应急预案，经房山区危险化学品应急指挥部派遣公安消防支队协助救援，火势很快得到控制。演练过程迅速、有序、措施有力，有效检验了预案的科学性、有效性、针对性以及政府与企业高效应对和协调处置能力。

（韩学军）

执法监察

【北京国际长走大会安全保障】 5月，房山区安全监管局会同长沟镇有关部门和安全生产检查队，对北京国际长走大会驻地周边生产经营单位开展安全检查，重点检查安全措施落实情况及应急值守情况。检查企业23家，排查整改安全隐患22项，依法下达行政执法文书12份，行政处罚1起。

（傅星铭）

【专职安全员业务培训】 9月11日至10月20日，房山区安全监管局在金隅科技学校组织安全生产专职安全员业务培训活动。培训分4批，241人参加培训，合格率100%。此次培训围绕专职安全员相关规章制度，阐述安全员岗位职责、安全事故预防、安全检查流程等，并设置焊接与热切割作业现场检查、高低压用电安全检查、机械加工生产现场检查、建筑工地施工现场安全检查等实操课程。

（杜金莉）

【冰雪场所联合检查】 12月25日至27日，房山区安全监管局、旅游委、食品药品监管局、体育局、公安消防支队组成联合检查组，对全区冰雪场所开展安全检查。检查组重点检查冰雪场所的消防和游客疏导安全管理情况，以及雪上娱乐项目的安全防护措施，设备、设施年度安全检测和日常维护保养等。检查9家单位，发现安全隐患18项，下达责令限期整改指令书6份。经复查，隐患全部整改完毕。

（马志建）

【冬季重点行业领域安全监管】 本年，房山区安全监管局针对冬季雾雪冰冻、大风降温气候特点，加强危险化学品、重大危险源、烟花爆竹、有限空间等重点行业领域安全生产工作。10月至11月，区安全监管局执法人员检查生产经营单位130家，下达责令限期整改指令书49份，排查整改各类隐患126项，行政处罚6起，罚款22.5万元。乡镇街道专职安全员检查生产经营单位2529家，下达责令改正通知书486份，查处各类隐患1505项。

（安东）

【安全生产检查队微信公众号】 本年，房山区安全监管局指导24个乡镇街道安全生产检查队建立各自的微信公众号。公众号面向辖区广大生产经营单位，解读安全生产法律法规，宣传安全生产相关知识，树立典型人物，推广先进经验，实现安全生产微信宣传立体矩阵的集群效应。通过加强安全生产检查队公众号的宣传推送及监督管理，不断提升公众号吸引力、传播力和影响力。

（杜金莉）

职业卫生监督检查

【职业病防治法宣传周活动】 4月26日，房山区安全监管局、疾控中心和拱辰街道办事处联合开展以“职业健康，为健康中国加油”为主题的职业病防治法宣传周活动，发放各类职业病防治宣传材料2000余册，各类防护用品300余件。为辖区职业卫生管理人员授课培训，并发放《中华人民共和国职业病防治法》500册。

（李林坡）

【机动车维修企业检查验收】 5月10日至6月2日，房山区安全监管局聘请专业机构专家开展机动车维修企业排毒柜检查验收工作，随机抽查机动车维修企业32家。经专家组检测验收，检测结果均符合要求。全区涉及调漆和清洗喷枪的81家机动车维修企业全部安装排毒柜，安装率100%。

（李林坡）

【地下有限空间调查摸底】 7月至9月，房山区安全监管局启动地下有限空间大检查工作，两次组织召开地下有限空间部署会，对全区范围内地下有限空间井口及作业队伍开展摸底调查工作。经统计，全区地下有限空间井口52061个，施工作业队伍205支（涉及作业人员2027人）。

（李林坡）

【职业病防治评估】 9月至11月，房山区聘请职业卫生专家组成3个评估组，对乡镇（街道）及其所辖企业职业病防治工作中的劳动者职业健康体检、危害检测、危害告知、管理者取证、员工培训等内容及工作场所职业危害防护情况进行评估。评估用时23个工作日，出动评估人员402人次、车辆201台次，评估企业200家，发现问题658项。

（杨雪峰）

【水务系统有限空间联合检查】 10月12日，房山区安全监管局联合区水务局对全区水务系统有限空间作业单位安全管理情况进行安全检查，重点检查安全管理制度建立和落实、安全设备设施和防护用品配备、安全教育培训和承发包管理情况。检查有限空间作业单位6家，排查整改安全隐患15项。

（杨雪峰）

【职业卫生培训】 11月1日至3日，房山区安全监管局组织全区存在职业危害因素用人单位主要负责人及安全管理人员开展职业卫生培训，培训围绕职业病前期预防、劳动过程中防护与管理、职业病诊断与职业病病人保障等内容开展，并进行考核。全区500余家企业1000余人参加培训。

（张红伟）

【职业健康巡回宣讲活动】 11月10日至

21日，房山区安全监管局组织开展职业健康巡回宣讲活动。宣讲团深入乡镇街道和企业，对职业卫生管理人员和一线员工600余人开展宣讲活动。通过宣讲活动，普及职业卫生相关法律和管理知识，增强劳动者职业危害防范意识。

（李艳飞）

【职业卫生技术规范贯标】 本年，房山区安全监管局根据市安全监管局《关于开展金属制品业职业卫生技术规范贯标行动的通知》要求，制定《关于开展金属制品业职业卫生技术规范贯标行动工作方案》，组织开展金属制品加工企业摸底核查和专项检查工作。全区涉及的89家企业，除去停产关闭8家、搬迁7家，74家企业全部完成职业病危害项目申报，企业防护设备设施改造完成率100％。

（李林坡）

宣传培训

【安全生产宣传咨询日】 6月16日，房山区安委会办公室举办主题为“全面落实企业主体责任，推进隐患排查治理体系建设”的安全生产月宣传咨询日活动，区人大副主任郭志族、区委宣传部部长曹蕾、区政协副主席刘胜国等领导出席燕山影剧院、拱辰街道昊天广场、长阳奥特莱斯广场3个主会场宣传活动。全区25个乡镇街道、31个区安委会成员单位及100余家驻区中央和市属等大型企业参与活动。活动现场悬挂横幅50余条、发放居民安全小常识等各种宣传材料2700余份，设置宣传展板300余块，吸引大批职工群众观看和咨询。

（张红伟）

【专职安全员知识竞赛】 10月至12月，房山区安全监管局组织开展2017年专职安全员知识竞赛活动，全区3个部门和25个乡镇街道84人参赛。竞赛内容包括安全生产管理、安全生产技术等专业知识问答。经过3轮初赛，8组专职安全员进入决赛。最终，区文化委、西潞街道、拱辰街道及公路局代表队分别荣获一二三等奖及优胜奖。

（张红伟）

【微信万人安全知识有奖答题】 11月27日至12月10日，房山区教委、安全监管局联合开展“学习落实十九大，万人安全知识答题”（微信）有奖活动。活动以手机微信答题的方式进行，答题内容主要包括中小学生日常安全、消防、自护自救等安全知识及案例分析。参与活动14.34万人次，知识点传播227.35万次，平均分值79.25。

（张红伟）

【安全生产巡查员岗前培训】 12月27日，房山区安全监管局组织西潞街道、城关街道、良乡镇、石楼镇、琉璃河镇5个试点乡镇街道行政村（社区）的251名安全生产巡查员进行岗前培训。重点对消防、用电、燃气安全进行培训，根据各类经营单位实际情况，结合案例，让安全生产巡查员带着问题学习、分析、讨论，提高安全生产检查和解决实际问题的能力。

（陈秀清）

法制建设

【安全生产“七五”普法】 本年，房山区安全监管局开展安全生产“七五”普法工作。一是年初制定《房山区安全生产监督管理局安全生产法治宣传教育第七个五年规划（2016—2020年）》。《规划》明确指导思想、主要目标、工作原则、主要任务、普法对象和工作要求，细化8个方面26项内容，为进一步普及安全生产法律知识，增强公民安全生产法律意识和法治观念起到积极作用。二是以12·4宪法日宣传活动为契机，配合司法局做好法制宣传周各项活动。

（秦宝）

【行政执法监督】 本年，房山区安全监管局采取4项措施提升行政执法水平。一是编制《房山区安监局执法文书使用手册》，结合《安全生产监管执法手册》《北京市行政处罚案卷标准和评查评分细则（2016版）》，从文书样式、文书简要说明、文书制作说明、文书制作注意事项及文书制作范例5个方面对48种执法文书进行规范。二是制作标准案卷，结合执法工作实际问题，规范执法人员常用的行政执法文书，制发《房山区安监局行政处罚案卷标准》，为执法人员行政执法工作提供范本。三是组织全体执法人员进行培训，使执法人员熟悉案件办理相关流程和规范，确保行政执法符合法定程序，执法文书应用正确。四是发挥执法监督功能，法制员做好行政执法文书的初审工作，法制科室做好对执法文书的指导和行政处罚案卷审核把关。

（秦宝）

【依法行政】 本年，房山区安全监管局坚持依法行政，加大行政执法力度，每月通报执法情况，定期开展案卷评查，规范执法行为，提高执法办案水平。全年，北京市行政执法信息系统录入执法检查总量1302件次，同比增长226.43%，处理一般案件141件，同比增长176.25%。实施行政处罚123起，罚款475.88万元，接收“12345”诉求事项65件，受理39件，回复率100%。

（杨池）

科技与信息化

【启动企业可持续发展SCORE项目】 4月27日，国家安全监管总局与国际劳工组织关于企业可持续发展项目SCORE房山试点启动活动，在房山区政府第三办公区举行。国家安全监管总局监管四司司长马锐，国际劳工组织（日内瓦）劳动行政管理、劳动监察和职业安全健康局局长南希·蕾平，国家安全监管总局国际交流合作中心主任陈江，北京市安全监管局局长张树森，房山区区长陈清，以及房山区相关乡镇街道、行业部门、试点企业代表130余人参加活动。活动中，国家安全监管总局国际交流合作中心主任陈江介绍企业可持续发展SCORE项目总体情况，房山区安全监管局负责人汇报房山试点方案，试点企业代表发言，与会领导先后致辞。启动活动标志着房山区将引入SCORE项目的国际理念和方法，与安全生产工作深度融合，形成“四位一体”总体思路，探索政府对企业安全管理进行有效指导与服务的新模式。

（刘爽）

【SCORE项目培训会】 5月17日，房山区安全监管局邀请国家安全监管总局国际交流合作中心专家讲解企业可持续发展SCORE项目相关内容。拱辰街道、燕山街道、窦店镇、周口店镇、长阳镇、琉璃河镇主管领导、安全科长、专职安全员队长、试点企业“一对一”专职安全员和10家试点企业负责人、安全管理人员参加培训。专家从项目概念、目标、内容、成果、案例等方面对 SCORE 项目进行讲解，并说明创新安全生产监管监察模式、有效提升安全数据的利用。培训结束后，国家安全监管总局与房山区安全监管局就房山区 2017 年企业可持续发展 SCORE 项目实施方案建设内容进行研讨。

（韩佳琪）

【系统台账培训会】 8 月 23 日，房山区安全监管局召开房山区安全生产基础台账管理系统培训会，25 个乡镇街道安全检查队队长及信息台账管理员参加培训会。会议部署房山区安全生产基础台账数据更新工作，邀请专业技术人员对房山区安全监管信息平台系统版本升级及企业台账模块新增信息项进行讲解、演示。

（丁会玲）

【信息化平台一期项目验收】 11 月 3 日，房山区安全监管局组织专家验收组，对房山区隐患排查治理信息化平台一期项目进行验收。项目组汇报信息化工作的背景、设计思路、系统功能及应用情况。验收组专家审阅项目验收材料及经费使用情况，认为房山区安全生产领域的信息化工作效果显著，业务流程及功能合理完善，一体化融合政府与企业是创新是亮点，符合“互联网＋”的理念，为智慧房山在顶层设计上提供参考，一致同意验收通过。

（张建）

【SCORE“职业安全与健康”模块培训】 11 月 16 日至 17 日，房山区安全监管局召开企业可持续发展 SCORE 项目“职业安全与健康”模块培训工作会。国际劳工组织、国家安全监管总局国际交流合作中心、SCORE 项目 10 家试点企业有关负责人、项目咨询师、企业“一对一”专职安全员参加会议。国际劳工组织讲师陈晓同讲解界定工作场所的危害和风险、安全和健康管理的合作、职业安全和健康方针、职业安全和健康方针付诸实践等内容。通过培训，强化试点企业运用 SCORE 的理念和方法自我管理，实现职业健康与安全的能力，提高“一对一”专职安全员、项目咨询师帮扶企业开展 SCORE 项目“职业安全与健康模块”具体工作的能力，促进企业可持续发展（SCORE）项目的实施。

（李保春）

【SCORE 项目中期总结会】 12 月 18 日至 19 日，房山区召开企业可持续发展项目（SCORE）房山试点 2017 年中期总结会。国家安全监管总局监管四司司长马锐、副司长尚文启，国际劳工组织中国蒙古局副局长戴晓初，北京市安全监管局副局长唐明明，房山区政府副区长陈广利等领导参加会议。会上，房山区安全监管局负责人作题为“扎实推进 SCORE 项目房山试点 有效落实企业安全生产四位一体”的报告，6 家试点企业代表、咨询师、专职安全员代表分别发言。马锐在讲话中要求房山区在顶层设计上强化融合，形成更加科学有效的安全管理体系，巩固成果，发挥更大作用。

（李保春）

【岗位清单二维码推广使用】 本年，房山区安全监管局在企业可持续发展 SCORE 项目 10 家试点企业，推广和使用隐患排查治理体系岗位清单二维码。组织企业可持续发展 SCORE 项目 10 家试点企业进行隐患排查治理体系岗位清单二维码使用培训工作。将 10 家试点企业岗位排查清单内容从系统提取，制作成二维码标示牌，张贴于岗位明显位置，通过移动终端扫描二维码，提高隐患排查治理工作效率。

（李保春）

标准化建设

【标准化创建评审公开招标】 8月16日，房山区安全监管局召开安全生产标准化创建评审开标评标会，12家报名参与竞标的技术服务单位，通过评标，评选出8家技术服务单位。经过对评标结果进行公示和审定，8家技术服务单位作为全区2017年至2018年三级安全生产标准化企业创建和复评工作的评审单位。

（刘晨）

【企业标准化达标创建】 本年，房山区安全监管局完成433家企业安全生产标准化达标创建工作，其中三级标准化达标企业211家、小微企业岗位达标222家。

（杨文龙）

通　州　区

概　　述

2017年，通州区安全生产工作保持平稳有序的发展态势，圆满完成安全生产目标责任书各项任务，市级部门专班对接5项重点工作取得突破性进展，多项安全生产领域改革发展重点工作稳步推进，安全生产大检查及重点行业领域专项整治成效显著，全区安全生产整体水平实现新提升。

做好专班重点对接工作。开展副中心城市风险评估，对全区641家重点行业领域企业进行全面调研和逐一排查，针对风险源，制定完成风险管控措施和专项应急预案，全区范围内制定风险管控措施10712项。发挥第三方专业机构作用，高质量完成《通州区城市安全风险评估报告》。推进京津冀协同应对事故灾难试点工作，制定《通州区协同应对事故灾难试点工作方案》并付诸实施，北京市通州区、天津市武清区、河北省廊坊市三地安全监管部门成功签署《关于建立次区域安全生产应急联动工作机制的协议》，并举行京津冀协同应对事故灾难联合演练。超额完成淘汰不合格灶具和加装安全辅助设备工作，在全市率先为城乡困难居民家庭淘汰不合格燃气灶具、安装燃气安全辅助设备和独立式感烟火灾探测报警装置。做好东方化工厂、东方油库危险化学品设备设施安全拆除工作，所有被拆除的废弃物清运完毕。创新开展运河大街安全生产示范街创建，完成试点地区生产经营单位情况、安全生产管理现状等方面的摸底工作。

推进安全生产领域改革发展。贯彻《中共中央 国务院关于推进安全生产领域改革发展的意见》，实施安全生产每月调度工作机制，由区主要领导或分管领导每月调度安全生产工作。重要节日、重点时期，区委、区政府领导采取“四不两直”方式，带队深入乡镇街道和企业检查安全生产工作。区委、区政府主要领导深入基层开展调研或现场办公，督促各级责任落实。区安委会强化安全生产综合考核，及时制发全区安全生产综合考核实施细则，提出6

大方面、22项具体任务，将考核结果纳入区委、区政府绩效考核。强化安全生产信息化建设，市、区两级企业台账数据和专职安全员检查数据实现无缝对接、共享落地。在全市率先配齐“安监通”PDA手持移动执法终端，全区安全监管系统应用“安监通”开展执法检查，形成常态化、制度化、规范化。制定并落实《关于开展标本兼治防范遏制重特大事故工作实施方案》，推进7大方面18项重点任务，提升城乡安全生产综合治理能力。

护航副中心建设安全稳定。将安全生产监管工作与全区开展的“疏解整治促提升”10大专项行动有效对接，全面清理村级工业大院以及疏解一般制造业和“散乱污”企业。根据《北京市危险化学品安全综合治理三年行动计划》，研究制定通州区专项行动计划，紧密结合城市副中心建设发展要求，新增10项综合治理任务，并以区政府办名义印发实施。统筹调度全区执法检查力量护航副中心建设，部署10大专项整治行动并全面推进，全区718名专职安全员和1123名村、社区安全巡查员全部下沉到全区1809个网格，实现安全生产检查全覆盖。开展重点行业领域专项检查行动，圆满完成全国“两会”“一带一路”国际合作高峰论坛、党的十九大等重点时期安全生产保障任务。开展安全隐患大排查大清理大整治专项行动，印发工作方案，建立台账，对各类隐患实施精准治理。成立工作专班，组建15个驻乡镇街道督导组，重点督查责任落实情况和专项行动进展情况，就挂账隐患进行验收，确保整治到位。

加强安全生产基层基础工作。基层监管队伍建设成效显著，全区11个乡镇政府、4个街道办事处安全生产检查队全部通过达标验收，优秀率100%。继续开展“百名安全监管干部与企业负责人谈心”和“百名安全生产专家服务万家企业”工作，引导企业落实安全生产主体责任、协助企业解决安全生产难题。以安全生产标准化达标、加油站贯标改造等重点工作为抓手，提升企业人防、物防、技防水平。巩固安全生产社会共治格局，自觉接受人大、政协对安全生产工作的法律监督和民主监督，深化全国安全生产新闻宣传工作试点建设，开展“安全文化节”等宣传教育品牌活动，推进安全社区创建工作。

综合监管

【区领导带队安全督查】 1月22日，通州区区委书记杨斌、区长张力兵分别带领区委、区政府领导班子成员及区安全监管局、商务委、民政局等有关部门领导对烟花爆竹零售网点、宾馆酒店、商超市场、加油站等场所进行安全生产督查。重点查看消防设施配备、安全警示标识、疏散通道及食品安全主体责任落实情况，听取企业负责人关于节日期间安全生产、应急值守等工作情况汇报，要求各单位加强节日期间督查检查，落实各项安全生产制度，加强节日期间应急值守，严防事故发生，确保节日期间安全稳定。

（雷文龙）

【安全生产工作大会】 3月9日，通州区政府召开2017年安全生产暨消防安全工作会议，区安委会成员单位、乡镇街道负责人，部分专职安全员和2016年度“金安企业”负责人参加会议。会议总结2016年安全生产工作，分析存在的问题和面临的形势，安排部署2017年安全生产工作任务。区政府向11个乡镇、4个街道和区政府有关部门下达2017年安全工作任务书，表彰2016年安全生产先进单位、“金安企业”和安全生产先进个人、优秀专职安全员。副区长张德启参加会议并讲话，要求各单位明确任务，落实责任，紧盯重点领域、重点部位、重点企业，深化改革，夯实基础，推动安全生产治本攻坚。

（雷文龙）

【国务院安委会安全生产巡查】 4月18日至19日，国务院安委会第一巡查组对通州区安全生产工作开展安全生产巡查工作。巡查组查阅通州区安全生产有关档案资料，听取区政府关于安全生产工作汇报，对蒙牛乳业（北京）有限公司重大危险源（液氨制冷）安全管理情况进行现场检查，调研城市副中心行政办公区建设项目施工工地安全生产情况，查看通州区漷县镇专职安全员检查队装备配备、办公设施和“安监通”检查系统使用情况。巡查组对通州区安全生产工作给予肯定，并对城市副中心安全生产工作提出建议。

（雷文龙）

【安全生产暨消防安全工作会】 5月9日，通州区政府召开全区安全生产暨消防安全工作会。区安委会成员单位、乡镇街道负责人参加会议。会议通报安全生产情况，分析存在的突出问题，重点部署下一阶段全区安全生产工作。部分单位结合监管领域及属地特点就“一带一路”国际合作高峰论坛安全生产保障工作情况进行交流发言。副区长张德启参加会议并讲话，要求各单位加强组织领导，抓好各项工作落实，打好重点时期安全生产攻坚战。

（雷文龙）

【安全生产暨消防安全调度会】 6月9日，通州区副区长张德启主持召开安全生产暨消防安全工作调度会。区安委会成员单位、乡镇街道负责人参加会议。会议分析夏季安全生产的突出问题及薄弱环节，部署各行业领域夏季安全生产工作重点任务。部分部门和单位就开展夏季安全生产工作进行交流发言。

（雷文龙）

【国务院安委会安全生产督查】 9月23日至27日，国务院安委会第28督查组对通州区开展安全生产大检查督查考核工作。督查组采取访谈、查阅资料、明察暗访、突击检查、随机抽查等方式，重点从落实安全生产大检查工作责任情况、安全监管执法情况、隐患问题整改情况、开展专项整治情况、严肃追责问责情况，对通州区15个乡镇街道和建筑施工、交通运输、涉爆粉尘、体育场所等重点行业领域开展安全生产大检查督查工作。督查组对通州区领导重视程度高、专项治理工作力度大、隐患排查效果实、监管科学化水平明显提升、社会共治能力不断提高等5方面工作给予肯定，并指出检查发现的问题。

（雷文龙）

【国务院安委会“回头看”督查】 10月19日至21日，国务院安委会督导组对通州区进行安全生产大检查“回头看”督导检查。督查组听取通州区安全生产大检查及国务院安委会督查反馈问题整改情况汇报，对各相关行业部门及部分属地政府整改落实情况进行检查。督查组对通州区安全生产大检查整改落实情况给予肯定，并就进一步做好安全生产大检查工作提出意见和建议。

（雷文龙）

【安全隐患整治专项行动调度会】 11月21日，通州区区长张力兵主持召开安全隐患大排查大清理大整治专项行动调度会，区安委会成员单位、乡镇街道主要负责人参加会议。会议通报安全隐患大排查大清理大整治工作开展情况，对全区安全隐患整治工作进行再动员、再部署。会议要求各单位贯彻11月19日全市电视电话会议精神，对标对表，建立台账，严管严控，深入开展安全隐患大排查大清理大整治专项行动。对重点场所进行清理整治，对整治情况逐一验收复查。

（雷文龙）

【安全隐患大排查大清理大整治】 11月至12月，通州区政府组织开展安全隐患大排查大清理大整治专项行动，先后召开3次专题会议、10次调度会议，对专项行动进行部署，明确工作目标、内容和要求。全区各部门、各单位出动执法检查人员10.8万人次，检查企业单位8.88万家次，排查整改各类安全隐患2.37万项，拆除、清理违法建设340处44.8万平方米，责令企业停产停业743家、关闭取缔262家，行政处罚565起，罚款217.24万元，治安拘留218人。整改消除3080项市级挂账“三合一”“多合一”及“高风险密集居住场所”安全隐患。

（汪泓溢）

【市委、市政府安全生产督察】 12月11日至29日，市委、市政府安全生产第十三督察组对通州区开展安全生产督察工作。督察组通过听取汇报、查阅资料、个别谈话、组织座谈、抽查企业等方式，在全面督察区委、区政府及政府部门工作的基础上，分路延伸督察部分乡镇街道和工业园区安全生产工作开展情况，深入生产经营单位，随机抽查危险化学品、燃气、建筑施工、人员密集场所、医疗机构、宾馆饭店、物流快递等行业领域生产经营单位安全生产情况 。

（雷文龙）

【村（社区）级安全监管体系建设】 本年，通州区各行政村和社区均成立村（社区）安全工作领导小组，建立安全巡查员队伍。全区15个乡镇街道470个行政村、129个社区配备安全巡查员1157人，其中专职255人、兼职902人。

（李璇）

【安装燃气安全辅助设备】 本年，通州区安全监管局在全市率先为4272户城乡困难居民家庭淘汰不合格燃气灶具、安装燃气安全辅助设备和独立式感烟火灾探测报警装置，其中困难居民家庭3592户，低收入农户家庭680户，超额完成年度绩效目标任务。

（雷文龙）

【安全生产条件普查数据】 本年，通州区安全监管局做好重点区域内企业安全生产跟踪式管理，确保企业台账的新、准、全。对全区1.5万余家企业单位按照不低于10%的抽检比例进行抽检验收，完成15个乡镇街道安全普查核查工作，完成对通州区1604余家企业单位的台账审查，其中包括1280家在经营企业，324家核销企业。

（禹佳林）

【“安责险”试点】 本年，通州区安全监管局组织行业企业“安责险”试点会议20余次，采取与保险公司协作“一对一”入户走访等方式，对企业进行“安责险”制度相关知识培训，年内有1958家生产经营单位投保“安责险”。全区企业普查数16299家，投保“安责险”企业占比11.95%。

（雷文龙）

【安全生产举报投诉】 本年，通州区安全隐患和安全生产违法行为举报中心接到群众举报投诉162件（“12350”120件，举报中心42件）。按举报途径划分，电话举报81件、网络举报72件、来访7人次、信函2件；按行业类别划分，生产安全118件、烟花爆竹安全2件、消防安全24件、建筑安全11件、公共设施安全7件。实名举报案件均向举报人反馈，办结率100%，满意率100%。

（雷文龙）

危险化学品安全监管

【易制毒化学品专项检查】 1月至3月，通州区安全监管局对全区易制毒化学品企业开展产品流向登记、定期上报易制毒进销产品季报和年报、建立易制毒化学品台账等情况开展检查，检查企业5家，排查整改安全隐患14项，依法下达行政执法文书10份。

（辛晋峰）

【全国“两会”期间安全检查】 2月至3月，通州区安全监管局对全区加油站、油库、涉氨企业和重大危险源企业进行执法检查，督促企业落实“两会”期间安全保障人防、技防和物防措施，确保危险化学品企业各类重点装置、设施的监测、报警和紧急切断装置运行可靠。检查企业15家，排查整改安全隐患22项，依法下达行政执法文书55份，行政处罚2起。

（辛晋峰）

【危险化学品反恐专项督查】 2月至3月，通州区安全监管局按照区反恐办《关于2017年三大安保期间在全区开展反恐办工作督导检查方案》《涉恐隐患排查整治专项行动督导检查工作方案》要求，会同区发展改革、水务、城市管理部门对全区油库、加油站、供电、供水、供气及重大危险源企业落实反恐怖防范措施情况开展专项督查，督促行业主管部门和各企业建立完善反恐怖防范机构体系，落实防范措施。检查企业30家，排查整改安全隐患44项，依法下达行政执法文书90份，行政处罚3起，罚款12.3万元。

（辛晋峰）

【危险化学品专项整治】 3月至4月，通州区安全监管局按照《通州区无证无照经营和“开墙打洞”专项整治行动方案》统一部署，会同各乡镇街道对262家有照企业和122家无照企业进行现场核查，对9家私自存放或经营危险化学品的企业负责人进行批评教育和口头警告，并对私存危险化学品依法进行收缴处理。

（辛晋峰）

【“一带一路”峰会期间执法检查】 4月至5月，通州区安全监管局对全区加油站、油库、涉氨企业和重大危险源企业落实“一带一路”国际合作高峰论坛期间各项安全保障措施情况开展执法检查，督促企业落实论坛期间领导带班值守制度。组织各乡镇街道对辖区危险化学品重点企业进行巡查、看护。检查企业15家，排查整改安全隐患16项，依法下达行政执法文书85份，行政处罚2起。

（辛晋峰）

【危险化学品高温隐患排查】 5月至9月，通州区安全监管局结合本年夏季高温预警环境特点，对全区加油站、油库和重大危险源企业开展防高温安全隐患排查，督促企业严格落实高温预警条件下的防范措施，制定高温预警条件下的事故应急预案，严防安全事故的发生。检查企业132家，排查整改隐患问题174项，依法下达行政执法文书129份，对1家企业实施行政处罚。

（辛晋峰）

【危险化学品企业防汛专项检查】 5月至9月，通州区安全监管局对全区危险化学品企业防汛工作开展专项检查，督促各企业按照市、区两级政府防汛工作“三个到位”和“四个落实”要求，落实汛期各项安全防护措施，消除汛期各类安全隐患。检查企业104家次，排查整改安全隐患112项，依法下达行政执法文书512份，行政处罚10起，罚款34.3万元。

（辛晋峰）

【危险化学品企业安全大检查】 7月至10月，通州区安全监管局成立两个执法组，由局主管领导带队，对全区危险化学品企业开展安全大检查。检查采取日查和夜查相结合的方式，出动执法人员150人次，检查企业128家次，排查整改安全隐患134项，下达责令整改指令书584份，行政处罚10起，罚款28.3万元。

（辛晋峰）

【易制爆危险化学品专项检查】 8月至9月，通州区安全监管局对全区易制爆危险化学品企业的相关许可资质、易制爆危险化学品购买凭证查验制度、产品销售流向登记、从业人员安全教育培训和落实“一书一签”等情况进行专项检查。检查企业11家，排查整改安全隐患20项，依法下达行政执法文书10份，行政处罚2起。对8家易制爆危险化学品企业办理许可经营范围消减许可审批，全区易制爆危险化学品企业消减至3家。

（辛晋峰）

【危险化学品三年行动计划】 9月，通州区政府办公室印发《通州区危险化学品安全综合治理三年行动计划（2017年6月—2020年5月）》，按照《北京市危险化学品安全综合治理三年行动计划》中的共性工作任务和规定性动作，结合城市副中心建设发展要求，增加“加强对非经营性加油站的安全监管”“医药企业危险化学品治理”“教育系统、科研机构危险化学品治理”等10项综合治理任务。

（辛晋峰）

【党的十九大期间安全检查】 9月至10月，通州区安全监管局对全区危险化学品重点区域、重点企业、重点设施装置开展执法检查，督促危险化学品企业落实党的十九大期间安全保障人防、技防和物防措施，开展隐患自查整改工作。检查企业69家次，排查整改安全隐患73项，依法下达行政执法文书307份，行政处罚5起，罚款9.5万元。

（辛晋峰）

【危险化学品整治专项行动】 11月至12月，通州区安全监管局成立专项执法组，对全区危险化学品重点企业开展安全隐患大排查大清理大整治专项行动，督促企业依法依规开展生产经营活动，落实隐患排查治理制度。出动执法人员68人次，检查企业52家次，排查整改安全隐患52项，行政处罚3起。

（辛晋峰）

【医药企业危险化学品专项整治】 11月至12月，通州区安全监管局会同区食品药品、公安等部门和各乡镇街道对全区医药企业开展涉及危险化学品使用环节的专项治理，督促各企业建立完善危险化学品采购、储存、使用、废弃处置等环节的安全管理制度和操作规程，制定事故应急预案，提升企业安全管理水平。检查企业16家，排查整改隐患问题45项，依法下达行政执法文书48份。

（辛晋峰）

【危险化学品企业执法检查】 本年，通州区安全监管局检查危险化学品企业247家次，排查整改安全隐患294项，依法下达行政执法文书1125份，行政处罚26起，罚款86.4万元。

（辛晋峰）

【加油站贯标改造】 本年，通州区安全监管局加大对加油站贯标改造施工现场执法检查力度，督促加油站和施工单位制定施工安全保障方案和应急预案，落实安全保障措施，严防安全生产事故的发生。组织专家对完成改造的加油站进行现场审核验收，全区92座加油站已有76座完成改造工作。

（辛晋峰）

【液氨使用专项治理验收】 本年，通州区安全监管局会同各乡镇街道和行业专家，对全区8家涉氨制冷企业涉氨使用环节专项治理工作进行检查验收。8家企业均完成事故隐患整改工作。

（辛晋峰）

烟花爆竹安全监管

【烟花爆竹网点行政许可及布设】 1月，通州区安全监管局对全区烟花爆竹零售网点逐一进行审核并统一开展培训考核，严把准入关。联合区公安、交通、消防、市政等部门对全区49个零售网点进行审查布设、行政许可和增项手续办理等工作。对全区零售网点加装视频、音频监控装置，并抽调专人进行实时监控。

（辛晋峰）

【重点时段管控】 1月27日至2月1日，通州区安全监管局要求全区加油站落实领导带班和巡查力量，劝阻周边烟花爆竹燃放行为，并在除夕夜23时至次日0：30分停止加油和油品配送，确保安全稳定。初五24时开始，通过视频监控系统和微信工作群下达停止经营活动的通知，并督促烟花爆竹零售网点将剩余产品数据进行上报并统一打包回收，限期完成室外销售大棚的拆除，恢复原有环境。

（辛晋峰）

隐患排查治理

【城乡结合部专项整治】 4月至10月，通州区安全监管局在全区范围内组织开展城乡结合部重点地区安全生产专项整治工作，将涉及辖区12个市级挂账村及14个区级挂账村纳入整治范围。全区安全监管系统组织各类联合检查、专项检查620余次，出动执法检查人员6310人次，检查生产经营单位3305家次，排查整改安全隐患7300余项，行政处罚29起，罚款45.3万元，关闭取缔、停产停业244家。

（汪泓溢）

【“散乱污”企业治理专项行动】 4月至11月，通州区安全监管局在全区范围内组织开展“散乱污”企业治理专项行动及工业大院清理整治工作，涉及14个重点乡镇街道、40个村。全区安全监管系统开展各类联合检查、专项检查910余次，出动执法检查人员7610人次，检查生产经营单位3715家次，排查整改隐患7800余项，行政处罚34起，罚款53.3万元，关闭取缔、停产停业286家。

（汪泓溢）

【危险化学品设备设施安全拆除】 8月，

通州区政府启动东方化工厂、东方油库及相关企业（北化集团、罗门哈斯有限公司、罗地亚有限公司）危险化学品设备设施拆除工作。市、区两级安全监管部门多次召开现场会研讨解决拆除难点问题，聘请权威机构全程提供技术支持。5家企业的危险化学品设备设施于10月底全部安全拆除完毕。

（辛晋峰）

【隐患排查治理体系建设】 本年，通州区安全监管局完成110家企业的隐患排查治理"一企一标准、一岗一清单"编制工作。推进安全生产综合管理与服务平台建设，全区安全监管系统执法终端使用率100%。聘请专业服务机构，由专家指导企业开展隐患排查治理工作。

（雷文龙）

【涉爆粉尘企业专项整治】 本年，通州区安全监管局开展涉爆粉尘企业专项整治，加强企业安全基础工作，建立粉尘清扫、除尘、警示告知、风险辨识、动火审批、安全培训、应急处置等安全管理机制，采取有效措施，消除、控制粉尘爆炸的风险。全年出动执法人员238人次，依法下达行政执法文书15份，约谈企业负责人8人次。

（张伟）

【工贸企业有限空间专项治理】 本年，通州区安全监管局全面摸排整治工贸企业有限空间作业场所。全年安排安全监管干部与56名涉及有限空间作业的工贸企业负责人进行谈心对话，聘请3名专家赴企业进行专项技术服务，组织23家相关企业负责人召开有限空间作业安全管理示范观摩会。组织对存在有限空间作业场所的45家企业开展执法检查，排查整改安全隐患421项，依法下达行政执法文书156份，约谈企业负责人42人次。

（张伟）

【白酒制造企业专项治理】 本年，通州区安全监管局组织全区9家白酒制造企业开展专项治理行动，取缔关闭不具备安全生产基本条件的企业，淘汰落后工艺和设施，提升本质安全水平，促进白酒制造企业安全健康发展。1家企业经整改通过专家验收，3家企业外迁或计划外迁，5家企业处于停产状态。

（张伟）

【城市安全风险评估】 本年，通州区政府启动副中心城市安全风险评估工作，对危险化学品单位（包括生产、经营、储存、使用）、人员密集场所（包括规模以上商业零售、规模以上餐饮、星级饭店、体育运动场馆、文化娱乐场所）、建筑施工项目、生活垃圾处理设施、规模以上工业企业、"两客一危"企业6大重点行业领域进行安全风险评估及管控。依托安全信息管理系统，建立完善安全风险数据库和信息管理系统。经过组织领导、全员培训、责任考核、风险评估、评估报告等环节，全区563家企业完成风险源辨识评估工作，上报风险源8327项，组建应急队伍905支，配备应急专家160名，配备应急装备3527件、应急物资2175项。

（王安）

应急救援

【京津冀协同应对事故灾难】 9月，通州区安全监管局根据《京津冀协同应对事故灾难试点工作方案》，与天津市武清区、河北省廊坊市安全监管局签订《建立次区域安全生产应急联动工作机制的协议》，建立协同应对事故灾难工作联席会议制度，召开协同应对事故灾难试点工作暨风险评估部署培训会，推进城市安全风险评估工作进程，开展应急联动预案演练。

（王安）

【京津冀协同应对事故联合演练】 10月31日，通州区安全监管局参加2017年京津冀协同应对事故灾难联合演练。演练以中国航油津京输油管道泄漏事故为背景，重点演练属地部门先期处置，京津冀三地启动应急联动机制、专业处置队伍开展协同联动及共享使用社会应急处置力量。演练包括事件发生、事故信息上报与先期处置、联合应急救援、启泵试运行与环境影响检测、应急处置结束、处置信息上报6大环节。此次演练突出应对事故灾难的救援技术，积累跨区域、多部门协同应对事故灾难的经验，验证京津冀协同应对事故灾难的科学性、有效性、可行性，达到预期目的。

（王安）

【事故应急演练】 本年，通州区15个乡镇街道、42个区安委会成员单位均制定演练计划和演练方案，组织各类应急演练90余次，投入资金100余万元，演练覆盖汛期安全生产、危险化学品、有限空间作业等重点行业领域。

（王安）

【应急管理专项检查】 本年，通州区安全监管局对重点企业开展安全生产应急管理专项执法检查，检查生产经营单位46家。其中，危险化学品企业27家、建筑工地1家、工业企业12家、人密场所6家。重点检查应急预案备案、应急培训、应急演练及应急物资储备等情况。检查发现安全隐患46项，下达责令限期整改指令书26份，行政处罚1起，罚款1万元。经复查，隐患全部整改完毕。

（王安）

执法监察

【春节期间执法检查】 1月27日至2月11日，通州区安全监管系统出动执法检查人员1532人次，检查生产经营单位1336家次，排查整改各类安全隐患986项，依法下达行政执法文书529份；检查烟花爆竹零售网点288个次，排查整改安全隐患98项。春节期间，全区未发生生产安全事故，安全形势稳定。

（雷文龙）

【全国“两会”期间安全保障】 2月至3月，通州区安全监管局组织力量开展全国“两会”期间安全生产保障工作。“两会”期间，出动执法检查人员8611人次，检查企业5395家次，排查整改隐患问题8815项，依法下达行政执法文书3420份。

（张伟）

【安全生产大检查】 7月至10月，通州区安委会部署开展安全生产大检查行动。安全生产大检查分为全面部署、集中整治、巩固提高3个阶段，重点检查企业安全生产主体责任、安全生产管理制度、安全风险管控、隐患排查治理和应急管理落实情况。区委、区政府领导带队开展督导检查。全区各部门、各单位出动执法检查人员34462人次，检查生产经营单位25767家次，排查整改安全隐患20646项，行政处罚22起，关闭取缔生产经营单位131家、停产整顿50家，罚款180万元。

（雷文龙）

【安全生产执法检查】 本年，通州区安全监管局检查生产经营单位1880家次，排查整改安全隐患3145项。依法下达行政执法文书5423份（其中责令限期整改指令书1239份），行政处罚125起，罚款688.06万元。

（张伟）

【城市副中心建设项目安全保障】 本年，通州区安全监管局检查城市副中心建筑施工项目254家次，排查整改安全隐患227项，下达责令限期整改指令书51份。组织、参与联合检查13次，检查施工项目72家次，排查整改安全隐患33项，依法下达行政执法文书12份，对12家存在安全生产违法行为的建筑企业依法给予处罚，罚款9.5万元。

（张伟）

【安全生产检查队规范化建设】 本年，通州区乡镇街道（园区）安全生产检查队全部通过市局规范化建设试点达标验收初评，优秀率100%。经区级复评和市级网上与现场抽查评分，各乡镇街道（园区）安全生产检查队规范化建设终评验收均达到优秀标准。

（李璇）

职业卫生监督检查

【机动车维修专项治理验收】 5月，通州区安全监管局委托第三方职业卫生技术服务机构对全区21家机动车维修企业调漆室和清洗喷枪工作场所进行职业危害专项治理验收工作，检测结果均符合市安全监管局专项治理工作要求。

（曲敏彰）

【职业健康监督检查】 本年，通州区安全监管局开展职业健康监督检查工作，检查企业330家，复查330家，依法下达行政执法文书660份，排查整改安全隐患1391项，约谈企业负责人50余人，对23家生产经营单位给予行政处罚，罚款35.5万元。开展职业病危害项目申报工作，390家企业完成职业病危害网上申报。

（曲敏彰）

【粉尘危害专项治理】 本年，通州区安全监管局组织召开企业粉尘危害专项治理工作部署会，对排查存在问题的企业建立工作台账，并进行针对性执法检查。检查企业14家，发现安全隐患11项，依法下达行政执法文书7份。通过专项治理，1家企业迁出、1家企业转产、2家企业生产转库存，剩余3家生产企业完成防尘除尘设施升级改造，达到职业卫生规范要求。

（曲敏彰）

【金属制品职业卫生规范贯标】 本年，通州区安全监管局对全区范围内金属制品加工企业开展摸底核查，结合日常申报工作，建立基础台账。委托第三方职业卫生技术服务机构对12家涉及金属制品加工企业进行职业卫生抽检工作。检查企业72家次，发现安全隐患45项，依法下达行政执法文书72份，并按时进行复查，隐患全部整改完毕。全区72家金属制品加工企业，38家拆迁或停产待迁，剩余34家已进行职业病危害项目申报，职业病防护设备设施全部整改到位。

（曲敏彰）

宣传培训

【安全生产大讲堂】 3月至9月，通州区安全监管局通过安全生产大讲堂方式，组织企业从国家安全生产方针政策、法律法规、规章及标准，安全生产管理基本知识、安全生产标准化、隐患排查治理等方面进行培训。以各乡镇街道为单位举办15期安全生产大讲堂，培训企业主要负责人、安全生产管理人员、一线企业职工7000余名。

（邢鑫爽）

【职业病防治法宣传周活动】 4月27日，通州区安全监管局联合潞城镇政府及区疾病预防控制中心举办2017年职业病防治法宣传周启动仪式。此次活动举办研讨会、员工座谈会、知识讲座等19次，接受电视、报刊等媒体报道2次，发放宣传材料1.8万余份，受教育群众1.5万余人次。

（曲敏彰）

【专家服务企业】 4月至8月，通州区安全监管局按照全市“百名安全生产专家服务万家企业”工作部署，制发《通州区安全专家服务企业工作方案》，组织安全生产专家对全区6个乡镇街道的450家“五小企业”“六小场所”等小微企业开展安全生产服务，协助企业排查整改安全隐患1230项，联合各乡镇街道在3个社区开展“安全用电用气社区大讲堂”专家授课活动，发放宣传资料2040册，培训乡镇街道专职安全员486名。

（辛晋峰）

【有限空间作业大比武】 5月至8月，通州区安全监管局从全区选拔出10支参赛队伍参加全市有限空间作业大比武活动。通过理论知识与实操考试，区供排水事务中心、新城禹潞环保科技有限责任公司两支队伍获得团体优秀奖。

（曲敏彰）

【安全生产月活动】 6月，通州区安委会办公室以“全面落实主体责任，共享生产安全红利”为主题，开展一系列宣传教育活动。6月16日，在梨园镇云景里文化广场设立主会场，开展安全生产咨询日宣传活动。活动现场设立安全生产展板讲解区、消防逃生体验区、宣传品发放区、“12350”举报投放咨询区、安全诚信宣传区、“安责险”宣传区，进行安全生产法律法规、燃气安全知识、安全科普知识、应急救援知识、职业健康知识等内容的宣传咨询。全区各部门、乡镇街道、企业近3000人参与安全生产宣传咨询活动。安全生产月活动期间，悬挂横幅2000条，摆放展板1600块，发放各类宣传资料360种20万份，50万人参加活动。

（邢鑫爽）

【专职安全员培训】 7月31日至8月18日，通州区安全监管局组织全区756名区政府职能部门及乡镇街道（园区）安全生产专职安全员统一开展3期（每期5天）专题集中封闭培训。培训内容包括电气安全专业培训、危险化学品安全监管、职业卫生监管、建筑施工安全监管等多类别专项培训，着力培养专业型专职安全员队伍。

（张哲）

【金牌宣讲员评选】 7月至9月，通州区安全监管局组织全区专职安全员开展第四届金牌宣讲员评选活动。从教学态度、教学内容、教学方法手段、教学能力四个方面，对基层安全生产宣讲员进行评选，最终评选出金牌宣讲员1名，银牌宣讲员2名，铜牌宣讲员3名，优秀宣讲员6名。组织评选出的优秀宣讲员在全区开展汇讲、巡讲活动，展示基层宣讲员风采，推动宣讲员队伍整体水平提升。

（邢鑫爽）

【“百项地标”贯标培训】 7月至12月，通州区安全监管局开展百项地标贯标培训工作，举办部分重点行业企业负责人参加的安全生产“百项地标”宣讲会，举办各乡镇街道安全监管人员参加的“贯标员”培训班。通过贯标培训，建立起一支“贯标员”队伍，完成安全生产地方标准宣传贯彻工作。

（张伟）

【"金安企业"评审】 10月至12月，通州区安全监管局开展第八次安全生产标准化"金安企业"创建工作。由相关行业领域专家组成的评审工作组，对15个乡镇街道47家三级安全生产标准化达标企业进行评审，评出第八批安全生产标准化"金安企业"26家，经公示后，在全区安全生产大会上进行表彰。

（张伟）

【安全生产检查员培训】 11月6日至10日，通州区安委会办公室对全区安全生产检查员进行封闭培训。培训内容包括安全生产相关法律法规、安全生产检查要点、安全社区创建及标准、安全生产突发事件处置、信息化管理、廉政警示教育和文明执法等。区安委会成员单位有关负责人及安全检查队队长，各乡镇街道安全科长及安全检查队队长110余人参加培训。

（邢鑫爽）

【法制宣传日】 12月4日，通州区安全监管局、食品药品监督局、财政局和张家湾镇政府，联合开展"12·4"国家宪法日系列宣传活动。活动现场发放法律科普书籍200余本，普法宣传海报、普法宣传温馨提示信等300余份，宣传品300余份。

（张哲）

【安全社区创建】 本年，通州区安委会办公室在全区范围内组织开展安全社区创建工作，各乡镇街道加大安全社区创建工作的推进力度，北苑街道、玉桥街道安全社区创建完成市级安全社区申报评审。

（邢鑫爽）

法制建设

【统筹执法检查】 1月，通州区安全监管局制发《关于印发＜2017年度安全生产监管行政执法工作计划＞的通知》，对行政执法工作日、其他执法工作日、非执法工作日和监督检查生产经营单位等有关数据进行测算，将182家危险化学品经营企业、36家工业企业、60家涉及职业卫生企业列为重点检查单位，确定9家重点行业领域执法检查单位，并选取20家生产经营单位重点检查应急预案备案情况。

（张哲）

【行政执法责任制】 本年，通州区安全监管局根据区政府法制办有关工作要求，依据现行法律、法规、规章和涉及单位职权的规范性文件，重新审核原有执法依据和执法职权事项。对417项具体行政执法职权进行梳理，其中行政许可1项、行政强制5项、行政检查5项、行政处罚405项，其他行政执法职权1项。

（张哲）

【有关文件清理】 本年，通州区安全监管局对2004年至2016年区安委会、安委会办公室、安全监管局制发的文件进行清理，确定保留区安委会、安委会办公室文件85个，区安全监管局文件43个，审查2017年区安全监管局规范性文件83件。

（张哲）

【案卷评查】 本年，通州区安全监管局制作行政处罚案卷125卷，其中监督检查78卷、危险化学品26卷、职业卫生20卷，应急管理1卷。在市安全监管局案卷评查中，抽取通州区安全监管局9卷参评案卷，其中满分5卷，其余4卷均获得优秀成绩。在区政府法制办案卷评查中，抽取的参评案卷均获得优秀成绩。

（张哲）

标准化建设

【安全生产标准化建设工作方案】 本年，通州区安全监管局制定全区安全生产标准化建设工作方案，将任务分解到乡镇街道，开展对6个工业园区企业达标创建工作，实施企业达标复评工作。组织对全区安全生产标准化达标企业现状进行调查，开展对乡镇街道、工业园区及企业标准化工作负责人和具体工作人员的标准化培训工作。

（张伟）

【企业标准化达标创建】 本年，通州区安全监管局以企业标准化期满复评和工业园区企业达标为重点，推进安全生产标准化建设工作。通过差异化监管、细化考核机制、加大核查力度、树立典型标杆、营造达标氛围等措施和手段，圆满完成年度目标任务。全区安全生产标准化达标企业597家，其中三级标准化达标企业127家、小微企业岗位达标470家。

（张伟）

顺　义　区

概　　述

2017年，顺义区安全生产工作在区委、区政府领导下，树立安全生产“红线”意识和“生命至上、安全第一”理念，强化基层基础工作，狠抓企业主体责任落实，完善社会共治机制，推进安全预防控制体系建设，全区安全生产实现有序推进、总体平稳。

落实国家和本市安全生产决策部署。区委理论学习中心组集中学习《中共中央国务院关于推进安全生产领域改革发展的意见》，区委常委会、政府常务会专题研究安全生产工作，贯彻落实习近平总书记、李克强总理等关于安全生产的重要指示、批示精神和国务院安委会、北京市委、市政府关于安全生产各项工作部署，不定期召开协调会研究解决安全生产重点、难点问题，推进重点任务落实。

完善安全生产责任体系。区政府第34次常务会议审议通过《开展安全生产督察检查工作方案》，采取区领导带队、“四不两直”检查方式对分管领域和相关属地开展督察。区政府与119家单位签订责任书，出台《顺义区安全生产工作考核办法》《顺义区安全生产责任追究办法（试行）》，将“党政同责、一岗双责、齐抓共管、失职追责”落到实处。

发挥安委会及其办公室统筹协调作用。调整区安委会组织架构，主任由区政府区长担任，区政府各位副区长全部加入并担任副主任，成员包括各部门行政正职。定期召开区安委会全体会议、专题会议，开展综合督查和专项督查，推动完善安全生产体制机构建设。

深化风险分级管控和隐患排查治理双重预防机制建设。落实《北京市生产安全事故隐患排查治理办法》，推进“一企一标准、一岗一清单”编制工作。实施《顺义区城市安全风险评估试点工作方案》，完成300家涉爆粉尘、涉危使用、有限空间等工业企业安全风险评估工作，发现违法违规行为938条，排查整改隐患2908项。

推进企业安全生产标准化提质增效。印发《顺义区2017年安全生产标准化创建工作实施方案》，规范标准化分级标准和创建流程，严格按程序组织标准化创建工作，严格执行企业安全生产标准化核查制度，实现工作重点从注重数量向提升质量转型。

加强重点行业领域安全监管工作。按照国务院安委会要求，开展安全生产大检查工作，对督察发现的107项政府层面问题和204项企业层面问题进行挂账督办。推进城乡结合部专项整治，完成全国“两会”“一带一路”国际合作高峰论坛、党的十九大等重大活动安全生产保障任务。实施燃气灶具更换工程，完成3124家入户安装工作。制定《顺义区危险化学品安全综合治理三年行动计划》，开展液氨工业使用企业隐患治理，推进高危企业疏解退出，完成加油站贯标改造工作。开展有限空间专项整治行动，推进安全生产与职业健康一体化监管执法。

推进安全生产社会化建设。实施“双百工程”，全区主要行业、属地处级领导与1782家企业负责人开展对话谈心活动，专家对400家小微企业进行安全检查和现场指导服务，开创安全生产服务新模式。发挥“安责险”事故预防和风险保障作用，全区参保企业1596家，保费627.94万元，累计责任限额94.52亿元，同比分别增长93.7%、126.8%、120.1%。开展安全社区建设，旺泉街道、马坡镇通过国际安全社区评审。

夯实安全生产基层基础工作。增强执法检查力量，增加行政执法编制20名，新增加182名安全员补充到基层，19个镇、6个街道414个行政村和122个社区设安全生产巡查员1102名。按照全市“四统一、六规范、一创新”的建设目标要求，实现29个镇街道（园区）安全生产检查队规范化建设全部达标。启动“智慧安监”建设，优化提升顺义区安全生产综合监管动态管理业务系统，依托GIS建设集危险化学品信息查询、共享、可视化于一体的管理系统。开展安全生产月和《中华人民共和国安全生产法》宣传周活动，推进安全文化建设。发挥传统主流媒体的正面宣传引导作用，强化微信、政务网站的建设运用，营造安全生产浓厚氛围。

综合监管

【安全生产、食品药品监管工作会】 3月3日，顺义区安委会召开安全生产、食品药品安全监管工作会，区安委会成员单位负责人参加会议。会议通报全区安全生产大检查工作情况和食品药品安全工作考核情况，部署2017年重点工作。区长高朋、常务副区长霍光峰分别与部门、乡镇街道代表签订《安全生产责任书》和《食品药品安全属地监管责任书》。高朋强调指出：全区各单位要肯定成绩，正视不足，时刻紧绷安全这根弦；要狠抓重点，健全机制，提升安全生产和食品药品安全工作水平；要加强领导，狠抓落实，形成全区安全生产和食品药品安全工作强大合力。抓好全国“两会”“一带一路”国际合作高峰论坛、党的十九大等重点时期安全保障工作。

（贾雁）

【综合治理部署大会】 7月7日，顺义区副区长郑晓博主持召开电器火灾综合治理工作部署大会，部署2017年下半年安全生产工作。区安委会成员单位和部分重点企业负责人参加会议。会上，区安全监管局通报全区上半年安全生产工作，对下半年重点工作进行部署；公安消防支队通报电器火灾情况，部署全区电器火灾综合治理工作。会议要求各单位按照“党政同责、一岗双责、齐抓共管、失职追责”的要求，认真履职尽责，全面开展安全隐患排查治理和教育培训工作，消除安全隐患，确保各项工作落到实处，各级责任落到实处，为党的十九大胜利召开创造良好的安全生产环境。

（贾雁）

【管道隐患整治部署会】 7月14日，顺义区副区长郑晓博主持召开油气输送管道和城镇燃气管道隐患整治工作部署会，区相关行业部门、乡镇街道主管领导和部分重点企业负责人参加会议。会议通报全区油气输送管道和城镇燃气管道隐患整治工作开展情况，分析存在问题，部署下一步重点工作。郑晓博在讲话中指出：各单位要明确任务和目的，彻底整治油气输送管道、城镇燃气管道安全隐患，杜绝前清后占、死灰复燃，落实“全面排查、坚决整治、巩固成果、杜绝新增”工作要求。

（贾雁）

【国务院安委会办公室督导检查】 8月15日，国务院安委会办公室第十三督导组对顺义区安全生产大检查工作开展情况进行督导检查。督导组听取顺义区政府关于安全生产大检查开展情况的汇报，查阅相关文件资料，并分两组抽检建筑施工、老旧小区特种设备安全和工业企业安全生产自查自改情况。国家安全监管总局监管三司司长孙广宇就大检查督查工作提出具体要求。顺义区区长高朋、常务副区长霍光峰、副区长初军威参加督导检查。

（贾雁）

【安全生产大检查再部署工作会】 8月24日，顺义区安委会办公室召开安全生产大检查再部署工作会，区安委会成员单位负责人参加会议。会议通报国务院安委会办公室督导反馈意见，重点强调针对政府层面自查自改存在的问题，对安全生产大检查工作第一阶段进行总结，要求各单位扎实开展下一阶段工作，为党的十九大胜利召开创造良好的安全生产环境。

（贾雁）

【市委、市政府安全生产督察】 10月10日至27日，市委、市政府安全生产第六督察组对顺义区开展安全生产驻地督察。督察组以听取汇报、查阅资料、个别谈话、组织座谈、抽查企业等方式，按照区级层面督察、延伸镇街部门督察和梳理分析3个阶段开展工作。听取顺义区区委书记王刚安全生产工作情况汇报，听取副区长霍光峰、李向英分管领域安全生产履职情况汇报。组织召开乡镇街道、行业部门及重点企业主要负责人座谈会3次，延伸督察18个乡镇街道，随机抽查危险化学品、燃气、建筑施工、人密场所、工业及制药、医疗机构、宾馆饭店、物流快递等行业领域41家生产经营单位，查阅资料1万余份，受理来电、来信举报49件。

（雷阳）

【常务副区长带队安全检查】 10月13日，顺义区常务副区长霍光峰带领区安全监管局、公安消防支队、城市管理局、工商局、环保局等部门负责人，先后对前进花园玉兰苑小区、日升建材城、沙坨村回迁房工程施工现场、下坡屯家园二区、北京牵手果蔬饮品有限公司、北京江河幕墙股份有限公司进行安全检查。霍光峰要求相关单位落实主体责任，加大平时自检力度，立即整改隐患问题。

（贾雁）

【安全生产督察整改部署会】 10月29日，顺义区政府召开安全生产督察反馈问题整改工作部署会，区长高朋、常务副区长霍光峰及区安委会成员单位负责人参加会议。会议传达市委、市政府安全生产督察组督察安全生产工作反馈意见，通报全区安全生产形势。要求各单位迅速对照隐患清单研究制定整改方案，落实安全生产“党政同责、一岗双责”，狠抓安全生产大检查工作落实，狠抓安全生产经营单位安全隐患问题整改。区长高朋在讲话中指出：要牢固树立安全发展理念，高度重视安全生产工作，进一步增强安全生产意识，对督察反馈的每一个问题、每一处隐患必须立行立改。要立即对本部门、本系统、本地区安全生产工作进行再强调、再部署，要把此次问题整改作为完善提升整体工作的契机，建立健全安全生产长效机制，压实压细安全生产责任，全力营造安全稳定的社会环境。

（贾雁）

【安委会工作会议】 11月10日，顺义区副区长郑晓博主持召开安委会全体会议。区安全监管局作题为“研究全区属地安全生产管理权属不清有关问题”的报告，通报有限空间安全管理情况和事故情况及建筑装修安全生产专项检查情况。会议要求各单位充分认识安全生产形势，落实领导责任、属地管理和行业监管责任、企业主体责任，强化责任追究，做好建筑施工、“煤改电、煤改气”、有限空间、道路交通、危险化学品、烟花爆竹、人员密集场所、消防、特种设备、旅游等行业领域专项整治工作。

（贾雁）

【区长带队安全检查】 11月19日，顺义区区长高朋带领区安全监管局、公安消防支队、城管执法局和李桥镇政府负责人，到北京东方通顺不锈钢有限公司、北京华源兴德粮油利品有限公司检查消防安全隐患排查治理工作。在检查中，高朋指出：违法群租房存在极大的安全隐患，要彻底整改。相关部门和属地要立即行动，加快做好违法出租房的人员疏散清理工作。在清理拆除过程中要注意施工安全，避免事故发生。各相关部门、属地和企业要时刻绷紧安全生产这根弦，严格落实各方责任，深入仔细地排查各类安全隐患。对于检查中发现的问题要加快制定切实可行的整改方案，从源头避免安全事故的发生。

（贾雁）

【安全隐患大排查大清理大整治】 11月至12月，顺义区政府在全区范围内组织开展安全隐患大排查大清理大整治专项行动，各级政府和行业部门主要领导以上率下，坚持日常检查与突击检查相结合、日查与夜查相结合的方式，排查各类隐患17895项，整改为88.8%。推进城乡结合部专项整治，涉及安全生产类挂账的“五小”“散乱污”829家企业全部完成整治任务，整改安全隐患1432项、清退企业217家，行政处罚5起，罚款11万元。

（贾雁）

危险化学品安全监管

【加油站贯标改造推进会】 3月31日，顺义区安全监管局召开加油站贯彻落实《汽车加油加气站设计与施工规范》推进会，中石油公司、中石化公司和中图能源加油站负责人参加会议。会议通报全区加油站贯标改造工作开展情况，对推进工作提出要求。一是按照“先改造、后换证”工作原则，有序开展贯标改造工作；二是按照设计进行改造施工，做好施工方监督检查工作，保质保量、确保安全；三是按照有关规范标准，开展贯标改造验收工作。

（贾雁）

【涉危使用安全管理培训会】 7月27日，顺义区安全监管局召开工业企业涉危使用安全管理培训会，会议邀请北京化学工业协会和北京市工业技术开发中心专家对《北京市顺义区工业企业使用危险化学品安全管理手册》《北京市顺义区工业企业涉危使用事故隐患专项治理技术指导书》进行讲解，组织闭卷理论考试，对工业企业涉危使用事故隐患专项治理工作提出要求。区相关行业部门和22个乡镇街道主管领导和安全生产管理人员参加培训会。

（贾雁）

【综合治理行动计划部署会】 8月8日，顺义区安全监管局召开危险化学品综合治理三年行动计划工作部署会，区相关行业部门、乡镇街道及危险化学品重点企业负责人参加会议。会议就贯彻《北京市顺义区人民政府办公室关于印发顺义区危险化学品安全综合治理三年行动计划（2017年6月—2020年5月）的通知》做出部署安排。一是要求各单位按照文件精神，制定工作方案，明确治理内容、措施。二是每季度上报相关工作开展情况，做好信息报送工作。三是建立督查机制，对综合治理工作情况进行检查和通报，推进各项工作的开展。

（贾雁）

【党的十九大期间执法检查】 9月30日至10月31日，顺义区安全监管局开展党的十九大期间安全生产执法检查行动。出动执法检查人员281人次、车辆88台次，检查危险化学品生产企业4家次，检查成品油库、气库16家次，检查加油站98次，检查重大危险源企业17家次，检查危险化学品经营企业59家次，排查整改安全隐患110项。

（贾雁）

【加油站安全检查】 10月9日，顺义区安全监管局对六环路、京平高速4座加油站进行安全检查。由于4座加油站未取得《工商营业执照》《成品油零售经营批准证书》等相关审批许可，执法人员责令4座加油站立即停产停业，清理站内加油的社会车辆，加强对加油站的管理看护。

（贾雁）

【易制爆危险化学品专项整治】 本年，顺义区安全监管局联合公安、交通、质监、城市管理、邮政等部门，集中开展易制爆危险化学品和寄递物流专项整治行动，督促企业落实易制爆危险化学品管理制度，严格销售流向管控工作。检查易制爆经营企业19家次，排查整改安全隐患15项，行政处罚1起，罚款7万元。

（刘琳）

【危险化学品经营许可证核发】 本年，顺义区安全监管局办理危险化学品经营行政许可73件，其中延期50件，变更20件，新增3件。

（刘琳）

【危险化学品信息管理系统】 本年，顺义区安全监管局建立完善危险化学品信息管理系统，主要包括危险化学品的分类、空间分布、数据分析、风险管理等，实现科学化、数据化、可视化的管理体系。该系统基于GIS展示全区危险化学品企业的分布状况，实现部分试点企业内部重点区域三维展示，建立危险化学品企业风险评估和事故扩散范围预测模型，包括12家重大危险源企业应急物资以及周边应急援救力量及物资储备情况等。

（刘琳）

【危险化学品经营企业退出】 本年，顺义区安全监管局对11家有储存设施的危险化学品经营企业实施许可证注销工作，核减2家易制毒、2家易制爆经营企业经营范围，指导1家化工生产企业注销市级许可并重新为其核发经营许可证。

（刘琳）

烟花爆竹安全监管

【烟花爆竹网点布设及管理】 本年，顺义区安全监管局按照“严格标准，杜绝新增”的原则，严格审查烟花爆竹零售网点安全条件，精心组织零售网点布设工作。全区设置烟花爆竹零售网点33个，分布12个属地乡镇街道，同比减少15%。组织烟花爆竹零售网点签订“安全管理承诺书”，自觉接受安全监管部门的监督检查和社会监督。利用视频监控手段，加强零售网点安全监管。在市政府发布空气重污染橙色、红色预警情况下，按照《北京市空气重度污染应急预案》要求，督促烟花爆竹批发、零售网点暂停配送和销售。所有烟花爆竹零售经营单位投保“安责险”，强化风险管理，有效保障企业和社会公众的权益。

（刘琳、贾雁）

【烟花爆竹零售网点执法检查】 1月12日至2月1日，顺义区安全监管局出动执法检查人员183人次、车辆81台次，检查烟花爆竹零售网点439个次，排查整改隐患134项。属地乡镇街道出动检查人员809人次、车辆283台次，检查烟花爆竹零售网点635个次，排查整改隐患64项。加大重点时段执法检查力度，增加夜间巡查，检查覆盖率100%。

（刘琳）

【烟花爆竹联合检查】 1月17日，顺义区安全监管局、公安分局、交通局、城管管理委等多部门组成联合检查组，对马坡镇熊猫烟花零售网点进行安全检查。检查组重点检查零售网点消防设施、安全警示标识、网点负责人有效证件及配送车辆和人员资质证书等，要求零售网点负责人加强夜间看护，做好24小时专人职守，落实“三禁止、三报告、一登记”制度。

（贾雁）

【烟花爆竹安全培训】 1月，顺义区安全监管局举办烟花爆竹安全知识和管理能力培训班，组织学习相关法律法规、安全知识、技术标准。辖区烟花爆竹零售网点负责人及安全生产管理人员81人参加培训，70人考试合格。

（贾雁）

【烟花爆竹销售及回收】 本年，顺义区烟花爆竹零售网点配送烟花爆竹3367箱，销售3055箱，同比分别减少45%和46%。组织批发单位在烟花爆竹回收期间派出专用车辆进行回收押运，要求零售网点在许可期限届满后，立即对剩余产品数量进行清点、整理。回收28个烟花爆竹零售网点烟花爆竹产品312箱。

（刘琳）

隐患排查治理

【涉氨制冷企业专项治理部署会】 5月23日，顺义区安全监管局召开涉氨制冷企业专项治理部署会，贯彻《顺义区安全生产委员会办公室关于开展涉氨制冷企业液氨使用专项治理验收工作的通知》文件精神。区相关行业部门、乡镇街道及液氨制冷企业负责人参加会议。会议通报全区涉氨制冷企业专项整治工作情况，由专家讲解《涉氨制冷企业液氨使用专项治理验收表》。要求各单位精心组织、周密部署，严格按照文件精神开展专项治理验收工作，做好自查自纠，认真进行总结，并按要求上报。对于退出市场的企业，要保证拆除装置安全，将工作方案和施工单位资质上报所属行业和属地有关部门备案。

（贾雁）

【隐患排查治理清单编制协调会】 7月10日，顺义区安全监管局组织召开隐患排查治理清单编制工作协调会，清单编制帮扶机构负责人参加会议。会议通报“一企一标准、一岗一清单”编制工作情况，对下一步重点工作进行部署。要求各单位加强沟通协调，及时解决工作中遇到的问题；加强业务培训，熟练掌握工作内容；加强执法检查，督促隐患整改工作。

（贾雁）

【城市安全风险评估试点】 8月2日至9月15日，顺义区安全监管局召开城市安全风险评估试点工作动员部署会和多次专项培训会，以危险化学品单位、人员密集场所、建筑施工项目、生活垃圾处理设施、规模以上工业企业、“两客一危”企业等行业领域为重点，开展城市安全风险评估试点工作。625家企业完成风险评估工作。

（贾雁）

【涉爆粉尘企业隐患整改工作会】 9月19日，顺义区安委会办公室召开涉爆粉尘重点企业隐患整改工作会，区文化委、动物卫生监管局和部分乡镇街道有关负责人以及15家涉爆粉尘企业主要负责人参加会议。会议通报全市关于涉爆粉尘专项行动督查工作情况，部署30人以上涉爆粉尘企业整改验收工作流程和完成时限，要求各单位提高涉爆粉尘治理专项行动工作的认识，按照隐患整改验收工作要求，掌握相关法律法规、规范和标准，提高安全生产管理水平。

（贾雁）

【白酒制造企业隐患治理工作会】 11月27日，顺义区安委会办公室组织白酒制造企业召开安全生产隐患治理工作会。会议听取北京顺鑫农业股份有限公司牛栏山酒厂、北京牛栏山金林保健酒业有限公司关于开展隐患治理工作的汇报，对企业隐患整改验收工作提出具体要求。针对北京汇成酒业技术开发公司存在甲类厂房与周边民用建筑物间距不足、储酒罐区罐间距不足，甲类厂房不符合防火防爆要求等严重生产安全隐患，未开展隐患治理工作的问题，经隐患治理专项行动领导小组研究决定，对该企业予以媒体曝光，并由执法人员下达行政执法文书，责令该企业在隐患消除前停止使用相关设备设施。

（贾雁）

【安全隐患整治专项行动工作会】 11月28日，顺义区安委会办公室召开全区安全隐患大排查大清理大整治专项行动工作会。会上，10个乡镇政府、4个街道办事处、3个经济功能区和8个行业部门介绍安全隐患大排查大清理大整治专项行动工作的具体做法和经验。会议通报全区专项行动开展情况，分析存在的问题，部署下一步工作。要求各单位落实责任，全面开展以消防安全为重点的安全隐患大排查大清理大整治专项行动，对排查发现的隐患问题要全部上账，分类管理、强化整改，逐一验收复查，确保专项行动取得实效。

（贯雁）

【金属冶炼企业隐患治理督查】 11月28日，顺义区安全监管局联合市安全监管局及相关专家，对3家金属冶炼企业事故隐患专项治理工作进行督查。通过督查检查，发现北京相模金属有限公司、北京冶科磁性材料有限公司存在缺少安全警示标志标识、电缆沟存在积水、车间未采用事故排风机等隐患问题，执法人员依法下达责令限期整改指令书；对生产工艺、技术及设备落后的北京环九科技有限公司下达现场处理措施决定书，并于11月29日对该企业进行约谈。

（贯雁）

【涉爆粉尘隐患整改专项督查】 11月，顺义区安委会办公室根据《北京市安全生产委员会关于开展涉爆粉尘企业事故隐患治理专项行动的通知》要求，组织督导检查组，对涉爆粉尘重点企业进行专项督导检查。检查10家涉爆粉尘企业，责令6家风险较大企业停产整改，责令1家存在隐患企业限期整改，对3家企业给予排除销账。督导检查组要求存在隐患问题的企业制定工作方案，加强安全管理，加快隐患整改进度。

（贯雁）

应急救援

【建设系统消防演练】 6月12日，顺义区住房城乡建设委主办，区安全监管局、应急办和马坡消防中队协办，顺建工程有限公司承办的“2017年顺义区建设系统安全生产月消防安全应急演练”活动在区中医医院迁建工程施工现场举行。活动中，开展火灾逃生疏散演习。开启浓烟后，项目部工作人员迅速从办公室内疏散逃离到广场，随后开启抢救伤员的工作，消防车驶入现场并喷水救火。演练结束后，马坡消防中队消防官兵为观摩人员介绍灭火器和消防水龙带正确使用方法，根据不同的火源，分别讲解并演示具体操作流程。

（贯雁）

【长输管道泄漏事故应急演练】 6月27日，顺义区安全监管局举行顺义区成品油长输管道泄漏事故应急救援演练。演练模拟李桥镇环六环成品油管道中石化公司住海油库管段因施工造成破裂，油品大量泄漏，巡线人员立即报告油库值班室。中石化公司住海油库立即启动《油库输油管道泄漏应急预案》，请求支援，并组织油库各应急组开展抢险作业。区安全监管局接到报告核实情况后，立即向区政府报告，启动《顺义区危险化学品事故应急救援预案》。区政府有关部门到达现场后成立现场指挥部，组织各部门开展救援。李桥镇政府、公安治安支队组织人员疏散，公安交通支队对周边采取临时交通管制，气象局监测事故现场风向、风速、温度等气象情况，环保局对油气泄漏事故区域环境监测。区消防支队与专业抢险队密切配合开展堵漏作业，40分钟后，所有演练科目顺利完成。

（贾雁）

【危险化学品事故应急预案修订】 本年，顺义区安全监管局对《顺义区危险化学品事故应急预案》进行修订，请专家评审后，报区政府同意后发布施行，区应急办予以备案。

（张新颖）

执法监察

【安全生产百日大检查】 4月24日至7月31日，顺义区安委会办公室按照区政府常务会议部署，结合“疏解整治促提升”专项行动，在全区范围内开展安全生产百日大检查活动。本次大检查以《标本兼治遏制重特大事故工作指南》《北京市生产经营单位安全生产主体责任规范》为指导，以促进安全生产经营单位安全生产主体责任落实为抓手，通过强化安全风险管控和隐患排查治理工作，有效防范和坚决遏制重特大事故，为“一带一路”国际合作高峰论坛和党的十九大胜利召开提供安全生产保障。全区检查生产经营单位14496家次，排查安全隐患20599项，整改安全隐患19683项，停产停业整顿企业230家。

（贾雁）

【“散乱污”专项行动督查】 5月3日至10日，顺义区安全监管局组织6个督查组，对“散乱污”企业治理专项行动开展督查。督查组对涉及“散乱污”企业的18个镇、1个街道办事处的工业企业，包括用工10人以下的小化工、小木器、小服装、小加工、小作坊进行检查，重点检查用电安全、涉爆粉尘、危险化学品使用存储、有限空间作业、职业病危害、消防安全、设备设施隐患问题整改情况。督查组随机抽取检查36个自然村的88家“五小”企业，排查隐患160项，下达责令限期整改指令书30份。

（贾雁）

【啤酒节安全保障】 6月25日至7月9日，顺义区安全监管局组成4个保障组对“第二十六届北京国际燕京啤酒节”活动场馆及周边进行安全保障，重点对安全防护、临时用电安全等进行检查，并做好相关应急准备工作。出动执法人员298人次、车辆68台次，排查整改各类隐患问题96项。

（贾雁）

【危险化学品运输联合检查】 9月19日，顺义区安全监管局联合区交通局对道路交通企业进行安全检查，抽查4家危险化学品运输企业。检查组重点检查企业安全生产责任制、隐患排查记录、应急预案演练等各项规章制度的落实情况。针对检查发现的问题，执法人员责令企业限期整改，要求企业修改完善相关资料，有针对性地对员工进行安全教育培训，提高职工的安全素质，增强应急处置能力。

（贾雁）

【煤改电、煤改气安全检查】 10月20日，顺义区安全监管局、农委组成联合检查组，对“煤改电、煤改气”施工现场进行安全检查。检查组先后到赵全营镇去碑营村、马坡镇秦武姚村、牛栏山镇前晏子村，与村民群众座谈交流，听取施工单位、监理单位相关情况汇报，检查企业安全生产主体责任落实、人员安全培训、特种作业人员持证上岗、应急预案以及施工现场安全用电、劳动防护用品配备情况。检查组对存在的问题，提出整改要求，要求属地相关部门负责本辖区“煤改电、煤改气”工程项目安全监管工作，开展“煤改电、煤改气”宣传教育，与施工单位及村民委员会签订责任书，排查整改安全隐患，确保工程有序推进。

（贾雁）

【案卷评查】 本年，顺义区安全监管局规范行政处罚案卷审核程序，要求执法人员在发放缴款书前将全部案卷（作出决定前）材料报送法制科室进行审核，并出具案卷评查单，做到每卷必查，每案一单（案卷评查单），及时发现问题并纠正，保证权力依法运行，做到有法必依、执法必严。

（董爽）

职业卫生监督检查

【职业卫生培训】 4月24日至27日，顺义区安全监管局举办2017年度企业主要负责人和职业卫生管理人员培训班。分8批次对全区540家企业1100余人进行培训，培训内容包括：职业卫生安全监管工作形势分析，企业主要负责人和职业卫生管理人员工作职责，常见职业危害因素辨识和工程（个体）防护措施。培训组织现场考试。

（贾雁）

【职业病防治法宣传周活动】 4月28日，顺义区安全监管局、疾控中心、科技创新园区管委会在北京现代汽车摩比斯公司保险杠厂联合开展以“健康中国，职业健康先行”为主题的《中华人民共和国职业病防治法》宣传活动，向企业员工讲解宣传活动的意义，如何预防噪声聋、尘肺等职业病知识。现场发放宣传手册、挂图等资料400余份。

（贾雁）

【工业企业有限空间安全培训】 6月28日至29日，顺义区安全监管局组织乡镇街道有关负责人和286家工业企业安全管理人员进行有限空间作业安全培训。在安全培训中，介绍全区工业企业有限空间安全生产监管试点工作推进情况，通报有限空间作业典型事故案例，邀请市劳保所专家讲解有限空间作业基础知识、主要危险有害因素种类、安全防护设备、个人防护用品使用、安全管理要点及常见隐患分析。

（贾雁）

【再生水、污水处理项目联合检查】 7月12日，顺义区安全监管局联合区水务局对全区再生水、污水处理项目进行安全检查。检查组重点检查再生水、污水处理项目现场安全教育培训、应急预案及应急救援器材、有限空间作业等安全管理情况。检查10个在施项目现场，针对检查发现的灭火器配备不足、未设置明显安全标识、深基坑作业未设置安全防护栏、从业人员安全生产教育培训学时不足等隐患问题，执法人员依法下达行政执法文书，责令企业立即整改，经相关部门复审合格方可施工。

（贾雁）

【职业病危害申报部署会】 9月11日，顺义区安全监管局召开职业病危害申报情况工作部署会，属地乡镇街道有关负责人参加会议。会议部署职业病危害申报核查工作，讲解核查工作任务、调查方法及《职业病危害申报情况核查表》，要求属地乡镇街道全面核查，摸清企业职业病危害现状，督促企业如实申报，并进行核查。

（贾雁）

【有限空间安全生产专题会】 10月6日，顺义区安委会办公室召开有限空间安全生产工作专题会，区安委会成员单位有关负责人、城市运营重点企业和区属国有企业主要负责人参加会议。会议传达市、区领导关于加强安全生产工作的指示精神，分析全区有限空间安全生产情况、存在风险和存在的问题，部署有限空间安全监管工作。要求各单位健全有限空间基础台账，强化有限空间作业规范化、标准化建设，加大有限空间作业执法检查力度，做到压力层层传导，责任层层落实。

（贯雁）

宣传培训

【安全生产宣传咨询日】 6月16日，顺义区安委会在光明文化广场开展以“提高安全用气意识、共筑幸福和谐家园”为主题的安全生产月宣传咨询日活动。副区长郑晓博出席活动并致辞。活动现场，区安全监管局、城市管理委、市政控股公司等多家单位以现场咨询、发放安全知识手册、布置展板等形式向群众宣传安全生产知识。此次活动设9个分会场，现场设有展台、展板、宣传海报等，向职工群众宣传安全知识，引导、鼓励居民自觉淘汰不合格燃气灶具、宣讲燃气使用安全知识。

（贯雁）

【区属国企安全生产大讲堂】 6月20日，顺义区安全监管局、国资委在顺鑫大学联合举办区属国企安全生产大讲堂培训活动，区属国有企业总公司及二级子公司负责人参加培训。培训邀请安全生产专家授课，分别从“党政同责、一岗双责”“主体责任”“应急预案”“风险管控”和“安全生产管理”5个方面，讲解如何落实企业主体责任。区安全监管局负责人在动员讲话中指出，区属国有企业承担着重大的社会责任和光荣使命，应该发挥自身优势，成为安全生产工作的典范。

（贯雁）

【城市风险评估云服务系统培训】 9月13日至15日，顺义区安全监管局组织城市安全风险评估云服务系统培训，解读《北京市安全风险评估规范》《北京市生产安全事故应急能力评估规范》《北京市生产安全应急资源调查规范》等规范性文件，现场演示安全风险云服务系统操作。指导各单位规范化填写风险源辨识及应急资源信息等，准确理解风险辨识评估的依据、方法、步骤和信息系统管理使用等。相关行业部门、属地乡镇街道和重点企业1500余人参加培训。

（贯雁）

【国际安全社区现场评审】 9月18日至21日，国际安全社区认证中心总干事谷尔邦对顺义区马坡镇和旺泉街道建设国际安全社区工作进行现场认证评审。经过会议讨论，座谈交流与现场评审等环节，谷尔邦对马坡镇和旺泉街道国际安全社区创建工作给予肯定，并对重点关注的老人、儿童等群体的安全教育、措施和保障进行交流，结合自身工作经验和其他国际安全社区的成功经验提出建议，希望顺义区安全社区建设能够获得好的经验做法，提高安全整体水平。通过国际安全社区现场认证评审，同意推荐马坡镇、旺泉街道成为国际安全社区网络成员。

（贯雁）

【职业健康巡回宣讲】 11月13日至14日，顺义区安全监管局组织职业健康宣讲团分别到北小营镇、木林镇、马坡镇开展以“职业健康，重在预防”为主题的巡回宣讲活动，企业负责人、车间班（组）长和一线员工200余人参加宣讲活动。宣讲会上，来自安全监管系统基层的两位宣讲员结合工作、生活经历，分别以《我的后半生》和《一个专职安全员的心愿》为题进行演讲，取得较好宣传效果。

（贾雁）

【“双百工程”活动】 本年，顺义区安全监管局推进“百名安全监管干部与万家企业主要负责人对话谈心”和“百名安全生产专家服务万家企业”活动。在“百名安全监管干部与万家企业主要负责人对话谈心”活动中，全区30个属地乡镇街道、20个行业部门的党委书记、行政领导全部纳入对话谈心主体范畴，对话谈心企业由2016年的105家增加到1800余家；建立联络员沟通机制，及时发布活动信息和工作动态；印制对话谈心宣传资料，发放到全区重点生产经营单位。在“百名安全生产专家服务万家企业”活动中，引入注册安全工程师事务所的专业服务，服务活动与小微企业标准化核查紧密结合，对牛栏山镇、张镇、空港街道、石园街道的400家小微企业开展标准化核查和专家服务活动。

（贾雁）

【企业安全培训新模式】 本年，顺义区安全监管局利用“互联网+”思维，开发“纵横安全教育在线”平台，探索建立线上线下互动式安全教育培训模式。组织开展线上培训，录制专家授课视频，根据不同行业、不同需求，设置课程，结合法律法规修订、最新事件案例等进行动态调整，保证培训内容的专业性和针对性。平台设置资源中心板块，实现安全生产培训资源开放和共享。为保证培训效果，建立线上“培训、测试、发证、上岗”闭环管理模式。学员按必修和选修设定年度安全培训学分目标，学习结束后，可进行线上测试、取证。组织开展线下体验活动，认定中北华宇建筑工程公司等4家企业为“顺义区安全生产教育培训基地”，侧重危险化学品、建筑施工、应急演练、特种作业安全管理，可以实现场景模拟体验。

（贾雁）

标准化建设

【标准化达标企业核查部署会】 2月24日，顺义区安全监管局召开安全生产标准化达标企业核查工作部署会，乡镇街道有关负责人参加会议。会议通报2016年标准化核查过程中发现的问题以及撤销8家企业标准化达标资格的决定，就2017年企业标准化核查工作进行部署。要求各单位安排专门人员配合核查机构开展工作，督促所辖企业完善相关核查资料，对核查发现的隐患要建立台账并及时督促整改。

（贾雁）

【标准化创建暨“安责险”部署会】 4月13日，顺义区安全监管局召开2017年安全生产标准化创建暨安全生产责任保险制度推进工作动员部署会，区相关行业主管领导、属地乡镇街道和有关评审机构、保险公司负责人参加会议。会议通报2016年度安全生产标准化和安全生产责任保险工作开展情况，部署2017年主要工作，持续开展全覆盖、全行业、全领域安全生产标准化达标创建工作。要求各单位加强组织领导，开展宣传培训，把握工作标准，做到持续改进，提高企业本质安全水平。

（贾雁）

【"百项地标"宣贯培训】 11月16日，顺义区安全监管局召开安全生产"百项地标"宣贯工作会，区相关行业部门、属地乡镇街道和重点企业负责人参加会议。会议总结交流安全生产标准化创建经验和成果，要求政府监管部门和有关企业以及从事安全生产标准化工作的相关人员了解"百项地标"框架结构及其主要内容，把握相关技术要求，掌握系列标准实施要求，为"百项地标"有效实施打下基础。

（贯雁）

【企业标准化达标创建】 本年，顺义区安全生产标准化达标企业3396家，其中三级标准化达标企业706家、小微企业岗位达标2690家。落实企业安全生产标准化达标核查制度，核查标准化达标企业780家，撤销2家企业三级标准化达标资格。

（贯雁）

大 兴 区

概 述

2017年，大兴区安全生产工作围绕"四化三体系双基"总任务和全区中心工作，坚持以问题为导向，以落实"党政同责、一岗双责"为主线，以隐患排查治理为核心，以执法检查为保障，以安全文化体系建设为引领，夯实基层基础，推进标准化达标创建、网格化动态安全监管、安全生产条件普查等各项工作，完善隐患排查治理体系和安全预防控制体系。

统筹协调，落实安全生产责任体系建设。全面落实责任，区政府与14家行业部门和22个属地镇街签订安全生产目标责任书，对42项重点工作任务进行具体部署，确保全年任务的顺利推进。按照市编办和市安全监管局要求，完善4个区属功能区和4个镇属功能区安全生产监管体制建设，专设安全监管工作机构。组织全国"两会""一带一路"国际合作高峰论坛、党的十九大等重点时期专项督查，强化重点工作落实。

提质增效，推进隐患排查治理体系建设。全区重点监管生产经营单位4707家，有4473家生产经营单位开展自查自报，上报隐患11648项，整改隐患11587项，整改率99.5%。推进"一企一标准、一岗一清单"编制工作，完成190家试点企业风险识别、隐患排查标准和排查清单编制工作。坚持"全覆盖、抓重点"，推进建筑、市政、交通和人员密集场所等重点行业领域安全生产标准化达标创建工作。围绕重点行业、重点地区、重点企业和重点时段，加大安全隐患排查治理力度。

执法检查，加大安全监管力度。全区各执法部门通力合作，以危险化学品、建筑施工、工业企业、有限空间、人员密集场所、职业卫生等9个行业领域为重点，开展专项执法行动，强化安全专项整治。按照国务院安委会和北京市安委会统一部署，全面开展安全生产大检查和安全隐患大排查大清理大整治专项行动。建立重大隐患会商督办制度，完善安全生产监管执法制度和执法程序。

宣传培训，提升全民安全生产意识。

加强安全生产宣传，利用广播、电视、报刊等平台普及安全生产法律法规等知识，加大安全生产宣传力度。强化全员大培训，采取网络培训、集中培训、依托培训机构培训等形式开展镇街安全员、村居巡查员、企业主要负责人、安全管理人员和企业从业人员“四个100%”全员大培训。开展“百名安全监管干部与万家企业主要负责人对话谈心”活动和“百名安全生产专家服务万家企业”活动。宣传贯彻《中华人民共和国安全生产法》《中华人民共和国职业病防治法》等安全生产法律法规，夯实依法行政基础，提升执法人员素质。

夯实基础，强化安全保障能力。加强企业基础数据运用，将全区安全生产条件普查数据和重点监管数据有机整合，全部纳入信息系统管理。依托专职安全员检查系统（安监通），建立安全生产“双随机”执法检查系统，规范安全生产执法检查程序。推进社会化服务管理，开展安全社区创建和“安康杯”竞赛活动，组织安全生产宣传教育志愿者活动，使安全生产成为广大职工自觉行为。加大“安责险”宣传引导，全区投保企业2130家，保费400余万元。累计4200余家企业建立“安责险”制度。落实政府民生实事工程，对全区2618户家庭的不合格灶具进行淘汰和免费更换，免费安装燃气辅助设施和独立式感烟火灾探测报警装置。

综合监管

【一季度安全生产工作例会】 1月5日，大兴区副区长杜志勇主持召开第一季度安全生产工作例会，全区53个行业部门和22个属地镇街主管领导参加会议。会议通报全区公共安全、生产安全及消防安全形势，部署一季度安全生产、消防安全、烟花爆竹监管和预防煤气中毒安全工作。杜志勇要求全区各部门形成工作合力，坚持问题导向，加大隐患排查治理力度，并着重做好隐患整改工作。

（李新杰）

【国务院安委会综合考核】 2月16日，国家安全监管总局副局长孙华山带领国务院安委会考核组到大兴区开展2016年度安全生产考核工作。考核组听取大兴区区委书记谈绪祥关于安全生产责任体系建设、隐患排查治理建设、执法监察、基层基础和安全监管社会化建设等安全生产工作落实情况汇报，查阅大兴区2016年度安全生产工作资料，实地检查黄村镇北京威卡威汽车零部件股份有限公司和西红门镇北京天金石油销售有限公司两家企业落实安全生产工作情况。通过查阅材料和检查企业，考核组对大兴区安全生产工作给予肯定，要求大兴区坚持贯彻落实党中央、国务院及北京市委、市政府各项决策部署，全力做好各项安全生产工作。

（张捷飞）

【安全生产工作会】 3月1日，大兴区安委会召开2017年全区安全生产工作会，区长崔志成、副区长杜志勇，以及区安委会成员单位、属地镇街负责人和企业代表参加会议。会议总结2016年安全生产工作，分析安全生产形势并部署2017年重点工作任务。区长崔志成与行业部门、属地镇街代表签订2017年安全生产目标责任书。崔志成在讲话中要求全区各单位增强做好新形势下安全生产工作的责任感和紧迫感，尽职尽责做好安全生产监管工作，维护群众生命财产安全，维护安全稳定大局。

（张捷飞）

【“安责险”工作推进会】 3月16日，大兴区安全监管局召开2017年安全生产责任保险工作推进会，22个属地镇街主管领导参加会议。通报镇街“安责险”工作开展情况，分析存在的问题，明确2017年重点任务。一是拓宽“安责险”宣传平台和载体，丰富宣传手段；二是“安责险”工作要与安全生产标准化、隐患排查治理等工作形成闭环连接；三是完善事故预防工作机制，为投保企业提高服务质量；四是在重点行业领域，特别是建筑工程、涉危等行业推进“安责险”制度建设；五是加大监督考核力度，将“安责险”作为一项重点工作常抓不懈。

（杨欢）

【区委常委会安全生产专题会】 5月11日，大兴区区委召开常委会，专题研究安全生产工作。会上，区安全监管局负责人围绕隐患排查治理、执法检查、宣传教育等内容进行汇报，针对“一带一路”国际合作高峰论坛安全保障工作进行重点汇报。区委书记谈绪祥强调指出：区相关部门要密切关注各类安全隐患，提前研判问题，特别要对车站、商场、广场、政府机关周边等涉及面广、影响力大的重点部位、重要场所，加大防控力度，消除各类安全隐患，严防重大事故发生，确保全区安全稳定。区级领导要严格执行“党政同责、一岗双责、齐抓共管、失职追责”，严格落实包片镇街责任，主动深入基层、深入一线，积极帮助属地协调解决重点难点问题，督促落实好各项部署安排。相关部门要加大监督检查力度，及时发现问题、解决问题。要进一步落实领导管理责任、部门监督责任和企业主体责任，切实履行好维护一方平安的重大职责。要对重点地区、重点部位等隐患点全面摸排，消除安全隐患，减少不稳定因素。公共安全、生产安全、食品安全、交通安全、消防安全、社会治安等工作，都要确保万无一失，为重大活动保障、为安全发展奠定坚实基础。

（张捷飞）

【二季度安全生产工作例会】 7月13日，大兴区副区长杜志勇主持召开第二季度安全生产工作例会，区安委会成员单位和属地镇街主管领导参加会议。会议通报安全生产重点工作完成情况，对下半年安全生产大检查等重点工作进行部署。杜志勇在讲话中指出，要全力以赴抓好下半年各项重点工作，推进城市安全风险评估工作，以“查隐患、严治理、防事故、保安全”为主线，组织开展安全生产大检查。要落实好民生工程，淘汰不合格燃气灶具、安装燃气安全辅助设备。要以《大兴区危险化学品综合治理三年行动计划方案》为根本，推进危险化学品综合治理工作。

（张捷飞）

【区委书记专题听取安全生产汇报】 7月27日，大兴区区委书记周立云主持召开会议，专题听取区委政法委和区安全监管局、公安分局、公安消防支队安全生产工作汇报。周立云对全区安全生产工作给予肯定，并强调指出：全区各单位要按照市委、市政府工作部署，坚持“党政同责、一岗双责、齐抓共管、失职追责”，履行安全生产工作职责；要加强沟通联系，开展联合执法检查，形成安全生产监管合力，做到发现问题及时解决；要做好安全生产大检查工作，全面消除各类安全隐患；要狠抓落实，对安全生产各项工作确保执行到位、落实到位，坚决遏制重特大安全生产事故发生，为党的十九大胜利召开奠定基础。

（张捷飞）

【地下有限空间安全生产工作会】 8月7日，大兴区安全监管局召开地下有限空间作业安全生产工作会，区有关部门、各属地镇街和部分企业单位安全负责人参加会议。会议传达8月5日全市安全生产工作视频会议精神，通报有限空间安全生产事故情况，对加强有限空间安全生产工作提出要求。一是落实有限空间作业单位主体责任，加强对一线作业人员安全教育培训，严格落实承发包制度，督促企业做好自查。二是落实行业监管责任，召开会议传达部署，掌握作业单位基本情况，建立工作台账。三是立即开展安全生产大检查，重点检查有限空间突出问题和薄弱环节，有效遏制有限空间事故。

（崔丽雅）

【安全生产大检查动员部署会】 9月4日，大兴区副区长杜志勇主持召开安委会工作会，区安委会成员单位和属地镇街主管领导参加会议。会议通报全区1月至8月安全生产重点工作完成情况，对安全生产大检查工作进行再动员、再部署。一是以全面消除安全隐患、压减事故为目标，提高对安全生产大检查工作重要意义的认识。二是各单位要提高工作的自觉性、主动性，全面开展自查，抓好工作着力点，把安全生产大检查工作做实、做细、做出实效。三是明确检查标准，逐场所、逐部位、逐环节进行检查，加大执法检查处罚力度，深入推进大检查工作，为党的十九大胜利召开创造良好的安全生产环境。

（张捷飞）

【国务院安委会综合督查座谈会】 9月18日，公安部消防局副局长罗永强带领国务院安委会督查组对大兴区安全生产大检查工作开展情况进行综合督查，大兴区区长崔志成主持召开座谈会，与督查组进行交流座谈。座谈会上，督查组听取大兴区政府关于安全生产大检查开展情况、大检查特点、巡查发现问题整改情况及下一步措施4个方面的工作汇报，围绕新机场建设安全监管、专职安全员队伍建设、消防安全等问题与区政府进行交流。罗永强对大兴区安全生产工作给予肯定，并对督查工作提出明确要求。

（张捷飞）

【四季度安全生产工作例会】 9月29日，大兴区副区长杜志勇主持召开第四季度安全生产工作例会，区安委会成员单位和属地镇街主管领导参加会议。会议通报全区安全生产工作情况，重点部署党的十九大安全生产保障工作。杜志勇在讲话中指出：各单位要切实增强做好党的十九大安全保障工作的紧迫感和责任感，抓好重点地区和重点领域安全监管工作，深入开展安全生产大检查工作，结合人员密集场所、建筑施工、危险化学品等重点行业领域开展专项整治。各单位主要领导要亲自研究、亲自挂帅、亲自部署，全面落实“党政同责、一岗双责”。加强对工作落实情况督查，严格落实责任追究。

（张捷飞）

【安全隐患整治专项行动督查】 11月20日至12月31日，大兴区安委会组织开展全区安全隐患大排查大清理大整治专项行动，并有序开展专项督查工作。一是由15个行业部门组成11个专项督查组，对各单位落实消防隐患和安全隐患大排查大清理大整治工作落实情况进行专项督查。二是督促各单位抓好重点区域、重点场所安全隐患排查整治，加强低端业态安全管理，坚决遏制重特大事故的发生。三是重点对各单位基础台账建立情况、任务及指标分配情况、隐患排查治理情况、宣传情况、问题整改情况进行督查。四是对发现的非法违法问题，严格执法，高限处罚并在区级媒体平台进行曝光。五是每日汇总督查工作情况，研究解决突出问题，督查结果报区委、区政府主要领导。

（张捷飞）

【安全隐患大排查大清理大整治】 11月至12月，大兴区安委会组织开展全区安全隐患大排查大清理大整治专项行动。全面整治出租公寓、出租大院、村民自建出租房屋、待疏解或拆除腾退场所、彩钢板建筑、废品回收、工厂企业、厂房库房、仓储物流、汽配城、批发市场，排查治理安全隐患。本次专项行动实行“一把手”负责制，采取行业部门力量下沉基层、属地领导包片、属地干部包村的形式开展，坚决打击各类违法违规行为。重点查处消防隐患，对不按要求落实整改的，依法予以行政拘留；对不符合安全生产条件的，一律停工整改直至关闭取缔。针对西红门重点地区，区政府从安全监管、消防、交通、工商等执法部门抽调执法人员开展联合执法，围绕彩钢板建筑、地下空间出租、工业大院、“三合一”“多合一”场所、涉爆粉尘企业等逐项进行执法检查，严格落实“14个严查”要求。

（杨欢）

【市委、市政府安全生产督察】 12月11日至29日，市委、市政府安全生产第十六督察组对大兴区开展安全生产驻地督察。听取区委书记、开发区工委书记周立云关于大兴区、开发区安全生产情况汇报和分管建筑、商务、旅游领域3名副区长关于安全生产履职情况汇报，与代区长王有国交换督察情况意见。召开4次座谈会，听取36个部门和重点企业主要负责人安全生产情况汇报；延伸督察24个镇街、园区（含开发区2街道），随机抽查35家企业，查阅资料1.5万余份。

（路韬）

【安全生产大检查】 本年，大兴区安委会制定全区安全生产大检查实施方案，明确危险化学品、涉爆粉尘、冶金、消防等14个行业领域为检查重点，开展全区安全生产大检查工作。安全生产大检查期间，检查生产经营单位50817家，发现隐患47271项，整改隐患46854项，隐患整改率99.12%，停产整顿162家，关闭取缔245家，罚款295.765万元。

（张捷飞）

【安全生产督查】 本年，大兴区安全监管局由局领导带队，组成8个督查组对全区22个属地镇街安全生产大检查工作开展情况进行督查。一是检查属地安全生产大检查工作开展情况，以及存在的问题；二是采取“四不两直”方式，检查属地安全监管和企业安全生产情况；三是发现重大隐患，一律停产停业整顿并明确整改措施，督促生产经营单位主要负责人做好“五落实、五到位”；四是严格检查、严肃查处、严厉问责，发挥督查效能。

（张捷飞）

危险化学品安全监管

【危险化学品安全监管工作会议】 3月1日，大兴区安全监管局召开2017年度危险化学品安全管理工作部署会，区有关行业部门、22个属地镇街和危险化学品企业负责人参加会议。会议总结2016年危险化学品安全监管工作情况，分析存在的问题和所面临的形势，部署2017年危险化学品安全监管工作。会议要求各单位强化企业责任落实，抓好隐患排查治理、标准化达标创建和加油站贯标改造等重点工作。

（刘晓梅）

【易制爆化学品专项整治】 8月，大兴区安全监管局开展易制爆危险化学品专项整治行动，重点检查易制爆危险化学品生产经营单位相关许可证持证情况、人员教育培训情况、生产经营储存场所安全设施设置和维护情况、购买凭证查验制度落实情况等。此次专项整治出动执法人员26人次，检查企业77家次，排查整改安全隐患22项，责令停业整顿企业4家。

（刘晓梅）

【危险化学品综合治理部署会】 11月14日，大兴区安全监管局召开危险化学品安全综合治理三年行动工作部署会，贯彻《大兴区危险化学品安全综合治理三年行动计划实施方案》。区有关行业部门、22个属地镇街主管领导参加会议。会议对实施方案的起草背景、工作目标、完成时限、责任分工和重点内容进行介绍和解读，要求各单位按照工作职责，强化组织领导，协调配合，严格工作时限要求，确保工作落到实处。

（刘晓梅）

【涉氨制冷企业专项整治验收】 本年，大兴区安全监管局根据市安委会办公室关于开展涉氨制冷企业液氨使用专项治理验收工作要求，经过企业自查，专家现场指导，于10月底完成辖区7家涉氨制冷企业专项治理验收工作。涉及包装间、分割间、产品整理间等作业场所严禁采用氨直接蒸发制冷的空调系统；使用快速冻结装置设立单独作业间，且作业人员不超过9人。

（张振杰）

【危险化学品执法检查】 本年，大兴区安全监管局检查危险化学品企业183家次，排查整改安全隐患22项。对10家存在违法行为的企业实施行政处罚，罚款38.4万元。

（张振杰、刘晓梅）

【危险化学品行政许可】 本年，大兴区安全监管局办理危险化学品经营许可63件。其中首次申请3件、变更申请12件、延期申请48件。对2家企业危险化学品建设项目进行竣工验收。对14家企业易制毒化学品备案材料进行审核，完成全年易制毒化学品颁证季报填报工作。

（刘晓梅、张振杰、王胜懿）

【加油站贯标改造】 本年，大兴区安全监管局推进加油站贯标改造工作，严把改造前期资料审查关，加强施工过程中的安全监管，严格改造后的竣工验收，完成21座加油站贯标改造工作。

（王胜懿）

【危险化学品储存经营企业退出】 本年，大兴区安全监管局结合实际情况，加大政策宣传力度，阐明危险化学品生产经营未来发展方向，鼓励企业早谋划、早打算、早转型。完成8家有储存设施的高风险危险化学品经营企业退出工作，注销企业危险化学品经营许可证。

（胡伟）

烟花爆竹安全监管

【烟花爆竹零售网点布设】 本年，大兴区安全监管局设置并许可烟花爆竹零售网点61个（其中长期网点1个），分布在全区12个镇和6个街道，其中五环路以内网点18个。

（王胜懿）

【烟花爆竹安全培训】 1月7日，大兴区安全监管局组织烟花爆竹安全培训班，对全区61个烟花爆竹零售网点的244名从业人员进行培训。重点讲解烟花爆竹采购销售、储存安全、反恐维稳、值守看护、应急处置等方面的知识，对参训人员进行执业资格考核并发放上岗证。对考试不合格的人员组织再培训，确保每名烟花爆竹零售网点从业人员执业技能达到要求。

（王胜懿）

【零售网点负责人安全工作会】 1月12日，大兴区安全监管局召开烟花爆竹零售网点负责人安全管理工作会。会上，区安全监管局、公安分局、工商分局、交通局、公安消防支队分别就烟花爆竹销售、储存安全、反恐防暴、应急处置、证照注册等工作进行部署，提出具体要求，明确烟花爆竹零售单位的主体责任，强化各项安全措施的落实。

（王胜懿）

【烟花爆竹安全宣传】 1月20日，大兴区安全监管局联合区烟花办、清源街道办事处在康庄公园开展春节期间烟花爆竹安全宣传活动。活动现场设立宣传台、咨询台，向社区群众宣传烟花爆竹正确购买途径及相关安全防范知识，并对群众提出的问题进行解答。现场发放《致市民一封信》《烟花爆竹安全燃放知识》等相关宣传材料500余份。

（王胜懿）

【烟花爆竹安全检查】 1月22日至2月1日，大兴区安全监管局组织10个检查组，对烟花爆竹经营单位和零售网点进行安全检查，重点检查烟花爆竹采购销售合法产品、零售网点周边看护、从业人员持证上岗、夜间应急值守及监控设备运行情况。出动执法检查人员685人次、车辆335台次，检查烟花爆竹经营单位和零售网点1194家次（其中检查批发企业13家次），排查整改事故隐患85项。

（王胜懿）

【烟花爆竹物联网建设】 本年，大兴区安全监管局制发烟花爆竹零售网点视频监控安装情况验收意见表，由各属地镇街依据有关要求对烟花爆竹零售网点视频监控安装情况进行验收，对验收不合格网点责令整改。春节烟花爆竹销售期间，区安全监管局安排专人通过视频监控系统对零售网点销售区、储存区及周边环境进行全程监控，发现问题第一时间责令整改，并将发现问题情况记录台账，作为零售网点信誉考核的依据。

（王胜懿）

隐患排查治理

【白酒企业隐患整治工作会】 3月8日，大兴区安全监管局召开白酒企业隐患整治工作会，全区3家白酒制造企业和相关设计、施工单位负责人参加会议。会上，北京二锅头酒业、北京方庄酒厂和北京皇家京都酒厂主要负责人分别汇报酒厂隐患整治工作落实情况。会议要求白酒制造企业和有关单位采取措施，确保整改过程安全无事故，确保按时保质完成隐患整改工作。加强“两会”期间安全生产工作，制定专项工作方案和应急预案，确保安全稳定。

（崔丽雅）

【清单编制部署工作会】 3月30日，大兴区安全监管局召开隐患排查治理“一企一标准、一岗一清单”编制部署工作会，区有关行业部门、22个属地镇街以及190家试点企业负责人参加会议。会议通报全区隐患排查治理“一企一标准、一岗一清单”编制工作情况，就清单编制工作目的意义、工作内容、程序和标准进行解读，对清单编制工作提出明确要求。一是企业要落实主体责任，抓住机会，学好本领。二是各属地镇街、行业部门要根据清单编制企业台账，加强监督检查和指导。三是中介服务机构要做好与属地、行业部门和试点企业的工作对接，做到工作程序标准化、服务内容规范化、过程管理痕迹化。

（杨欢）

【涉爆粉尘企业隐患整治抽查】 4月7日，大兴区安全监管局组织开展为期一周的涉爆粉尘企业隐患整治抽查工作。此次抽查涉及全区13个镇街、22家涉爆粉尘企业，排查整改安全隐患138项，责令5家企业停产整顿。

（崔丽雅）

【撰写清单编制报告】 5月，大兴区安全监管局完成141家清单编制企业的数据采集，撰写完成《北京市大兴区“一企一标准 一岗一清单”编制实践与启示的实践报告》。报告从如何建立安全生产长效机制、构建隐患排查治理体系入手，总结分析清单编制试点工作的成效及发现的问题，为下一步工作决策提供可行性方案。

（杨欢）

【白酒制造企业隐患整治督查】 8月3日，大兴区安全监管局对北京大兴二锅头酒业股份有限公司隐患整治工作落实情况进行督查。重点检查厂区整改现场，听取企业负责人关于酒厂隐患整改情况的汇报。要求企业严格按照国家标准实施整改，落实隐患整改任务目标，责任到人，确保整改工作质量。

（崔丽雅）

【涉爆粉尘企业隐患专项整治推进会】 8月22日，大兴区安全监管局召开涉爆粉尘企业隐患专项整治推进会，22个属地镇街主管领导参加会议。会议传达全市工业企业安全生产监管工作座谈会和《北京市安委会办公室关于进一步推进涉爆粉尘企业事故隐患治理专项行动的通知》精神，通报全区涉爆粉尘企业隐患专项整治情况，要求参会单位结合“疏解整治促提升”专项行动，强化安全监管，开展风险辨识，完善工作台账，有效推进涉爆粉尘企业隐患专项整治工作。

（崔丽雅）

【城乡结合部专项整治】 本年，大兴区安全监管局开展专项整治，严厉打击城乡结合部重点地区各类安全生产违法行为。一是要求存在安全生产隐患的生产经营单位停产停业，对存在的安全隐患进行整改，对存在安全生产违法行为的生产经营单位进行处罚。二是配合公安、环保部门对城乡结合部地区存在的非法违法储存、经营、生产危险化学品的重大安全生产违法行为进行严厉打击，查处非法违法危险化学品生产经营案件14起，查扣清理酒精、柴油、保险粉等易燃易爆危险化学品310余吨，移送公安机关行政拘留4人，取缔违法生产经营单位5家。三是清理关停违法企业，配合属地镇街清理关停违法企业923家，依法下达行政执法文书1996份，推进属地清除腾退工作顺利开展。四是组织开展危险化学品生产经营、建筑施工工地、危险化学品道路运输、人员密集场所等7项专项联合执法行动。全区开展各类安全生产联合执法行动46次，涉及危险化学品、粉尘防爆、人员密集场所等多个领域，出动执法人员1378人次，出动专家115人次，检查生产经营单位1656家次，对57家生产经营单位实施行政处罚，罚款149.4万元。

（郑阳）

【城市安全风险评估】 本年，大兴区安委会办公室组织区住房城乡建设委、城管委、商务委、旅游委、文化委、体育局、安全监管局、经济信息化委、交通局及各属地镇街开展城市安全风险评估工作。明确安全风险评估及管控工作范围、职责分工、重点任务、实施步骤以及重点要求和责任落实。经组织评估，全区存在10979项风险源，其中重大风险源3项，较大风险源1035项，一般风险源4811项，低风险源5130项。重大风险源清单上报市安全监管局，大兴区城市安全风险电子地图基本形成。

（孙培培）

应急救援

【应急救援演练】 6月26日，由市安全监管局和大兴区应急委指导、大兴区安全监管局和应急办主办的危险化学品重大危险源企业“一对一”应急实战演练活动在北京华腾化工园区举行。此次演练重点突出企业先期处置和政企衔接，演练科目设置为重大危险源企业华腾天海科技环保有限公司甲醛罐区泄漏事故。演练中的信息上报、现场处置、人员救护、应急指挥权交接等环节有序开展，应急演练取得成功，在检验企业应急处置水平的同时，提升区应急指挥部与成员单位间在危险化学品应急处置上的协调应对能力。

（周堃）

【危险化学品应急预案修订工作】 6月，大兴区生产安全事故应急指挥部办公室依据《北京市危险化学品事故应急预案（2016年修订）》《北京市大兴区突发事件总体预案》，修订完成《北京市大兴区危险化学品事故应急预案》和《大兴区人民政府与重大危险源企业“一对一”应急预案》，由区政府批准发布实施。

（孙培培）

【应急物资管理】 本年，大兴区安全监管局每季度对危险化学品应急物资储备库内应急物资进行盘点，保障应急物资齐备、有效。3月，配合市安全监管局对氯气捕消气、四合一有毒气体检测仪等10余种物资进行保养和维护，确保全区各项应急物资均处于良好状态。8月，完成区级物资更换及维护灭火器24个。

（张和平）

【应急预案管理】 本年，大兴区安全监管局依据《生产安全事故应急预案管理办法》（总局令第88号）和《生产经营单位生产安全事故应急预案编制导则》，对企业上报的应急预案进行评审，加强企业应急预案备案管理工作。完成工业企业应急预案备案713家、危险化学品企业应急预案备案156家。

（李雪）

【重点时期应急值守】 本年，大兴区安全监管局在元旦、春节、全国“两会”“一带一路”国际合作高峰论坛、国庆节和党的十九大期间，启动《大兴区重要时期安全生产应急保障工作机制》，加强安全生产应急值守工作。制定专项应急保障工作方案，重点明确危险化学品和烟花爆竹安全监管、应急值守和响应、执法检查以及重污染预警响应措施。对行业部门、属地镇街应急值守和信息报送工作提出具体要求，组织安全生产专家、应急救援队伍和物资储备库责任人进入重要时期应急保障状态，有效应对各类突发事件。

（李青松）

执法监察

【“两会”期间安全保障】 3月，大兴区安全监管局局领导带队开展安全检查，排查整改安全隐患，保障全国“两会”期间良好的安全生产环境。在企业自检自查的基础上，对加油站、商场超市、施工工地等企业进行检查。听取企业领导工作汇报，查阅相关安全台账、检查记录、各项安全管理制度，重点检查生产车间、仓库和市场，对消防栓、灭火器、消防通道、报警装置、防火隔离、易燃易爆等安全设施进行“拉网式”排查，有效遏制安全生产事故的发生。

（杨涛）

【西瓜节安全保障】 5月至7月，大兴区安全监管局采取4项措施做好“第二十九届北京大兴西瓜节”安全保障工作。一是聘请专家评估，对主办地活动方案、施工作业、设备设施等内容进行评估，查找问题梳理风险，提升防控措施针对性。二是审核安全资料，对施工资质、管理协议、操作证书、应急预案等材料严格把关，确保手续齐备。三是加强现场指导，对活动会场舞台搭建、临电敷设、安全防护等进行严格检查，针对舞台搭设支撑不足、电气线路混乱等问题，责令施工方立即改正并及时消除隐患。四是实时动态盯防，派5名执法人员进驻活动举办地，督促并指导企业落实安全生产主体责任，并协同各部门对主会场、分会场及周边地区全面开展隐患排查，确保各项安全措施到位。

（杨宗彬）

【安全隐患整治行动执法检查】 11月20日，大兴区安全监管局启动安全隐患大排查大清理大整治专项行动期间执法下沉工作方案，抽调全局54名执法人员，分7个组，全部下沉到22个属地，开展执法检查。按照“边排查、边整治、边执法”原则，强化对有限空间作业、危险化学品企业和工业企业的安全监管。做到“态度坚决、行动迅速、效果明显”，坚决遏制重大生产安全事故发生。

（杨欢）

【重大活动安全保障】 本年，大兴区安全监管局按照市、区关于做好“一带一路”国际合作高峰论坛和党的十九大期间安全生产保障工作的部署要求，履行安全生产监管职责，组织开展安全生产专项整治和专项督查，督促生产经营单位加强安全管理，落实主体责任，为“一带一路”国际合作高峰论坛和党的十九大的胜利召开提供良好的安全生产环境。一是危险化学品生产厂区和储存仓库实行封闭管理，严格出入登记制度，严禁外界无关车辆、人员入厂入库，采取全覆盖排查的检查方式，每天出动至少两个检查组，重点检查油库、加油站和其他易燃、易爆企业，对发现的隐患问题确保当天整改完毕。凡不能按要求整改的一律停产、停业整顿。二是组织区交通局、工商分局、质监局等10个部门和各镇政府、街道办事处开展危险化学品生产经营单位、建筑施工、工业企业、人员密集场所、粉尘涉爆、交通运输、职业卫生、有限空间等重点行业领域安全生产联合执法检查。三是组织8个督查组对重点行业领域以及属地镇街安全生产保障工作开展综合督查和“四不两直”督查检查，确保工作落实。

（郑阳）

【联合执法检查】 本年，大兴区安委会办公室按照全区统一部署，针对重点时期安全生产保障任务，组织开展人员密集场所、交通站点、公园景区、燃气安全、烟花爆竹和危险化学品企业等重点行业领域安全生产联合执法行动。组织联合执法检查376次，检查生产经营单位97315家次，发现隐患97490项，消除隐患93840项，隐患整改率97%，其中发现重大隐患42项，全部整改消除；行政处罚717起，罚款1137.85万元，停产停业整顿企业81家。

（郑阳）

【举报投诉核查】 本年，大兴区安全监管局建立“四不两直”暗查暗访工作制度，完善局内举报投诉事件接报处理和查处举报过程中应遵守的制度。快速处理举报投诉事件，接报“12350”“12345”和信件举报投诉事件151件，均在3日内办结回复，群众满意率100%。加大举报信息核实力度，联合各部门打击重大非法违法行为。全年接到群众举报非法生产经营储存危险化学品案件8起，罚款35万元，行政拘留1人、刑事拘留1人，清退取缔非法违法储存经营危险化学品生产经营单位2家。

（郑阳）

【执法辅助服务项目】 本年，大兴区安全监管局积极解决缺乏专业技术支撑、缺少专业技术人才难题，申请财政资金支持，推进专业性安全生产执法检查辅助服务项目实施，并就项目与执法工作进行有效衔接，形成专职安全员巡查检查、镇街安全科委托执法、执法监察队派驻执法、专家辅助执法的新型执法模式。出具专家服务报告360份（服务生产经营单位619家），出具评价报告75份，检测报告70份，提出各类问题3058项、对策措施4748项。

（郑阳）

【专职安全员队伍建设】 本年，大兴区安全监管局开展专职安全员检查队规范化达标建设工作，着重从基层专职安全员队伍的形象标识、办公环境布置、管理制度机制、考核方式方法等方面开展规范化建设，达到“四统一、六规范、一创新”工作目标。一是组织全区22个属地镇街安全科科长、安全生产检查队队长赴通州区于家务乡、漷县镇安全生产检查队观摩学习，就检查队的日常安全检查、人员管理、档案管理、制度建设等方面进行探讨，相互交换意见。将好的经验做法践行到队伍建设工作中去，为规范化建设达标打下基础。二是开展规范化建设初评，要求全区各检查队对照《北京市乡镇、街道（园区）安全生产检查队规范化建设评定实施细则》进行梳理，将初评中发现的问题、不足和好的经验做法形成总结，在全区通报，以便使各检查队能够查补短板，精准施策。三是经区政府研究决定，拨付安全生产检查队规范化建设专项资金50余万元，加快全区安全生产检查队规范化建设工作进度。按照属地镇街对规范化建设相关物品的实际需求，为各检查队统一制作配发安监标识 logo、制度挂板、队建标语、人员桌牌、文件档案盒等物品 12000 余件。

（郑阳）

职业卫生监督检查

【职业卫生台账】 2 月，大兴区安全监管局组织开展职业病危害用人单位摸底排查工作，结合拆迁、产业结构调整等实际情况，核实台账中所列企业是否存在或发生变化，是否存在新增职业危害企业。经摸底排查，全区存在职业病危害用人单位 462 家，涉害作业场所 1240 个，接触职业病危害因素从业人员 12360 人。职业病危害因素主要以粉尘、化学毒物、噪声为主，主要分布在工业加工、包装印刷、家具制造和化学制品等行业。

（王静怡）

【职业卫生工作部署会】 3 月 15 日，大兴区安全监管局召开 2017 年职业卫生工作部署会，22 个属地镇街职业卫生负责人参加会议。会议明确 5 项工作重点：继续开展职业危害现状评价专项治理工作；开展 2017 年度职业卫生基础建设达标创建工作；开展非医疗机构放射使用单位职业危害普查；开展用人单位主要负责人和管理人员职业卫生培训工作；开展 2017 年度职业卫生基础建设达标创建工作。

（刘佳）

【职业卫生培训】 4 月 9 日至 5 月 20 日，大兴区安全监管局组织开展 2017 年度用人单位主要负责人和管理人员职业卫生培训活动。全区 20 个镇街，以及新媒体产业基地、生物医药产业基地和南郊农场近 700 家企业、1606 名主要负责人和职业健康管理员参加培训。培训内容涉及职业卫生基础知识、职业卫生法律法规、用人单位职业病防治责任与义务、职业病危害因素识别与控制、个人职业病防护用品、职业健康监护等方面。课程紧贴企业职业病防治工作实际，指导企业落实职业病防治主体责任，夯实职业卫生监管工作基础。

（陈冰）

【职业卫生宣传周】 4 月 24 日至 28 日，大兴区安全监管局组织开展职业病防治法宣传周活动。出动宣传人员 840 余名、车辆 160 台次，深入 386 家企业，发放安全生产月报、职业病知识折页、职业病防治法海报等宣传品 52863 份，现场接受咨询 1968 余人。举办职业病防治培训 20 次，参加培训 6251 余人。在各大公共场所张贴 2560 张宣传海报，营造良好的社会氛围。

（陈冰）

【有限空间作业大比武】 6 月 28 日至 30 日，大兴区安全监管局在北京市市政管理学校举行第三届有限空间作业大比武，全区 48 支有限空间作业队伍参加比赛。区发展改革委、城市管理委、交通委、经济信息化委、水务局和各属地镇街有关负责人出席大比武活动。通过有限空间作业大比武活动，贯彻落实《工贸企业有限空间作业安全管理与监督暂行规定》和北京市地下有限空间作业 3 个地方标准，提高有限空间作业人员安全意识，规范从业行为，推动全区有限空间作业安全生产工作迈向新台阶。

（崔丽雅）

【尘肺病防治知识培训】 8 月 21 日至 9 月 15 日，大兴区安全监管局组织开展 17 期外来务工人员尘肺病防治知识培训班，培训辖区接触粉尘危害企业外来务工人员 3400 人。重点培训尘肺病危害和基本预防知识、职业健康体检知识、职业病个体防护用品使用方法，总计4学时，计入用人单位劳动者职业卫生年度教育学时。

（陈冰）

【职业病危害防治评估】 本年，大兴区安全监管局组织开展镇街职业病危害防治工作评估，运用现场审核、资料审核的方式，各属地参与用人单位300家，其中19家经现场确认停产或搬迁，实际纳入计分考核的用人单位281家，其中接受材料审核的用人单位219家，接受现场审核的用人单位62家。经评估，大兴区在用人单位负责人和职业卫生管理人员职业卫生培训率、用人单位劳动者职业卫生培训率、工作场所职业病危害告知率、工作场所职业病危害警示标识设置率有较大幅度提高，其他评估指标也有不同程度提高。

（陈冰）

【职业卫生执法检查】 本年，大兴区安全监管局职业卫生执法检查企业1194家次，排查整改隐患842项，依法下达行政执法文书1465份。其中，按执法计划检查企业120家，下达现场检查记录120份，限期责改35份，整改复查35份，立案处罚15起，罚款28.9万元。

（李刚、孔繁朴）

【职业病危害项目申报】 本年，大兴区安全监管局受理、办结企业职业病危害项目申报462件，下发申报回执462份，年度备案率98%。涉及涉害作业场所1240个，接害从业人员12360人，职业危害因素主要以粉尘、化学毒物和噪声为主。

（王静怡）

【汽修企业专项治理】 本年，大兴区安全监管局完成87家一二类汽修企业专项治理工作。经企业自查自改、属地镇街核查、区安全监管局抽查和验收等阶段，48家工艺不合格的维修单位淘汰调漆环节，39家均完成整改并通过检查验收。其中1家企业未按要求整改，由安全监管部门给予行政处罚，罚款5.5万元。

（李刚）

宣传培训

【企业粉尘防爆专项培训】 1月6日，大兴区安全监管局组织全区涉爆粉尘企业主要负责人、安全负责人和各属地镇街、相关行业安全监管人员330余人，进行企业粉尘防爆专项培训。培训会上，区安全监管局对全区涉爆粉尘企业隐患整治专项工作进行再部署，邀请粉尘防爆专家进行授课。重点围绕涉爆粉尘企业的安全管理、建构筑物、防火防爆、除尘系统4个方面，结合事故案例讲解《工贸行业粉尘防爆专项整治重点问题和隐患》。培训结束后，对参训人员进行考试，通报考试成绩。通过培训，提升涉爆粉尘企业和各级监管人员粉尘防爆意识和能力，推进全区涉爆粉尘企业隐患整治专项行动。

（崔丽雅）

【安全生产月活动】 6月，大兴区安委会围绕全面落实企业安全生产主体责任，以法律法规、《中共中央 国务院关于推进安全生产领域改革和发展意见》及全市安全生产工作重点，以“进企业、进学校、进机关、进社区、进农村、进家庭、进公共场所”七进活动为主要形式，在全区性、区域性、行业性和生产经营单位4个层面开展宣传活动。区安委会统筹成立区、行业、镇街（园区）、村（居）、企业五级组织机构，负责安全生产月活动的组织与开展。安全生产月活动期间，区领导参加活动25次；行业部门和属地镇街领导参加活动244次。

（侯勇）

【有限空间作业安全培训】 11月14日，大兴区安全监管局联合北京新机场安全协调办、北京新机场建设指挥部（甲方）和区住房城乡建设委在北京建工指廊区项目部大会议室举办有限空间作业专题培训。本次培训邀请北京排水集团职业技能培训学校专家，从有限空间概述、作业环境分级、现场安全知识、北京市现行有限空间相关标准规范和有限空间事故应急救援等方面进行讲解，特别对全市发生的有限空间典型事故案例进行重点讲解。新机场建设40余家施工单位100余人参加培训。

（崔丽雅）

【全员大培训】 本年，大兴区安全监管局组织开展安全生产全员大培训活动，实现镇街安全生产检查员、村居巡查员、企业主要负责人和安全管理人员、企业从业人员“四个100%”培训目标。采取网络培训、集中培训、依托培训机构培训等形式，对镇街530名安全生产检查员和1000余名主要领导和巡查员进行培训；举办企业从业人员培训班640期，培训8.9万人次；与区人力社保局沟通，将安全生产纳入全区科级干部培训班内容，举办培训班2期，培训450人次。组织特种作业人员培训考核10期，培训19599人次；组织高危行业主要负责人和安全管理人员考核10期，培训886人次。

（侯勇）

【安全生产大检查宣传活动】 本年，大兴区安全监管局在“大兴安监”微信、《安全生产月报》全文刊登《全面集中开展安全生产大检查——致全区生产经营单位负责人的一封信》，并适时发布安全生产大检查活动各类工作动态；在“大兴安监”微信、《安全生产月报》和局政务网站上，对部分企业安全生产违法行为处罚情况进行曝光。大兴电视台、《大兴报》等本地主流媒体开展安全生产大检查活动有关的宣传报道工作。利用社区电子显示屏，滚动播出安全生产大检查宣传口号。

（侯勇）

【“双百工程”活动】 本年，大兴区安全监管局组织开展“百名安全监管干部与万家企业主要负责人对话谈心”和“百名安全生产专家服务万家企业”活动，全区104名处级以上领导干部与923家企业主要负责人开展对话谈心114次，专家服务企业307家。

（侯勇）

【新闻媒体宣传报道】 本年，大兴电视台报道安全生产宣传教育活动15次并持续滚动播出；《大兴报》安全生产专栏8篇、刊登新闻信息30篇；社区电子显示屏滚动播出安全生产公益宣传片和标语口号108条。“大兴安监”微信刊登5100余条；区安全监管局印制《安全生产月报》13期26万份。

（侯勇）

【安全生产宣传教育志愿服务】 本年，大兴区安全监管局组织安全生产宣传教育志愿者开展春节、“3·5”中国青年志愿者日、“5·12”防灾减灾宣传活动。参加志愿者3000人次，发放宣传材料24万余份，摆放展板1118块，悬挂条幅720条。

（侯勇）

法制建设

【执法取证培训】 5月3日至4日，大兴区安全监管局组织开展2017年度安全生产委托执法取证培训，局机关各科室执法人员和14个镇、6个街道安全科在编人员参加培训。此次培训邀请专家进行授课，着重对新修改的安全生产执法文书进行系统讲解，提高执法人员执法水平，提升基层执法检查素质。

（谷学宁）

【行政处罚案卷评查】 7月4日至7日，大兴区安全监管局组织全区安全监管系统行政处罚案卷评查工作，局机关各科室、22个属地镇街安全科法制员参加案卷评查工作。按照《北京市行政处罚案卷标准和评查评分细则》，抽查27卷安全生产行政处罚案卷、80套委托执法文书及230套专职安全员文书，主要从处罚主体是否合法、认定事实是否清楚、证据是否确凿、适用法律依据是否正确、处罚程序是否合法、案卷档案制作是否规范6个方面进行评审，力求做到对每个案卷的评查结论客观、公正，达到发现问题、改正问题、规范和提高执法行为的目的。

（谷学宁）

【安全生产法律法规知识竞赛】 8月30日至31日，大兴区安全监管局在全区安全监管系统开展安全生产法律法规知识竞赛活动。竞赛以电脑答题的形式，通过属地镇街预赛选拔和区内统一决赛的方式进行。大兴区西红门镇获得属地竞赛第一名，区安全监管局执法队获得局机关竞赛第一名。通过竞赛，提高执法人员政策法规水平，夯实依法行政基础。

（谷学宁）

【安全生产法制员培训班】 11月8日，大兴区安全监管局举办2017年安全生产法制员培训班，局机关各执法科室和属地镇街有关负责人、法制员80余人参加培训。此次培训重点讲解行政执法文书的填写及案卷评查中出现的问题，并到市安全监管培训基地实地学习。通过实地系统学习，提高执法人员执法检查能力。

（杨涛）

科技与信息化

【安全生产信息化工作会】 6月22日，大兴区安全监管局召开全区安全生产信息化工作会，28个行业部门和22个属地镇街主管领导、安全科科长参加会议。会议通报全区企业台账管理情况和专职安全员检查系统使用情况，对安全生产信息监管系统企业管理模块使用进行培训。会议要求用好企业台账管理和专职安全员检查系统，加强领导，突出重点，推进全区安全生产信息化工作再上新台阶。

（张磊）

【政务网站建设】 本年，大兴区安全监管局每月对局政务网站更新情况进行自查，对照标准更新栏目信息。局政务网站刊登政务信息249条、图片类信息55条、国务院信息栏目发布325条、通知公告24条、安全生产提示6条、留言回复12条。针对无效链接、内容错误进行更新与整改，及时更新完善栏目信息。发挥政务网站政企互动、便民服务、舆论宣传的作用。

（孙兴）

标准化建设

【标准化创建企业安全督查】 本年，大兴区安全监管局开展安全生产标准化创建督查工作，确保企业安全隐患全部整改到位。针对1267家标准化达标创建企业存在的14083项隐患问题，执法人员加大现场执法力度，责令限期完成整改。

（吴思航）

【企业标准化达标创建】 本年，大兴区安全监管局将安全生产标准化达标创建工作和“一企一标准、一岗一清单”“安责险”“散乱污”企业治理专项行动等重点工作紧密结合，通过完善工作机制，努力实现安全生产标准化工作法制化、制度化、规范化。按照辖区企业100%达标创建的目标任务，参照安全生产条件普查数据，要求全区22个属地镇街梳理、上报达标企业台账和复评企业台账，明确创建任务。指派专人全程参与企业达标创建工作，组织专家组100%核查并记录备案。确保完成既定工作目标。全年完成安全生产标准化达标企业1267家，其中三级标准化达标企业567家、小微企业岗位达标700家。

（吴思航）

昌 平 区

概 述

2017年，昌平区安全生产工作在区委、区政府领导下，贯彻党中央、国务院和市委、市政府关于安全生产的决策部署，深化安全生产领域改革，推进安全生产责任体系建设，强化行政执法检查和事故查处，夯实基层基础工作，有效防范较大以上和社会影响大的生产安全事故发生，安全生产形势持续稳定好转。

健全安全生产责任体系。区安委会与46个成员单位、21个属地政府签订《2017年度安全生产目标管理责任书》，在村（社区）组建1000多人的安全生产巡查员队伍。制定《昌平区安全生产综合考核办法》，细化分解对各镇街、重点行业部门的安全生产年度考核任务，量化考核指标。建立安全生产督查巡查制度，依托区委党建工作巡查组，在全国“两会”“一带一路”国际合作高峰论坛、党的十九大等重点时期，完成对各镇街、重点行业管理部门履职情况的专项督查。以落实国务院安委会及市委、市政府考核督查昌平区安全生产工作为契机，以安全生产年度综合考核为抓手，强化安全生产综合监管，有效推动安全生产责任的落实、安全监管（管理）职能的发挥。

抓好重点任务落实。强化目标管理，圆满完成110家企业“一企一标准、一岗一清单”编制、100家安全生产信用体系试点企业信息归集维护，以及沙河油库市级挂账隐患的综合整治和审查验收；1665家企业投保“安责险”，1102家企业完成标准化达标创建；为2310个城乡困难及低收入农户淘汰不合格燃气灶具、安装燃气安全辅助设备和独立式感烟火灾探测报警装置。

加大监管监察力度。结合全区总体发展规划和“疏解整治促提升”要求，强化重点行业领域、重点地区生产经营单位安全监管，开展城乡结合部地区、“散乱污”

企业专项整治，通过安全生产标准化建设、职业危害现状评价、专项执法、集中执法、联合执法等形式，加强对危险化学品、重大危险源、烟花爆竹、非煤矿山、有限空间、职业危害、人员密集场所、工业企业等生产经营单位的监管监察，圆满完成春节、“十一”“一带一路”国际合作高峰论坛、党的十九大、“第五届北京农业嘉年华”等重要节假日、重大活动期间安全生产保障任务。检查各类生产经营单位2877家次，排查整改各类安全隐患4364项，依法下达执法文书3630份，行政处罚248起，罚款237.7万元。

强化安全生产宣传教育。利用昌平电视台、《昌平报》和“昌平安监”微信公众号，通过编发《昌平安全生产动态》，开展安全生产月活动、安全生产培训、“双百工程”“两法一规”安全知识竞赛等活动，加大安全生产法律法规和安全生产知识的宣传培训力度，增强群众职工了解、关注、参与安全生产工作的主动意识。发放各类宣传材料20万余份，组织区属媒体宣传报道28次，编发“昌平安监”微信98期，对79家企业违法违规行为进行集中曝光。

依法实施行政许可。依照《中华人民共和国行政许可法》和《危险化学品经营许可证管理办法》等规定，本着“合理规划、源头管理、安全第一”的原则，完成危险化学品经营许可审批34家（其中延期27家、变更7家），建设项目审查5家；网上许可率100%。完成重大危险源备案1家；注销危险化学品经营许可5家。

综合监管

【副区长带队安全检查】 1月24日，昌平区副区长孙启、周金星带领区政法委、公安分局、安全监管局等部门负责人及执法人员对北七家镇、小汤山镇春节前安全生产工作进行检查。检查组先后检查北京物美商业集团股份有限公司白庙村店、北京年福加油站有限公司、北京永鑫亿家福商贸有限公司、小汤山街口烟花爆竹零售网点，重点检查安全生产管理制度建立及落实、从业人员安全生产教育培训、临时用电安全管理、应急值守、特种作业人员持证上岗以及烟花爆竹销售点设置安全条件、烟花爆竹储量和禁放点规定执行等各项安全措施落实等情况。区领导对两个镇安全生产工作给予肯定，针对安全形势和检查发现的问题提出工作要求。要求各单位高度重视节日期间安全工作，严格落实“党政同责、一岗双责”，加强领导带班和应急值守，提高安全意识，发现安全隐患，要及时整改，并及时向有关部门汇报。

（张晶昱）

【国务院安委会现场考核】 2月17日，国家安全监管总局副局长孙华山带领国务院安委会考核组对昌平区2016年度安全生产工作进行现场考核。国务院安委会考核组听取昌平区区长张燕友关于全区安全生产工作情况的汇报，查阅区委、区政府和重点行业关于安全生产工作的安排部署、推动落实情况，以及隐患排查治理、标准化创建等方面的文件资料、管理台账等，实地抽查北汽福田汽车股份有限公司北京福田发动机厂、北京中大爆破工程有限公司运输部2家生产经营单位。考核组肯定昌平区安全生产工作取得的成绩，要求昌平区继续强化安全生产信息化建设，提高安全科技、安全产业发展，推动安全生产工作落实。市政府副秘书长尹培彦、市安全监管局局长张树森和昌平区区委书记侯君舒参加现场考核。

（张晶昱）

【安全生产工作大会】 4月1日，昌平区政府召开2017年度安全生产工作大会。会议总结2016年全区安全生产工作，部署2017年重点工作。区安全监管局、公安消防支队、公安交通支队分别进行重点工作专项部署。区长张燕友强调指出：各部门、各镇街、各企业要树立安全生产“红线”意识，始终绷紧安全这根弦，增强责任感和紧迫感，把握工作重点，加快构建安全发展长效机制。要强化责任担当，凝聚安全生产工作合力，落实属地政府管理责任、行业部门监管责任和企业安全生产主体责任，从严问责，严肃查处各类安全生产违法行为，遏制各类安全事故发生，确保全区安全生产形势稳定。

（张晶昱）

【油库隐患整治协调会】 4月7日、10日，昌平区政府召开专题工作协调会，协调沙河油库7号油罐迁移工作。会议由副区长周金星、刘长永主持，区安全监管局、发展改革委、住房城乡建设委、城市管理委、规划分局、环保局、公安消防支队和沙河油库等部门和单位参加会议。会上征求各部门关于沙河油库7号罐迁移工作的意见，要求各部门按照副市长王宁指示精神，依据各自职责加强7号油罐迁移过程中的安全监管和业务指导，加快迁移工作进度，尽快消除隐患。

（张晶昱）

【区长带队安全检查】 6月14日，昌平区区长张燕友、副区长刘长永带领区安全监管局、公安消防支队、城市管理委等相关职能部门负责人，对集美家居水屯市场、北京安泰钢研超硬材料制品有限责任公司、北京燃气昌平有限公司和北京航科发动机控制系统科技有限公司4家生产经营单位进行安全检查。检查组实地查看企业消防中控室、消防通道、生产车间、高压调压站及控制中心等重点部位，了解燃气公司各调压站及燃气管线远程检测、应急处置、安全管理等情况。张燕友在检查中指出：各单位要认清安全生产形势，落实安全生产主体责任，加大隐患排查力度，消除各类安全隐患，及时组织开展应急演练，提高企业员工安全生产意识和自救能力，确保安全稳定。

（张晶昱）

【区委书记、区长带队安全检查】 7月24日，昌平区区委书记侯君舒、区长张燕友带领区有关部门负责人，对昌平区城乡结合部重点地区进行安全检查。检查组实地检查3家生产经营单位安全生产工作情况，听取相关单位安全生产情况汇报。针对回龙观地区城乡结合部安全生产现状，张燕友要求各相关单位加大隐患排查治理力度，强化对防火、用电和违法违规经营的检查，做好安全宣传，提高从业人员安全意识。侯君舒在检查中强调指出，各单位要以城乡结合部重点地区专项整治为抓手，以属地政府为基础，密切配合，督促企业落实安全生产主体责任，切实消除安全隐患，为迎接党的十九大胜利召开保驾护航。

（张晶昱）

【安委会调度会】 8月8日，昌平区安委会召开安全生产调度会，通报生产安全事故情况和区安委会对各镇街安全生产大检查情况。针对全区安全生产大检查、安全生产标准化创建、“安责险”推广和专职安全员队伍建设等内容，区住房城乡建设委、城市管理委和北七家镇、小汤山镇、南口镇等单位进行专题发言。会议要求各单位认真学习习近平总书记等中央领导同志关于安全生产的一系列重要指示批示精神，落实市委、市政府做好首都安全生产工作的部署要求，推进安全生产大检查工作，8月底前完成全覆盖检查的工作目标。落实企业安全生产主体责任，做好企业隐患自查自改和安全管理工作。落实“党政同责、一岗双责”制度的各项要求，在事故调查和重大隐患整治工作中，倒查责任，严肃追责。

（张晶昱）

【安委会约谈有关镇街】 8月11日，昌平区副区长刘长永主持召开安委会会议，对全区发生生产安全事故的北七家镇、小汤山镇等8个镇街主管领导进行集体约谈。会上，相关镇街主管领导汇报本地区安全生产事故情况和下一步安全生产大检查具体安排。会议要求与会单位深刻汲取事故教训，举一反三，有效防范安全事故。一是检查镇街自身存在的薄弱环节和漏洞，通过反思事故教训排查各项事故防范措施是否到位。二是通过开展标准化创建、“一企一标准、一岗一清单”编制和投保“安责险”等工作，落实企业安全生产主体责任，提升企业安全管理水平。三是落实市、区关于安全生产工作的部署要求，保质保量完成各项工作。四是将严格执法作为推动各项工作开展的重要手段，全面开展安全生产大检查，并做好典型案例的宣传曝光。

（张晶昱）

【安全生产工作推进会】 8月16日，昌平区政府组织召开安全生产工作推进会，通报8月15日、16日发生的3起事故情况，并由相关属地政府主管领导通报分析事故情况。副区长刘长永要求区安全监管、公安部门和各镇街全力配合，严肃处理涉事企业和责任人的违法行为。要进一步落实企业安全生产主体责任，加快推进中小企业安全生产标准化建设工作。要将事故调查报告通报至各企业，提升企业对安全生产工作的重视程度，杜绝此类事故重复发生。

（张晶昱）

【市委、市政府安全生产督察】 9月4日，市委、市政府安全生产第四督察组在昌平区召开安全生产督察工作进驻动员会和昌平区安全生产工作汇报会。督察组组长王苏维指出，开展安全生产督察是推进党中央、国务院和市委、市政府关于安全生产各项决策部署，落实“党政同责、一岗双责”和“三个必须”安全生产责任制度落地见效的制度性创新。对督察中移交的各类安全生产问题，要立行立改、严肃处理；对督察后反馈的问题，要真改快改、举一反三，并按照督察制度要求公开整改情况，主动接受社会监督。区委书记侯君舒指出，要真心诚意接受督察，要自觉把接受安全生产督察作为发现问题、消除隐患、促进工作、推动发展的重要契机，不断推动昌平区安全生产工作水平整体提升。在随后召开的昌平区安全生产工作汇报会上，昌平区区委书记侯君舒就昌平区安全生产工作进行专题汇报，3名副区长分别就分管行业安全生产工作情况进行汇报。

（张晶昱）

【区委常委会第33次会议】 9月6日，区委常委会第33次会议，专题研究安全生产等重点工作。会议听取全区安全生产形势分析情况汇报，并围绕加强安全生产教育培训、落实安全生产责任、安全隐患源头管控、司法保障等安全生产工作重点环节，提出具体意见和建议。会议强调指出，要增强安全生产“红线”意识，加强安全生产宣传教育，加强对生产一线人员的安全教育培训，将安全生产观念贯穿到各个环节；要落实安全生产责任，对安全生产监督管理中不作为、不履职的行为，坚决从严处理；要抓好检查和整改工作，开展安全隐患“地毯式”排查，确保不留死角、不留盲区，结合“疏解整治促提升”专项行动，突出抓好安全隐患源头治理，要从区级层面加强统筹调度，形成工作合力，抓好督查发现问题的整改落实；要建立健全安全生产监督管理长效机制，完善安全生产制度体系，推进安全生产诚信体系建设，推动全区安全生产形势稳步好转。

（张晶昱）

【城市安全风险评估工作会】 9月22日，昌平区安委会召开城市安全风险评估工作动员部署会。会议就昌平区城市安全风险评估工作的总体目标、职责分工、重点任务、实施步骤、相关要求5个方面进行部署。区长张燕友在讲话中指出，安全生产风险管控是有效遏制事故的重要手段，安全风险评估是安全生产风险管控的基础性工作。一是深化认识，贯彻落实习近平总书记关于安全生产工作的指示精神，围绕党的十九大维稳安保工作，做好城市安全风险评估各项工作。二是打牢工作基础、注重业务培训、摸清风险底数，严格落实标准、注重专业支撑，坚持统筹兼顾，以风险监管为导向，做到“两手抓、两不误、两促进”。三是强化担当，凝聚合力，强化协调配合，注重宣传引导，全力以赴落实各项任务，做好城市安全风险评估工作。会上，区领导与相关行业部门以及各属地政府主要负责人签订风险评估工作责任书。

（张晶昱）

【区委书记带队安全督查】 11月19日，昌平区区委书记侯君舒带领区有关部门负责人，采取“四不两直”方式，赴北七家镇督查安全生产工作。在北京天马河废旧物资回收有限责任公司和北京广利福源再生资源回收市场有限公司，督查组深入生产、加工、储存等区域，了解厂区安全用电、消防设施使用等情况。针对检查中发现的隐患问题，侯君舒要求企业负责人配合相关部门对厂区采取“两断三清”措施，以最快速度、最大力度做好安全消防工作。在位于歇甲庄村的林士东出租大院，督查组查看消防设施设置及断电情况。侯君舒要求属地政府及相关部门要持续加大清查整治力度，对存在消防安全隐患的场所保持火灾隐患排查整治“零容忍”高压态势，严查严治火灾隐患，严管严控火灾风险。

（张晶昱）

【安全隐患大排查大清理大整治】 11月至12月，昌平区安委会在全区范围内开展安全隐患大排查大清理大整治专项行动。全市安全隐患排查治理工作部署会电视电话会议召开后，区领导立即分头深入到所联系镇街，以消防安全为重点，督促各镇街开展公共安全和生产安全隐患大排查大清理大整治专项行动。全区出动检查人员31112人次，检查企业32740家次，排查整改安全隐患19365项，依法下达执法文书17544份，责令停产、停业、停止建设80家，查封444家，罚款473.125万元。

（张晶昱）

【安全生产信息化建设】 本年，昌平区安全监管局完成安全生产监管信息平台开发建设，固化以绩效考核为核心的行业、属地考核机制，实现各镇街、各行业管理部门安全生产监管责任落实痕迹化管理。通过该平台完善安全生产工作的会议纪要、检查信息、有关制度和下发的通知文件等资料内容，实现对各镇街、重点行业管理部门履职情况的实时监管。

（张晶昱）

危险化学品安全监管

【危险化学品专项执法检查】 2月28日，昌平区安全监管局对全区危险化学品经营、存储单位开展专项执法检查。执法人员抽查北京鑫方盛环球贸易有限公司、年福加油站两家单位，重点检查企业安全生产责任制落实、用电安全管理、危险化学品经营许可证和资格证书、特种作业人员持证上岗和应急值守等情况，实地检查提货库是否存在燃易爆物品的违规存放、应急物资和安全人员配备情况。针对检查中发现的问题，执法人员责令责任单位整改，确保安全生产。

（张晶昱）

【加油站贯标改造检查】 5月15日，昌平区安全监管局对京藏高速沿线的西关加油站进行检查，重点检查加油站贯标改造设计方案落实情况，施工人员是否具备相关资质，改造施工期间是否落实动火等特殊作业管理制度等。并对施工现场领导带班和应急值守情况，现场人员教育培训情况进行检查，督促企业加强施工期间安全管理和现场巡查力度，严把施工人员资质关，确保贯标改造工作顺利完成。

（张晶昱）

【液氨使用专项治理验收检查】 6月5日至7日，昌平区安全监管局对昌平区6家涉氨制冷企业进行液氨使用专项治理验收检查。检查邀请安全生产专家，针对液氨使用情况，深入各企业生产一线，了解企业内部基础信息，按照涉氨制冷企业液氨使用专项治理验收表中验收项目逐项检查。检查发现企业安全生产制度和操作规程未及时修订、应急救援设备器材操作不熟练、防爆车间内监控设备不防爆、安全警示标识缺失。检查组执法人员针对发现的隐患问题向企业下达执法文书，责令整改。检查组要求各企业加强液氨应急专项预案演练，加大安全生产投入，强化液氨使用管理，提高液氨使用安全管理水平。

（张晶昱）

【夏季安全部署】 6月20日，昌平区安全监管局联合公安消防支队召开会议，专题部署危险化学品夏季生产安全暨消防安全工作。一是落实企业主体责任，完善各项规章制度，加大员工教育培训力度，做到任务明确、责任到人。二是针对季节特点，开展防雷、防静电、防雨安全检查和排水、通风降温等设备设施隐患排查，加强用电安全管理。三是加强人员安全防护，合理安排作业时间，做好夏季防暑降温工作。四是增强全员安全防范意识，完善应急防范准备，及时上报突发情况，并结合安全生产月整体部署开展有针对性的应急演练。

（张晶昱）

烟花爆竹安全监管

【烟花爆竹安全部署】 1月5日，昌平区安全监管局组织50个烟花爆竹零售网点主要负责人召开2017年烟花爆竹安全生产工作部署会。会议要求烟花爆竹网点加强值守，做好巡查记录，并且要保持联络通畅，确保春节期间烟花爆竹销售安全。

（张晶昱）

【从业人员安全培训】 1月7日，昌平区安全监管局、工商分局、公安分局、公安消防支队等部门对全区49个网点的212名烟花爆竹从业人员进行岗前安全培训。一是通报山东、河北省发生的几起烟花爆竹事故，结合《北京市烟花爆竹零售网点设置安全规范》等相关标准从资质管理、制度管理、设备设施管理、操作规程、应急值守等方面对从业人员进行培训。二是要求各烟花爆竹零售网点落实“三禁止、三报告、一登记”制度、空气重污染预警管控措施以及烟花爆竹反恐和打非治违相关工作要求。三是制作《昌平区烟花爆竹安全管理知识手册》，发放至每名从业人员手中。

（张晶昱）

【烟花爆竹禁放点管理】 本年，昌平区安全监管局加强烟花爆竹禁放点企业安全监管工作。一是实施禁放点登记，将全区89家危险化学品企业纳入烟花爆竹禁放点管理。二是与危险化学品禁放点企业签订安全责任书，明确企业责任领导、责任部门、责任岗位、责任措施等内容，建立企业内部禁放管理责任体系。三是开展安全宣传，向危险化学品禁放点企业下发禁放点标识、禁放宣传海报。四是组织执法力量加强禁放点安全检查，加强禁放看护，确保安全无事故。

（张晶昱）

【烟花爆竹许可及执法检查】 本年，昌平区安全监管局许可烟花爆竹经营网点49家，同比减少1家。对所有网点实现视（音）频系统高清版全覆盖，排查整改安全隐患57项。签订《烟花爆竹安全管理承诺书》，落实企业主体责任。春节期间，出动执法人员189人次、车辆86台次，检查烟花爆竹网点486家次，依法下达执法文书189份，整改各类安全隐患193项。

（张晶昱）

矿山安全监管监察

【“两会”前期非煤矿山安全检查】 3月1日，昌平区安全监管局对北京水泥厂有限公司凤山矿下庄段进行“两会”前期安全生产检查。检查组深入矿山开采作业面实地检查，发现边坡坡度过大、碎石过多，存在滑坡隐患。检查组要求企业立即整改，消除安全隐患。要求企业落实主体责任，抓好规范化开采，完善安全条件，加强教育培训，增强全员安全意识，提高安全能力，杜绝违规违章行为，有效防控各类生产安全事故。

（张晶昱）

【总局非煤矿山安全检查】 7月26日，国家安全监管总局监管一司司长裴文田带领检查组对北京金隅北水环保科技有限公司凤山矿进行安全检查。检查组听取凤山矿开展安全生产大检查和排土场专项治理工作汇报，实地检查凤山矿边坡监测系统、矿山开采现场和排土场治理现场。裴文田肯定昌平区非煤矿山安全专项整治工作取得的成效，要求凤山矿针对矿山企业转型过程中出现的问题，采取措施，加强安全教育培训和日常安全巡查检查，深化安全风险评估和隐患排查治理试点工作，做好矿山汛期安全工作，加强应急值守、落实各项安全防范措施。市安全监管局副局长卞杰成、昌平区副区长刘长永参加检查。

（张晶昱）

隐患排查治理

【企业隐患整治部署会】 11月27日，昌平区安全监管局召开安全隐患大排查大清理大整治工作部署会，重点对危险化学品企业、工业企业及涉爆粉尘企业、地下有限空间施工单位及工贸企业有限空间单位安全隐患大排查大清理大整治工作进行部署，400余名企业代表参加会议。会议对企业安全生产工作提出明确要求：一是各企业要做到“三高三低”，即企业领导重视程度要高，工作姿态要低，踏踏实实组织本单位开展安全隐患以及消防隐患排查整改工作；隐患排查整治标准要高，风险程度要控制到最低，防范各类事故的发生；隐患排查频次要高，隐患复发率要低，更要防止隐患反复出现。二是按照统一部署，扎实开展本单位的隐患自查整改工作，突出重点工艺流程、重点设备设施、重点管控物品、重点操作人员，从主体责任落实、用电设备安全用电等方面开展隐患自查自纠工作。三是各企业要结合气候特点，结合安全生产工作实际，制定隐患排查治理工作方案；各级领导要加大安全生产带队检查工作的频次和力度，组织开展针对性强、实操性强的安全生产教育培训，发动全员对本单位安全生产工作进行监督，主动配合各部门、各镇街安全生产检查工作，按照要求进行整改。

（张晶昱）

【推进隐患排查治理】 本年，昌平区安全监管局推进隐患排查治理工作。一是组织11次《北京市生产安全事故隐患排查治理办法》送法进基层宣讲活动，培训干部职工1700余人次。通过“昌平安监”微信公众号等媒体开展宣贯工作，营造良好社会氛围。二是加强企业安全生产诚信制度建设，完善安全生产信用体系建设信用信息归集办法，制定实施安全生产承诺制度、安全生产“黑名单”制度、安全生产诚信评价制度。三是开展隐患排查专项执法行动，推进企业标准化达标创建和“一企一标准、一岗一清单”编制工作，强化企业主体责任落实。

（张晶昱）

【危险化学品企业隐患治理】 本年，昌平区安全监管局完成20座加油站贯标改造验收，以及17座加油站奖励资金初审和上报工作。推进2家高风险企业调整退出经营，完成6家涉氨制冷企业液氨专项验收，整改治理两项重大隐患。部署全区危险化学品安全综合治理三年行动，开展全区涉及危险化学品行业安全风险排查，排查涉危单位3356家，建立工作台账并制定风险防控措施。开展危险化学品企业专项整治，排查整改安全隐患122项。

（张晶昱）

应急救援

【生产安全事故应急演练】 6月29日，昌平区安委会举办2017年人员密集场所生产安全事故应急演练，区应急办、安全监管局、公安分局、公安消防支队、小汤山镇政府等12个部门和单位291人参加演练，区安委会成员单位、各属地镇街主管领导和相关科室负责人以及相关企业主要负责人200余人观摩演练。演练模拟北京龙脉温泉大酒店天府之国餐厅50千克液化石油气储罐爆炸起火，单位主要负责人确认事故信息后，立即启动本单位生产安全事故应急预案并展开先期应急处置，随着现场火势蔓延及事故升级，单位立即向有关部门和属地政府上报事故信息，并请求支援。区安全生产事故应急指挥部办公室得到事故信息后，立即启动《昌平区生产安全事故综合应急预案》四级响应，各应急救援队伍通力合作，协同作战，疏散人员，划定警戒区域。交管部门对相关道路采取交通管制，并引导救援人员通过绿色通道对伤员展开救治；消防部门设立现场指挥部，开展现场侦查、火势控制和被困人员解救等工作；卫生部门对受伤人员进行医疗救治和送院治疗。演练进行1小时，扑灭火情，解救人员，获得成功。

（张晶昱）

【应急管理】 本年，昌平区安全监管局编制《北京市昌平区职业卫生事故应急救援预案》，修订4部《昌平区人民政府与重大危险源企业生产安全事故“一对一”应急预案》，完成38家危险化学品和规模以上工业企业生产安全事故应急预案备案工作，各镇街和行业部门完成4968家企业生产安全事故应急预案备案工作。指导、督促各部门和属地政府组织实施涉及交通、火灾、建筑、电力、有限空间等不同行业类型演练活动共5251场次。对4个应急物资储备库灭火器等应急物质、装备进行更新及检修保养。组织、指导12家工业企业开展有限空间应急管理示范工作。启动《城市安全风险评估工作方案》，完成安全风险源清单、应急资源调查清单、安全风险评估报告及应急能力评估报告的上报工作。普及应急管理知识，发放家庭安全知识手册等应急宣传材料3200余份。

（张晶昱）

执法监察

【滑雪场联合检查】 2月，昌平区安全监管局联合区体育局、旅游委、质监局、卫生计生委等部门对4家滑雪场进行安全检查。出动执法人员36人次、车辆15台次，发现各类隐患问题16项，依法下达行政执法文书2份。针对检查中发现的隐患问题，责令相关单位整改，并要求生产经营单位落实安全生产主体责任，加强现场安全管理，提高从业人员安全意识、安全操作技能和应急救援能力。

（张晶昱）

【农业嘉年华专项检查】 3月1日，昌平区安全监管局对“第五届北京农业嘉年华”活动的各个场馆进行安全检查。执法人员分两组按东西分片方式对各场馆安全警示标识设置、重点部位安全防护措施、特种作业人员持证上岗、应急救援设备设施、临建设施安全稳固情况进行全面检查。针对检查中发现隐患问题，执法人员责令相关责任单位立即整改，确保安全。

（张晶昱）

【全国“两会”期间执法夜查行动】 3月7日，昌平区安全监管局分6组对全区重点地区危险化学品、重大危险源单位开展安全生产执法夜查行动，重点检查全国“两会”期间企业安全生产应急值守、重点部位安全管理及隐患排查治理情况。出动执法人员24人次、车辆6台次，检查危险化学品企业20家，依法下达执法文书21份。针对检查发现的隐患问题，执法人员责令责任单位立即整改，强化重点时期应急值守工作。

（张晶昱）

【在建工程联合检查】 3月3日至16日，昌平区安全监管局联合区住房城乡建设委对昌平区在建工地安全生产工作落实情况进行检查，检查在建工地17家，下达现场检查记录17份、责令整改指令书3份。针对在建工地存在的总包主体责任落实不明显、总包与分包之间安全协议流于形式、重点安全责任分工不明确、施工现场物料堆放混乱、人员进出场地管理不严格，特别作业人员未按要求配戴劳动防护用品、安全警示标识缺少、有限空间施工排风不畅等隐患问题，执法人员责令相关单位限期整改，并监督其整改完毕。

（张晶昱）

【“五一”节期间安全检查】 4月29日至5月1日，昌平区安全监管局加强“五一”节期间安全生产保障工作。一是加强应急值守，每天安排1名领导带班，要求值班人员24小时在岗在位，手机24小时畅通，提前做好800兆电话及IP视频系统的调试，确保应急系统运行正常。二是严格信息报送，按照信息报送要求，及时向相关部门报送安全生产信息。三是加大执法检查力度，重点检查第五届北京农业嘉年华活动现场各场馆内外及周边生产经营单位和危险化学品、非煤矿山、有限空间作业单位。检查生产经营单位118家，下达责令限期整改指令书13份，现场检查记录87份，排查整改隐患问题200项。

（张晶昱）

【高温天气专项检查】 7月18日，昌平区安全监管局会同属地政府对北七家镇工业企业和建设施工项目进行抽查。重点检查生产经营单位的电线敷设等用电安全、劳动防护用品配备和个体防护，以及从业人员安全生产教育培训等情况。检查生产经营单位6家，针对企业配电室堆放杂物未及时清理、绝缘靴和绝缘手套未及时检测、电气线路未按规定敷设等隐患，执法人员责令相关单位限期整改，并督促整改完毕。

（张晶昱）

【燃气安全专项检查】 9月6日，昌平区城市管理委、安全监管局、质监局等相关部门，对位于小汤山镇、北七家镇的两家燃气供应单位进行安全检查。重点检查安全生产制度是否落实、应急预案演练是否完善等情况。通过检查，规范昌平区液化石油气销售单位安全管理措施，提高管理人员安全意识，及时发现整改隐患问题，保障党的十九大胜利召开。

（张晶昱）

【道路隧道施工专项检查】 11月21日至30日，昌平区安全监管局对北京兴延高速公路昌平段、京张城际铁路JZSG-2标段62个劳务队施工标段开展专项检查。通过编制现场执法检查模板，采取查阅资料、听取汇报、调查询问、实地检查相结合方式，推动企业落实安全生产主体责任。对检查中发现的安全隐患依法下达行政执法文书，对存在安全生产违法行为的单位依法给予行政处罚。并对隐患整改实施跟踪督导，消除各类安全隐患。

（张晶昱）

【消防安全联合检查】 12月5日，昌平区回龙观镇政府、安全监管局、工商局组成联合检查组，对回龙观镇存在安全隐患的单位开展联合检查。检查北京矩阵文华商务酒店有限公司、北京瑶林池洗浴中心、北京流星园居餐厅3家生产经营单位，对检查发现的配电箱上有杂物、用电线路混乱等隐患问题，执法人员责令责任单位立即整改，并要求各单位做好日常巡检工作，及时发现、整改安全隐患，确保安全。

（张晶昱）

【物流快递企业安全检查】 12月10日至20日，昌平区安全监管局对全区物流快递企业开展安全检查，检查物流快递企业14家，依法下达执法文书22份，排查整改配电箱未设置安全警示标志、线路拉接混乱、未对从业人员进行安全生产教育培训、配电室堆放杂物等安全隐患26项。检查组要求企业落实安全生产主体责任，加强安全管理，对发现的隐患及时整改。

（张晶昱）

【专职安全员队伍建设】 本年，昌平区24个镇街（园区）安全生产检查队实现100%规范化建设达标，实现对全区生产经营单位全覆盖安全监管。专职安全员队伍383人（镇街301人，职能部门82人），检查生产经营单位74967家次，排查安全隐患71892项，督促整改隐患68695项。在“一带一路”国际合作高峰论坛、“第五届农业嘉年华”、党的十九大等重点时期安全生产保障、“安责险”推广、安全生产标准化创建、安全隐患大排查大清理大整治过程中发挥重要作用。

（张晶昱）

职业卫生监督检查

【“两会”期间有限空间执法检查】 3月3日至15日，昌平区安全监管局对全区存在职业危害企业进行执法检查，重点检查木家具加工、水泥制品等单位职业卫生管理制度、员工职业健康培训和体检、作业场所职业危害检测等情况。检查企业12家，发现未对新上岗人员进行职业卫生岗前培训、工作人员佩戴个体防护用品不规范等隐患问题26项。针对检查发现的隐患问题，执法人员责令责任单位限期整改并监督其整改完毕。

（张晶昱）

【金属制品业职业卫生技术规范】 3月至10月，昌平区安全监管局通过动员部署、调查摸底和检查复查工作，贯彻实施《金属制品业职业卫生技术规范》。经调查，昌平区金属制品业生产经营单位20家，一线劳动者2053人，涉及工艺主要有喷丸、焊接、热处理等。在贯彻实施《金属制品业职业卫生技术规范》行动中，印制并发放《金属制品业职业卫生技术规范》2400份，组织对全区金属制品业生产经营单位进行全覆盖检查，依法下达执法文书31份，排查整改隐患48项。

（张晶昱）

【职业病防治法宣传周咨询日】 4月28日，昌平区安全监管局联合区总工会、卫生计生委、人力社保局开展职业病防治法宣传周咨询日活动。此次宣传活动围绕第15个职业病防治法宣传周“健康中国，职业健康先行”的主题，向职工群众宣传《中华人民共和国职业病防治法》等法律法规和相关规章标准，以及用人单位职业病防治法定责任和工作场所职业卫生监管、劳动者依法享有职业健康权利、职业病防治科普知识等重点内容，解答群众提出的相关问题，发放《中华人民共和国职业病防治法》《职业病防治法100问》等宣传品1500余份。

（张晶昱）

【有限空间安全培训】 9月25日，昌平区安全监管局召开全区地下有限空间、工贸企业有限空间安全知识培训会，全区有关部门、各镇街道组织480人参加培训会。培训会上，有关专家讲解地下有限空间、工贸企业有限空间安全基础知识，并由具备资质的有限空间施工队伍进行现场规范作业演示。培训取得良好效果。

（张晶昱）

【职业健康宣讲员巡回宣讲】 10月至11月，昌平区安全监管局在全区范围内组织4场职业健康巡回宣讲会并取得成效。此次巡回宣讲员由区安全监管局从一线专职安全员队伍中精挑细选，择优评选组合而成。宣讲会场选取企业集中的兴寿镇和南口镇及大型生产制造企业（福田欧辉客车分公司、金隅北水环保科技有限公司），企业一线职工1000余人参加会议。

（张晶昱）

【机动车维修企业专项整治】 本年，昌平区安全监管局开展全区机动车维修企业调漆室和清洗喷枪工作场所职业危害专项治理行动。专项行动分为部署培训、自查整改、检查复查3个阶段组织实施。区安全监管局会同区交通局对机动车维修企业进行联合检查、复查，对问题突出、整改不合格的企业依法实施行政处罚，推动昌平区155家机动车维修企业工作场所安全生产条件符合规定标准。

（张晶昱）

【职业卫生监管与基础管理】 本年，昌平区安全监管局推进职业卫生基础建设，开展机动车维修企业调漆室和清洗喷枪工作场所专项整治、涉氨制冷企业职业危害专项治理、陶瓷生产和耐火材料制造企业粉尘危害等5大职业危害治理专项行动。全区申报职业危害企业415家，职业病危害申报率、职业病危害因素定期检测率、劳动者职业健康检查率、劳动者个人防护用品配备率、职业病危害因素告知率、职业卫生管理制度建立率均100%。备案地下有限空间施工队伍60支，登记工程104项。

（张晶昱）

宣传培训

【微信公众号创建培训】 2月28日，昌平区安全监管局组织安全生产检查队微信公众号创建培训工作会，全区47个安全生产检查（督查检查）队队长和信息员参加培训。会上，昌平区安全监管局对安全生产检查队微信公众号创建工作进行安排部署。由率先完成创建安全生产微信公众号的区文化委安全生产督查检查队队长对创建方法、平台功能、编辑技巧、信息推广等内容进行演示讲解。城北街道检查队副队长对微信公众号的功能使用、图文编辑推送等方面进行经验介绍，并向参会人员推荐运作成熟的微信公众号。

（张晶昱）

【执法人员依法行政培训】 3月10日，昌平区安全监管局举办全体执法人员依法行政培训班。此次培训依据《中华人民共和国行政处罚法》《北京市行政处罚案卷标准和评查评分细则》，结合执法案件办理面临的新形势和新要求，针对案卷制作基本标准及一般标准，讲解安全生产行政执法基本流程、文书填写规范及执法程序要求。培训结束后，执法人员就执法程序、案卷制作问题和经验进行交流。通过培训，使执法人员掌握案卷制作流程和规范，提高依法行政工作水平。

（张晶昱）

【“一企一标准、一岗一清单”系统培训】 3月23日，昌平区安全监管局组织“一企一标准、一岗一清单”编制试点企业系统培训会，对“一企一标准、一岗一清单”编制工作进行再部署、再培训，全区100家试点企业负责人、安全生产管理人员近200人参加会议。安全生产专家详细讲解《北京市生产安全事故隐患排查治理办法》、“一企一标准、一岗一清单”编制工作具体内容及系统使用方法。区安全监管局要求各参会单位要将清单编制作为落实企业安全生产主体责任有效措施，安排至少两名工作人员专职负责此项工作，确保工作的统一性和持续性，全面提升企业管理水平，形成隐患闭环管理。

（张晶昱）

【安全生产对话谈心活动】 4月至8月，昌平区安全监管局召开会议，分别与小汤山镇、马池口镇、百善镇、城北街道和天南街道5个镇街的75家企业主要负责人开展安全生产对话谈心活动。宣讲《中共中央 国务院关于推进安全生产领域改革发展的意见》，讲解《北京市生产经营单位安全生产主体责任规范》及全区安全生产重点工作任务，观看《安全生产事故典型案例》警示片，并深入企业现场查找隐患问题，向企业赠送安全生产宣传资料。组织11个行业部门行政领导与379家企业负责人开展安全生产对话谈心活动；5名专家对10个镇街的201家企业、3个社区开展安全生产咨询服务活动。

（张晶昱）

【安全生产宣传咨询日】 6月16日，昌平区政府举办安全生产月宣传咨询日活动，昌平区副区长刘长永和相关部门领导参加昌平区安全生产月宣传咨询日主会场活动。活动现场设立用电、建筑、“安责险”、燃气、交通、消防等安全生产知识咨询台18个、宣传展板100余块，悬挂宣传条幅25条，向职工群众发放用电安全知识手册、家庭安全知识手册、燃气安全使用知识等宣传品2万余份。昌平区各行业部门和各镇街在重点企业、重点区域设40个分会场，同时开展安全生产宣传咨询日活动。

（张晶昱）

【领导干部专题培训】 6月27日，昌平区区委组织部、昌平区安全监管局联合举办的2017年昌平区领导干部安全生产专题培训班在区委党校正式开班，常务副区长孙卫出席开班仪式并做动员讲话，区安委会成员单位负责人以及相关科室负责人150余人参加培训。培训为期两天，邀请国家安全监管总局、中国安科院、市安全监管局和市安科院领导和专家，分别就《关于做好首都安全生产综合监管工作的几点思考》《中华人民共和国安全生产法》及《安全生产应急管理》《典型事故原因及责任分析》等课题进行专题讲解。

（张晶昱）

【城市安全风险评估培训】 9月22日，昌平区安委会办公室邀请市劳保所专家，对昌平区涉及城市安全风险评估的区10个行业部门和24个属地镇街及有关单位主管领导、相关科室负责人120余人进行第一次业务培训。指导行业部门和属地政府确定实施风险评估的企业、组织风险评估及安全管控相关工作、开展风险再评估工作，以及信息管理系统（政府端）的使用。

（张晶昱）

【安全生产培训考核】 本年，昌平区安全监管局制定年度安全生产培训计划，对重点行业、各属地镇街培训任务进行分解，加大对生产经营单位主要负责人和安全生产管理人员安全生产培训力度。举办全区领导干部安全生产专题培训班2期、执法专题培训9期、网络培训学习4期。组织全区专职安全员开展为期2天的业务培训，参加市安全监管局组织的职业能力考试等活动。严格资质考核管理，全年考核各类特种作业人员3920人次、高危行业359人、烟花爆竹经营单位主要负责人和安全生产管理人员34人，协助安全生产协会培训并发放安全生产培训合格证607个，提高安全生产管理能力和事故防范能力。

（张晶昱）

【安全文化和安全社区建设】 本年，昌平区安全监管局开展企业安全文化建设，指导北京黑六牧业科技有限公司、龙脉温泉疗养院、北京永正制药有限公司等6家企业开展安全文化创建，龙脉温泉疗养院获得市级安全文化示范企业称号。指导南邵镇等9个镇街推进安全社区建设，启动安全社区创建，其中延寿镇、城南街道被命名为“2017年北京市安全社区”。

（张晶昱）

标准化建设

【安全生产标准化培训会】 3月31日，昌平区安全监管局召开2017年工业企业安全生产标准化达标创建培训会，全区110余家工业企业安全生产管理人员参加培训。会上，重点讲解安全生产标准化创建工作流程和评审工作实施细则以及工贸行业企业安全生产标准化达标具体内容和评审要求、评审工作要点，指导企业将标准化作为推动企业自我完善、持续改进安全生产工作的重要抓手，督促各企业对照标准进行自查，梳理问题，整改隐患。

（张晶昱）

【检查队规范化建设现场验收】 12月13日至14日，市安委会办公室组织评审小组，对昌平区镇街（园区）安全生产检查队规范化建设工作进行现场评审验收。区安全监管局主管领导及工作人员参加评审验收。评审小组通过听取汇报、现场查看、查阅资料等方式，对随机抽取的延寿镇、北七家镇、沙河镇和崔村镇4家单位的安全生产检查队规范化建设工作进行系统全面的检查验收。经现场评审，各镇街（园区）安全生产检查队规范化建设全部达标。

（张晶昱）

【标准化安全现状评估】 本年，昌平区安全监管局依托中介机构力量，重点对企业安全生产标准化达标后保持、制度落实及持续改进情况进行评估。根据评估结果，采取督促企业完善管理制度、强化隐患排查治理闭环管理等措施，督促企业落实安全生产主体责任，巩固安全生产标准化创建成果，夯实安全生产基础工作。

（张晶昱）

平 谷 区

概 述

2017年，平谷区安全生产工作在区委、区政府领导下，严格责任落实，坚持依法治理，深化安全预防控制体系建设，夯实安全生产基层基础工作，全区安全生产形势平稳。

严格责任落实，构筑安全生产责任网。制定安全生产《专责专章》，明确安全生产监督管理责任、各级各部门安全生产工作任务和所应承担的职责。区政府与全区18个街乡、4个管委会和47个安委会成员单位签订安全生产目标责任书，量化年度目标，强化督查考核。在区安委会框架内设立建筑、工业、运输等13个行业安委会，将行业安全管理与属地政府归口安全管理有机链接，使安全生产“一岗双责”的脉络更加清晰，“条块”结合更加紧密。

注重安全预防，压减安全生产事故。开展安全生产专项治理，推进区级挂账隐患整改和道路交通、建筑施工、农村煤改气等重点行业领域20项安全生产专项整治工作。开展安全生产大检查和安全隐患大排查大清理大整治专项行动，组织督查组1147个次，出动执法检查人员6609人次，检查企业3634个，排查隐患10492项（整改率98%），关闭取缔20家，停产整顿93家，行政拘留6人，罚款79.74万元。

夯实基层基础，强化安全生产工作支撑。推进安全生产标准化建设工作，企业标准化创建稳步提升。全区70余名处级干部与800余家企业主要负责人开展对话谈心活动，走进企业查找问题和征求建议，安全专家对200家小微企业进行指导，排查隐患，提出建议，培训安全员，“双百工程”成效显著。开展11个社区适老化改造工作，运行7个微型消防站，修缮破损道路，集中消除“三合一”场所等安全隐患，保障辖区居民安全生活环境。

营造安全文化氛围，推进宣传教育工作。在平谷镇、马坊镇、兴谷街道开展安全社区创建工作。采取“比、学、赶、帮、超”的方式，开展安全文化示范企业创建工作，促进企业职工由“要我安全”向“我要安全”转型。通过电视台、报刊专刊、政务网站、微信微博、新闻客户端等媒体宣传安全生产工作，全区50余个科普视窗在人员密集场所主要路口定期循环播放安全生产警示教育宣传片。组织开展安全生产月、青年示范岗位创建、“安康杯”竞赛、职工安全普法大讲堂、微电影竞赛等活动，增强企业职工安全意识，提升全民安全素质。

综合监管

【区领导春节前带队安全检查】 1月23日、25日，平谷区区委书记王成国、区委副书记李宝峰、区长汪明浩和常务副区长姚忠阳、副区长吴小杰、区委常委底志欣等领导带队，对区妇幼保健院、农达丰烟花爆竹销售公司、滨河森林公园春节庙会活动现场、大旺务公安检查站、金海湖管委、852公交客运总站和千龙网都豆豆龙网吧、鑫海韵通大卖场、陆峰达客运公司、江上宴饭店、世纪金庭宾馆等重点单位进行安全检查，重点检查人员密集场所消防安全、大型活动安全保障、烟花爆竹安全管理、公安检查站防恐防暴、公交客运运行保障以及节日期间领导带班值守等情况。要求各部门履行安全生产监管职责，加大安全监管力度，认真做好春节期间人员密集场所及烟花爆竹燃放安全管理工作，有效排查并消除各类安全隐患。各企业要落实安全生产主体责任，强化本单位安全隐患排查治理，加强应急救援预案演练，增强从业人员安全防范意识。各单位要加强应急值守工作，强化节假日领导带班制度，提高应急处置能力，全力做好春节期间的安全生产保障工作，确保全区人民群众度过一个欢乐祥和的节日。

（马鹏程）

【第一次安全生产工作会】 2月24日，平谷区安委会召开2017年第一次安全生产工作会议，区长汪明浩、副区长吴小杰，以及区安委会成员单位和乡镇街道、管委会负责人参加会议。会上，区水务局、金海湖镇分别汇报2016年生产安全事故处理情况；区旅游委汇报行业安委会筹建工作情况；区安全监管局、公安交通支队分别部署2017年安全生产、消防安全重点工作。会议要求各单位牢记事故教训，坚持问题导向，落实目标管理，夯实基层基础，推进本质安全。

（杜春光）

【国务院安委会专项巡查座谈会】 4月20日，国务院安委会安全生产第一巡查组到平谷区督查安全生产工作，召开安全生产专项巡查座谈会。国务院安委会巡查组听取平谷区政府关于安全生产工作情况、加强旅游安全以及加强玻璃栈道安全监管情况的汇报，对平谷区安全生产工作的改革创新表示肯定，要求配合专项巡查工作，找问题，促整改，不断提升安全生产工作水平。

（徐雯）

【第二次安全生产工作会】 5月13日，平谷区安委会召开2017年第二次安全生产工作会，区委书记王成国、区长汪明浩、副区长吴小杰和全区46个部门、22个乡镇街道（管委会）主要负责人参加会议。会议要求将“双安双打”（社会综合安全稳定、安全生产，打击盗采行为、打击非法违法行为）作为安全综合治理的基础工作，抓好“一带一路”国际合作高峰论坛安全保障工作，开展安全综合治理。进一步明责明权明法，建立统一绩效考核机制，实行责任追溯机制，坚决遏制重特大事故的发生。

（张小苹）

【“安责险”推进会】 5月16日，平谷区安委会办公室组织有关行业主管部门和各乡镇街道（管委会）召开安全生产责任保险工作推进会，部署“安责险”各项工作及任务目标。中国人民财产保险股份有限公司平谷支公司和中国太平洋保险（集团）股份有限公司平谷支公司参加本次会议。

（郭向东）

【第三次安全生产工作会】 7月14日，平谷区安委会召开2017年第三次安全生产工作会议，副区长李永生和区安委会成员单位负责人参加会议。会议总结2017年上半年安全生产、消防安全工作情况、部署下一步重点工作，并进一步部署全区燃气安全、旅游行业安全监管工作，要求各单位落实安全监管责任，按照安全生产《专责专章》的标准指导考核工作，做好“一部门一台账”。

（杜春光）

【安全生产《专责专章》】 8月3日，平谷区区委常委会召开第十七次会议，审议通过《关于平谷区安全生产监督管理专责专章的实施意见》。《专责专章》明确81个单位227项安全生产职责，践行《中共中央国务院关于推进安全生产领域改革发展的意见》。区委书记王成国要求区政府大力推进《专责专章》落实，建立全区齐抓共管的安全生产格局。

（杜春光）

【副区长安全生产督查】 8月7日，平谷副区长李永生带领区城市管理委、住房城乡建设委、安全监管局、公安消防支队等部门和相关属地政府负责人，采取“四不两直”方式，对马坊镇东撞村煤改气施工现场、北京龙禹石油化工有限公司平谷油库进行实地督查，检查各单位安全生产大检查工作落实情况。李永生在检查中指出：要确保危险化学品、燃气使用、建筑施工等重点领域安全生产形势平稳，遏制重特大事故的发生；要坚持问题导向，为企业安全发展做好服务保障；要扎实开展安全生产大检查工作，悉心指导，督促企业及时整改到位，以安全稳定的形势迎接党的十九大胜利召开。

（马鹏程）

【常务副区长带队安全检查】 9月5日，平谷区常务副区长吴小杰带领区安全监管局、发展改革委和交通局等部门负责人，先后对鑫通顺客运公司、自来水公司、国家电网和迎宾环岛人行通道新建工程进行安全检查。检查组听取企业相关负责人安全生产工作情况汇报，现场了解企业安全生产大检查工作部署、隐患自查自改落实、设备运营情况以及消防设施配备等情况。吴小杰在检查中指出：安全生产事关群众生命财产安全，各部门、各单位要进一步落实安全生产责任，完善安全生产大检查工作台账，落实隐患自查自改工作，全面排查整改安全隐患。同时要落实人防、物防和技防等安全防范措施，严防各类事故发生，确保全区安全生产形势持续稳定。

（王建雄）

【第四次安全生产工作会】 9月19日，平谷区政府召开常务会暨2017年第四次安全生产工作会议，常务副区长吴小杰和副区长李永生、徐素质、王晓东，以及全区46个政府职能部门、22个乡镇街道（管委会）主管领导参加会议。会议总结2017年前三季度安全生产工作情况，部署四季度重点工作任务，重点部署党的十九大期间安全生产保障工作，并对燕兴隆公司“8·2”生产安全事故调查处理情况进行通报。吴小杰要求严肃查处事故，对事故单位依法依规处理，开展隐患排查，防止同类事故再次发生；对相关行业管理部门、属地政府和企业上级主管部门按安全生产《专责专章》规定进行责任追溯，并通报处理结果；结合“疏解整治促提升”专项行动对违法违规企业进行严肃处理。

（张小草）

【区长国庆节期间带队安全检查】 10月6日，平谷区区长汪明浩带领区旅游委、安全监管局、质监局、公安消防支队等部门及相关属地政府主要领导，先后来到石林峡景区和大溶洞景区，对旅游景区滑索、缆车、玻璃栈道等重点设备进行安全检查。汪明浩在检查中强调指出：各职能部门要切实履行安全生产监管职责，加大安全监管力度，做好国庆、中秋节期间各项安全管理工作；各企业要落实各项安全生产管理制度，加强对滑索、缆车、玻璃栈道等重点部位的检查、巡查和看护，全面开展隐患自查自改工作，定期开展应急演练。各单位要加强应急值守工作，强化节假日领导带班制度，提高应急处置能力，有效遏制各类安全事故的发生。

（马鹏程）

【区委副书记带队安全检查】 11月21日，平谷区区委副书记沈洁带领区安全监管局、商务委、工商分局、公安消防支队等部门及东高村镇主要领导，采取“四不两直”方式，对辖区内华东乐器厂、晶美窗帘店等企业进行安全检查。检查组查看企业安全生产责任制及安全管理制度落实情况，并对现场进行实地检查。检查过程中，沈洁强调指出：各职能部门要超前分析研判，针对岁末年初安全生产形势特点，加强组织领导，广泛组织动员，强化责任落实；各企业要落实安全生产主体责任，做好隐患排查治理及整改工作，提高安全生产管理水平；属地政府和各单位要加大安全生产监管力度，有效整改各类安全隐患，做好重点时期应急值守工作，做到“严防死守、警钟长鸣、防患未然”。

（王向宇）

【市委、市政府安全生产督察】 12月11日至29日，市委、市政府安全生产第十五督察组进驻平谷区，通过听取汇报、与区领导座谈交流、查阅资料、组织谈话、随机抽查、明察暗访等方式对全区安全生产工作进行督察。针对个别单位存在安全生产工作重视程度不够、工作汇报客观数据不详等问题，督察组要求相关部门和单位，认真自查自改；针对延伸督察企业发现的问题，责令相关单位采取措施，抓紧整改问题。区安委会办公室要求各单位抓住这次督察的契机，对本单位安全生产工作进行全面梳理，强化问题整改，建立长效机制，做到边督边改，举一反三，不断提高安全生产工作水平。

（王艳娇）

【安全生产大检查】 本年，全区累计出动执法检查人员7438人次，检查企业3234家次，排查隐患6200余项，取缔非法违法生产经营单位12家，行政处罚51起，罚款58.84万元，责令停产（停业）整顿12家。印发《致企业一封信》3500余份。期间，区政府成立8个督查组，由区政府领导带队，组织相关部门督导重点行业领域、重点乡镇和重点企业安全生产责任落实情况，排查整改隐患问题60余项。督查结束后，区安委会办公室制定整改责任清单，明确整改督办单位，将督查情况以书面形式在全区进行通报。依托区安全监管局微信公众号，设立曝光台，对大检查期间发现的重大隐患和严重非法违法行为进行曝光。曝光12家企业重大隐患和非法违法行为。

（王建雄）

【重点行业领域专项整治行动】 本年，平谷区安委会制定《平谷区2017年安全生产工作计划》，组织区住房城乡建设委、商务委、旅游委、文化委、城市管理委、公安分局、公安消防支队、公安交通支队等21个部门开展建筑施工、人员密集场所、危险化学品、交通运输、特种设备、地下空间等重点行业领域20项安全专项整治行动。全区出动执法检查人员1052人次、车辆423

台次，检查各类生产经营单位423家次。

（马鹏程）

【安装燃气安全辅助设备】 本年，平谷区安委会办公室推进全区淘汰不合格燃气灶具、安装燃气安全辅助设备和独立式感烟火灾探测报警装置的工作。区安委会办公室定期召开协调会，研究解决存在的问题。建立区、镇、村和安装公司沟通机制，做好入户安装各项准备工作和困难家庭的资格确认。开展验收考核，对完成入户安装的乡镇进行验收，将结果纳入绩效考核。全年完成安装4795户，其中民政系统低保户4095户、农委系统低收入农户700户，获得用户的好评。

（张佳强）

【安全生产责任保险】 本年，平谷区安全生产责任保险投保企业数量555家，其中中国人民财产保险股份有限公司平谷支公司承保322家、中国太平洋保险（集团）股份有限公司平谷支公司承保222家、跨区承保11家，“安责险”投保率12.99%。“安责险”投保企业缴纳保险费131.39万元，为投保企业提供超过32亿元的风险保障。

（张捷）

危险化学品安全监管

【危险化学品专项整治】 4月至7月，平谷区安全监管局对全区危险化学品企业重要设备设施安全防护、应急演练和各项安全管理措施落实情况进行专项整治。检查危险化学品企业65家次，排查整改安全隐患124项，依法下达行政执法文书46份，行政处罚4起，罚款1.35万元。

（张捷）

【汛期专项检查】 6月至9月，平谷区安全监管局对全区危险化学品企业落实汛期安全防护措施情况开展专项检查。检查危险化学品企业53家，发现安全隐患32项，依法下达行政执法文书19份。

（张捷）

【液氨企业专项治理】 本年，平谷区安全监管局对全区3家涉氨制冷企业开展液氨自查整改情况进行执法检查。排查各类安全隐患13项，依法下达行政执法文书3份，3家企业完成隐患整改工作。

（张捷）

【工业企业涉危单位专项检查】 本年，平谷区安全监管局对全区工业企业危险化学品储存、应急演练和各项安全管理措施落实情况进行专项检查。检查工业企业35家，排查整改安全隐患106项，依法下达行政执法文书28份，行政处罚2起，罚款0.75万元。

（张捷）

【危险化学品执法检查】 本年，平谷区安全监管局检查危险化学品企业196家次，排查整改各类安全隐患162项，依法下达行政执法文书115份。

（郭向东）

【危险化学品行政许可】 本年，平谷区安全监管局受理危险化学品经营许可延期及变更申请29件，办理非药品类易制毒化学品第二、三类经营备案3件，受理建设项目审查申请7件。

（高红伟）

烟花爆竹安全监管

【烟花爆竹网点布设】 本年，平谷区安全监管局按照市、区两级政府要求，进一步压减烟花爆竹零售网点数量，设置并许可烟花爆竹零售网点4个，包括3个临时网点和1个长期零售网点。

（高红伟）

【春节期间烟花爆竹销售】 本年，平谷区4个烟花爆竹零售网点配送烟花爆竹712箱，同比减少185箱；实际销售烟花爆竹638箱，同比减少215箱。

（郭向东）

隐患排查治理

【城乡结合部隐患整治】 6月14日，平谷区安全监管局联合兴谷街道办事处和平谷镇政府，采取“四不两直”的方式，对城乡结合部重点地区“六小”场所及人员密集场所进行安全生产检查，推进辖区城乡结合部地区安全隐患专项整治工作。此次检查，出动执法人员50人次，监督检查生产经营单位和“六小”场所25个，排查整改安全隐患32项，依法下达行政执法文书10份、现场检查记录2份。

（马鹏程）

【城市安全风险评估动员部署会】 7月14日，平谷区安全监管局召开全区城市安全风险评估动员部署会议，全区13个相关部门和22个乡镇街道（管委会）主管领导参加会议。会议部署全区城市安全风险评估工作，并对城市安全风险评估内容的风险识别、风险分析、风险控制及撰写风险评估报告作出解释说明。

（王志宝）

【“安责险”投保企业隐患排查】 8月至10月，受中国人民财产保险股份有限公司平谷支公司委托，北京华鑫安科注册安全工程师事务所有限公司对平谷区2016年度投保的322家生产经营单位开展隐患排查工作，排查一般安全隐患876项、重点安全隐患13项，提出安全隐患整改建议及管控措施777条。

（张捷）

【企业隐患排查治理清单编制】 本年，平谷区安全监管局制定实施《平谷区2017年生产安全事故隐患排查治理“一企一标准、一岗一清单”编制工作方案》，组织全区60家三级安全生产标准化达标企业，开展“一企一标准、一岗一清单”编制工作，将企业安全生产隐患排查治理体系建设情况列入对乡镇街道、部门安全生产目标考核内容，并适时开展执法检查，推动企业安全生产主体责任落实。按要求完成30家重点企业清单编制工作。

（王志宝）

【金属冶炼企业专项整治】 本年，平谷区安全监管局、质监局会同属地乡镇街道，采取“联合执法、专家问诊”等方式，在全区范围内开展金属冶炼企业安全生产专项整治。此次整治对象为全区涉及有色金属和黑色金属等冶炼的工业企业，重点对企业生产作业的工艺流程安全防护、特种设备使用、作业现场安全管理、职业卫生防护等情况进行检查，排查整改隐患问题24项。

（王建雄）

应急救援

【应急救援物资管理】 6月1日，平谷区安全监管局与北京龙禹石油化工有限公司签订《安全生产应急抢险救援协议书》，约定双方职责，明确北京龙禹石油化工有限公司应急物资作为平谷区危险化学品事故应急储备物资，在发生危险化学品事故时可以临时调用，并加强应急救援物资的日常管理，确保应急救援物资完好有效。

（郭向东）

【危险化学品储存企业应急演练】 6月20日，平谷区安全监管局组织危险化学品储存企业开展应急救援预案桌面演练。演练模拟企业储油罐卸油过程中发生泄漏事故，各相关部门根据各自职责进行演练，危险化学品专家对演练过程进行讲评，应急救援演练取得圆满成功。

（张捷）

【企业应急管理】 本年，平谷区安全监管局加强危险化学品企业应急管理工作。要求企业修订、更新、完善应急预案，组织专家对应急预案实用性、基本要素完整性、预案措施针对性、组织体系科学性、应急保障可行性、应急预案衔接性等内容进行评审，制定事故应急演练计划，每年至少组织两次以上应急演练。组织协调区应急办、质监局、公安消防支队、公安分局等部门，指导危险化学品企业重点针对火灾、泄漏、防恐等突发事故开展应急救援演练。

（张捷）

执法监察

【冬季体育运动场所联合检查】 1月3日，平谷区安全监管局联合区体育局、公安消防支队等部门对辖区内体育运动热点消费场所进行联合检查。检查相关企业单位15家次，排查整改安全隐患12项，依法下达行政执法文书6份。要求相关企业单位针对“两节”期间客流量可能增大的情况，制定确实可行的应急预案和救援措施，并加强演练；加强对滑雪场内的设备设施检测，增加现场救护人员，确保游客安全；加强安全检查，确保用火用电的安全；加强值班制度，保持通讯畅通，出现突发事件立即上报，并迅速实施应急救援措施，有效处置。

（马鹏程）

【春节前重点企业安全检查】 1月10日，平谷区安全监管局会同大兴庄镇政府对镇域内部分建筑工地、机加工、服装加工等重点企业进行安全检查。检查各类企业12家，排查整改安全隐患65项，依法下达行政执法文书12份，要求各企业落实安全生产主体责任，加大安全检查力度，强化培训教育，确保春节期间安全稳定。

（马鹏程）

【春节庙会安全保障】 1月28日至2月1日，平谷区安全监管局以“提前介入、全程跟进、严格执法、消除隐患”为工作原则，保障2017年平谷区首届春节庙会活动安全、有序进行。根据春节庙会活动日程安排及时制定安全生产保障工作方案，成立安全保障领导小组，提前与活动场地临建设施搭建单位进行对接，下发《平谷区大型活动临建设施安全执法检查规范》，从施工资质、安全协议、施工安全、技术标准、教育培训、安全专项评估、应急管理等方面提出具体工作要求；针对施工现场的临设搭建、临电敷设、现场防护等方面存在的问题对相关单位提出工作要求和具体整改措施；组织执法人员对活动临设搭建现场进行全程跟踪执法检查，针对发现问题责令立即整改；安排执法人员现场应急值守，确保活动举办全过程安全稳定。

（马鹏程）

【全国“两会”期间安全检查】 3月2日

至7日，平谷区安全监管局会同区住房城乡建设委、公安消防支队和平谷镇、峪口镇政府对建筑施工、服装加工企业进行安全检查。检查组重点检查安全生产管理制度、安全防护、应急管理、设备设施和危险化学品管理情况。检查企业12家，排查整改隐患问题52项，依法下达行政执法文书12份。通过检查及时发现整改隐患问题，落实企业安全生产主体责任，为全国“两会”胜利召开营造良好的安全环境。

（马鹏程）

【桃花音乐节安全保障】 4月8日至5月31日，“第十九届国际桃花音乐节”在平谷区举办。区安全监管局采取措施加强安全保障工作。一是对桃花观赏线周边沿线重点企业开展专项检查，确保桃花音乐节期间安全生产。二是对城区内餐饮、娱乐、星级宾馆、商市场进行检查，重点检查企业应急预案的制定和演练。三是加强对赏花区域内峪口镇、刘家店镇、大华山镇、夏各庄镇的重点企业安全检查，确保不发生安全事故。

（马鹏程）

【丫髻山养生文化节安全保障】 4月25日至5月14日，“2017年北京平谷丫髻山道家养生文化节”活动在丫髻山景区举行。期间，区安全监管局加强活动现场临建设施、人员密集场所安全警示标识和游客安保措施、企业危险化学品和职业危害等安全检查，加强对宾馆饭店和民俗接待户的安全监管，排查整改事故隐患，保障活动安全有序进行。

（马鹏程）

【“一带一路”峰会安全保障】 4月至5月，平谷区安全监管局围绕“3个重点”，加大执法检查力度，做好“一带一路”国际合作高峰论坛期间安全生产保障工作。重点检查危险化学品、人员密集场所、交通运输、建筑施工等行业领域，检查企业安全生产主体责任落实、重点部位管控、专项教育培训、应急值守工作，检查区级挂账隐患整改落实和近3年发生过生产安全事故的企业。期间，检查生产经营单位220家次，排查各类隐患问题981项，整改921项，依法对13家企业实施行政处罚，罚款22.8万元。

（王建雄）

【“一带一路”峰会期间执法检查】 5月8日，平谷区安全监管局联合区商务委、公安消防支队等部门对商场超市、宾馆饭店、网吧歌厅等人员密集场所集中开展安全生产执法检查，重点检查安全疏散通道、消防设施、电气设备等安全管理制度落实情况。此次检查，出动执法人员60人次，检查生产经营单位10家，排查整改安全隐患36项，依法下达行政执法文书10份。要求各单位落实隐患整改工作，加强安全巡查，为“一带一路”国际合作高峰论坛营造良好的安全生产环境。

（马鹏程）

【汛期企业用电安全执法检查】 5月15日至9月15日，平谷区安全监管局联合区住房城乡建设委、公安消防支队等部门及相关属地政府对全区工业企业、建筑施工、人员密集场所以及商市场、宾馆饭店开展用电安全执法检查。重点检查电路铺设、漏电保护、接地保护和防雷防静电措施及安全生产教育培训情况，检查电气设备设施维护和管理是否符合规定、变配电室管理是否符合国家或行业标准等，督促企业落实安全生产主体责任，排查治理用电安全隐患，有效防范汛期电气火灾、触电等用电安全事故的发生。出动执法检查人员561人次、车辆174台次，检查生产经营单位182家次，排查整改安全隐患342项，依法下达行政执法文书95份，行政处罚7起。

（马鹏程）

【尾矿库防汛检查】 5月，平谷区安全监管局开展尾矿库安全检查，重点检查辖区9座尾矿库防汛责任制落实、防汛预案制定、库顶排水设施、警示牌设置及各尾砂库坝墙稳固性、库顶覆土及植被、渗滤液收集池防渗及渗滤液收集监测情况，确保尾矿库安全度汛。

（张捷）

【夏季安全生产执法行动】 5月至9月，平谷区安全监管局组织开展重点行业领域夏季安全生产执法行动，重点检查工业企业、建筑工地、人员密集场所及商业综合楼宇物业单位电气使用安全情况。专项行动期间，出动执法检查人员662人次、车辆168台次，检查各类生产经营单位183家次，排查整改安全隐患645项，依法下达行政执法文书176份，行政处罚10起。通过专项执法行动，严肃处理安全生产违法违规行为，强化企业安全负责人和从业人员安全意识，有效遏制触电和电气火灾事故的发生。

（马鹏程）

【文玩核桃品鉴季安全保障】 9月14日，平谷区安全监管局联合公安消防支队和熊儿寨乡政府对“第三届‘四座楼文玩核桃’品鉴季”活动现场开展专项执法检查。检查组重点对活动现场临建设施、临时用电、安全通道、消防设施配备、临时摊位搭设等情况进行安全检查。针对搭建现场存在的问题，执法检查人员责令相关单位立即整改。通过专项执法检查，消除活动现场各类安全隐患，提高举办方安全意识，为广大游客营造良好的安全环境。

（马鹏程）

【党的十九大期间安全检查】 9月30日至10月24日，平谷区安全监管局加强党的十九大期间安全生产监督检查工作。成立以局长为组长的领导小组，协调相关部门建立联动机制，确定危险化学品企业、建筑工地、工业企业、宾馆饭店、网吧歌厅、商场超市等人员密集场所为监管重点，统筹安排执法检查重点工作任务；坚持由局领导带队，对重点行业领域进行检查；实行领导带班制度，确保应急值守24小时不断岗。期间，区安全监管局及属地安全生产检查队出动执法检查人员8736人次，检查各类生产经营单位4352家次，排查整改安全隐患9826项，依法下达行政执法文书3965份，停产停业企业3家，行政处罚5起。

（马鹏程）

职业卫生监督检查

【机动车维修企业职业卫生工作会】 6月9日，平谷区安全监管局会同区交通局召开平谷区2017年机动车维修企业职业卫生工作会，70余家机动车维修企业负责人参加会议。会议部署2017年机动车维修企业职业卫生工作，要求企业加快企业硬件设施改进，做好建章立制、职业病危害因素检测和员工职业健康检查等工作。

（王建雄）

【职业卫生负责人、管理人员培训班】 8月16日至17日，平谷区安全监管局举办2017年平谷区职业卫生培训班，对154家用人单位负责人和职业卫生管理人员进行培训。此次培训，聘请专家向参训人员讲解《中华人民共和国职业病防治法》等法律法规和配套规章、标准，职业健康检查、职业健康监护、职业病诊断与鉴定制度、用人单位职业病防治法定责任和作业场所职业卫生监管、劳动者依法享有的职业卫生保护权利等内容。培训结束后，参训人员参加统一考试，对通过考试合格的人员下发职业卫生培训证书。

（王建雄）

【职业健康宣讲活动】 9月28日，平谷区安全监管局组织职业健康宣讲团，赴北京一志车科技有限公司开展开展职业健康宣讲活动。职业健康宣讲团宣讲员向企业职工讲述经历见证的职业病危害事故。通过活动，提升企业职工职业健康防护意识，推动企业落实职业健康保护的主体责任。

（王建雄）

宣传培训

【安全生产执法视频培训】 3月14日至27日，平谷区安全监管局参加国家安全监管总局组织的10期执法视频培训。执法视频培训每期一天，上午专家讲课，下午考试并进行分组讨论，培训主要内容有安全生产监管执法、行业领域安全生产综合监管、应急救援执法检查和烟花爆竹监管执法等。全体参加培训的执法人员听课认真，讨论发言积极，考试成绩优良。

（王志宝）

【人员密集场所负责人安全培训】 4月18日，平谷区安全监管局组织区属商场零售、超市、餐饮和人员密集场所等83家单位及兴谷开发区70家企业负责人和安全管理人员就《中共中央 国务院关于推进安全生产领域改革发展的意见》、安全生产标准化管理和人员密集场所事故案例等内容进行安全生产培训。培训结束后，全体参加培训人员表示，要将所学到的知识用到实际工作中，提高安全管理能力，确保安全生产。

（王志宝）

【安全文化建设示范企业】 5月3日，平谷区安全监管局组织各乡镇街道和重点企业召开专题会议，部署安全文化建设示范企业工作。确定全区安全条件好、积极性高的企业为安全文化建设示范企业，加强机制保障，将创建合格的企业作为标杆，在标准化建设、“安责险”、企业诚信体系、优秀企业推荐等方面进行扶持。并将安全文化建设示范企业工作纳入属地政府安全生产工作考核内容。

（徐雯）

【涉爆粉尘企业专题培训】 5月10日，平谷区安全监管局邀请北京石油化工学院教授授课，讲解粉尘爆炸隐患排查治理相关知识和安全生产检查要点，分析事故案例。通过培训，增强安全监管人员及相关企业负责人对粉尘涉爆安全管理的认识，促进全区粉尘涉爆企业专项治理工作的开展。全区有关乡镇街道安全科科长、涉爆粉尘企业主要负责人参加培训。

（王建雄）

【安全生产宣传咨询日】 6月16日，平谷区安全监管局会同区发展改革委、公安消防支队、公安治安支队、气象局、兴谷开发区、兴谷街道办事处在北京大旺食品有限公司开展安全生产月宣传咨询日活动。现场设置安全生产有奖问答区、安全知识咨询区、消防安全演示区、事故案例警示区，发放各类安全知识手册5000余册、宣传画报2000余张，充分调动职工群众学习安全知识的积极性。

（徐雯）

【专职安全员培训】 本年，平谷区安全监管局组织专职安全员进行低压电工取证培训、焊工知识培训、初任集训、执法系统培训、燃气知识培训、消防知识培训、建筑安全知识培训及危险识别培训。全年培训专职安全员1000余人次。

（张红梅）

标准化建设

【安全生产标准化实施方案】 3月8日，平谷区安委会办公室印发《平谷区2017年三级标准化达标创建、期满复评及小微企业岗位达标工作实施方案》，要求区有关部门和单位、乡镇街道（管委会）结合本地区、本行业实际情况，制定具体工作计划，推进企业安全生产标准化达标创建工作，做好企业培训、台账建立、企业复核、信息及总结报送等各项工作，高标准完成年度目标任务。

（王志宝）

【企业标准化达标创建】 本年，平谷区安全监管局稳步推进企业安全生产标准化达标创建工作，完成二级以上标准化达标企业64家、三级标准化达标企业308家、小微企业岗位达标3375家。将安全生产标准化创建延伸到教育系统，年内标准化达标单位20家。

（王志宝）

怀　柔　区

概　　述

2017年，怀柔区安全生产工作围绕“推进四化建设、健全三个体系”工作思路，完善安全生产责任体系，夯实基层基础工作，开展各项专项整治，及时消除安全隐患，完成安全生产各项工作任务。圆满完成“一带一路”国际合作高峰论坛、“青少年科技创新大赛”“沃尔沃中国公开赛（第23届高尔夫球）”“机器人大赛”“首届北京‘华嘉杯’欧亚奥国际标准舞锦标赛”“第七届北京国际电影节”“电影嘉年华”“北京电视台春晚录播现场”等大型活动安全保障工作。

加强组织领导。区委常委会、区政府常务会每季度专题研究安全生产工作。区政府领导带队督查，并先后7次接受国务院安委会和市安委会安全生产督查检查，安全生产工作得到督查组的肯定。

落实制度要求。根据中共中央、国务院及市委、市政府关于安全生产领域改革发展相关文件要求，制定《安全生产领域改革发展实施方案》，为全区安全生产依法治理、综合治理、源头治理、系统治理提供制度保障。

深化专项整治。先后开展安全生产大检查和安全隐患大排查大清理大整治专项行动，整改生产安全隐患和重大消防隐患、“三合一”高风险密集居住场所重大隐患。

夯实基础工作。完成三级安全生产标准化达标企业108家、小微企业岗位达标

266家，完成9座加油站贯标改造，建成覆盖全区33家危险化学品存储设施的远程视频监控系统。完成3座尾矿库销库任务，为全区9458户低收入家庭安装燃气灶具和独立式感烟火灾探测报警装置，完成13个乡镇街道专职安全员队伍规范化建设，完成7个重点行业领域534家企业城市安全风险评估工作，完成“安责险”投保企业492家。制作《安全在线》专题栏目52期，组织策划安全生产月及宣传咨询日活动。

在肯定成绩的同时，必须清醒地认识到安全生产工作仍然存在一定薄弱环节和突出问题。一些地方和部门安全生产监管（管理）职责不清，监管责任落实不够，执法检查力度不强，通过执法推动企业落实主体责任手段不足。有的企业安全发展意识不强，主体责任不落实。部分企业对安全生产责任体系学习贯彻不扎实，对安全生产日常检查和专项整治不重视。

综合监管

【安全生产工作会】 2月15日，怀柔区安委会召开2017年安全生产工作会，区长常卫、副区长李志遂，以及区安委会成员单位、乡镇街道和雁栖湖生态示范区管委会负责人参加会议。会议总结2016年安全生产工作，安排部署2017年重点工作。区长常卫代表区政府，分别与各部门和乡镇街道负责人签订《怀柔区2017年度安全生产目标管理责任书》。

（丁超）

【隐患排查治理工作部署会】 2月15日，怀柔区安全监管局召开2017年隐患排查治理“一企一标准、一岗一清单”编制工作动员部署会，区有关部门、乡镇街道和企业单位负责人参加会议。会议对安全生产隐患排查治理工作进行部署，要求各部门、各单位高度重视，提高思想认识，增强做好清单编制工作的主动性，采取有效措施，抓好安全生产工作。

（丁超）

【安全生产联合执法检查部署会】 3月10日，怀柔区安委会召开专题会议，对全区安全生产联合执法检查工作进行部署。副区长李志遂参加会议并讲话。区安全监管局、住房城乡建设委、经济信息化委、商务委、文化委、旅游委、公安消防支队、质监局，以及乡镇街道主管领导参加会议。会议要求各部门、各单位通过安全生产联合执法检查，探索安全监管新模式，提升各部门监管效能和企业安全管理水平。

（丁超）

【国务院安委会巡查组安全督查】 4月26日，全国政协委员、国家安全监管总局原副局长、国家煤矿安全监察局原局长赵铁锤带领国务院安委会第一巡查组到怀柔区开展安全生产督查工作，市政府及市安全监管局等有关部门、怀柔区政府负责人参加督查。巡查组实地查看北京国门油料销售有限公司218油库、北京雁栖湖会议中心及雁栖湖景区等场所，听取相关安全生产保障工作情况汇报。针对落实安全生产责任体系、健全安全监管体制机制、推进依法治安、重点行业领域专项整治、加强安全基础能力建设等方面进行检查，并围绕重点工作与区有关部门进行沟通交流。

（丁超）

【“安责险”动员部署会】 5月24日，怀柔区安全监管局组织召开安全生产责任保险推进工作动员部署会，区行业主管部门和乡镇街道负责人70人参加会议。会议通报2016年“安责险”推进工作，部署2017年重点工作，明确行业部门、乡镇街道“安责险”投保工作任务。要求行业部门、乡镇街道加大“安责险”宣传力度，扩大投保范围，有序推进重点行业领域“安责险”投保工作。

（王晴）

【贯彻全国安全生产电视电话会】 7月20日，代市长陈吉宁主持召开电视电话会议，部署落实全国安全生产会议精神。会后，怀柔区政府立即召开会议，副区长李志遂要求全区各单位迅速传达贯彻国务院、北京市安全生产电视电话会议精神，依据安全生产监管（管理）职责，结合本区域领域特点制定安全生产大检查实施方案，明确职责和具体工作要求，抓紧组织实施。各生产经营单位根据相关法律法规、技术标准要求和规程规范，对本单位安全生产状况进行全面评估。要深入开展隐患排查治理，制定隐患整改方案，做到措施、责任、资金、时限、预案“五落实”，确保安全生产大检查工作取得实效。

（丁超）

【安全生产大检查部署会】 7月28日，怀柔区副区长李志遂主持召开全区安全生产大检查部署会，区有关行业部门、乡镇街道负责人参加会议。会议部署安全生产大检查和安全隐患排查整改工作。一是重点检查非煤矿山、尾矿库、危险化学品和烟花爆竹、涉爆粉尘、消防、道路交通、建筑施工、水利、电力、农业机械、特种设备、民爆器材、有限空间、地下管线、燃气使用、人员密集场所等重点行业领域，以及2016年以来发生生产安全死亡事故的重点地区、重点企业。二是突出抓好建筑施工等领域10项专项执法检查，做好安全生产保障工作。三是制定安全生产大检查工作方案，明确主要任务、重点内容和工作要求，落实安全生产责任。

（丁超）

【安全生产检查队工作督查】 9月12日，怀柔区安全监管局成立督查组，对九渡河镇安全生产检查队规范化建设达标情况进行督查。督查组围绕安全生产检查队形象标识、办公条件、装备配备、岗位设置、制度建立、档案管理、教育培训等内容，采取听取汇报、实地查看、查阅资料等方式开展督查工作。要求镇政府按照规范化建设方案要求的时间节点加强对办公环境、专题培训、后勤保障等方面的落实工作，完成检查队伍规范化建设工作任务。

（丁超）

【国务院安委会综合督查】 9月20日至22日，国务院安委会第二十八综合督查组对怀柔区安全生产大检查工作进行综合督查，并对安全生产大检查工作任务措施落实情况进行专项考核。北京市安全监管局副局长卞杰成，怀柔区常务副区长朱家亮参加检查。督查组查阅怀柔区区委、区政府、行业部门以及乡镇街道安全生产大检查有关部署方案、工作台账、执法文书等相关资料，对怀柔区建筑施工、工业企业、交通运输、医疗卫生、旅游景区、商场超市、建材市场等7家重点行业领域企事业单位，以及雁栖镇政府安全生产大检查工作开展情况进行专项检查，听取安全监管部门以及被督查企事业单位安全生产大检查工作专项汇报，并进行座谈交流。国务院安委会综合督查组对怀柔区安全生产大检查工作予以肯定。

（王晴）

【市委、市政府安全生产督察】 12月11日，市委、市政府安全生产第十四督察组组长岳金矿主持召开会议，听取怀柔区区委、区政府安全生产工作汇报。会上，区委书记常卫汇报全区安全生产工作情况。副区长王弢、李志遂、焦宝军分别汇报建筑、商务和旅游行业安全生产责任履职情况。

（丁超）

【燃气灶具整治与设备推广安装】 本年，怀柔区安全监管局在全区开展淘汰不合格燃气灶具、推广安装燃气安全辅助设备和独立式感烟火灾探测报警装置的工作。12月底，全区燃气灶更换和设备安装工作全部完成。召开动员部署会6次，报送工作信息13篇，发放宣传材料2万余份，为7935户低保户更换不合格燃气灶。

（王海珠）

危险化学品安全监管

【危险化学品安全监管专题会】 1月17日，怀柔区安全监管局组织辖区35家危险化学品经营单位负责人召开会议，专题部署危险化学品安全监管工作。会议总结2016年全区危险化学品安全监管工作，部署2017年重点工作任务，并针对春节期间危险化学品安全管理工作，提出工作要求。一是加强烟花爆竹禁放看护和应急值守工作，加大昼夜巡查力度，禁止在危险化学品经营单位、厂区周边60米范围内燃放烟花爆竹。二是推进加油站贯标改造，做好“三同时”审查前各项准备工作。三是做好危险化学品经营实体单位图像信息系统接入工作，指派专人配合图像信息系统安装和对接，确保图像信息监管全覆盖。

（王晴）

【液氨制冷专项治理检查验收】 11月7日，国务院安委会办公室检查组对怀柔区涉氨制冷企业专项治理工作进行检查验收。检查组了解怀柔区开展液氨制冷企业专项治理工作开展情况及2017年涉氨制冷企业验收工作情况，现场听取企业负责人关于车间快速冻结装置隔离封闭工艺、材质、防爆通风与氨浓度检测报警联锁、应急演练、封闭间内操作人员规定要求等情况说明，并认真进行核验。检查组对怀柔区涉氨制冷企业专项治理取得的成效给予肯定。

（王晴）

【易制毒化学品安全监管】 本年，怀柔区安全监管局通过安全生产月活动，向群众发放各类禁毒宣传物品，悬挂宣传展板，大力宣传易制毒化学品法律规范，提升广大群众禁毒意识。会同公安、工商等相关部门，在全区范围内开展易制毒化学品经营企业的安全检查工作，检查企业落实流向登记等各项制度情况，督促企业落实主体责任。加大非药品类易制毒化学品经营许可和备案监管工作力度，指导危险化学品经营企业在北京市安全监管平台进行危险化学品流向信息上报工作。通过网络信息化手段，加强对易制毒化学品经营单位实时动态监控。

（王晴）

【液氨专项整治验收】 本年，怀柔区安全监管局推进涉氨制冷企业专项治理验收工作。制定并印发工作方案，组织涉氨制冷企业主要负责人和安全管理人员开展涉氨制冷企业专项治理内容及标准培训。召开涉氨制冷企业液氨使用专项治理验收工作会议，要求涉氨制冷企业开展自查工作。组织专家组采取专家把关和企业互查的方式对6家企业进行验收，全区6家液氨制冷企业全部通过验收。

（王晴）

【加油站贯标改造】 本年，怀柔区安全监管局建立“保重大政治活动改造项目零事故、完成贯标改造任务”双指标体系，细化工作方案，严把施工安全方案审核，指导企业开展加油站贯标改造工作。一是要求建设单位与施工单位依法签订合同，并向施工方提供现场及毗邻区域内供水、供电、通信等资料。二是落实企业安全生产主体责任，做好高温、汛期、雷电等极端天气防范应对工作。三是要求监理单位严格按照施工方案相关要求，落实监理责任，加强现场安全生产管理。年内，顺利完成9座加油站贯标改造工作，总体投资1325万元。

（王晴）

【加油站土壤防治改造】 本年，怀柔区安全监管局将加油站土壤防治改造列入年度重点工作任务，实时督促全区5座单层罐单层管线且未设置防渗池加油站的改造工作。为确保改造过程安全，区安全监管局细化工作方案，倒排工期，随时把握工作推进情况，与建设方严把施工安全方案审核，分析排查每项施工风险点，监督施工方、建设方落实风险管控措施，确保如期完成加油站土壤防治改造目标任务。

（丁超）

【危险化学品行政许可】 本年，怀柔区安全监管局坚持以依法行政为核心，以制度建设为保障，推进危险化学品行政许可工作法制化、程序化和规范化。严格按照流程逐级审批，严格审查现场安全条件，严把许可准入关。全区危险化学品经营单位57家，其中危险化学品实体经营单位33家、票据经营单位24家。受理危险化学品经营延期申请21家、注销3家。

（王晴）

【建设项目“三同时”审查验收】 本年，怀柔区安全监管局开展危险化学品建设项目安全条件和安全设施设计审查工作。组织专家对4家单位危险化学品建设项目安全条件、安全设施进行设计审查。经审查，危险化学品建设项目全部通过审核。

（王晴）

烟花爆竹安全监管

【烟花爆竹网点行政许可及布设】 本年，怀柔区安全监管局会同公安分局、公安消防支队、工商分局、交通局、城市管理委等职能部门开展春节烟花爆竹零售网点选址定点工作。全区许可烟花爆竹零售网点23个，同比下降17%。

（王晴）

【烟花爆竹零售网点监控系统对接】 1月5日，怀柔区安全监管局完成城区内8座主流渠道烟花爆竹零售大棚视频监控系统安装调试工作。视频监控系统图像清晰，各类信号接收正常。全区视屏监控系统进入正常工作状态，对全区主流渠道零售网点实施全方位、全时段监控，加强安全管理。

（王晴）

【烟花爆竹专项执法】 1月25日，怀柔区安全监管局对城区烟花爆竹零售网点进行专项执法检查。执法人员重点对零售网点营业执照、从业人员资格、烟花爆竹销售品种规格、灭火设备配备以及禁烟禁火标识张贴等情况进行检查。检查烟花爆竹零售网点10个，下达现场检查记录10份。通过执法检查，确保烟花爆竹零售网点销售安全。

（王晴）

【烟花爆竹禁放普法宣传】 1月25日，怀柔区安全监管局组织开展烟花爆竹安全管理咨询日活动，区烟花办和泉河街道办事处等相关单位参加宣传活动。通过悬挂条幅、发放宣传资料、张贴宣传海报等形式，向广大群众宣讲烟花爆竹安全法规和购买安全合格烟花爆竹等知识，增强广大群众安全意识。活动期间，发放《致市民的一封信》《燃放安全宣传画》《十六类禁放点范围》等宣传材料1300余份，接待咨询300人次。

（王晴）

【重点时段执法检查】 1月27日至2月2日，怀柔区安全监管局在烟花爆竹配送和销售期间，加强日查、夜间抽查、重点时段安全监管，对全区23个烟花爆竹零售网点进行全覆盖执法检查。春节、除夕和正月十五等燃放高峰期，由局领导带队，分2个检查组对城区及周边加油站、油库、工业气体等烟花爆竹禁放看护单位开展夜查。通过视频监控系统，对烟花爆竹零售网点安全状况进行全方位、全时段监控。出动执法检查人员531人次、车辆463台次，检查生产经单位593家次，依法下达执法文书593份，整改安全隐患57项。

（王晴）

【烟花爆竹回收】 2月1日，怀柔区农村临时烟花爆竹零售网点烟花爆竹产品全部完成销售，城区7个直销烟花爆竹零售网点回收的200箱烟花爆竹剩余产品将直接配送长期零售网点，用于日常销售。2月2日，区安全监管局组织对全区烟花爆竹零售网点进行检查，督促各零售网点做好剩余烟花爆竹回收工作。

（王晴）

矿山安全监管监察

【尾矿库汛期安全检查】 6月6日，怀柔区安全监管局联合区水务局、琉璃庙镇政府、汤河口镇政府对前安岭尾矿库和马圈子尾矿库进行汛期安全生产联合检查。重点检查尾矿库的溢洪塔、导流硐等排洪设施，以及各单位防汛物资储备、防汛人员应急值守、防汛演练等情况。要求各单位加大汛期安全检查力度，加强隐患排查治理工作，做好应急值守，确保安全度汛。

（丁超）

【非煤矿山汛期安全监管】 6月，怀柔区安全监管局制发《关于做好2017年非煤矿山汛期安全生产工作的通知》，先后与相关乡镇签订《北京市怀柔区2017年非煤矿山及尾矿库防汛安全责任书》，落实各项安全监管措施，加强应急值守，排查整改事故隐患，确保非煤矿山和尾矿库安全。

（王佳贺）

【尾矿库专项检查】 10月17日，怀柔区安全监管局对前安岭铁矿和马圈子尾矿库开展安全生产专项检查。重点检查尾矿库安全管理和坝体安全状况，要求各单位做好党的十九大期间24小时值守备勤工作，落实各项安全生产制度，加强领导带班和安全巡查力度，确保安全稳定。

（丁超）

隐患排查治理

【隐患排查治理清单编制部署会】 2月9日，怀柔区安全监管局召开隐患排查治理清单编制动员部署会，全区清单编制试点企业负责人参加会议。会议制发相关工作方案，编制工作计划，明确行业部门和属地负责人和联系人，部署落实隐患排查治理“一企一标准、一岗一清单”编制工作。

（彭雪）

【危险化学品和烟花爆竹整治】 7月21日至10月24日，怀柔区安全监管局在全区范围内开展危险化学品和烟花爆竹专项整治工作，重点对烟花爆竹长期零售网点和易制毒、易制爆化学品经营单位停售停运措施落实情况、加油贯标改造施工现场安全状况，以及危险化学品使用单位储存场所进行执法检查，排查整改安全隐患。整治期间，出动执法人员80人次，检查生产经营单位28家，排查整改安全隐患14项。

（王晴）

【“散乱污”企业专项整治】 9月17日，怀柔区安全监管局成立3个检查组，分别对北房镇、杨宋镇、庙城镇的17家疑似“散乱污”重点企业进行全覆盖夜查，集中清理整治违法违规排污及生产经营行为。此次检查出动执法人员165人次，检查生产经营单位29家次，排查整改安全隐患29项，依法下达执法文书38份，行政处罚2起，罚款3万元。

（王海珠）

应急救援

【尾矿库应急救援演练】 7月6日，怀柔区安全监管局在北京怀柔雁栖镇八道河黄金冶炼厂尾矿库举行八道河黄金冶炼厂尾矿库应急救援演练，公安分局、卫生计生委、公安消防支队、雁栖镇政府及雁栖镇23个行政村（社区）主管领导及工作人员观摩演练。演练采取实战演练方式进行，模拟八道河黄金冶炼厂尾矿库第二级子坝东侧与溢洪道衔接处发生局部塌陷后，尾矿库所在地八道河村委会进行先期处置，当事故扩大超出应急能力，村委会向雁栖镇政府报告，雁栖镇政府立即启动应急预案并迅速成立应急救援指挥部、调集全镇有关职能部门相关力量进行处置。演练重点是第二级子坝局部塌陷应急处置、村民及周边人员应急疏散与安置、社会面控制、应急资源调配等内容，演练达到迅速控制险情危害程度和影响范围的效果。

（王佳贺）

【应急管理培训】 11月17日，怀柔区安全监管局组织安全生产应急管理专题培训，各有关部门、乡镇街道和辖区部分重点企业有关负责人参加培训。此次培训邀请国家行政学院应急管理教研部教授主讲，从分析全国发生的重特大事故案例入手，围绕应急处置策略与方法，对安全生产应急管理工作提出指导性的工作建议。围绕城市燃气安全为主题，开展桌面模拟推演。参演人员分为区政府总指挥、现场指挥、新闻中心以及社会群众4个小组，从不同层面和角度，逐步推演应对突发事件的会商决策、协调联动、指挥调度和舆情管理等方面的对策和措施。通过培训和桌面模拟演练，提高与会人员应对突发事件的安全责任意识和应急处置能力，为今后做好安全生产应急管理工作奠定基础。

（王晴）

执法监察

【春晚录播现场安全保障】 1月14日至16日，北京电视台春晚录播在怀柔区国际会展中心进行。为保障活动筹备及举办期间临时工程施工和使用安全，怀柔区安全监管局对活动舞台搭建现场先后开展6次安全生产检查，对检查发现的隐患问题要求企业立即整改到位，并通知公安分局和示范区管委会及时协调场地方及施工方做好第三方安全评估，形成书面验收评价报告。要求属地政府履行监管职责，派专人进行全程监管，督促场馆方加强现场管理，防止发生安全事故。

（王海珠）

【春节和“两会”安全检查】 1月至2月，怀柔区安全监管局开展危险化学品生产、储存、运输单位，建筑施工、工业企业、人员密集场所等重点行业领域安全生产执法检查，确保春节和“两会”期间安全稳定。出动执法检查人员220人次、车辆110台次，检查生产经营单位106家次，排查整改安全隐患56项，依法下达执法文书126份。

（王海珠）

【“一带一路”峰会安全保障】 2月14日，怀柔区安全监管局对“一带一路”国际合作高峰论坛举办地核心岛施工项目进行安全生产检查。检查组重点检查施工单位重要设备设施运行、临时用电安全、各项安全生产措施落实情况，要求工程施工人员必须进行岗前培训，现场特种设备必须按安全操作规程作业，特种作业人员必须持有效证件上岗，现场施工人员必须正确佩戴劳动防护用品上岗作业，现场所有安全保障人员必须认真履职，严格落实各项安全保障措施，确保施工安全。

（丁超）

【安全生产联合执法检查】 3月13日至17日，怀柔区安全监管局联合区住房城乡建设委、质监局、公安消防支队、经济信息化委和相关乡镇街道，开展工业企业和建筑施工安全生产联合执法检查。出动执法检查人员220人次、执法车辆110台次，检查生产经营单位48家次，依法下达执法文书76份，排查整改隐患问题156项，行政处罚3起，罚款6.5万元。

（方梦琳、边疆）

【北京国际电影节安全保障】 4月16日至23日，“第七届北京国际电影节”以及开闭幕式在怀柔区举办。怀柔区安全监管局按照关注重要时段、重点环节、重要设备设施的“三重”原则，加强活动场地临时工程安全检查。出动执法检查人员160人次，检查生产经营单位25家，排查整改隐患问题82项。

（郭鹏飞、边疆）

【“五一”节假日期间执法检查】 4月20日至5月12日，怀柔区安全监管局联合怀北镇、雁栖镇、怀柔镇、杨宋镇、庙城镇等属地政府对工业企业进行“点带面”式执法检查，对核心岛联络线周边20余家工业企业进行重点检查，要求企业在“五一”节假日期间重点提高安全意识，落实各项安全生产规章制度，加强日常检查、巡查工作，做好值班备勤，确保节假日期间安全稳定。

（方梦琳）

【国际标准舞锦标赛安全保障】 4月30日，首届北京“华嘉杯”欧亚奥国际标准舞锦标赛在怀柔区举办。怀柔区安全监管局对锦标赛活动现场舞台搭建、供电等临建设施进行安全检查，要求组织方和相关施工单位配备应急照明设施、粘贴安全警示标识，做好用电安全、特种作业人员管理、劳动防护用品配备等安全防护工作，及时整改隐患问题。

（郭鹏飞）

【沃尔沃中国公开赛安全保障】 4月27日至30日，沃尔沃中国公开赛（第23届高尔夫球）在怀柔区举办。怀柔区安全监管局对公开赛活动舞台现场搭建进行安全检查，要求组织方和相关施工单位做好应急准备，加强营业区内日常检查、巡查工作并做好记录，要求特种作业人员必须持证上岗作业，提高安全防范意识，确保公开赛活动顺利举办。

（郭鹏飞）

【旅游景区联合执法检查】 4月至10月，怀柔区安全监管局联合区旅游委、质监局、公安分局、公安消防支队等部门对全区旅游景区开展联合执法检查。重点检查旅游景区管理单位安全生产规章制度建立和落实情况、现场营业区安全隐患排查整改情况。检查旅游景区28个次，排查整改事故隐患34项，依法下达执法文书66份，行政处罚2起，罚款2万元。

（郭鹏飞）

【“一带一路”峰会安全保障】 5月14日至15日，“一带一路”国际合作高峰论坛在怀柔区举办。怀柔区安全监管局制定专项安保方案，并在论坛前期对环境整治和景观提升工程施工现场进行安全检查。出动执法人员1208人次、执法车辆537台次，检查生产经营单位326家次，排查整改事故隐患382项，依法下达执法文书654份，行政处罚12起，罚款27.6万元。

（郭鹏飞、王海珠）

【金属冶炼企业专项检查】 6月15日，怀柔区安全监管局联合区经济信息化委、质监局和雁栖开发区管委会，对金属冶炼企业进行专项检查。检查金属冶炼企业2家，依法下达执法文书4份，行政处罚1起，罚款2.5万元。检查组要求企业落实主体责任，结合企业安全生产管理状况和检查情况做好自检自查，将隐患排查整改落实到位，防止发生各类生产安全事故。

（方梦琳）

【夏日文化广场活动安全保障】 6月30日至9月22日，夏日文化广场活动在怀柔区举办。怀柔区安全监管局加强对活动现场临建设施、安保措施、用电安全保障措施、消防应急疏散安全检查工作，要求演出场所相关单位配备应急照明设施、安全警示标识，保证安全出口畅通，做到所有检查有记录、有签字、有整改意见和时限要求，对查出的隐患问题立即进行整改，确保活动安全举办。

（郭鹏飞）

【道路运输专项检查】 6月至12月，怀柔区安全监管局以“道路运输平安年”为主题开展执法检查行动，采取专项检查与联合执法形式，重点检查企业安全生产管理制度、员工培训考核情况、驾驶员交通法制意识、车辆安全性能检测、事故应急救援预案演练等安全管理工作。检查企业12家次，排查整改安全隐患11项，依法下达行政执法文书17份。

（郭鹏飞）

【科学城重点施工项目执法检查】 7月19日，怀柔区安全监管局联合区住房城乡建设、科学城筹备办等多部门对科学城重点在建项目开展联合安全生产检查，督促施工单位加强安全管理，落实汛期安全生产要求。重点对深基坑、塔吊、外脚手架等部位进行安全检查。检查施工单位28家次，排查整改安全隐患35项，依法下达行政执法文书39份。

（郭鹏飞）

【高层建筑消防安全综合检查】 7月至12

月，怀柔区安全监管局根据《北京市高层建筑消防安全综合治理工作方案》要求，组织力量，重点对辖区内建筑企业建筑外墙外保温材料、建筑消防设施、安全疏散设施和电气燃气管理、日常消防安全管理进行安全生产综合检查。检查企业 14 家次，排查整改安全隐患 17 项，依法下达行政执法文书 19 份。

（郭鹏飞）

【党的十九大期间安全检查】 10 月 18 日至 24 日，怀柔区安全监管局采取联合检查、重点行业检查、专项检查相结合的方式，开展危险化学品、交通运输，非煤矿山、工业企业以及人员密集场所等重点行业领域安全生产大检查行动。出动执法人员 3295 人次，检查生产经营单位 1557 家次，排查整改隐患问题 1583 项，罚款 11 万元。

（郭鹏飞、王海珠）

【冬季供气供暖企业专项检查】 11 月至 12 月，怀柔区安全监管局对全区供气供暖企业进行安全检查。重点检查供暖企业安全生产各项规章制度制定落实情况、施工现场安全生产隐患排查情况、特种作业人员培训管理和持证上岗情况。检查企业 11 家次，排查整改安全隐患 13 项，依法下达行政执法文书 11 份。

（郭鹏飞）

【重点行业用电安全专项检查】 本年，怀柔区安全监管局组织对危险化学品、工业企业、建筑施工和人员密集场所等重点行业领域开展安全生产专项检查。出动执法检查人员 1064 人次，检查生产经营单位 694 家次，排查整改安全隐患 610 项，依法下达执法文书 1434 份，行政处罚 34 起，罚款 40.5 万元。

（王海珠）

【执法案卷评查】 本年，怀柔区安全监管局组织全体执法人员，学习贯彻《北京市行政处罚案卷标准和评查评分细则》，加强日常执法案卷管理和审核，及时修正执法文书和案卷问题，依法规范执法。参加区法制办案卷评查，成绩全部为优秀；参加市安全监管局案卷评查，成绩全部为优秀。

（田保海）

职业卫生监察检查

【机动车维修职业危害专项检查】 2 月至 3 月，怀柔区安全监管局组织开展机动车维修企业调漆室和清洗喷枪工作场所职业危害专项检查。检查企业 11 家，排查整改隐患问题 28 项，行政处罚 1 起，罚款 6 万元。

（石旭）

【建材企业粉尘危害专项治理】 4 月，怀柔区安全监管局按照市安全监管局工作部署，组织开展陶瓷生产和耐火材料制造企业粉尘危害专项治理。经调查摸底，全区存在陶瓷生产和耐火材料制造企业 1 家（北京联合荣达工程材料有限责任公司）。经整改，该公司粉尘危害治理工作按期全部完成。

（石旭）

宣传培训

【烟花爆竹燃放安全培训】 1 月 10 日，怀柔区安全监管局组织辖区 22 家烟花爆竹经营（零售）单位主要负责人和从业人员召开烟花爆竹经营单位从业人员岗前安全知识培训会。此次培训重点对烟花爆竹安全经营管理、地方标准，烟花爆竹储存、运输、燃放等方面理论知识进行培训。参加培训人员全部通过考核，并取得《烟花爆竹从业人员上岗证》。

（王晴）

【“安康杯”竞赛培训活动】 2月24日，怀柔区安全监管局联合区总工会开展“安康杯”竞赛培训活动。雁栖经济开发区部分重点企业安全管理人员、雷力公司员工100余人参加活动。本次活动邀请市安全生产专家主讲，以“安全是不可逾越的红线”和“安全是首暖心的歌曲”为主题，从加强安全管理工作、开展安全文化促进活动、发动职工群众参与监督检查等方面进行讲解。

（丁超）

【专职安全员低压电工取证培训】 3月13日至4月13日，怀柔区安全监管局对全区130名乡镇街道（园区）安全生产专职安全员以及22名政府职能部门专职安全员，分2批次进行低压电工作业取证培训并进行考核，考试合格率99%以上，考试合格者由市安全监管局颁发特种作业操作证。

（王赫）

【安全文化示范企业建设工作会】 4月24日，怀柔区安全监管局召开2017年怀柔区安全文化示范企业建设工作会，部署安全文化示范企业建设工作的重点内容、申报程序及方法。

（彭雪）

【专职安全员培训】 4月，怀柔区安全监管局组织未参加初任培训的17名专职安全员参加2017年新入职专职安全员集中轮训工作。此次集训采取业务学习与军训穿插进行的方式。17名专职安全员参加业务知识学习和军事训练，全部通过考核。

（王赫）

【安全生产宣传咨询日】 6月16日，怀柔区安委会办公室以“全面落实企业安全生产主体责任”为主题，组织开展安全生产宣传咨询日活动。市、区有关行业部门以及辖区部分重点企业代表200余人参加活动。宣传咨询日活动采取“安全进企业”方式，在企业较为集中的科学城举行，面向企业主要负责人和一线职工群众，以燃气安全知识宣传为主要内容，就劳动保护、道路交通、用电、消防、特种设备、档案管理、安全生产责任保险等安全知识和常识进行宣传普及。活动现场发放各类宣传材料2000余份，展出安全宣传展板20余块。

（丁超）

【危险化学品单位规范化管理培训】 6月20日，怀柔区安全监管局举办危险化学品从业单位规范化管理培训班，各乡镇街道安全科执法检查人员，危险化学品经营、使用单位主要负责人和安全管理人员170人参加培训。培训班上，化工专家从危险化学品和危险货物基础知识、现场安全管理、事故应急救援和处置及相关法律法规知识等方面内容进行培训，发放危险化学品安全管理书籍，易制毒化学品、“安责险”宣传资料500余份。

（王晴）

【有限空间安全管理培训】 7月，怀柔区安全监管局组织召开有限空间安全管理培训会，各相关行业部门和乡镇街道主管领导和有限空间管理人员300余人参加培训。围绕有限空间典型案例分析、有限空间作业基本知识、注意事项、操作规范、法律法规和主要危险因素辨识及评估等方面进行培训。通过培训，达到“四个普及”：即行业监管人员普及监管重点知识，企业管理人员普及管理重点常识，作业监管人员普及现场应知应会内容，一线作业人员普及安全作业操作要点。为预防和减少有限空间生产安全事故奠定基础。

（石旭）

【“安责险”投保单位培训】 11月20日，怀柔区安全监管局会同北京人保财险怀柔支公司对安全生产责任保险投保企业主要负责人开展安全生产知识和管理能力培训，培训学员750人。本次培训采取线下面授和线上自学相结合的教学方式，邀请安全生产领域专家讲授相关课程，并为学员建立电子学习档案。

（王晴）

【电子地图填报和系统使用培训】 12月12日至15日，怀柔区安委会办公室举办9期电子地图填报和电子地图系统使用专项培训，区行业部门和乡镇街道专职安全员，以及重点企业主要负责人参加培训。培训企业800余场次，参加培训1000余人。培训采用边教边学互动模式、现场“一对一”指导填报教学方法，帮助企业准确高效填报安全风险电子地图，并由第三方专业机构现场指导企业完成风险源信息上报工作和企业平面图风险源标注。发放《北京市怀柔区城市安全风险评估-电子地图填报专项培训使用手册》等资料汇编1000余份。

（王晴）

【用人单位职业卫生培训】 本年，怀柔区安全监管局组织全区存在职业危害企业开展职业卫生培训。培训采用远程网络培训教育方式，内容主要围绕职业卫生法律法规和职业卫生基础内容等知识。培训要求，新培训人员必须完成24学时培训，继续教育人员需完成8学时培训。通过培训，增强用人单位负责人和职业卫生管理人员职业病防治意识，提升企业职业卫生管理水平。

（丁超）

【微信公众号宣传推广】 本年，怀柔区安全监管局组织全区各安全生产检查队开展微信公众号推广工作，各安全生产检查队均完成公众号注册工作，并定期在微信公众号上进行信息发布。

（王赫）

标准化建设

【标准化达标创建动员部署会】 3月29日，怀柔区安全监管局召开2017年安全生产标准化达标创建动员部署会，区相关行业职能部门、各属地以及企业负责人200余人参加会议。会议总结怀柔区2016年标准化建设工作，部署2017年工作任务。聘请专家，从安全生产标准化内涵、最新政策法规、达标工作流程、系统操作及企业三级标准化基本标准解读等方面进行系统培训。

（彭雪）

【标准化评审工作会】 4月7日，怀柔区安全监管局召开2017年安全生产标准化评审工作会，区相关乡镇街道及第三方评审机构有关负责人参加会议。会议通报和介绍市安全监管局标准化文件，标准化评审工作流程、系统操作及评审过程中遇到的常见问题，要求乡镇街道及评审机构在评审过程中严格把关，强化评审质量，及时沟通交流解决问题，高质量完成企业安全生产标准化评审工作。

（丁超）

【标准化达标企业核查】 7月，怀柔区安全监管局委托中介机构对全区25家三级安全生产标准化达标企业开展核查工作。经核查，25家企业全部符合三级安全生产标准化达标要求。

（彭雪）

【拟达标企业现场复核】 本年，怀柔区安全监管局组织现场复核小组，对18家三级安全生产标准化拟达标企业进行现场复核，限期整改不符合项，整改合格后颁发企业三级安全生产标准化证书和牌匾。

（彭雪）

密 云 区

概 述

2017年，密云区安全生产工作以习近平总书记视察北京重要讲话精神为根本遵循，围绕安全生产“四化三体系双基”总任务，推进安全生产各项工作，改善安全生产环境，提升企业安全水平，提高全民安全素质，全区安全生产形势持续稳定发展。

推进安全生产“四化”建设。法治化工作：制发《重大行政处罚案件研究讨论制度》《重大行政处罚案件备案制度》《安全生产行政执法评议考核制度》《专兼职法制员监督制度》等执法监督制度，制定《安全生产执法工作计划》和“双随机”执法检查实施方案，实施《危险化学品经营许可证管理办法》相关规定。加大安全生产事故查处力度，按照“四不放过”和“依法依规、实事求是、注重实效”原则，严格处理每一起事故。标准化工作：加强安全生产标准化宣教培训，建立完善安全生产标准化活动的服务指导、协调监督、检查验收等长效工作机制。制定全年管理检查计划，抽查达标验收企业标准化工作运行情况，督促达标企业保持标准化管理水平，并按照标准化工作机制进行生产经营活动。信息化工作：全面开展企业台账清理工作，实现企业台账动态更新，清理无实体、无照经营等企业110834家，新增企业1131家，完善企业信息3664家，库内存留企业8546家。采用先进技术，对所有尾矿库采用24小时在线实时监控和重要数据检测。社会化工作：开展“双百工程”和“2017安监之星·北京榜样”密云区选拔活动，开展安全文化建设示范企业创建活动，全面开展安全生产全员大培训活动，有效促进企业实现安全生产执行力由强制性到自觉性的转变，使员工的安全意识实现“要我安全”到“我要安全”的转变。落实举报查处制度，发挥“12350”及值班电话功能，按照“逢报必接”“及时处理”要求，开展受理、办理、回复工作。

完善安全生产“三个体系”。安全生产责任体系：落实“党政同责、一岗双责”督促指导各级党委、政府和各部门、各单位，成立党政“一把手”为主任（组长）的安全生产委员会（领导小组），区政府与全区59个负有安全生产监管职责的镇街、部门签订《年度安全生产目标管理责任书》。将安全生产工作纳入各镇街、各部门经济社会发展综合目标考核内容，实行安全生产目标考核、年度述职、政府督办、责任追究、一票否决等制度。隐患排查治理体系：以烟花爆竹、非煤矿山、危险化学品、交通、人员密集场所等行业领域为重点，开展安全生产大检查和隐患排查治理行动。建立“全覆盖”执法检查工作机制，全区出动执法检查人员18.65万人次，监督检查生产经营单位10.79万家次，排查各类安全隐患29057项，整改率99.78%。按照国务院和北京市部署，开展安全生产大检查，全区组织督查检查组3791个，参加检查人员38019人次，监督检查生产经营单位22183家，排查治理重大隐患4项，罚款142.63万余元。安全预防控制体系：全区各镇街、各部门采取不同形式，加强重要时期安全检查。区领导带队组成督查组，对全区安全生产大检查、安全生产责任制落实等情况进行专项督查，以督查促整改、以督查促工作。加强应急预案管理，4个区级生产安全事故应急预案审核完成，全区规模企业基本完成应急预案备案，7家重大危险源企业完成“一对一”生产安全事故应急预案编制备案工作；组织工贸企业、非煤矿山、加油站、建筑施工、人员密集场所等行业开展应急演练，有效提高一线人员安全预防能力及危险应对能力。

逐步夯实“双基”工作。区安全监管局加大力度，强化执法检查取得成效。全区组建一支120人的乡镇街道专职安全员队伍，覆盖专职安全员管理工作各个环节。围绕“四统一、六规范、一创新”工作目标，全面加强镇街、经济开发区安全生产检查队规范化建设，健全规章制度，明确职能定位，规范内部管理，改善办公条件，提高队伍素质。开展“职工技协杯”职业技能竞赛，增强基层安全生产工作的积极性和创造性，提高安全生产监管工作水平。夯实安全生产基础工作，有效落实年度重点任务：开展淘汰不合格燃气灶具工作，完成11347户低收入家庭燃气灶具安装的“为民办实事工程”；开展尾矿库销库和加油站贯标改造工作，完成2座尾矿库销库任务；开展“安责险”投保工作，按照参保率不低于地区企业6%的指标要求，投保企业646家，超额完成全部投保任务。

综合监管

【安全生产责任制】 2月，密云区政府分别与59个政府部门、镇街和开发区签订《2017年度安全生产目标管理责任书》，完善安全生产责任体系，细化安全生产工作责任分工，强化“党政同责、一岗双责”贯彻落实，建立责任与考核相结合的安全生产管理体系，实施安全生产综合考核。

（柳世杰）

【安全大检查“百日行动”】 4月19日，密云区政府印发《密云区安全生产大检查“百日行动”工作方案》，在全区范围内集中开展安全生产大检查“百日行动”，区长任领导小组组长，要求各镇街、各部门主要领导亲自牵头、亲自组织、亲自带队检查，各分管领导靠前指挥、深入一线，搞好组织协调，并结合“一带一路”国际合作高峰论坛及党的十九大等重要时期安全生产工作，做到执法检查工作覆盖所有镇街和地区、所有行业领域、所有生产经营单位，不留盲区、不留死角，全面排查治理安全生产隐患，确保“百日行动”取得实效。

（柳世杰）

【一季度安全生产抽查考评】 4月24日至28日，密云区安委会办公室开展第一季度抽查考评工作。检查组通过实地了解、查阅资料及档案等方式，对巨各庄镇政府、穆家峪镇政府、密云镇政府、石城镇政府、溪翁庄镇政府、鼓楼街道办事处、十里堡镇政府、开发区管委会、果园街道办事处和区经济信息化委、质监局、商务委、旅游委、住房城乡建设委、水务局、文化委、农业局安全生产责任制落实等工作进行抽查考评。通过抽查，区安委会办公室将考评情况反馈给各单位，要求各单位逐项梳理存在的问题和改进建议，分析问题原因，结合年度工作实际，制定整改措施，抓好落实工作。

（柳世杰）

【上半年安全生产工作会】 7月7日，密云区副区长范永红主持召开2017年上半年全区安全生产工作会，总结上半年工作，部署下半年重点任务，各镇街、各部门主管领导参加会议。会议要求各镇街、各部门、各单位贯彻北京市第十二次党代会精神，清醒认识安全生产形势，注重防范，做好淘汰不合格燃气灶具、安装燃气安全辅助设备和独立式感烟火灾探测报警装置、“安责险”投保、安全生产检查队规范化建设、汛期安全生产、安全生产大检查“百日行动”等各项重点工作，防范和遏制各类安全事故发生。

（柳世杰）

【城市安全风险评估工作会】 8月2日，密云区安委会召开城市安全风险评估工作会，区商务委、旅游委、文化委、住房城乡建设委、城市管理委、安全监管局、财政局、交通局和体育局主管领导参加会议。会议对全区城市安全风险评估试点工作进行部署，要求相关单位狠抓风险防控，加强重点行业领域和城市运行风险研判，从源头上防范安全生产事故发生；制定工作方案，明确责任、工作任务，主要领导要定期调度工作进展，检查工作质量，落实工作考核和失职追责要求。

（柳世杰）

【商务行业“安责险”工作推进会】 8月18日，密云区安全监管局召开商务行业安全生产责任保险工作推进座谈会，商务委、鼓楼街道、果园街道等相关部门和单位负责人及商务行业重点企业负责人参加会议。会议学习《北京市全面推进安全生产责任保险制度工作的实施意见》，强调“安责险”工作重要性，明确工作要求和目标。并就“安责险”保障范围、收费标准、险种特点等进行讲解。有效推进商务行业安全生产责任保险工作开展。

（刘佳）

【党的十九大安保维稳工作会】 9月25日，密云区区委、区政法委召开专题会议，部署党的十九大安保维稳督查工作。会议传达全市有关会议精神，并从4个层面部署党的十九大安保维稳督查工作（区领导带队督查，“平安密云”创建督查组督查，区安全监管局、公安局等12个部门专项督查，区委、区政法委督查考核办公室重点督查）。会议要求各督查工作组提高政治站位，增强党的十九大安保维稳督查工作的责任感、使命感，坚持问题导向，突出整改，强化问责，确保督查工作取得实效。

（陈旭）

【区委书记、区长带队安全检查】 9月30日，密云区区委书记夏林茂、区长潘临珠带队检查安全生产工作，慰问安全生产一线工作人员，要求各相关部门坚守岗位，以精心细致的工作保障城市安全运行、群众欢度节日、营造喜庆祥和气氛，迎接党的十九大胜利召开。区委副书记刘颖参加检查。检查组首先来到“十一”期间试营业的华润置地密云万象汇购物中心，实地检查安全生产监管、商户开业准备、消防设置配备情况，并检查节日期间市场供应情况，要求商户加强安全生产工作，把各项安全措施落实到位；做好消防安全培训，严格考核；做好交通、人员限流等应急处置预案。各部门要积极配合、协调联动、全力确保节日期间商场安全，让广大市民过上一个欢乐祥和的节日。在北京市燃气密云分公司温塔热力站次高压A调压站，夏林茂、潘临珠了解用气保障、安全运营等情况，并听取企业负责人员关于安全生产、运行管理等方面的情况汇报。夏林茂强调：要把安全生产工作放在首位，严格执行各项安全生产规定和制度，不放过每一个问题隐患，确保供气安全；要加大用气保障力度，为“两节”和党的十九大召开提供安全优质服务保障。

（陈旭）

【市委、市政府安全生产督察】 10月10日至27日，市委、市政府安全生产第八督察组对密云区开展安全生产驻地督察。通过听取汇报、查阅资料、个别谈话、组织座谈、抽查企业等方式，按照区级层面督察、延伸镇街督察和梳理分析3个阶段开展工作。听取密云区区委书记夏林茂安全生产情况汇报；区长潘临珠主持安全生产督察进驻动员会，副区长李光辉、方建卿汇报分管领域安全生产履职情况。组织区行业部门、镇街（开发区）、重点企业主要负责人座谈会3次，延伸督察9个镇街区，随机抽查33家生产经营单位，查阅资料9000余份，受理办结来电、来信举报11件。

（陈静）

【落实国务院安委会督查意见】 10月25日至26日，国务院安委会办公室第28督查组对密云区安全生产大检查工作进行“回头看”督查检查。针对督查组提出的问题，密云区政府采取整改措施，落实国务院安委会办公室督查意见。一是召开专题会议，对整改工作进行部署；二是制定整改工作方案，要求全区各单位举一反三，查找问题和薄弱环节，确保安全生产大检查取得实效；三是建立专门台账，明确整改责任部门、整改责任人、整改时限和整改标准。经复查，隐患问题全部整改完毕。

（柳世杰）

【副区长带队检查隐患整治】 11月23日，密云区副区长朱锡才带队检查鼓楼街道大气污染防治和安全隐患排查整治工作。检查组实地查看建材市场周边“散乱污”企业清理、安全隐患整治和违法建设拆除等情况。朱锡才在检查中要求街道班子成员提高对环保和安全生产工作的认识，增强政治意识和责任意识，抓好大气污染治理和安全生产隐患治理工作；要把工作任务和职责细化到每名干部，确保工作落细、落实；要善于总结共性问题，建立健全长效工作机制。

（陈旭）

【专项整治行动专班工作会】 12月1日，密云区副区长范永红主持召开安全隐患大排查大清理大整治专项行动专班工作会，区安委会成员单位主管领导及工作人员参加会议。按照市、区领导批示要求，抽调专人组建安全隐患大排查大清理大整治专项行动工作专班。此次组建的专班设立综合组、信息组、台账组、督查组4个工作组，采取集中办公的方式统一开展工作。会议要求：一是工作专班要加强组织领导，严格落实责任，严格工作纪律和工作制度；二是各组成员要明确职责分工，迅速到位、迅速进入角色，认真履职；三是各组成员要增强责任意识和时间观念，工作不推不拖，加强台账管理，把专班工作落到实处。

（柳世杰）

【安全隐患整治专项行动推进会】 12月13日，密云区政府召开安全隐患整治专项行动工作推进会，通报全区安全隐患大排查大清理大整治专项行动工作开展情况，部署下阶段工作。区有关部门、各镇街和开发区主管领导参加会议。会上，公安消防支队讲解消防安全隐患甄别、核查及整改工作，各镇街、开发区主管领导就工作中存在的问题与公安消防部门进行交流沟通。副区长范永红要求各单位紧密结合本地区、本单位的实际，以专项行动为抓手，落实工作分工，形成安全整治合力，对安全隐患零容忍、出重拳，做到排查见底、清理彻底、整改一抓到底。

（柳世杰）

【年度安全生产综合考核】 12月，密云区政府召开安全生产工作会议，部署2017年度安全生产综合考核工作。根据市委、市政府工作要求，密云区安委会抽调18人组成6个考核组，统一安排，分工包片，利用5天时间，对全区各有关单位安全生产工作进行考核。通过此次考核，58家被考核单位均达到合格以上档次。其中成绩优秀单位53个，优秀率91.38%。考核结束后，考核组对被考核单位"一对一"反馈考核意见建议，推动全区各镇街、各部门加强和改进安全生产工作。

（柳世杰）

【企业台账动态更新】 本年，密云区安全监管局在安全生产条件普查的基础上，开展企业台账清理工作，实现企业台账动态更新。核销无实体经营、无照经营等企业10834家，新增企业1131家，台账库内企业8546家，更新比例85.6%，企业信息完整率54.03%，信息完善企业数4617家，处理系统使用等问题260余个次。

（陈旭）

危险化学品监管

【"两会"期间危险化学品安全保障】 3月3日至15日，密云区安全监管局集中开展危险化学品领域专项执法检查，做好全国"两会"期间危险化学品安全生产保障工作。出动执法检查人员54人次、车辆27台次，检查加油站、工业气体销售企业、危险化学品生产及销售企业27家，排查整改事故隐患54项，下达责令限期整改指令书27份，对安全生产违法行为实施行政处罚1起。

（刘佳）

【"一带一路"峰会期间安全检查】 5月9日，密云区安全监管局由局长带队开展夜查，重点抽查"101国道"沿线加油站安全生产情况。检查组重点检查加油站安全保障措施、设备设施状况、主要负责人员在岗值守等情况，要求企业重视"一带一路"国际合作高峰论坛安全保障工作，执行重要时期领导带班制度，专职安全员24小时值守，强化应急值守人员管理；加强安全检查，确保视频监控、声光报警、紧急切断等安全设备正常运行；实施管控措施，停止散装油销售，强化自助加油机管控，提升防恐安全意识。

（柳世杰）

【票据经营企业安全执法检查】 7月，密云区安全监管局开展危险化学品票据经营企业安全生产专项执法检查，规范企业安全生产经营行为，强化危险化学品行业安全监管。检查危险化学品票据经营企业9家，排查整改隐患问题12项，对安全生产违法行为实施行政处罚2起，罚款0.4万元。

（刘佳）

【副区长抽查加油站安全】 10月1日，密云区副区长范永红带队采取“四不两直”方式，抽查危险化学品企业节日期间安全生产保障工作情况。检查组随机抽查加油站，重点检查加油站负责人是否带班值守、从业人员是否具备应急处置能力、安全设施是否运行正常、监测监控系统是否覆盖到位、应急救援物资是否储备充足等内容。检查发现北京龙禹庆海河加油站节日期间保障预案对风险源分析辨识不全面，中国石化北京密云下屯加油站视频监控点位不一致、图像不清晰。检查组责令2家企业立即采取措施，整改消除安全隐患。

（刘佳）

【加油站贯标改造现场检查】 9月，密云区安全监管局对3座加油站贯标改造施工现场进行安全检查，强化贯标改造施工期间安全监管。检查组重点检查施工现场安全教育、应急管理、用电安全、作业面防护等情况，排查整改隐患问题14项，对3家施工单位实施行政处罚，罚款1.3万元。

（刘佳）

【危险化学品安全保障】 10月12日，密云区安全监管局部署党的十九大期间安全生产工作，要求各有关企业开展安全大检查，排查整改事故隐患。强化应急值守，落实领导带班制度，专职安全员24小时坚守；加油站严格执行散装油禁售措施，停止自助加油；剧毒化学品和易制爆危险化学品经营单位落实销售查验和记录制度；油库实行封闭管理，严格出入登记制度，严禁外界无关车辆、人员入库；各相关企业组织开展应急预案演练，加强生产经营场所及周边的安全巡查。开展危险化学品企业全覆盖执法检查。

（刘佳）

【液氨制冷企业专项治理检查验收】 11月7日，国务院安委会办公室检查组对密云区涉氨制冷企业专项治理工作进行检查验收。检查组对北京马迭尔食品有限公司作业场所安全设施、制冷系统、电器设施、防护用品、应急物资配备等情况进行检查，核验企业快速冻结装置安全措施。检查组对液氨制冷企业专项治理工作给予肯定，并对企业应急物资配备、安全制度规程、配电安全装置等提出改进意见。根据国务院安委会办公室检查组意见，区安全监管局对企业提出整改要求，督促企业整改落实。

（刘佳）

烟花爆竹安全监管

【烟花爆竹零售网点布设】 本年，密云区安全监管局坚持“严格标准、杜绝新增”工作原则，依据《烟花爆竹经营许可实施办法》，履行许可程序，强化安全条件审查，审定烟花爆竹零售网点23个（其中镇街零售网点13个、城区零售网点10个），同比减少34%。

（刘佳）

【烟花爆竹安全管理培训会】 1月18日，

密云区安全监管局召开2017年烟花爆竹零售网点安全管理专题培训会，区安全监管局、工商局、公安局、公安消防支队、镇街负责人和烟花爆竹批发单位、零售网点主要负责人参加培训会。会议传达市、区两级2017年烟花爆竹安全管理工作的有关要求，并就烟花爆竹储存、销售各环节重点问题及注意事项开展培训。会议要求落实安全生产主体职责，把安全责任、措施落实到每个环节、每个岗位和每名员工；开展全区禁限放规定宣传和提示工作；坚持做好日常检查和应急值守工作，防范火源及时清理销售区域可燃杂物；落实“三禁止、三报告、一登记”制度，做好销售流向记录；合法经营，严格按照标准采购、销售烟花爆竹产品，确保2017年春节烟花爆竹经营储存安全稳定。

（刘佳）

【烟花爆竹集中执法检查】 1月22日，密云区安全监管局开展烟花爆竹销售首日集中执法检查。重点检查销售管理人员是否持证上岗，销售场所是否悬挂张贴许可证、警示标识、承诺书，是否配备合格消防器材，视频监控系统是否正常运行，储存、销售是否符合相关规定要求等情况。针对检查发现的隐患问题，执法人员责令零售网点立即整改，并要求各烟花爆竹零售网点负责人强化值守看护，确保经营安全和产品质量，保障春节期间安全稳定。

（刘佳）

【烟花爆竹销售与回收】 1月22日至2月7日，密云区设置烟花爆竹零售网点23个，销售各类烟花爆竹产品1845箱，销售金额147.3万元，同比（2016年销售3358箱、销售金额215.6万元）分别下降45.1%和31.7%。批发单位回收剩余烟花爆竹产品200箱，库存240箱。2月8日，23个烟花爆竹零售网点销售棚全部拆除完毕。

（刘佳）

矿山安全监管监察

【“一带一路”峰会期间专项检查】 5月2日至5日，密云区安全监管局对辖区5家非煤矿山企业进行安全生产专项执法检查，加强“一带一路”国际合作高峰论坛期间安全保障工作。本次检查出动执法检查人员35人次，排查整改隐患问题27项，下达责令限期整改指令书11份。检查组要求企业落实主体责任，开展隐患排查治理工作，营造安全稳定的生产作业环境。

（李磊）

【矿山采空区执法检查】 8月18日，密云区安全监管局对3家矿山企业进行采空区执法检查。针对检查发现的隐患问题，执法人员下达责令限期整改指令书。检查组要求企业建立健全采空区管理制度，完善采空区台账和基础资料，加强生产作业安全管理和应急管理，加强演练，提高事故应急处置能力。

（张鹏鹏）

【党的十九大期间专项检查】 10月15日至20日，密云区安全监管局对辖区5家非煤矿山企业进行安全生产专项执法检查，加强党的十九大期间安全保障工作。执法人员重点检查企业应急值守、隐患排查情况，排查整改隐患问题12项，下达责令限期整改指令书6份。检查组要求企业举一反三，加大隐患排查力度，消除各类隐患。落实安全生产责任制，加强应急值守，确保安全稳定。

（李磊）

【尾矿库销库现场复核】 11月，密云区安全监管局组织区园林绿化局、环保局、水务局、国土分局和属地镇政府分别对大容易沟尾矿库、齐家沟尾矿库进行尾矿库销库现场复核工作。经现场检查，两座尾矿库符合北京市尾矿库销库规范要求，复核合格。

（张鹏鹏）

隐患排查治理

【启动彩钢板专项治理行动】 3月，密云区安全监管局落实区委常委扩大会议精神，成立专项工作小组，制定工作方案，对全区危险化学品经营单位开展彩钢板专项治理行动。经过全面摸排，发现使用泡沫彩钢板的危险化学品经营单位11家，使用面积1211.7平方米。结合摸排情况，区安全监管局建立治理台账，明确责任人员，现场监督整改。

（刘佳）

【危险化学品企业隐患排查】 9月6日至8日，密云区安全监管局组织对全区危险化学品生产经营单位进行安全隐患排查。排查37家危险化学品生产经营单位（加油站30座、工业气体销售单位6家、生产企业1家），排查隐患42项。隐患问题主要是部分加油站配电箱无安全警示标识、油罐井有积水痕迹、卸油区无人体静电消除器、气体销售企业气瓶存放未安装安全帽和减震环。针对排查出的隐患问题，执法人员下达责令限期整改指令书。经复查，隐患问题全部整改完毕。

（刘佳）

【隐患治理工程设计评审】 11月30日，密云区安全监管局组织召开白酒制造企业安全隐患治理工程设计评审会，对2家白酒制造企业治理方案进行评审。与会专家实地踏勘企业生产作业现场，对照设计方案向企业提出整改措施。会议通过2家企业的治理方案。

（张鹏鹏）

【安全隐患整治专项行动】 11月，密云区各镇街、各部门、各单位贯彻落实全市安全生产和消防安全隐患大排查大清理大整治工作推进会及全区安全隐患大排查专项行动工作部署会精神。区城市管理委组织对全区17座城镇居民集中供热锅炉房开展专项安全检查，排查整改在施工程、垃圾卫生填埋场、仓储库房10项消防安全隐患。区水务局对局属各单位、各水务在建工地及所联系单位的厂区运行情况开展地毯式大检查，排查整改安全隐患102项。区交通局领导班子成员带队，检查辖区客货运、出租、汽车维修等企业消防设施配备、充电桩及加气站安全使用、驾驶员消防技能掌握情况等内容，发现问题全部上账，并实施分类监管，整改后逐一验收复查。鼓楼街道利用3天时间清除沙河早市、吉鼎商贸城及其他点位“三合一”“多合一”场所。果园街道全面排查辖区企业、车库、群租房等。各社区全面开展清理活动，清理可燃物74.5吨，采取挖防火沟、洒水等方式清理绿地9000平方米。

（陈旭）

【企业较大危险因素辨识管控】 本年，密云区安全监管局在冶金、有色、建材、机械、轻工、纺织6个行业开展较大危险因素辨识管控工作，将较大危险因素辨识管控融入到企业安全生产标准化建设、隐患排查治理体系建设和日常安全监管中。坚持问题导向、分类指导、源头管控、标本兼治、注重实效的原则，坚持当前和长远相结合、抓基础建设和重点突破相结合，将较大危险因素辨识管控的责任和措施逐级落实到企业岗位，促进企业提升企业事故防范和安全管理能力。

（张鹏鹏）

应急救援

【尾矿库防汛应急预案演练】 6月，密云区安全监管局组织5家矿山企业开展尾矿库防汛应急预案演练。防汛应急演练出动应急救援人员1000余人、车辆20台，尾矿库下游村民500余人参与演练。演练按照“统一领导、分级响应、快速联动、协调有序、高效处置”原则，采取实战演习方式，模拟尾矿库事故场景，整个过程相关人员积极参与、响应迅速、配合默契，圆满完成防汛演练。通过演练，达到完善尾矿库事故应急准备、锻炼应急救援队伍、加强职工宣传教育、提高应急救援队伍能力、增强安全生产水平和事故防范能力的预期效果。

（张鹏鹏）

执法监察

【涉爆粉尘企业安全检查】 3月，密云区安全监管局对全区涉及粉尘防爆重点企业进行执法检查，落实区安委会办公室关于“两会”期间加强安全生产工作要求。检查中，执法人员要求粉尘防爆重点企业落实粉尘防爆管理制度，明确职责，完善安全保障措施，确保生产过程安全稳定。

（马尚彬）

【安全教育培训专项检查】 4月，密云区安全监管局与各属地安全管理部门协同配合，发挥专职安全员力量，开展安全教育培训专项检查。检查企业427家，涉及从业人员19533人、特种作业人员1683人。其中，区安全监管局检查企业64家，涉及从业人员6274人、特种作业人员247人，依法下达执法文书90份，行政处罚7起，罚款7.5万元。

（李磊）

【全民运动会安全保障】 6月1日至10日，密云区安全监管局开展“密云区第一届全民运动会”安全保障工作。成立领导小组，由局长任组长，并专门制定安全保障工作方案，明确工作任务和责任，确保活动期间专人专岗进行安全保障工作。6月8日晚，区安全监管局执法人员现场值守，对会场主席台、LED电子屏等搭建现场进行全过程监督，要求会场设施搭建企业制定活动安全保障方案及应急救援方案，落实主体安全责任，确保运动会顺利举办。

（李磊）

【电气使用专项执法检查】 6月，密云区安全监管局组织开展电气使用安全专项执法检查。此次专项执法检查出动执法检查人员1780人次，检查生产经营单位594家、特种作业人员491人。检查发现电气安全隐患302项，全部整改完毕。通过专项执法，有效推动隐患排查治理工作，打击电气作业违法违规行为，强化特种作业人员持证上岗意识。

（李磊）

【工业企业有限空间安全检查】 8月至9月，密云区安全监管局集中开展工业企业有限空间安全生产大检查。检查工业企业有限空间作业现场23个，重点检查施工作业审批表、事故应急救援预案、检测记录、班前教育、施工现场告知牌、警示标识牌和施工人员个人防护用品等内容。发现事故隐患 33 项，下达责令限期整改指令书 14 份，对 1 家企业实施行政处罚。通过检查，规范全区工业企业有限空间安全管理，增强企业安全生产意识，有效预防生产安全事故。

（李磊）

【文化娱乐场所联合检查】 9 月 13 日至 15 日，密云区安全监管局联合区文化委、公安局消防支队和属地街道，对果园街道、鼓楼街道、十里堡镇、密云镇 4 个镇街的 23 家文化娱乐场所开展安全检查。检查发现隐患问题 31 项，对 1 家新开业游乐场所负责人进行约谈，并对整改不到位的企业依法实施行政处罚。

（刘佳）

【国庆、中秋“两节”执法检查】 10 月 1 日至 8 日，密云区安全监管局组织 10 个检查组，通过执法检查、巡查、抽查、夜查等形式，对危险化学品等高危行业开展执法检查。出动检查人员 46 人次，检查生产经营单位 29 家，排查整改隐患 26 项，下达责令限期整改指令书 6 份。

（陈旭）

职业卫生监督检查

【职业病防治法宣传周活动】 4 月 27 日至 28 日，密云区安全监管局联合区疾控中心在密云区企业用工招聘市场开展第 15 个《中华人民共和国职业病防治法》宣传周活动。此次活动设置宣传展板 10 块，发放宣传手册 1800 余份，悬挂主题横幅 1 条，现场设置咨询台。此次活动通过现场宣教、企业“一对一”宣教、媒体宣教等多种方式开展，职工群众参与积极性较高。活动不仅普及职业病防治知识，还有效提高用人单位重视程度和劳动者职业危害防护意识，取得较好效果。

（马尚彬）

【矿山企业职业卫生专项检查】 6 月 15 日至 7 月 4 日，密云区安全监管局开展矿山企业职业卫生管理专项检查，加强矿山企业职业卫生管理工作。此次专项检查要求矿山企业加强职业卫生管理，履行企业主体责任，完善职业卫生档案和劳动者健康监护档案，监督劳动者正确佩戴个人职业病防护用品，做好劳动者在岗和离岗职业健康检查工作，保护劳动者权益和企业利益。

（马尚彬）

【职业健康宣讲团走进密云】 9 月 28 日，市级职业健康宣讲团到密云区开展巡回示范宣讲活动。密云区安全监管局组织开发区 30 余家企业以及各镇街、经济开发区安全检查人员参加宣讲活动。通过宣讲活动，一线劳动者深入学习职业病防护知识，提高自我保护意识，提高企业保护劳动者职业健康意识，营造良好职业健康氛围。

（马尚彬）

【职业卫生评估】 10 月 31 日至 11 月 2 日，市安全监管局组织评估组，随机抽取密云区 10 家涉及职业危害因素用人单位和 1 个镇街开展职业卫生评估检查。评估组通过查阅档案资料、询问走访劳动者、深入作业现场、对用人单位职业卫生主要负责人和职业卫生管理员进行现场考试等方式，逐一对用人单位的工作场所检测、职业健康检查、防护设备设施、现场管理、教育培训等内容进行检查。评估组对密云区职业卫生监管工作予以肯定，对完善职业健康检查、职业卫生培训等问题提出指导性意见。针对评估组发现的问题，区安全监管局有针对性地督促用人单位进行整改。

（马尚彬）

【机动车维修企业执法检查】 本年，密云区安全监管局对42家存在喷漆房的汽修企业开展执法检查，并进行“回头看”检查。通过执法检查，督促42家企业完善职业卫生基础工作，完成排毒柜设立和改造工作，企业投入资金69.6万元。

（马尚彬）

【职业卫生专项检查】 本年，密云区安全监管局检查职业卫生、地下有限空间和涉爆粉尘企业212家，依法下达执法文书555份（其中责令限期整改指令书108份），排查整改安全隐患214项，行政处罚28起，罚款10.5万元。

（马尚彬）

宣传培训

【隐患排查治理清单编制培训会】 3月2日，密云区安全监管局召开安全生产事故隐患排查治理“一企一标准、一岗一清单”编制培训会，各镇街、开发区、行业主管部门及30家企业相关负责人80人参加会议。区安全监管局聘请专业技术人员为参会人员讲解清单编制基本流程，明确清单编制要求、程序、方法和标准。通过培训，推动全区企业隐患排查治理工作，确保清单编制工作有序开展。

（张鹏鹏）

【移动终端APP使用培训会】 3月15日，密云区安全监管局举办专职安全员检查移动终端APP使用培训会，各镇街、开发区专职安全员参加培训。通过此次培训，增强信息化手段对安全生产检查工作的技术支撑，为专职安全员安全检查过程实施全程化、实时化、动态化管理，有效提高安全检查质量和水平、推进专职安全员检查规范化建设提供保障。

（李磊）

【安监之星评选推荐活动】 3月，密云区安全监管局联合区精神文明办制发《关于组织开展“2017安监之星·北京榜样”密云选拔活动的通知》，对选拔活动进行部署。要求各镇街、开发区和有关部门深入发动，层层推荐，层层张榜，确保选拔活动能够“热在基层，进入一线”；严格把关，确保报名人员的个人事迹材料真实有效；营造氛围，运用政务网站、微信、微博等渠道加大宣传力度，及时报道活动亮点。

（陈旭）

【“双百工程”活动】 3月至9月，密云区安全监管局组织开展“百名安全监管干部与万名企业主要负责人对话谈心”和“百名安全专家服务万家企业”活动。对话谈心企业125家，走访镇街11个，发放《中华人民共和国安全生产法》读本、《生命的名义》案例光盘等宣传材料125套，提高企业负责人安全生产“红线”意识。专家服务小微企业700家、服务社区3个，排查隐患2155项，提出整改建议2033条，发放宣传材料700套，培训专职安全员135人次，增强小微企业安全生产意识和隐患排查能力。

（陈旭）

【制度保障专家服务效果】 4月，密云区安全监管局制定多项制度，为安全生产专家服务企业活动有效开展提供保障。制定

《安全生产专业技术人员管理暂行办法》，明确安全生产专家和技术人员具备的基本条件、服务范围、主要任务、规范守则、推荐程序以及日常管理方法，从而对专家和技术人员的管理做到有章可循。制定《安全生产专业技术人员服务效果评估制度》，汇总分析专家表达能力、专业能力、服务态度、培训效果等方面的评估结果，对专家按需调整，确保专家符合企业服务要求。制定《专家服务企业活动属地隐患排查治理办法》，针对专家查出的隐患问题，开具整改通知书，督促企业按期整改，被服务企业拒不整改或其他原因导致未按期整改的，要主动协调相关负有安全监管职责的部门，督促企业落实整改，完成隐患治理工作。

（陈旭）

【重点行业安全生产培训】 4月至10月，密云区安全监管局面向全区重点行业生产经营单位主要负责人和安全管理人员开展安全生产知识技能培训工作，涉及职业危害企业、非煤矿山企业、危险化学品等重点企业单位。通过分期分批聘请行业专家授课的形式，分别对经济开发区、鼓楼街道、密云镇等21个镇街1043家重点行业生产经营单位主要负责人和安全管理人员开展安全生产知识技能培训，培训人数2167人。通过培训，提升企业相关人员安全技能和意识，提高安全管理水平，强化落实企业主体责任。

（李红霞）

【防灾减灾进社区集中宣传活动】 5月26日，密云区应急办、民政局、安全监管局等20余个部门在鼓楼街道向阳社区广场开展防灾减灾进社区集中宣传活动。区安全监管局向社区居民发放《中华人民共和国安全生产法》《逃生与自救小常识手册》《城镇居民应急逃生与自救安全常识折页》等宣传材料和宣传品1000余份，设立安全宣传展板10余块。对社区居民提出的日常家庭生活安全方面的问题进行解答。通过活动的开展，向社区居民普及防灾减灾常识，增强全社会防灾减灾意识，提高公众应急避险和自救互救能力。

（陈旭）

【安全生产宣传咨询日】 6月16日，密云区安委会办公室在密云镇北京青岛啤酒三环有限公司组织开展以“全面落实企业安全生产主体责任”为主题的全国第十六个“安全生产月”宣传咨询日活动。区委宣传部、公安分局、教委、文化委、民防局、总工会等部门相关领导及区城市管理委、地震局、民防局、气象局等参展单位工作人员参加活动。现场设置气拱门，悬挂安全生产宣传条幅，设置12350宣传咨询台，摆放燃气安全、液化气安全、民防知识、气象知识、生产安全事故案例、安全知识等展板90余块，循环播放安全生产歌曲，营造安全生产宣传氛围。活动向企业职工发放主题张贴画、燃气安全知识读本等宣传资料1万余份，200余名企业职工参与宣传咨询活动。

（陈旭）

【安全生产对话谈心活动】 9月8日，市安全监管局副局长卞杰成到密云区与密云矿山公司、首云矿业股份有限公司、北京威克冶金有限责任公司、北京建昌矿业有限责任公司、北京云冶矿业有限责任公司、密云县放马峪铁矿企业开展对话谈心活动。卞杰成听取各单位安全管理、安全大检查工作情况汇报，了解各矿采矿区、排土场、尾矿库日常情况、存在的问题及采取的措施等，并就存在的问题与企业负责人进行探讨，研究具体改进措施。要求各单位加强安全生产工作，树立把隐患当作事故处理的安全理念，加大隐患排查力度，消除隐患。做好退出企业尾矿库消库工作，确保如期完成消库任务和施工期间安全。

（陈旭）

【行政执法直报系统使用培训】 11月22日，密云区安全监管局组织法制信息科、4个执法科室（队）的14名工作人员参加全市“安全生产行政执法统计联网直报系统”视频培训会。培训讲解直报系统中“人员基本情况”“企业基本情况”“执法检查”“调查处理及责任追究”和“年度执法情况”5大模块使用程序和注意事项，并现场演示操作。培训会后，区安全监管局制定并印发“直报系统”相关工作通知，明确各科室需要上报的内容、范围、程序和时限，对各科室职责进行分工。通过培训，提高全局相关人员对“直报系统”的使用能力，为开展“直报系统”上报工作提供保障。

（陈旭）

【安全生产法宣传周活动】 12月1日至7日，密云区安委会办公室结合工作重点，组织开展《中华人民共和国安全生产法》宣传周活动。区安委会成员单位通过发放宣传资料、现场讲解及答疑解惑等方式，宣传《中华人民共和国宪法》《中华人民共和国安全生产法》，宣传党和政府关于加强安全生产的重大决策部署，普及安全生产知识，引导群众增强安全生产观念，树立社会主义法治理念，自觉维护宪法尊严。宣传周期间，全区组织各类宣传普法活动80余场，发放《中华人民共和国宪法》《中华人民共和国安全生产法》及《安全生产知识手册》等宣传资料5.5万余份，参与群众8356余人。通过活动，宣传普及宪法及安全生产法律法规，为全区经济社会发展提供安全生产法治保障。

（陈旭）

法制建设

【规范清理行政职权事项】 11月，密云区安全监管局对相关职权事项进行全面规范清理。经核对、梳理，明确行政职权5类430项。其中行政许可10项，含市区共有事项5项、区级独有事项5项；行政处罚405项、行政强制4项、行政检查5项，均为市区共有事项；其他类6项，含市区共有事项1项、区级独有事项5项。

（陈旭）

【行政处罚案卷复核】 本年，密云区安全监管局按照《安全生产行政处罚案卷复核制度》，对全局安全生产行政处罚案卷进行合法性和规范性复核。全年复核行政处罚案卷82卷次，提出复核意见510条。

（陈旭）

标准化建设

【标准化复评工作部署会】 3月2日，密云区安全监管局召开安全生产标准化复评工作部署会。完成三级标准化达标的105家企业安全管理人员及涉及的11个镇街、开发区专职安全员参加会议。会议对安全生产标准化复评工作流程和网上系统申报进行讲解，明确复评各环节的时间节点。

（张鹏鹏）

【“百项地标”培训】 8月9日，密云区安全监管局举办2017年安全生产“百项地标”培训班，各镇街、开发区及三级标准化达标企业安全管理人员参加培训。培训班邀请中国安科院专家授课，对安全生产等级评定技术规范的第一部分和第二部分内容进行讲解。通过培训，增强企业事故防范能力、提高安全管理人员管理水平。

（张鹏鹏）

【企业标准化达标验收】 本年，密云区安全监管局开展安全生产标准化达标验收工作，验收达标企业726家，其中三级标准化达标企业160家、小微企业岗位达标566家。

（张鹏鹏）

延 庆 区

概 述

2017年，延庆区安全生产工作在区委、区政府的正确领导下，围绕“四化三体系双基”总任务，落实安全生产责任，深化安全生产专项整治，夯实安全基础保障能力，圆满完成年度各项重点工作任务。

推进“党政同责，一岗双责，齐抓共管，失职追责”安全生产责任体系制度建设，出台《北京市延庆区安全生产工作考核办法》和《北京市延庆区安全生产责任追究办法（试行）》，完善“1+7”安全生产责任体系，形成“1+9”安全生产工作格局。依据《中共中央 国务院关于推进安全生产领域改革发展的意见》及《北京市行政执法机关移送涉嫌犯罪案件工作办法》中行政执法和刑事司法衔接工作有关要求，联合区法制办、纪委、监委、法院、检察院、公安分局制定《关于建立安全生产领域行政执法与刑事司法联动工作实施意见》。

组织协调重点行业部门、属地乡镇街道及评审机构，推进安全生产标准化创建和达标企业抽查考核工作，完成年度目标任务。推进安全生产责任保险工作，超额完成目标责任书中地区企业年参保率不低于6%的投保任务。开展淘汰不合格燃气灶具、安装燃气安全辅助设备和独立式感烟火灾探测报警装置的工作，完成安装4035户。圆满完成安全生产大检查、隐患排查治理“一企一标准、一岗一清单”编制试点、加油站贯标改造、安全风险辨识评估、安全生产信用体系建设、信息化建设等重点工作任务，完善全区安全监管执法体制、机制，健全监管执法保障体系，为深入落实安全生产领域改革夯实基础。

综合监管

【区领导春节前带队安全检查】 1月18日，延庆区区委常委、宣传部部长祁金利和副区长罗瀛带领区安全监管局、文化委、公安分局、工商分局、食品药品监管局、公安消防支队等部门负责人，采取“四不两直”方式对辖区重点网吧、歌厅、电影院和书店进行春节前安全检查。针对检查发现的问题，执法人员向有关企业单位下达责令限期整改指令书，并在规定时间进行复查，确保隐患整改消除。

（周明）

【安全生产工作会议】 4月1日，延庆区安委会召开安全生产工作会议，副区长吴世江和区安委会成员单位主管领导参加会议。会议总结全区第一季度安全生产工作情况，并对下一阶段工作进行安排部署。吴世江就做好下一阶段安全生产工作提出要求：一是认清形势，高度重视安全生产工作；二是层层分解，全面压实安全生产责任；三是严格执法，深入推进重点领域专项整治；四是全面推进年度安全生产重点任务，做好安全生产督查工作。

（李晓伟）

【区委、区政府安全生产专题会】 4月10日、26日，延庆区区委、区政府分别召开区政府常务会和区委常委会，专题听取全区第一季度安全生产工作情况汇报，讨论关于安全生产重点工作及迎接国务院安委会来京巡查的前期准备工作，研究审议《延庆区安全生产工作考核办法》，部署第二季度安全生产工作。区委书记李志军指出，安全生产工作是全区工作的重中之重，一定要紧紧围绕“两件绿色大事”，特别是重点乡镇和重点项目，要加大安全监管力度，确保“两件绿色大事”的顺利推进。

（李晓伟）

【副区长带队检查重点建设项目】 4月11日，延庆区副区长吴世江带领区安全监管局、环保局、交通局等部门负责人，对延崇高速公路、兴延高速公路、京张高铁建设项目的设施设备、应急预案、劳动防护等安全生产情况进行检查。吴世江在检查中指出：要落实安全生产责任制，严格执行隐患排查治理制度，及时整改消除隐患，严防生产安全事故的发生，确保安全稳定。

（闫建杰）

【“五一”期间安全生产部署会】 4月24日，延庆区安委会办公室组织区安委会有关成员单位召开会议，专题部署“五一”期间安全生产保障工作。会议要求各单位落实安全生产责任制，有针对性地制定措施，加强部门联动，加大安全生产执法力度，确保节日期间安全稳定。

（李晓伟）

【市委、市政府安全生产督察】 9月4日至22日，市委、市政府安全生产第五督察组对延庆区安全生产开展驻地督察。听取区委书记李志军关于全区安全生产情况汇报；区长穆鹏主持会议，副区长谢文征、董亮、吴世江汇报分管领域安全生产履职情况。组织区行业部门、乡镇街道、重点企业、功能区管委会主要负责人座谈6次，听取各单位主要负责人安全生产工作汇报52次。延伸督察8个乡镇街道和3个功能区管委会，明察暗访不同类型企业21家，查阅资料9300余份，受理投诉举报6件。

（王平）

【区长带队国庆、中秋“两节”安全检查】 9月28日，延庆区区长穆鹏、副区长吴世江带领区政府办、应急办、旅游委、公安分局、环保局、质监局、安全监管局和公安消防支队等部门负责人，采取“四不两直”的方式，对S2线延庆站、水关长城景区、中石油马振旺爱心加油站、张山营综合检查站和儒林街道胜芳园社区居委会国庆、中秋“两节”和党的十九大期间安全保障部署落实情况、安全运营、反恐防控、电气安全、应急疏散、消防设备设施进行安全检查。检查组针对检查发现个别单位电气线路敷设不符合规范、应急疏散通道被占用等问题，责令其立即整改。经复查，隐患问题全部整改完毕。

（程文杰）

【世园会园区建设安全检查】 9月30日，

北京世园局常务副局长周剑平、副局长武岗和延庆区副区长吴世江带领区住房城乡建设委、环保局、安全监管局等部门负责人，对在建的中国馆和国际馆等重点标段开展安全检查。检查组深入施工现场，了解工程进展情况，检查安全生产工作情况。检查组针对检查发现的土方覆盖、临边防护、特种作业人员持证上岗和正确使用劳动防护用品等问题，提出具体整改要求，责令立即或限期进行整改。经复查，隐患问题全部整改完毕。

（程文杰）

【副区长冬奥会建设项目安全检查】 9月30日，延庆区副区长谢文征带领区安全监管局、环保局等部门负责人对冬奥会进场路和延崇高速公路安全生产和项目建设情况进行安全检查，并慰问一线职工。谢文征在检查过程中，要求建设项目施工单位提高安全生产责任意识，保证施工安全，加大隐患排查治理力度，发现重大隐患要及时控制、解决并上报，确保安全稳定。

（闫建杰）

【区长带队安全检查】 10月10日，延庆区区长穆鹏带领区安全监管局、城管执法局等相关部门负责人对恒生市场及知夏路再生资源回收站进行安全检查。检查组重点检查恒生市场占道经营行为及知夏路再生资源回收站清退工作情况。针对检查发现的疏散通道堵占等隐患问题，检查组对企业下达责令限期整改指令书，并在规定时间内进行复查，确保100%完成整改。

（周明）

【十九大安全生产动员部署会】 10月11日，延庆区安委会召开党的十九大安全生产保障动员部署会，区安委会成员单位负责人参加会议。会议总结全区前3季度安全生产工作，通报市委、市政府安全生产督察组来延庆区督察工作情况，部署下一阶段安全生产重点工作。副区长吴世江就做好第四季度安全生产工作提出要求：一是深入开展安全生产大检查工作，确保党的十九大期间安全稳定；二是各部门、各单位要以安全生产督察为契机，结合安全生产大检查工作，不断增强行业监管、属地监管能力；三是对照目标责任书，推进年度安全生产重点工作进度，确保完成目标责任书中的各项任务。

（李晓伟）

【重点工程安保工作会】 10月15日，延庆区安全监管局、公安分局、住房城乡建设委、城市管理委联合召开党的十九大期间重点工程安保工作会，全区26个重点建设项目负责人参加会议。会上，相关部门对党的十九大期间安保工作提出具体要求，督促施工单位落实企业主体责任，加大隐患排查和整改力度。

（陈祥）

【安全隐患大排查大清理大整治】 11月至12月，延庆区安委会组织开展全区安全隐患大排查大清理大整治专项行动。区领导带队对重点行业领域安全隐患排查治理工作进行检查。全区85个部门和单位制定整治方案，出动检查人员12427人次，检查企业8537家，排查隐患3697项（其中涉及彩钢房1342项，涉及“三合一”“多合一”场所179项），整改隐患949项。查封彩钢板“三合一”出租房屋、彩钢板库房等违规场所186家、5080平方米，关停241家，拆除违法建设10家2968平方米，行政处罚30起，罚款11.01万元。

（李晓伟）

【燃气灶具安全辅助设备安装】 本年，延庆区安委会办公室制发《北京市延庆区关于淘汰不合格燃气灶具、安装燃气安全辅助设备和独立式感烟火灾探测报警器安装工作的实施方案》，确定任务分工，明确选用设备、厂家、安装方案，将任务分解至各属地乡镇街道。定期召开协调会议，开展督导检查，加强统计报告，督促协调相关单位、各乡镇街道开展工作。全年完成灶具更换4035户。

（李晓伟）

【科技与信息化建设】 本年，延庆区安全监管局加强安全生产科技与信息化建设工作。一是做好企业台账管理系统，督促各属地乡镇街道核查企业信息，完善企业台账。二是在全区范围推广使用安全员检查系统，取代纸质执法文书，提高执法检查效能。三是建设安全生产执法信息系统，设计开发GIS地图，将全区生产经营单位准确标注，实现对企业分类分级管理，并与市安全监管局执法信息平台对接。

（李晓伟）

危险化学品安全监管

【危险化学品行业安全部署会】 7月10日，延庆区安全监管局组织辖区42家危险化学品生产经营单位和2家液氨使用单位主要负责人参加国家安全监管总局危险化学品安全监管工作视频会，会后召开延庆区危险化学品行业安全生产工作会。会议总结全区上半年安全生产工作，并对下一阶段重点工作进行部署。要求企业结合夏季高温和汛期特点，严格按照操作规程作业，完善隐患排查治理机制，加强安全生产大检查工作。

（陈祥）

【十九大期间危险化学品夜查】 10月22日，延庆区安全监管局主管领导带队对中石化妫河南加油站、中石化鑫鑫旺园加油站等5家危险化学品经营单位开展安全夜查。针对检查中发现的隐患问题，责令企业立即整改，要求企业落实市安全监管局《关于发布十九大安保期间本市危险化学品和烟花爆竹安全生产管理措施的通告》要求，加强应急值守，遇突发情况及时上报，确保党的十九大期间安全稳定。

（陈祥）

【制药行业易制爆化学品专项检查】 11月15日，延庆区安全监管局主要领导带队先后对北京华润高科天然药物有限公司和北京九龙制药有限公司两家制药企业的易制爆化学品管理制度、易制爆化学品储存条件和出入库记录、电气线路敷设、视频监控安全设备设施等情况进行重点检查。针对检查中发现的问题，要求企业立即整改。

（陈祥）

【易制爆危险化学品安全管理工作会】 11月16日，延庆区安全监管局召开易制爆危险化学品安全管理工作会，全区制药企业及重点工业企业主要负责人参加会议。会议通报前期制药企业执法检查情况，各企业汇报易制爆化学品日常安全管理工作情况。会议要求企业落实安全生产主体责任，完善相关责任制和规章制度，建立易制爆危险化学品台账，加强出入库登记，严格易制爆危险化学品流向管理。

（陈祥）

【危险化学品行政许可】 本年，延庆区安全监管局办理危险化学品经营单位行政许可11家，2家不涉及储存经营企业许可证到期后未对其办理延期。所有不涉及储存经营企业将在 2018 年全部停止办理行政许可。

（陈祥）

【加油站贯标改造】 本年，延庆区安全监管局对辖区 14 座加油站实施贯标改造工作。组织召开加油站贯标改造推进会并约谈加油站负责人，加强施工改造期间安全监管工作，参与加油站贯标改造验收评审，并落实加油站贯标改造奖励资金。按计划完成 12 座加油站贯标改造工作。

（陈祥）

【重点时期专项检查】 本年，延庆区安全监管局在“一带一路”国际合作高峰论坛、党的十九大等重大活动期间，以及元旦、春节、清明节、“五一”、国庆节等重要节假日期间，对全区 42 家涉及储存经营的危险化学品生产经营单位进行专项检查。联合工商、城管、质监、消防等部门先后开展涉氨制冷企业验收、寄递行业隐患排查、反恐安保、安全生产大检查等专项行动，规范企业生产经营活动，排查整改安全隐患。

（陈祥）

烟花爆竹安全监管

【烟花爆竹零售网点布设】 本年，延庆区安全监管局按照“合理布局、方便群众、总量控制、保障安全”基本原则，联合相关部门现场审核，确定布设 9 个烟花爆竹临时零售网点，其中城区 6 个、永宁镇 1 个、八达岭镇 1 个，千家店镇 1 个。设立烟花爆竹零售大棚 6 座，安装音视频监控系统，加强现场实时监控工作。

（陈祥）

【烟花爆竹安全管理培训会】 1 月 17 日，延庆区安全监管局组织属地乡镇街道、烟花爆竹批发仓库和保险公司负责人，以及烟花爆竹零售网点从业人员召开培训会。会上，部署烟花爆竹安全管理工作，对烟花爆竹销售时间节点等要求进行说明，并组织从业人员进行考试。

（陈祥）

【烟花爆竹执法检查行动】 1 月 22 日至 2 月 3 日，延庆区安全监管局采取日查、夜查和联合检查等方式开展烟花爆竹执法检查行动，对烟花爆竹零售网点进行全覆盖、多频次执法检查。出动执法检查人员 54 人次、车辆 19 台次，排查整改安全隐患 14 项，依法下达行政执法文书 25 份。

（陈祥）

【禁限烟花爆竹宣传活动】 6 月 13 日，延庆区安全监管局会同城管执法局和香水园街道办事处，在尚书苑小区开展“禁限放烟花爆竹为人民，共建美丽新社区齐努力”宣传活动。工作人员向居民群众宣传禁限放烟花爆竹区域、时间等规定，耐心解答群众提出的问题，并发放宣传材料。

（闫建杰）

【烟花爆竹配送和销售】 本年，延庆区烟花爆竹零售网点配送烟花爆竹 1104 箱，其中烟花类 440 箱、爆竹类 664 箱，同比增加 41.5%。销售烟花爆竹 1060 箱，销售额 54.1 万元，同比增加 69.1%。

（陈祥）

隐患排查治理

【“散乱污”企业清理整治】 4 月 3 日，延庆区安全监管局会同区环保局、工商分局、城管执法局等部门对张山营镇露天砂石场清理整治工作进行检查。针对检查发现的隐患问题，检查组要求责任单位立即整改。经复查，隐患全部整改完毕。

（周明）

【清单编制试点企业专项检查】 8月2日，延庆区安全监管局对全区隐患排查治理“一企一标准、一岗一清单”清单编制试点企业进行专项检查，了解清单编制工作开展情况和具体细节。针对检查发现的问题，检查组要求有关企业依据《北京市生产安全事故隐患排查治理办法及主体责任规范》进行整改，并提出工作要求。

（闫建杰）

应急救援

【综合应急演练】 5月26日，延庆区安全监管局参与首发集团在延崇高速公路建设项目二标段进行的综合应急演练。针对暴雨、河道洪水对施工现场的影响和防洪度汛、人员溺水、人员触电、消防灭火等事故进行全方面演练。通过演练完善应急预案，提高施工人员安全意识和自救互救能力，增强应急抢险队伍的实战能力。

（李辛）

【消防应急演练】 8月8日，延庆区夏都大地燃气公司举行消防应急演练。此次演练主要模拟燃气管道燃气泄漏并起火采取的应急处置措施。北京夏都大地燃气有限责任公司接到事故报告后，立即派抢险人员赶赴现场处置，并将事故情况上报相关部门；公安消防支队接警后，立即赶赴现场进行稀释和灭火工作；火情得到控制后，由北京夏都大地燃气有限责任公司进行燃气管线抢修工作。整体演练衔接完整，消防和抢修队伍按计划完成应急抢险任务。通过演练，提升区域内突发火灾事件的应急处置能力以及应急预案的执行能力。

（李辛）

【油库应急演练】 10月17日，中石化康庄油库举行消防应急演练。此次应急演练以巡线员发现2号汽油罐进油管线发生破裂为开端，各部门和单位按照发现险情后信息报告、风险评估、疏散群众等程序迅速做出应急响应。油库启动喷淋进行降温防火，防止油罐爆炸。公安消防支队接警后立即赶到事故现场，对爆燃处实施灭火。通过演练，提升区域突发火灾事件的应急处置能力以及应急预案的执行能力。

（李辛）

【应急物资检查】 本年，延庆区安全监管局对辖区3个应急物资储备库内防毒面具、防护服及灭火器材、活性炭、沙子、水泥等应急物资的数量、储存、管理等进行检查。针对检查中发现的问题，要求储备库负责人限期整改，落实应急物资储备制度，加强员工教育培训，安排专人负责，定期检查，确保物资完好无损。

（李辛）

矿山安全监管监察

【尾矿库安全管理】 本年，延庆区安全监管局定期对大庄科乡金石通尾矿库进行专项检查，重点对排水渠畅通、植被生长、是否存在盗采等情况进行实地查看，加强尾矿库安全监管和隐患排查治理。对检查发现的尾矿库排水渠不畅等问题，督促大庄科乡政府落实整改。

（陈祥）

【尾矿库销库前期准备】 本年，延庆区安全监管局协调勘查单位北京燕盛工程技术有限公司和设计单位中国矿冶研究院对大庄科乡金石通尾矿库销库工作进行勘查和评价，完成该尾矿库销库勘查及设计工作。设计单位将施工设计及图纸交予大庄科乡政府。

（陈祥）

执法监察

【春节前人员密集场所联合检查】 1月19日，延庆区安全监管局联合区商务委、工商分局、质监局、公安消防支队对中踏购物广场、超市发中踏店、沃尔玛超市、口福居酒楼等人员密集场所开展春节前安全检查。针对检查过程中发现的隐患问题，执法人员责令存在问题的单位立即整改，确保春节期间安全稳定。经复查，隐患全部整改完毕。

（周明）

【“一带一路”峰会安全保障】 2月至5月，延庆区安全监管局采取6项措施强化安全监管，做好“一带一路”国际合作高峰论坛安全保障工作。一是制定安全保障工作方案，召开动员部署专题会，明确责任，细化各阶段具体工作任务，明确各环节工作要求。二是自3月起，全面启动“一带一路”国际合作高峰论坛安全保障工作机制，5个执法科室包片对重点行业领域开展隐患排查，对隐患问题逐一监督整改落实。三是由局领导带队，对全区重点乡镇街道安全保障工作部署落实情况进行督查，对人员密集场所、建筑施工、危险化学品等高危行业生产经营单位开展专项执法检查。四是会议期间，执法人员开展不间断动态巡查，对高危行业重点单位进行现场督导，严看死守。五是会同相关行业部门对新开复工建筑施工单位及重点行业开展联合执法检查，形成执法高压态势。六是实施管控措施，烟花爆竹零售网点暂停销售、加油站严禁散装油销售，工业气体和化工油漆销售单位严格落实销售实名登记制度。

（程文杰）

【“散乱污”企业联合检查】 3月9日，延庆区安全监管局联合区环保局、商务委、食品药品监管局等部门，对百泉街道“散乱污”企业进行执法检查。先后检查北京长富久红商贸中心、北京市好小子家常菜馆、北京赛美味粥店、北京水芙蓉湘菜馆安全生产情况，针对北京市好小子家常菜馆和北京赛美味粥店存在的电气线路敷设不符合规范问题，执法人员依法下达行政执法文书，责令限期整改。经复查，隐患问题全部整改完毕。

（闫建杰）

【兴延高速公路施工现场安全检查】 3月22日，延庆区安全监管局会同八达岭镇政府对中铁十四局承建（兴延高速公路延庆段石峡隧道与路基爆破工程）项目进行安全检查。针对检查发现的加工区圆盘锯机无防护罩、工人未正确使用劳动防护用品等问题，执法人员责令施工单位立即整改。经复查，隐患问题全部整改完毕。

（周明）

【经济开发区工业企业执法检查】 3月28日，延庆区安全监管局对位于康庄镇的经济开发区工业企业进行执法检查。针对北京康宁顺达玻璃纤维制品有限公司从业人员未正确使用劳动防护用品的问题，执法人员下达责令限期整改指令书。经复查，隐患问题整改完毕。

（闫建杰）

【“双随机”执法检查】 3月30日，延庆区安全监管局主要领导带队开展“双随机”执法检查，重点检查城西再生水厂建设项目、延庆洪波消防器材有限公司施工现场安全生产情况。检查发现延庆洪波消防器材有限公司存在电气线路设置不符合规范、从业人员未正确使用劳动防护用品等问题，执法人员依法下达行政执法文书，责令限期整改。经复查，隐患问题全部整改完毕。

（闫建杰）

【养老机构安全检查】 4月19日，延庆区安全监管局、民政局、公安消防支队等部门对辖区夕阳红养老院、温馨家园养老院等养老机构的日常巡查、电气线路、消防器材等安全情况进行检查。检查发现温馨家园养老院电气线路敷设不符合规范，执法人员依法下达行政执法文书，责令限期整改。经复查，隐患问题整改完毕。

（闫建杰）

【世园会配套工程安全检查】 5月8日，延庆区安全监管局、住房城乡建设委联合对世园会配套工程的北京市政路桥公司和北京城建集团施工现场进行安全检查。检查中发现市政路桥公司和北京城建公司均存在电气线路敷设不符合规范要求、从业人员未正确使用劳动防护用品等问题。针对检查发现的问题，执法人员依法下达行政执法文书，责令限期整改。经复查，隐患问题全部整改完毕。

（闫建杰）

【燃气经营单位安全检查】 5月12日，延庆区安全监管局联合公安消防支队对大榆树镇燃气经营单位进行安全检查。检查发现北京东正捷燃气工程有限公司天然气分公司配电箱中堆放杂物、箱门未做有效跨接等隐患。针对检查中发现的问题，执法人员依法下达行政执法文书，责令限期整改。经复查，隐患问题全部整改完毕。

（闫建杰）

【世园会重点工程安全检查】 6月21日，延庆区安全监管局对世园会重点工程进行安全检查。检查发现北京宇阳泽丽防火材料有限责任公司存在未按规定对从业人员进行教育培训、临时用电不符合规范、临边防护不到位等问题。针对检查发现的问题，执法人员依法下达行政执法文书，责令限期整改。经复查，隐患问题全部整改完毕。

（闫建杰）

【延崇高速公路建设项目安全检查】 8月23日，延庆区安全监管局对延崇高速公路建设项目第四标段施工的中交第一公路工程局和第七标段中铁十四局进行安全检查。针对检查发现的施工现场缺少安全警示标识问题，执法人员下达责令限期整改指令书，并按期对整改情况进行复查，隐患问题整改完毕。

（程文杰）

【国庆节前旅游景区安全检查】 9月20日，延庆区安全监管局、旅游委、公安消防支队等部门对玉渡山风景区和辉煌假日酒店进行安全检查。检查发现，辉煌假日酒店安全巡查记录未及时填写，执法人员依法下达行政执法文书，责令限期整改。经复查，隐患问题整改完毕。

（闫建杰）

【重点单位执法检查】 10月19日，延庆区安全监管局主要领导带队对北京京西北汇通加油站贯标改造施工现场、中石化延柏加油站、香营晋阳寺施工现场等重点单位开展执法检查。针对检查发现的从业人员未正确使用劳动防护用品、施工现场临时用电不符合规范、个别灭火器到期末检等问题，执法人员责令相关单位立即整改。

（陈祥）

【白酒制造企业安全检查】 11月2日，延庆区安全监管局对北京八达岭酒业有限公司和北京市八达岭酿酒公司改造项目进行安全检查。针对检查发现的施工作业人员未正确使用劳动防护用品的问题，执法人员下达责令限期整改指令书，并按期对整改情况进行复查，隐患问题整改完毕。

（程文杰）

【京张铁路建设工程联合检查】 12月19日至21日，延庆区安全监管局联合区住房城乡建设委、环保局等部门，对中铁五局京张铁路三标八达岭隧道一号斜井、中铁十八局京张铁路四标施工现场、中铁五局所属京张铁路三标八达岭隧道二号斜井钢结构加工厂、斜竖井通风井施工现场进行安全检查。针对检查中发现问题，执法人员责令相关单位立即整改。

（闫建杰）

职业卫生监督检查

【职业健康培训】 4月24日至28日，延庆区安全监管局举办两期用人单位主要负责人和职业健康管理员培训班，284人参加培训、考试，颁发《北京市用人单位主要负责人职业健康培训合格证》《北京市职业健康管理员培训合格证》。

（王海涛）

【职业病防治法宣传活动】 4月26日，延庆区安全监管局会同区卫生监督所、疾控中心在北京京城压缩机有限公司举办职业病防治法宣传活动。宣传主题为“健康中国，职业健康先行”，宣传主要内容包括《中华人民共和国职业病防治法》等法律法规和配套规章及标准，发放宣传资料。通过宣传活动，使职工群众认识、了解职业病危害及防治职业病的方法。

（王海涛）

【职业健康巡回宣讲】 本年，延庆区安全监管局多次邀请市级职业健康宣讲团来到延庆区，为全区40余家单位620余名职工进行职业健康宣讲，使广大劳动者深刻认识到职业病对个人、家庭以及社会的危害，提升广大劳动者自我防护意识。

（王海涛）

【企业职工健康体检】 本年，延庆区安全监管局组织企业职业健康体检活动，联系国家安全监管总局职业安全卫生研究中心石龙医院体检中心，分2批次为延庆区企业和在建重点建设项目施工单位2400余名从业人员进行职业健康体检。解决企业职业健康体检路途远、手续烦琐等问题。

（王海涛）

宣传培训

【有限空间作业培训】 3月7日，延庆区安全监管局为北京市电信工程局延庆工程处举办有限空间作业培训，就有限空间作业基本知识、相关政策法规、从业人员防护用品和设备使用、有限空间作业事故案例分析及事故特点等方面进行讲解，指导企业有限空间作业安全管理工作。150余名干部职工参加培训。

（王海涛）

【安全生产宣传咨询日】 6月16日，延庆区安全生产月宣传咨询日活动在延庆区世园会举行，副区长吴世江和区委宣传部等16个区安委会成员单位负责人，以及城建公司等18个建筑施工单位代表500余人参加活动。宣传咨询日通过现场知识问答、观看安全生产警示教育片、发放安全生产宣传资料等形式开展安全生产宣传教育活动。全区各乡镇街道、中关村延庆园、重点企业和旅游景区设立宣传分站，开展安全生产宣传教育活动。

（李晓伟）

【安全生产月活动】 6月，延庆区安全监管局在安全生产月活动中，组织开展安全生产宣传咨询日、安全文化“六进”（进工地、进商市场、进学校、进景区、进社区、进工厂）、安全生产知识竞赛、有限空间作业大比武等11项宣传教育活动。设立宣传站31处，发放宣传挂图、各类折页、安全知识手册等宣传资料1.2万余份。通过深入基层、深入企业、面向一线职工群众开展多种形式的宣传教育活动，提高生产经营单位从业人员和社会公众的安全意识，营造良好的安全生产社会氛围，掀起学习安全、关注安全的新高潮。

（李晓伟）

【“安康杯”知识讲座】 7月27日，延庆区安全监管局、总工会会同市安全生产青年人才促进会，在中关村延庆园举办“安康杯”安全隐患排查治理知识讲座，并组织现场观摩活动。企业代表60余人参加知识讲座和现场观摩。

（李晓伟）

【法律知识考试】 11月17日，延庆区安全监管局举行全局“贯彻落实党的十九大精神 维护宪法权威”法律知识考试活动。考试前举行宪法宣誓，考试采取闭卷考试形式。考试内容主要包括宪法、民法通则、刑法、行政法、环境保护法等相关法律法规知识，党的十九大以及世园会、冬奥会、“疏解整治促提升”等相关内容。考试成绩优秀率100%。

（李辛）

【普法宣传活动】 12月7日，延庆区安全监管局执法人员赴华旺隆超市、京邦达贸易有限公司、京韵货运代理有限公司开展普法宣传活动。通过发放宣传资料、现场讲解等方式，宣传《中华人民共和国宪法》《中华人民共和国安全生产法》等法律、法规，以及冬季安全生产注意事项。要求企业强化安全意识，健全安全生产责任制，落实企业主体责任。进入冬季火灾多发阶段，要加强日常巡查，确保设备设施正常运行，勤于检查电气线路，有效遏制火灾事故发生。

（周明）

【安全生产宣讲团】 本年，延庆区安全监管局组织安全生产宣讲团到辖区115家生产经营单位开展安全生产宣传及警示教育活动，宣讲对象4500余人，发放法律法规等宣传材料950余份。通过讲解安全生产法律法规、播放事故案例、现场演示等方式，受到职工群众欢迎和好评。宣讲活动中增加提问环节，听众参与踊跃，达到很好的安全生产知识普及效果。

（李辛）

法制建设

【行政审批制度改革】 本年，延庆区安全监管局完成14项安全生产行政许可及非行政许可事项的目录管理系统网上录入审核。通过政务网站上设置的“办事服务”专栏上公布10项行政许可事项。

（陈祥）

【核对权力清单】 本年，延庆区安全监管局根据区审改办《关于核对市、区两级政府部门权力清单（2017 版）的函》和区法制办《关于抓紧核对延庆区行政处罚权力清单（2017 版）的通知》文件要求，依照安全生产法律、法规、规章，核对权力清单及行政处罚职权事项。经过核对，现有行政强制 4 项、行政检查 5 项、行政许可 5 项、其他权力 1 项、行政处罚 405 项。

（李辛）

【执法案卷评查】 本年，延庆区安全监管局组织行政执法案卷自查自评，抽取 2016 年 7 月 1 日至 2017 年 6 月 30 日期间 20 卷案卷进行自查。评查所有案卷均为优秀卷。通过行政执法案卷评查工作，加强对执法业务骨干人员培养，推进行政执法规范化建设。

（李辛）

标准化建设

【企业标准化建设】 本年，延庆区安全监管局制定《关于做好 2017 年度安全生产标准化建设工作的实施方案》，明确标准化创建任务及要求。定期召开标准化工作协调会，加强协调和推进工作。全区各部门、各属地乡镇街道、各单位有序开展安全生产标准化工作。企业安全生产标准化达标 406 家，其中三级及以上标准化达标企业 31 家、小微企业岗位达标 375 家。

（李晓伟）

北京经济技术开发区

概　　述

2017 年，开发区安全生产工作围绕“四化三体系双基”总任务，落实安全生产“党政同责，一岗双责”，做好党的十九大和北京市十二次党代会安全生产保障工作，精准发力、务实创新，扎实开展各项安全生产工作，确保全区安全生产形势稳定向好。

深化安全隐患排查治理。深化“统一配送＋物联监控＋精细监管”危险化学品管理工作模式，完成 150 家企业“一企一标准、一岗一清单”编制工作，推进重点涉危企业、涉爆粉尘企业安全隐患排查治理。加强重点单位有限空间作业专项整治，建立开发区工贸企业有限空间辨识台账。开展企业查新与现状跟踪，推进“安责险”投保工作，落实职业卫生基础建设达标。开发区安全监管局出动执法人员 3298 人次，检查企业 1639 家次，排查整改各类隐患 1298 项，依法下达行政执法文书 864 份，罚款 88.5 万元。

推进安全生产应急体系建设。修订完成开发区危险化学品事故应急预案，推进 2017 年有限空间应急示范试点工作。以“安全监管局引导，涉及企业主导，机构技术支持”的工作原则，尝试建立重大危险源企业与周边企业沟通联系的应急联动新机制，实现安全风险交底，以点带面的联动片区，达到危险化学品风险互知、互控、互救的工作效果。

开展安全生产宣传教育工作。开展以企业主要负责人、安全管理员、职业卫生管理员为主的3类人员培训及危化库管员专项培训，培训3000人次。成功举办第三届安全生产知识竞赛，区内46家企业138人报名参赛。开展“双百工程”活动，与区内48家企业主要负责人开展对话谈心活动。有效推进企业安全文化示范建设，完成区内5家安全文化示范企业申报工作。如期举办开发区注册安全工程师主题论坛，全面开展安全生产月宣传教育活动。

综合监管

【第一次安委会联席会议】 1月18日，开发区安委会召开第一次联席会议，区安委会成员单位负责人参加会议。会议研究部署春节、全国“两会”安全保障工作，要求各单位加强动员部署，加强重点监管，加强应急值守，确保春节和全国“两会”期间安全稳定。

（张月）

【中芯国际扩产项目协调会】 2月7日，开发区安全监管局组织召开中芯国际扩产项目相关单位协调会，开发区质监分局、投促局、规划分局、公安消防支队负责人，以及3家待建项目企业、3家设计单位负责人和专家参加会议。会上，企业和设计单位分别介绍情况，说明待建项目与周边环境安全距离的设计依据及符合性依据。各部门按照职责分工，提出设计施工阶段的意见与建议。本次协调会通过提前介入，加强各部门沟通，提高项目执行工作效率及合法性，有效推动中芯国际扩产项目按时完工、顺利投产。

（冯丽颖）

【安全生产工作大会】 3月21日，开发区安全监管局召开全区企业安全生产工作大会，开发区质监分局、公安交通大队、公安消防支队等部门负责人，415家企业的500余名安全生产负责人参加会议。会议总结2016年安全生产工作，对全区2016年安全生产获奖单位及个人进行表彰。会上，开发区质监分局、公安交通大队、公安消防支队分别对2017年安全生产工作进行部署。开发区安全监管局针对《2017年工作要点》中涉及的标准化建设、隐患排查治理、危险化学品统一配送及专用储存室整治、职业病防治、有限空间治理、教育培训、应急救援能力提升等18项安全生产重点工作进行全面部署。发放《开发区工业企业安全生产管理经验专题交流片》，光盘收录区内11家企业优秀管理经验，向全区企业宣传推广。

（张润婕）

【第二次安委会联席会议】 4月17日，开发区安委会召开第二次联席会议，区安委会成员单位负责人参加会议。会议研究部署“安责险”投保工作，要求各行业部门加大“安责险”宣传力度，扩大投保范围，有序推进重点行业领域“安责险”投保工作。

（张月）

【管委会副主任带队安全检查】 5月3日，开发区管委会副主任沈永刚带领安全监管、消防等部门负责人对鸿博昊天科技有限公司、立菲生物科技有限公司和凯因科技生物技术有限公司进行安全检查。检查组重点检查企业危险化学品储存、消防设施配备和粉尘处理等情况，要求企业配备专职安全员、落实安全管理制度、保持安全设施设备完好。对检查发现个别企业存在耗材乱堆乱放、消防设施设置不合理、粉尘处理不到位等现象，检查组要求企业立即整改，消除安全隐患。沈永刚指出，企业要切实增强安全生产主体责任意识，落实好各项安全制度，不断改善企业员工安全作业环境，及时配备配发防护设备，确保相关设施始终在最佳状态运行。要狠抓安全生产会议、制度的落实，开展安全自查，对发现的隐患要建立台账，明确整改责任人和整改时限，确保隐患及时消除。

（蒋立涛）

【第三次安委会联席会议】 7月3日，开发区安委会召开第三次联席会议，区安委会成员单位负责人参加会议。会议总结上半年安全生产工作，研究部署暑期、汛期和下半年重点工作，要求各单位加强安全监管，强化隐患排查，严防各类重特大事故发生。

（张月）

【大型活动安全管理工作座谈会】 7月14日，开发区安全监管局召开《开发区大型活动现场安全生产工作指南（试行）》座谈会，开发区宣传部、党群工作部、总工会、管委办、投促局、社发局、科技局、企服局、人劳局等部门参加会议。通过座谈，向各部门解读《开发区大型活动现场安全生产工作指南（试行）》的详细内容，规范大型活动现场安全生产工作流程，加强开发区大型活动现场安全管理工作。

（褚巍）

【全区大检查工作动员部署会】 7月21日，开发区安委会召开大检查贯彻落实专题会。会议由开发区工委副书记、管委会主任、安委会主任梁胜主持，区安委会成员单位主要负责人参加会议。会议传达国务院安委会电视电话会议精神，部署全区安全生产大检查工作。会议要求各部门、各单位将国务院安委会电视电话会议精神传达至每一位干部，学习领会国务院领导同志重要讲话精神，做好开发区安全生产各项工作。贯彻落实《中共中央 国务院关于推进安全生产领域改革发展的意见》，抓紧整改存在的问题，采取有效措施，坚决遏制较大以上事故发生。制定方案，开展安全生产大检查工作，为党的十九大胜利召开创造安全稳定的社会环境。

（张润婕）

【国务院安全生产大检查督导会】 8月14日，国务院安委会办公室第十三督导组到开发区开展安全生产大检查督导工作，开发区工委书记周立云主持召开国务院安全生产大检查工作督导会，向督导组汇报开发区安全生产大检查工作开展情况。周立云指出，党的十九大期间确保绝对安全，是开发区首要任务，作为打造全国经济发展新高地的重要区域，一定会把责任扛起来，按照党中央、国务院和市委、市政府的部署，把安全生产工作做实、做到位。周立云强调，对于国务院安委会办公室督导工作，各部门、各单位一定要高度重视，把中央和市委、市政府关于开展安全生产大检查工作的精神学习领会好，按照安全生产大检查要求逐条对照检查，把开发区安全生产工作再落实、再部署，特别是对检查组指出的问题，一定要紧紧抓在手里、认认真真整改，真正以督导检查为契机，把这次安全生产大检查工作推向前进，把开发区安全生产工作提升到一个新的高度。

（张月）

【专职安全员工作推进会】 8月31日，开发区安全监管局召开全区安全生产专职安全员工作推进会，区安委会成员单位有关负责人参加会议。会议对加强专职安全员队伍管理、职能部门安全生产检查队规范化建设试点、规范生产经营单位台账管理系统、安全生产检查队开展微信公众号试点和专职安全员队长标兵、领军人才选拔等工作进行通报和部署。

（孙鹏）

【基础档案建设托管服务】 8月至11月，开发区安全监管局启动企业安全生产基础档案建设托管服务工作，按照“政府推动、企业实施、中介帮扶”的工作原则，由北京地大安环科技发展有限公司帮助42家重点企业建立完备的安全生产管理档案。通过此项工作，加强企业安全生产档案管理工作，落实各项安全管理制度和措施，提升企业安全管理水平。

（范文宾）

【第四次安委会联席会议】 10月20日，开发区安委会召开第四次联席会议，区安委会成员单位负责人参加会议。会议研究部署四季度安全生产工作，要求各单位准确把握岁末年初安全生产规律和特点，开展安全生产大检查，筑牢安全防线，确保全区安全稳定。

（张月）

【安全隐患大排查大清理大整治】 11月至12月，开发区工委、管委会部署开展安全隐患大排查大清理大整治专项行动，全面排查治理安全隐患。区安委会制定《开发区安全隐患大排查大清理大整治专项行动工作方案》，成立专项行动专班组，推进专项行动开展。专项行动期间，开发区工委、管委会领导先后召开8次工作推进会和5次专题会议，带队检查37次，检查单位85家，发现安全隐患91项，全部整改完毕。全区出动执法人员10546人次，检查企业6232家次，发现隐患问题1836项，其中上账隐患1836项，整改率100%，“三合一”重大隐患治理28项，整改率100%；行政处罚49起，约谈各类企业、单位109家，罚款37.1万元，停产停业25家；清运杂物780余车，拆除彩钢板临时建筑1681间、面积3.62万平方米，清理群租房443间、面积1.64万平方米，清退人员1700人。

（张月）

危险化学品安全监管

【涉危专用储存室治理部署会】 1月17日，开发区安全监管局召开2017年涉危企业专用储存室专项治理动员部署会。会议要求区内38家涉危企业建设符合《北京市安全生产等级评定技术规范第2部分：安全生产通用要求》（DB11/T 1322.2—2017）的危险化学品专用储存室，化解危险化学品存储环节安全风险，利用物联网监测提升企业危险化学品事故预警预防能力，防范危险化学品事故发生。

（林晓伟）

【涉危专用储存室现场核查会】 2月8日，开发区安全监管局组织技术支持机构和物联网服务公司召开涉危企业专用储存室现场核查准备会。会议就现场核查工作重点内容、标准要求、开展形式、进度安排和人员分工进行部署，并对联合专家组提出的问题进行解答。要求联合专家组按照任务分工密切配合，确保工作按时保质完成。与会单位还就后续专用储存室设备设施改造、文档记录格式规范等内容进行交流。

（林晓伟）

【危险化学品库房管理员培训班】 5月25日，开发区安全监管局举办第一期危险化学品库房管理员培训班。围绕工业企业危险化学品仓库管理员应知应会的仓库作业职责，邀请北京化工协会专家为区内200余名危险化学品库房管理员进行授课。通过培训，提高企业危险化学品安全管理水平和应急处置能力。

（薛小敏）

【危险化学品管理总结会】 10月13日，开发区安全监管局召开危险化学品管理总结会，对危险化学品票据经营单位监管的“一通知三措施”工作进行总结。北京马尔蒂科技有限公司等18家企业负责人参加会议。会议指出，在危险化学品流通过程中，票据经营是关键环节，通过对票据经营单位监管，掌握从上游采购环节到中间委托储存、委托运输、下游销售环节全流程动态。开发区安全监管局督促企业依法依规经营，制发《关于加强无储存危险化学品经营单位安全监管工作的通知》，采取3项措施摸清危险化学品票据经营单位底数，补短板促提升，开发区危险化学品票据经营单位由10家减少到8家，第二、三类非药品类易制毒备案企业从6家减少到4家，3家核减品种的票据经营单位核减率48%，实现全流程可控的目标。

（薛小敏）

隐患排查治理

【隐患排查治理清单编制动员会】 3月21日，开发区安全监管局召开隐患排查治理“一企一标准、一岗一清单”编制动员部署会，全区参加清单编制企业和安全生产中介机构负责人参加会议。会议通报隐患排查治理“一企一标准、一岗一清单”编制工作情况，部署下一阶段工作，提出年内150家企业完成清单编制工作的目标任务。会议要求各单位积极配合，加强协作，编写符合企业实际情况的自查标准，针对每一个岗位编制排查清单，并按时上传北京市隐患排查信息系统。区安全监管局加强监督检查和评估考核，确保工作取得成效。

（夏振文）

【隐患排查信息系统使用培训会】 9月7日，开发区安全监管局组织40余家隐患排查治理清单编制企业，召开隐患排查信息系统使用培训会。此次培训针对参与市级考核的15家企业进行考核前指导，对系统使用存在问题的企业进行辅导，就系统上报过程中存在常见问题和注意事项进行细致的说明。会议要求各单位重视清单编制工作，及时、如实反馈信息系统使用过程中存在问题，保证有效使用系统。

（夏振文）

【城市安全风险评估工作会】 11月2日，开发区安全监管局召开城市安全风险评估工作会，区内近200家工业企业安全管理负责人参加会议。会上，市劳保所专家就企业如何开展安全风险评估和使用市安全监管局安全风险评估系统上报工作进行有针对性培训。开发区安全监管局有关负责人对企业开展风险评估的工作步骤进行说明，并解答企业安全管理负责人提出的问题。会议要求企业指定专人负责落实安全风险评估工作，按照工作要求完成企业风险源辨识和系统填报工作。

（蒋立涛）

【工业园区安全隐患自查部署会】 11月30日，开发区安全监管局组织工业园区物业单位、产权单位召开“三合一”“多合一”

安全隐患自查部署会，对各工业园区安全隐患自查自纠工作进行部署，重点摸排可燃材料夹芯彩钢板建筑以及存在人员住宿场所与加工、生产、仓储、经营等场所在同一建筑内混合设置的“三合一”“多合一”安全隐患，并提交自查报告。会议要求各单位突出重点，开展隐患自查工作，严肃查处违法违规行为，深化安全隐患大排查大清理大整治。对责任不落实、组织不得力的单位，追究企业和相关负责人的责任。

（高云祥）

【城市安全风险评估阶段性成果】 本年，开发区安全监管局组织区内 200 家工业企业实施安全风险评估管控工作，各企业按照工作步骤要求开展风险源自查、风险评估报告撰写等工作，并进行系统填报。184 家企业登录系统，102 家企业完成填报任务，线上审核企业 80 家。企业上报风险源 3814 个，应急队伍 342 支，应急专家 71 人，应急装备 2083 台（套）。上报的风险源中，低风险 3412 个、一般风险 395 个、较大风险 7 个，无重大风险源。

（蒋立涛）

应急救援

【应急示范企业试点工作部署会】 7 月 25 日，开发区安全监管局召开应急管理示范企业试点工作部署会，北京奔驰汽车有限公司等 29 家企业参加会议。会议传达 7 月 21 日市安全监管局应急管理示范企业试点工作培训会精神，部署开发区应急管理示范企业试点工作，要求参会单位按照全市统一部署保质保量完成工作任务。

（薛小敏）

【应急预案修订工作会】 10 月 16 日，开发区安全监管局组织专家和北京京东方光电科技有限公司等 5 家重大危险源企业召开重大危险源企业“一对一”应急预案修订工作会。参会专家从政府预案相关管理要求、规范属地政府重大危险源突发事故应急救援工作程序、更新重大危险源信息、有关部门职责、社会应急资源，以及完善属地政府与重大危险源企业应急预案相互对应和紧密衔接的预案管理体系、增强应对和防范事故应急救援能力等方面，为重大危险源企业讲解预案修订的背景、编制流程、工作进度等相关事项，并就预案修订中的有关数据和内容与企业进行核对。

（薛小敏）

【危险化学品事故应急演练】 12 月 14 日，开发区安全监管局配合区应急办举办危险化学品事故应急演练，参加演练的单位包括公安、交通、消防、环保等部门。事故模拟和路雪（中国）有限公司发生液氨泄漏事故。整个演练分为 3 部分：一是演练事故发生后企业自行应急处置；二是演练事故扩大后企业与政府之间的信息报送；三是演练政府部门应急响应程序及紧急拉动情况。通过演练，检验企业应急预案及处置程序，梳理政府与企业之间，政府各部门之间信息报送、协同处置等机制，帮助各部门梳理应急处置程序，检验应急响应机制，提高应急处突能力。在锻炼队伍的同时，收集大量基础数据，为应对危险化学品事故提供经验。

（薛小敏）

执法监察

【全国“两会”安全保障】 3 月 3 日至 20

日，开发区安全监管局开展区内危险化学品生产和经营、重大危险源、爆炸性粉尘等涉危企业安全检查，督促企业加强应急值守和隐患自查，做好全国“两会”期间安全生产保障工作。出动执法检查人员308人次、车辆154台次，检查企业154家，排查整改隐患问题120项。

（高云祥）

【安全生产大检查行动】 7月至10月，开发区安全监管局在全区范围内开展安全生产大检查行动。制定《安全生产大检查实施方案》和《安全生产大检查自查自纠检查表》，通过“双随机”和“四不两直”方式深入企业开展执法检查，对检查发现的每一项违法违规行为，依法给予严肃处理，落实管控措施。对涉及跨部门、跨行业的重大问题，加强联合执法。期间，出动执法检查人员472人次、车辆236台次，检查企业236家，排查整改安全隐患273项。

（高云祥）

【机器人大会安全保障】 8月22日至27日，世界机器人大会在北京亦创会展中心召开。开发区安全监管局负责大会现场临时搭建物施工安全。机器人大会有150家展商参展，A、B、C馆及室外展区有大量临时搭建物施工，上千工人同时入场施工。施工进场开始，开发区安全监管局全体人员，采取白加黑的模式，每天分成两个时段、4个执法组对施工现场进行检查，确保活动安全有序开展，圆满完成保障任务。

（褚巍）

【党的十九大期间执法检查】 10月7日至29日，开发区安全监管局开展党的十九大期间专项执法检查工作。重点检查危险化学品、爆炸性粉尘，涉氨、涉氯、涉氢和有限空间等行业领域安全生产工作，督促企业加强应急值守，加大隐患排查力度，防止各类事故发生。出动执法检查人员182人次、车辆91台次，检查企业91家，排查整改安全隐患44项。

（高云祥）

【安全隐患整治行动执法检查】 11月至12月，开发区安全监管局围绕安全隐患大排查大清理大整治专项行动，针对工业企业、研发实验室、仓储物流企业、危险化学品生产经营企业、涉氨涉氯企业和涉爆粉尘企业开展执法检查。加强值守应急，确保随时应对突发事件。专项行动期间，检查企业305家，排查整改安全隐患529项。与安委会成员单位开展联合执法，全方位推进企业安全管理工作。

（高云祥）

职业卫生监督检查

【有限空间作业专项培训】 6月29日，开发区安全监管局针对夏季有限空间作业生产安全事故多发的特点，举办开发区有限空间作业专项培训班。培训班邀请市劳保所安全生产专家为区内涉及有限空间作业企业的安全管理人员及从业人员进行授课，课程涵盖有限空间概念、法律法规、作业程序以及应急救援等方面的知识。200余名企业职工参加培训。

（张润婕）

【新立项企业“三同时”工作会】 7月13日，开发区安全监管局组织燕东微电子科技有限公司、华卓精科（北京）精密运动系统科技有限公司、中芯北方集成电路制造（北京）有限公司等20家新立项企业负责人召开“三同时”工作会。重点讲解安全生产和职业卫生“三同时”工作的重要性，要求企业在立项、施工及竣工各阶段做好“三同时”工作，从源头上控制、减少和消除事故隐患。做好危险化学品、有限空间作业、爆炸性粉尘安全管理工作。

（刘国建）

【有限空间安全管理现场观摩】 9月20日，开发区安全监管局组织区内25家存在污水处理系统的企业到北京章光101科技股份有限公司进行现场观摩学习。通报全市工业企业有限空间作业条件确认工作的检查情况，要求企业举一反三，排查整改有限空间安全隐患。北京章光101科技股份有限公司安全管理负责人就开展有限空间作业准备、审批等环节进行讲解和实际操作演示，有关专家进行点评并解答相关问题。

（刘国建）

宣传培训

【安全生产法规培训】 3月1日至2日，开发区安全监管局组织企业安全生产管理人员开展安全生产法规的专项培训工作。就企业自身工作要求、主体责任落实和政府监管工作要求等进行培训，总结近年来修订及废止的安全生产法律法规，其中新修订的法律两部、新修订的规章9部、新增规章2部、废止规章1部。此次培训，贴近企业实际工作需求，使企业安全生产管理人员增强法制观念，贯彻落实安全生产法律、法规。

（张涛）

【防震减灾宣传日活动】 5月12日，开发区安全监管局在博大公园开展防震减灾宣传日活动，发放各类宣传手册100余册，宣传海报200余份，为群众现场讲解安全生产知识，提高广大群众的安全意识和避险能力。

（李浩）

【安全生产知识竞赛】 6月7日，开发区安全监管局、总工会在北京电子科技职业学院联合举办2017年开发区安全生产知识竞赛决赛，开发区企业员工代表、电科院学生代表260人现场观摩比赛。此次竞赛主题为“落实企业主体责任，加强安全法制建设”，区内46家企业的138名员工报名参加本次竞赛，经过初赛、复赛，最终北京金风科创风电设备有限公司、北京奔驰汽车有限公司、揖斐电电子（北京）有限公司、康龙化成（北京）新药技术有限公司、北京华测北方检测技术有限公司5家企业的6支代表队进入决赛，金风科创代表队以总分250分的好成绩夺得冠军。举办安全生产知识竞赛旨在引导企业落实主体责任，树立职工安全意识，普及安全生产知识，增强安全防范能力。

（张润婕）

【安全生产宣传咨询日】 6月16日，开发区安委会以“落实主体责任，筑牢安全基础”为主题在博大公园广场面向区内600家工业企业举办安全生产月咨询日活动，区安委会成员单位及有关企业单位负责人参加活动。通过现场咨询、发放宣传品、举办展览、播放宣传片、谜语竞猜、灭火体验、有限空间演练实践、燃气知识现场讲解等形式向职工群众宣传安全生产知识。全区2000余名安全管理人员参加宣传咨询日活动，发放宣传挂图19000套、光盘600套、安全知识读本4500本、安全宣传品9000件，布设宣传条幅30条、宣传展板120块。

（李浩）

【注册安全工程师考前辅导班】 8月29日至9月1日，开发区安全监管局举办注册安全工程师考前辅导班，对区内企业报考注册安全工程师的安全管理人员进行集中辅导。辅导班聘请首都经贸大学教授为考生进行授课，针对考试大纲、教材及往年重点考试内容，答题注意事项方面为学员进行讲解。课后学员们表示，通过参加考前辅导使自己的复习备考具有方向性。

（张润婕）

标准化建设

【标准化工作会】 8月16日，开发区安全监管局召开安全生产标准化工作会，区内相关企业参加会议。会上，专家为参会企业讲解安全生产标准化初评、复评的评审标准、企业信息跟踪分析及现场检查等专项工作内容及要求，并与企业搭建联系平台，及时解决企业开展标准化工作过程中遇到的问题，为推进安全生产标准化工作奠定基础。

（孙鹏）

【企业标准化达标创建】 本年，开发区安全监管局按照全市统一部署，结合实际，组织专家对博兴街道、荣华街道小微企业岗位达标创建工作进行指导，小微企业岗位达标109家。

（孙鹏）

▶ 1月6日，首钢集团召开安全生产大会

◀ 10月14日，首钢集团召开钢铁板块本质化安全管理现场交流会

▶ 10月25日，首钢集团董事长靳伟（右二）、总经理张功焰（左三）、副总经理赵民革（左二）检查冷轧薄板公司安全生产工作

12 月 8 日，北汽集团总经理张夕勇（中）带队检查北京现代汽车有限公司安全生产工作

12 月 11 日，北汽集团党委副书记韩永贵（左一）带队检查海纳川公司安全生产工作

11 月 25 日，北汽集团副董事长卫华诚（中）带队检查北汽国际公司安全生产工作

10 月 11 日，京城控股公司董事长任亚光（中）带队检查企业安全生产工作

6 月 15 日，京城控股公司总经理王国华（左三）指导企业应急预案演练工作

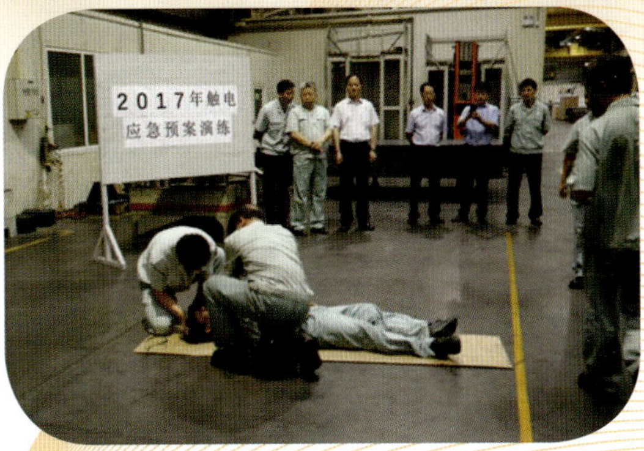

3 月 30 日，京城控股公司举办安全生产专题培训班

5 月 26 日，京城控股公司召开安全生产月活动启动会

1月4日，北化集团2017年度安全环保工作会议

6月12日，华腾化工有限公司向职工发放安全生产宣传材料

6月26日，危险化学品企业“一对一”应急演练

▲ 9月12日，金隅集团召开党的十九大安全保障专题视频会议

▲ 5月26日，金隅集团组织企业有限空间预案演练

▲ 6月16日，金隅集团安全生产宣传咨询日活动

▲ 8月15日，广灵金隅水泥有限公司亲情安全寄语活动

5 月 28 日，一轻控股公司安全生产月动员部署会

11 月 24 日，一轻控股公司董事长苏志民（左三）带队安全检查

10 月 20 日，企业有限空间应急演练活动

1月23日，隆达控股公司2017年安全稳定工作会议

5月27日，隆达控股公司安全生产委员会（扩大）会议

6月，企业安全生产月活动现场

2 月 23 日，2017 年北京时尚控股公司安全生产工作会

6 月 20 日，北京时尚控股公司安全生产宣传咨询日活动

9 月 21 日，北京时尚控股公司“北京时装周”安全检查

2月23日，北京工美集团2017年安全稳定工作会

6月9日，王府井工美大厦微型消防站应急人员技能培训

工美集团安全知识宣传展板

1月13日，同仁堂集团公司召开稳定安全工作会

4月26日，同仁堂集团公司副总经理顾海鸥（右二）检查同仁堂药酒厂安全生产工作

6月29日，同仁堂集团公司举办安全保卫干部培训班

7月9日，北京市电力公司架空线入地工程施工现场

8月2日，北京市电力公司强降雨天气应急抢修

10月23日，北京市电力公司党的十九大安全保障

▶ 3月21日，北京住总集团2017年五级安委会视频会议暨“大安全格局”推进会

◀ 7月25日，北京住总集团安全生产大检查

▶ 11月2日，班前安全教育活动

1月5日，燃气集团安全目标责任书签约仪式

6月16日，燃气集团安全生产宣传咨询日活动

6月15日，燃气集团有限空间大比武活动

6 月，北京环卫集团安全管理培训

6 月 12 日，北京环卫集团消防安全应急演练

10 月 18 日，北京环卫集团参加有限空间作业大比武活动

6月16日，祥龙公司安全生产宣传咨询日活动

6月23日，祥龙物流集团防汛应急运输保障大队集结演练

10月15日，祥龙博瑞集团消防安全培训

▶ 5月12日，北京地铁公司组织开展平安地铁志愿服务工作

◀ 5月22日至6月2日，北京地铁2017年管理人员安全教育培训

▶ 9月7日，北京地铁公司举办地铁起复演练

9月21日，北京排水集团总经理郑江（右一）带队检查党的十九大安全保障工作

6月30日，北京排水集团“安全夺宝”活动现场

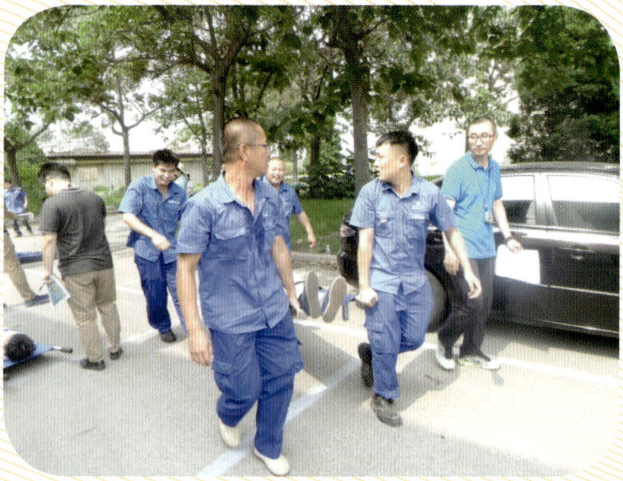

7月21日，学知桥东侧辅路排水管线抢修现场

▶ 2 月 16 日，京粮集团 2017 年安全稳定工作会

◀ 6 月 16 日，京粮集团安全生产宣传咨询日活动

▶ 6 月 23 日，京粮集团“安康杯”安全知识竞赛

6 月 19 日，首旅集团开展企业安全隐患排查工作

6 月 17 日，首旅集团安全生产月活动

7 月 15 日，首旅集团举办消防安全演练

▶ 7月24日，北京启迪智信注册安全工程师事务所有限责任公司参与北京市安全社区建设项目

◀ 8月15日，参加园林安全评审工作

▶ 11月17日，参加昌平区三级标准化企业达标评审工作

9 月 18 日，市安科院大学生校外实践教育基地授牌仪式

9 月 20 日，市安科院在第二十五届海峡两岸及香港澳门地区职业安全健康学术研讨会分论坛上作主题发言

6 月至 12 月，市安科院完成百家重大危险源企业防爆电气现场检测工作

▶ 5 月 23 日，2017 年北京市安全文化建设示范企业现场经验交流会

◀ 5 月 25 日，2017 年北京市安全社区建设现场经验交流会

▶ 10 月 30 日，开展“2017 安监之星·北京榜样”主题活动

信息中心召开新版执法系统应用培训会

8月2日，安全监管系统物联网应用示范项目终验会

11月20日，举办生产经营单位台账管理培训班

▶ 6月22日，2017年北京市安全生产值守和举报投诉工作会

◀ 7月20日，举报投诉中心“12350”举报投诉信息系统应用培训

▶ 3月10日，举报投诉中心学习沙龙活动

▶ 1月11日，北京市安全生产联合会第三届会员大会第二次全体会议

◀ 8月至9月，局属社团安全管理系列培训班

▶ 6月21日，安全管理工作及重点岗位人员培训班

企事业单位安全生产管理

首钢集团有限公司（原首钢总公司）

2017年，首钢集团贯彻落实国家、北京市安全生产工作部署，强化隐患排查治理体系建设，推进安全生产标准化创建，深化特种设备、危险化学品专项整治，开展安全隐患大排查大清理大整治专项行动，安全生产形势基本稳定。

【落实安全生产主体责任】 本年，首钢集团召开安全生产大会，对全年安全工作全面部署。首钢集团董事长靳伟、总经理张功焰多次组织研究安全生产工作，提出工作要求并带队开展安全生产检查。各单位按照首钢集团安全生产大会和《关于切实加强2017年安全生产工作的通知》精神，加大隐患排查治理工作力度并由主要领导带队开展安全生产大检查，为保证春节、“一带一路”国际合作高峰论坛等重点时期安全生产提供有力支撑。为进一步做好首钢安全生产工作，为党的十九大胜利召开营造安全生产环境，首钢集团召开安委会视频会议，下发《关于开展全集团安全生产大检查工作的通知》，编制《开展安全、环保大检查工作安排》提出明确要求，利用4个月时间在全系统开展安全生产大检查工作。首钢集团领导亲自带队，按照“四不两直”方式，每周开展督查。大兴区“11·18”重大火灾事故后，按照北京市统一部署，首钢集团深入开展安全隐患大排查大清理大整治专项行动，首钢集团领导分6个组深入现场及时分析解决各类问题，确保专项行动落实到位。

【隐患排查治理体系建设】 本年，首钢集团组织对首钢京冀地区钢铁企业实施“把隐患当事故处理”，建立健全隐患排查治理体系，并向钢铁板块外埠单位和非钢实体单位推广。通过定期召开视频会、组织督导组检查督促等方式推进外埠单位按计划节点落实隐患排查治理工作。首钢建设集团有限公司、首钢实业集团有限公司、京西重工有限公司房山工厂等28个非钢实体单位，按照“要求统一、流程统一、数据统一”原则，建立隐患排查治理信息系统。首钢集团完成隐患排查治理信息系统建设并实现与市安全监管局相关信息系统的对接。从首钢集团应用、完善隐患排查治理信息系统管理实践看，信息化技术改变传统的安全管理方式，实现安全生产管理实时化、动态化、痕迹化、精细化，做到“隐患不排查，系统能觉察；隐患不整改，系统有记载；整改不及时，系统有警示；工作不到位，系统有评估”。首钢集团隐患排查治理信息系统的建成投用，标志着安全生产管理向标准化、科学化、信息化迈出坚实一步。

【安全生产专项整治】 本年，首钢集团全面开展危险化学品、矿山、特种设备等安全专项整治工作。结合暑期、汛期等季节变化及重点特殊时期安全生产特点，组织各单位深入辨识安全风险，完善控制防范措施，先后编制“冶金企业煤气、天然气等燃气系统”“制氧、制氢系统”“焦化生产”等安全生产专项整治工作方案，下发有限空间、涉爆粉尘、特种设备专项整治通知，推进专项整治工作向纵深发展。制发《首钢矿山企业事故隐患排查治理工作标准》，并对标准贯彻落实情况、规章制度健全完善情况、安全投入情况及防雨防汛工作落实情况等进行专项督查。强化联系确认、设备操作牌及相关方管理，下发《关于全面深入开展联系确认和设备操作牌及相关方管理“回头看”工作的通知》，持续开展专项督查。在全系统推广首钢股份有限公司特种设备标准化管理经验。组织对北京园区西十冬奥广场、冬训中心及周边配套工程、原二炼钢拆迁工程安全生产工作开展专项督查。

【创新安全教育模式】 本年，首钢集团创新安全教育模式，倡导强化手机管理、特种设备、建筑施工等方面安全教育短片和微视频制作。首钢股份有限公司、首钢京唐钢铁联合有限责任公司、秦皇岛首秦金属材料有限公司、首钢集团矿业公司、首钢水城钢铁（集团）有限责任公司等单位利用微信群等新传播平台发送安全生产微视频。这种贴近岗位、直观便捷的安全教育模式得到广大职工的认可。2017 年安全生产月活动以“全面落实企业安全生产主体责任”为主题，重点突出党员安全创优、职工安全知识普及竞赛等 6 个方面活动。安全生产月活动期间，全系统悬挂宣传横幅 1106 条，发放宣传手册、材料 15227 份，组织职工安全教育培训 45128 人次。首建新产业园区第一项目部承担北京园区西十冬奥广场，3 号、4 号高炉改造等重点工程项目，针对项目危险性高和劳务人员流动性大及安全技能、安全意识不高的现状，强化施工现场安全氛围营造，定期组织观看事故案例教育片，坚持利用班前会学规程，明确互保联保责任及当日危险防范措施，确保重点工程项目安全圆满完成。

首钢集团叶凯、宋永胜供稿

北京汽车集团有限公司

2017 年，北汽集团坚持“安全第一、预防为主、综合治理”方针，狠抓安全生产各项工作的落实，全面完成年度安全生产各项指标，实现全年无重伤、死亡、特种设备、火灾和职业病事故，企业安全管理水平持续提升，为集团开展生产经营活动奠定基础。

【落实安全生产主体责任】 本年，北汽集团明确工作目标、强化安全管理，深刻分析面临的安全生产形势，有针对性地制定《安全生产工作指导意见》，明确具体工作目标和各项工作要点，有计划开展安全生产工作。为严格落实企业主体安全责任，与所属二级企业党政主要负责人签订安全生产目标责任书，明确各单位安全生产目标责任及具体工作要求和考核标准，落实“党政同责，一岗双责”。

【安全生产专项整治】 本年，北汽集团结合安全生产形势和企业特点，开展安全生产专项治理行动。通过有限空间作业、危险化学品储存与使用、电器安全、出租场所治理等专项整治，规范重要危险作业和重点危险因素安全管理，有效控制事故风险，进一步完善集团基础作业档案，成效显著。

【重点时期安全保障】 本年，北汽集团完成重大政治活动和重要节假日期间安全生产保障工作。全国“两会”、党的十九大和重要节假日期间，明确要求各所属单位在特殊时期做好隐患排查工作，确保24小时领导值班，确保重大政治活动和重要节假日期间安全稳定。组织由集团领导带队的督查组对41家单位进行监督检查，对检查中发现的安全隐患要求企业做到责任、资金、时限、整改措施、预案和效果评估“六到位”。开展不间断安全检查，按季节特点和生产经营形势对企业进行监督检查，重点做好防汛专项检查和党的十九大期间安全保障工作，确保安全稳定万无一失。

【隐患排查治理体系建设】 本年，北汽集团推动企业隐患排查治理体系建设。在调研的基础上，制定《安全生产隐患排查治理体系实施方案》，对企业隐患类别、排查标准、处理措施以及完成目标、完成时限等提出明确要求，并聘请专家对企业隐患排查治理体系具体建设方法进行解析，为企业隐患排查治理体系建设有序开展创造条件。按照方案，组织集团所属在京整车制造企业开展安全生产隐患排查治理体系建设工作，组织专项培训，督导各单位建设进度。年内所有在京整车制造企业以及部分零部件生产企业（17家）隐患排查治理体系的制度建设全部完成，并具备与市安全监管局的对接条件。

【安全生产月活动】 本年，北汽集团根据市安委会通知要求，结合集团安全生产形势和安全生产重点工作，制发《关于开展2017年“安全生产月”活动的通知》《2017年“安全生产月”评比活动方案》和《关于做好夏季安全生产工作的通知》，确定“党政同责，落实安全责任；治理隐患，完善体系建设”安全生产月活动主题，全面部署安全生产月活动各项工作。要求各单位以形式多样、丰富多彩的宣传教育活动为载体，深入开展安全生产月活动，为北汽集团创造良好的安全文化氛围和正能量的舆论支持。安全生产月活动期间，北汽集团领导率联合检查组对9家重点企业进行检查，发现隐患问题57项，做出安全提示和安全建议13项。各单位精心组织、周密筹划，开展安全生产演讲比赛、知识竞赛、摄影比赛、安全微信平台和安全生产简报、漫画、播放宣传片等活动，提高企业职工安全生产意识和安全生产技能，发现和消除安全隐患，提升企业安全生产事故防范能力。北汽集团首次在全系统组织开展安全生产宣传周活动，编印安全宣传手册及展板，通过各种方式，宣传贯彻《中共中央 国务院关于推进安全生产领域改革发展的意见》。

【安全生产教育培训】 本年，北汽集团加强安全教育培训工作，努力打造专业化队伍。为提升企业安全生产管理人员专业素质，会同北京安联组织4期安全生产培训班，提升各单位安全监管人员的业务能力。组织各单位加强对注册安全工程师的管理与培养，落实有关法规规定，提高企业安全生产管理水平。

【安全生产标准化建设】 本年，北汽集团深化企业安全生产标准化创建工作，组织新建以及外埠生产经营企业开展安全标准化达标工作。有3家企业完成安全生产标准化由二级升一级的工作。达标企业总数81家，企业本质安全水平进一步提升。

北汽集团赵长明供稿

北京京城机电控股有限责任公司

2017年，京城机电控股公司按照市

委、市政府和市安全监管局、公安局消防局、国资委关于安全生产工作部署，落实安全生产主体责任，推动各项工作深入开展，全年未发生重伤及以上安全生产事故，较好地完成各项任务目标，保障首都安全稳定和公司安全运营。

【落实企业主体责任】 本年，京城机电控股公司贯彻落实《中共中央 国务院关于推进安全生产领域改革发展的意见》，落实“党政同责、一岗双责”，调整公司安委会人员构成和职责，党委常委会、总经理办公会12次研究部署安全生产工作，公司安委会召开两次工作会议和7次全系统安全生产专题会，推动落实安全生产工作。按照“分级管理、分线负责”原则，将安全生产各项工作任务进行细分、量化，分解落实到基层，并逐级签订目标责任书，推动安全生产责任制覆盖到各层级、各岗位、全体员工。按照市安全监管局、国资委要求推动实行安全总监制度，8家企业设立安全总监，安全生产工作的统筹协调得到加强。修订《企业经营者业绩考核管理办法》，细化安全生产责任考核，考核机制更加完善。以安全生产标准化创建为抓手，健全安全管理制度、应急救援预案、岗位操作规程，全面排查隐患，落实整改措施。投入安全生产资金2694.4万元，同比增长41.8%，安全生产基础进一步牢固。

【安全大检查和专项整治行动】 本年，京城机电控股公司根据全市统一部署，开展安全生产大检查和安全隐患大排查大清理大整治专项行动。按照“紧盯重点时期、保障万无一失”的要求，在元旦和春节“两节”、全国“两会”“一带一路”国际合作高峰论坛、党的十九大等重点时期，公司领导带队进行安全生产督查，覆盖公司系统各单位。公司安全生产督导组加大巡查力度，发挥督导检查、指导工作、专业共享、共同提升的作用。8月，全系统开展安全生产大检查，公司成立大检查领导小组和工作机构，制定《巡查记录表》，深入各企（事）业单位和部分三级企业，对地下室、配电室、危险化学品存放仓库、有限空间等重点部位进行专项检查，针对共性问题，统一规范有限空间标识，编写《配电室管理规范（范本）》。11月，组织开展为期40天的安全隐患大排查大清理大整治专项行动，排查各类安全隐患482项，完成整改441项，整改率91.5%。其中拆违4处，涉及面积1636平方米；清理“三合一”“多合一”场所10处，涉及面积6375平方米，清退人员652人；整治工业大院、“散乱污”场所19处，涉及面积2645.8平方米，清退人员30人；拆除可燃性彩钢板房50处，涉及面积9734平方米；打通消防通道35处。通过专项行动的开展，整治一大批安全隐患，“三合一”“多合一”场所基本清理到位。

【双重预防机制】 本年，京城机电控股公司推进企业隐患排查治理体系建设，实行领导班子督查、职能部门及督导组巡查和企业自查三级隐患排查责任体系，要求所有在京生产型企业开展隐患排查“一企一标准、一岗一清单”编制工作，完成市级平台基础数据录入，并通过平台开展查报工作，运用信息化手段，实现隐患排查治理痕迹化管理。全面开展安全风险辨识防控，依据《机械行业较大危险因素辨识与防范指导手册》开展较大危险因素辨识，将较大危险因素辨识管控融入到企业安全生产标准化建设、隐患排查治理体系建设、专项整治和日常管理中，登记建档，实施有效防范措施和安全风险公告警示，全系统重大危险源，较大危险源（重点要害部位）130余项，均在受控状态。

【宣传活动】 本年，京城机电控股公司组织开展安全生产月和“安康杯”竞赛活动。全系统参加安全生产月活动总人数1.4万人，张贴各种宣传画2000余张，悬挂横幅、设置专栏、板报等宣传园地150余个，利用60块电子显示屏循环播放安全生产月主题和公益宣传片。开展应急演练百余场、各类安全检查200余次，排查整改安全隐患380项。举办安全生产培训200余场，发放宣传材料万余份。结合“安康杯”竞赛活动，开展“员工签订安全承诺书”“企业班前会制度化活动”以及企业优秀班组经验交流等活动。

【教育培训】 本年，京城机电控股公司加强安全生产教育培训工作。6月，分别对企业消防安全部门负责人、亦创科技公司、各单位电工开展消防安全、会展安全保障、用电安全等安全培训；8月，开展《北京市百项安全生产等级评定技术规范（地方标准）》宣贯工作，推动安全生产标准化达标创建工作；9月，组织“注册安全工程师资格考试”考前辅导培训，公司系统“注安师”增至41名；10月，围绕贯彻《中共中央 国务院关于推进安全生产领域改革发展的意见》《安全生产“十三五”规划》和《职业健康防护知识》，举办企业领导干部安全生产管理培训班和企业安全生产主管领导、部门负责人、督导组成员、安全管理骨干安全生产管理培训班，提升各级领导、管理人员安全生产责任意识，健全安全生产责任体系。全系统开展生产安全、消防安全、交通安全等教育培训380场次，参加培训1.49万人次，投入培训经费58万元。

京城机电控股公司穆嘉澍供稿

北京化学工业集团有限责任公司

2017年，北化集团按照全市统一部署，开展安全隐患排查治理体系建设、安全生产宣传教育、安全生产大检查、易燃易爆场所专项治理等一系列安全生产工作，完成全国“两会”“一带一路”国际合作高峰论坛、党的十九大等重点时期安全保障任务，安全生产形势平稳有序。

【落实安全责任和制度体系】 本年，北化集团落实“党政同责、一岗双责”责任体系。北化集团安委会召开4次会议，听取安全生产、职业卫生工作开展情况，分析存在的问题，研究部署安全生产和职业卫生工作。党委常委会、董事会分别召开专门会议，研究安全生产工作，推动全系统牢固树立“安全环保是生存之基、立命之本”理念。按照市安全监管局、国资委要求，发布并实施《北京化学工业集团有限责任公司外埠项目生产安全事故管理办法》，完成《北京化工集团生产安全事故综合应急预案》制定备案工作，按照《关于在本市市属国有企业设置安全总监（试行）的意见》要求，完成5家重点单位安全总监设立工作。

【党的十九大安全保障】 本年，北化集团在全系统开展为期4个月的安全生产大检查，确保党的十九大期间安全稳定。召开党委常委会（扩大）暨第二次安全生产委员会工作会、安全环保工作会、信访维稳、生产安全工作部署会等一系列会议，部署安全生产大检查和各项安全保障工作。成立由北化集团领导任组长的10个督查组，检查22次，发现隐患问题42项，发出安全检查反馈单7份，全部完成整改。各单位按照统一部署，制定本单位检查计划和保障措施，开展多层次、多频次安全检查，圆满完成党的十九大安全保障任务。

【危险化学品专项治理】 本年，北化集团结合安全生产和消防安全工作实际，制定专项方案，部署夏季易燃易爆危险场所安全专项整治工作，从危险化学品生产存储、宾馆酒店燃气使用、医院学校危险化学品使用、燃气调压站等方面提出检查标准，有效开展安全生产工作。按照市防火委通知要求，相关单位成立“工艺应急处置小组”。园区危险库房ERP信息化新系统完成开发并投入使用，规范出入库管理、危险化学品统计分析，加强危险化学品存储信息化管理。

【专项检查和应急管理】 本年，北化集团组织开展春节、全国“两会”“一带一路”国际合作高峰论坛、党的十九大、国庆节、冬季防火、京外企业等安全生产专项检查。各类专项检查做到提前部署安排、制定检查计划和检查表，确保履职到位。通过各项检查，全系统排查事故隐患1856项，完成整改1853项，整改率99.8%。

【企业重点拆除项目安全管控】 本年，北化集团按照市委、市政府工作部署，承担东光公司区域设备设施、建筑物等拆除工作。为确保完成这项重点任务，北化集团、东光公司成立两级指挥部，定期召开协调会，研究部署和组织协调拆除过程中的相关工作。一是编制《北京化工集团有限责任公司、东光公司停产装置处置安全管理方案编制导则》及《北京东光实业总公司、北京华腾东光科技发展有限公司停产装置处置安全管理方案》。在市安全监管局、环保局等部门的支持下，完成装置区残存危险品和危险废物的品种、数量调查及处置方案评估报告，严格履行转移处置程序，依法、安全处置500余吨危险废物、20吨废试剂、133千克剧毒品，消除拆除项目工程的重点隐患。二是该项目拆除过程中，北化集团领导班子、总部相关部室负责人和相关专家，定期对拆除现场进行安全检查，并要求进入拆除作业现场时，签订安全承诺书，特殊时期要求领导带队值班，做好安全拆除的各项保障工作。10月底，圆满完成此项市级重点工作任务。

【隐患排查治理信息系统建设】 本年，北化集团推进安全隐患排查治理体系建设工作，隐患排查治理信息系统在上年基础上，按照安全生产标准化基本规范内容，完成制度体系、任务计划、危险源管理、隐患排查、安全风险预警、应急管理、设备设施、交通安全、教育培训、作业安全、事故管理、职业健康、基础数据、统计分析、绩效考核、移动办公、系统管理等21个模块开发建设工作。北化集团有23家二三级单位上线使用隐患排查治理信息平台，建立完成隐患排查标准23个、隐患排查清单1125个、隐患排查条目28018条。23家单位安全巡检24958次，上报排查隐患305项，整改率99%。

【安全生产教育培训】 本年，北化集团按照市安全监管局、国资委、公安局消防局工作部署，组织开展安全生产和消防安全宣传教育工作。安全生产月期间，北化集团及各单位围绕“全面落实企业安全生产主体责任”活动主题，组织观看《用电安全警示录》《全面落实企业安全生产主体责任》等宣传片，组织职工开展安全答题活动，相关单位举办安全生产知识竞赛等活动，职工参与率100%。组织开展消防安全培训，传达市属国有企业消防安全专题培训会议精神，并将培训内容向所属各单位进行宣传贯彻。举办注册安全工程师考前辅导培训班，聘请资深专家，讲解《中华人民共和国安全生产法及相关法律知识》《安全生产管理知识》《安全生产技术》《安全生产事故案例分析》等课程，69人报名参加注册安全工程师考试。组织所属单位企业负责人开展“落实安全生产主体责任”培训，通过对主要负责人及其他负责人安全培训，提升安全管理水平。北化集团大兴化工园区、北京华腾丹陛华物业管理公司等单位在安全生产月活动中开展应急处置、疏散演练；北京华腾橡塑乳胶制品有限公司、北京市工业技师学院、北京华腾美居酒店等单位在“119”消防日活动中开展疏散演练，通过演练，检验企业“四个能力”建设，提高事故状态应急处置水平。

北化集团化鹏飞供稿

北京金隅集团股份有限公司

2017年，金隅集团以落实“党政同责、一岗双责”为主线，以保障党的十九大召开和“一带一路”国际合作高峰论坛重点时期安全为重点，实施《安全生产管理办法》，推进隐患排查治理体系建设，深化安全监管机制，狠抓双基建设，以人为本、多措并举、综合施策，确保集团安全生产工作形势总体平稳，为企业健康发展提供坚强保障。

【落实安全生产责任】 本年，金隅集团与唐山冀东集团重组融合，将众多企业划分为114个考核单元，签订安全生产目标管理责任书，明确企业党政负责人同为安全生产第一责任人，同对安全生产工作负总责。集团总部制定各级领导、板块、部门、全体岗位员工安全管理责任清单，健全责任管理体系，重点推动板块事业部及管理公司主动履职。按照市安全监管局和市国资委要求，结合集团发展实际，在二级生产型企业中组织设立安全总监。

【重点时期安全保障】 本年，金隅集团在党的十九大、“一带一路”国际合作高峰论坛、全国“两会”等重大政治活动期间，以最高标准监督检查企业安全生产工作，下发重点时期安全生产工作文件，召开全系统安全生产视频会议，缜密部署工作安排。集团成立安全生产大检查领导小组，制定大检查实施方案，将“各企业全面自查、事业（管理）部指导检查、公司大检查领导小组专项督查”相结合，本着“全覆盖、零容忍”原则扎实开展大检查。北京金隅地产经营管理有限公司和北京金隅物业管理有限责任公司圆满完成金隅喜来登酒店接待服务保障任务，保证重点时期安全和稳定。

【安全专项整治】 本年，金隅集团开展安全专项整治工作。一是加强非首都功能疏解腾退和“两违”治理过程中的安全生产工作，专人监督、跟踪检查，妥善清退259项低端业态出租项目。二是组织北京建筑材料科学研究总院检验院对集团内400余万平方米高层建筑、出租部位、人员密集场所进行消防电检，对141台锅炉、269台压力容器、1406台电梯、8229项避雷设施进行检验检测。三是开展安全隐患大排查大清理大整治专项行动，对原工业大院、可燃性聚苯夹芯彩钢板建筑、“三合一”“多合一”和涉及人员密集场所等高危建筑场所以及“六小”业态出租予以封停清退，排查整改各类安全隐患557项。

【宣传教育活动】 本年，金隅集团为宣传实施《安全生产管理办法》，印发6500册制度单行本，组织系统内安全生产管理人员开展制度解析培训，设计印发500套、8000份制度创新解析招贴画和宣传折页，制作专题宣传片。组织专项答题活动，结合安全生产月、“119”消防日、“安康杯”竞赛等活动开展主题谈心、宣传咨询日、技能比武、安全承诺、有奖竞答、安全猜谜、趣味运动会、安全演讲比赛、主题摄影、书法征文、“亲情助安”等活动，普及安全知识，营造安全生产氛围。

【信息化建设】 本年，金隅集团将生产安全事故隐患排查治理信息系统建设列为重点工作，制定出台事故隐患排查治理管理办法、系统管理实施细则和考核制度。编制在京34家企业1715份隐患排查清单，年底全部并网运行。金隅物业嘉华分公司、北水环保科技公司、生态岛、北京金隅混凝土西北旺站等4家试点单位隐患排查治理系统与市安全监管局系统实现数据对接，得到通报表扬。

【标准化建设】 本年，金隅集团根据《“平安金隅”规范化安全管理考评标准》，对多家企业进行对标检查，组织30家企业进行全过程观摩学习。通过与企业党政“一把手”面谈，沟通交流安全工作顶层设计及“党政同责”的履行情况；利用专家团队对现场硬件设施建设、软件制度规范、留痕闭环管理等进行分析诊断；与一线工人交换意见，强化“一岗双责”和员工广泛参与意识能力培养。对标检查复核组现场提出整改项406项，促进企业安全管控能力水平提升。集团以安全生产标准化创建为抓手，持续改进安全生产工作，赞皇金隅水泥公司、金隅鼎鑫水泥公司、阳泉冀东水泥公司、广灵金隅水泥公司获得“一级安全生产标准化企业（水泥）”证书。

金隅集团李春支供稿

北京一轻控股有限责任公司

2017年，一轻控股公司坚持“安全第一、预防为主、综合治理”方针，构建“党政同责、一岗双责、失职追责”安全生产责任体系，健全完善工作机制，强化现场监督检查，深化隐患排查治理，开展安全专项整治，推进安全生产标准化建设，圆满完成安全生产工作任务。

【落实安全生产责任】 本年，一轻控股公司召开安全工作会议，印发《安全工作要点》，明确重点工作任务，加强对系统安全生产工作的部署、管控。坚持“党政同责、一岗双责、失职追责”，明确企业党政负责人安全生产责任，落实企业安全生产主体责任。与14家直属单位签订《安全工作目标管理责任书》，将安全责任层层分解，逐级落实到基层、个人。通过完善安全生产责任、监管组织体系，形成“横向到边、纵向到底、责任到人、不留死角”安全生产格局。

【完善机构和制度】 本年，一轻控股公司明确安委会职责，规范例会制度。结合实际情况制定《一轻系统安全机构设置和人员配备的规定》，规定各直属单位必须独立设置安全管理机构，配备不少于2名专职安全管理人员。对于资产经营型、物业管理型企业，提出安全管理人员配备应高于同等规模生产型企业的要求。14家直属单位全部设置安全管理机构，配备专职安全管理人员56名。一轻食品集团有限公司、红星股份有限公司、一轻日用化学有限公司等单位探索试行安全生产总监制度，选聘具有专业技术资质的注册安全工程师管理企业安全生产工作，对安全管理进行有益探索。根据《北京市生产经营单位安全生产主体责任规范》要求，各单位对现有制度进行梳理，修改完善安全制度335项，提高安全防范能力，降低企业安全风险。

【系列安全检查】 本年，一轻控股公司针对不同时期工作重点，组织开展一系列安全生产检查活动。一是在元旦、春节、全国"两会""一带一路"国际合作高峰论坛、党的十九大期间，开展以生产安全、消防安全、用电安全、危险化学品储存使用、燃气使用、人员密集场所、涉爆粉尘、有限空间作业为重点的安全生产大检查，强化安全责任落实和隐患整改到位，落实各项安全工作措施，确保重大节日、重要活动安全稳定。二是加强对安全隐患问题突出企业持续开展监督检查，提高干部职工对安全工作重要性认识，摆正安全与发展的关系，增强隐患整改的积极性和主动性。对安全隐患风险较高的企业委托社会第三方安全评估机构进行风险隐患评估，监督企业整改。三是汲取重大火灾事故教训，开展安全隐患大排查大清理大整治专项行动，制定督查计划，专题动员部署，领导班子成员分11个督导检查组，采取"四不两直"方式，围绕清理整治违法违章建设衍生的安全隐患、三类重点区域及重点场所，突出对彩钢板建筑、厂房库房、出租公寓、出租大院、"三合一""多合一"场所、仓储物流等，监督所属企业清理整治安全隐患。全系统完成隐患清理整治224项，整改率85.5%。整治拆除可燃性彩钢板房2427平方米；查封"三合一""多合一"场所10处，建筑面积9670.5平方米，清空住户29户；整治工业大院、"散乱污"场所110处。

【安全投入】 本年，一轻控股公司安全生产资金投入约2000万元，为防范安全事故发挥重要作用。其中：红星股份有限公司安全投入1564余万元，京纸集团安全投入189万元，资产公司安全投入85万，星海集团公司安全投入65万元，鸿运公司安全投入190万元。

【安全生产月活动】 本年，一轻控股公司开展以"全面落实企业安全生产主体责任"为主题的安全生产月活动，成立以主管领导为组长的领导小组，制定活动方案，召开全系统安全生产月活动动员部署大会，领导班子成员分别带队深入企业听取安全生产主体责任落实情况汇报，深入生产作业现场检查安全生产工作，指导企业落实安全责任。安全生产月活动期间，全系统发放各种宣传画454张，各种条幅、标语320条，安全知识手册260册。开展安全培训25批次，培训员工1417人次；举办安全应急演练16次，参加人员686人。

【教育培训】 本年，一轻控股公司以提升全员安全素质为目标，增强教育培训针对性和实效性，教育培训质量明显提升。一是以落实企业安全生产主体责任为重点，对总部中层以上领导干部、直属单位及重点三级单位党政主要领导、主管安全工作领导、工会主席及安全部门负责人100余人，进行"落实企业安全生产主体责任规范"专题培训。二是针对基层安全管理人员，开展"企业安全生产标准化"及"如何开展安全检查”知识培训，提高一线安全生产管理者的专业技能水平和实际工作能力，约130名安全生产管理人员参加培训。三是组织安全管理人员脱产集中培训，培训结合企业转型发展带来的新问题，重点就加强房屋出租管理，特别是加强租赁合同和安全协议管理，防范和降低安全风险进行培训，各直属单位分管安全工作领导、安全部门负责人、重点三级单位分管安全工作领导，以及一轻安全生产专业委员会成员60余人参加培训。四是组织企业内部治安保卫工作培训，明确企业内部治安保卫工作的基本职责和任务，74人参加培训。五是举办有限空间作业专项培训暨实战演练观摩活动，培训结合有限空间作业事故案例，对有限空间定义及作业基础理论知识、有限空间作业安全管理规定等相关政策法规进行解读，并开展实操演练，提高和增强培训工作的针对性和实效性，全系统50余人参加培训活动。

一轻控股公司于湧供稿

北京隆达轻工控股有限责任公司

2017年，北京隆达控股有限责任公司坚持“安全第一、预防为主、综合治理”工作方针和安全发展理念，落实“党政同责、一岗双责、齐抓共管、失职追责”安全责任体系，开展各项安全生产工作，促进安全与经营工作协调发展，全系统安全生产形势保持良好态势。

【安全稳定工作会】 1月23日，隆达控股公司召开2017年安全稳定工作会议。会议传达全市国有企业安全生产工作大会精神，总结2016年安全稳定工作，部署2017年安全稳定工作及春节、全国“两会”期间安全稳定工作。会上，隆达控股公司对2017年安全稳定工作提出新要求，系统所属3家单位做经验交流发言。会前，隆达控股公司董事长李玎、总经理张德华与所属单位负责人签订《2017年维护稳定工作责任书》。

【安全生产月活动】 6月，隆达控股公司根据市安委会办公室《关于印发〈2017年北京市“安全生产月”活动方案〉的通知》要求，在全系统开展以“全面落实企业安全生产主体责任”为主题的安全生产月活动。各级企事业单位积极响应，广泛开展安全培训、督导检查、知识竞赛、应急演练、参观学习等活动。通过活动的开展，增强全员安全生产责任意识和担当精神，提高全员安全防范技能。

【安全生产大检查】 8月至10月，隆达控股公司根据市安委会《关于开展安全生产大检查的通知》和市属企业安全生产大检查工作部署会要求，在系统开展安全生产大检查。通过开展为期3个月的安全生产大检查，特别是结合涉爆粉尘、有限空间作业检查，排查隐患65项，涉及12家企业，对于发现的隐患，隆达控股公司安委会办公室均下发《安全生产检查整改意见》，各相关单位认真开展隐患整改工作。

【百日安全无事故活动】 9月23日至12月31日，隆达控股公司在系统组织开展“百日安全无事故”活动。按照活动计划，各二级企事业单位开展安全生产教育培训，对设备、场所存在的突出问题和薄弱环节进行综合整治，对检查中发现的问题隐患落实整改责任人、整改措施、整改时限，建立隐患整改台账。按照安全生产“党政同责、一岗双责”责任体系要求，各二级企事业单位实行领导安全包点监督检查制度，领导班子成员深入现场指导工作，督促企业进行事故隐患排查治理。通过各单位共同努力，系统安全生产工作得到进一步加强。

【安全隐患大排查大清理大整治】 11月20日至12月31日，隆达控股公司根据市安委会和市国资委要求，开展为期40天的安全隐患大排查大清理大整治专项行动。隆达控股公司所属企业各级领导带队检查352次，检查单位439家，出动检查人员834人次，排查整改隐患265项。专项行动中，拆除清理违法建设1处，拆除面积200平方米；整治“散乱污”场所9处，清退面积7310平方米，清退人员1402人；拆除可燃性彩钢板房15处，拆除面积10825.5平方米，清退人员30人。

【隐患排查治理体系建设】 本年，隆达控股公司将贯彻落实《北京市生产安全事故隐患治理办法》作为重点工作，在年初召开的安全稳定工作会议上，分别与3家试点单位签订责任书。2月22日，召开推进隐患排查治理体系建设专题会，确定2017年为隐患排查治理体系建设年，制定《隆达控股隐患排查治理体系建设工作方案》，成立领导小组。10月27日，召开推进隐患排查治理体系建设专题会，听取5家企业工作进展情况的汇报，并要求各企业按照市安全监管局、国资委工作部署，按计划抓紧组织实施，按节点保证完成进度，数据同步到市安全监管局。12月28日，组织建立隐患排查体系的7家单位参加平台操作培训，为隐患上报与市安全监管局数据对接打下工作基础。

【消防安全】 本年，隆达控股公司贯彻市委、市政府关于做好党的十九大总体部署和工作要求，以营造良好的消防安全环境为重点，在系统开展消防安全检查工作，最大限度地消除火灾隐患，确保党的十九大期间安全稳定。根据冬、春、夏季防火重点和系统实际情况，划分3个阶段，分时期开展工作，结合安全生产月、“119”消防日活动，组织开展安全检查、培训和应急演练等活动。

【安全总监设立】 本年，隆达控股公司根据市安全监管局、国资委《关于在本市市属国有企业设立安全总监（试行）的意见》文件要求，召开党政领导班子会，专题研究贯彻意见，并在隆达控股2017年第一次安全生产委员会（扩大）会议上进行学习，安全保卫部就安全总监设立问题两次到市安全监管局汇报，要求系统二级企业在9月底前完成安全总监设立工作。全系统11家二级企业全部设立安全总监，并开展对安全总监的培训工作。

【安全生产教育培训】 本年，隆达控股公司组织开展落实企业安全生产主体责任和隐患排查治理体系建设专题培训。6月19日，举办由150余名系统各级领导干部和安保团队成员参加的落实企业安全生产主体责任专题培训班，培训班邀请国家安全生产法律专家介绍国内发生的各类安全生产事故案例，通过分析事故原因，强调安全生产事故造成的惨重后果，讲述《中共中央 国务院关于推进安全生产领域改革发展的意见》提出的目标任务和企业安全生产工作主要内容，强调安全生产主体责任的极端重要性和“党政同责、一岗双责、齐抓共管、失职追责”的安全生产责任体系内涵。6月23日，举办隐患排查治理体系建设学习培训班，贯彻落实《北京市生产安全事故隐患排查治理办法》和《关于做好市属国有企业隐患排查治理体系建设工作的通知》文件精神，加快系统隐患排查治理体系建设进度。培训班邀请市安全监管局和北京安宏睿业科技有限公司有关负责人就隐患排查治理体系建设背景、内容、信息系统功能、工作推进模式、生产安全事故隐患排查治理评价考核体系作详细讲解，并组织安保团队成员和部分三级企业安全生产主管领导、部门负责人到北京排水集团参观学习，学习交流隐患排查治理体系信息系统建设的工作经验。

隆达控股公司焦力供稿

北京时尚控股有限责任公司

2017年，北京时尚控股公司安全生产工作以创建“平安和谐企业”为目标，以实施“五化一体”建设为抓手（安全生产标准化、隐患排查岗位化、预防控制全员化、安全培训素质化、安全管理信息化，全面落实企业主体责任），以安全生产“双体系”建设为重点，强化“党政同责、一岗双责、失职追责”，构建安全生产长效机制建设，保持安全生产形势稳定。

【落实安全生产主体责任】 本年，北京时尚控股公司先后召开10次安全生产工作会议和专题会，对全年的工作重点和重要时期安全生产工作进行动员部署。在年初召开落实安全目标责任大会，与12家二级集团公司、企事业单位主要领导签订安全生产责任书，并层层落实到一线职工。控股公司主要领导和主管领导多次到基层企业进行督导，指出存在的问题，制定整改措施，强化查漏补缺。落实国家安全监管总局《企业安全生产责任体系五落实五到位规定》，对重点企业以“四不两直”方式开展一系列安全检查，重点检查企业安全生产责任制、安全生产培训、隐患排查治理、有限空间作业、应急救援预案的演练等各项工作情况，落实安全生产主体责任。

【安全生产述职】 本年，北京时尚控股公司坚持召开“一把手直接对一把手”安全述职会，由控股公司法人代表（党委书记、董事长）、工会主席以及主管领导听取所属各集团公司、企事业单位党委书记安全生产工作述职，将企业领导干部经营业绩和安全考核直接挂钩，建立安全考核量化机制。7月，召开全系统职工代表大会，控股公司安全生产主管领导向180余名职工代表做了“把握特点规律　落实主体责任　扎实推动安全生产工作创新发展”的安全生产专题报告，并接受大会审议。这种安全生产述职的形式，有效建立起安全考核评价机制，提升安全管理水平，促进企业安全生产主体责任和“双报告”制度的落实。

【隐患排查治理体系建设】 本年，北京时尚控股公司贯彻落实《北京市生产安全事故隐患排查治理办法》，开展主题为“补短板，强基础，加强隐患排查治理，提升安全管理水平”的安全生产“双十佳”评选活动，构建“职责明确、机制健全、标准清晰、全员参与、保障有力、运转高效”的安全管理体系。控股公司主要在京生产型企业和集团公司18家单位开展隐患排查治理信息化网络平台初始化工作，全部实现记录事故隐患排查时间、所属类型、所在位置、责任部门和责任人、治理措施及整改情况等内容，实现隐患相关信息实时录入更新，完成与市安全监管局信息系统的数据对接。据统计，系统运行后排查安全生产隐患1180项，都得到及时整改。组织开展安全生产大检查，并多次召开专题会议对大检查进行再动员、再部署、再落实，要求各单位贯彻“操作自查、班组日查、专业巡查、管理核查、监督抽查”的隐患排查制度，实现安全隐患排查治理“全方位、全视线和全覆盖”。

【应急管理和有限空间作业】 本年，北京时尚控股公司建立完善防火、防汛以及人员密集场所应急预案62个，组织针对性演练134次，有效解决现场指挥、人员职责岗位、器材设备使用以及现场管理问题。控股公司本部及各单位组建微型消防站10个，均配齐人员和相关器材，并开展定期演练。按照消防安全要求对各单位老旧电路进行检查和维修更换，保证用电安全；人员密集场所（商场、酒店、学校和文化产业园）按照相关要求建设中控室、张贴各种安全提示和安全标识，各单位组织有针对性的应急演练。落实全市地下有限空间安全生产工作紧急会议精神，对地下有限空间安全生产工作再强调、再部署，在全系统开展有限空间辨识、作业安全管理制度、危险作业审批、操作规程制定情况的摸底工作，并重点对配备符合国家标准的防护用品和设备情况、人员教育培训情况、进入点附近设置醒目警示标识、是否告知作业人员存在危险有害因素和防控措施、进入受限空间作业前和作业过程中是否进行通风、进行气体检测和是否制定应急预案以及应急演练等情况进行检查和整改。

【安全生产教育培训】 本年，北京时尚控股公司组织开展安全生产月活动，在莱锦文化创意园、马驹桥工业园、平谷马坊工业园等区域广泛利用黑板报、宣传栏、横幅、标语等形式宣传安全知识、预防事故的方法和自我保护的相关知识。安全生产月活动期间，全系统悬挂横幅190条、安全标语1100张、壁报175张、安全生产答题5500余人次、宣传画360张，专栏板报85幅，观看安全宣传录像1700人次、派发安全学习书籍740余册，以及6000余人采用微信和QQ群发布安全信息，烘托安全生产教育宣传氛围。控股公司开展隐患排查治理信息化系统培训，所属各单位主管领导和部门负责人30余人参加培训，对系统的使用维护进行再次培训。所属各单位结合自身情况组织163次、6400人次参加的专题培训，取得明显成效。

【安全生产标准化建设】 本年，北京时尚控股公司推进二级安全生产标准化企业评审准备，由第三方中介机构进行初次咨询，在自评的基础上由控股公司先做预评，合格后再邀请第三方中介机构按照要求进行现场咨询，最后由控股公司进行评审。由控股公司承担的北京市安全生产地方标准第8部分纺织企业和第9部分服装加工制造企业的编制工作全部完成，通过市质监局组织的专家终审，正式发布。在地方标准的编写过程中，按照“有标采标、无标制标、缺标补标”的原则，收集涉及安全生产标准的国家法律法规和标准规范等资料159项，学习参考纺织企业制作工艺标准147项，摸清全系统拥有的机械设备总台数7014台（套），其中纺专设备4794台（套）、通用设备852台、特种设备516台，这些设备全部建立台账。

北京时尚控股公司杨建军供稿

北京工美集团有限责任公司

2017年，工美集团坚持“预防为主、综合整治、保障有力”安全工作方针，落实《北京市生产经营单位安全生产主题责任规定》《关于做好市属国有企业隐患排查治理体系建设工作的通知》和《党的十九大社会面火灾防控工作方案》工作要求，将安全稳定作为经营活动的基本保障来抓。通过各级领导和广大职工上下齐心、共同履职，使工美集团继续保持安全稳定的发展局面。

【落实企业主体责任】 本年，工美集团与所属各单位签订安全责任书，将集团公司总体安全目标和责任分解到各单位、各基层，有效促进安全主体责任的落实，巩固“党政领导、行政负责、业务分工、职工共同参与”的企业安全责任总体格局。每季度召开安全工作会，听取季度安全工作开展情况汇报，对安全工作所面临的新形势、新要求进行研究和部署，并结合经营工作实际和存在的安全隐患等问题进行评估、研判和分析，明确思路、制定整改措施。着重抓好元旦、春节“两节”、全国“两会”“一带一路”国际合作高峰论坛等重点时期的安全稳定工作。特别是党的十九大召开期间，提前启动安保“战时机制”和日报制度，实行各级主要领导24小时在岗值班值守和巡视检查制度，对群体上访事件应对措施及值守力量进行部署，对不稳定因素和隐患进行全面摸底，对涉及矛盾、问题单位实施专管专控，确保党的十九大胜利召开。

【隐患排查治理体系建设】 本年，工美集团推进企业隐患排查治理体系建设，按照市安全监管局和市国资委联合下发的《关于做好市属国有企业隐患排查治理体系建设工作的通知》要求，通过前期评估和调研，投入7万元资金，完成5家试点单位事故隐患排查治理体系“一企一标准、一岗一清单”编制工作，集团公司隐患排查治理系统正式上线运行。多家具有技防设备的单位按照检测周期完成安全技防和电气设备年检工作，保障技防设施设备可靠有效。

【安全生产检查】 本年，工美集团按照市安委会、防火委的工作部署和督导检查要求，制定《工美集团安全生产大检查工作方案》，编制各单位重点部位检查清单，加大各单位要害部位、燃气使用、用电设施设备、出租房屋、餐饮场所及供暖期等风险点的安全检查力度。开展季度安全检查4批次，专项安全大检查2次，组织开展重点时期安全工作部署会2次，下发检查通知单64份，提出改进建议和要求156条。及时消除安全标识设置不规范、重点部位防范不到位、物业出租房屋用电管理监管不到位、消防器材缺失等各类安全隐患。重点对出租房屋改建、整体装修、供暖设备建造和煤改电等施工现场进行检查，保障相关单位施工安全。

【宣传教育活动】 本年，工美集团加强企业安全生产宣传教育工作。组织开展安全生产月和“119”消防日活动，向企业发放火灾风险识别、消防安全能力建设、车间及用电安全“十不准”宣传挂图，火灾及交通安全警示教育光碟，编制《商贸服务企业安全员岗位培训教程》《学生实习（实训）安全教育读本》，印发安全知识宣传单1010份。各单位组织员工（在岗职工、临时工、劳务派遣人员）安全基础知识培训16批次，开展安全知识竞赛1期，编辑制作安全宣传板报、简讯31栏，参加属地公安消防运动会2批次，利用办公OA、微信等宣传平台宣传报道安全生产文章39篇，实施消防设备和用电设备年度检测5

批次。白孔雀艺术世界联合工美文化艺术股份有限公司按照寓教于乐的宣教理念，投入专门人力、物力组织开展全员安全漫画书法竞赛活动，创作参赛作品60余幅，通过实实在在、贴近一线的宣传教育活动，使全员安全技能整体提高。

工美集团苏辉供稿

中国北京同仁堂（集团）责任有限公司

2017年，同仁堂集团公司坚持“安全第一，预防为主，综合治理”方针，围绕公司系统安全生产、交通、内保、防火、稳定与国家安全等工作重点，建立同仁堂集团生产安全事故隐患排查治理信息平台，健全事故隐患排查治理管理办法，利用信息化手段实现对隐患排查治理情况的动态监控，将隐患排查治理体系建设融入安全生产管理体系，为集团公司健康发展提供安全保障。

【落实安全生产责任】 本年，同仁堂集团公司实施《安全生产党政同责、一岗双责暂行办法》，各单位的主要领导或主要负责人为本单位安全工作第一责任人。召开稳定安全工作会，集团公司党政主管领导分别与各子集团及各直属单位，签订《稳定与安全工作目标责任书》。各单位逐级签订安全保证书，建立落实主体责任的压力传导机制，逐级落实责任。健全安全生产责任和安全生产规章制度，加强安全管理、加大安全投入、改善安全生产条件，提高安全生产水平，有效防范各类安全生产事故。

【隐患排查治理体系】 本年，同仁堂集团公司落实市安全监管局、市国资委《关于做好市属国有企业隐患排查治理体系建设工作的通知》要求，成立领导小组，制定隐患排查治理体系建设实施方案。投资430万元，确定5家单位为第一期试点单位，实现与市安全监管局隐患排查系统的对接，向全系统进行推广。通过建立安全隐患排查治理体系，转变原有的工作方法，落实各级责任，突出重点，分级管理，强化落实，综合有效利用各方资源，全面排查治理生产和经营活动中可能出现的各类隐患。全系统安全隐患整改投入资金1500余万元。

【重点时期安全保障】 本年，同仁堂集团公司根据市安全监管局、市国资委工作要求，将重点时期安全生产作为重点，做好各项安全保障工作。春节期间，为防止燃放烟花爆竹造成隐患，在燃放烟花爆竹高峰时段，各单位领导亲自带班，确保所有安全监控及防范设施运转灵敏有效，值守人员在单位内外进行不间断巡查，未发生任何因燃放烟花爆竹造成的火情或事故。为确保党的十九大期间安全生产，集团党委召开稳定安全专题会议，对党的十九大安全稳定工作进行部署。各单位加强领导，制定专项方案，确保企业平稳运行。同仁堂科技发展股份有限公司成立联合检查组、对6个工业单位进行联合大检查，实现检查有重点、无死角、全覆盖。同仁堂商业投资集团有限公司加大对重点门店检查力度，排查整改安全隐患44项，整改率100%。

【安全检查和专项整治】 本年，同仁堂集团公司加强安全检查和专项整治行动的组织领导工作，采取定期检查和抽查方式对下属单位进行安全检查，实现安全检查全覆盖。各单位落实责任、细化措施，全面排查安全风险点和隐患，制定风险防控措施，建立安全隐患清单和整改清单，落实安全隐患整改责任、措施、资金、时限、预案。根据市安委会工作要求，开展安全隐患大排查大清理大整治专项行动，出动检查人员285人次，检查单位211家，排查整改安全隐患382项。加强对有限空间作业的安全管理，建立完善有限空间安全生产制度，设置安全警示标识，配备呼吸器、安全绳索、通讯设备等应急装备和器材。

【安全度汛】 本年，同仁堂集团公司根据市有关部门关于2017年防汛工作要求，做好防汛各项工作准备，确保企业经济活动正常运行。一是健全防汛工作制度、防汛预案；二是做好防汛期间的值班工作，严格值班纪律，并确保防汛期间通讯畅通；三是加强对各单位防汛工作的监督检查，消除安全隐患，确保企业安全度汛。

【宣传教育】 本年，同仁堂集团公司制定工作方案，召开专题会议，组织开展安全生产宣传教育活动。集团公司组织安全保卫干部培训班，6个二级集团和各子公司、单位主管领导及安全保卫干部100余人参加培训。同仁堂股份有限公司依托同仁堂教育学院组织各单位主要领导和班组长分层次培训200余人，强化企业第一责任人的责任意识。同仁堂健康药业股份有限公司对生产车间人员、研发作业、试验室员工等涉及职业危害因素的岗位开展职业健康安全培训，培训员工126人次。药材参茸集团组织并指导各子公司开展应急演练，确保员工熟悉应急预案。同仁堂教育学院开展关于用电安全及防火安全的相关培训，组织进行全院消防演练。同仁堂研究院组织实验室人员学习《实验室危险化学品安全管理规范》，提升科研人员安全操作水平。同仁堂中医院制作员工消防安全卡320份，做到人手一份，增强全员消防安全意识。

【标准化建设】 本年，同仁堂集团公司拓宽安全生产标准化建设工作的广度和深度，组织开展安全生产等级评定技术规范系列标准（百项地标）宣贯培训。各单位按照要求成立安全生产标准化复评领导小组，对医药安全生产标准讨论稿进行学习和解读，针对自身实际，结合新法规、新标准，对有关制度、管理文件、作业规程和运行记录等进行补充和完善，并针对复评情况开展专项培训，为安全生产标准化等级评定工作打牢基础。同仁堂制药有限公司完成安全生产标准化三级复评，另有8家实体单位通过安全生产标准化外部评审。

同仁堂集团公司李懿供稿

国网北京市电力公司

2017年，北京市电力公司严抓安全责任落实，创新安全及运检管理机制和技术手段，推进安全生产工作标准化、智能化，组织开展设备隐患排查治理及电网风险预警管控，平稳应对迎峰度夏（冬）和汛期考验，圆满完成全国“两会”“一带一路”国际合作高峰论坛、党的十九大等重大保电任务，实现电网安全稳定运行和设备故障连续两年大幅度下降，安全形势保持平稳。

【落实安全责任】 本年，北京市电力公司落实国家电网公司强化本质安全30条要求，细化分解安全稳定攻坚战19类98项任务清单，明确专业职责，推动本质安全水平提升。完善领导干部飞行检查和到位把关工作机制，监督各级安全责任落实，形成齐抓共管的良好局面。开展安全生产大检查、集体企业安全管理年等活动，排查整改隐患问题314项，安全管控能力不断增强，安全事件同比下降32.15%。

【安全风险预警管控】 本年，北京市电力公司在电网运行与管理领导小组领导下，定期发布电网风险预警单，推动响应措施有效实施，实现电网风险分析、预警、控制全过程规范管理。面对安定主变增容工程实施过程中东部、东南部电网严峻运行形势，开展安全校核50次，发布风险预警6项，实施预控措施6项。开展华能电厂一期退运、三期并网专项安全分析，合理安排过渡并网期间电网运行方式，科学制定安稳控制系统运行策略，确保过渡并网期间电网安全稳定运行。

【智能安全管控】 本年，北京市电力公司组建国内首家省地两级安全监控中心，创新建立可视化智能安全管控系统，完善生产作业安全规范化管控平台及APP功能，实现施工现场视频监督、作业流程管控全覆盖。应用“互联网+”技术，深化安全双准入手段，建立外包企业和人员安全质量信用评价体系，形成“严格准入”和“动态淘汰”相结合的安全质量管控长效机制。

【应急管理】 本年，北京市电力公司强化应急队伍能力建设，开展度夏防汛、政治保电等应急演练114次，公司综合应急救援队首次获得“北京市电力市级专业应急队伍”资格。加强安保防恐日常管理和专项稽查，确保公司安保防恐形势平稳。建立常态预案、检修预案和专项预案三级预案管理体系，在严重故障处置、典型设备异常处理、拉路限电方案执行等方面应用“一键操作”技术，缩短故障处置时间。面对负荷增势迅猛特点，开展度夏2500万千瓦、度冬2000万千瓦负荷水平下电网风险分析，编制故障处置预案1469份，实施方式调整措施47项，开展联合反事故演练14次，确保电网平稳应对2254万千瓦历史最大负荷和1960万千瓦冬季最大负荷考验。

【质量监督管理】 本年，北京市电力公司开展配网设备质量“两排查一整治”专项行动，排查治理配网设备质量问题326项，提升配网设备质量管控水平。完善隐患排查治理管理体系，建立政治保电专项排查治理组织模式，完成党的十九大、“一带一路”国际合作高峰论坛等重大活动安全保障任务。

北京市电力公司宗晓茜供稿

北京住总集团有限责任公司

2017年，北京住总集团贯彻落实安全生产各项政策法规，围绕“精益建设年”各项要求，以构建“大安全格局”为主线，以实现“九零目标”为目标，坚持预防为主，强化监管，落实主体责任。通过集团及各二级单位、项目部共同努力，安全生产工作总体运行平稳、有序，未发生生产安全事故。

【“大安全格局”建设】 本年，北京住总集团成立“大安全格局”工作领导小组，按照“党政同责、一岗双责、齐抓共管、失职追责”要求明确集团各级岗位安全生产职责分工，制定实施“大安全格局”工作方案。组织各二级单位开展“大安全格局”建设工作，根据实际工作，梳理完善所属单位安全管理系统人员，定岗定责。

以推动企业安全主体责任落实为核心，构建“党政同责、一岗双责、齐抓共管、失职追责”安全生产责任体系。实行安全责任考核评价，对各二级单位领导班子安全责任落实情况给予考核奖惩。

【基层班组安全活动】 本年，北京住总集团根据“大安全格局”工作要求，加强“五级防控体系”末端监管，督促施工现场各施工作业班组围绕《北京住总集团班组“三会”活动实施方案》开展安全生产教育。指导和监督所属二级单位、项目部开展班组班前安全活动，通过此项工作规范现场作业人员操作行为，普及安全生产知识，落实岗位责任制，按管理职责分工系统推进制度落实，确保施工现场实现“九零目标”。各单位以作业班组为基本单位，在栋号工长、专业工长领导下由班组长具体组织开展形式多样的“三会”活动。班组长带领全体班组成员在每天班前召开“晨会”，下午上班前组织召开“午会”，下午收工后召开“晚会”，并由项目部通过微信企业安全生产群进行相关报道，各单位相互借鉴，取长补短，丰富“三会”内容，促使作业人员安全作业，文明施工，提升素质，杜绝违章、违规施工行为。

【体验式安全教育】 本年，北京住总集团根据《进一步加强全市建筑施工安全生产体验式培训教育工作》要求，强化建筑施工从业人员安全培训教育工作，增强从业人员安全意识。督促各二级单位将体验式安全教育作为一项重要内容纳入企业安全生产教育培训制度，并列入年度教育培训计划，要求所有进场人员必须进行体验式安全教育，未参加体验式安全培训教育及安全教育考核不合格人员均不得上岗。

【安全管理信息化】 本年，北京住总集团组织所属单位和项目部做好建设质量安全测评管理、安全隐患排查治理等信息化管理工作。要求各单位每月进行安全测评填报工作并及时掌握各项目测评结果，组织相关系统进行季度测评。利用集团安全隐患排查治理系统及时掌握各在施工程隐患排查工作情况，及时整改各类安全隐患。集团所属60多个总承包项目部使用隐患排查治理系统，开展日常隐患排查治理工作，使用率91%。开展集团管理驾驶舱系统平台建设工作，对平台进行设计，协调数据对接，完成安全生产部分数据展现。推进施工现场环境第三方监测系统应用，新机场、百子湾、黑庄户、通州口岸等集团重点工程现场按要求安装使用环境第三方在线监测系统，实时记录并显示环境监测数据，督促各单位落实环保措施。北京住总集团系统推进微信等通信工具的应用，通过信息沟通，推动隐患排查治理、安全教育培训、预警信息发布、应急措施落实等工作，取得良好效果。

【建筑施工扬尘治理】 本年，北京住总集团将建筑施工扬尘治理列为重点工作，按照市住房城乡建设委要求编制扬尘治理专项工作方案。对项目部渣土运输资质、消纳证、运输车辆进行严格检查，杜绝无资质运输单位及车辆。对新开工程，严格实行洗车机、道路硬化、消纳证、监控前置条件到位，验收方可进行土方运输。加强空气重污染期间应急管理工作，提高现场扬尘治理管控水平，完善相关硬件措施，做到空气重污染预警后及时应对。多次在空气重污染预警期间开展夜查、巡查活动，督促所属项目工地落实应急响应措施，做到反应快、反响快、动作快。施工现场保持专人打扫，专人洒水降尘，空气污染预警期间增加洒水频次。

北京住总集团周东楠供稿

北京市燃气集团有限责任公司

2017年，燃气集团树立安全生产“红线”意识，落实安全生产主体责任，优化安全监督管理机制，完善安全生产管理体系，推进安全风险管控与隐患排查治理，转化和推广安全科技成果，安全文化建设成果丰硕，安全管理水平得到提升。

【安全主体责任】 本年，燃气集团明确岗位及员工安全目标，自上而下层层签订《安全目标责任书》，自下而上全员进行安全承诺，双向促进安全目标落实。落实“党政同责”，集团党委定期研究安全生产重大事项，安委会成员每季度参加安全生产情况分析，公示安全监督考核结果，层层传导压力，促进各级尽职履责。通过建立安全生产联合分析机制，推进综合监管与专项监管，从业务源头落实管理责任；通过推进过程监管，领导带队高频次开展“四不两直”检查督查，三级专业督查网络高效运转。

【安全管理体系】 本年，燃气集团创新职业健康安全管理体系内审模式，在总体审核基础上，增加各单位职业健康安全管理体系及安全生产标准化运行情况的独立评价环节，验证每个单元运行的符合性和有效性。开展体系运行5年来的不符合项、建议项“回头看”专项工作，形成重点监视清单，在全系统举一反三，彻查彻改。开展职业健康安全管理体系第5次外部审核，顺利通过OHSAS18001国际标准换证认证。

【安全风险评估】 本年，燃气集团开展北京市城市安全风险评估试点工作，集团研究院发挥技术优势，绿源达清洁燃料有限公司等单位提供有力支持，确立4大类14套燃气设备设施安全风险源辨识清单及风险评估模型，编制完成《北京市燃气设施安全风险辨识评估规范》。基于“北京市安全风险云服务系统”搭建集团、所属公司、基层所三级风险源动态评估体系，全面启动燃气设施安全风险评估工作。

【隐患排查治理】 本年，燃气集团开展“一企一标准、一岗一清单”隐患排查标准建设工作，形成企业隐患排查标准，编制生产、服务岗位隐患排查清单。完成市级挂账隐患治理任务，其中通过管线改移、采取技术措施等多手段、多方式消除占压隐患；推进管网改造、引入口改造、调压站（箱）改造、锈蚀管改造等隐患治理工作，为老旧社区安装自闭阀7万余个，更换长寿命软管6万余根；强化政企联防联控机制，实现11个区新发违章占压隐患零增长。

【安全检查督查】 本年，燃气集团组织开展安全检查督查工作。一是领导班子坚持“四不两直”带队深入一线开展安全检查，在重要节假日、重大政治活动以及安全生产大检查等专项行动中亲自动员部署，带队检查各类作业现场，对检查情况进行通报，对共性问题组织研究，对典型单位实施约谈，对整改措施全程跟踪。二是创新检查督查方式，将安全检查与体系审核相结合，检验安全过程管理的合规性；引入外部专业领域安全专家对消防、电气等进行专项检查，提升检查的专业性和规范性；董事监事办公室派出专家带队检查，强化安全检查的严肃性和权威性。三是将安全督查与安全检查拧成合力，发挥安全检查综合性与安全督查针对性的优势，全年覆盖所有单位4个轮次，督查作业现场及重点工作。

【安全沟通考核】 本年，燃气集团科学设定考核指标，增加结构性隐患治理考核指标，提升隐患治理的实效性。典型违规未遂事件提级调查，将典型未遂事件、违规行为作为事故进行调查，按照事故调查程序，约谈单位负责人，对责任人、责任单位点名通报并追责处理，并定期公开违规违章行为，公示安全考核结果。

【安全科技创新】 本年，燃气集团开展安全科技创新及大数据基础研究，建立燃气事故隐患量化分级模型，优化升级安全管理信息系统，创建隐患管理、车辆管理等模块，开发基于微信平台的安全检查模块，实现安全管理全过程信息化。启动地质灾害对燃气管线危害的全面研究，定位沉降边界，确定风险等级，制定预警机制和针对性措施；针对门站地质特征，完成站区沉降风险评估和治理方案。

【安全教育培训】 本年，燃气集团开展各级领导干部、专兼职安全管理人员安全能力培训。以实战化模式组织有限空间监护人员、一线班组长安全技能培训，推进安全操作规程可视化、转化操作视频工作。加强实训，综合开展岗位技能培训，提升员工安全生产素质。以赛促训，承办市级燃气管道调压工技能大赛，推进安全技能人才队伍建设。建立“身边违章行为事件库”、推行体验式安全培训、举办岗位安全技能联网考试、开展农村“煤改气”施工安全管理培训，安全教育引领实效突出。

【安全文化建设】 本年，燃气集团选树“榜样人物”，弘扬“工匠精神”，安全文化建设硕果累累。企业安全部张涛荣获市“安监之星·北京榜样”十大年榜人物并荣登“北京榜样月榜”，三分公司、新闻中心、运营调度中心、分别获得“安监之星·北京榜样”百名周榜人物、“优秀安全新闻报道奖”、北京市安全生产领域北京优秀青年工程师称号。燃气集团被评为“全国安全生产月先进单位”和“北京市安全文艺基层巡演活动优秀组织单位”，五分公司获得北京市安全生产月活动优秀组织奖、高压公司有限空间技能竞赛获得北京市安全生产月最佳实践活动奖，新闻中心获得北京市安全生产月活动优秀新闻报道奖，密云公司《入户巡检喜相逢》获得安全文艺三等奖。圆满承办第十六届北京市安全生产宣传咨询日主会场活动，成功打造全国第一个燃气安全主题公园，为6000余名公众及小学生展现燃气安全宣传盛宴，引起网络200万公众关注，受到国家安全监管总局、北京市政府高度评价。践行国有企业社会责任，参与“平安社区创建”活动，深入街道、社区、学校、养老院、小微企业开展用户安全宣传，打造社会层面燃气安全文化展示平台。

燃气集团杜玖松供稿

北京环境卫生工程集团有限公司

2017年，北京环卫集团坚持“安全第一，预防为主，综合治理”工作方针，树立“以人为本，安全发展”理念，强化安全教育培训，推动安全生产隐患排查治理体系建设和安全风险评估工作，深化安全生产宣传教育和安全文化建设，做好安全生产各项工作，以本质安全为不断追求的目标，努力构建安全、健康、和谐企业。

【落实企业主体责任】 本年，北京环卫集团及所属各单位坚持“党政同责、一岗双责、齐抓共管”，制定安全生产管理责任书，明确党委书记、总经理对安全生产工作共同承担领导责任，对安全生产工作全面负责；明确各级安全生产管理人员安全生产责任；明确各级职能部门按照“谁主管、谁负责”“管业务必须管安全、管生产经营必须管安全”原则，做好业务管理范围内安全生产工作，形成“横到边、纵到底”全覆盖和无缝化安全生产责任体系。北京环卫集团与各下属单位签订年度安全管理责任书，制定安全工作目标，明确安全工作重点，按季度进行考核。各单位落实安全生产责任制，把安全目标任务层层分解，层层签订安全责任书，做到领导强化，任务细化，措施硬化，工作深化，推进各级安全生产责任的落实。

【环卫安全保障】 本年，北京环卫集团主要领导和安全分管领导多次召开安全生产工作会议，针对党的十九大和“蓝天保卫战”各项安全生产工作进行部署，制定空气质量及环卫服务保障工作方案和应急预案。在安全检查过程中，以集团公司主要领导为主的领导班子成员9次深入基层和作业一线开展安全检查工作。集团公司下发《关于做好党的十九大期间安全生产工作通知》，要求各单位落实安全生产主体责任，做好安全生产各项工作。重点加强天安门、中南海、奥林匹克公园等区域作业人员和设备安全管理；做好填埋场、转运站、焚烧厂等作业区域安全生产工作；防止交通安全、消防安全、有限空间作业安全等一般事故带来的不良影响。对会场周边、代表驻地等重点区域作业人员进行政审，覆盖率100%；对参与作业干部职工开展应急反恐等安全教育专题培训，参训率100%；对参与作业车辆、设备、临时厕所的安全状况逐一检查，对管辖范围内的地下沟槽、竖井逐一安检排爆，覆盖率100%。安排专人对所有作业车辆设备进行24小时看护，逐级落实防火、防盗、防破坏安全防范措施。利用定位导航、行驶记录仪等科技手段，加强对作业车辆安全监管。安排专人与属地政府、公安机关对接互动，打造立体化的安全防控体系，实现党的十九大期间环卫服务保障安全、可靠。

【安全隐患排查治理】 本年，北京环卫集团根据《北京市生产安全事故隐患排查治理办法》建立完善安全隐患排查治理制度，每月对安全隐患排查治理情况进行分析、研判，每季度进行安全目标考核。定期开展安全检查和专项隐患排查工作，检查各单位落实安全主体责任、安全隐患自查自纠、安全培训教育和上级文件精神传达贯彻等安全工作情况。制定《北京环卫集团隐患排查治理体系建设工作方案》，根据方案聘请第三方公司进行隐患排查岗位清单梳理、数据收集和完成数据对接工作。按照试点先行，分步实施的原则，推进安全隐患排查治理体系建设工作。采取“四不两直”的方式，开展安全隐患排查988次，及时发现并督促整改安全隐患1769项，实现强化督查，整改隐患，督促落实的安全管理目标。

【安全风险评估】 本年，北京环卫集团根据全市统一部署，开展安全风险评估工作。通过对各垃圾处理设施现场调研，综合分析，形成安全风险辨识清单初稿。初稿形成后，组织工程技术人员召开安全风险评估研讨会，对安全风险辨识清单初稿进行意见征求和讨论，形成《北京环卫集团城市安全风险辨识清单》，清单辨识5

大类86项安全风险源，根据要求将清单上报行业主管部门。根据市安委会工作要求，开展风险评估报告的编制和重大风险源预案的制定工作。

【企业安全教育培训】 本年，北京环卫集团增加年度安全经费，保障消防、技防等各项安全设备设施维护更新和年度教育培训、安全宣传、隐患排查信息系统体系建设等重点工作资金投入。制定全年安全培训计划，开展交通安全、有限空间作业、安全管理、《中共中央 国务院关于推进安全生产领域改革发展的意见》宣贯等系列安全培训教育，培训各级安全管理人员300余人次。所属各单位制定安全培训教育计划，结合生产经营特点，组织主要负责人、各级安全生产管理人员开展内容丰富、灵活多样、具有针对性的安全培训教育活动，保障对基层安全管理人员和从业人员安全培训到位。在安全生产月活动期间，组织各基层单位开展形式多样，内容丰富，各有侧重的宣传教育活动，购置发放安全宣传挂图、书籍、事故案例影像光盘等安全教育资料。各单位围绕完善制度、隐患治理、操作规程、宣传教育、应急演练等重点内容开展主题宣传教育活动，营造良好安全生产氛围。

北京环卫集团吴国铮、孙硕供稿

北京祥龙资产经营有限责任公司

2017年，祥龙公司坚持“安全第一、预防为主、综合治理”方针，树立“科学发展、安全发展、持续发展”理念，落实“党政同责、一岗双责、失职追责”责任体系，建立安全生产综合督查长效机制。坚持依法治理，强化科技支撑，强化应急处置，强化基础建设，严防严控安全生产责任事故的发生，完成全年安全生产工作任务。

【春节和“两会”安全稳定部署会】 1月13日，祥龙公司召开2017年春节和“两会”期间安全稳定工作部署会，所属二级单位主要领导、主管领导和部门负责人参加会议。会议传达全市区委书记会议、市国资委安全稳定工作会议精神，对祥龙公司系统春节和全国“两会”期间安全稳定工作提出要求。充分认识做好信访维稳和安全生产工作的重要性，严格落实信访维稳和安全生产的主体责任，把具体工作落到实处。1月12日至22日，祥龙公司领导分为7个小组，对各二级单位安全检查落实情况进行督查。

【安全生产工作会】 2月16日至17日，祥龙公司召开2017年度安全生产工作会，所属二级单位主管领导和部门负责人参加会议。会议对2016年安全生产工作进行总结，对2017年重点工作进行部署。会议要求各单位提高思想认识，紧抓问题导向，找准工作中存在的问题，下大力予以整治，遏制安全生产责任事故、火灾事故、重大交通甲方事故、房倒屋塌事故；推进安全生产标准化工作，对达标单位要按照要求进行复审；开展隐患排查治理体系建设工作，做好相关资料纳入系统的准备工作，运用信息系统完成日常隐患排查和治理工作；加强安全管理队伍建设，按规定配齐安全管理人员，配齐专（兼）职安全员，并对所有安全员进行培训；成立安全生产监察队伍，确定人员、明确职责、制定方案，做到安全检查制度化、规范化。

【“一带一路”峰会安全保障】 5月，祥龙公司召开“一带一路”国际合作高峰论坛期间安全稳定工作部署会，下发《安全保障工作方案》，要求各单位重点做好“疏解整治促提升”和“一带一路”国际合作高峰论坛期间安全稳定工作。5月1日至15日，祥龙公司各单位强化应急值守，加强员工教育培训，落实各项安全服务保障措施和防恐防范措施，开展安全检查54次，查出隐患问题48项，全部整改完毕。经过全系统干部职工共同努力，圆满完成“一带一路”国际合作高峰论坛安全保障工作。

【应对强降雨恶劣天气】 6月21日，祥龙公司召开紧急防汛工作会议，传达“6·20”全市电视电话会议和有关文件精神，要求各单位加强应急值守，启动应急响应，加强安全检查，及时消除隐患。6月21日至24日，祥龙公司及所属单位防汛指挥机构领导在岗、在位值守，确保信息畅通。强降雨期间，全系统出动巡查人员1528人，备勤人员1824人、备勤应急车辆149台，排查处置积滞水点位25处，发现漏水房屋并临时修复68处。

【防汛车辆集结应急演练】 6月23日，祥龙公司举办防汛车辆集结应急演练。祥龙物流集团防汛应急运输保障大队接到祥龙公司领导应急车辆集结命令后，立即通知相关人员，集结运营车辆15部，吊车1部，用时30分钟到达指定地点集结完毕，圆满完成防汛车辆集结演练任务。大件运输分公司防汛车辆、人员也做好准备，随时处于待命状态。通过此次应急演练，检验应急处置程序可行性和防汛应急预案可操作性，提升全体防汛运输保障队伍人员对汛期突发事件应对能力，达到预期演练目的。

【安全生产月活动】 6月，祥龙公司根据全市统一部署，制定工作方案，召开安全生产月活动专题部署会，在全系统范围内开展主题为“全面落实企业安全生产主体责任”的安全生产月活动。各单位根据自身实际制定工作方案，成立领导机构，通过开展形式多样宣传教育活动，提升员工安全生产责任意识，营造安全生产氛围。安全生产月活动期间，全系统召开各类安全会议170次，悬挂张贴安全标语横幅568幅，制作板报及宣传栏307处，组织各类安全培训261次，设立各种咨询站62处，发放宣传材料15999份，进行各种应急演练117次。检查基层单位1253家次，排查整改安全隐患438项。

【企业标准化复评】 6月，祥龙公司组织祥龙公交公司和祥龙博瑞集团一分公司、七分公司、八分公司、九分公司开展安全生产标准化二级达标复评工作。考评机构先期进行辅导和预审，被考评企业对预审中所发现的问题、隐患，逐一整改。经过复评，祥龙公交公司和祥龙博瑞集团一分公司、七分公司、八分公司、九分公司分别以896分、858分、802分、886分和811分通过安全生产标准化二级复评。

【党的十九大安全保障】 8月至10月，祥龙公司组织开展党的十九大安全保障工作。召开专题会议，制定检查方案，明确责任分工、检查方式、检查内容。成立安全生产督查组，由领导带队开展安全检查，检查基层单位61个，排查整改各类隐患问题121项。各单位按照工作要求，开展全方位安全大检查行动，各级领导深入一线、基层进行检查。8月1日至10月23日，全系统进行安全检查1778次、夜查223次，排查整改安全隐患1152项。

【义务消防队培训考核】 10月15日，祥龙博瑞集团组织所属各单位在祥龙博瑞集团二分公司进行“安康杯”义务消防队培训考核及专用消防车培训演练活动。培训分两组分别由4名消防战士作为教练就水龙带盘卷、甩带、接带、持枪、出水等动作规范要领和驾驶专用消防车基本要求及各项灭火操作技术要领进行培训。在培训中临时增加对安保负责人及保安队长使用水龙带灭火的考核。通过此次培训考核，使职工学到规范的消防技能，为做好消防安全工作提供支持。

【安全隐患大排查大清理大整治】 11月至12月，祥龙公司按照全市统一部署，组织开展为期40天的安全隐患大排查大清理大整治专项行动。祥龙公司成立专项领导机构，制定专项行动方案和领导督查方案，主要领导亲自动员、亲自部署、亲自检查，提出明确工作要求。全系统检查单位2322家次，排查整改各类安全隐患807项。拆除违法建设360处、14392.13平方米，清退人员984人；清理“三合一”“多合一”场所60处、3130.9平方米，清退人员376人；整治出租大院10处、4870平方米，清退人员73人；拆除可燃性彩钢板建筑368处、16854平方米，清退人员385人。

祥龙公司李伟供稿

北京市地铁运营有限公司

2017年，北京地铁公司把握首都“四个中心”战略定位和“四个服务”基本要求，按照“最高标准、最强组织、最实举措、最佳状态”工作要求，实现党的十九大安全保障“绝对安全、万无一失”的目标。完成客运量30.82亿人次，增长1.85%，占公共交通市场份额43.3%；安全行车4.63亿车公里，两次延误5分钟以上事故间平均车公里达到771.78万车公里，同比提升29%，创造新的纪录。CoMET KPI安全指标继续保持国内领先、世界一流水平。

【安全管理】 本年，北京地铁公司深层次查找管理原因，解决管理问题，研究并制定各专业设备设施维修规程，优化调度命令发布流程，优化信号系统故障下电话闭塞启动条件。加强突发事件应急管理，搭建应急指挥会商系统，编制网络化应急抢险调度指挥手册和“一故障一预案”，开展设备故障抢修演练，组织公司级综合演练4次、分公司级演练66次、站区项目部级演练2933次。开展日常监督检查，组织公司级检查77次、发现隐患103项，均完成整改。推进信息化建设，完成综合管理信息平台的搭建，实现全量数据仓库7类业务系统的数据对接，实现企业门户系统、企业微信、电子商务采购平台上线试运行。

【技术改造】 本年，北京地铁公司开展5号线信号系统设备隐患技术攻关，完成张自忠路站TCOM系统以及5组列车车载设备国产化改造。在2号线、8号线应用信号设备监测预警技术，实现车载、联锁等各系统预期状态监测功能。研究车辆设备运行监测和故障预警，试点应用车辆走行部、变电站蓄电池以及信号系统状态监测技术。加强集成创新和引进消化吸收再创新，在车辆厂修中推广应用13号线牵引、制动和辅助电源系统国产化成果，在5号线等票改二期工程改造中应用具有自主知识产权的AFC标准化整机设备以及票卡发售回收等关键模块，在AFC设备维修方面研制具备二维码扫码支付、银联闪付等多种功能的AFC互联网支付新技术设备。加强客流组织创新，客流仿真技术及路网协同限流组织优化课题研究成果得到应用，研发“大客流快速智能安检系统”“一键报警”“人脸识别”等新技术新设备并试点应用。百万车公里车辆故障率、设备设施故障率和故障延时同比分别下降12.24%、38.75%和40.38%，因车辆设备故障导致5分钟延误次数同比下降29.17%。

【运营环境】 本年，北京地铁公司强化志愿者队伍建设和作用发挥，队伍规模扩大到26万余人，志愿服务40万小时，报告有效信息29.37万条，劝阻和制止不安全行为7588次。实施全网“人、物同检”，检人3.5亿人次、检物13.8亿件，堵截违禁品和限带品16.3万件。加强站车秩序治理，完善与执法部门的沟通机制，配合执法机关查处乞讨卖艺等扰序人员682人次，依法拘留41人次、警告罚款213人次。

【宣传教育】 本年，北京地铁公司加强法治地铁宣传，举办首届“法治地铁文化节”，倡导法治地铁共建共治共享，引导广大员工和乘客自觉守法、遇事找法、解决问题靠法。组织“落实主体责任 共建平安地铁”主题情景剧竞赛及“金手柄”颁奖，举行情景剧巡演及“再让过去告诉未来”安全警示教育展览，受教育员工两万余人次。以“文化驱动‘十三五’，助推地铁新发展”为主题，举办第四届企业文化周。加强《北京市轨道交通运营安全条例》宣传，印发《乘客安全手册》《乘客守则》2万册、安全宣传海报6500张。制作安全乘车方面的宣传视频5部，引导乘客安全乘车，提升自救逃生能力。组织专题讲座，为公司200多名中层及以上管理干部解读《中共中央 国务院关于推进安全生产领域改革发展的意见》。邀请市安全监管局、公安局消防局及国家安全文化建设评审组等部门专家为354名科级及以上安全管理人员授课，提高基层管理人员的安全理论水平和职业技能素养。强化《中华人民共和国安全生产法》及有关法规培训，组织5000余名一线员工进行在线学习和测评考试。加强操作类员工技能培训，员工培训小时/员工工时继续在CoMET KPI指标体系中保持领先。

【运营服务】 本年，北京地铁公司提升单线运输能力和网络整体效能，先后缩小6号线、8号线、15号线、昌平线、房山线高峰时段列车运行间隔，运力分别提升14.6%、4%、19.5%、26.3%、10.7%。优化调整昌平线和13号线行车组织与衔接，有效缓解昌平线高峰拥挤和西二旗站换乘压力。研究制订昌平线和8号线列车直联直通跨线运行方案及相关技术改造方案，网络化运营研究探索迈出重要一步。调整列车运行图50线次，开行列车243.65万列，日均客运量844万人次，为缓解首都交通拥堵做出重要贡献。自助服务功能更加完善，实现官方手机客户端全网各线拥挤度及出行路径查询、所有车站支持互联网票务服务、单程票互联网APP购票和车站取票、机场线手机刷二维码进出站。实施长安街沿线车站出入口景观提升工程、改造81座车站卫生间、清洗5条线路洞体及13条线路160个车站通风管道、加大站车环境清洁力度，服务环境得到改善。乘客对员工服务、服务设施和服务环境的满意度同比分别提升1%、1%和2.2%。

北京地铁公司王敏供稿

北京城市排水集团有限责任公司

2017年，北京排水集团在北京地区运营排水和再生水管线8521公里、排水泵站109座；12座再生水厂，污水处理能力和高品质再生水生产供应能力417万立方米/日；污泥无害化处置能力6128吨/日。北京排水集团安全生产工作坚守“红线”意识，贯彻落实国家和北京市安全生产工作要求，在市安全监管局、国资委和水务局指导下，落实安全生产主体责任，深化事故风险与隐患双重预防控制体系建设，强化安全基础，狠抓基层落实，完善安全管控机制，推进安全文化建设，为集团安全快速发展奠定基础。集团先后荣获市属国有企业安全生产工作创新奖、北京市安全生产月最佳实践活动奖。

【落实企业主体责任】 本年，北京排水集团党委多次专题研究安全生产工作，集团领导班子每季度召开安委会研究部署安全生产工作，按照“横向到边、纵向到底”和“全覆盖、重实效”原则，逐级签订安全责任书。全年在岗人员签订率100%，其中责任书版本数1584份，签订责任书4779份(一人多岗)。重点对各单位新入职员工责任书签订情况、员工责任落实情况进行现场检查，新增责任书签订569人次，形成“党委领导、行政负责、齐抓共管，全员参与”安全生产责任体系。

【风险防控与隐患排查治理】 本年，北京排水集团发挥隐患排查治理体系作用，按照“班组日查、车间周查、单位月查”的最低频次要求督查各级对照清单开展隐患排查治理工作，优化“一岗一清单”排查内容，健全体系机制，较好地固化各级隐患排查内容，有力地解决安全隐患“谁来查、何时查、查什么”等问题，发挥全市隐患排查治理体系建设行业引领和示范作用。编制《北京市排水行业重点风险辨识标准》《北京市污水处理企业安全生产等级评定技术规范》，健全风险分级管控体系，填补行业空白，并采用HAZOP评价方法开展重点工艺系统安全评价，建立行业安全风险分级管控体系。

【安全生产检查】 本年，北京排水集团安全生产检查以实际工作特点和存在问题为导向，集团党委亲自部署安全专项行动，集团领导深入一线带队开展安全检查。先后开展“一带一路”国际合作高峰论坛、党的十九大安全保障、安全生产大检查、安全隐患大排查大清理大整治等专项行动和各类安全检查144次。通过采取综合检查、专项检查和集中整治等方式，重点检查有限空间作业、消防安全、危险化学品管理、污泥处置点安全运转以及污水处理临时设施安全运行等情况，排查整改安全隐患1369项，其中清理非阻燃彩钢房113处、拆除面积8113.01平方米。对16项重点隐患实行集团挂账工作机制，由集团领导逐项督办，有力保障安全稳定。

【宣传教育培训】 本年，北京排水集团坚持需求导向，围绕“精”与“乐”，提升“以人为本、责任至上”安全文化内涵，创新宣教活动方式，开展系列高品质安全生产宣传教育活动。为提高员工自救互救专业技能，联合海淀区红十字会组织开展急救员资格证取证培训；针对汛期道路行驶特点，邀请交通安全专家举办交通安全大讲堂；为强化各级安全责任，提升安全管理人员专业水平，邀请国家安全监管总局研究中心负责人对《中共中央 国务院关于推进安全生产领域改革发展的意见》进行宣贯培训；为推动消防安全防控工作，提升消防安全管理人员专业水平，聘请专业人员开展消防安全技术实务培训。创新开展寓教于乐的安全生产室外活动，通过改变传统安全活动舞台表演的形式，直接将一线生产区域作为活动现场，展现集团员工积极向上、安全争先的精神风貌。

北京排水集团徐院锋供稿

北京粮食集团有限责任公司

2017年，京粮集团以贯彻《中华人民共和国安全生产法》为主线，以落实安全生产主体责任为重点，以开展安全风险分级管控和隐患排查治理体系双重预防机制建设为抓手，坚持服务转型促发展，务实高效抓安全，履职尽责强管理，全面开展安全生产工作。

【落实企业主体责任】 本年，京粮集团坚持"党政同责、一岗双责、齐抓共管"，完善安全生产责任制度。集团总经理与31个直属单位、控股企业主要负责人，直属单位与所属企业(部门)，企业(部门)与员工层层签订《安全生产工作目标管理责任书》，形成横向到边、纵向到底的安全生产责任体系。各企业法定代表人和实际控制人落实安全生产第一责任人职责，健全安全机构，配置管理人员，做到安全投入、安全培训、基础管理、应急救援到位，全面落实安全生产主体责任。

【安全生产专项整治】 本年，京粮集团突出重点，开展安全生产专项整治行动。一是开展安全隐患排查治理，依据业态对出租场地、施工工地、外埠粮源基地、监控录像、粉尘场所、人员密集场所、消防安全、农租房腾退等存在安全隐患的重点场所和重点部位进行隐患排查和安全检查。为吸取火灾事故教训，开展安全隐患大排查大清理大整治专项行动。组织安全检查375次，下发安全检查通知单145份，发现各类隐患问题1317项，整改完成1047项，投入整改资金3012.6万元。二是深化涉爆粉尘隐患专项治理，古船食品有限公司、正大饲料有限公司聘请国家级专家团队评估隐患，制定改造计划，落实粉尘防爆安全管理各项规章制度，加强安全监管，防止粉尘爆炸事故发生。三是做好有限空间作业条件确认专项检查，对排查确认的1793个有限空间全面落实安全管理措施，设立安全管理台账，建立并执行作业审批制度，设置安全警示标识，配置通风检测仪器和装备，制定应急预案并开展演练，提升有限空间安全管理水平。

【重点时期安全保障】 本年，京粮集团强化重点时期安全管理，做好春节、"五一""十一""中秋"等重大节日和全国"两会""一带一路"国际合作高峰论坛、党的十九大等重点时期安全保障工作。通过召开会议，下发有关文件，对重点时期安全生产工作进行部署，从宣传发动、安全检查、隐患整改、值守应急等方面，明确任务目标，细化工作措施，责任落实到人，全面开展安全检查。并与市公安局内保局、属地派出所沟通信息，及时处理有关问题，确保重点时期安全无事故。

【安全生产应急管理】 本年，京粮集团根据有关法律法规，编制《京粮集团生产安全事故应急预案》。聘请专家对应急预案进行专业评审，召开生产安全事故应急预案发布会，现场发给企业主要领导。古船食品有限公司、京粮置业有限公司、房山粮油贸易有限公司、顺义粮油有限公司等23家企业结合实际制定企业《安全事故应急预案》，分别进行消防演练、人员疏散演练、防汛演练、电路着火等演练。通过演练锻炼队伍，熟悉应急处置程序，提高处置突发事件的能力。

【宣传教育培训活动】 本年，京粮集团广泛开展安全生产宣传教育培训活动，营造"人人重视安全、人人参与安全"良好氛围。一是围绕"全面落实企业安全生产主体责任"主题，开展安全生产月活动。以举办宣传咨询日张贴悬挂标识、普法宣传教育、发放宣传材料、现场讲解演示等多种形式，向广大班干部职工进行宣传教育。二是举办以"安全在我心中"为主题的"安康杯"知识竞赛，有28支队伍84人参赛，竞赛设立必答题、抢答题、风险题3个环节，题目包括安全生产、消防、交通等法律、法规和集团相关安全管理规定和办法等内容。三是开展全员安全培训，在各企业开展三级教育培训基础上，组织4次安全生产培训，邀请专家分别从安全生产法规、安全生产管理、应急管理、隐患排查治理、防火防爆、风险等级管控、安全储粮等方面对企业各级经营管理者和一线员工进行全方位培训，参加培训4100余人次。

【安全文化建设示范企业创建】 本年，京粮集团按照市安全监管局工作要求，开展安全文化建设示范企业创建活动。从安全生产及劳动保护的观念、行为、环境、物态条件入手，考量企业在生产活动中采取安全行为、化解安全风险和保障安全生产等实际情况，推荐房山粮油贸易有限公司为安全文化建设示范企业。经市安全监管局组织专家初审、现场考察和综合审定，房山粮油贸易有限公司成为京粮集团首家"北京市安全文化建设示范企业"。

【构建双重预防机制】 本年，京粮集团推进企业安全风险分级管控和隐患排查治理体系双重预防机制建设，做好安全防范工作。按计划成立领导小组，划分工作职责，制定工作方案，完成15家企业安全风险分级管控和隐患排查治理体系双重预防机制建设工作。所属部分企业实现与市安全监管局隐患排查治理系统的对接，努力提升安全生产整体预控能力。

【交通安全管理】 本年，京粮集团与各二级企业主要负责人签订《安全管理目标责任书》，各企业与职工签订安全责任书，层层落实交通安全责任。按照市委、市政府公务用车改革工作要求，重新梳理集团所属927辆机动车情况，建立台账，特别是对企业危险化学品运输车辆、大客车等进行统计管理。严格执行车辆出京备案制度，强化车辆管理。对专兼职司机进行专项教育，提高遵纪守法的自觉性。对存在交通安全隐患的企业下发整改通知书，集中整治9处电瓶车、电动车充电安全隐患。在内部网络、微信群定期通报企业车辆交通违法情况。营造安全、文明、和谐的道路交通环境。

京粮集团吉喆供稿

北京首都旅游集团有限责任公司

2017年，首旅集团及所属企业贯彻落实党中央、国务院关于安全生产一系列决策部署，以防范遏制重特大生产安全事故为重点，加强领导、齐抓共管，落实安全生产责任制，完善各项安全管理制度，强化培训、演练，开展各类安全检查，推进隐患排查治理体系建设，增强安全防范治理能力，提升安全生产整体水平，确保企业安全经营。

【重大活动安全保障】 本年，首旅集团践行“党政同责、一岗双责”，完成各项重大政治任务安全保障工作。为保障党的十九大在京胜利召开，首旅集团及所属企业专门成立以党委书记为组长的工作小组，细化工作方案和接待流程，周密部署，强化落实，加强对会议驻地、场馆和车辆性能的监测检查。北京饭店承担住宿、餐饮服务保障任务，接待 286 名列席人员、259 名工作人员；首汽集团承担交通服务保障任务，出车 10580 车次，接送与会代表及工作人员 58160 人次，安全行驶 27.65 万公里；北京展览馆承担“砥砺奋进的五年”大型成就展服务保障任务，接待观众 300 余万人次。首旅集团圆满完成全国“两会”“一带一路”国际合作高峰论坛、亚信非政府论坛第二次会议、“金砖国家”领导人第九次会晤的住宿、餐饮、交通服务保障任务。

【落实安全生产责任】 本年，首旅集团坚持“党政同责、一岗双责、齐抓共管、失职追责”，通过签订安全责任书、承诺书等形式，明确党政领导安全职责和员工岗位安全职责。在集团安全工作会议上，与所属企业签订《安全责任书》，制定并下发《首旅集团 2017 年安全工作要点》，强化以首旅集团总部为核心、二级公司为主管、三级公司为主责的安全管理体系。坚持一级查一级、一级管一级，层层传导压力，层层落实责任，完善逐级管理、逐级负责、逐级落实工作的安全责任体系。

【隐患排查治理】 本年，首旅集团强化“隐患就是事故”理念，做好隐患排查治理体系建设。首旅集团开展多种形式安全检查，包括重大节日、重大活动期间检查、抽查，组织所属企业间开展“联组互查”，按要求开展专项安全检查。要求各二级集团有计划、有针对性地开展安全检查，及时排查整改安全隐患，使安全检查经常化、日常化、机制化。结合如家酒店经营特点，制定如家安全评估标准，确定三级安全管理体系，按照时间节点和工作顺序，实现整个管理链条闭环衔接，健全隐患排查治理体系。开展如家酒店“百日安全大排查”安全评估活动，酒店自评 2945 家，实现营业酒店 100％覆盖；城区复查 2015 家，复查率 61％；集团联合抽查 114 家，抽查率 3.5％。对于发现的问题，不论是扣分项还是提示整改项，有关酒店均落实整改措施。

【宣传教育】 本年，首旅集团以安全生产月活动为契机，开展一系列贴近实际、贴近生活、贴近一线职工的安全生产宣传教育活动。开展用电安全警示教育周、事故隐患排查治理周、法治宣传周和安全生产应急演练周。通过安全生产月活动，提高干部职工安全意识，锻炼队伍，使安全生产观念深入人心。在北京市企业安全文化建设示范单位评选中，首商集团所属燕莎商城燕莎店、燕莎商城金源店和燕莎奥特莱斯购物中心全部通过市安全监管局组织的北京市企业安全文化示范单位评审。

【科技创新】 本年，首旅集团与有关科技公司研究开发撞击流式餐饮油烟净化设备示范应用项目，被市科委确立为北京市重点科技创新项目之一，并奖励 400 万科技研发经费。该创新项目于 9 月 20 日顺利结题。全聚德集团为防范后厨灶台可能引发的火情，专程前往世界知名高端酒店，对灶台自动灭火装置实用有效性进行探讨和研究，取得明显成效。

【企业标准化建设】 本年，首旅集团推进企业安全生产标准化建设工作。集团安全生产标准化一级达标企业10家，二级达标企业27家，三级达标企业84家。酒店、商业、餐饮在京重点企业安全生产标准化达标率95%以上，企业安全管理能力明显提升。首旅置业集团所属10家酒店企业接受市旅游委、安全监管局组织的安全生产标准化二级达标企业现场复核，经专家组评审，全部取得安全生产标准化二级达标企业证书。

首旅集团王帆供稿

北京启迪智信注册安全工程师事务所有限责任公司

2017年，北京启迪智信注册安全工程师事务所有限责任公司立足做好政府的专业技术助手、企业的专业安全顾问，在保持常规咨询项目同时，持续研发、开拓新项目。开展企业安全生产标准化建设咨询及评审、职业健康安全管理体系咨询、安全顾问、安全文化建设等工作，在安全生产信息化建设、岗位达标建设、标准编制、高风险作业改善、隐患排查治理机制建立、应急体系完善、专项培训等方面有所突破。

【安全标准编制】 本年，公司修订《安全生产等级评定技术规范 第21部分：烟草制品企业》《安全生产等级评定技术规范 第22部分：日化产品制造企业》，通过京津冀一体化终审会；《生产经营单位安全生产等级评定技术规范 第49部分：星级饭店》《生产经营单位安全生产等级评定技术规范 第50部分：等级旅游景区》《生产经营单位安全生产等级评定技术规范 第51部分：旅行社》通过终审阶段；参与《安全生产等级评定技术规范 第58部分：社会旅馆》《安全生产等级评定技术规范 第59部分：京郊旅游》的编制；参加国家烟草总局组织YC/T384.1—2018《烟草企业安全生产标准化规范 第1部分：基础管理规范》、YC/T384.2—2018《烟草企业安全生产标准化规范 第2部分：安全技术和现场规范》、YC/T384.3—2018《烟草企业安全生产标准化规范 第3部分：考核评价准则和方法》的修订工作。

【企业信息化建设】 本年，公司运用现代通讯、网络技术等手段推进企业安全信息化建设，建立服务于安全生产工作的安全信息服务平台，以掌握安全生产动态，提高安全生产监督水平和工作效率。针对北京市液化石油气公司安全管理实际情况，根据《北京市生产安全事故隐患排查治理办法》及《标本兼治遏制重特大事故工作指南》对安全风险分级管控和隐患排查治理体系建立的规定和要求，建立一套适用于总部和下属分公司的综合管理平台，包括体系文件管理系统、隐患排查治理系统、统计分析等6个模块。平台建立过程中，为推动全公司人员学习使用，协助开展“2017年隐患排查治理信息化平台技能竞赛”，公司各层级人员参与其中，通过竞赛快速掌握平台各种功能的使用方法。

【西城区“双无”创建】 本年，公司为贯彻《中共中央　国务院关于推进安全生产领域改革发展的意见》和落实西城区第十六届人民代表大会第一次会议《政府工作报告》精神，推动西城区健全完善安全生产责任体系，在西城区“无安全生产事故行业、无安全生产事故街道”创建工作中，编制《北京市西城区住宿行业安全评定标准》《北京市西城区仪器仪表制造行业安全评定标准》《北京市西城区街道安全评定标准》。

【隐患排查治理机制】 本年，公司推进企业隐患排查治理体系建设，建立完善工作机制。一是按照市安委会《关于开展生产安全隐患排查治理“一企一标准、一岗一清单”编制试点工作的通知》要求，参与本市行政区域内重点企业隐患排查治理“一企一标准、一岗一清单”帮扶工作。完成昌平区、西城区 195 家企业的帮扶工作。二是协助北京华天饮食集团公司、北京天恒置业集团有限公司、北京世奥森林公园开发经营有限公司等大型企业集团建立隐患排查治理体系，促进隐患排查治理工作的有效开展，落实“安全第一，预防为主，综合治理”方针，狠抓日常隐患排查治理，控制人的不安全行为，改善物的不安全状态，弥补管理上的漏洞，达到最大限度杜绝各类安全事故的目的。

【风险分级管控机制】 本年，公司根据《北京市安全风险管理实施办法》《北京市安全风险评估规范》《北京市生产安全事故应急能力评估规范》《北京市生产安全应急资源调查规范》等标准规范，协助市旅游委、园林绿化局建立全市旅游行业星级饭店和园林行业安全风险管控方案和评估标准，用于指导全市旅游行业星级饭店和园林企业建立安全风险分级管控机制，实现安全风险辨识、评估、监测和管控全过程综合管理。

【应急管理体系建设】 本年，公司根据《生产安全事故应急预案管理办法》《北京市生产安全事故应急预案管理办法》《生产经营单位生产安全事故应急预案编制导则》，开展企业应急预案完善、应急预案评审和应急演练指导，协助改善应急管理体系，评估应急能力，调研应急资源，制定演练方案和流程，提高预案文本的有效性、可操作性，强化演练效果。

【安全生产专项培训】 本年，公司开展 70 余次安全生产专项培训，内容涵盖隐患排查治理体系、风险防控、岗位达标、职业安全健康管理体系、精益安全、安全社区、安全生产法规和技术等方面，得到与会者和活动组织者的好评。在保持原有业务领域的基础上，受密云区安全监管局的委托分批分期开展针对生产经营单位主要负责人和安全管理人员的安全培训，培训 1000 余人。

【安全社区建设】 本年，公司在市安全文化促进会的领导下，参加顺义区天竺镇、昌平区延寿镇、平谷区滨河街道安全社区创建指导，指导乡镇街道建立安全宣传教育场所，制作安全知识展板。公司两名专家作为安全社区评审专家，参加丰台区方庄街道、通州区北苑街道、延庆区香水园街道和东城区安定门街道、王府井建管办、崇外街道的安全社区评审工作。

北京启迪智信注册安全工程师
事务所有限责任公司常莎供稿

北京市安全生产科学技术研究院

2017 年，北京市安全生产科学技术研究院以全面深化改革为引领，积极探索事业发展路径，创新发展，真抓实干，在科技研发、技术支撑、培训教研、技术服务等领域取得发展。组织 2 个市级高级研修班项目，举办第十一届安全文化论坛第二分论坛，取得软件著作权 18 项，申报发明专利6项，撰写论文50余篇。获得科技研发荣获国家级奖项1项、省部级奖项1项。

【获批市自然科学基金依托单位资格】 5月17日，市自然科学基金委批准市安科院注册成为“北京市自然科学基金依托单位”。从本年起市安科院凡符合申报条件的科研技术人员，可以向北京市自然科学基金委员会申请自然科学基金项目。

【企业专项技术检测抽检】 6月至8月，市安科院完成本市陶瓷生产和耐火材料制造企业专项技术检测抽检工作。本次现场抽检，采集各类样品800余个，其中生产性粉尘样品566个（含游离二氧化硅）、噪声数据139个、化学毒物类样品34个、高温数据49个。加强对职业卫生工程防护设备设施的现场检查和相关数据检测，较好地完成既定工作任务。

【市安科院官网改版上线】 8月7日，市安科院官网改版上线试运行。在保留新闻中心，通知公告，安全生产考试等行政栏目基础上，专门设置实训基地3D巡游、安全生产大数据、事故警示教育片、安全生产培训产品、事故统计分析等科研专题，集中展示科研成果。

【职业卫生技术服务机构评估】 11月14日至28日，市安科院成立两个评估组，对11家北京市职业卫生乙级技术服务机构开展年度评估检查。评估是自2014年首次开展评估以来的第4次评估。本次评估具有提前谋划措施完善、适当降低组织机构管理分值占比、适当增加技术考核分值占比、对机构评估工作延伸到其服务的企业等特点。

【安全培训创新与探索分论坛】 11月23日，市安科院承办第十一届北京安全文化论坛第二分论坛，分论坛以“安全生产培训的创新与探索”为主题，邀请6位专家学者，以ACT培训方式、VR技术应用、网络教学、定制化培训、政府培训角色、实训基地培训方式为主，论述安全生产培训实践与成果。市安全监管局副局长贾太保出席分论坛并致辞，市安科院负责人和各区安全监管局、“三化”考点等机构100余人参加本次分论坛。

【市安科院获院士专家工作站授牌】 12月14日，市安科院获得市科协批准，授予院士专家工作站牌匾。院士工作站建立后，将利用北京地区院士资源雄厚的独特优势，推动院士及其研究团队与安科院技术创新团队的结合，推动院士层面的创新要素向安科院聚集，为把安科院建设成为北京市安全生产领域“公益型、应用研究型”智库提供有力的科技支持。

【首次取得软件著作权登记证书】 本年，市安科院取得国家版权局颁发的《安全生产监管数据采集（百安通）软件》著作权登记证书（软著登字第1617504号）。《安全生产监管数据采集（百安通）软件》是市安科院依托市科委绿色通道《安全生产监管大数据平台关键技术研究与应用示范》课题，主要针对全市安全生产执法、日常检查、专项整治等工作需求，研发智能手机APP“百安通”，搭建监管人员与监管对象之间的信息化沟通平台。

【安全生产培训资料库】 本年，市安科院以建设专职安全员网络培训课程为契机，创建北京市安全生产培训资料库，提升培训人员专业基础知识和安全检查能力，重点提高培训人员现场隐患排查治理能力。安全生产网络培训课程200学时，1学时由大约7至8个知识点组成。安全生产网络课程建设1个安全生产法律法规专题培训和10个业务专题培训。培训资料形式多样，包括文本、视频、音频、PPT、图片、题库等。

【培训考核综合管理信息系统升级】 本年，市安科院在第一季度启动安全生产培训考核综合管理信息系统升级改造工作，对培训管理、组考模式、数据对接、系统安全等进行完善，特别是研发“虹膜”技术用于考生身份识别，从技术上杜绝替考行为发生，强化考试的严肃性和纪律性。

【安全生产考试管理】 本年，市安科院组织完成10期特种作业安全技术、10期高危行业安全知识和管理能力、4期区级专职安全员岗前和1期区级执法人员考试，全年考核19万人次。派出巡视组165个196人次，并邀请电工、焊工专家53人次参与考试巡视，现场纠正考试点和考生违规行为为60余起，对3个考试点实施停考3个月处理，给予36名考生记作弊处理，并通报至各区安全监管局和考试点。启动全市安全生产考试点评估工作，成立考试点评估领导小组，对全市38个安全生产考试点进行评估。对工作成效优异的单位，按照考试点数量10%比例，推荐作为示范中介机构予以表彰；对存在问题单位，依据《北京市安全生产考试点管理办法》予以约谈、通报、限期整改。

市安科院张红灵供稿

北京市安全生产宣传教育中心

2017年，宣传教育中心围绕“四化三体系双基”总任务，聚焦“补短板、强融合、细落实、促平衡”总要求，坚持“以党建强党性、以党建促业务、以风气聚人心、以实干强融合”工作思路，把握正确宣传舆论导向，夯实党支部建设、业务建设和内部建设“三大基础”工作，组织并完成安全生产宣传教育既定任务。

【安全生产宣传教育实施意见】 本年，市安全监管局、市委宣传部、首都精神文明办、教委、文化局、国资委、新闻出版广电局、总工会、团市会、妇联10部门联合下发《加强全社会安全生产宣传教育工作实施意见》。宣传教育中心参与制订并积极落实《加强全社会安全生产宣传教育工作实施意见》，对于加强全社会安全生产宣传教育工作，牢固树立安全发展理念，实施全民安全文明素质提升工程，提高全社会整体本质安全水平有较强的指导意义。

【宣传教育活动】 本年，宣传教育中心制定《2017年北京市“安全生产月”活动方案》，推进“安康杯”竞赛、安全生产宣传咨询日、青年安全生产示范岗创建、“青年安全管理大师赛”评选等全市性“安全生产月”系列活动，创新开展“安监之星·北京榜样”、安全文艺基层巡演、“寻找最美安监巾帼”等特色品牌活动，利用新媒体直播平台，拓宽社会化宣教覆盖面。其中有5人入选“北京榜样”主题活动周榜，2人入选月榜，1人获得“2017北京榜样—城市副中心建设特别奖”，近20万人次参与网络投票，官网总点击量突破920万次。

【新闻媒体宣传】 本年，宣传教育中心组织安全生产新闻发布会17次，组织媒体专题报道100余次，在市级以上主流媒体刊发新闻报道4300余篇。在《中国安全生产报》刊发“首都安全”专版，在《北京日报》《北京晚报》策划安全生产专题宣传版面，在《劳动午报》刊发“首都安全之星”专版。在北京电视台《北京新闻》《北京您早》《都市晚高峰》等新闻栏目播发电视新闻，在北京广播电台《北京城市广播》开设“安全时刻”专栏，对全市安全生产专项整治行动，以及生产安全和消防、燃气等安全知识和逃生自救常识进行宣传。策划完成安全生产专题系列新闻宣传工作。

【安全文化建设】 本年，宣传教育中心安全文化促进会新增会员单位18家，个人会员10人，会员单位增至139家、个人会员83人。开展安全文化建设示范企业创建，组织现场经验交流会，制发《安全文化建设示范企业管理办法》《安全文化建设示范企业评定标准》《安全文化建设示范企业专家管理办法》。北京市安全文化建设示范企业189家、全国安全文化建设示范企业19家。

【安全社区建设】 本年，宣传教育中心制发《安全社区管理办法》《安全社区评审标准》《安全社区评审专家管理办法》《安全社区现场评审规范》，完成南磨房乡等9个乡镇街道与安全服务中介机构安全社区创建对接，开展“一对一”走访指导。建成国际安全社区27家、市级安全社区87家。

【安全文化论坛】 本年，宣传教育中心参与筹划以“深化安全生产领域改革创新，推动安全生产治理现代化”为主题的第十一届北京安全文化论坛，以“主题展览＋开幕式＋主论坛＋5个分论坛”模式，5名专家围绕“安全生产责任制”“新时代安全生产监管”“安全生产责任保险制度”“安全生产领域改革”“安全生产隐患排查治理机制”等主题发表演讲，1000余人参加论坛。

【安全生产演播室运维】 本年，安全生产演播室正式投入使用。宣传教育中心利用演播室制作安全主题电视节目153期，利用演播室移动设备拍摄安全生产检查督查和宣传教育活动180小时。借助蓝箱虚拟抠像技术制作《共话安全生产》《安全生产大讲堂》专题、音频微小说和安全生产宣传片4档精品节目。演播室节目和安全音视频实现独立策划、跟拍录制、包装宣传全流程。安全生产演播室成为市安全生产监管局政务网、官方微信、微博及北京电视台与全市安全生产宣教活动视频素材的主要来源。

【市安全监管局官方微信运维】 本年，宣传教育中心推进市安全监管局官方微信运维工作。微信公众号经2次全面改版，实现上线检查文书、特种证件、法律法规等3项查询功能。发布文章768篇，阅读总量87万＋，篇均阅读量1143，点赞总量9738。至12月底，粉丝超18万人，在全国省级安全监管微信公众号影响力排行中名列前10，并连续5个月位列全国前四名。

【安全生产宣传品开发】 本年，宣传教育中心设计开发安全生产题材宣传产品10大类20余种（包括“12350”举报投诉宣传折页、安全生产月海报、工贸企业有限空间作业手册等），累计向基层发放宣传材料约20万份。设计开发的“安监人工作手册”被《中国安全生产报》官方微信报道，引起全国安全监管系统关注。

宣传教育中心李勤智供稿

北京市安全生产信息中心

2017年，信息中心推进信息化供给侧改革，建成全市生产经营单位台账，统一各项业务数据口径，为全方位深度融合打下基础。提出“一种架构、一套标准、一本台账、一个中心”总体建设目标，从一项功能、一个模块入手，细化工作落实，创新安全监管手段，为维护首都安全稳定提供信息化技术支撑。

【生产经营单位台账管理培训】 1月17日，信息中心召开培训会，对各区安全监管局负责专职安全员、台账管理和信息化工作的相关人员进行培训，讲解台账管理系统操作流程、专职安全员检查系统管理办法和信息化管理员权限管理等内容。

【专职安全员移动检查系统上线】 1月，北京市安全生产专职安全员移动检查系统上线运行。新上线的专职安全员移动检查系统与原执法系统进行拆分并独立运行，与生产经营单位台账管理系统同步设计、同步运行，确保台账实现动态更新。通过手机等移动检查终端，实现安全生产检查文书电子化送达给企业负责人，专职安全员日常检查实现“无纸化”检查。此外，在规范化检查系统中嵌入加油站类、网吧类、宾馆类、餐馆类检查标准，专职安全员可通过规范化系统对相关行业生产经营单位进行检查，同时系统中将检查发现的待销隐患进行抽取并展示，确保乡镇街道专职安全员能够对应开展闭环管理。

【中科院信息化调研】 3月3日，信息中心到中国科学院光电研究院空间系统工程实验室开展调研。双方进行技术交流，研讨新技术在安全生产领域进行研究和应用的可行性，认为利用导航CAPS系统进行应急现场定位，防止应急现场监测系统损毁等情况，做到现场即到即定，加强应急现场救援准确度与效率；利用UWB室内定位技术，检测密集形态，保障大型人员密集场所可视性与安全性，做到流态预警与密度检测；利用STS检测系统，防止监测系统人为干扰，做到信号可辨可溯，保障监测信号安全性与真实性。

【信息化共享对接】 3月15日、16日，信息中心赴通州区、大兴区、房山区、东城区安全监管局，商定安全生产信息化共享对接模式，研讨对接细节。东城区、西城区、朝阳区、房山区、通州区、顺义区、大兴区、昌平区、开发区安全监管局自建企业台账、隐患排查等信息化系统，丰台区、石景山区、延庆区安全监管局筹建信息化系统。信息中心与各区“一对一”逐个对接，制定3种对接模式，包括统一使用市安全监管局系统、兼用市安全监管局和区安全监管局系统、使用区安全监管局系统并共享数据，与各区“一对一”逐个协商，将每种模式的优缺点和需要做的工作进行说明，供各区选择。

【获得计算机软件著作权登记证书】 10月10日，信息中心继取得北京市安全生产条件普查和烟花爆竹监管物联网应用系统及流向监管系统计算机软件著作权登记证书后，在信息化科技成果提炼、申报和保护方面再次取得进展，获得由国家版权局颁发的安全生产专职安全员检查系统计算机软件著作权登记证书。

【安全生产企业服务平台】 12月23日，北京市新版安全生产企业信息服务平台开通上线，面向全市生产经营单位提供网上政务服务。本市企业办理安全生产业务，只需登录市安全监管局官网，点击“企业平台”即可进入新版企业安全生产信息服务平台。平台左侧为企业用户登录入口，可办理行政许可、职业卫生、标准化达标、危险化学品信息申报、安全评价、隐患排查治理等业务；平台右侧为个人用户登录入口，可办理隐患排查治理清单编制业务。企业一次登录即可在网上办理所有安全生产业务，提升政务服务智能化水平，让企业和群众办事更方便、更快捷、更高效。

【信息化技术保障】 本年，信息中心开展安全生产信息化技术保障工作，完成市安全监管局28个处室，及六里桥办公区、总部基地办公区、惠新东街办公区及安全大厦办公区384台办公终端、外设相关信息化服务。对部分计算机终端未及时安装安全补丁、病毒库未及时升级和办公电脑安装非办公软件等问题进行处置；组织技术人员对办公终端进行安全加固，包括操作系统补丁安装、防病毒软件病毒库更新、计算机全盘杀毒、安装非涉密计算机涉密文件检查工具等；为提升终端效能，将部分非办公软件进行卸载。

【安全生产培训考试技术保障】 本年，信息中心根据年度安全生产培训考试安排，配合市安全生产考试中心顺利完成2017年安全生产培训考试系统的技术保障工作。共计72个考试日，涉及全市17个区，考生521348人。

【信息化"属地全覆盖"系列培训】 本年，信息中心联系各区安全监管局，提供信息化系统培训服务，完成"属地全覆盖"系列培训，开展培训23场，培训专职安全员6000余人。会同执法监察总队制定专职安全员检查系统管理办法（试行）及相关规定，就检查中相关业务问题、技术问题及注意事项进行明确。

信息中心李萌供稿

北京市安全生产（12350）举报投诉中心

2017年，北京市安全生产（12350）举报投诉中心以"锤炼新作风、树立新形象、展现新作为、实现新发展"目标为引领，健全安全生产举报投诉相关制度，完善信息处理机制，强化安全生产举报与执法工作衔接，推进安全生产值守和举报投诉工作，为做好本市安全生产工作提供保障和支撑。

【烟花爆竹隐患举报专项活动】 1月至2月，举报投诉中心会同市安全监管局有关处室和宣传教育中心，开展"您举报，我奖励，查找身边的安全隐患"烟花爆竹隐患举报专项活动。活动结合春节期间烟花爆竹安全监管及执法检查重点，通过宣传举报烟花爆竹安全隐患奖励事项，鼓励和引导广大社会公众，查找烟花爆竹销售（储存）企业安全隐患，通过"12350"举报投诉热线进行举报。活动期间，举报投诉中心接到市民烟花爆竹类信息236件，其中咨询类信息216件、举报类信息16件、建议类信息4件。16件举报信息均在24小时内核查完毕。对于核查属实的举报信息，由安全生产执法人员依法进行处理。

【职业危害举报专项活动】 4月至6月，举报投诉中心开展"您举报，我奖励，查找身边的安全隐患""12350"职业危害举报专项活动。重点围绕汽修企业、陶瓷生产企业和耐火材料制造企业职业危害专项治理，加强违法违规行为情况收集，督促企业落实主体责任，保障劳动者职业安全健康权益。活动期间，举报投诉中心接到市民职业危害举报信息68件，同比增长228.57%。

【安全生产值守和举报投诉工作视频会】 6月22日，市安全监管局副局长卞杰成主持召开2017年全市安全生产值守和举报投诉工作视频会议，总结值守应急和举报投诉工作情况，并就下一步重点任务进行部署。市安全监管局相关处室、执法监察总队和直属事业单位，以及各区安全监管局有关负责人参加会议。会上，举报投诉中心通报全市安全生产值守和举报投诉工作情况，并就印发《关于进一步加强安全生产举报与执法工作衔接的实施意见》进行解读。

【"12350"举报投诉系统应用培训】 7月20日，举报投诉中心组织开展"12350"举报投诉信息系统应用培训，各区安全监管局举报投诉工作联络员参加培训。培训包括4项内容：一是部署"一号通"系统上线运行有关工作；二是解读《区政府安全生产综合考核举报专项考核办法（试行）》，重点讲解专项考核内容和相关实施细则；三是讲解系统应用使用和操作方法，并组织参训人员上机模拟实操；四是组织专题研讨，听取各区参训人员对"12350"举报投诉工作的建议。通过培训，使参训人员充分了解掌握新系统功能，熟悉系统操作步骤与流程。

【重点时期值守保障】 本年，举报投诉中心完成元旦、春节、全国"两会""一带一路"国际合作高峰论坛、党的十九大安全保障值守任务。值守115天，接收值班信息10857条，涉及事故信息303条、行政信息484条、预警信息21条，做好顺义区"6·30""9·29"较大生产安全事故和大兴区"11·18"重大火灾事故信息处置工作。向国家安全监管总局值班室、市委信息室、市应急办报送信息160余期。较好完成值守任务。

【举报投诉与执法工作衔接】 本年，举报投诉中心落实《关于进一步加强安全生产举报与执法工作衔接的实施意见》（京安监办〔2017〕32号）文件要求，健全安全生产举报投诉相关制度，完善信息处理机制，规范举报分转程序，加大举报案件查处力度，发挥"12350"举报投诉热线在安全监管与执法工作中的情报收集作用，提高执法工作的精准性和针对性，为做好本市安全监管执法工作提供支撑。

【ISO质量管理体系年度审核】 本年，华信技术检验有限公司依据ISO9001质量管理体系相关标准，对举报投诉中心质量管理体系运行情况进行年度审核。检查组通过现场考核、查阅资料、问询交流等方式，重点检查质量管理文件、管理过程、体系管理、人力资源管理、基础设施管理、过程控制等内容。检查组认定：举报投诉中心ISO9001质量管理体系运行正常，能够适应内外部环境、群众要求和工作发展的需要，通过ISO9001质量管理体系年度审核。

【举报典型案例和咨询知识库】 本年，举报投诉中心围绕本市安全生产重点工作，梳理"12350"举报投诉热线受理举报和咨询服务情况。《典型案例》围绕烟花爆竹、危险化学品、特种作业、有限空间、职业卫生等行业领域精选30个案例。

【举报区域分布情况】 本年，从举报区域情况分布看，朝阳区、丰台区、海淀区、大兴区和昌平区举报数量较多，居承办总数前5位。（图1）

【举报月份分布情况】 本年，从举报数量月份分布看，同比增长，特别是11月份，增长幅度233.76%。（图2）

【举报途径分布情况】 本年，从举报途径看，网络和电话成为市民举报主要途径，占举报总量的97.62%。接收网络举报件1391件，占举报总量的58.06%，同比增长138.59%；接收电话举报948件，占举报总量的39.57%，同比增长71.43%。市民举报途径重心由传统的电话举报向网络举报转移。（图3）

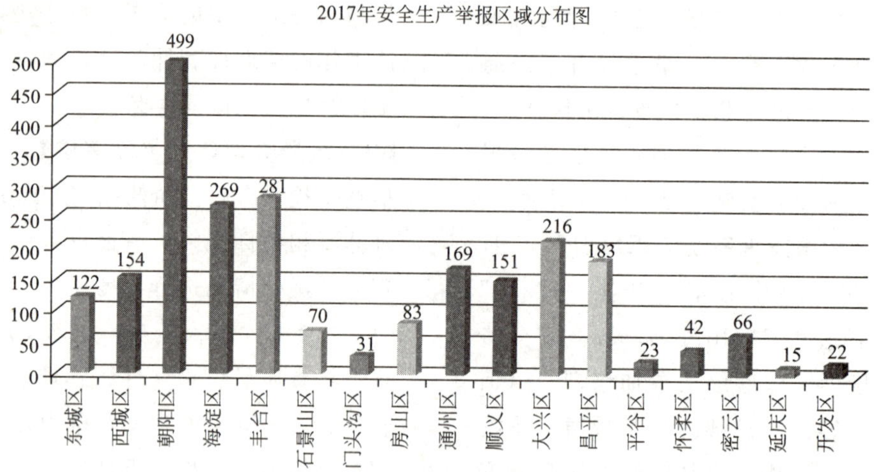

图 1　2017 年群众举报事项区域分布情况

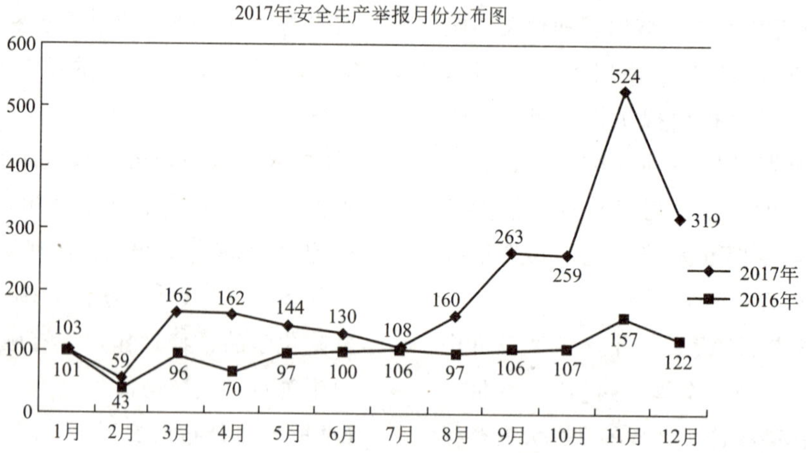

图 2　2017 年群众举报事项月度分布情况

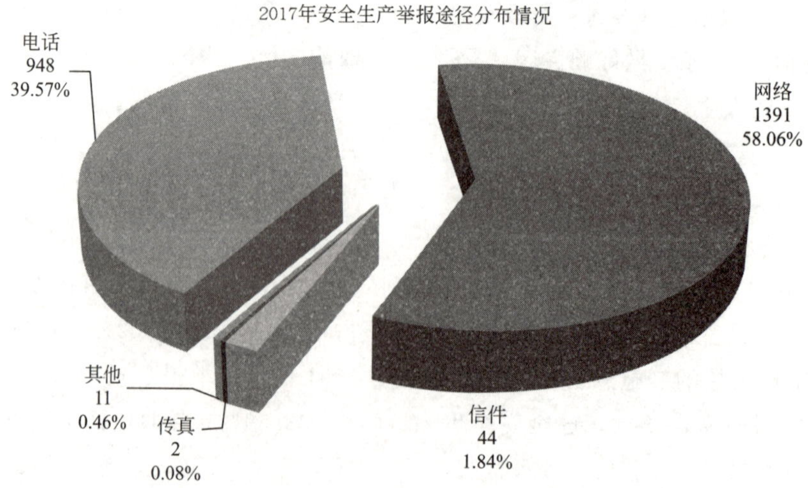

图 3　2017 年群众举报事项途径分布情况

【举报类别分布情况】 本年，举报投诉中心接收的2396件举报中，安全隐患类举报2061件，占举报总数的86.02%；事故类举报40件，占举报总数的1.67%；非法违法生产经营建设类举报184件，占举报总数的7.68%；职业卫生类举报111件，占举报总数的4.63%。其中，接收特种作业类举报292件，同比增长81.37%。

【举报查处情况】 本年，举报投诉中心对举报投诉立案查处1779件，查证属实648件，属实率36.42%。对查证属实的648件，责令整改498家次，罚款74家次，宣传教育52家次，约谈35家次，责令停产停业12家次，警告9家次，关闭3家次，暂扣或吊销许可证1家次。

举报投诉中心焦宁供稿

北京市安全生产联合会

2017年，北京安联坚持依法治会，严格管理，加强协作，强化会员服务，提升政府购买服务工作质量，推进“枢纽型”社会组织制度规范、党建工作、考评监督、专业资质、信息平台、社团融合“六个体系”建设，圆满完成各项工作任务。

【三届会员大会二次全体会议】 1月11日，北京安联召开第三届会员大会第二次全体会议，首钢集团等单位205名会员代表及秘书处全体工作人员参加会议。会议总结2015年至2016年工作，研究部署2017年重点任务。会议通过《北京市安全生产联合会章程》《北京市安全生产联合会会费管理办法（修订案）》，选举首钢集团、通州区安全生产协会等23家单位为常务理事单位。市安全监管局副局长、北京安联会长唐明明在讲话中指出，北京安联要学习掌握安全生产社会化治理体系建设规律，顺应安全生产监管体制改革的迫切需要，健全完善安全生产领域枢纽功能，切实发挥在首都安全生产社会治理中的“中枢”作用。

【社会组织综合培训】 1月17日至19日，北京安联举办安全生产领域社会组织综合培训班，市、区安全生产领域社会组织和相关行业协会60余人参加培训。培训班邀请专家就《社会组织的内部治理》《项目设计与管理》《行业协会商会法信用体系建设》等重点内容进行授课。

【三届一次常务理事会】 6月12日，北京安联召开三届一次常务理事会，21名常务理事代表和北京安联秘书处有关负责人参加会议。市安全监管局副局长、北京安联会长唐明明参加会议并讲话。会议审议通过调整秘书处内设机构、变更法人等9项议题，并围绕发挥北京安联桥梁纽带作用，推进首都安全生产社会治理进程进行深入交流。

【社会组织建设网上线】 7月1日，北京市安全生产领域社会组织建设网上线，网址（www.bjwsa.org.cn）。北京安联官网同步上线，网址（www.bjwsa.org.cn/anlian），设“会员之家、枢纽功能、组织建设、工作职能”模块。

【京津沪渝冀安全生产社团首届联席会】 11月22日，北京安联召开京津沪渝冀安全生产社团首届联席会，北京市、天津市、上海市、重庆市、河北省安全生产社团组织及部分安全技术服务机构代表参加会议。会议审议通过《京津沪渝冀安全生产社团组织工作联席会会议机制》，确定建立京津沪渝冀安全生产社团组织沟通交流及协作机制。

【企业标准化评审管理】 本年，北京安联参与制订安全生产标准化“1+6”系列制度，组织召开评审机构工作会，强化对标准化否决项及重点场所、关键部位的审核查验，明确创建质量、机构考核等工作要求，建立标准化评审与执法检查联动机制。开展“北京市安全生产标准化（二级）示范企业”评选工作，完成95家二级标准化申请企业现场复核工作。

【安全生产年鉴编纂】 本年，北京安联调整专人专职负责年鉴编纂工作，重视年鉴专业人才培养，加强与各区、各部门基层单位沟通联系，统筹做好年鉴资料收集、文稿核实、编审校对和出版发行工作。协调推进安全生产“大事记”管理工作，基本实现稿件即收即审，完成2017版《北京安全生产年鉴》编纂任务，出版800册。

【企业安全生产信用体系】 本年，北京安联归集、梳理完成1972家试点企业各类信用信息5万余条，对信息完整的1209家企业进行等级初评。开展部分行业信用调研工作，申请成为市经济信息化委第一批社会服务合作单位。编制完成《北京市安全生产综合统计数据年报（2016年度）》。

【应急示范创建评估】 本年，北京安联参与修订《安全生产应急管理示范创建工作标准》和《安全生产应急管理示范验收工作标准》，在企业自评阶段介入指导，采取片区集中研究、重点企业“一对一”帮扶方式，完成各区示范创建企业推荐工作。起草完善粉尘企业应急管理示范创建方案和标准，协助京粮集团开展安全生产应急管理示范特色创建活动；以古船食品福兴面粉厂为试点，对车间班组、岗位风险辨识与管控、应急处置进行指导服务，全面总结示范创建工作经验。

【开拓购买服务项目】 本年，北京安联通过政府购买服务的方式，完成“安康杯”竞赛优胜单位称号企业复查、市总工会事业单位安全生产培训和隐患排查工作；争取市社会福利事务管理中心专项资金和“福彩金”支持项目，组织专家开展安全检查并提供隐患排查服务，提升民办福利机构安全管理水平；协助市园林局野生动物养殖、公园风景名胜区以及园林绿化施工企业3项安全生产等级评定标准编制工作。

【会员单位交流培训】 本年，北京安联按照会员单位集中培训服务模式，制定分级分类会员服务计划和实施方案，开展“科技创安、智慧先行”主题沙龙活动，组织安全生产标准化示范企业观摩交流活动，为会员单位搭建交流学习平台。举办会员单位培训5期，全年为超过1000人次提供专业培训。全年调研走访会员单位66家，收集会员单位5方面16项工作需求。

北京安联刘晓春供稿

统计资料

2017年度全市生产安全事故统计数据

2017年，全市各地区、各部门、各单位高度重视安全生产工作，坚持改革创新、严格监督执法，深入开展安全生产大检查和安全隐患大排查大清理大整治专项行动，不断夯实安全生产基层基础，各项工作取得积极成效。但是，全市生产安全事故总量和重大事故出现一定反弹，部分行业领域安全隐患还大量存在，安全生产工作仍然存在诸多薄弱环节，安全生产形势依然严峻。全年发生生产安全死亡事故569起、死亡631人，事故数量同比增加25起，上升4.6%，死亡人数同比增加40人，同比上升6.8%。其中：生产经营性道路交通事故412起、死亡444人；工矿商贸生产安全事故145起、死亡157人；生产经营性火灾事故1起，死亡19人；铁路交通事故11起、死亡11人。全市未发生农业机械、特种设备死亡事故。

表1 2017年全市生产安全事故死亡人数总体情况

序号	事故种类	事故数量/起	同比/%	占事故数总量/%	事故死亡人数/人	同比/%	占事故死亡人数总量/%
1	工矿商贸	145	↑26.1	25.48	157	↑34.2	24.88
2	道路交通	412	↑0.73	72.41	444	↓2.2	70.36
3	铁路交通	11	↓45	1.9	11	↓45	1.74
4	火灾	1	↑100	0.2	19	↑100	3.01
5	合计	569	↑4.6	—	631	↑6.8	—

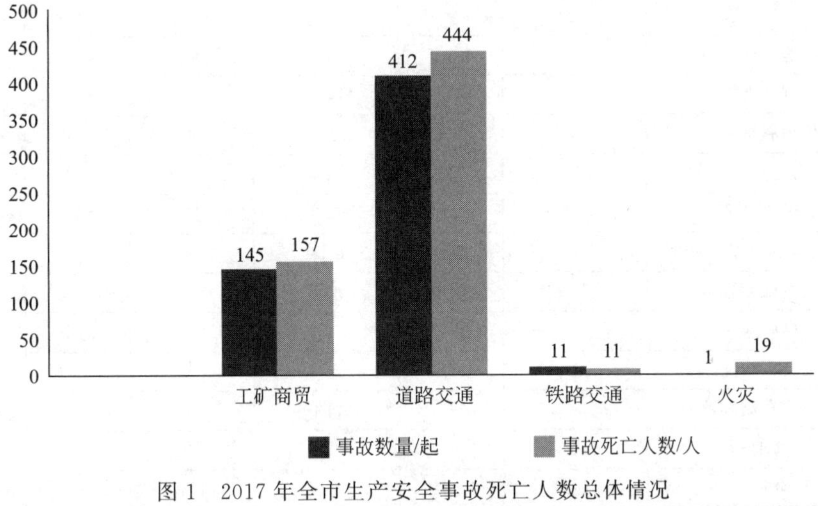

图1 2017年全市生产安全事故死亡人数总体情况

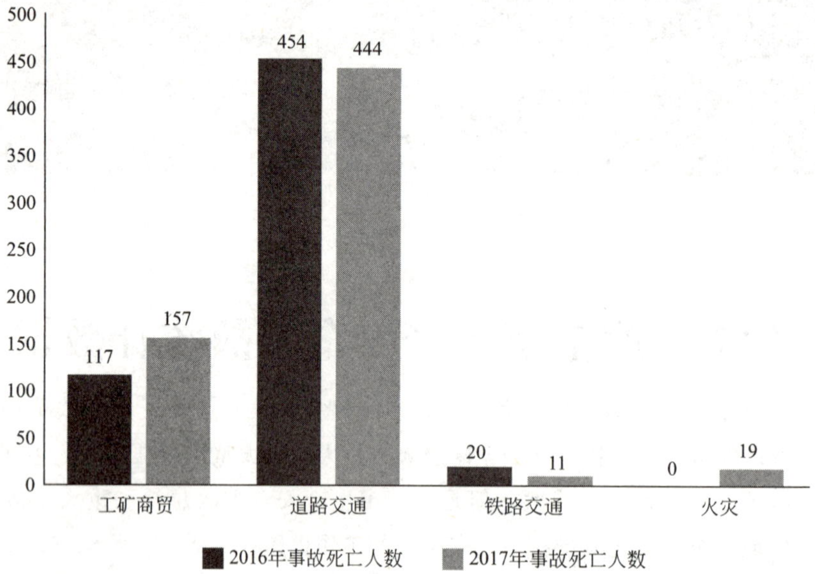

图 2　2017、2016 年全市生产安全事故死亡人数总体情况

2017 年工矿商贸生产安全事故总体情况

(一) 2017 年工矿商贸生产安全事故行业分布情况

2017 年，全市发生工矿商贸生产安全事故 145 起，造成 157 人死亡，同比分别上升 26.1%和 34.2%。主要涉及建筑业、制造业、商务服务业、房地产业、居民服务业、电力燃气生产和供应业、公共设施管理业、煤矿业、信息传输计算机服务业和批发零售业。其中，建筑业、居民服务业、公共设施管理业和批发零售业事故数量和死亡人数同比上升，建筑业生产安全事故数量和死亡人数最多，占工矿商贸生产安全事故总数量的 54.5%、死亡总人数的 55.4%，同比分别上升 9.7%和 17.6%。

表 2　2017 年全市工矿商贸生产安全事故行业分布情况表

序号	行业类型	事故数量（起）	同比（%）	总起数占比（%）	死亡人数（人）	同比（%）	死亡总人数占比（%）
1	建筑业	79	↑9.7	54.5	87	↑17.6	55.4
2	制造业	21	↑50	14.5	21	↑50	13.4
3	住宿餐饮业	3	↓62.5	2.1	4	↓50	2.5
4	房地产业	5	持平	3.4	5	持平	3.2
5	居民服务业	10	↑100	6.9	11	↑120	7
6	电力燃气生产和供应业	4	持平	2.8	4	持平	2.5
7	公共设施管理业	6	↑100	4.1	8	↑166.7	5.1
8	煤矿业	2	持平	1.4	2	持平	1.3
9	批发零售业	6	↑500	4.1	6	↑500	3.8
10	交通运输仓储邮政业	3	—	2.1	3	—	1.9
11	其他	6	—	4.1	6	—	3.8
12	合计	145	↑26.1	—	157	34.2	—

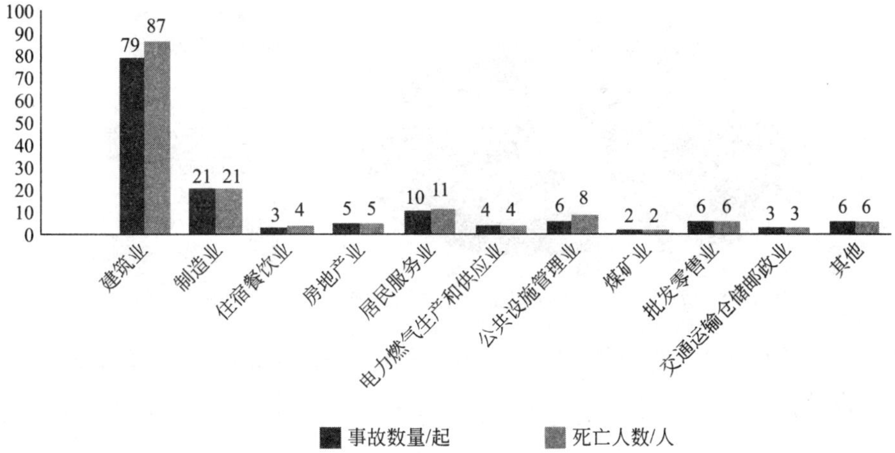

图 3　2017 年全市工矿商贸生产安全事故行业分布情况

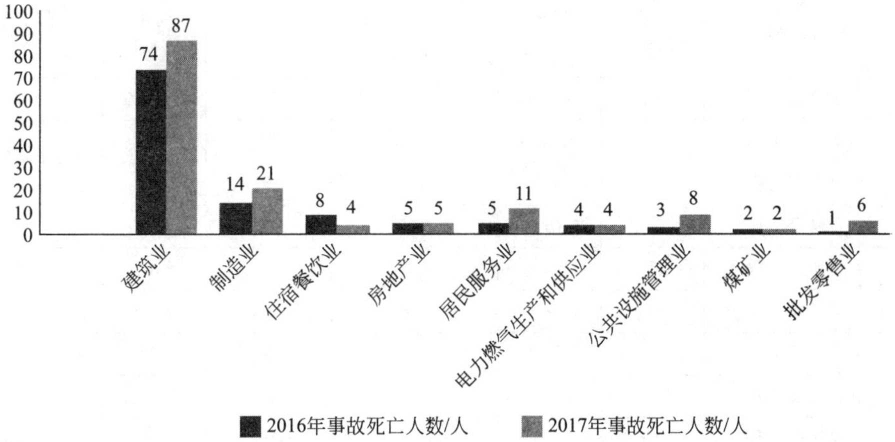

图 4　2017、2016 年全市工矿商贸生产安全事故死亡人数情况

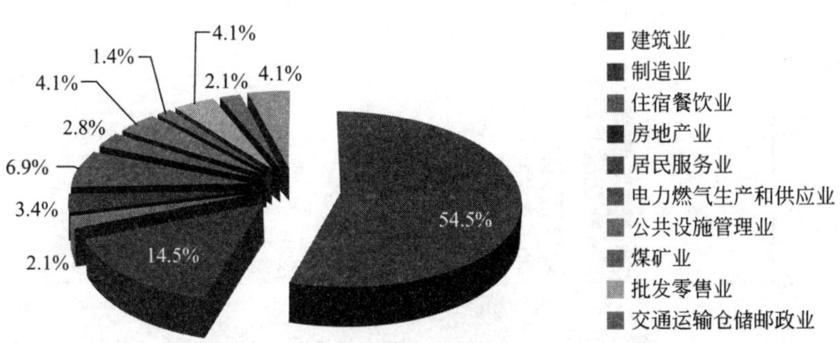

图 5　2017 年全市工矿商贸生产安全事故数量各行业占比情况

从行业分布看，建筑业发生生产安全事故 79 起，造成 87 人死亡，同比上升 14.5%和 22.5%，占工矿商贸生产安全事故总数量的 54.5%、死亡总人数的 55.4%。其中：房屋建设工程 25 起、死亡 25 人；小型工程 17 起、死亡 17 人；电力建设工程 8 起、死亡 10 人；

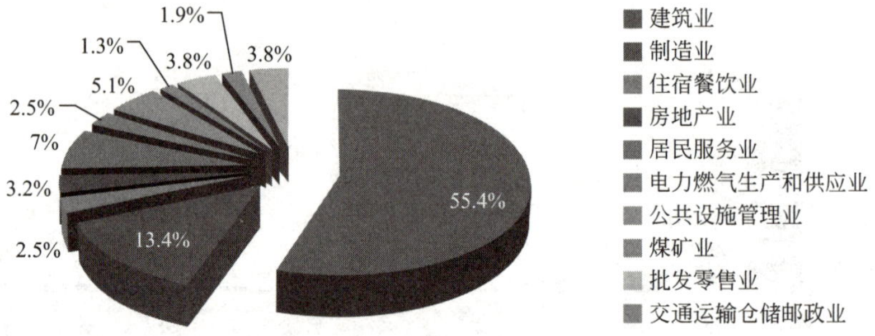

图 6　2017 年全市工矿商贸生产安全事故死亡人数各行业占比情况

道路工程 7 起、死亡 9 人；水利建设工程 4 起、死亡 8 人；轨道交通建设工程 3 起、死亡 3 人；铁路建设工程 3 起、死亡 3 人；市政建设工程 2 起、死亡 2 人；其他建设工程 10 起、死亡 10 人。

表 3　2017 年全市建筑业生产安全事故情况表

序号	工程类型	事故数量/起	同比/%	建筑业事故数占比/%	事故死亡人数/人	同比/%	建筑业事故死亡人数占比/%
1	房屋建设工程	25	↓12.5	31.6	25	↓12.5	28.7
2	小型建设工程	17	↑21.4	21.5	17	↑21.4	19.5
3	水力建设工程	4	—	5.1	8	—	9.2
4	电力建设工程	8	↑166.7	10.1	10	↑100	13.8
5	道路建设工程	7	↑250	8.9	9	↑350	10.3
6	轨道交通建设工程	3	↑200	3.8	3	↑200	3.4
7	铁路建设工程	3	—	3.8	3	—	3.4
8	市政建设工程	2	↓71.4	2.5	2	↓71.4	2.3
9	其他建设工程	10	—	12.7	10	—	13.8
10	合计	79	↑14.5	—	87	↑22.5	—

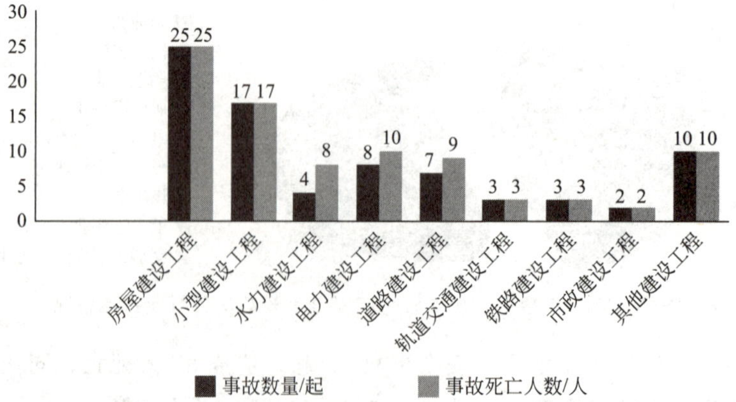

图 7　2017 年全市建筑业生产安全事故情况

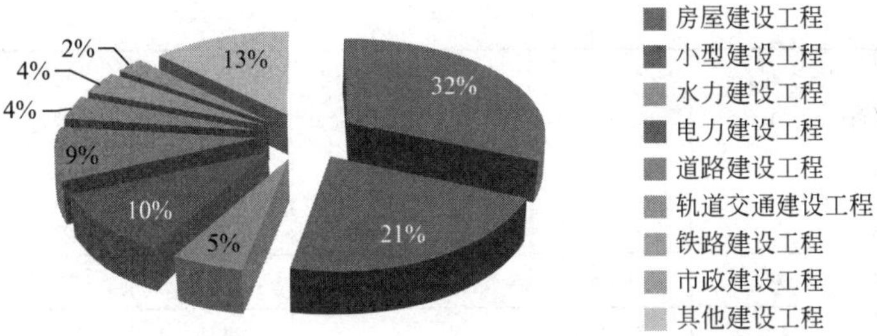

图 8　2017 年全市建筑业生产安全事故起数分布情况

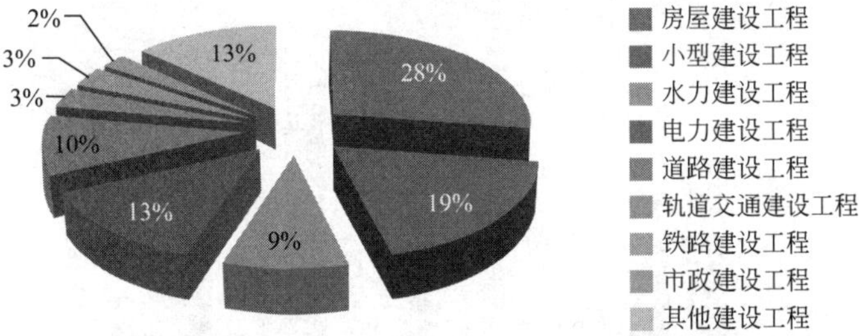

图 9　2017 年全市建筑业生产安全事故死亡人数分布情况

(二) 2017 年工矿商贸生产安全事故地区分布情况

从全市行政区域看，16 个区和北京经济技术开发区发生工矿商贸生产安全事故 145 起、造成 157 人死亡。其中，昌平区、朝阳区、海淀区、大兴区及房山区事故较多，发生 97 起，占全市工矿商贸生产安全事故总起数的 67.8%；造成 102 人死亡，占全市工矿商贸生产安全事故死亡总人数的 65.8%。

表 4　2017 年全市各区工矿商贸生产安全事故情况表

序号	区域名称	事故起数（起）	同比（%）	全市事故数占比（%）	事故死亡人数（人）	同比（%）	全区事故死亡人数占比(%)
1	东城区	4	↑100	2.8	4	↑100	2.6
2	西城区	3	↑200	2.1	3	↑200	1.9
3	朝阳区	22	↓18.5	15.4	23	↓18.5	14.8
4	海淀区	19	↑11.8	13.3	19	↑11.8	12.3
5	丰台区	6	↓46.5	4.2	6	↓53.8	3.9
6	石景山区	2	↓60	1.4	2	↓60	1.3
7	门头沟区	6	↓14.2	4.2	6	↓14.2	3.9
8	房山区	12	↑100	8.4	14	↑133.3	9
9	顺义区	6	↓14.2	4.2	11	↑57.1	7.1
10	昌平区	28	↑366.7	19.6	29	↑383.3	18.7
11	通州区	6	↑50	4.2	7	↑75	4.5
12	大兴区	16	↑33.3	11.2	17	↑41.7	10.9
13	怀柔区	7	↑133.3	4.9	8	↑166.7	5.2
14	平谷区	3	↑50	2.1	3	↑50	1.9

续表

序号	区域名称	事故起数（起）	同比（%）	全市事故数占比（%）	事故死亡人数（人）	同比（%）	全区事故死亡人数占比（%）
15	密云区	3	↓25	2.1	3	↓25	1.9
16	延庆区	0	↑100	0	0	↑100	0
17	开发区	0	持平	0	0	持平	0
18	合 计	143	↑24.3	—	155	↑32.5	—

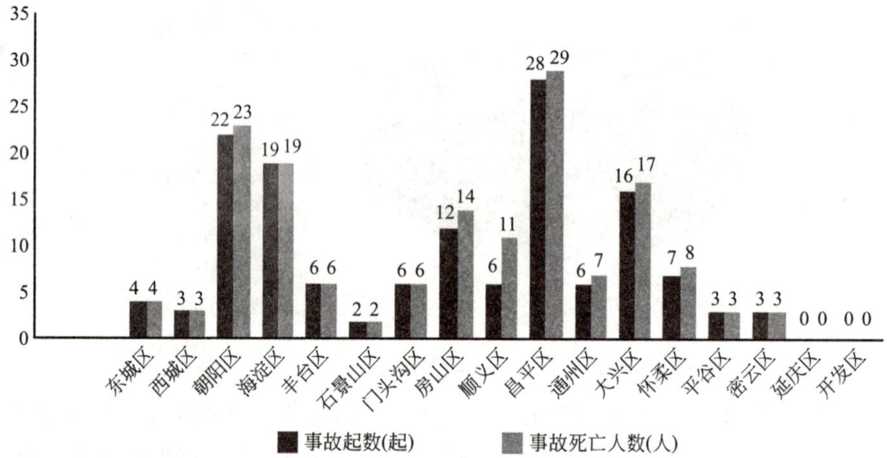

图 10　2017 年生产安全事故地区分布情况（各区）

2017 年，全市工矿商贸生产安全事故数量和死亡人数总体呈上升趋势。10 个区生产安全事故死亡人数总量同比增加，其中：昌平区同比增加 23 人、房山区同比增加 8 人，大兴区、怀柔区分别同比增加 5 人，顺义区同比增加 4 人。朝阳区、丰台区、石景山区、门头沟区、密云区和延庆区事故控制较好，生产安全事故死亡事故人数同比下降，北京经济技术开发区没有发生生产安全事故。

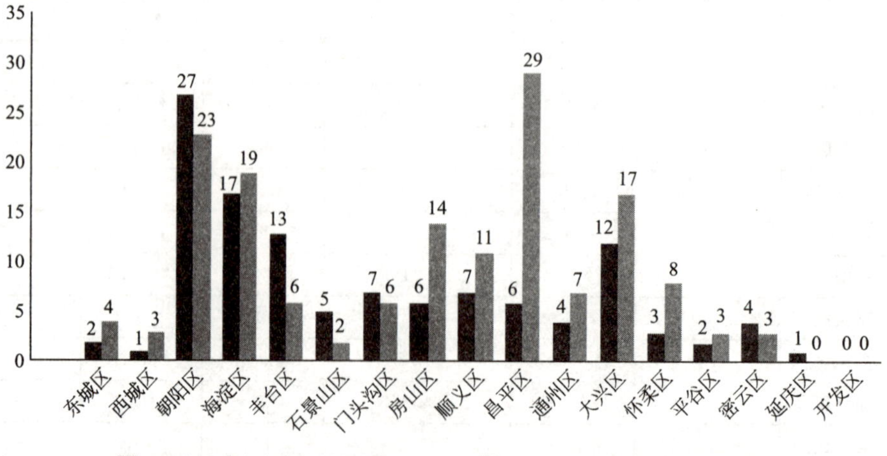

图 11　2017 年、2016 年全市生产安全事故死亡人数情况（各区）

(三）2017年工矿商贸生产安全事故时段分布情况

从事故发生时段看，2017全年12个月发生生产安全事故145起，死亡157人。第二季度、第三季度生产安全事故较为集中，占全年生产安全事故总数量的64.14%、死亡总人数的66.24%。

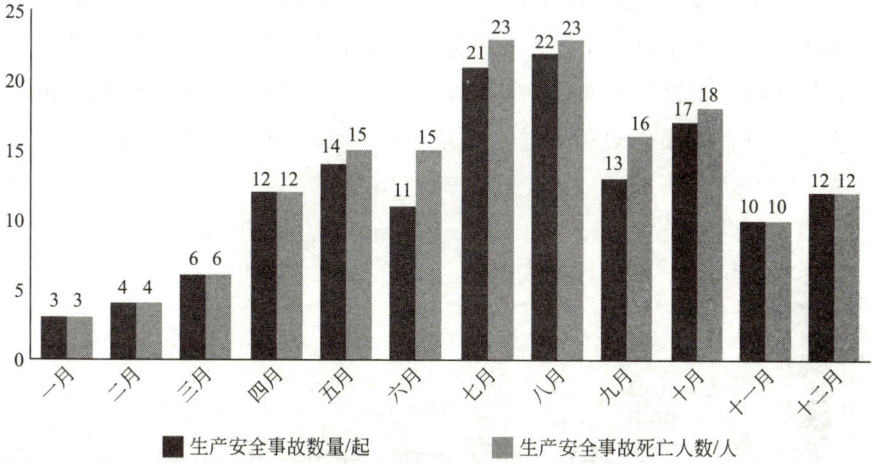

图12　2017年全市每月生产安全事故情况

(四）2017年工矿商贸生产安全事故类型分布情况

从事故的类型看，高处坠落事故和触电事故仍然居高不下，发生事故90起、死亡90人，占工矿商贸生产安全事故总数量的62.1%、死亡总人数的57.3%。其中：高处坠落发生60起、死亡60人；触电事故发生30起、死亡30人。另外，物体打击事故发生14起、死亡16人；中毒窒息事故发生9起、死亡17人；机械伤害事故发生9起、死亡9人；车辆伤害事故发生7起、死亡7人；坍塌事故发生6起、死亡8人；起重伤害事故发生4起、死亡4人；淹溺事故发生1起、死亡1人；其他伤害事故发生1起、死亡1人；其他爆炸事故发生1起、死亡1人；其他事故发生3起、死亡3人。

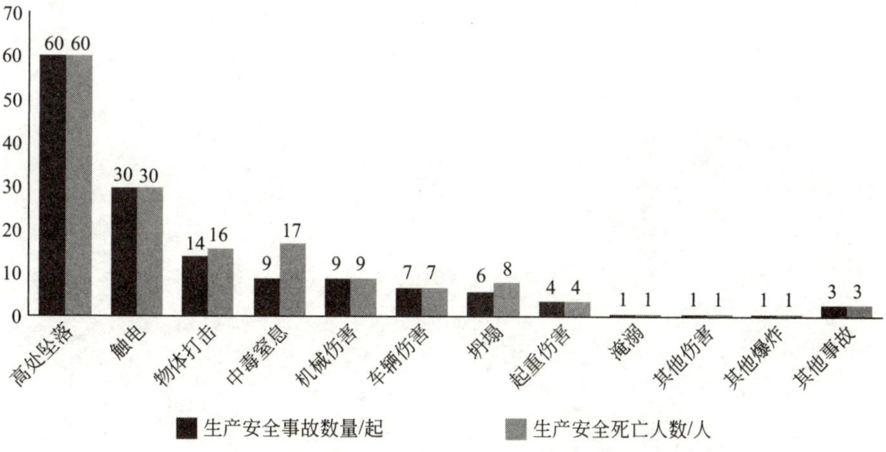

图13　2017年全市工矿商贸生产安全事故类型分布情况

（五）2017 年工矿商贸生产安全事故原因分析

从事故原因分析，违反操作规程或劳动纪律仍然占比最大，发生事故 71 起、死亡 77 人，占全市工矿商贸生产安全事故总数量的 49.3%、死亡总人数的 55.5%。此外，生产场所环境不良造成事故 17 起、死亡 17 人；个人防护用品缺少造成事故 19 起、死亡 22 人；缺乏安全操作知识造成事故 13 起、死亡 14 人；安全设施缺少造成事故 7 起、死亡 7 人；设备工具附件有缺陷造成事故 4 起、死亡 4 人；劳动组织不合理造成事故 4 起、死亡 4 人；对现场工作缺乏指挥或指挥错误造成事故 3 起、死亡 4 人；技术和设计有缺陷造成事故 3 起、死亡 4 人；没有操作规程或操作规程不健全造成事故 3 起、死亡 3 人；其他原因造成事故 1 起、死亡 1 人。

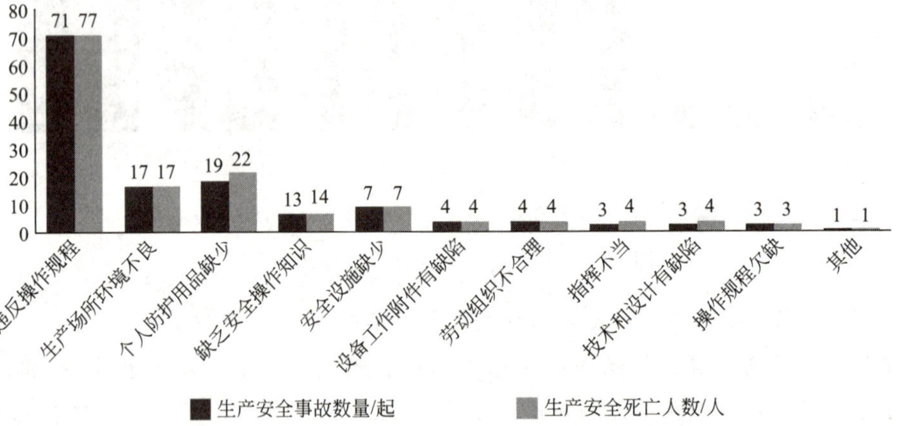

图 14 2017 年全市工矿商贸生产安全事故原因分析情况

事故案例

【案例一】

中铁二十二局集团有限公司“6·23”一般生产安全事故

2017年6月23日8时许，在京沈客专京冀段九标项目2号拌合站新增配料机基坑内，工人在搭设脚手架作业时，发生一起坍塌事故，造成1人重伤，3人轻伤。

按照市领导指示要求，依据《生产安全事故报告和调查处理条例》和《北京市生产安全事故报告和调查处理办法》等规定，市政府成立由市安全监管局、国家铁路局北京铁路督查室和市公安局、人力社保局、总工会、密云区政府组成的事故调查组，全面开展事故的调查处理工作。事故调查组邀请市监察委同步参与事故调查工作。事故调查组委托国家建筑工程质量监督检验中心对事故的技术原因开展全面分析和论证。

事故调查组按照“四不放过”和“科学严谨、依法依规、实事求是、注重实效”的原则，通过现场勘验、技术鉴定、调查取证和综合分析，查明事故发生的经过、原因，认定事故性质和责任，提出对有关责任人员和责任单位的处理建议，针对事故暴露出的问题提出防范措施。

一、事故基本情况

（一）事故相关单位情况

1.中铁二十二局集团有限责任公司（以下简称“中铁二十二局集团”）作为京沈客专九标段总包单位，有限责任公司（法人独资），注册资本105700万元，注册地为北京市石景山区石景山路35号，经营范围是工程设计、铁路、地铁、公路施工等，具有铁路工程施工总承包特级资质。

2.黄骅市广源劳务有限公司（以下简称“广源公司”），作为2号拌合站增建工程的劳务分包单位，有限责任公司，注册资本30万元，住所为黄骅市渤海西路，经营范围：建筑劳务分包、隧道工程施工、土石方工程施工等，具有混凝土作业分包资质（可承担各类工程混凝土作业分包业务，但单项业务合同额不超过企业注册资本金的5倍）。

3.北京铁研监理有限公司（以下简称“铁研监理公司”），作为京沈客专九标段监理单位，有限责任公司（法人独资），注册资本3000万元，注册地为北京市大兴区黄村镇康庄路9号，经营范围：铁路工程监理、房屋建筑工程监理、公路工程监理等，具有铁路工程监理甲级资质。

（二）项目基本情况

京沈客专京冀段九标段（以下简称“京沈客专九标段”）起讫里程 DK73＋530.91-DIK92＋666，正线长 34.333km，总投资额 29.43 亿元。

中铁二十二局集团中标京沈客专九标段项目后，成立中铁二十二局集团京沈客专九标段项目部，项目经理为杨××，总工程师和安全总监分别为龙×和李××。以内部分包的方式将该项目分包给集团4家下属独立法人单位，并分别签订《内部分包合同》。其中，中铁二十二局集团第一工程有限公司（以下简称“中铁二十二局一公司”）负责京沈客专九标 DIK78＋845 至 DIK91＋305 段内隧道、路基附属线下工程及桥梁基础、墩台身工程及其他辅助工程（合同价款 759222319 元）的施工作业。中铁二十二局集团第四工程有限公司（以下简称“中铁二十二局四公司”）负责京沈客专九标段桥梁制作及施工作业。

中铁二十二局一公司作为2号拌合站增建工程的分包单位，成立一工区项目部，一工区工区长张×，总工程师何××，总调度赵××。

2016年1月1日，中铁二十二局四公司开始建设2号拌合站。2月24日，拌合站竣工。建设完成后，该拌合站设有 HLS180 型自动化混凝土搅拌机 1 台，HLS240 型自动化混凝土搅拌机 2 台，生产混凝土能力约为 120 立方米/时。

为保障中铁二十二局一公司分包工程内隧道群混凝土供应，2017年6月3日，京沈客专九标段项目部召开增建拌合站事项推进协调会，计划在既有2号拌合站两台 HLS240 型自动化混凝土搅拌机之间，增设一组 HLS240 型混凝土搅拌机和6个250吨粉罐（含水泥罐3个，粉煤灰罐2个，矿粉罐1个）。该工程由中铁二十二局一公司负责施工建设，中铁二十二局四公司负责提供场地，计划开工日期2017年6月10日，计划竣工日期2017年7月30日。

（三）增建拌合站工程项目技术方案及交底情况

2017年5月30日，中铁二十二局一公司一工区工程技术部编制《增建拌合站施工组织设计》（以下简称“《施工组织设计》”），经工区总工何××审核后，报项目部总工龙×审查批准，同时经铁研监理公司专业监理工程师刘×审查、总监丁××审批，同意实施。

2017年6月2日，中铁二十二局一公司一工区工程技术部编制《增建拌合站基坑开挖与支护专项施工方案》（以下简称“《基坑开挖支护方案》”），经一工区总工何××审核后，报项目部总工程师龙×批准实施。

2017年6月2日，一工区工程技术部向广源公司进行增建拌合站基坑开挖支护交底，交底人为郭××，交底审核人为何××，接受交底人分别为广源公司班长吴××、一工区副工区长赵××及广源公司12名施工作业工人。

（四）事故现场情况

事故发生地点位于北京市密云区巨各庄镇蔡家洼村京沈客专九标段项目2号拌合站厂房内西侧。开挖的基坑呈L形。其中，拟安装斜向皮带机位置的基坑下端最低点深5.4米，基坑自西向东成斜坡形状向下开挖，实际开挖长度 19.26 米，宽 5.07 米。配料区基坑自北向南开挖，长

21.51 米，宽 5.86 米，深 3.4 米。经勘验，现场坍塌位置位于配料区基坑西侧边坡，坍塌边坡长度约为 5 米，下方有倒塌的砖胎膜，砖胎膜砌筑高约 1.57 米，长约 7 米。基坑东侧有倒塌的脚手架及脚手板。详见下图：

拌合站基坑开挖平面图

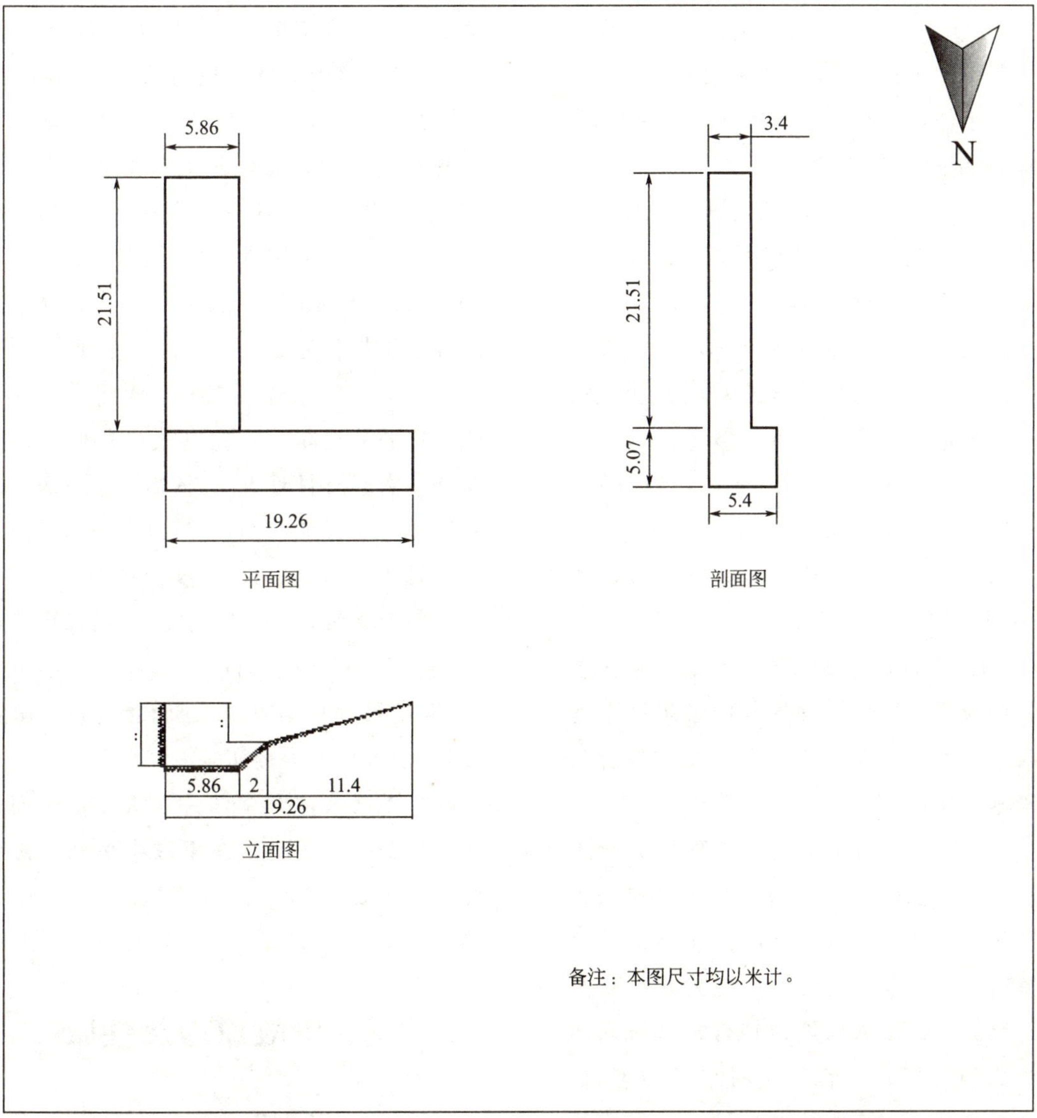

二、事故的经过、抢险救援及人员受伤情况

（一）事故经过及抢险救援

2017 年 6 月 13 日，一工区副工区长赵××组织工人使用挖掘机进行增建拌合站室外水泥储罐基础基坑开挖作业，该基坑为月牙形，宽约 6.5 米，外弧长 38 米，内弧长 23 米，深 2.3 米。6 月 14 日至 17 日，工人在基础内进行绑钢筋、埋设预埋件作业，作业完毕后向基坑底部浇筑混凝

土、焊钢筋等加固作业。

6月18日，赵××组织工人使用挖掘机进行室内斜皮带及配料机组基坑开挖作业，首先从斜皮带基坑西侧最高点位置开始向下开挖，自西向东，开挖至最低点(深度为5.4米左右)时，基坑底部出现渗水情况，因水量不大，现场设置一台水泵进行抽水作业。斜皮带处基坑开挖完毕后，沿垂直方向向南侧开挖，整个基坑成L形，作业至19日基坑开挖完毕。在基坑开挖过程中，赵××未按照《基坑开挖支护方案》组织工人对基坑边坡进行支护作业。

6月20日，京沈客专九标段项目部安质部任××，对增建拌合站基坑作业现场进行安全检查，发现基坑边坡未按施工方案进行防护，其对一工区下达检查通报，要求一工区接到通报后立即进行整改，并于23日前将整改情况回复上报项目部安质部。

6月21日，因暴雨黄色预警，京沈客专九标段项目部以文件形式向各工区下达暂时停工通知，要求暂时停止增建拌合站基础施工作业。

6月22日下午，一工区组织召开全工区暂时停工会议。17时许，赵××口头告知广源公司总经理刘×暂时停止增建拌合站基坑施工作业。此时，广源公司班长吴××已经安排工人将增建拌合站基坑内砖胎模砌筑完毕。砖胎膜使用红机砖砌筑，厚240毫米，砌筑高度约1.57米，长度约7米。

6月23日7时30分左右，广源公司班长吴××带领8名工人到达增建拌合站施工现场，并安排4名工人到基坑西侧距砖模1米左右的位置搭设脚手架，作为溜槽支架进行浇筑混凝土作业。作业至8时左右，基坑西侧边坡土体发生位移，将砖胎模挤倒，倒塌的砖胎膜把工人正在搭设的脚手架砸倒，脚手架将4名工人砸伤。事故发生后，广源公司班长吴××组织现场其他工人对伤者进行施救，随后4名伤者被送至北京市密云区医院进行救治。

（二）事故受伤人员情况：

1.张××，男，51岁，河北省承德市兴隆县人，广源公司职工，在事故中负伤(诊断结果：右胫骨平台骨折、右腓骨近端骨折，左腓骨近端骨折)，依据《企业职工伤亡事故分类标准》(GB 6441—1986)核算损失工作日为270日，伤害程度为重伤。

2.吴××，男，57岁，天津市宁河县人，广源公司职工，在事故中负伤(诊断结果：右胫腓骨骨折)，依据《企业职工伤亡事故分类标准》(GB 6441—1986)损失工作日为90日，伤害程度为轻伤。

3.李××，男，57岁，河北省承德市兴隆县人，广源公司职工，在事故中负伤(诊断结果：右侧第6、9肋骨骨折、脑震荡)，伤害程度为轻伤。

4.李××，男，51岁，天津市宁河县人，广源公司职工，在事故中负伤(诊断结果：颅底骨折、脑震荡)，伤害程度为轻伤。

三、事故原因及性质

（一）直接原因

基坑开挖过程中基坑事故段存在外部补水通道，土体在水的浸润下，抗剪强度大幅降低，外加土质不均匀，造成基坑边坡土体滑移。

经国家建筑工程质量监督检验中心现场踏勘后认定，原有拌合站建筑物底板为素土换填地基，换填深度约2米，地基土处于中密状态，但土质明显不均匀。同时，与坍塌段对应的建筑物外部地面低洼处排水措施不完善，雨水有局部入渗的可能。

（二）间接原因

安全管理缺失、未对从业人员进行安全生产教育培训、不服从总包单位安全生产管理、未按照《基坑开挖支护方案》进行增建拌合站基坑工字钢桩支护作业、监理不到位是导致事故发生的间接原因。

1.中铁二十二局集团安全管理缺失。一是在无设计图纸，未对基坑开挖区域进行勘察的情况下，制定《基坑开挖支护方案》；二是未督促从业人员严格依据本单位《基坑开挖支护方案》进行基坑支护作业；三是未安排专职安全生产管理人员对危险性较大的基坑支护工程实施现场监督；四是在因暴雨预警对各工区下达临时停止施工作业通知后，对京沈客专九标段项目施工现场失管失察，未及时发现并消除工人在基坑内脚手架（混凝土溜槽支架）搭设作业的事故隐患。

2.铁研公司监理不到位。一是未督促从业人员严格执行本单位《新建北京至沈阳铁路客运专线京冀段工程施工监理JSJJJL-5标段安全监理实施细则》《试验室与拌合站验收细则》对现场实施有效监理；二是未指派专人负责增建拌合站配料机基坑开挖工程的安全监理。

3.广源公司未对本单位从业人员进行安全生产教育培训、不服从总包单位安全生产管理，在总包单位已下达暂时停工指令的情况下，仍冒险组织工人在基坑内进行脚手架（混凝土溜槽支架）搭设作业。

（三）事故的性质

鉴于上述原因分析，根据安全生产有关法律、法规的规定，事故调查组认定，该起事故是一起一般生产安全责任事故。

四、事故责任分析及处理建议

根据《中华人民共和国安全生产法》《生产安全事故报告和调查处理条例》等有关法律、法规规定，调查组依据事故调查核实的情况和事故原因分析，认定下列人员和单位应承担相应的责任，并提出如下处理建议：

（一）广源公司总经理刘×，未履行自身安全生产管理职责，督促、检查本单位安全生产工作不到位，在总包单位项目部要求暂时停止增建拌合站基坑施工作业、基坑边坡未做支护的情况下，未及时消除工人在基坑内进行脚手架（混凝土溜槽支架）搭设作业的事故隐患，其行为违反《中华人民共和国安全生产法》第18条第5项规定，对事故发生负有主要管理责任。依据《中华人民共和国安全生产法》第92条第1项的规定，由安全监管部门给予其上一年年收入30%罚款的行政处罚。

（二）中铁二十二局一公司一工区总工程师何××，作为增建拌合站工程项目的技术负责人，未切实履行自身安全生产管理职责，未认真审核增建拌合站施工组织设计、基坑开挖支护方案，对事故发生负有主要管理责任。依据《安全生产领域违法违纪行为政纪处分暂行规定》第12条第7项，由中铁二十二局一公司给予其记大过处分。

（三）中铁二十二局一公司一工区副工区长赵××，作为增建拌合站施工现场的负责人，未切实履行自身安全生产管理职责，未依据《基坑开挖支护方案》安排工人进行基坑工字钢桩支护作业；在项目部下达临时停止施工通知后，未及时消除工人在基坑内进行脚手架（混凝土溜槽支架）搭设作业的事故隐患，对事故发生负有主要管理责任。依据《安全生产领域违法违纪行为政纪处分暂行规定》第 12 条第 7 项，由中铁二十二局一公司给予其记大过处分。

（四）中铁二十二局一公司一工区工区长张×，作为增建拌合站工程项目的负责人，未切实履行自身安全生产管理职责，督促、检查增建拌合站工程施工现场不到位；未及时消除增建拌合站基坑未按照《基坑开挖支护方案》进行工字钢桩支护作业、工人在项目部下达临时停止施工通知后，仍在基坑内进行脚手架（混凝土溜槽支架）搭设作业的事故隐患，对事故发生负有主要管理责任。依据《安全生产领域违法违纪行为政纪处分暂行规定》第 12 条第 7 项，由中铁二十二局一公司给予其记大过处分。

（五）中铁二十二局集团京沈客专九标段项目部安全总监李××，作为项目部安全生产监督管理负责人，未切实履行自身安全生产管理职责，未认真审核《基坑开挖支护方案》；未对增建拌合站施工作业现场进行排查，增建拌合站基坑未按照《基坑开挖支护方案》进行工字钢桩支护作业，项目部下达临时停止施工通知后工人仍在基坑内进行脚手架（混凝土溜槽支架）搭设作业的事故隐患，对事故发生负有主要管理责任。依据《安全生产领域违法违纪行为政纪处分暂行规定》第 12 条第 7 项，由中铁二十二局集团给予其记大过处分。

（六）中铁二十二局集团京沈客专九标段项目部总工程师龙×，作为项目部的技术负责人，未切实履行自身安全生产管理职责，未认真审定《施工组织设计》、未严格对《基坑开挖支护方案》实施审核，对事故发生负有主要管理责任。依据《安全生产领域违法违纪行为政纪处分暂行规定》第 12 条第 7 项，由中铁二十二局集团给予其记大过处分。

（七）中铁二十二局集团总经理助理、京沈客专九标段项目部经理杨××，作为项目部的主要负责人，未切实履行自身安全生产管理职责，督促、检查本项目部的安全生产工作不到位；未及时消除增建拌合站基坑未按照《基坑开挖支护方案》进行工字钢桩支护作业、在项目部下达临时停止施工通知后，工人仍在基坑内进行脚手架（混凝土溜槽支架）搭设作业的事故隐患，对事故发生负有主要领导责任。依据《安全生产领域违法违纪行为政纪处分暂行规定》第 12 条第 7 项，由中铁二十二局集团给予其警告处分。

（八）广源公司未对本单位从业人员进行安全生产教育培训、不服从总包单位安全生产管理，在总包单位已下达暂时停工指令的情况下，仍冒险组织工人在基坑内进行脚手架（混凝土溜槽支架）搭设作业。其行为违反《中华人民共和国安全生产法》第 25 条第 1 款、《建设工程安全生产管理条例》24 条第 4 款的规定，对事故发生负有主要责任。依据《中华人民共和国安全生产法》第 109 条第 1 项，由安全监管部门给予其 20 万元罚款的行政处罚。

（九）中铁二十二局集团安全管理混乱，未结合作业现场实际情况制定《基坑开挖支护方案》；未对《基坑开挖支护方案》进行认真审核便审批实施；未督促从业人员严格依据本单位的《基坑开挖支护方案》进行基坑支护作业；未安排专职安全生产管理人员对危险性较大基坑支护工程作业进行现场监督；在因暴雨预警对各工区下达临时停止施工作业通知后，对京沈客专九标段项目施工现场失管失察，未及时消除工人在基坑内脚手架（混凝土溜槽支架）搭设作业的事故隐患，其行为违反《中华人民共和国安全生产法》第41条、《危险性较大的分部分项工程安全管理办法》第7条第5项，对事故发生负有重要责任。依据《中华人民共和国安全生产法》第109条第1项，由安全监管部门给予其20万元罚款的行政处罚。

（十）铁研公司未督促从业人员严格执行本单位《新建北京至沈阳铁路客运专线京冀段工程施工监理JSJJJL-5标段安全监理实施细则》第2章第3款中第5项、第6项和《试验室与拌合站验收细则》第43条的规定，未对拌合站建设过程进行监控，并确认符合相关标准要求；未指派专人负责增建拌合站配料机基坑开挖工程的安全监理，致使拌合站施工现场无监理工程师进行巡视和旁站，未能发现施工现场违反《基坑开挖支护方案》和临时停工指令施工等事故隐患，其行为违反《工程建设监理规程》（DBJ01-41—2002）第6.5.1、《北京市工程建设监理管理办法》第6条第1项和《建设工程安全生产管理条例》14条第3款的规定，对事故发生负有监理责任。依据《中华人民共和国安全生产法》第109条第1项的规定，由安全监管部门给予其20万元罚款的行政处罚。

五、事故防范和整改措施建议

该起事故发生在北京市重大政治活动期间，给人民生命财产带来损失，造成较大社会影响，教训深刻。为防止类似事故再次发生，事故调查组结合调查的情况，针对事故中暴露的问题，提出如下整改措施建议：

（一）广源公司应结合本单位实际施工作业情况，切实加强对从业人员的安全教育培训工作，提高全体从业人员，尤其是现场施工作业人员的安全意识，使从业人员具备辨识作业环境所存在危险因素的能力。同时要严格依据各类施工方案组织进行施工作业，服从总包单位的统一管理，坚决杜绝“三违”行为的发生。

（二）铁研公司要认真落实铁路工程、建设工程相关的各类安全法规、规程和规范，结合工程项目实际情况制定监理工作计划和实施细则，严格审查施工组织设计及专项施工方案中的安全技术措施；加强对监理项目的重点、难点工序、施工阶段、节点的现场安全监理，指派专人负责危险性较大的分部分项工程的安全监理，对排查发现的问题要建立监理台账，逐项检查记录；对发现的事故隐患及时责令整改，针对重大事故隐患要及时向建设单位及主管部门上报。

（三）中铁二十二局集团要严格贯彻执行国家和行业的安全生产法律、法规以及相关标准规范。落实总包单位安全责任，建立健全本单位安全生产责任制，并严格督促落实，加强对项目部和内部分包单位的管理；认真做好各类施工组织设计和专项施工方案的编制、审核、审批工作，坚决杜绝方案无针对性、与实际作业不符、审核工作流于形式等现象；务必将安全技术交底工作落到实处，督促从业人员严格执行各类安全生产管理制度及安全操作规程；加大安全检查力度，对于危险性较大的分部分项工程作业，必须安排专职安全生产管理管理人员进行现场监督，及时发现并消除各类事故隐患，杜绝各类违章指挥、违章作业行为，坚决遏制事故的发生。

【案例二】

北京鑫大禹水利建筑工程有限公司“6·30”较大生产安全事故

2017年6月30日7时30分，北京鑫大禹水利建筑工程有限公司在顺义区高丽营镇河道排污口治理十三支污水管线工程，组织作业人员进行井下抹灰破管作业时，发生一起缺氧窒息死亡事故，造成4人死亡。

事故发生后，依据《生产安全事故报告和调查处理条例》《北京市生产安全事故报告和调查处理办法》的规定，市安全监管局、公安局、水务局、人力社保局、总工会和顺义区政府成立事故调查组，调查组邀请市监察委同步参与调查。事故调查组按照“科学严谨、依法依规、实事求是、注重实效”和“四不放过”原则，查清事故发生经过和应急抢险救援情况，委托技术鉴定机构对事发井室内气体进行取样分析和鉴定，聘请相关专家进行技术原因论证，查明事故发生的直接和间接原因，认定事故性质和责任，提出对有关责任人员及责任单位的处理建议和事故防范及整改措施建议。

一、事故基本情况

（一）事故相关单位情况

1.总包单位：北京鑫大禹水利建筑工程有限公司（以下简称“鑫大禹公司”），法定代表人为吕××，公司类型为其他有限责任公司，上级单位为北京顺鑫农业股份有限公司。经营范围为施工总承包，甲级凿井，建筑材料检测。具有水务安全生产标准化二级达标企业称号。企业资质：河湖治理工程专业承包叁级，水利水电机电安装工程专业承包叁级，水利水电工程施工总承包贰级，地基基础工程专业承包叁级，市政公用工程施工总承包叁级，建筑机电安装工程专业承包叁级，建筑工程施工总承包叁级。

2.劳务分包单位：北京华祥兴鹏劳务分包有限公司（以下简称“华祥兴鹏公司”），法定代表人为华××，公司类型为有限责任公司（自然人独资），经营范围为劳务分包、专业承包，租赁机械设备，保洁服务，接受委托提供劳务服务（排队服务、对外劳务合作除外）。企业资质：木工作业分包贰级，钢筋作业分包贰级。

3.监理单位：北京中水利源工程咨询有限公司（以下简称“中水利源公司”），法定代表人为蒲××，公司类型为其他有限责任公司，经营范围为工程技术咨询，工程造价咨询，工程勘察设计，技术服务，专业承包，经济信息咨询，工程监理。企业资质为：水利工程施工监理甲级，水土保持工程施工监理丙级，水利工程建设环境保护监理。

（二）工程项目基本情况

事发工程为顺义区高丽营镇河道排污口治理十三支污水管线工程（以下简称“十三支工程”），该工程由顺义区发展改革委批准建设，建设资金来自政府投资，工程项目监理、设计、勘察单位的招标人为顺义区水务局，工程施工单位招标人为顺义区高丽营镇政府，施工合同价格为38980022.06元。工程建设规模及主要内容为：综合治理排污口3个，布置污水检查井115座，路面恢复1995平方米，顶管5500余米等。设计线路为：以金马工业区临时污水处理站为起点，新建污水管道沿拥军路向南、再沿机场北线北侧绿化带边界向西介入十三支渠北侧的污水管道预留接口，其中约2000米管线在高丽营镇境内，其余约4000米管线在后沙峪镇境内。事故发生地点位于顺义区后沙峪镇董各庄村。

工程中标的总承包单位为鑫大禹公司，该工程实际项目经理为张××，项目生产经理为王×，项目安全员为孙××。监理单位为中水利源公司，总监和监理工程师分别为石××和蔡××。

（三）事发污水井井室结构情况

事发污水井为十三支工程55号井，位于顺义区后沙峪镇董各庄村向东200米路南。该井从上至下依次为井筒、井室，地面至地下2.8米为圆柱形井筒，井筒直径0.8米；地下2.8米至5.9米为长方形井室（长1.5米，宽1.1米），井室底部距地面5.9米、设置在外径约1.1米污水水泥管下方，水泥管顶部距地面4.8米。

二、事故经过及抢险救援情况

（一）事故发生经过

2017年6月30日，华祥兴鹏公司现场负责人牛××安排现场带班人员牛××带领4名工人到55号井和56号井进行抹灰破管作业。早上6时30分左右，5人到达施工现场，将55号井和56号井井盖打开通风。7时30分左右，1名工人首先下井准备进行抹灰作业，约2分钟后晕倒，3名工人先后下井施救，均晕倒在井下。现场带班人员牛××最后下井施救，下至约3米左右感到不适随即爬上地面。

（二）应急抢险救援情况

现场带班人员牛××爬上地面后立即打电话给现场负责人牛××，随即拨打“110”“119”“120”报警，电话报告华祥兴鹏公司和鑫大禹公司项目部相关负责人。7时50分，现场负责人牛××及鑫大禹公司项目部相关负责人陆续到达现场。7时58分，公安消防部门接到报警，8时21分，消防部门到达现场开展救援，8时34分至8时57分，公安消防部门将4名工人先后救出，经“120”医护人员现场确认4人均无生命体征。

三、事故原因及性质

事故调查组依法调取有关单位的资质文件和施工资料，对事故涉及的相关人员进行调查询问，委托北京市理化分析测试中心对事发井室内气体进行取样分析和鉴定，聘请相关专家进行技术原因论证，认定事故原因及性质。

（一）直接原因

事发污水井井下缺氧，施工负责人违章指挥，现场作业人员违章作业、违规施救是造成事故发生及事故扩大的直接原因。

经检测，事发污水井属于严重缺氧环境（井下最高氧气含量为3.3%）。经专家组讨论认定，4名作业人员因井内环境缺氧，导致急性缺氧窒息死亡。公安司法鉴定中心尸检结果显示：4人符合缺氧性窒息死亡。

经调查，现场带班人员牛××安排作业人员在未设置安全警示标识、未配备气体检测报警仪等作业防护设备、未配备呼吸防护用品等个体防护用品、未进行有限空间气体检测、未采取充分的通风换气措施、现场无有限空间作业监护人员监护情况下下井作业，致使下井作业人员发生缺氧性窒息；事故发生后，现场作业人员在未制定应急救援措施、未采取有效安全防护措施、未配备应急救援装备的情况下贸然下井施救，造成事故后果扩大。

（二）间接原因

1.华祥兴鹏公司未落实有限空间作业相关要求。华祥兴鹏公司作为劳务单位，未配备有限空间作业安全警示标识、防护设备及个体防护用品；未制定本单位有限空间作业操作规程；未对作业人员进行安全教育培训，未向作业人员告知作业场所的危险因素、防范措施和事故应急措施；未督促作业人员按照“先检测后作业”原则，对地下有限空间内有毒有害气体和氧含量进行检测；未按照项目部《较大危险因素生产经营场所危险作业管理制度》要求履行有限空间作业审批程序，擅自开展有限空间作业；未落实《有限空间安全生产责任制》，现场作业人员不具备有限空间作业监护资格；未落实《有限空间应急预案》，未针对有限空间作业开展应急演练。

此外，事故调查组还查出华祥兴鹏公司在本起事故中将分包工程分两个合同签订（合同总额约2000万元），承揽工程合同总额超过其注册资金金额5倍的违法行为。

2.鑫大禹公司项目管理混乱。鑫大禹公司十三支工程项目部未制定检查井专项施工方案和有限空间作业专项安全施工方案，未将检查井施工纳入有限空间作业进行管理；发现现场作业人员未按有限空间要求作业后，未督促劳务单位对施工现场存在的有限空间作业安全隐患进行整改，未督促劳务单位按照项目部《较大危险因素生产经营场所危险作业管理制度》要求进行有限空间作业审批；项目部安全管理人员未按照项目部《安全技术交底制度》要求对作业人员进行有限空间作业安全交底，伪造安全交底记录；对劳务单位作业人员安全教育培训不到位，考试流于形式。

鑫大禹公司对十三支工程项目部安全生产工作督促、检查不到位，未及时消除十三支工程项目部无有限空间专项方案、无检查井砌筑专项方案施工、培训教育不到位等事故隐患；备案项目经理、项目副经理、技术负责人长期未在岗履职，所有施工方案、技术交底等施工资料均为他人代签；项目部同时管理多个工程项目，项目管理人员、安全管理人员配备不足，与建设工程量不相匹配。此外，事故调查组还查出鑫大禹公司在平谷区风沙源小流域综合治理工程等项目中存在出借企业资质的违法行为及挪用员工资格证书投标的违法行为。

3.中水利源公司未正确履行监理职责。

中水利源公司作为监理单位，项目部从未召开过监理例会；十三支工程项目的监理规划、监理实施细则无有限空间作业安全监理内容；未对有限空间作业实施旁站监理；未检查落实作业人员有限空间作业持证情况；发现作业人员违规实施有限空间作业后，未下达书面监理指令并督促整改；未针对总包单位备案项目经理长期未到岗履职的问题下达监理指令。

4.建设单位未落实对监理单位及开工手续备案的相关管理职责。顺义区水务局作为十三支工程的行业主管部门和监理单位的招标部门，对工程监督管理及监理单位监督检查不到位，未发现并消除监理单位未按照标准规定实施监理的问题。

高丽营镇政府作为十三支工程的建设单位，对水利工程备案工作落实不到位，未按照《水利工程建设安全生产管理规定》《北京市水利工程建设安全生产管理暂行规定》等相关规定，将工程开工相关手续报区水务行政主管部门备案管理。

（三）事故性质

鉴于上述原因分析，根据国家有关法律法规的规定，事故调查组认定，该起事故是一起因违反有限空间作业相关要求，违章指挥、违章作业、违规施救，工程项目管理混乱、有关各方未正确履职引发的较大生产安全责任事故。

四、事故责任分析及处理建议

根据事故原因调查，依据有关法律法规和党纪政纪规定，对事故有关责任人员和责任单位进行事故责任认定并提出如下处理意见：

（一）建议追究刑事责任的人员

1.牛××，华祥兴鹏公司现场带班人员，负责现场作业管理。在未设置安全警示标识、未配备作业防护设备、未配备个体防护用品、未进行有限空间气体检测、未采取充分的通风换气措施、现场无有限空间作业监护人员监护情况下安排作业人员下井作业，导致事故发生；事故发生后，未及时制止现场作业人员在无应急救援措施、未采取有效安全防护措施、未配备应急救援装备的情况下下井施救，导致事故后果扩大。其行为违反《缺氧危险作业安全规程》（GB 8958—2006）5.1.1、5.3.2、5.3.3、5.3.7、8.1、8.2、8.3，《地下有限空间作业安全技术规范第1部分：通则》（DB11 852.1—2012）6.2、6.5、6.7、7.1.1、7.1.2，《地下有限空间作业安全技术规范第3部分：防护设备设施配置》（DB11/T 852.3—2014）4.4、5.1、6.1、7.2的规定，对事故发生负有直接责任。由公安机关立案侦查，依法追究刑事责任。

2.牛××，华祥兴鹏公司项目现场负责人，负责施工现场全面管理工作。未督促作业人员按照“先检测后作业”的原则对地下有限空间内有毒有害气体和氧含量进行检测，未安排有限空间作业监护人员现场监护，未向作业人员告知作业场所的危险因素、防范措施和事故应急措施，导致事故发生。其行为违反《缺氧危险作业安全规程》（GB 8958—2006）5.1.1、5.3.7、7.2的规定，对事故发生负有直接责任。由公安机关立案侦查，依法追究刑事责任。

3.华××，华祥兴鹏公司主要负责人，负责公司全面管理工作。未对十三支工程作业实施有效管理，未及时消除现场施工人员违反有限空间相关标准进行有限空间作业的事故隐患；未组织制定本单位的有限空间作业操作规程；未组织对作业人员的安全教育培训；未针对有限空间作业组织应急演练，其行为违反《中华人民共和国安全生产法》第18条第2项、第3项、第5项、第6项的规定，对事故发生负有直接管理责任。由公安机关立案侦查，依法追究刑事责任。

4.张××，鑫大禹公司十三支工程项目部执行经理，负责项目部全面管理工作。未组织制定检查井专项施工方案、有限空间作业专项安全施工方案，未将检查井施工纳入有限空间作业进行管理；对检查井施工现场安全管理、安全技术交底、安全培训教育不到位等情况监督检查不力；未及时消除现场施工人员违反有限空间作业操作规程进行有限空间作业的事故隐患，其行为违反《中华人民共和国安全生产法》第22条第1项、第5项、第6项、第7项的规定，对事故发生负有直接管理责任。由公安机关立案侦查，依法追究刑事责任。

5.王×，鑫大禹公司十三支工程项目部生产经理，负责项目生产、安全、技术、质量等工作。对现场作业人员违反有限空间操作规程作业监督检查不力，未及时消除施工现场作业人员违反《缺氧危险作业安全规程》施工的事故隐患；发现现场作业人员未按要求进行有限空间作业后，未督促劳务单位进行有限空间作业审批，其行为违反《中华人民共和国安全生产法》第22条第5项、第6项、第7项的规定，对事故发生负有直接管理责任。由公安机关立案侦查，依法追究刑事责任。

6.孙××，鑫大禹公司十三支工程项目部安全员，负责项目现场安全生产管理工作。发现现场作业人员未按要求进行有限空间作业后，未督促劳务单位进行事故隐患整改，未督促劳务单位按照相关规定进行有限空间作业审批；未对作业人员进行有限空间作业安全交底，安全交底记录造假；未按规定开展安全教育培训，允许工人抄袭答案，其行为违反《中华人民共和国安全生产法》第22条第2项、第5项、第7项的规定，对事故发生负有直接责任。由公安机关立案侦查，依法追究刑事责任。

7.石××，中水利源公司项目总监，负责项目监理全面工作。未将有限空间作业安全监理内容纳入监理规划及监理实施细则；从未组织召开过项目监理例会，未对项目实施有效监理；未督促审查有限空间作业监护人员的有限空间作业监护证持证情况，其行为违反《水利工程施工监理规范》（SL288—2014）4.3.5、6.5.3、6.5.4的规定，对事故的发生负有直接监理责任。由公安机关立案侦查，依法追究刑事责任。

8.蔡××，中水利源公司监理工程师，负责项目现场工程监理工作。发现作业人员违反有限空间作业规定作业的事故隐患后，未下达停止施工指令、未书面告知施工单位督促整改；未现场审查有限空间作业监护人员的有限空间作业监护证持证情况，其行为违反《水利工程施工监理规范》（SL288—2014）6.5.4、6.5.6的规定，对事故的发生负有直接监理责任。由公安机关立案侦查，依法追究刑事责任。

（二）建议给予党纪、政纪处分的人员

1.田×，鑫大禹公司副总经理，分管公司经营工作。对十三支工程存在的备案项目经理、项目副经理、技术负责人长期未在岗履职的情况未实施有效管理，其行为违反《安全生产领域违法违纪行为政纪处分暂行规定》第 12 条第 7 项的规定，对事故发生负有重要领导责任。依据《安全生产领域违法违纪行为政纪处分暂行规定》第 12 条的规定，责成北京顺鑫农业股份有限公司给予其记大过处分。

2. 张××，鑫大禹公司副总经理，分管公司安全生产管理工作。对十三支工程存在的安全隐患督促整改不到位，对于检查发现的项目部安全工作人员配备不足、安全生产管理工作未落实到位、安全技术交底缺失等隐患未有效督促整改落实，其行为违反《中华人民共和国安全生产法》第 22 条第 5 项、第 7 项、《安全生产领域违法违纪行为政纪处分暂行规定》第 12 条第 7 项的规定，对事故发生负有重要领导责任。依据《安全生产领域违法违纪行为政纪处分暂行规定》第 12 条的规定，责成北京顺鑫农业股份有限公司给予其记大过处分。

3. 韩××，鑫大禹公司总工程师，分管公司技术管理工作。对十三支工程存在的安全隐患督促整改不到位，对项目部未制定检查井专项施工方案和有限空间作业专项安全施工方案开展施工情况失管失察，其行为违反《中华人民共和国安全生产法》第 22 条第 1 项、第 7 项、《安全生产领域违法违纪行为政纪处分暂行规定》第 12 条第 7 项的规定，对事故发生负有重要领导责任。依据《安全生产领域违法违纪行为政纪处分暂行规定》第 12 条的规定，责成北京顺鑫农业股份有限公司给予其记大过处分。

4. 杨××，鑫大禹公司经营管理部部长，负责投标、合同、成本管理工作。对十三支工程存在的备案项目经理、项目副经理、技术负责人长期未在岗履职的情况未实施有效管理，其行为违反《安全生产领域违法违纪行为政纪处分暂行规定》第 12 条第 7 项的规定，对事故发生负有重要管理责任。依据《安全生产领域违法违纪行为政纪处分暂行规定》第 12 条的规定，责成北京顺鑫农业股份有限公司给予其撤职处分。

5. 姚××，鑫大禹公司安全生产部部长，负责公司安全生产部工作。对十三支工程存在的安全隐患督促整改不到位，对检查发现的项目部安全工作人员配备不足、安全生产管理工作未落实到位、安全技术交底缺失等隐患未有效督促项目部整改落实，其行为违反《中华人民共和国安全生产法》第 22 条第 5 项、第 7 项、《安全生产领域违法违纪行为政纪处分暂行规定》第 12 条第 7 项的规定，对事故发生负有重要管理责任。依据《安全生产领域违法违纪行为政纪处分暂行规定》第 12 条的规定，责成北京顺鑫农业股份有限公司给予其撤职处分。

6. 李××，鑫大禹公司工程管理部部长，对项目部未制定检查井专项施工方案和有限空间作业专项安全施工方案开展施工情况失管，其行为违反《中华人民共和国安全生产法》第 22 条第 1 项、第 7 项、《安全生产领域违法违纪行为政纪处分暂行规定》第 12 条第 7 项的规定，对事故发生负有重要管理责任。依据《安全生产领域违法违纪行为政纪处分暂行规定》第 12 条的规定，责成北京顺鑫农业股份有限公司给予其撤职处分。

7. 刘××，原顺义区水务局重点工程项目办公室主任，2009 年底至 2016 年 9 月主持重点工程项目办公室工作。作为十三支工程监理单位的发包方，未对监理单位未定期召开监理例会、监理人员对施工现场安全生产未实施有效监督等行为开展有效管理，其行为违反《北京市水利工程建设安全生产管理暂行规定》第29条、《北京市行政问责办法》第8条第2项的规定，依据《北京市行政问责办法》第8条的规定，由监察机关对其进行通报批评。

8.任××，顺义区水利工程质量监督站主任。作为水利工程质量及安全生产监督部门负责人，对监理工作检查不严，其行为违反《北京市水利工程建设安全生产管理暂行规定》第29条、《北京市行政问责办法》第8条第2项的规定，依据《北京市行政问责办法》第8条的规定，由监察机关对其进行通报批评。

9.周××，高丽营镇政府农业科副主任，2005年初至今在重点办工作，负责镇域内水利工程工作，未按照相关规定要求将工程开工相关手续报区水务行政主管部门备案，其行为违反《水利工程建设安全生产管理规定》第9条、《北京市水利工程建设安全生产管理暂行规定》第9条、《北京市行政问责办法》第8条第10项的规定，依据《北京市行政问责办法》第8条的规定，由监察机关对其进行通报批评。

（三）建议给予行政处罚的人员和单位

1.吕××，鑫大禹公司总经理、法定代表人。作为鑫大禹公司的主要负责人，未认真履行公司主要负责人安全生产管理职责，对十三支工程项目部安全生产工作督促检查不到位，未及时消除十三支工程项目部未制定检查井专项施工方案和有限空间作业专项安全施工方案、未将检查井施工纳入有限空间作业进行管理、项目经理不到岗履职、安全技术交底缺失、专职工作人员配备不足、培训教育不到位等事故隐患；允许备案项目经理不实际到岗履职、允许一个项目部同时管理多个在施工程，致使项目部安全管理混乱。其行为违反《中华人民共和国安全生产法》第18条第5项的规定，对事故发生负有主要领导责任。依据《中华人民共和国安全生产法》第91条第2款、第3款、第92条第2项的规定，由市安全监管部门给予其上一年度收入40%罚款的行政处罚，并给予其撤职处分，自处分之日起5年内不得担任任何生产经营单位的主要负责人。

2.蒲××，中水利源公司法定代表人、经理。对顺义区排污口治理工程（第二标段）施工监理工作督促、检查不到位，未发现并消除顺义区排污口治理工程（第二标段）监理规划及监理实施细则无有限空间作业安全监理内容、未召开监理例会、未督促审查有限空间作业监护人员持证情况等隐患。其行为违反《中华人民共和国安全生产法》第18条第5项的规定，对事故发生负有主要领导责任。依据《中华人民共和国安全生产法》第92条第2项的规定，由市安全监管部门给予其上一年度收入40%罚款的行政处罚。

3.华祥兴鹏公司作为劳务分包单位，未为作业人员配备符合标准要求的安全警示标识、防护设备及个体防护用品；未制定有限空间作业操作规程；未履行有限空间作业审批程序违规实施有限空间作业和盲目施救；未对作业人员进行安全教育培训并告知作业人员违规实施有限空间作业危害；未配备有限空间作业监护人员；未针对有限空间作业开展应急演练，其行为违反《中华人民共和国安全生产法》第25条第1款、第27条第1款、第41条、第

42条、第78条和《北京市安全生产条例》第39条要求，对事故的发生负有直接责任。依据《中华人民共和国安全生产法》第109条第2项的规定，由市安全监管部门给予其65万元罚款的行政处罚。依据《对安全生产领域失信行为开展联合惩戒的实施办法》第2条第1项的规定，纳入联合惩戒对象管理，管理期为1年。同时，依据《建筑施工企业安全生产许可证管理规定》第23条的规定，由市住房城乡建设主管部门暂扣其安全生产许可证90日。

4.鑫大禹公司作为项目总承包单位，未制定检查井专项施工方案和有限空间作业专项安全方案；未督促劳务单位进行有限空间作业审批；未对作业人员进行有限空间作业安全交底；对作业人员安全教育培训管理不到位；未安排工程备案项目经理、项目副经理、技术负责人到岗履职；未配备足额项目管理人员及安全管理人员，其行为违反《中华人民共和国安全生产法》第46条第1款、第94条第6项，《建设工程安全生产管理条例》第23条第1款、第2款、第32条第1款、第49条的规定，对事故发生负有主要责任。依据《中华人民共和国安全生产法》第109条第2项的规定，由市安全监管部门给予其64万元罚款的行政处罚。依据《对安全生产领域失信行为开展联合惩戒的实施办法》第2条第1项的规定，纳入联合惩戒对象管理，管理期为1年。依据《建筑施工企业安全生产许可证管理规定》第23条的规定，由市住房城乡建设主管部门暂扣其安全生产许可证90日。依据《北京市水务局关于开展水务安全生产标准化建设评审工作的通知》(京水务安〔2014〕19号）的规定，由市水务行政主管部门撤销其水务安全生产标准化二级达标等级。

5.中水利源公司作为项目监理单位，对工程项目监督检查不到位，未对下列一系列监理安全隐患实施有效管理：项目部监理规划、监理实施细则无有限空间作业安全监理内容；项目部从未召开过监理例会；未检查落实作业人员有限空间作业持证情况；项目监理人员对发现的施工人员违规实施有限空间作业的违法行为未予以书面制止、未下达书面监理指令并督促整改；未对总包单位备案项目经理长期未到岗履职的行为下达监理指令。其行为违反《水利工程施工监理规范》（SL288—2014）4.2.3、4.3.5、6.5.3、6.5.4，《建设工程安全监理规程》（DB11/382—2006）6.1.1、6.1.2、6.1.3、6.1.5、6.2.1、6.2.2的规定，对事故发生负有监理责任。依据《中华人民共和国安全生产法》第109条第2项的规定，由市安全监管部门给予其60万元罚款的行政处罚。同时，依据《建筑施工企业安全生产许可证管理规定》第23条的规定，由市住房城乡建设主管部门暂扣其安全生产许可证60日。

（四）建议由相关部门另案处理的情形

1.针对华祥兴鹏公司涉嫌超越其资质等级许可的业务范围、承揽超过其注册资金金额5倍工程的违法行为，建议由市住房城乡建设主管部门另行立案调查处理。

2.针对鑫大禹公司涉嫌出借企业资质的违法行为，由市住房城乡建设主管部门另行立案调查处理。

3.针对鑫大禹公司挪用公司员工资格证书投标、中标后擅自更换实际项目经理、备案项目经理长期未到岗履职的违法行为，由市水务行政主管部门另行立案调查处理。

五、事故防范和整改措施建议

事故调查组针对该起事故暴露出的问题，对相关部门和单位提出如下整改建议措施：

1. 鑫大禹公司应加强公司内部工程项目风险管控，杜绝出借资质和非法挂靠现象。加大安全投入，为工程项目配备足额安全管理人员，确保安全管理人员数量与建设工程量相匹配；坚决杜绝挪用员工资质证书投标、备案项目经理长期不到岗履职等违规行为。加大所属工程项目的安全生产现场检查力度和检查频次，完善工程项目专项施工方案及专项安全方案，及时发现并消除有限空间作业安全隐患；加强安全培训教育，督促项目部对作业人员开展安全技术交底并如实记录，督促项目部对劳务单位作业人员开展安全教育培训，保证从业人员掌握相关操作规程和安全操作技能；加强对劳务分包单位的管理，督促劳务分包单位按照相关管理制度和操作规程进行施工。

2. 中水利源公司应加强对项目监理部的监督检查，督促项目监理部实施有效监理；加强对项目监理部监理规划、监理实施细则的监督检查，完善各项安全监理内容；督促项目监理部检查落实特种作业人员持证情况；督促项目监理部对于检查发现的各项安全隐患及时下达书面监理指令并督促整改。

3. 顺义区水务局应加强对相关水务工程监理单位的监督管理，督促监理单位按照相关规定要求正确履职。高丽营镇政府应加强对发包水务工程的管理，严格按照相关规定要求履行工程开工备案手续。

4. 北京顺鑫农业股份有限公司应加强对下级生产经营单位的安全生产管理，督促所属企业认真汲取事故教训、切实落实安全生产主体责任，要求所属企业针对有限空间作业开展全面、深入的隐患排查治理，坚决杜绝挂靠、出借企业资质的违法行为。

【案例三】

北京回龙观蜀风园酒楼 “9·16”一般生产安全事故

2017 年 9 月 16 日 11 时 30 分，昌平区北京回龙观蜀风园酒楼员工在地下一层东侧污水泵房内清理污水池时，发生一起中毒和窒息事故。事故造成 2 人死亡、1 人重伤。

按照市领导指示要求，依据《生产安全事故报告和调查处理条例》和《北京市生产安全事故报告和调查处理办法》等规定，市政府成立由市安全监管局、公安局、商务委、人力社保局、总工会、昌平区政府组成的事故调查组，全面开展事故的调查处理工作。事故调查组邀请市监察委同步参与事故调查工作。事故调查组委托北京市理化分析测试中心对事故的技术原因开展全面分析和论证。

事故调查组按照“四不放过”和“科学严谨、依法依规、实事求是、注重实效”原则，通过现场勘验、技术鉴定、调查取证和综合分析，查明事故发生经过、原因，认定事故性质和责任，提出对有关责任人员和责任单位的处理建议，针对事故暴露出的问题提出防范措施。

一、事故基本情况

（一）事故相关单位情况

北京回龙观蜀风园酒楼（以下简称“蜀风园酒楼”），经营者蒋×，个体工商户。经营范围：餐饮服务；销售食品，营业执照有效期至2017年12月23日。具有食品流通许可证。

2009年9月，蜀风园酒楼与北京阳坊大都文化发展有限公司签订加盟协议，使用“阳坊大都涮羊肉店”品牌，每年加盟费5万元人民币，双方约定由北京阳坊大都文化发展有限公司负责食材供应、环境卫生。2014年12月1日，房主朱××将事发建筑出租给冉××（蒋×之妻）用于经营餐饮使用，租赁期限从2015年1月1日至2017年12月31日。该单位未被昌平区商务委纳入监管企业台账。

（二）事故现场情况

蜀风园酒楼为3层临街商业用房，位于北京市昌平区回龙观镇龙腾苑6区30号楼5号，房屋产权证面积为518平方米，现有实际营业面积536平方米。其中，地上两层，用于酒楼经营；地下一层，设有厨房操作间、卫生间、员工宿舍和东西两个污水泵房。发生事故的污水池位于地下一层东侧污水泵房内，通过管道与室外排污井相连。该污水池长约5米、宽约1.2米、深约1.8米，顶部设有长1.3米、宽0.9米的水泥盖板，池底设有两部污水提升泵。经现场勘验，池内污水深度约0.7米，池内遗留一架橘红色铁梯支搭在池口西侧，池底东侧提升泵损坏，与东侧提升泵相连的管道已经锈蚀破损。

二、事故经过及抢险救援情况

2017年9月16日11时20分，蜀风园酒楼配菜工曾××前往地下一层东侧污水泵房清理污水池。11时30分左右，蒋×与员工苏××寻找曾××，发现地下一层东侧污水泵房内污水池的水泥盖板被打开，曾××晕倒在污水池内。蒋×进入污水池施救，晕倒在池口铁梯上。苏××立即呼喊切肉工石×救人。石×赶到后进入池内救援，晕倒在污水池内。领班伍××听到苏××呼救后到达现场，并安排其他员工拨打“120”。11时37分，医护人员达到现场，告知店员拨打“119”。11时54分，消防人员赶到现场，先后将斜靠在铁梯上的蒋×和晕倒在池内曾××、石×依次救出。

曾××和石×被送往北京积水潭医院回龙观医院抢救，经抢救无效死亡。蒋×被送往北京市红十字会紧急救援中心（999）ICU抢救，后转院至海军总医院。

三、事故原因及性质

（一）直接原因

违章作业、盲目施救，事发现场污水池存在大量超标毒害气体是造成此次事故的直接原因。

蜀风园酒楼员工未对现场污水池内气体进行检测、未佩戴个人防护用品、未对现场进行强制通风且无人监护，违章冒险进入有限空间作业导致作业人员吸入有毒气体后死亡。救援人员在未佩戴个人防护用品、未对现场检测和强制通风的情况下盲目施救，导致事故后果扩大。

北京市理化分析测试中心对现场气体进行检测，并提取污水池内的水样及气体样品进行鉴定分析，检测结果显示：事发污水池内磷化氢气体、硫化氢气体超标。经昌平区公安司法鉴定中心尸体检验鉴定，曾××、石×符合吸入硫化氢、磷化氢等有毒气体，致中毒死亡。

（二）间接原因

企业未建立安全生产责任制、安全管理缺失、安全投入不足、无应急救援预案和应急演练，行业主管部门未有效履行行业监管职责是导致此次事故发生间接原因。

1. 蜀风园酒楼未建立安全生产责任制，无任何安全管理制度；主要负责人缺乏必要的安全管理常识，未对从业人员进行安全生产教育和培训；在未配备有限空间特种作业资格人员、检测及强制通风设备和个人防护用品的情况下，长期安排员工从事有限空间作业；无有限空间应急预案和应急演练，未在污水池设置安全警示标识，未将污水池纳入有限空间作业管理。

2. 昌平区商务委作为回龙观蜀风园酒楼的行业主管部门，未将本应纳入监管范围的回龙观蜀风园酒楼纳入区商务委监管企业台账，未对该企业进行有效行业管理，未有效履行行业安全生产管理职责。

（三）事故的性质

鉴于上述原因分析，根据安全生产有关法律、法规的规定，事故调查组认定，该起事故是一起一般生产安全责任事故。

四、责任分析及处理建议

根据《中华人民共和国安全生产法》《生产安全事故报告和调查处理条例》等有关法律、法规规定，调查组依据事故调查核实的情况和事故原因分析，认定下列单位和人员应承担相应的责任，并提出如下处理建议：

（一）蜀风园酒楼无任何安全管理制度；主要负责人缺乏必要的安全管理常识；未对本单位内部有限空间进行标识；未建立安全生产责任制，未明确各岗位责任人员、责任范围和考核标准等内容；未对从业人员进行安全生产教育和培训，并保证从业人员具备必要的安全生产知识，熟悉有关的安全生产规章制度和安全操作规程，掌握本岗位的安全操作技能，了解事故应急处理措施，知悉自身在安全生产方面的权利和义务；未建立健全生产安全事故隐患排查治理制度，未采取技术、管理措施，未及时发现并消除事故隐患。其行为违反《中华人民共和国安全生产法》第 19 条第 1 款、第 25 条第 1 款、第 27 条第 1 款、第 38 条第 1 款、第 41 条、第 42 条的规定，对事故发生负有主要责任。依据《中华人民共和国安全生产法》第 109 条第 1 项的规定，由安全监管部门给予其 35 万元罚款的行政处罚。

（二）蒋×，蜀风园酒楼主要负责人，缺乏必要的安全管理常识；未履行自身安全生产管理职责，督促、检查本单位的安全生产工作不到位；未及时消除事故隐患，在未配备有限空间特种作业资格人员、检测及强制通风设备和个人防护用品的情况下，长期安排员工从事有限空间作业；未组织制定有限空间应急预案，并组织应急救援演练。其行为违反《中华人民共和国安全生产法》第18条第5项、第6项的规定，对事故发生负有直接管理责任。由公安机关立案侦查，依法追究其刑事责任。

（三）刘×，昌平区商务委商业法规监督检查所回龙观片区负责人（正科级），在分管辖区企业安全生产监管工作中，未有效履行职责，未将回龙观蜀风园酒楼纳入监管范围，未对该企业进行有效监管，对所监管的企业发生生产安全事故负有直接责任。由区监察委给予其行政警告处分。

（四）徐×，昌平区商务委党组成员、副主任（副处级），作为主管安全生产工作的副主任，对应纳入区商务委监管范围的企业信息掌握不全，未能建立监管企业台账更新维护机制，导致监管存在盲区，对分管领域发生生产安全事故负有领导责任，由区监察委给予其行政警告处分。

五、事故防范和整改措施建议

（一）蜀风园酒楼应当严格落实《中华人民共和国安全生产法》《北京市安全生产条例》等法律法规要求，建立健全安全生产责任制和规章制度；加强有限空间作业管理，开展作业场所危险因素辨识、有限空间作业隐患排查治理，将管理区域内所有的污水池井纳入有限空间管理，张贴警示标识；建立有限空间作业操作规程，制定有限空间作业审批制度和应急预案、开展有针对性应急演练；加强企业负责人和管理人员安全生产培训，使之具备与本单位所从事的生产经营活动相适应的安全生产知识和管理能力；建立健全生产安全事故隐患排查治理制度，对存在的各类安全隐患及时排查整治。

（二）市商务委要按照相关法律、法规和规章的要求，督促各区商务部门严格履行商业零售经营单位、餐饮经营单位的安全生产行业监管部门职责，将相关企业纳入监管企业台账并开展有效监管，加强监督检查。在日常安全监督检查过程中，督促企业开展有限空间隐患排查治理。依法落实对餐饮经营单位行业监督管理职责，对发现的安全隐患要立即责令整改或将违法线索移送有关部门调查处理。

【案例四】

顺义区花马沟排污口应急超磁水体净化站“9·29”较大生产安全事故

2017年9月29日16时许，环能科技股份有限公司作业人员在顺义区花马沟排污口应急超磁水体净化站（以下简称“花马沟净化站”）内组合池体作业时，发生一起中毒和窒息事故，造成3人死亡。

依据《生产安全事故报告和调查处理条例》《北京市生产安全事故报告和调查处理办法》的规定，市政府成立由市安全监管局、公安局、人力社保局、总工会、水务局和顺义区政府组成的事故调查组。邀请市纪委、市监察委参加。事故调查组委托北京市理化分析测试中心、技术专家组对事故原因开展技术鉴定和分析。

事故调查组按照“科学严谨、依法依规、实事求是、注重实效”和“四不放过”的原则，通过现场勘验、技术鉴定、调查取证和综合分析，查明事故发生的经过、原因，认定事故性质和责任，提出对有关责任人员和责任单位的处理建议，针对事故暴露出的问题提出防范措施。

一、事故基本情况

（一）事故相关单位情况

1.环能科技股份有限公司（以下简称“环能科技公司”），董事长为倪××（公司原称为“四川环能德美科技股份有限公司”，2017年1月24日变更名称），公司类型为其他股份有限公司（上市），注册地址为：四川省成都市武侯区武兴一路3号，注册资本3.75亿元，经营范围：节能、环保高新技术产品；环境污染治理设施运营；水污染治理；环境工程设计等。具有环保工程专业承包贰级资质。

2.北京环能工程技术有限责任公司（以下简称“北京环能公司”），公司总经理周×，公司类型为有限责任公司（法人独资），注册资本1000万元，注册地址为：北京市石景山区古城大街75号院3号楼2层2单元207，经营范围：水处理工程、废固处理工程、环保节能技术的设计、咨询、研发、技术服务；施工总承包；销售机械电器设备等。

北京环能公司系环能科技公司下属的全资子公司，日常承担环能科技公司北京区域内的水处理市场领域里的产品销售、环境工程设计施工运营、技术研发及生产制造业务，其业务由环能科技股份有限公司统一管理。

经查，环能科技公司中标龙道河花马沟黑臭水体应急治理后期运行服务项目后，将该项目交由北京环能公司运营管理。北京环能公司运营管理中心见习经理刘×负责北京地区各污水处理站的日常运营；北京项目北区区域运营总负责人张×具体负责该项目的日常管理工作。事发前花马沟净化站共有7名作业人员，站长张××，均为环能科技公司与北京东方慧博人力资源顾问股份有限公司签订合同使用的劳务派遣人员。

（二）事故项目基本情况

1.立项及招标情况

2016年3月2日，顺义区政府为解决天竺和后沙峪地区污水直接排入温榆河问题，研究决定采取一级物化处理方式，建立一座临时污水设施处理站。

2016年5月5日，顺义区水务工程建设服务中心与北京市水利规划设计研究院签订花马沟黑臭水体应急治理工程（含花马沟净化站）的设计合同和勘察合同。

2016年5月17日，顺义区水务局对龙道河花马沟黑臭水体应急治理后期运行服务项目（以下简称“花马沟运行服务项目”）进行招标。

2016年6月14日，四川环能德美科技股份有限公司参与花马沟运行服务项目竞标。

2016年6月20日，四川环能德美科技股份有限公司中标，中标污水处理单价为1.18元/立方米（含污泥处置费），合同预估金额为1292.1万元。

2016年6月27日，时任四川环能德美科技股份有限公司副总裁、京津冀区域总经理兼北京环能公司总经理与顺义区水务局签订《龙道河花马沟黑臭水体应急治理后期运行服务合同》。

2017年6月20日，北京环能公司总经理周×代表环能科技公司与顺义区水务局续签《龙道河花马沟黑臭水体应急治理后期运行服务合同》。合同约定：2016年7月起至2017年6月，顺义区水务局每月按照处理污水流量情况结算上一个月净化站运行服务费用，发票收款方为四川环能德美科技股份有限公司（2017年2月后为环能科技公司）。

2.花马沟净化站建设情况

2016年3月22日，花马沟净化站在未实施招投标、无设计、无勘察的情况下开始土建施工。4月30日，花马沟站土建施工完成。4月21日，环能科技公司进场，并开展污水处理设备安装工作。5月28日，管道安装完毕。6月初，污水处理设备基本安装完毕。6月14日，花马沟净化站开始进水调试。7月1日，该站正式投入运行。

（三）事故现场基本情况

事故现场位于花马沟净化站西侧偏南组合池体（详见下图），该池体由格栅渠、泵池、污泥池、滤液池、消力池组成。其中，发生事故的污泥池长5米，宽5米，高4.9米（自然地面以上1.4米，以下3.5米）。污泥池顶部东北角和西南角分别设有一个作业孔。西南角作业孔长0.7米，宽0.7米，正下方池内壁设有钢制爬梯，爬梯未延伸至污泥池底部，爬梯下方绑有木梯浸入水体。污泥池内部设有污泥螺杆泵、潜水搅拌器。事发时池内污水深度约为1米。

组合池体立体结构图

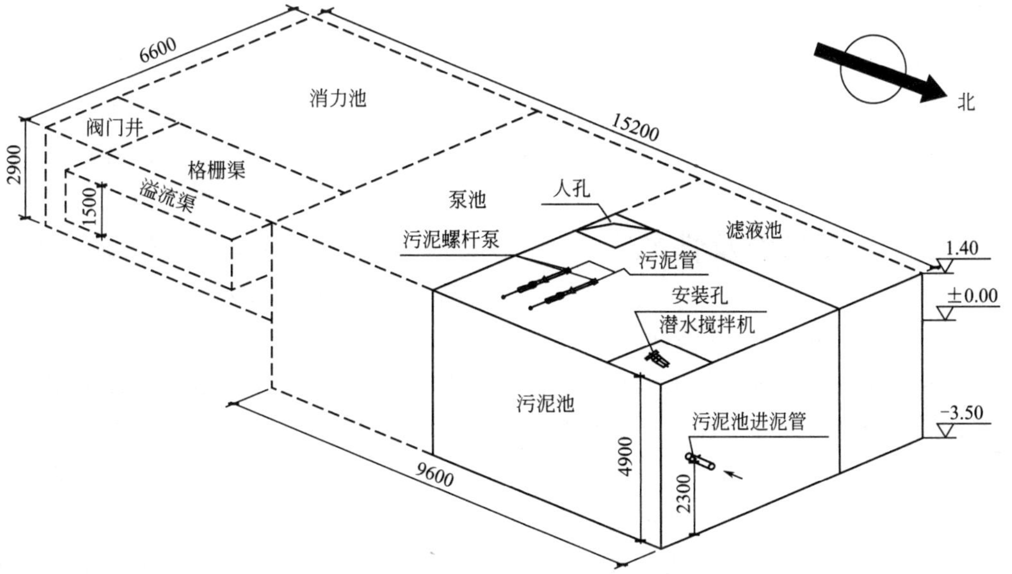

二、事故经过及抢险救援情况

（一）事故发生经过

2017 年 9 月 29 日 16 时，当班员工张××为防止污泥池内腐烂木梯堵塞污泥吸泥管或影响污泥搅拌机使用，前往污泥池清理腐烂木梯。张××找来另一名员工（未当班）在污泥池顶部人孔处看护，自己在沿池内壁钢制爬梯进入污泥池过程中，突然掉入池内。看护员工立即呼喊救人，随后区域运营总负责人张×、站长张××闻讯赶来，两人相继入池施救并晕倒掉入池内。

（二）应急救援情况

2017 年 9 月 29 日 16 时 22 分，顺义区消防支队空港中队接报后到达现场，发现 2 名被困人员在污泥池西南角，1 人位于东北角。消防员迅速架设救援三脚架，2 名救援人员佩戴空气呼吸器展开救援。16 时 43 分和 17 时，1 名救援人员从西南角作业孔进入污泥池，分别将区域运营总负责人张×、站长张××救出。17 时 13 分，另 1 名救援人员从东北角作业孔进入污泥池，将当班员工张××救出。经 120 医护人员现场确认，3 人均无生命体征。

三、事故原因及性质

调查组依法对事故现场进行认真勘查，及时提取相关证据，对事故相关人员进行调查询问，并委托北京市理化分析测试中心对现场污水、气体取样检测，对人员死亡原因进行分析。调查组同时聘请专家组成专家组对事故现场设备运行状况进行专题论证，查明事故原因及性质。

（一）直接原因

现场作业人员违规作业、救援人员盲目施救，吸入事发污泥池内硫化氢、磷化氢等毒害气体，引起急性混合性气体中毒，是造成事故发生及事故扩大的直接原因。

在未检测含氧量及有害气体、未进行强制通风、作业人员未佩戴个人防护用品情况下，当班员工（现场作业人员）张××违反《缺氧危险作业安全规程》（GB 8958—2006）5.1.1、5.3.2、5.3.3、5.3.4，违反“先检测后作业”原则，在作业开始前未测定作业现场空气中的氧含量和有害气体的含量，未配备并使用隔离式呼吸保护器具，未使用安全带（绳），未安排特种作业人员进行有限空间作业监护。事故发生后，区域运营总负责人张×、站长张××违反《缺氧危险作业安全规程》（GB 8958—2006）8.3、8.4，在未配备抢救器具、未采取有效安全防护措施和使用隔离式呼吸保护器具情况下贸然施救，造成事故后果扩大。

（二）间接原因

北京环能公司和环能科技公司未开展有限空间作业管理工作、安全生产管理工作缺失，顺义区水务局未落实行业管理部门安全管理职责，顺义区政府对安全生产工作领导不力是造成此次事故的间接原因。

1. 北京环能公司未落实企业主体责任。北京环能公司未建立安全生产责任制；未设置安全生产管理机构、未配备专职安全生产管理人员；未将进入污泥池相关作业纳入有限空间作业管理，未设置有限空间作业安全警示标志；未进行必要的安全投入，未配备通风设备、检测设备、救援设备；现场安全管理制度缺失，未制定有限空间作业审批制度、操作规程，未制定有限空间作业应急救援预案；未落实特种作业管理规定，现场未配备有限空间作业监护人员；未开展有限空间安全培训教育，未向从业人员告知有限空间作业的危险因素、防范措施和事故应急措施，未开展有限空间作业应急演练。

2.环能科技公司未落实企业主体责任。环能科技公司违反法律和合同规定，中标该项目后违规将项目交由下属北京环能公司管理，未履行对于花马沟运行服务项目的安全管理职责；未对该项目开展定期安全检查，未能有效发现现场存在的事故隐患；未配备有限空间作业的劳动防护用品和机械通风装置；未对花马沟服务项目的劳务派遣人员开展安全培训教育并如实记录；未组织该项目定期开展相应的事故应急演练。

3.顺义区水务局未落实行业管理部门安全管理职责。顺义区水务局对于安全生产工作重视不够，未将污水处理站纳入安全生产监管范围，形成安全监管盲区；对水务工程建设工作管理混乱，未严格按照建设工程管理程序开展招投标；对治理黑臭水体应急工程建设质量检查验收不到位；对治理黑臭水体应急工程运行监督管理薄弱，未能确保相关企业安全生产责任落实到位。

4.顺义区政府对安全生产工作领导不力。顺义区政府贯彻落实市委、市政府关于安全生产重大决策部署不到位，检查龙道河循环净化处理站工程中，未发现该站存在安全作业风险，检查存在走过场的问题。

（三）事故性质

鉴于上述原因分析，根据国家有关法律法规的规定，事故调查组认定，该起事故是一起较大生产安全责任事故。

四、事故责任分析及处理建议

根据事故原因调查，依据有关法律法规规定，对事故有关责任人员和责任单位进行事故责任认定并提出如下处理意见。

（一）建议追究刑事责任人员

1.刘×，北京环能公司运营管理中心见习经理，负责管理北京地区各污水处理站的日常运营。未组织拟订本单位有限空间作业安全生产规章制度、操作规程和有限空间作业生产安全事故应急救援预案；未组织本单位有限空间安全生产教育和培训；未组织针对有限空间作业开展应急演练。其行为违反《中华人民共和国安全生产法》第22条第1项、第2项、第4项的规定，对事故发生负有直接管理责任。由公安机关立案侦查，依法追究其刑事责任。

2.张×，北京环能公司运营管理中心经理助理，负责协助运营管理中心见习经理刘×管理北京地区各污水处理站的安全工作。未组织拟订本单位有限空间作业安全生产规章制度、操作规程和有限空间作业生产安全事故应急救援预案；未组织本单位有限空间安全生产教育和培训；未组织针对有限空间作业开展应急演练。其行为违反《中华人民共和国安全生产法》第22条第1项、第2项、第4项的规定，对事故发生负有直接管理责任。由公安机关立案侦查，依法追究其刑事责任。

3.李××，北京环能公司运营中心区域工程师，负责北京地区污水处理站运营管理安全工作。日常工作中未对员工进行有效的安全培训教育，未进行有效的日常检查和监督，未及时排查本单位生产安全事故隐患。其行为违反《中华人民共和国安全生产法》第22条第2项、第5项的规定，对事故发生负有直接管理责任。由公安机关立案侦查，依法追究其刑事责任。

4.周×，北京环能公司总经理，主持公司全面工作。其未建立、健全本公司安全生产责任制；未组织制定本公司有限空间安全生产规章制度和操作规程；未组织制定并实施本公司有限空间安全生产教育和培训计划；未督促、检查本公司的安全生产工作，及时消除有限空间作业生产安全事故隐患；未组织制定并实施本单位的生产安全事故有限空间应急救援预案。其行为违反《中华人民共和国安全生产法》第18条第1、2、3、5、6项的规定，对事故发生负有直接管理责任。由公安机关立案侦查，依法追究其刑事责任。

（二）建议给予党纪、政纪处分的人员

1.吴××，顺义区副区长，主管顺义区水务局。贯彻落实市委、市政府关于安全生产的重大决策部署不到位；在带队检查龙道河循环净化处理站工程中，未发现该站存在安全作业风险，检查存在走过场问题，建议由纪检监察机关问责。

2.王××，顺义区水务局调研员，分管水务行业安全生产工作，对法制科负责的有限空间作业安全生产监管工作领导不力，未及时督促分管部门将花马沟净化站等污水处理设施登记台账；未对其开展培训、检查等相关工作，致使出现监管盲区，存在落实工作职责不到位问题。由纪检监察机关给予其党内警告处分。

3.张××，顺义区水务局副局长，主管花马沟净化站运行服务监督工作，对工程建设与管理科开展日常安全生产监督指导工作领导不力。未及时督促分管部门在日常巡察过程中对花马沟净化站进行具体的安全生产监督和指导，存在落实安全生产“一岗双责”不到位问题。由纪检监察机关给予其党内警告处分。

4.赵×，顺义区水务局水政监察大队副大队长，实际主持法制科工作，对运行中的污水处理站重视不够，片面认为花马沟净化站及其运行服务单位的安全生产工作不属于法制科监管范围，未将花马沟等净化站登记到台账，未对其开展培训、检查等相关工作，致使出现监管盲区，存在落实工作不到位问题。由纪检监察机关给予其党内警告处分。

5.王××，顺义区水务局建设与管理科科长，片面认为工程建设管理科只负责花马沟净化站水质水量相关工作，在日常巡查过程中未对花马沟净化站进行具体安全生产监督和指导，存在落实安全生产“一岗双责”不到位问题。由纪检监察机关给予其党内警告处分。

（三）建议给予行政处罚的个人和单位

1.王××，环能科技公司工程部经理，在事故调查中提供虚假材料、作伪证。其行为违反《生产安全事故报告和调查处理条例》第36条第5项，依据《生产安全事故报告和调查处理条例》第36条的规定，由市安全监管部门给予其上一年年收入60%罚款的行政处罚。

2.倪××，环能科技公司法定代表人，负责环能科技公司生产经营决策。其未组织制定本公司有限空间安全生产规章制度和操作规程；未组织制定并实施本公司有限空间安全生产教育和培训计划；未督促、检查本公司的安全生产工作，未及时消除有限空间作业生产安全事故隐患；未组织制定并实施本单位的生产安全事故有限空间应急救援预案。其行为违反《中华人民共和国安全生产法》第 18 条第 2、3、5、6 项的规定，对事故发生负有领导责任。依据《中华人民共和国安全生产法》第 92 条第 2 项，由市安全监管部门给予其上一年年收入 40%罚款的行政处罚。

3.北京环能公司未将进入污泥池相关作业纳入有限空间作业管理；未开展有限空间安全培训教育，未向从业人员告知有限空间作业的危险因素、防范措施和事故应急措施；未制定有限空间作业应急救援预案，未开展有限空间作业应急演练；未向作业人员配备有限空间作业通风设备、检测设备、救援设备等劳动防护用品；现场未配备有限空间作业监护人员；未制定有限空间作业审批制度、操作规程。其行为违反《缺氧危险作业安全规程》(GB 8958—2006) 7.2、8.1、8.3、8.4，《中华人民共和国安全生产法》第 25 条第 1 款、第 41 条、第 42 条和第 78 条的规定，对事故发生负有主要责任。依据《中华人民共和国安全生产法》第 109 条第 2 项的规定，由市安全监管部门给予其 52 万元罚款的行政处罚。同时，依据《北京市安全生产领域失信行为联合惩戒实施细则》第 3 条第 1 项规定，将其纳入安全生产领域联合惩戒名录。

4.环能科技公司违反法律和合同规定，中标该项目后违法将项目交由下属北京环能公司管理，未履行对于花马沟运行服务项目的安全管理职责；未对该项目开展定期安全检查，有效发现现场存在的事故隐患；未配备有限空间作业的劳动防护用品和机械通风装置；未对花马沟服务项目的劳务派遣人员开展安全培训教育并如实记录；未组织该项目定期开展相应的事故应急演练。其行为违反《中华人民共和国招投标法》第 48 条第 1 款、《中华人民共和国安全生产法》第 25 条第 2 款和第 4 款、第 38 条第 1 款、第 42 条、第 78 条的规定，对事故发生负有重要责任。依据《中华人民共和国安全生产法》第 109 条第 2 项的规定，由市安全监管部门给予其 50 万元罚款的行政处罚。

五、事故防范和整改措施建议

事故调查组针对该起事故暴露出的问题，对相关部门和单位提出如下整改建议措施：

（一）北京环能公司应加强公司安全生产管理工作，设置安全生产管理机构或者配备专职安全生产管理人员；确保应当具备的安全生产条件所必需的资金投入，按照国家和行业标准的有关规定，为从业人员配备有限空间作业安全警示标志、通风设备、检测设备等劳动防护用品，并配备必要的应急救援装备；结合本企业的生产经营特点制定有限空间作业操作规程和应急救援预案，并定期开展事故应急演练；开展有限空间安全培训教育，向从业人员告知有限空间作业的危险因素、防范措施和事故应急措施；将被派遣劳动人员纳入本公司从业人员统一管理，对被派遣劳动者开展岗位安全操作规程和安全操作技能的教育和培训。

（二）环能科技公司应加强公司内部工程项目风险管控，杜绝项目中标后不履行合同私自转包的情况；切实加强公司承揽项目的安全生产管理工作；严格按照法律要求设置安全生产管理机构或者配备专职安全生产管理人员；加强对分公司、子公司安全生产工作管理；按照国家标准或者行业标准为从业人员配备有限空间作业劳动防护用品；完善本单位有限空间安全生产规章制度、操作规程，制定有限空间作业审批制度，将进入污泥池等相关作业纳入有限空间作业管理；组织本单位有限空间安全生产教育和培训，向从业人员告知有限空间作业的危险因素、防范措施和事故应急措施；在有限空间作业现场配备有限空间作业监护人员；结合本单位实际情况，制定有限空间作业应急救援预案，并开展有限空间作业应急演练；配备有限空间作业安全警示标志、通风设备、检测设备、救援设备；将劳务派遣人员纳入本公司从业人员的统一管理，对被派遣劳动者进行岗位安全操作规程和安全操作技能的教育和培训。

（三）顺义区水务局应加强对水务工程建设管理工作，严格按照建设管理程序开展招投标；加强对水务应急工程建设质量检查验收工作，确保工程质量达到设计验收规范要求；加强对水务应急工程运行工作监督管理，确保其安全生产责任落实。

（四）顺义区政府应当认真贯彻落实市委、市政府关于安全生产的重大决策部署；加强对安全生产工作的领导，督促各有关部门依法履行安全生产监督管理职责、督促相关企业落实主体责任；及时解决安全生产监督管理中存在的问题。

人 物

市安全监管局领导

局　长	张树森（党组书记）
副局长	唐明明（党组副书记）
	贾太保（兼）（党组成员）
	阎　军
	卞杰成（党组成员）
	李东洲（党组成员）
副巡视员	谢清顺
	李振龙
	贾秋霞

北京煤监局领导

局　长	张树森（党组书记）
副局长	唐明明（党组成员）
	贾太保（党组成员、巡视员）
	卞杰成（党组成员）
	李东洲（党组成员）
	阎　军

市安全监管局处室（总队）领导

办公室（督查室）	主　任	任　忠
	副主任	闵绍辉
		邵　柏
财务处	处　长	田志斌
	副处长	叶柏杉
法制处	副处长	戴贺霞
研究室	主　任	车广杰

	副主任	唐　亮
科技处	副院长	薛映宾（主持工作）
	安全生产监察专员	王树琦
安全生产协调处	处　长	靳玉光
应急工作处（值班室）	处　长	李怀冰
	副处长	王　欣
事故调查处	处　长	高云飞
	副处长	王晓杰
安全监督管理一处	处　长	魏丽萍
	副处长	仲俊生
安全监督管理二处	处　长	曹柏成
	副处长	张　聪
安全监督管理三处	处　长	孟庆武
	副处长	王　雷
职业卫生综合处	处　长	李玉祥
	副处长	朱　凯
职业卫生监督处	副处长	靳大力（主持工作）
矿山安全监督管理处	煤矿安全监察专员	贾克成（主持工作）
行政审批处	处　长	赵同立
	副处长	康　勇
督查处	处　长	路　韬
	副处长	陈震西
人事教育处	处　长	孙　雷
	副处长	陈磊钢
机关党委	专职副书记	孙　雷（兼）
机关工会	专职副主席	王中堂
执法监察总队	总队长	贾兴华
	副总队长	毛宇权
		张　涛
		孙晶晶

北京煤监局处室领导

综合办公室	主　任	何多云
	副主任	唐　涓
监察一室	主　任	马存金

	副主任	董　伟
监察二室	主　任	潘洪季
	煤矿安全监察专员	董文同
副主任	庄过兵	
监察三室	主　任	杨庆三
	副主任	贾　宏
纪检组	副组长	张志永（正处级）

市安全监管局直属单位领导

安全生产科学技术研究院	院　长	季学伟
	副院长	薛映宾
		侯占杰
		徐　阳
安全生产宣传教育中心	主　任	时会佳
	副主任	刘友强
		吴　爽
安全生产信息中心	主　任	季学伟（兼）
	副主任	陆金周
		吴东东
安全生产投诉举报中心	主　任	张　鹏
	副主任	王　罡
		何明明

区安全监管局领导成员

东城区安全监管局

局　长	陈　君（党组书记）
副局长	王寿永
	石建军
	黎洪垓
	张丙申（8月离任）
纪检组长	张团南（8月转隶）
副调研员	王俊峰
	石培德

西城区安全监管局

党组书记　李连防
局　长　李　华
副局长　褚海燕
曹长春
高聪聪
副调研员　张　蕊
张　文
张　旺

朝阳区安全监管局

党组书记　安永存（9月离任）
马海鹰（9月任职）
局　长　刘炳起（2月离任）
马海鹰（2月任职）
副局长　周　琼
袁裕中
王　峰（3月任职）
纪检组长　赵岚静（7月转隶）
调研员　安永存（9月任职）
副调研员　张小平
冯春友

海淀区安全监管局

局　长　田一川（党组书记）
副局长　贾　宁
徐春兰
郑　臣（5月任职）
傅　君（8月任职）
孙茂山（10月退休）
纪检组长　王雪梅（8月转隶）

丰台区安全监管局

局　长　董铁铮（党组书记）
副局长　崔　林
　　　　史　勤
　　　　王　平

石景山区安全监管局

局　长　佟晓军（党组书记）
副局长　李振华
　　　　高金山
　　　　栾　松（10 月任职）

门头沟区安全监管局

局　长　刘振林
党组书记　梁光学
纪检组长　方　钢（11 月转隶）
副局长　周玉陆
　　　　阿显德

房山区安全监管局

党组书记　周德运（4 月退休）
局　长　张海生
副局长　李劲松
　　　　郑　雷
　　　　邱玉珊（7 月任职）
纪检组长　孙晓东（7 月离任）
　　　　周晓光（7 月任职）

通州区安全监管局

局　长　曹树常（党组书记）

副局长　杨文庆
吴宝祥
谭先进
纪检组长　雷雨雯（6月转隶）
调研员　吴国语
张　杰
邹松泉
副调研员　袁文旭
工会主席　邹秉志

顺义区安全监管局

局　长　单增友（党组书记）
副局长　李正义（12月离任）
周靖慧（5月任职）
李建军（12月任职）
李　妍
工会主席　邱国庆
调研员　王明金
副调研员　张建明
杨　槟

大兴区安全监管局

局　长　张福长
党组书记　张义祥
副局长　李建军
丁开明
王建军
纪检组长　杨玲荣（11月转隶）
调研员　翁维贤
杨广生（8月退休）
副调研员　李长龙
尉志强
胡贵平
陈春来

昌平区安全监管局

局　长　兰剑波
党组书记　韩文亮
副局长　徐立荣
彭士杰
张卫东
纪检组长　郑秀云（11 月转隶）

平谷区安全监管局

局　长　崔曙光
党组副书记　胡玉峰
纪检组长　李满胜（8 月转隶）
副局长　张振宇
石雅琪

怀柔区安全监管局

局　长　王国栋（党组书记 3 月离任）
孙建杰（党组书记、3 月任职）
副局长　宿翔宇（党组副书记）
纪检组长　李世森（8 月转隶）
副局长　曾　灏
吕宝文
副调研员　曹永军
乔海青

密云区安全监管局

局　长　张艳生（党组书记）
调研员　马延春（党组副书记）
纪检组长　董克强（6 月转隶）
副局长　梁乃顺
张宏伟

副调研员　刘海生
赵德民

延庆区安全监管局

局　长　臧文柱（党组书记）
党组副书记　尤长存
纪检组长　王菊英（6 月转隶）
副局长　张　鑫
王吉兴
工会主席　黄立华
副调研员　闫福军

北京经济技术开发区安全监管局

局　长　吴伯军
副局长　肖怡宁
调研员　闫庆平

市安全监管局　北京煤监局先进集体、先进个人

先进集体

市安全监管局安全监督管理二处、北京煤监局安全监察二室、宣传教育中心社会宣传科被国家安全监管总局、国家煤矿安全监察局评为“安全生产监管监察先进单位”。

市安全监管局执法监察总队被首都绿化委员会办公室、市人力社保局评为“2017 年度首都绿化美化先进集体”。

市安全监管局办公室被市国家保密局、人力社保局评为“北京市保密工作系统先进集体”。

市安全监管局研究室被市地方志编纂委办公室、人力社保局评为“北京市地方志工作先进集体”。

先进个人

市安全监管局安全生产协调处靳玉光、办公室邵柏、行政审批处张德武、财务处郑策、执法监察总队陶申傲，北京煤监局贾克成、董伟被国家安全监管总局、国家煤矿安全监察局评为“安全生产监管监察先进个人”。

市安全监管局安全监督管理三处魏志钢被首都综治委、市人力社保局评为“2013—2016 年度首都综治工作先进工作者”。

市安全监管局安全监督管理二处李鹏飞被首都绿化委员会办公室、市人力社保局评为“2017年度首都绿化美化先进个人”。

市安全监管局办公室钟杰被市人大常委会办公厅、市政府办公厅、市政协办公厅和市人力社保局评为“北京市办理人大代表建议、政协提案工作先进个人”。

区安全监管局先进集体、先进个人

东　城　区

先进集体

东城区安全监管局被市政府评为“北京市安全生产先进单位”。

先进个人

东城区安全监管局常远青被国家安全监管总局、国家煤矿安全监察局评为“安全生产监管监察先进个人”。

东城区安全监管局石建军被市政府评为“北京市安全生产先进个人”。

西　城　区

先进集体

西城区安全监管局事故应急科被国家安全监管总局、国家煤矿安全监察局评为“安全生产监管监察先进单位”。

西城区安全监管局被国务院安委会办公室评为“2017年全国‘安全生产月’和‘安全生产万里行’活动先进单位”。

西城区安全监管局被市政府评为“北京市安全生产先进单位”。

先进个人

西城区安全监管局王之波被国家安全监管总局、国家煤矿安全监察局评为“安全生产监管监察先进个人”。

西城区安全监管局高聪聪、张迪、许东被市政府评为“北京市安全生产先进个人”。

朝　阳　区

先进集体

朝阳区安全监管局危险化学品监管科被国家安全监管总局、国家煤矿安全监察局评为“安全生产监管监察先进单位”。

朝阳区安全监管局被市政府评为“北京市安全生产先进单位”。

朝阳区安全监管局被首都综治委、市人力社保局评为“首都社会治安综合治理2013—2016年度先进集体”。

先进个人

朝阳区安全监管局蒋昌启被国家安全监管总局、国家煤矿安全监察局评为“安全生产监管监察先进个人”。

朝阳区安全监管局周琼、蒋昌启、王鹏、王世会被市政府评为“北京市安全生产先进个人”。

海淀区

先进单位

海淀区安全监管局被国务院安委会办公室评为“2017年全国‘安全生产月’和‘安全生产万里行’活动先进单位”。

海淀区安全监管局被市政府评为“北京市安全生产先进单位”。

丰台区

先进个人

丰台区安全监管局李颖被国家安全监管总局、国家煤矿安全监察局评为“安全生产监管监察先进个人”。

丰台区安全监管局牛玉杰、陈伟被市政府评为“北京市安全生产先进个人”。

石景山区

先进集体

石景山区安全监管局被市政府评为“北京市安全生产先进单位”。

先进个人

石景山区安全监管局栾松被国家安全监管总局、国家煤矿安全监察局评为“安全生产监管监察先进个人”。

石景山区安全监管局李振华、李杰、刘同明被市政府评为“北京市安全生产先进个人”。

门头沟区

先进集体

门头沟区安全监管局被市政府评为“北京市安全生产先进单位”。

先进个人

门头沟区安全监管局刘斌被国家安全监管总局、国家煤矿安全监察局评为“安全生产监管监察先进个人”。

门头沟区安全监管局周玉陆、林劲北、孔令鹏被市政府评为“北京市安全生产先进个人”。

房 山 区

先进集体

房山区安全监管局被市政府评为“北京市安全生产先进单位”。

先进个人

房山区安全监管局郝维被国家安全监管总局、国家煤矿安全监察局评为“安全生产监管监察先进个人”。

房山区安全监管局李劲松、刘振国、李龙被市政府评为“北京市安全生产先进个人”。

通 州 区

先进集体

通州区安全监管局被市政府评为“北京市安全生产先进单位”。

先进个人

通州区安全监管局吴宝祥、汪岩被国家安全监管总局、国家煤矿安全监察局评为“安全生产监管监察先进个人”。

通州区安全监管局曹树常、杨文庆、袁文旭、荆春花、汪岩、杨镜坡、赵冬梅被市政府评为“北京市安全生产先进个人”。

顺 义 区

先进集体

顺义区安全监管局被市政府评为“北京市安全生产先进单位”。

先进个人

顺义区安全监管局张金轩被国家安全监管总局、国家煤矿安全监察局评为“安全生产监管监察先进个人”。

顺义区安全监管局李妍、张义刚被市政府评为“北京市安全生产先进个人”。

大 兴 区

先进集体

大兴区安全监管局被市政府评为“北京市安全生产先进单位”。

先进个人

大兴区安全监管局李新杰被国家安全监管总局、国家煤矿安全监察局评为“安全生产监管监察先进个人”。

大兴区安全监管局丁开明、宋新雷、张捷飞被市政府评为“北京市安全生产先进个人”。

昌 平 区

先进个人

昌平区安全监管局兰剑波、郑媛元被国家安全监管总局、国家煤矿安全监察局评为“安全生产监管监察先进个人”。

昌平区安全监管局刘雁北、高宝利被市政府评为“北京市安全生产先进个人”。

平 谷 区

先进个人

平谷区安全监管局郭明智被国家安全监管总局、国家煤矿安全监察局评为“安全生产监管监察先进个人”。

平谷区安全监管局石雅琪、杜春光、郭明智被市政府评为“北京市安全生产先进个人”。

怀 柔 区

先进个人

怀柔区安全监管局王竹清被国家安全监管总局、国家煤矿安全监察局评为“安全生产监管监察先进个人”。

怀柔区安全监管局曾灏、王竹清、于跃海、夏科被市政府评为“北京市安全生产先进个人”。

密 云 区

先进集体

密云区安全监管局被市政府评为“北京市安全生产先进单位”。

先进个人

密云区安全监管局李磊被国家安全监管总局、国家煤矿安全监察局评为“安全生产监管监察先进个人”。

密云区安全监管局陈旭、孟阔被市政府评为“北京市安全生产先进个人”。

延 庆 区

先进集体

延庆区安全监管局被市政府评为“北京市安全生产先进单位”。

先进个人

延庆区安全监管局赵雨被国家安全监管总局、国家煤矿安全监察局评为“安全生产监管监察先进个人”。

延庆区安全监管局王学军、张鹏、苏毅、张利被市政府评为“北京市安全生产先进个人”。

北京经济技术开发区

先进个人

北京经济技术开发区安全监管局闫庆平、高云祥被国家安全监管总局、国家煤矿安全监察局评为“安全生产监管监察先进个人”。

北京经济技术开发区安全监管局刘国建、蒋立涛被市政府评为“北京市安全生产先进个人”。

附录

【附录1】

北京市安全评价乙级机构

机构名称：中国寰球工程有限公司

办公地址：北京市朝阳区创达二路1号

业务范围：一类3.石油和天然气开采业，一类4.a石油加工业，一类4.b化学原料、化学品及医药制造业，一类4.c燃气生产及供应业，一类4.d炼焦业，二类8.管道运输业，二类9.仓储业，二类17.港口码头

联系人：张凤华

联系电话：18500825682

机构名称：北京天恒安科工程技术有限公司

办公地址：北京市大兴区黄村镇市场路东巷5号

业务范围：一类4.a石油加工业，一类4.b化学原料、化学品及医药制造业，一类4.c燃气生产及供应业，一类4.d炼焦业，二类7.房屋和土木工程建筑业，二类9.仓储业，二类19.a轻工业，二类19.b纺织业，二类19.c烟草加工制造业

联系人：陈微

联系电话：13426364070

机构名称：北京市化工职业病防治院

办公地址：北京市海淀区香山一棵松50号

业务范围：一类2.a金属矿采选业，一类2.b非金属矿采选业，一类2.c其他矿采选业，一类4.a石油加工业，一类4.b化学原料、化学品及医药制造业，一类4.c燃气生产及供应业，一类4.d炼焦业，二类7.房屋和土木工程建筑业，二类8.管道运输业，二类9.仓储业，二类11.a火力发电业，二类11.b热力生产和供应业，二类14.a黑色、有色金属冶炼及压延加工业，二类14.b金属制品业，二类14.c非金属矿物制品业，二类15.a铁路运输业，二类15.b城市轨道交通及辅助设施，二类16.公路，二类17.港口码头，二类18.a机械设备制造业，二类18.b电器制造业，二类19.a轻工业，二类19.b纺织业，二类

19.c 烟草加工制造业

联系人：徐晓虹

联系电话：13810912312

机构名称：中国铁道科学研究院

办公地址：北京市海淀区大柳树路 2 号

业务范围：二类 14.a 黑色、有色金属冶炼及压延加工业

联系人：郭湛

联系电话：15801614435

机构名称：北京联合智业认证有限公司

办公地址：北京市朝阳区北苑路 170 号 C 座 17 层

业务范围：一类 3.石油和天然气开采业，一类 4.a 石油加工业，一类 4.b 化学原料、化学品及医药制造业，一类 4.c 燃气生产及供应业，一类 4.d 炼焦业，二类 14.a 黑色、有色金属冶炼及压延加工业，二类 14.b 金属制品业，二类 14.c 非金属矿物制品业。

联系人：胡韵强

联系电话：13683327597

机构名称：中国船舶重工集团公司第七一四研究所

办公地址：北京市朝阳区科荟路 55 号院 1 号楼

业务范围：二类 7.房屋和土木工程建筑业，二类 9.仓储业，二类 14.a 黑色、有色金属冶炼及压延加工业，二类 14.b 金属制品业，二类 14.c 非金属矿物制品业，二类 15.a 铁路运输业，二类 15.b 城市轨道交通及辅助设施，二类 17.港口码头，二类 18.a 机械设备制造业，二类 18.b 电器制造业，二类 19.a 轻工业，二类 19.b 纺织业，二类 19.c 烟草加工制造业

联系人：潘长城

联系电话：18001352719

机构名称：北京市工业技术开发中心

办公地址：朝阳区工体北路 6 号凯富大厦 6 层

业务范围：一类 4.a 石油加工业，一类 4.b 化学原料、化学品及医药制造业，一类 4.c 燃气生产及供应业，一类 4.d 炼焦业，二类 7.房屋和土木工程建筑业，二类 9.仓储业，二类 11.a 火力发电业，二类 11.b 热力生产和供应业，二类 14.a 黑色、有色金属冶炼及压延加工业，二类 14.b 金属制品业，二类 14.c 非金属矿物制品业，二类 18.a 机械设备制造业，二类 18.b 电器制造业，二类 19.a 轻工业，二类 19.b 纺织业，二类 19.c 烟草加工制造业

联系人：黄友明

联系电话：15110040584

机构名称：北京燕山石化职业病防治所
办公地址：北京市房山区燕山燕房路22号
业务范围：一类4.a石油加工业，一类4.b化学原料、化学品及医药制造业
联系人：时　锐
联系电话：13718942757

【附录 2】

2017 年北京市工业企业安全生产标准化（二级）评审单位名单（39 家）

1. 北京中安质环技术评价中心有限公司
2. 中国建材检验认证集团股份有限公司
3. 北京蔻凯恒安咨询有限公司
4. 北京地大安环科技发展有限公司
5. 北京全方略咨询有限责任公司
6. 北京中矿基业安全防范技术有限公司
7. 北京市劳动保护科学研究所
8. 北京原祓注册安全工程师事务所有限公司
9. 北京利华永安注册安全工程师事务所有限公司
10. 国家安全生产监督管理总局研究中心
11. 北京京安晟晖注册安全工程师事务所有限公司
12. 北京市安全生产工程技术研究院
13. 北京市工业技术开发中心
14. 北京众易安信管理咨询有限公司
15. 北京大方安科技术咨询有限公司
16. 北京阳光企安注册安全工程师事务所有限公司
17. 北京赛福德注册安全工程师事务所有限公司
18. 北京德康莱健康安全科技股份有限公司
19. 北京众心成诚注册安全工程师事务所有限公司
20. 上海柏科管理咨询股份有限公司
21. 北京中经科环质量认证有限公司
22. 北京启迪智信注册安全工程师事务所有限责任公司
23. 北京天晟百纳安全技术有限责任公司
24. 北京安雅教育科技有限公司
25. 北京安科研培技术有限公司
26. 北京泰瑞特认证中心
27. 尚锦文（北京）文化传媒有限责任公司
28. 首都经济贸易大学
29. 北京中机爱生安全技术咨询有限公司
30. 北京神龙安科技术发展中心
31. 北京联合智业认证有限公司
32. 北京埃尔维质量认证中心
33. 北京永旺嘉诚安全科技发展有限公司
34. 北京云帆沧海安全防范技术有限公司
35. 北京中机安达安全技术咨询有限公司
36. 北京京信安博技术服务有限公司
37. 北京国泰民康安全技术中心
38. 北京思源注册安全工程师事务所有限公司
39. 北京万方同人技术顾问中心

索引

Z